国家科学技术学术著作

多场耦合力学基本方法及应用

王省哲　著

科学出版社
北京

内 容 简 介

多场耦合力学已成为现代力学中的重要研究领域及科学前沿之一，与之相关的多场耦合基本理论与方法正在成为众多交叉学科所面临的共性与基础课题。本书是作者长期在电磁类功能材料与结构多场耦合力学领域深入系统研究的总结，同时也是系列最新研究进展的梳理。本书主要内容涵盖了多场耦合力学的一般理论与基本方法、复杂耦合系统求解及数值方法，以及铁磁、铁电、超导等功能材料典型多场耦合力学问题的应用基础、研究进展等。

本书面向力学、机械、机电、航空航天等领域及交叉学科领域的研究人员，同时也可作为工程技术人员的参考书，以及理工科相关课程的研究生教学用书。

图书在版编目(CIP)数据

多场耦合力学基本方法及应用 / 王省哲著. —北京：科学出版社，2024.6
ISBN 978-7-03-077079-0

Ⅰ. ①多… Ⅱ. ①王… Ⅲ. ①耦合－力学－研究 Ⅳ. ①O3

中国国家版本馆 CIP 数据核字（2023）第 227339 号

责任编辑：刘信力 孔晓慧 / 责任校对：彭珍珍
责任印制：赵 博 / 封面设计：无极书装

科学出版社 出版
北京东黄城根北街 16 号
邮政编码：100717
http://www.sciencep.com

涿州市般润文化传播有限公司印刷
科学出版社发行 各地新华书店经销
*
2024 年 6 月第 一 版 开本：787×1092 1/16
2025 年 3 月第四次印刷 印张：21 3/4
字数：511 000

定价：128.00 元

（如有印装质量问题，我社负责调换）

序　言

耦合现象无处不在、无时不有。

所谓耦合是指两个或两个以上的体系、场、运动形式或过程之间彼此关联、相互作用和影响，以至于联立、耦联于一起的现象。

自然界广泛存在着耦合现象和耦合问题。大到浩瀚宇宙星系的形成与演化、日月更替与斗转星移的运动、全球气候变迁与大气环流、区域生物群落与环境的演化，小到材料中微裂纹的扩展、空气中细微粉尘的扩散、人体血管中血液的流动、化学反应或生物体内的分子迁移等，无不体现着多个系统与运动形式的相互耦合与相互作用。在人类社会和经济活动中的各个层面，也不无例外地存在着不同事件、不同主体、不同客体等之间的相互影响、相互依存现象。

现代科技的快速发展涌现出大量的新型功能材料，如热电、压电、铁电、铁磁、磁电、光敏、形状记忆材料等，并服役于复杂、多场环境。各类功能材料与结构在航空航天、清洁能源、现代交通、先进制造、人工智能、生物医学等高新技术领域获得广泛应用，与其关联的多场性能表征、安全稳定运行和服役寿命评估与预测等基础科学问题日益突出，同时促进了多场耦合力学交叉科学研究领域的开拓与不断发展。

当前，多场耦合力学已成为力学学科的重点研究领域与科学前沿，所关联的多场耦合理论也是众多交叉学科中的共性与基础课题。2008 年，美国能源部发布了一份基础研究远景报告，指出了越来越多跨领域、跨学科的多物理场耦合问题，是面临的科学难题与巨大挑战。该报告提及：“当今的许多新问题不同于传统科学与工程问题，不单单涉及单一物理学或某一学科。事实上，大量应用领域中更多地涉及复杂系统、多物理场过程……这些满足不同物理定律、不同特征、不同尺度的复杂问题的耦合模型与求解是公开的科学难题……”

在实验中观测到的耦合现象，最早可追溯到 19 世纪 20 年代初期。1821 年，德国科学家泽贝克（Seebeck）首次发现了热电材料的泽贝克效应（又称第一热电效应），即两种不同导体或半导体间存在的温度差异会引起电压差。随后，法国物理学家佩尔捷（Peltier）于 1834 年观察到了热电材料的佩尔捷效应（逆效应或第二热电效应），即热电的致冷和致热效应。

历史上，对于多场耦合问题的真正研究是始于力学问题。1837 年，法国科学家 Duhamel 针对固体介质的热弹性问题给出了第一个理论研究方面的方程。这一数学模型是基于纳维弹性理论和傅里叶热传导理论建立的，严格意义上讲，其为非耦合的，只是包含了热传导和固体变形两个场。这一时期，大量的多场问题引起了学者们的关注。例如，针对大变形流体介质的基本方程和黏性方程的获得，电动力学中电、磁等多场量的经典麦克斯韦（Maxwell）方程组的建立，等等。尽管当时科学家对于电动力学理论尚未明确引入可变形连续介质的概念，而是基于“以太”这样的充满导体和绝缘体介质空间的欠合理假设，但其构成了现代连续电动力学的理论基础和多场问题的描述框架。

直到20世纪初，第一个真正意义上的、考虑材料与结构可变形特征的热弹性耦合力学模型才得以提出。这一研究是由德国物理学家、力学家Voigt以及英国数学家、物理学家Jeffreys在热弹性模型中给出了小温度变化下的线性方程，并考虑了材料的变形以及变形梯度的影响效应。耦合热弹性的真正发展，则是始于曾获得铁摩辛柯奖和冯·卡门奖的比利时裔美国力学家、应用物理学家Biot在1956年的理论工作。基于非平衡热力学过程，他描述了介质中热和质量扩散的不可逆特性，提出了以变分形式与最小熵产生原理统一表述的热弹性问题处理方法。在这些开拓性的基础工作之后，可变形连续介质力学的多场问题建模在20世纪50年代中期引起了极大关注，并在之后的二三十年中得到了快速发展。

1940年，美国华盛顿州塔科马海峡（Tacoma Narrows）的悬索桥在风速并不很大的情形下发生了桥毁事故，导致了整体倒塌。由此，风载荷下结构的流-固耦合问题吸引了学者和工程师们的极大兴趣，同时也成为大型桥梁或高耸结构必须考虑的因素。而人们关于流-固耦合问题的研究可追溯到更早时期，最早的有动力单翼飞机在首次飞行中就出现了机翼折断的事故，引发了科学家对这一破坏现象背后的气动弹性原因的探究。空气弹性耦合属于流-固耦合问题中的一个分支，是为解决航空、航天飞行器研制中的实际工程问题应运而生。20世纪50～60年代，以美国为代表的航天领域先进国家开始了高超声速气动弹性耦合问题研究，美国国家航空航天局（NASA）研发高超声速风洞开展了大量的试验研究，获得了一批试验数据和经验。我国从20世纪60年代开始逐步投入大量的人力和物力开展了导弹、卫星等飞行器的气动弹性问题研究，在航空航天领域的长期发展与进步也促成了我国近些年在月球登陆、北斗导航、高速空天飞行器等方面的长足进步。

20世纪后期及21世纪初，功能材料作为新型材料的核心作用日益凸显。在全球新型材料研究领域，各类具有不同优异特性的功能材料占到80%以上。其中以微电子材料、生物医用材料、生态环境材料、量子信息材料、超导新能源材料等为代表的众多功能材料研发，已成为世界各国高技术发展中战略竞争的热点，并对高新技术和产业的发展起着极为重要的推动与支撑作用。与之应用需求伴随的基础研究，诸如电弹性、压电弹性、磁弹性等两场耦合力学问题逐渐受到关注，更多场诸如电热弹性、磁热弹性、湿热弹性三场耦合问题，以及电磁热弹性、电磁湿热弹性等四场、五场耦合问题，新近也逐渐进入科学家的研究视野。

截至目前，多场耦合问题尚未形成统一、成熟的理论与方法。这主要是因为大量的、复杂的耦合问题中，场间的相互作用是无法直接实验测量的，需要依赖于研究者对耦合作用机制深刻理解基础上的合理假设，以及对于“耦合作用”的科学刻画与模型表征。对于一些问题，由于“耦合作用”的非线性特征，即便各单场分别采用线性理论，经过耦合后的多场系统依然表现为显著的非线性，这也是众多多场耦合非线性力学问题的本质特征之一。

此外，伴随着力学与数学、计算机科学、材料科学、凝聚态物理、生命科学、化学等学科的深度交叉与融合，大量复杂、多样性的耦合场问题涌现，面临着跨学科、跨领域、跨（多）尺度等难题和极大挑战；与此相关的高维、高阶、非线性微分方程的数学理论发展尚不充分，分析手段依然极为匮乏。因此，目前大多数多场耦合力学问题的建模与求解依然依赖于具体情况具体分析的“一案例一方法”模式，而缺少统一或通用的理论框架与模式，这些显著特征和求解困难使得该领域的研究更具挑战性。

兰州大学周又和院士、郑晓静院士带领的电磁固体力学研究组从20世纪90年代开始在国内率先开展了铁磁类智能材料与结构的多场耦合非线性力学研究。长期以来，研究组在铁磁、磁致伸缩、铁磁形状记忆合金、压电铁电、超导等现代高性能功能材料与结构的力-电-磁-热多场耦合力学领域开展了系统深入的研究，并取得了系列实质性的进展。

本书作者于20世纪90年代末进入兰州大学电磁固体力学研究组开始博士阶段研究工作，主要围绕铁磁介质与板壳复杂结构开展磁弹性、磁热弹性非线性耦合问题的理论与数值定量化研究。之后，作者在国外的博士后研究、访问与合作研究期间，以及归国后的长期一线科研过程中，先后又围绕铁磁形状记忆合金、磁敏复合材料、铁电材料及超导新能源材料等开展了较为系统的多场耦合力学的基础与应用研究。基于对多场耦合力学领域专注和深耕近二十载的研究积累与认识，本书试图在深入探讨多场耦合力学的一般理论与基本方法的同时，较全面地阐述复杂耦合系统的数值求解方法及建模与仿真，展现了一些电磁类功能材料多场耦合问题理论建模和分析的典型应用，以及作者及其研究团队近些年来的最新研究进展等。

本书共12章，在结构上分为上、下篇，各6章。上篇主要介绍耦合场基本特征及一般理论，并对一些典型的两场及更多场耦合力学问题的基本方程与特征予以阐述，梳理和总结耦合问题的一般数值建模方法与求解策略。下篇侧重于多场耦合力学的一些典型的应用基础研究，涉及电磁类功能材料与结构的多场行为分析，以及旋转结构空气弹性动力学行为分析与模拟软件模块的研发。对于具有不同知识背景或研究兴趣的读者，也可直接选择性阅读相关章节。

借本书出版之际，作者衷心感谢国家自然科学基金委员会面上项目、重点项目，教育部新世纪优秀人才、“长江学者”特聘教授等奖励计划的持续资助与支持，这些使得作者在这一领域的研究耕耘不辍。作者要永远感谢导师郑晓静院士、周又和院士长期以来的教诲与指导，他们将作者最早领入这一交叉科学领域，并使得作者获得了科学研究能力上的不断提升。作者要特别感谢研究组近十年来所培养的李龙飞、田红艳、李芳、关明智、杨育梅、张海宇、蒋一萱、辛灿杰、高配峰、张志超、高伟、胡强、童玉锦、张锐、吴北民、祁常君、杨韬略博士等，作者与他们一起在科研道路上不断探索前行，致力于推进电磁功能材料多场耦合力学研究的向前发展。在本书个别章节的组稿过程中，蒋一萱、高配峰、高伟博士，韩文恒、郭晗啸博士生等进行了协助及文字校对，作者在此表示衷心感谢。此外，作者还要特别感谢南京航空航天大学郭万林院士、兰州大学周又和院士在本书申请国家科学技术学术著作出版基金中所给予的大力推荐，并感谢国家科学技术学术著作出版基金对本书出版的资助。最后，作者对科学出版社在本书出版中给予的热忱支持，以及编辑的辛勤工作与严谨细心致以由衷的感谢。

由于时间仓促，本书中的不足在所难免，敬请广大读者给予批评指正！

王省哲

2023 年 3 月 21 日于兰州大学

目　　录

上篇　多场耦合基本方法与理论

下篇　多场耦合力学应用

上　篇

多场耦合基本方法与理论

第 1 章　耦合场理论概述

工程实际中通常会遇到大量特殊及复杂问题，涉及两个或者多个不同物理场或系统间的相互影响、相互作用，以至于要想获得任何一个单独物理场或系统的性质与特征而不同时考虑其他物理场的影响和作用，都是难以实现的。

这种物理场或系统之间的相互影响与作用，也称为相互耦合作用或耦合效应(coupling effect)。这一现象与问题广泛存在于人们的日常生产、生活中，也存在于工程与实践的各行各业中。

1.1　耦合及耦合问题

那么，什么是耦合呢？

耦合一般是指两个或多个场、系统、运动形式或过程之间彼此关联、相互作用和影响，以至于联立、耦联于一起的现象（图 1.1.1）。“耦合”一词早期通常是作为通信与软件工程、机械工程等领域的专业术语，后来更多地应用于交叉学科和复杂系统中相互关联的现象。

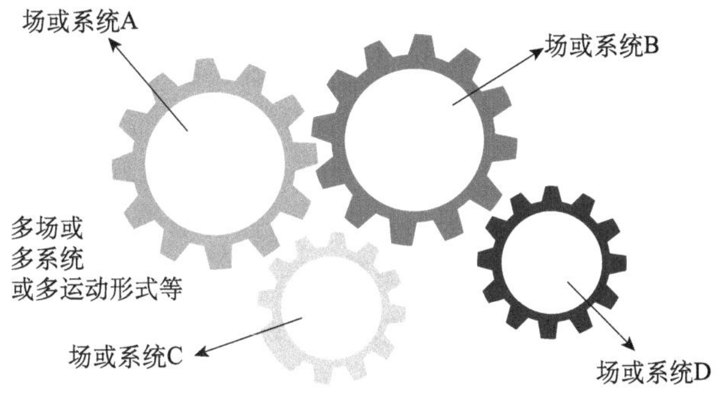

图 1.1.1　两个或多个场、系统、运动形式或过程间的耦合与相互作用

耦合现象与耦合问题广泛存在于自然界。例如，日月星辰的运动，大气环流与气候的变化，生物群落与环境的演化等。甚至在人类社会和经济活动中，也不无例外地存在着不同事物、事件之间的相互影响、相互依存现象。例如，个体与个体、局部与整体、宏观与微观等均存在不同方式的相互影响与制约。

日常生活中，小朋友玩的吹纸条游戏，从一侧边对着水平薄纸条吹气，纸张就会上下舞动并发出响声。同时，我们也会感觉到随着纸条舞动，周围的气流发生明显的强弱变化，这就是气流和纸条之间的相互耦合现象。吹出的气流使得纸条发生弯曲和舞动，纸条的运动进而带动周围的气流发生变化，并发出“哗哗”的声响，这是一典型的流体与柔性结构间的耦合。风中飘展、摆动的旗帜也是一类司空见惯的流体-结构耦合现象及问题。

对于坚硬物体也会有耦合现象。我们如果快速往复折叠一金属回形针，多次后就会发现折叠处发热、变软，最后甚至从折叠处断开。这是一典型的固体材料的热弹塑性耦合问题。回形针的快速往复折叠，使得折叠处的局部区域发生了塑性变形并产生热；这些热量又容易引起回形针更显著的塑性变形以及材料的疲劳，最终发生结构失效而被折断。

更一般地，我们甚至可以讲，自然界的几乎所有现象与过程均以彼此关联、相互影响的形式出现，而非孤立地存在着。从本质上讲，这些均属于耦合问题。耦合的强弱直接关联着相互作用的程度。若研究现象或过程与其相关联的现象或过程之间的相互作用很小，甚至可以忽略不计，此时可以将其近似地当作孤立系统或过程予以对待和处理，进而获得其主要的特征以及发展、演化规律等。然而，若所研究现象或过程在某些条件或者外激励下，与其关联现象或过程的影响不容忽视，甚至具有根本性的依赖与耦联效应，则此时的相互耦合作用就成为主导性的。例如，我们熟知麦克斯韦（Maxwell）电磁理论中电产生磁、磁产生电的现象。严格地讲，是变化的电场产生了磁场，变化的磁场同样会产生电场。二者相互影响、相互依存，形成自然界中普遍存在的电磁波现象并以光速传播。若考虑静态或准静态情形，电和磁则可分别看作相对孤立的物理现象与物理过程，进而可对其单独分析，分别揭示静电场、静磁场的主要特征与规律。

此外，传统的隔离系统或单一学科体系独立建模的方法或简化分析，往往难以体现出不同系统或学科之间的相互作用与影响。若要深入、准确描述这些复杂物理现象并得出正确的结论，就需要从耦合角度出发开展研究与分析。例如，流-固耦合现象与问题广泛存在于航空航天、水利、石油、化工、海洋、建筑以及生物等众多领域。在航空航天领域中，飞机的机翼绕流及颤振等问题是流-固耦合问题；在石油化工行业中，地震作用下的大型储油罐振动与罐内油体晃动的相互影响是流-固耦合问题；在海洋作业和远洋航行中，深海管道的激振问题、海洋石油平台或轮船在强波浪中的结构安全问题，以及其性能与使用寿命评估直接与流-固耦合行为关联。更多地，例如，在大型结构及风能工程中，高耸建筑、塔吊、悬索桥等在强风中的振动问题，风力叶片在风中激振问题，以及生物领域中的心脑血管和血液流动的相互影响等，都是典型的流-固耦合问题（图 1.1.2）。这些问题大多都需要结合不同学科或不同学科方向的知识，才能获得问题的解答、行为特征以及演化规律的有效揭示。

1.2　耦合问题的分类

根据研究对象、研究目的、问题特征及相互作用形式等，人们可以从不同的角度对耦合问题进行分类。

图 1.1.2　一些典型的流-固耦合现象与问题

1. 从耦合的基本特征角度

耦合问题可以分为边界耦合问题（或称几何耦合问题）、域耦合问题（或称材料耦合问题）[1, 2]，分别对应于耦合作用量从边界上进行传递，或是在区域内的任一点均可实现传递。

例如前面的例子，对着纸条吹气，气动力是通过表面传递给纸条的，同时纸条变形通过表面对周围气流产生作用，这属于边界耦合问题；往复折叠的回形针，由塑性变形而产生的耗散能在材料内部形成热量，该热量进而影响回形针的变形以及材料的疲劳损坏特性，属于域耦合问题。又如，帆船在海上航行，风帆与风场的相互耦合属于流-固耦合；叶轮机在不同温度环境下运行，叶片的热弹性行为属于域耦合问题等（图 1.2.1）。

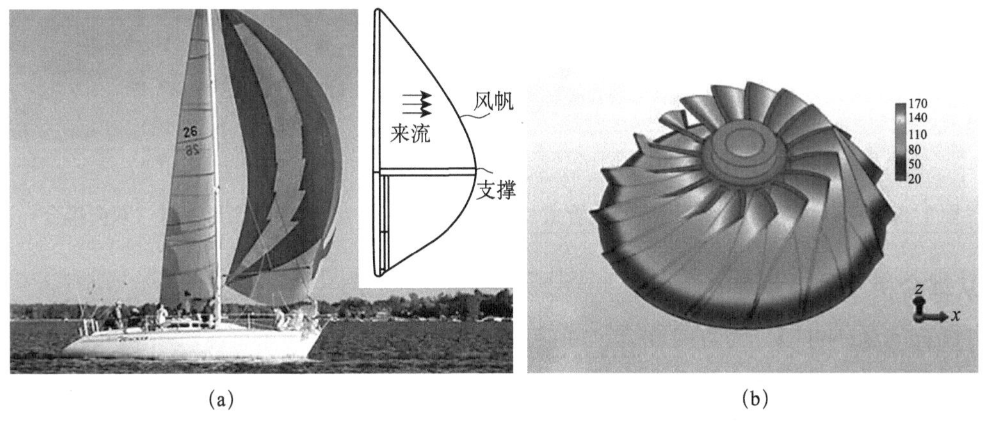

图 1.2.1　(a) 风帆的流-固耦合问题（边界耦合问题）；(b) 叶轮机叶片的热弹性问题（域耦合问题）（彩图扫封底二维码）

也有一些学者将以上两种形式的耦合分别称为第一类、第二类耦合问题[3]。

2. 从耦合作用的强度角度

耦合问题可以分为弱耦合、强耦合问题[4]。

弱耦合一般是指两个场或系统之间的相互作用均较弱，或者其中一个场或系统对另一个场或系统的作用较弱甚至可以忽略不计，而所受到的来自另一场或系统的作用不能忽略的情形。反之，若两个场或系统之间相互作用显著，彼此影响很大，则称为强耦合。

强、弱耦合效应反映在耦合问题的解答上，表现为强耦合问题的解强烈地依赖于耦合作用及其精度，而弱耦合问题的解往往与二者之间相互影响关联较小。一个问题的耦合强、弱特性通常与两场、系统或过程自身的性质（如材料属性、演化过程等）相关，同时也与所处的环境和条件（如载荷大小与范围，约束类型与强度等）是密切关联的。

3. 从耦合作用的方式角度

耦合问题可以分为单向、双向（多向）耦合。

单向耦合是指一个场或系统对另一个场或系统产生明显的影响和作用，而另一个场或系统的反馈或反作用则较弱，甚至可忽略不计。也就是说，这种作用方式是单方向的。例如，流经刚性固壁或厚壁管道中的流体，流体对壁面有压力作用，而刚性壁面变形很小甚至无变形，可忽略其对流体的施加作用，该情形可认为是单向耦合。但当流体流经薄壁或柔软管道时，流体与壁面之间的相互作用十分显著，不能再被忽略，该情形就属于双向耦合（图 1.2.2）。

从耦合强弱上看，单向耦合往往也属于弱耦合，双向耦合则多属于强耦合。

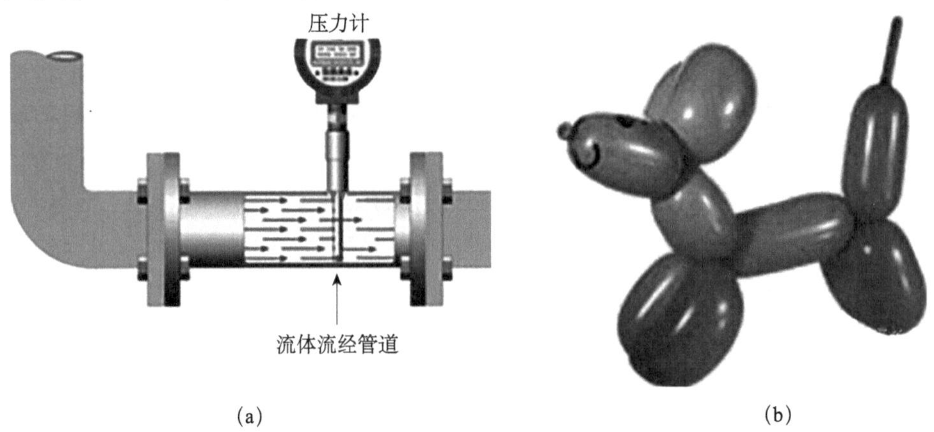

图 1.2.2　(a) 流体流经厚壁或刚性管道（单向耦合）；(b) 充气中的变形气球（双向耦合）

4. 从耦合相互关系角度

耦合问题还可以分为直接耦合、间接耦合。

顾名思义，直接耦合就是两个场、系统或过程之间直接相互关联，彼此直接产生影响。这种相互作用不需要其他中间媒介、辅助系统予以传递来实现。前面所提及的流-固耦合、热弹性耦合等均属于直接耦合方式。

间接耦合是指两个场、系统或过程有关联，但一般需通过第三方传递或者转换作用量而产生相互的影响与作用。一些传感器，其所测量的环境量或物理量是借助其他的效应或中间的媒介桥梁而间接实现的。例如，电阻应变片测量物体的变形，得到电流或电压的变化，并非所测物体的变形导致电流变化，而是物体变形导致应变片金属栅的阻值变化，进而反映到电学性质发生了变化。又如电磁成型技术，利用电磁场进行试件的形状控制和加工，是通过涡流损耗效应产生大量的热，进而使得试件可塑性增大，容易进行可控加工。

另外，也有不同学科领域，从耦合来源、作用模式等角度对耦合问题进行划分和归类，但大体上都可以归类到以上的几类划分与描述范围内。

表 1.2.1 汇总了耦合问题的几类典型分类及对应问题。

表 1.2.1 耦合问题的分类

分类依据	分类名称	举例
耦合方式	(1) 边界耦合（或几何耦合）	流-固耦合问题、声-结构耦合问题等
	(2) 域耦合（或材料耦合）	电磁耦合问题、热弹性耦合问题等
耦合强度	(1) 弱耦合	刚度较大结构风载变形
	(2) 强耦合	柔性结构风载变形
作用方式	(1) 单向耦合	流体流经刚体壁面或厚壁钢管
	(2) 双向（多向）耦合	流体流经薄壁软管道
耦合关系	(1) 直接耦合	热加工成型
	(2) 间接耦合	电磁加工成型

1.3 耦合问题的基本特征

1.3.1 物理模型上的基本特征

对于一个耦合问题而言，涉及的两个或两个以上的场、系统、运动形式或过程，它们是耦合问题的载体，各自既有一定的相对独立性，又是密切关联的。它们之间的关联就是通过相互作用的“耦合项”来实现的，以“耦合效应”来表征。如图 1.3.1 所示，一般表现为相互作用的力、相互转换或者交换的能量，有些问题中甚至存在着质量交换或转换等。

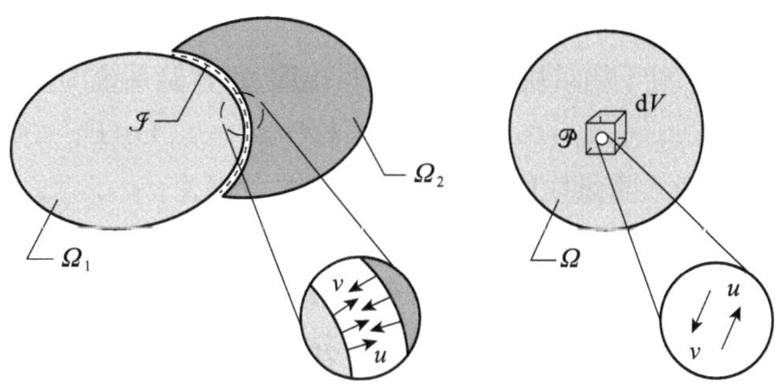

图 1.3.1 耦合项分别体现在不同介质或区域的交界面处、区域内部不同相或场之间

以前面的例子来说明。如流-固耦合问题中，“耦合项”体现在固体与流体交界面处的作用力相互传递。耦合作用是通过交界面处的位移、速度、应力等连续性条件方程表述的[5]，如下：

$$\sum_i \Big|_{\Gamma^+} = \sum_i \Big|_{\Gamma^-}, \quad i=1,2,\cdots,I \tag{1.3.1}$$

其中，Γ^+，Γ^- 分别表示从不同介质表面角度观测的耦合系统中两种介质的交界面；$\sum_i$ 表示交界面处的连续物理量或力学量。通过这些量在交界面处的连续（或跳变）条件，就建立了不同介质之间的力或能量的交换与转换途径等。

又如热弹性耦合问题中，“耦合项”体现在温度变化所引起的热应变$\boldsymbol{\varepsilon}_{\mathrm{T}}$，以及应变率所导致的热量生成。其是通过弹性变形场中的本构方程以及温度场方程中的热源项 Q_ε 来表征的[6]，即

$$\boldsymbol{\varepsilon}_{\mathrm{T}}(T) = \boldsymbol{\alpha}\Delta T, \quad Q_\varepsilon(\boldsymbol{\varepsilon}) = \beta\left(\frac{\partial \varepsilon_x}{\partial t} + \frac{\partial \varepsilon_y}{\partial t} + \frac{\partial \varepsilon_z}{\partial t}\right) \tag{1.3.2}$$

其中，T 表示温度；$\boldsymbol{\alpha}$ 为材料线热膨胀系数张量。

显然，从式（1.3.2）可以看出，温度和应变之间是相互影响的，体现了“热”产生“变形”、“变形”产生“热”这样的能量转化与力学特征。

1.3.2　数学模型上的基本特征

从耦合问题数学描述方程的角度看，其基本特征表现在，多个未知量或函数组成的（代数、微分或积分）方程组是耦联在一起的。对于这样的数学模型系统，往往不能单独、逐次地求解以获得所有待求未知量或者未知函数，通常需要联立求解。

下面以一个简单的多自由度质量-弹簧系统来进行说明。

如图 1.3.2 所示，m_{i-1}，m_i，m_{i+1} 为多自由度系统中的三个质量块，通过弹簧 k_{i-1}，k_i 连接。三个质量块的位移分别记为 u_{i-1}，u_i，u_{i+1}，并且分别受到外力 F_{i-1}，F_i，F_{i+1} 作用。

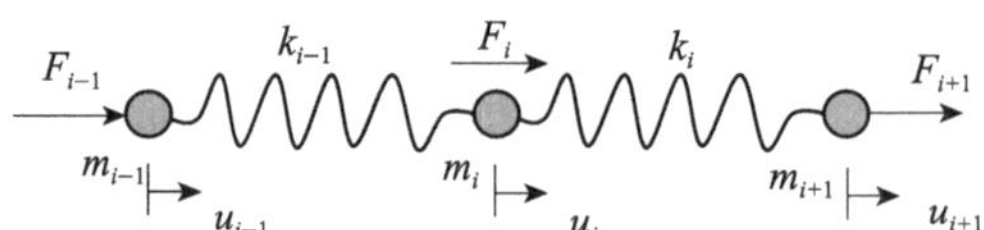

图 1.3.2　多自由度质量-弹簧系统

根据牛顿第二定律，对于质量块 m_i，不难写出质量-弹簧系统的基本微分方程：

$$m_i u_i'' + k_{i-1}(u_i - u_{i-1}) - k_i(u_{i+1} - u_i) = F_i \tag{1.3.3}$$

其中，$u_i'' = \mathrm{d}^2 u_i / \mathrm{d}t^2$，表示质量块的加速度，与惯性力相关。

对于具有更多自由度的质量-弹簧系统，可以表示为如下矩阵方程：

$$\boldsymbol{M}\boldsymbol{u}'' + \boldsymbol{K}\boldsymbol{u} = \boldsymbol{F} \tag{1.3.4}$$

其中，$\boldsymbol{M}$，$\boldsymbol{K}$ 分别为质量矩阵和刚度矩阵；$\boldsymbol{u}$，$\boldsymbol{F}$ 分别为位移列阵和载荷列阵，表示如下：

$$\boldsymbol{M} = \begin{bmatrix} \ddots & & & & \\ & m_{i-1} & & 0 & \\ & & m_i & & \\ & 0 & & m_{i+1} & \\ & & & & \ddots \end{bmatrix}$$

$$\boldsymbol{K}=\begin{bmatrix}\ddots & & & & & \\ & \cdots & & & 0 & \\ & -k_{i-2} & k_{i-2}+k_{i-1} & -k_{i-1} & & \\ & & -k_{i-1} & k_{i-1}+k_i & -k_i & \\ & & & -k_i & k_i+k_{i+1} & -k_{i+1} \\ & & 0 & & & \cdots \\ & & & & & \ddots\end{bmatrix}$$

$$\boldsymbol{u}=\{\cdots\ u_{i-1}\ u_i\ u_{i+1}\ \cdots\}^{\mathrm{T}}, \quad \boldsymbol{F}=\{\cdots\ F_{i-1}\ F_i\ F_{i+1}\ \cdots\}^{\mathrm{T}} \tag{1.3.5}$$

若仅考虑三个质量块 m_1，m_2，m_3 的三自由度系统，则式（1.3.4）可另写为

$$\begin{bmatrix}m_1 & 0 & 0\\ 0 & m_2 & 0\\ 0 & 0 & m_3\end{bmatrix}\begin{Bmatrix}u_1''\\ u_2''\\ u_3''\end{Bmatrix}+\begin{bmatrix}k_1 & -k_1 & 0\\ -k_1 & k_1+k_2 & -k_2\\ 0 & -k_2 & k_2\end{bmatrix}\begin{Bmatrix}u_1\\ u_2\\ u_3\end{Bmatrix}=\begin{Bmatrix}F_1\\ F_2\\ F_3\end{Bmatrix} \tag{1.3.6}$$

从上面的数学方程我们可以看出：系统的质量矩阵是对角阵，对应的惯性力项是互不影响的（即非耦合）；弹簧刚度矩阵为非对角阵，各质量块之间的运动是相互关联、耦合在一起的。因此，式（1.3.6）是一耦合的二阶常微分方程组系统。

我们不妨考察两种极限状态。

1）弹簧刚度系数 $k_i\to 0$

此时，由式（1.3.6）可得到简化的三个独立方程，即

$$m_i u_i''=F_i, \quad i=1,2,3 \tag{1.3.7}$$

其为三个解耦的方程。

2）弹簧刚度系数 $k_i\to\infty$

该情形下，三个质量块由于连接力极强而耦联成为一个整体，式（1.3.6）可简化为一个方程，即 $\bar{u}=u_1=u_2=u_3$

$$\bar{m}\bar{u}''=\bar{F} \tag{1.3.8}$$

其中，$\bar{m}=\sum m_i$，$\bar{F}=\sum F_i$ 。其可看作是一个质量块或刚体的运动方程。

虽然上面的三自由度系统相对简单，但其反映了不同质量块之间的相互作用关系。这样的简单例子与讨论可以帮助我们更好地理解耦合关系，强、弱耦合概念以及耦合系统的相对性。显然，弹簧刚度系数直接反映了不同质量块之间的耦合强弱。随着弹簧刚度系数越来越小，意味着三个质量块之间的相互作用力越来越弱，其耦合效应也逐渐弱化。当达到极限状态时，例如弹簧刚度系数趋于零或无穷大，分别对应于无耦合情形和最强耦合情形。

我们也可以看到，质量-弹簧耦合系统也随着连接条件（如弹簧刚度系数）的变化而发生行为与特征的变化。当刚度系数 $k_i\to 0$ 时，三个质量块成为彼此独立的、非耦合系统；而当 $k_i\to\infty$时，从强耦合系统看，三个质量块相互影响如此之大以至于它们的位移和速度同步增大或减小，成为一个不可分割、不分彼此的整体质量块或刚体。从更大体系看，它们结合成为一个新的孤立系统，则对于各个质量块或者材料内部的各个质点的考察已无必要，按照一新质量块或刚体系统分析和处理即可。

进一步，我们考察二阶的耦合常微分方程组（1.3.4）。可以采用一系列状态变量，对该方程进行降阶，并在状态空间转换为一阶微分方程组。

引入状态变量 $\boldsymbol{v}$，并满足 $\boldsymbol{u}'=\boldsymbol{v}$，则式（1.3.6）可以另写为

$$\begin{bmatrix} \boldsymbol{I} & \boldsymbol{0} \\ \boldsymbol{0} & \boldsymbol{M} \end{bmatrix} \begin{Bmatrix} \boldsymbol{u}' \\ \boldsymbol{v}' \end{Bmatrix} + \begin{bmatrix} \boldsymbol{0} & -\boldsymbol{I} \\ \boldsymbol{K} & \boldsymbol{0} \end{bmatrix} \begin{Bmatrix} \boldsymbol{u} \\ \boldsymbol{v} \end{Bmatrix} = \begin{Bmatrix} \boldsymbol{0} \\ \boldsymbol{F} \end{Bmatrix} \tag{1.3.9}$$

定义状态变量矢量 $\boldsymbol{y}(t)=\{\boldsymbol{u} \quad \boldsymbol{v}\}^{\mathrm{T}}$，并考虑初始条件$\boldsymbol{y}_0$，则式（1.3.9）还可以写为更简洁的形式：

$$\begin{cases} \bar{\boldsymbol{M}}\boldsymbol{y}' + \bar{\boldsymbol{K}}\boldsymbol{y} = \bar{\boldsymbol{F}} \\ \boldsymbol{y}(t)\big|_{t=t_0} = \boldsymbol{y}_0 \end{cases} \tag{1.3.10}$$

其中，新的系数矩阵表示如下：

$$\bar{\boldsymbol{M}} = \begin{bmatrix} \boldsymbol{I} & \boldsymbol{0} \\ \boldsymbol{0} & \boldsymbol{M} \end{bmatrix}, \quad \bar{\boldsymbol{K}} = \begin{bmatrix} \boldsymbol{0} & -\boldsymbol{I} \\ \boldsymbol{K} & \boldsymbol{0} \end{bmatrix}, \quad \bar{\boldsymbol{F}} = \begin{Bmatrix} \boldsymbol{0} \\ \boldsymbol{F} \end{Bmatrix} \tag{1.3.11}$$

一般而言，动力学系统的状态是指在特定的初始条件下，在任意时刻系统都有一个对应状态空间中的点所表示的状态，可以用一组实数或几何流形中的向量来描述。状态变量的数目表示独立的基本能量储存方式的数目，也称维度，所有状态变量的值确定了系统总能量。例如，在前面所述的质量-弹簧系统，系统能量包括了弹簧中储存的弹性能和质量块的动能两部分，分别对应于状态变量的位移 $\boldsymbol{u}$ 和速度 $\boldsymbol{v}$。

此外，值得注意的是，由于质量块通过弹簧连接的耦合问题本质特性，则改写后的状态方程（1.3.9）依然是耦合的。

1.4　多场耦合力学问题及其特征

1.4.1　多场耦合力学概述

从物理上讲，场是指随时、空变化的物理量。

依据场变量在时空中每一点的值是标量、矢量或张量，可以将场对应地分类为标量场、矢量场和张量场等（图 1.4.1）。例如，温度场或者势能场是标量场，其只有大小而没有方向；电场、磁场是矢量场，具有方向性，重力场也是一矢量场。张量场的例子有：连续介质力学中的应力场、形变场等，反映了不同截面上、不同方向的力或形变特征。

此外，场往往具有广域性特点，认为其延伸或充满至整个空间。但是实际上，对于一个场而言，在距离足够远处的场变量往往减小至无法量测的程度，亦即场存在着作用区域或有效作用范围。

严格意义上的孤立场是不存在的。两个或者多个场往往在某些时空内是交互在一起的、彼此相互影响的，这就表现为两个或者多个场间的相互耦合作用。多场耦合（multi-field coupling）问题是指在一个系统中，由两个场或多个场之间相互作用而产生的一种现象，它在自然界或各类工程应用领域中广泛存在。

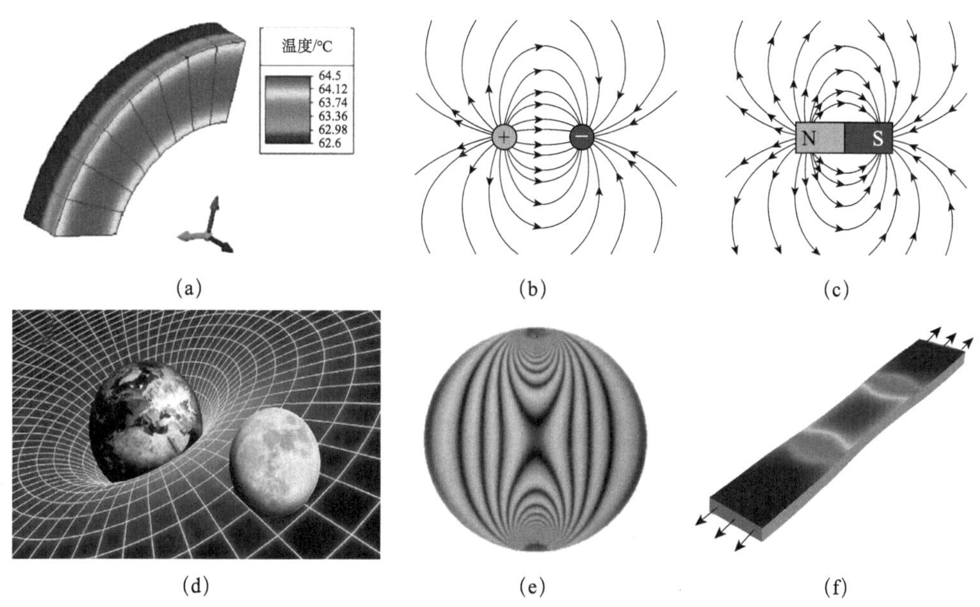

图 1.4.1 常见的标量场、矢量场及张量场（彩图扫封底二维码）

(a) 温度场；(b) 电场；(c) 磁场；(d) 重力场；(e) 应力场；(f) 应变场

工程上所指的场主要是从应用角度分类的，如电场、磁场、温度场、结构场、流场、浓度场、声场等。通常，根据实际应用中的研究对象，人们会遇到不同形式的场间耦合。例如，电磁装置和智能器件中，存在着电场和磁场间的耦合作用，形成了电磁波的发射、传播以及能量耗散等；在发动机、大功率电子器件、热交换器、锅炉等设备中，往往存在着温度与力学变形场间的耦合作用问题；自然界大量的岩石、土壤等介质中，存在着渗流场、温度场等的多场耦合问题。有些时候，多场狭义上也称为多物理（multi-physics）场，更强调各个场关联的物理过程[2]。

伴随着力学与数学、计算机科学、材料科学、凝聚态物理、生命科学、化学等的交叉与融合，涌现出许多新兴交叉学科生长点和前沿科学研究领域。多场耦合力学应运而生，并已成为力学学科的前沿与重点研究领域，所关联的多场耦合理论也成为众多交叉学科中的共性基础课题。最早在实验中观测到的场与场间的耦合现象可追溯到 19 世纪 20 年代初期[7]。1821 年，德国科学家泽贝克（Seebeck）实验中首次发现：当两种不同的导体或半导体连接成为闭合电路时，如果两端的连接点处于不同的温度，则电路中就会产生电流和电压。这就是泽贝克效应（Seebeck effect），又称第一热电效应，是由温度差而引起的电现象。随后，法国物理学家佩尔捷（Peltier）于 1834 年观察到热电材料的佩尔捷效应（Peltier effect），又称逆效应或第二热电效应，是指热电的致冷和致热现象。

多场耦合问题真正的研究则是始于力学耦合问题。1837 年，法国科学家 Duhamel 针对固体介质的热弹性问题给出第一个理论研究方面的方程[8]。其数学模型是基于早期的纳维（Navier）弹性理论和傅里叶热传导理论建立的，严格意义上讲是两场、非耦合的方程，包含了固体介质的弹性场和温度场。随后，大量的多场问题在这一时期受到了科学家们的极大关注。例如，针对大变形流体介质，Navier 等建立了著名的不可压缩纳维-

斯托克斯（Navier-Stokes，N-S）方程和黏性流体方程，包含了流体介质的流动和压强特征[9]；Maxwell则建立了关于电动力学多场量的经典积分及微分方程组[10]，被誉为物理学上最深刻、最富成果以及真正和概念上的变革，奠定了现代电磁场理论的基础。尽管这一早期建立的电动力学理论尚未能明确阐述可变形连续体的概念，并且是基于“以太”连续介质的假设，认为“以太”充满了导体和绝缘体介质的所有空间，但其构成了现代连续电动力学理论的基础。

考虑材料或结构可变形特征，真正意义上的热弹性耦合力学模型是由Voigt和Jeffreys于20世纪初建立的[11, 12]，模型中包含了应变项对热传导方程的影响。早期，这些工作大多是关注于静态问题，热弹性方程被简化为体力与势作用的问题等。耦合热弹性问题理论研究的真正发展，是始于获得铁摩辛柯奖的比利时裔美国应用力学家Biot于1956年的开创性研究工作[13]。在其理论中，基于非平衡热力学过程来描述介质中热和质量等扩散的不可逆特性，引入了变分原理，并对自由能进行了推广以包含非均匀温度情形。在这些基础研究工作之后，可变形连续介质的多场问题理论和分析模型研究在20世纪50年代中后期得到了长足发展。在两场、三场，甚至更多场耦合力学研究方面均有重要进展。诸如压电弹性、电致伸缩、磁弹性、磁致伸缩等两场耦合问题的建模理论受到广泛关注和研究[14—17]；三场耦合的磁热弹性、电热弹性、湿热弹性问题[18—20]，以及四场耦合的电磁热弹性、五场耦合的电磁-湿热弹性问题等[21—23]，近些年也渐受重视，引起了学者的研究兴趣（图1.4.2）。

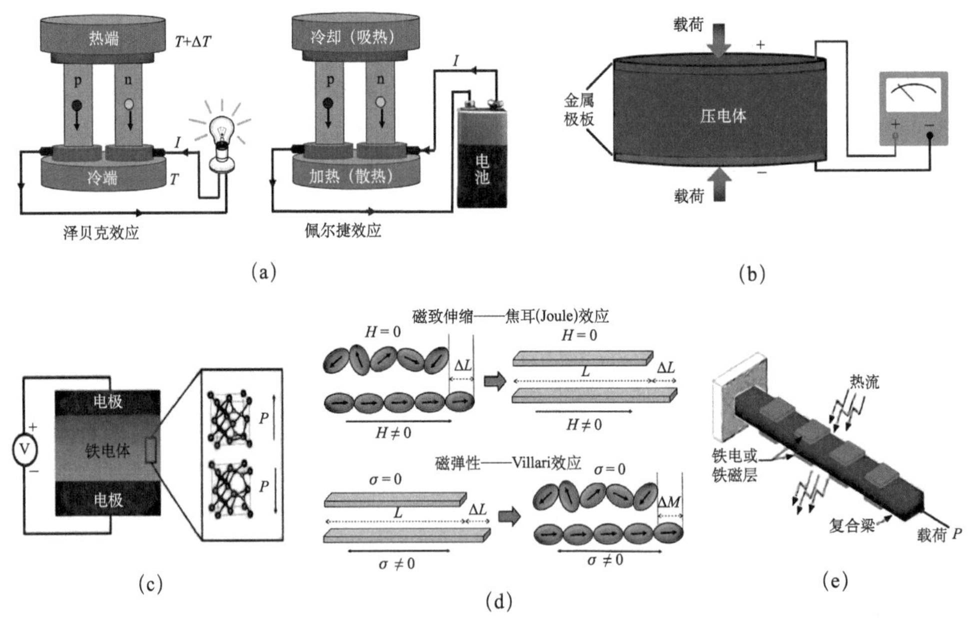

图1.4.2　两场及多场耦合力学问题

(a) 热-电耦合；(b) 压电弹性耦合；(c) 铁电弹性耦合；(d) 磁弹性耦合；(e) 电（磁）热弹性耦合

20世纪90年代初期，兰州大学在国内率先开展了铁磁介质与结构的磁弹性、磁热弹性、磁弹塑性，以及磁致伸缩材料的磁弹性、磁热弹性等领域的系统研究[24—28]，取得了系列实质性进展。包括：建立了基于广义变分原理来表征磁场作用下可变形铁磁材料结构的磁体力和磁面力的一组新表征公式，给出了超磁致伸缩材料的多场耦合解析形式的非线性本构关系，建立了磁-热-力多场耦合的铁磁薄板壳结构多重非线性理论模型等。相关研究已开拓到超导电磁功能材料多场耦合问题的理论与定量研究中，形成特色并取得了重要进展[29]。超导材料存在的临界特性多场依赖性、电磁本构非线性，以及力学变形的敏感性等，使得这一新兴交叉领域的研究表现出极大的挑战性。

多场耦合力学问题除了在固体智能材料和连续介质领域具有广泛性之外，近些年，一些类固体、类流体甚至散体介质中的多场耦合问题也正在成为研究热点和前沿领域课题。例如，对外界细微的物理化学变化（如 pH、温度、压力、离子强度、可见光等感应）敏感的智能水凝胶[30]；基于碳纳米材料结构与不同形态水介质间的多场耦合新效应——水伏效应（hydrovoltaic effect）能源技术[31]；基于有机溶剂、聚合物电解质以及电极材料组成的锂电池多物理场（电化学场、温度场和应力场）工作机制与问题[32]；散体沙粒的风沙运动以及风沙电跨尺度、多场复杂耦合现象与环境问题等[33]。

可以毫不夸张地说，多场耦合问题已经涵盖了几乎所有的科学和工程技术领域，越来越展现出力学、数学、物理、材料、化学等多学科的深度交叉与融合的显著特征。

1.4.2 多场耦合力学问题的基本特征

与耦合问题的基本特征类似，多场之间的耦合关联就是通过场与场之间相互作用的“耦合项”来实现的。一般表现为相互作用的力、转换或者交换的能量，以及其他场量之间的交换或转换等。反映在物理模型和数学模型上，则具体表现在：场之间的相互作用要么改变场方程的形式，要么改变场边界条件，要么改变场的影响区域或场变量的取值范围等。

多场耦合力学问题研究的基础与核心任务就是客观、准确地表征场与场之间的耦合效应与特征，揭示耦合作用机制，进而实现对这些场的行为与演化过程的分析。围绕这一核心目标和研究主题，形成了一些物理场（包括力学）耦合问题的理论。热弹性耦合力学是最早得到关注的多场耦合力学问题与领域，经过半个多世纪的发展，目前已形成了较为统一的热弹性耦合作用表征形式和行为描述，一些结果也获得工程实际的验证。流-固耦合则是典型和常见的耦合力学问题，目前也有较全面的研究与发展。一些大型商用软件已能够处理较为复杂的流-固耦合问题，并用于指导飞机以及新型航行器的空气弹性动力学设计与响应分析等。

大量功能材料与结构的广泛应用，促使电磁类智能材料与结构相关的多场耦合问题——电磁固体力学已成为重要研究领域[25]。人们对压电、压磁现象较早就有了认识，并且这类材料的大部分应用范围限于线性响应区，这就使得压电、压磁耦合力学问题的理论模型和行为分析的研究相对充分一些。但随着新型功能材料与结构越来越多地服役于复杂、极端多场环境，与之相关的耦合效应与行为也日趋复杂，耦合作用机制往往难以有效刻画。例如，电磁物理学和固体力学在各自学科中尽管已研究得较为完善和成熟，但是当电磁功能结构处于电磁场中时，往往会遇到一些棘手问题。表现在：由于作用于铁磁性介质与结构中的电磁力分布（面力和体力）往往难以由实验直接测量，则如何准确描述电磁力的分布进而有效刻画耦合作用的"耦合项"，就成为电磁固体力学研究的核心和成败关键；许多电磁结构与电磁场之间的作用是非线性的，甚至电磁本构也是非线性的，这不仅带来模型建立和定量分析上的极大挑战，也带来了耦合系统复杂和丰富的强非线性响应特征等。已有的研究表明[24-26]：对于铁磁材料与结构的电磁场和变形场，即便均采用线性理论，由于磁场的全空间分布特性以及结构变形所引起的电磁场分布的边界依赖性，则两场经耦合后的磁弹性力学问题仍呈非线性。若再考虑各个场的非线性效应，则多重非线性往往也成为多场耦合力学的显著及本质特征之一。

伴随大量工程问题以及呈现出的多种耦合效应，近些年研究人员将多物理场的概念和外延进一步拓展，包括了多场（multi-field）、多区域（multi-domain）、多尺度（multi-scale）等时空耦合特征。

如图 1.4.3 所示，我们可以从特征图中的三个维度进行理解[2]。"多场"表示多个物理场同时激发或响应，主要基于物理学和力学概念而言。"多区域"是指具有一定差异性的连续体或非连续体区域之间的关联，主要从空间特性来描述。例如流体-结构不同区域问题，具有不同物理学或力学特性的固体、流体通过区域的交接面相互影响，或者介质内部不同区域界面（如液体凝固、固体相变、畴壁等）之间的相互影响。"多尺度"则是指时间上的多尺度或空间上的多尺度，一般可以是纳观、微观、宏观尺度等。

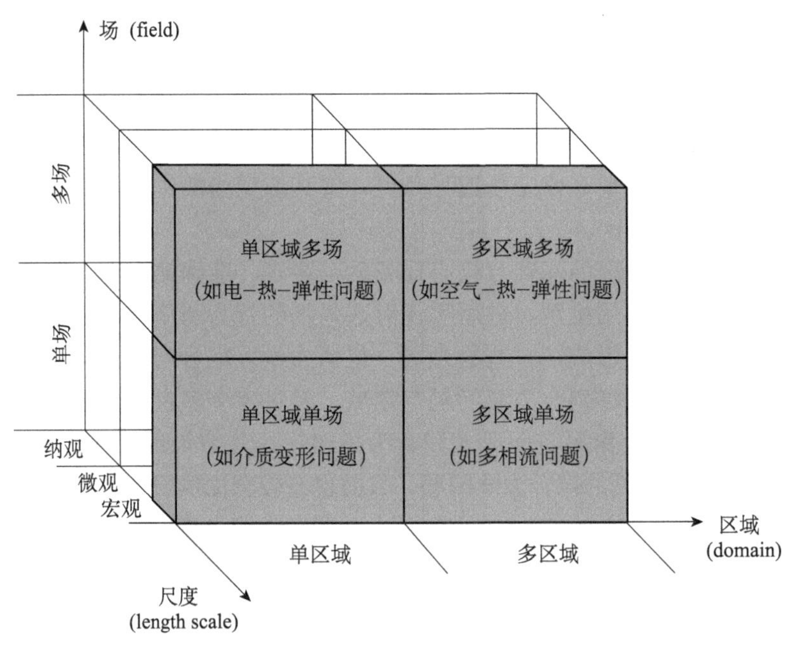

图 1.4.3　多场、多区域、多尺度的多物理场系统耦合特征

在最新的一些文献资料中，以上具有不同维度特征的系统有时候被称为多物理系统。例如，固体结构的变形是一单场单区域问题，介电材料的电-热-弹性响应为一多场单区域问题，包含流体介质和固体结构的空气-热-弹性响应为一多场多区域问题等。对于一些典型的多场耦合力学问题，为方便对其理解，我们将场变量、耦合特征以及分类等信息进行了列表对比（表 1.4.1）。

表 1.4.1　多场耦合力学问题的分类与特征

多场相互作用	耦合问题	耦合变量	耦合分类
结构变形场 ↔温度场	热弹性耦合	变形：$\boldsymbol{u}=\boldsymbol{u}(T)$ 温度：$T=T(\boldsymbol{u})$	域耦合、直接耦合
结构变形场 ↔流场（空气）	流-固耦合 空气弹性耦合	变形：$\boldsymbol{v}_s=\boldsymbol{v}_s(\boldsymbol{v}_f, P)$ 速度、压力： $\boldsymbol{v}_f=\boldsymbol{v}_f(\boldsymbol{v}_s)$, $P=P(\boldsymbol{v}_s)$	边界耦合、直接耦合
电介质变形场 ↔电场	电弹性耦合	变形：$\boldsymbol{u}=\boldsymbol{u}(\boldsymbol{E}, \boldsymbol{P})$ 电场力：$\boldsymbol{f}^e=\boldsymbol{f}^e(\boldsymbol{E}, \boldsymbol{P})$ 电场、极化： $\boldsymbol{E}=\boldsymbol{E}(\boldsymbol{u})$, $\boldsymbol{P}=\boldsymbol{P}(\boldsymbol{u})$	域耦合、直接耦合
磁介质变形场 ↔磁场	磁弹性耦合	变形：$\boldsymbol{u}=\boldsymbol{u}(\boldsymbol{H}, \boldsymbol{M})$ 磁力：$\boldsymbol{f}^m=\boldsymbol{f}^m(\boldsymbol{H}, \boldsymbol{M})$ 磁场、磁化： $\boldsymbol{H}=\boldsymbol{H}(\boldsymbol{u})$, $\boldsymbol{M}=\boldsymbol{M}(\boldsymbol{u})$	域耦合、直接耦合
电流变液流场 ↔电场	电流变耦合	剪切应力：$\tau_Y=\tau_Y(\boldsymbol{E})$ 电场：$\boldsymbol{E}=\boldsymbol{E}(\phi, \boldsymbol{v}_f, \cdots)$	域耦合、边界耦合、直接耦合
磁流变液流场 ↔磁场	磁流变耦合	剪切应力：$\tau_Y=\tau_Y(\boldsymbol{H})$ 磁场：$\boldsymbol{H}=\boldsymbol{H}(\phi, \boldsymbol{v}_f, \cdots)$	域耦合、边界耦合、直接耦合

1.5　多场耦合力学问题的基本理论及模型

多场耦合理论是指表征多场相互作用的特征、机制与行为响应的理论，包括了描述多场问题所涉及的介质或结构宏微观行为的基本模型。

相比较于“单一”场的理论描述与模型建立，多场问题的耦合作用表征和建模要复杂得多，面临的困难和挑战也更多。这主要是由各个场相互关联的内在复杂性决定的，甚至更多时候由于观测手段和理论方法所限，人们对于这种内在关联的作用方式和性质知之甚少，导致该领域问题的建模分析与解决面临着极大困难。

1.5.1　基于场方程的理论模型建立

对于经典的多场问题，人们往往较易表征场与场之间的相互作用，如作用力、能量交换、场变量间的依赖关系等。对此类问题，我们可以借助各个场的基本理论和模型，并通过“耦合项”将它们关联起来，例如热弹性理论、流-固耦合理论等。

下面我们基于当前已获得的较为清晰认识的耦合场案例研究，结合一些相关研究经验的积累以及抽象表述，来阐述基于场方程的多场耦合问题理论模型建立的一般方法与过程。

图 1.5.1 给出了一个包含两场、两空间区域的耦合问题示意图。假设存在相互作用和影响的两个连续体，分别占据空间区域 Ω_1，Ω_2，对应的边界分别为 $\partial\Omega_1$，$\partial\Omega_2$。两个区域的交界面记为 Γ_{1c}（或 Γ_{2c}），其中 Γ_{1c} 表示区域 Ω_1 一侧的界面，Γ_{2c} 表示区域 Ω_2 一侧的

界面；在交接面的不同侧，分别受到相互“作用力”$\hat{q}_{1c}$ 和 $\hat{q}_{2c}$。另外，两个连续体分别在部分边界上（如 Γ_{1b}，Γ_{2b}）受到外部载荷（如 $\hat{q}_{1b}$，$\hat{q}_{2b}$）作用。

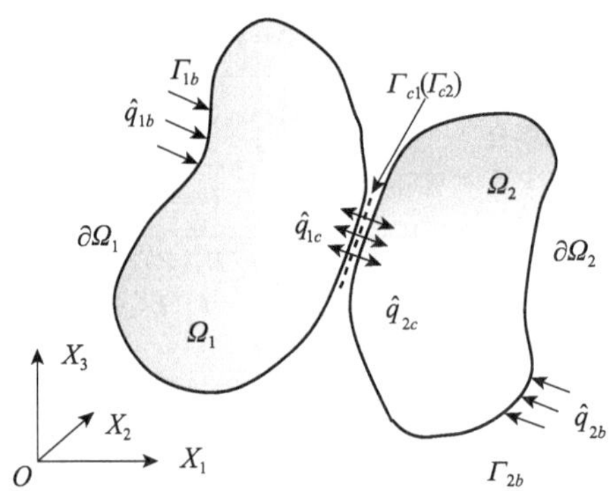

图 1.5.1　两场、两空间区域耦合问题示意图

不失一般性，我们可以将两场、两空间区域问题推广至多个相互作用的连续体和空间区域情形 α（$=1,2,\cdots,N_{\mathrm{d}}$），进而给出在某一固定空间和时间尺度下（如宏观的时空尺度）的一般意义上的数学模型描述。

假设多场耦合问题中的空间区域总数为 N_{d}，则系统的耦合方程组一般形式可以表示为

$$\begin{cases}\Re_{11}(\hat{q}_{1j},\hat{p}_{1j};\dot{\hat{q}}_{1j},\dot{\hat{p}}_{1j})=0,\ \cdots,\ \Re_{1i}(\hat{q}_{1j},\hat{p}_{1j};\dot{\hat{q}}_{1j},\dot{\hat{p}}_{1j})=0,\ \cdots,\\ \quad\Re_{1N_{\mathrm{e}}}(\hat{q}_{1j},\hat{p}_{1j};\dot{\hat{q}}_{1j},\dot{\hat{p}}_{1j})=0\\ \Re_{21}(\hat{q}_{2j},\hat{p}_{2j};\dot{\hat{q}}_{2j},\dot{\hat{p}}_{2j})=0,\ \cdots,\ \Re_{2i}(\hat{q}_{1j},\hat{p}_{1j};\dot{\hat{q}}_{1j},\dot{\hat{p}}_{1j})=0,\ \cdots,\\ \quad\Re_{2N_{\mathrm{e}}}(\hat{q}_{1j},\hat{p}_{1j};\dot{\hat{q}}_{1j},\dot{\hat{p}}_{1j})=0\\ \cdots\cdots\\ \Re_{\alpha 1}(\hat{q}_{\alpha j},\hat{p}_{\alpha j};\dot{\hat{q}}_{\alpha j},\dot{\hat{p}}_{\alpha j})=0,\ \cdots,\ \Re_{\alpha i}(\hat{q}_{1j},\hat{p}_{1j};\dot{\hat{q}}_{1j},\dot{\hat{p}}_{1j})=0,\ \cdots,\\ \quad\Re_{\alpha N_{\mathrm{e}}}(\hat{q}_{1j},\hat{p}_{1j};\dot{\hat{q}}_{1j},\dot{\hat{p}}_{1j})=0\\ \cdots\cdots\\ \Re_{N_{\mathrm{d}}1}(\hat{q}_{N_{\mathrm{d}}j},\hat{p}_{N_{\mathrm{d}}j};\dot{\hat{q}}_{N_{\mathrm{d}}j},\dot{\hat{p}}_{N_{\mathrm{d}}j})=0,\ \cdots,\ \Re_{N_{\mathrm{d}}i}(\hat{q}_{1j},\hat{p}_{1j};\dot{\hat{q}}_{1j},\dot{\hat{p}}_{1j})=0,\ \cdots,\\ \quad\Re_{N_{\mathrm{d}}N_{\mathrm{e}}}(\hat{q}_{1j},\hat{p}_{1j};\dot{\hat{q}}_{1j},\dot{\hat{p}}_{1j})=0\end{cases}\tag{1.5.1}$$

其中，下标表示各个空间区域的序号；i（$=1,2,\cdots,N_{\mathrm{e}}$）表示任一空间域 Ω_α 中所包含方程的序号（每一区域中的方程数目可以不同）；j（$=1,2,\cdots,N_{\mathrm{v}}$）表示共轭的场变量对的序号（不同场中对应的场变量数目也可以不同）。

此外，$\Re_{\alpha i}$ 为微分算子（有些情形下也可为积分算子），在每一个空间域 Ω_α 及每一个方程中均有定义，通常表示一些守恒定律。微分算子通过共轭场变量对（$\hat{q}_{\alpha j},\hat{p}_{\alpha j}$）来定义和表征，反映了某一物理场或某一系统响应的本质特征，某些情形下可能还需要用到场变量的时间导数（$\dot{\hat{q}}_{\alpha j},\dot{\hat{p}}_{\alpha j}$）。通常，共轭场变量对（$\hat{q}_{\alpha j},\hat{p}_{\alpha j}$）对应于场中的自变量和因变量，或是系统中的输入量和输出量，可以是标量、矢量或张量。例如，温度场中的温度和熵（T,η），结构变形场中的应变张量和应力张量（$\boldsymbol{\varepsilon},\boldsymbol{\sigma}$）等。

根据方程系统（1.5.1）的封闭性要求，要确定每一物理场中的$2\times N_v$个场变量，方程数目就需要$N_e\geqslant 2\times N_v$。场变量及其导数通常是出现在一对共轭场变量中的，这里的因子 2 是因为共轭的场变量对所对应的总数需要翻倍。大多数情形下，这些满足守恒定律的方程数目是比较少的，不足以构成封闭方程组。这就需要根据场变量之间所满足的本构关系予以补充，例如，一对共轭场变量中第一个变量通常与第二个变量之间存在如下关系：

$$\begin{cases}\hat{q}_{11}=\aleph_{11}(\hat{p}_{11};\dot{\hat{p}}_{11}),\ \cdots,\ \hat{q}_{1j}=\aleph_{1j}(\hat{p}_{1j};\dot{\hat{p}}_{1j}),\ \cdots,\ \hat{q}_{1N_v}=\aleph_{1N_v}(\hat{p}_{1N_v};\dot{\hat{p}}_{1N_v})\\ \hat{q}_{21}=\aleph_{21}(\hat{p}_{21};\dot{\hat{p}}_{21}),\ \cdots,\ \hat{q}_{2j}=\aleph_{2j}(\hat{p}_{2j};\dot{\hat{p}}_{2j}),\ \cdots,\ \hat{q}_{2N_v}=\aleph_{2N_v}(\hat{p}_{2N_v};\dot{\hat{p}}_{2N_v})\\ \cdots\cdots\\ \hat{q}_{\alpha 1}=\aleph_{\alpha 1}(\hat{p}_{\alpha 1};\dot{\hat{p}}_{\alpha 1}),\ \cdots,\ \hat{q}_{\alpha j}=\aleph_{\alpha j}(\hat{p}_{\alpha j};\dot{\hat{p}}_{\alpha j}),\ \cdots,\ \hat{q}_{\alpha N_v}=\aleph_{\alpha N_v}(\hat{p}_{\alpha N_v};\dot{\hat{p}}_{\alpha N_v})\\ \cdots\cdots\\ \hat{q}_{N_d 1}=\aleph_{N_d 1}(\hat{p}_{N_d 1};\dot{\hat{p}}_{N_d 1}),\ \cdots,\ \hat{q}_{N_d j}=\aleph_{N_d j}(\hat{p}_{N_d j};\dot{\hat{p}}_{N_d j}),\ \cdots,\\ \hat{q}_{N_d N_v}=\aleph_{N_d N_v}(\hat{p}_{N_d N_v};\dot{\hat{p}}_{N_d N_v})\end{cases}\tag{1.5.2}$$

其中，$\aleph_{\alpha j}$ 为不同场变量间的关联算子（可以是微分算子或代数算子），一般是由实验测定或者本构理论予以确定。

联立方程组式（1.5.1）和式（1.5.2），便可构成多场耦合系统场变量满足的控制微分方程。

但仅有控制方程，通常仍无法构成一个确定系统定解问题的完整描述，在边界面上和交界面上的方程也是不可或缺的。例如，在不同区域的交界面上，场变量通常满足某些守恒律相对应的传输条件或者连续性条件：

$$\hat{p}_{\alpha j}\cdot\boldsymbol{n}_{\alpha\beta}=\hat{p}_{\beta j}\cdot\boldsymbol{n}_{\alpha\beta}+\sum\nolimits_{\alpha\beta}\qquad(\text{在 }\Gamma_{\alpha c}=\Gamma_{\beta c}\text{ 上})\tag{1.5.3}$$

$$\dot{\hat{p}}_{\alpha j}=\dot{\hat{p}}_{\beta j}\qquad(\text{在 }\Gamma_{\alpha c}=\Gamma_{\beta c}\text{ 上})\tag{1.5.4}$$

其中，$\boldsymbol{n}_{\alpha\beta}$ 表示不同连续体空间域Ω_α 和Ω_β 交界面$\Gamma_{\alpha c}=\Gamma_{\beta c}=\Omega_\alpha\cap\Omega_\beta$ 上的单位法向向量；$\sum_{\alpha\beta}$ 表示交界面处的扰动量或跳变量。

另外，在空间域Ω_α 的载荷边界$\Gamma_{\alpha b}$ 处，还应满足已知的外部条件，即

$$\hat{p}_{\alpha j}=\hat{p}_{\alpha j}^{b}\qquad(\text{在 }\Gamma_{\alpha b}\text{ 上})\tag{1.5.5}$$

上述给出的一般形式的广义方程组，代表了大多数的多场、多区域耦合问题所涉及的基本方程描述，以及公共边界处的连续或相互作用条件等。

一般地，关于多场耦合力学问题的建模，可以归纳为以下几种不同的模式。它们的主要区别在于所采用的一些基本假设上的相异性。

1. 第一种模式

采用的基本原理和假设包括：

（1）系统的质量守恒，动量、动量矩守恒，以及能量守恒定律成立；

（2）存在一热力学势函数，能够隐式地表征与场关联的所有状态变量和本构方程；

（3）与温度共轭的变量熵，可通过熵平衡定律或方程确定；

(4) 存在满足昂萨格（Onsager）倒易关系的不可逆热力学过程[34]，用于描述唯象的广义力和相应通量之间的关联。

2. 第二种模式

与前面第一种模式中的原理或假设部分重叠，部分则不同。

(1) 各守恒律依然成立；

(2) 描述状态变量和本构关系的方程与第一种模式中的第（2）条相同；

(3) 采用热力学第二定律的克劳修斯-杜安（Clausius-Duhem）不等式来描述热力学过程（即替代第一种模式中的第（3）、(4) 条）。

相对于第一种模式，第二种模式在理论上更为严格，并具有公理化的表述。相关代表性研究进展与成果，以理性力学大师 Eringen 及其合作者在连续电动力学方面的研究贡献为主[22]。

3. 第三种模式

该模式主要采用了公理化的连续介质理论。

(1) 各守恒律成立（前面两种模式的第（1）条依然采用）；

(2) 热力学 Clausius-Duhem 不等式依然采用。

该模式放弃了前面所述第一、二种模式中的第（2）条假设。Truesdell 和 Toupin 于 20 世纪 50 年代首次提出这一理论分析模式，之后不断拓展并发展形成了“经典场理论”[35,36]。

在此理论基础上，进一步可利用熵不等式来构建热弹性和一般材料的热力学统一理论，并扩展至非线性系统和问题中。这一方面的最初研究工作与热力学势以及本构关系泛函的构建无太大关联，后来，有研究人员尝试采用材料内部的应变能密度泛函来构建本构方程。因而从某种意义上讲，放弃的第（2）条假设又重新得以引入和运用。

1.5.2　基于图形场唯象概念的理论模型建立

随着越来越多的复杂工程问题以及考虑材料微细观特征与性能问题的出现，1.5.1 节所提及的基于场方程的一般理论与方法往往难以有效适用。例如，固体中的结晶过程、液体的凝固过程、多孔介质的传质与传热过程、可极化可变形铁电介质的传感与驱动过程、可磁化可变形铁磁介质的传感与驱动过程等，在这些多场、多材料、多相耦合问题中，不同场之间的相互作用更难以直观表征或由实验测量获得，而且与其内部的微结构（如不同相夹杂、晶粒取向、空隙形状、电畴、磁畴等）密切关联。因而，基于合理假设和理论推理，借助其他概念和方法的模型构建则显得尤为重要。

为了有效表征介质内的相关主导性的微观结构和本征变量等，一种新的研究思路是可以引入“图形场”（graphic field）概念[37]。从某种意义上讲，这些“图形场”在不同研究对象和实际问题中，往往被称为“序参量”、“微结构场”、“微变形场”等。这一概念和思想最早是由朗道（Landau）在研究结构相变的对称性变化时引入的，也称为统计物理学上的有序参量[38, 39]。

通常，在连续介质中，指定任一物质点 P 的空间位置 $\boldsymbol{x}(P)$，我们可以基于这些物质点相对位置的改变来描述介质中微元与微元之间的挤压变形、剪切变形等。在这种情形下，往往忽略了介质微元的组织结构或者子结构特征。现在，我们在任一物质点 P 处引入“图形场”的表征量 $\psi_i(P)$（$i=1,2,\cdots,I$，如序参量等）来表征介质子结构的构型等信息，则每一物质点由一组信息 $(\boldsymbol{x},\psi_i)$ 来表征（图 1.5.2）。

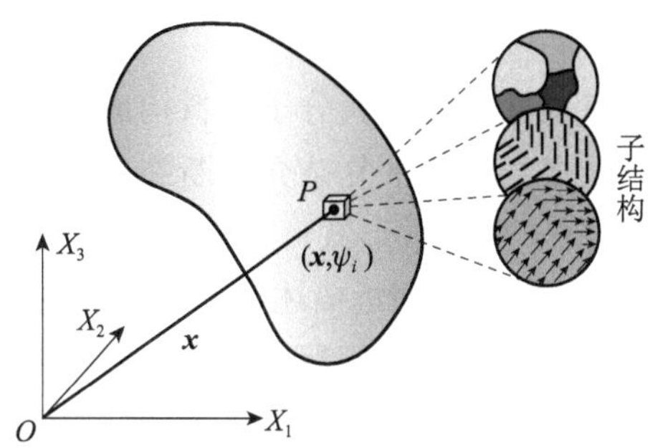

图 1.5.2 介质中任一点处的“图形场”子结构表征

通常，图形场表征量 ψ_i 的选择是多样的，依赖于所研究介质的自身特性以及多物理场环境、演化特征与过程等，可以选择场变量，或其他方便描述的场量（图 1.5.3）。

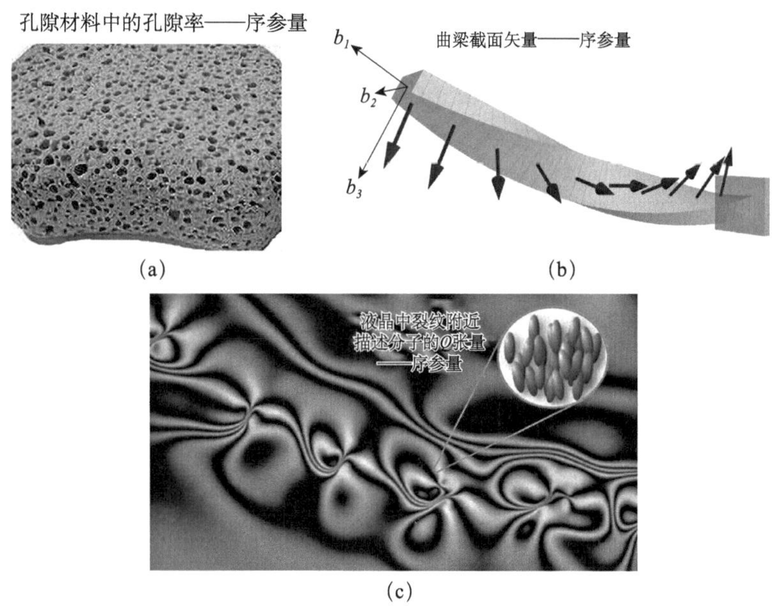

图 1.5.3 不同研究对象或问题中的“图形场”序参量的选取

1. 标量 ψ_i

这是一种最简单形式的表征量的选取。例如，在多孔介质中，选择孔隙率作为结构的微观特征表征量，亦即序参量；或者在多相混合介质中，选择体积分数或质量分数作为序参量 $\psi_i(i=1,2,\cdots,I)$；或者在多介质扩散过程中，选择浓度作为序参量等。

2. 矢量 $\boldsymbol{\psi}_i$

在某些复杂介质及问题中，标量表征量已不足以有效描述相关主要特征，需要引入图形场的矢量表征量形式。例如，用于描述曲杆截面形状的三维矢量、岩石的层状节理等。矢量序参量也可以用来描述晶体缺陷（如晶体的光轴），或者固体介质中的三维微裂纹等。

3. 张量 $\boldsymbol{\psi}_i$

若所研究介质中的物质点或微元是由大分子材料构成的，则通常需要引入二阶张量来表征序参量。例如，在涉及多场环境下复杂介质断裂失效问题中，与方向相关的微裂纹的偶极子近似分布表征需要采用张量形式；在位错连续理论中需要采用二阶伯格斯（Burgers）张量；在液晶材料中的裂纹附近描述分子的 $\boldsymbol{Q}$ 张量等。

显然，对于更为复杂的多场相互作用问题，“图形场”的表征量 $\psi_i(P)$ 也是复杂而且多种形式的。在建模分析中，这些序参量通常尽可能选择可观测量，通过不同的测量手段获得所研究介质中的物质点位置和子结构特征等，进而基于（$\boldsymbol{x}$，ψ_i）尽可能准确地刻画研究对象的“物理构型”。

场与场之间的相互作用可借助合理选取或引入的序参量来表征。例如，通过序参量的变化率 $\dot{\psi}_i$ 或者梯度 $\nabla\psi_i$ 等表示能量，以实现系统的某些广义场量的平衡等。对于表征各场间相互“关联作用”的核心问题，其通常与序参量的梯度以及能量等相关，可以具有明确或重要物理意义上的关联，也可以无明确的物理意义。这种“关联作用”的建立和表征形式可以是多样的，但需要满足一些基本的守恒律，如能量守恒、质量守恒等。

其次，在构建复杂系统的多场耦合理论模型时，也可以通过引入“内变量”来描述介质内部的子结构特征，以及场与场之间相互的“关联作用”[40]。这些内变量往往是实验不可观测的量，也无关联的平衡方程，而是依赖于系统自由能函数的衍生量（如通过微分运算等）。一些内变量的选择可能并非直接与真实的相互作用相关，甚至也不需要满足系统平衡以及能量的显式表征，但可以通过整个多场系统应满足的热力学定理构建这种“关联作用”。在合适的内部约束条件下，基于“内变量”的模型往往可以从基于“图形场”序参量的模型通过推导而获得，在一些问题中二者具有等价性。

应该说，以上给出的耦合场理论模型建立的模式仅仅是可能采用的方式，并不能保证其总能行之有效。这是因为大量涌现的复杂多场耦合问题系统，人们对其相互作用机制和机理远未得到清晰的认识。即便对于一些单一场或单一系统的问题，随着检测手段的更新以及人们认识的加深，也发现了一些新现象、新效应等，可能是现有理论或模型尚不能予以有效揭示的。

目前，针对一些特定问题，研究人员从不同的学科基础知识和理论出发，建立了基本模型与耦合作用机制的表征。但是整体上讲，多场耦合问题从基础理论建模、模型的适定性，到定性、定量求解方法等均远未成熟，依然面临着更多的挑战和难题。

本书将在后面章节针对一些经典多场耦合问题，以及作者所从事的相关多场耦合问题研究和最新进展进行一些介绍，以求达到窥一斑而识全貌。

参考文献

[1] Felippa C A，Park K C，Farhat C. Partitioned analysis of coupled mechanical systems [J]. Comput. Meth. Appl. Engng.，2001，190：3247 - 3270.

[2] Michopoulos J G，Farhat C，Fish J. Modelling and simulation of multiphysics systems [J]. J. Comput. Infor. Sci. Engng.，2005，5：198 - 213.

[3] Zienkiewicz O C，Taylor R L，Zhu J Z. The Finite Element Method：Its Basis and Fundamentals [M]. Oxford：Elsevier Butterworth-Heinemann，2005.

[4] Matthies H G，Steindorf J. Strong coupling methods [M] //Wendland W L，Efendiew M. Analysis and Simulation of Multifield Problems. Berlin：Springer Verlag，2003.

[5] Chorin A J，Marsden J E. A Mathematical Introduction to Fluid Mechanics [M]. New York：Springer-Verlag，2000.

[6] Argyris J，Doltsinis I S，Pimenta P，et al. Thermomechanical response of solids at high strains — Natural approach [J]. Comput. Meth. Appl. Mech. Engng.，1982，32：3 - 57.

[7] Rowe D M. Handbook of Thermoelectrics [M]. Boca Raton：CRC Press，1995.

[8] Duhamel J M C. Second memoire sur les phenomenes thermo-mecaniques [J]. J. de lEcole Polytech.，1837，15：1 - 11.

[9] Navier C L M H. Sur les lois des mouvement des fuides，en ayant egard a l'adhesion des molecules [J]. Bull. Soc. Philomath.，1822，298：75 - 79.

[10] Maxwell J C. A dynamical theory of the electromagnetic field [J]. Philos. Trans. the Royal Society of London，1864，CLV：459 - 512.

[11] Voigt W. Lehrbuch der Kristallohysik [M]. Leipsig：Teubner，1910.

[12] Jeffreys H. The thermodynamics of an elastic solid [J]. Math. Proceed. the Cambridge Philos.，1930，26 (1)：101 - 106.

[13] Biot A. Thermoelasticity and irreversible thermodynamics [J]. J. Appl. Phys.，1956，27：240 - 253.

[14] Landau L D，Lifshitz E M. Electrodynamics of Continuous Media [M]. Oxford：Pergamon Press，1960.

[15] Toupin R A. A dynamical theory of elastic dielectrics [J]. Int. J. Eng. Sci.，1963，1 (1)：101 - 126.

[16] Rosen C Z，Hiremath B V，Newnham R. Piezoelectricity [M]. New York：American Institute of Physics，1992.

[17] Moon F C. Magneto-Solid Mechanics [M]. New York：John Wiley & Sons，1984.

[18] Ablas J B. Electro-magneto-elasticity [C] //Zeman J L，Ziegler F. Topics in Applied Continuum Mechanics，Wien，Germany，1974：72 - 114.

[19] Puri P. Plane waves thermoelasticity and magnetothermoelasticity [J]. Int. J. Engng. Sci.，1972，10：467 - 477.

[20] Tiersten H F. On the nonlinear equations of thermo-electroelasticity [J]. Int. J. Engng. Sci.，1971，9：587 - 604.

[21] Sih G C，Michopoulos J G，Chou S C. Hygrothermoelasticity [M]. Dordrecht：Martinus Nijhoff Publisher，1986.

［22］ Eringen A C，Maugin G A. Electrodynamics of Continua Ⅰ. Foundations and Solid Media ［M］. New York：Springer - Verlag，1990.

［23］ Michopoulos J G，Sih G C. Coupled theory of temperature moisture deformation and electromagnetic fields ［R］. Technical Report，IFSM-84 - 123，1984.

［24］ Zhou Y H，Zheng X J. A general expression of magnetic force for soft ferromagnetic plates in complex magnetic fields ［J］. Int. J. Engng. Sci.，1997，35 (15)：1405 - 1417.

［25］ 周又和，郑晓静．电磁固体结构力学［M］．北京：科学出版社，1999.

［26］ Wang X，Zhou Y H，Zheng X J. A generalized variational model of magneto-thermo-elasticity for nonlinearly magnetized ferroelastic bodies ［J］. Int. J. Engng. Sci.，2002，40：1957 - 1973.

［27］ Zheng X J，Wang X. A magnetoelastic theoretical model for soft ferromagnetic shell in magnetic field ［J］. Int. J. Solid. Struct.，2003，40：6897 - 6912.

［28］ Zhou Y Z，Gao Y，Zheng X J. Buckling and post-buckling analysis for magneto-elastic-plastic ferromagnetic beam-plates with unmovable simple supports ［J］. Int. J. Solid. Struct.，2003，40：2875 - 2887.

［29］ 周又和．超导电磁固体力学［M］. 北京：科学出版社，2022.

［30］ 褚良银，谢锐，巨晓洁，等．智能水凝胶功能材料［M］. 北京：化学工业出版社，2014.

［31］ Zhang Z，Li X，Yin J，et al. Emerging hydrovoltaic technology ［J］. Nat. Nanotechnol.，2018，13 (12)：1109 - 1119.

［32］ Liu G，Zhang X，Lu B，et al. Crocodile skin inspired rigid-supple integrated flexible lithium ion batteries with high energy density and bidirectional deformability ［J］. Energy Stor. Mater.，2022，47：149 - 157.

［33］ Zheng X J. Mechanics of Wind-blown Sand Movement ［M］. Berlin：Springer-Verlag，2009.

［34］ Onsager L. Reciprocal relations in irreversible processes ［J］. Phys. Rev.，American Physical Society (APS)，1931，37 (4)：405 - 426.

［35］ Truesdell C. The mechanical foundations of elasticity and fluid mechanics ［J］. J. Rational Mech. Anal.，1952，1：125 - 171，173 - 300.

［36］ Truesdell C，Toupin R. The Classical Field Theories ［M］. Berlin：Springer-Verlag，1960.

［37］ Mariano P M. Multifield theories in mechanics of solids ［J］. Adv. Appl. Mech.，2002，38：1 - 93.

［38］ Capriz G. Continua with Microstructure ［M］. Berlin：Springer-Verlag，1989.

［39］ Plischke M，Bergersen B. Equilibrium Statistical Physics ［M］. Singapore：World Scientific，1994.

［40］ Maugin G A，Muschik W. Thermodynamics with internal variables，Part Ⅰ. General concepts ［J］. J. Non-Equilib. Thermodyn.，1994，19 (3)：217 - 249.

第 2 章　多场问题的基本场方程与模型

多场现象以及多场耦合问题广泛存在。在众多的多场问题中，均涉及介质与结构所处的基本环境场，例如变形、流动、热、电、磁等；以及包括了能量交换、场量相互作用的物理过程等，这些是组成多场问题的基本场特征。

针对大多数多场问题中所涉及的基本场，如结构变形场、温度场、电磁场、流体介质的流场、声场等，本章将予以简要介绍，方便读者对基本概念和理论模型的了解和认识。

2.1　固体与结构力学问题

大至天体，小至粒子等固态物体，在外界因素（如载荷、温度、湿度等）作用下，会发生运动、变形甚至破坏，这均与固体力学有关。现代工程中，无论是飞机、船舶、火车，还是房屋、桥梁、水坝、原子反应堆以及日用家具，其结构设计和分析都运用了固体力学的原理和方法。

固体与结构的力学问题既有弹性问题，也有塑性问题；既有线性问题，也有非线性问题。研究对象按照几何形状又可细分为：杆件、梁、板、壳、薄壁结构、空间体等。按照变形特征可分为：拉、压、弯、扭、剪以及各类组合变形等。随着近代固体力学的发展，各种人造的复合材料、自然界的天然材料与结构也不断进入人们的研究视野，同时研究范围也扩大到非均匀连续体、多孔、多层以及含有裂纹的非连续体等。

2.1.1　固体的变形描述

固体与结构力学中所研究的可变形固体是一种简化的力学模型[1, 2]，具有连续性，在所占有的空间内连续无空隙地充满着物质。进一步，还可以假定固体是均匀、各向同性的，所产生的变形是微小的。在此基础上，对于物质内部的任一点，可以建立其满足的基本方程。

考虑一可变形的固体介质，如图 2.1.1 所示，变形前的构形为初始构形（$t=0$ 时刻），区域和边界分别记为 Ω_0 和 $\partial\Omega_0$，单位外法向矢量为 $\boldsymbol{n}_0$。在外载荷或其他因素作用下，固体介质变形后的构形为当前构形（t 时刻），区域和边界分别记为 Ω 和 $\partial\Omega$，单位外法向矢量为 $\boldsymbol{n}$。

记固体介质发生的位移矢量为 $\boldsymbol{u}$，则其体内一点在变形前后存在的对应关系如下：

$$\boldsymbol{x}=\boldsymbol{u}+\boldsymbol{X} \tag{2.1.1}$$

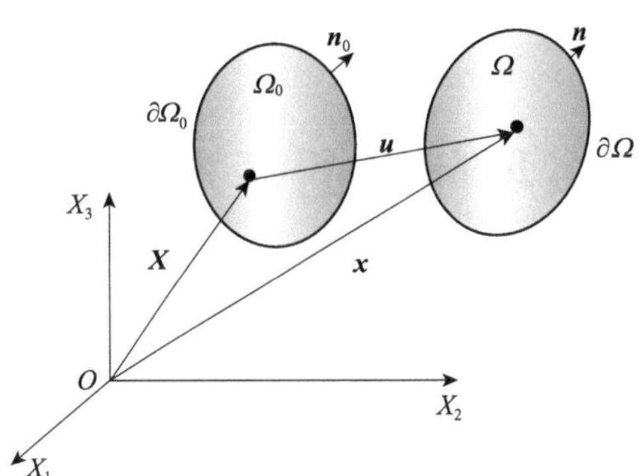

图 2.1.1　固体或结构的变形示意图

及

$$\mathrm{d}\boldsymbol{x}=\frac{\partial \boldsymbol{u}}{\partial \boldsymbol{X}}\mathrm{d}\boldsymbol{X}+\mathrm{d}\boldsymbol{X}=\boldsymbol{F}\cdot\mathrm{d}\boldsymbol{X} \tag{2.1.2}$$

其中，$\boldsymbol{F}$ 为变形梯度张量，定义如下：

$$\boldsymbol{F}=\frac{\partial \boldsymbol{x}}{\partial \boldsymbol{X}}=\boldsymbol{I}+\frac{\partial \boldsymbol{u}}{\partial \boldsymbol{X}} \tag{2.1.3}$$

这里，$\boldsymbol{I}$ 为二阶单位张量。

定义拉格朗日（Lagrange）描述下的格林（Green）应变张量

$$\boldsymbol{e}=\frac{1}{2}[\bar{\nabla}\boldsymbol{u}+(\bar{\nabla}\boldsymbol{u})^{\mathrm{T}}+\bar{\nabla}\boldsymbol{u}\cdot(\bar{\nabla}\boldsymbol{u})^{\mathrm{T}}] \tag{2.1.4}$$

及欧拉（Euler）描述下的阿尔曼西（Almansis）应变张量

$$\boldsymbol{\varepsilon}=\frac{1}{2}[\nabla\boldsymbol{u}+(\nabla\boldsymbol{u})^{\mathrm{T}}-\nabla\boldsymbol{u}\cdot(\nabla\boldsymbol{u})^{\mathrm{T}}] \tag{2.1.5}$$

其中，$\bar{\nabla}$和 ∇分别为定义于初始构形和当前构形上的梯度算子；$\bar{\nabla}\boldsymbol{u}$ 和 $\nabla\boldsymbol{u}$ 分别表示初始构形和当前构形对应的位移梯度。

有时，我们需要考虑物体的大变形。将位移梯度分解为一对称张量与一反对称张量的和，不妨以格林应变为例：

$$\bar{\nabla}\boldsymbol{u}=\boldsymbol{R}+\boldsymbol{\Omega} \tag{2.1.6}$$

其中，

$$\boldsymbol{R}=\frac{1}{2}[\bar{\nabla}\boldsymbol{u}+(\bar{\nabla}\boldsymbol{u})^{\mathrm{T}}],\qquad \boldsymbol{\Omega}=\frac{1}{2}[\bar{\nabla}\boldsymbol{u}-(\bar{\nabla}\boldsymbol{u})^{\mathrm{T}}] \tag{2.1.7}$$

$$\boldsymbol{R}=\boldsymbol{R}^{\mathrm{T}},\qquad \boldsymbol{\Omega}=-\boldsymbol{\Omega}^{\mathrm{T}} \tag{2.1.8}$$

将式（2.1.6）代入式（2.1.4）中，可得到格林应变的另外表示形式：

$$\boldsymbol{e}=\frac{1}{2}(2\boldsymbol{R}+\boldsymbol{R}\cdot\boldsymbol{R}^{\mathrm{T}}-\boldsymbol{R}\cdot\boldsymbol{\Omega}+\boldsymbol{\Omega}\cdot\boldsymbol{R}+\boldsymbol{\Omega}\cdot\boldsymbol{\Omega}^{\mathrm{T}}) \tag{2.1.9}$$

在实际的物质变形过程中，载荷大小的不同可能导致变形大小、范围等不同。一般地，可以分为以下几种情形。

1）大应变问题

若物体的变形伸长量和转动与 1 同量级（即 $\boldsymbol{R}\sim 1$，$\boldsymbol{\Omega}\sim 1$），则式（2.1.9）的应变表达式不做任何简化，保留原来的非线性形式。

2）小应变、大转动问题

若物体变形中的应变与 1 相比很小，而转动与 1 同量级（$\boldsymbol{R}\ll 1$，$\boldsymbol{\Omega}\sim 1$），则可忽略 $\boldsymbol{R}$ 的平方项，由式（2.1.9）可得到

$$\boldsymbol{e}=\boldsymbol{R}+\frac{1}{2}(-\boldsymbol{R}\cdot\boldsymbol{\Omega}+\boldsymbol{\Omega}\cdot\boldsymbol{R}+\boldsymbol{\Omega}\cdot\boldsymbol{\Omega}^{\mathrm{T}}) \tag{2.1.10}$$

此种情况一般出现于板壳等具有较大韧性结构的变形过程中。

3）应变与转动平方同量级问题

若物体变形中的应变和转动与 1 相比都很小，但应变分量的大小与转动分量的平方同量级（$\boldsymbol{R},\boldsymbol{\Omega}\ll 1$，$\boldsymbol{R}\sim\boldsymbol{\Omega}^2$），则可忽略式（2.1.9）中 $\boldsymbol{R}$ 的平方项以及 $\boldsymbol{R}$ 与 $\boldsymbol{\Omega}$ 的乘积项，于是得到

$$\boldsymbol{e}=\boldsymbol{R}+\frac{1}{2}\boldsymbol{\Omega}\cdot\boldsymbol{\Omega}^{\mathrm{T}} \tag{2.1.11}$$

此种情况多出现在薄板、薄壳的几何非线性问题中。著名的冯·卡门（von Karman）非线性板方程也属于此类。

4）小应变问题

若物体变形中的应变和转动与 1 相比都很小，且两者的数量级也相当（$\boldsymbol{R},\boldsymbol{\Omega}\ll 1$，$\boldsymbol{R}\sim\boldsymbol{\Omega}$），则可略去式（2.1.9）中所有高阶非线性项，便可得小应变理论下的应变简化形式：

$$\boldsymbol{e}=\boldsymbol{R} \tag{2.1.12}$$

此时，初始构形与当前构形之间的差别可以忽略，有

$$\boldsymbol{e}=\frac{1}{2}[\bar{\nabla}\boldsymbol{u}+(\bar{\nabla}\boldsymbol{u})^{\mathrm{T}}]=\frac{1}{2}[\nabla\boldsymbol{u}+(\nabla\boldsymbol{u})^{\mathrm{T}}]=\boldsymbol{\varepsilon} \tag{2.1.13}$$

对于物体变形前后的微元变化关系（图 2.1.2），如果用 $\mathrm{d}v_0$ 和 $\mathrm{d}v$ 分别表示物体初始构形 Ω_0 和当前构形 Ω 下的体元，$\mathrm{d}\boldsymbol{s}_0$ 和 $\mathrm{d}\boldsymbol{s}$ 分别表示初始和当前构形下的面元，可进一步得到两者间的关系：

$$\mathrm{d}v=J\,\mathrm{d}v_0 \tag{2.1.14}$$

$$\mathrm{d}s_i=n_i\,\mathrm{d}s=J\,\frac{\partial X_K}{\partial x_i}\mathrm{d}s_{0K}=J\,\frac{\partial X_K}{\partial x_i}n_{0K}\,\mathrm{d}s_0 \tag{2.1.15}$$

这里，$J=\det(\boldsymbol{F})$ 为雅可比（Jacobian）行列式。

与定义应变张量的做法类似，我们在物质体初始构形下分别定义第一和第二皮奥拉-基尔霍夫（Piola-Kirchhoff）应力张量 $\boldsymbol{\tau}_{\mathrm{I}}$，$\boldsymbol{\tau}_{\mathrm{II}}$。它们与当前构形下定义的柯西（Cauchy）应力张量 $\boldsymbol{\sigma}$ 满足如下关系：

$$\boldsymbol{\tau}_{\mathrm{I}}=J\boldsymbol{\sigma}\cdot\boldsymbol{F}^{-\mathrm{T}},\qquad \boldsymbol{\tau}_{\mathrm{II}}=J\,\boldsymbol{F}^{-1}\cdot\boldsymbol{\sigma}\cdot\boldsymbol{F}^{-\mathrm{T}} \tag{2.1.16}$$

此外，在具体的分析中，往往也采用较为容易理解的位移、应变、应力分量形式或张量矩阵形式表述基本方程。例如，位移可表示为

$$\boldsymbol{u}=\{u\quad v\quad w\}^{\mathrm{T}}\quad 或 \quad \boldsymbol{u}=\{u_x\quad u_y\quad u_z\}^{\mathrm{T}} \tag{2.1.17}$$

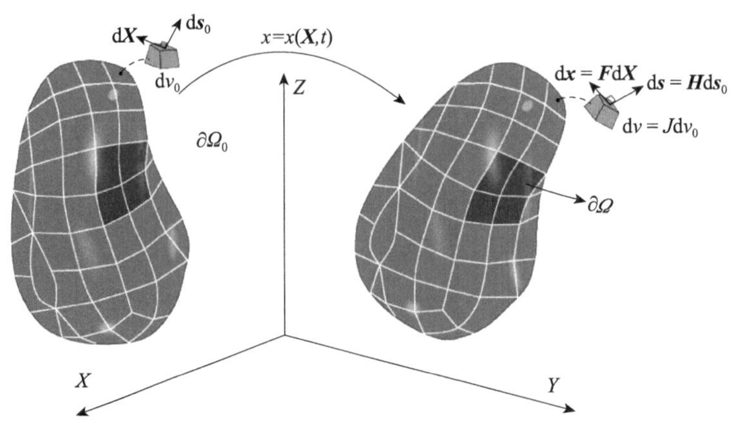

图 2.1.2　固体或结构的变形前后微元示意图

应变、应力可表示为

$$\boldsymbol{\varepsilon}=\{\varepsilon_x \quad \varepsilon_y \quad \varepsilon_z \quad \gamma_{xy} \quad \gamma_{yz} \quad \gamma_{xz}\}^{\mathrm{T}} \tag{2.1.18}$$

$$\boldsymbol{\sigma}=\{\sigma_x \quad \sigma_y \quad \sigma_z \quad \tau_{xy} \quad \tau_{yz} \quad \tau_{xz}\}^{\mathrm{T}} \tag{2.1.19}$$

2.1.2　固体变形的力学基本定律

按照连续性介质理论，物质体变形和运动必须满足基本的平衡和守恒定律。

1）质量守恒

$$\frac{\partial \rho}{\partial t}+\nabla\cdot(\rho \boldsymbol{v})=0 \tag{2.1.20a}$$

该守恒定律往往适合于欧拉坐标系统下的描述，也适合于流体介质。式（2.1.20a）中 $\rho=\rho(\boldsymbol{x},t)$ 为质量密度，$\boldsymbol{v}=\mathrm{d}\boldsymbol{u}/\mathrm{d}t$ 为速度矢量。

对于准静态或者拉格朗日坐标系统下的描述，物体变形前、后的密度 ρ_0，ρ 可表示为

$$\rho_0=J\rho \tag{2.1.20b}$$

2）线动量平衡

$$\nabla\cdot\boldsymbol{\sigma}+\boldsymbol{f}=\rho\frac{\partial^2 \boldsymbol{u}}{\partial t^2} \tag{2.1.21}$$

3）角动量平衡

$$\boldsymbol{\sigma}:\boldsymbol{\eta}-\boldsymbol{c}=\boldsymbol{0} \tag{2.1.22}$$

其中，$\boldsymbol{f}$ 和 $\boldsymbol{c}$ 分别为作用于物体上的体力和体力偶；$\boldsymbol{\eta}$ 为三阶置换张量。一般地，若不考虑体力偶，则有 $\boldsymbol{\sigma}:\boldsymbol{\eta}=\boldsymbol{0}$ 或者 $\boldsymbol{\sigma}=\boldsymbol{\sigma}^{\mathrm{T}}$，亦即剪应力互等。

当物体发生变形的速度不是很高时，我们可以将整个过程近似看作为静态或准静态，即静力学问题。此时，速度 $\boldsymbol{v}=\boldsymbol{0}$ 及时间变化率 $\partial(\cdot)/\partial t=0$，从而上述方程可进一步化简而得到相应的静力学方程。

2.1.3　本构关系

本构关系是揭示外界激励作用与物体反馈和响应之间的关系，其反映了材料的基本

力学属性，可以表征为广义力与广义位移之间的关系。在力学分析中，我们通常把应力与应变之间的函数关系称为本构[2-4]。

对于复杂变形过程或某些特殊性能的材料，其应力响应不只与应变有关，还与加载历史、加载方式（路径）以及时间或温度等有关联。因此，材料的本构关系一般可以表示为

$$\boldsymbol{\sigma}=\varphi(\boldsymbol{\varepsilon}, \dot{\boldsymbol{\varepsilon}}, T, t, \cdots, \text{历史}, \text{路径}, \cdots) \tag{2.1.23}$$

例如，考虑固体材料的弹性变形过程，则可以不计及时间、加载路径等影响，应力和应变之间存在一一对应关系。当材料变形超出弹性范围而进入塑性阶段时，应力和应变之间的对应关系变得更为复杂，甚至受到应力历史和路径的影响（图 2.1.3）。

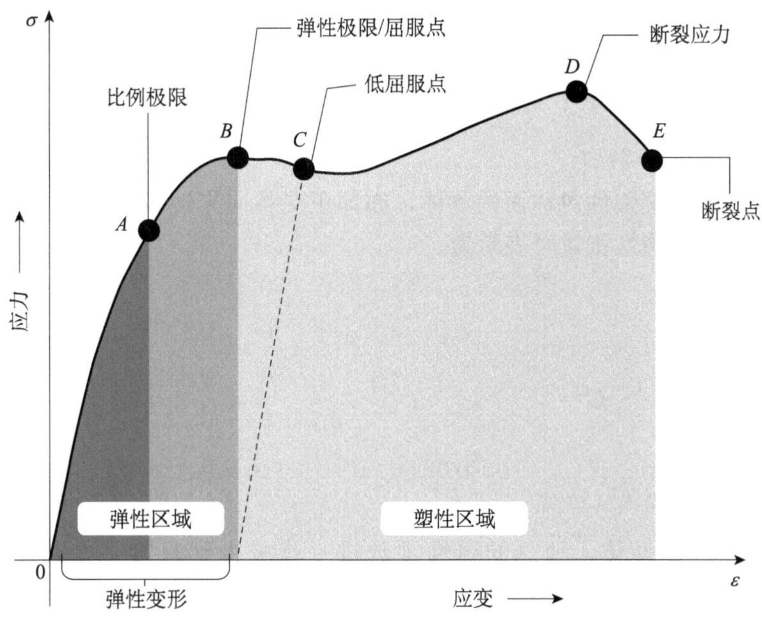

图 2.1.3　金属材料典型的拉伸应力-应变曲线

但随着工程应用领域发展和力学研究的深入，大量实际问题的解决已不再是经典弹性力学所能回答的了。各种现实问题的需要对诸如材料大变形以及大变形下本构关系的建立提出了挑战，往往还需要考虑包括耗散过程（塑性耗散、黏性耗散）的本构关系，以及率相关、不可逆热力学等问题。越来越多的多场现象与问题分析的需要，使得非机械载荷下的材料本构关系建立等问题的紧迫性日益凸显。

以下我们针对传统或经典的弹性问题的本构关系予以介绍（图 2.1.4）。

1. 线弹性本构关系

在小变形、弹性变形范围内，材料的本构关系满足广义胡克（Hooke）定律：

$$\boldsymbol{\sigma}=\boldsymbol{C}\cdot\boldsymbol{\varepsilon} \quad \text{或} \quad \sigma_{ij}=C_{ijkl}\varepsilon_{kl} \tag{2.1.24a}$$

其中，C_{ijkl} 表示弹性张量。

式（2.1.24a）也可以采用应力表示应变的方式，即

$$\boldsymbol{\varepsilon}=\boldsymbol{S}\cdot\boldsymbol{\sigma} \quad \text{或} \quad \varepsilon_{ij}=S_{ijkl}\sigma_{kl} \tag{2.1.24b}$$

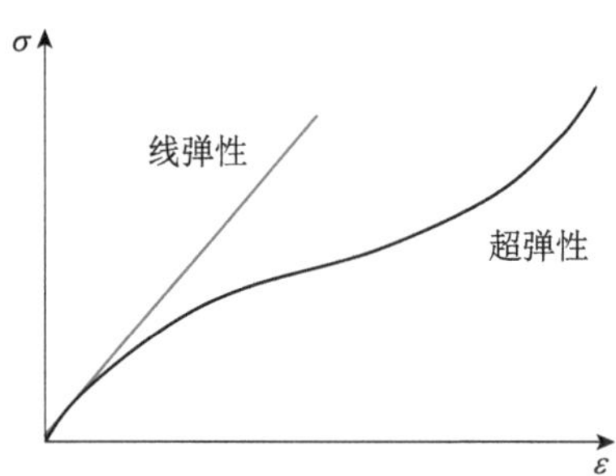

图 2.1.4　固体线弹性、超弹性应力-应变关系示意图

其中，S_{ijkl} 表示柔性张量。

一般地，四阶弹性张量 C_{ijkl}（或柔性张量 S_{ijkl}）共有 81 个元素。由于形变张量的对称性，可以相应地获得弹性张量的对称性关系：

$$C_{ijkl}=C_{jikl}=C_{ijlk}=C_{klij} \tag{2.1.25}$$

则独立的弹性常数变为 21 个。

对于具有三个正交弹性对称面的物体，亦即正交各向异性弹性体，独立的弹性常数减少到 9 个。相应的弹性张量可表示为

$$\boldsymbol{C}=\begin{bmatrix} c_{11} & c_{12} & c_{13} & 0 & 0 & 0 \\ & c_{22} & c_{23} & 0 & 0 & 0 \\ & & c_{33} & 0 & 0 & 0 \\ & & & c_{44} & 0 & 0 \\ & \text{Sym} & & & c_{55} & 0 \\ & & & & & c_{66} \end{bmatrix} \tag{2.1.26}$$

对于各向同性弹性体，独立的弹性常数进一步减少到只有 2 个，即由两个拉梅(Lamé) 系数 λ，μ 进行表示：

$$\boldsymbol{C}=\begin{bmatrix} \lambda+2\mu & \lambda & \lambda & 0 & 0 & 0 \\ & \lambda+2\mu & \lambda & 0 & 0 & 0 \\ & & \lambda+2\mu & 0 & 0 & 0 \\ & & & \mu & 0 & 0 \\ & \text{Sym} & & & \mu & 0 \\ & & & & & \mu \end{bmatrix} \tag{2.1.27}$$

广义胡克定律可写为

$$\boldsymbol{\sigma}=2\mu\boldsymbol{\varepsilon}+\lambda I_1^{\varepsilon}\boldsymbol{I} \quad 或 \quad \sigma_{ij}=2\mu\varepsilon_{ij}+\lambda\varepsilon_{kk}\delta_{ij} \tag{2.1.28a}$$

也可将广义胡克定律写成采用应力表示应变的形式：

$$\boldsymbol{\varepsilon}=\frac{1}{2\mu}\left(\boldsymbol{\sigma}-\frac{\lambda}{3\lambda+2\mu}I_1^{\sigma}\boldsymbol{I}\right) \quad 或 \quad \varepsilon_{ij}=\frac{1}{2\mu}\left(\sigma_{ij}-\frac{\lambda}{3\lambda+2\mu}\sigma_{kk}\delta_{ij}\right) \tag{2.1.28b}$$

其中，δ_{ij} 表示克罗内克（Kroneker）符号；$\boldsymbol{I}$ 表示二阶单位张量；I_1^{ε} 为应变张量的第一不变量或体积应变；I_1^{σ} 为应力张量的第一不变量，即

$$I_1^{\varepsilon}=\varepsilon_x+\varepsilon_y+\varepsilon_z, \quad I_1^{\sigma}=\sigma_x+\sigma_y+\sigma_z \tag{2.1.29}$$

除了采用拉梅系数表示材料的弹性性质外，比较常见的是采用弹性常数，如杨氏模量 E 、泊松比 ν 和体积弹性模量 K，来表征材料力学性能。它们之间的关系有

$$E=\frac{\mu(3\lambda+2\mu)}{\lambda+\mu},\quad \nu=\frac{\lambda}{2(\lambda+\mu)},\quad K=\lambda+\frac{2}{3}\mu \tag{2.1.30a}$$

$$\lambda=\frac{E\nu}{(1+\nu)(1-2\nu)},\quad \mu=\frac{E}{2(1+\nu)} \tag{2.1.30b}$$

其中，拉梅系数 μ 也称为剪切模量或刚性模量。

2. 非线性弹性本构关系

在非线性弹性材料的变形阶段，一般难以直接给出应力-应变的解析本构关系式。但由于应力可以通过系统自由能（或应变能）关于应变的偏导数获得，所以，往往通过建立合适的自由能函数进而获得非线性弹性本构关系。

如果材料的本构行为仅是当前变形状态的函数，与时间无关，则存储在材料中的能量仅取决于变形的初始和最终状态，且独立于变形（或荷载）路径，具有这种性质的弹性材料称为超弹性材料。例如，大量的工业橡胶、生物的肌肉体等就是具有超弹性变形性质的材料。

这里，我们不妨以超弹性材料为例，介绍非线性大变形特征的本构关系。考虑材料关于柯西-格林（Cauchy-Green）变形张量的一个应变能函数 $\boldsymbol{\Psi}(\boldsymbol{B})$，则第二 Piola-Kirchhoff 应力 $\boldsymbol{\tau}_{\mathrm{II}}$ 可表示为

$$\boldsymbol{\tau}_{\mathrm{II}}=2\frac{\partial\boldsymbol{\Psi}(\boldsymbol{B})}{\partial\boldsymbol{B}} \tag{2.1.31}$$

其具有对称性，即 $\boldsymbol{\tau}_{\mathrm{II}}=\boldsymbol{\tau}_{\mathrm{II}}^{\mathrm{T}}$ ，其中 $\boldsymbol{B}=\boldsymbol{F}\boldsymbol{F}^{\mathrm{T}}$ 为 Cauchy-Green 变形张量。

通过适当的转换可以获得不同应力张量的表达式，如 Cauchy 应力张量：

$$\boldsymbol{\sigma}=J^{-1}\boldsymbol{F}\cdot\boldsymbol{\tau}_{\mathrm{II}}\cdot\boldsymbol{F}^{\mathrm{T}}=2J^{-1}\boldsymbol{F}\frac{\partial\boldsymbol{\Psi}(\boldsymbol{B})}{\partial\boldsymbol{B}}\boldsymbol{F}^{\mathrm{T}} \tag{2.1.32}$$

根据材料变形特征的不同以及本构关系表征的角度不同，研究人员提出了一些经典的超弹性模型[5, 6]。

1）Neo-Hookean 模型

该模型采用如下的应变能函数：

$$\boldsymbol{\Psi}(\boldsymbol{B})=C_1(I_1-3-2\ln J)+D_1(J-1)^2 \tag{2.1.33}$$

其中，C_1，D_1 为材料常数，可通过实验确定（ 对于线弹性材料，则有 $C_1=\mu/2$，$D_1=\lambda/2$)，以及

$$I_1=\mathrm{tr}(\boldsymbol{B})=\lambda_1^2+\lambda_2^2+\lambda_3^2,\qquad J=\det(\boldsymbol{F})=\lambda_1\lambda_2\lambda_3 \tag{2.1.34}$$

式中，$\lambda_i(i=1,\ 2,\ 3)$ 表示主伸长率。

2）Yeoh 模型

Yeoh 模型可以看作是 Neo-Hookean 模型的推广，采用的应变能具有如下形式：

$$\boldsymbol{\Psi}(\boldsymbol{B})=\sum_{i=1}^{n}C_{i0}(I_1-3)^i+\sum_{k=1}^{n}D_{k0}(J-1)^{2k} \tag{2.1.35}$$

其中，C_{i0}，$D_{k0}(i,k=1,2,\cdots,n)$ 为材料常数。

当 $n=1$ 时，式（2.1.35）经过适当简化后可以得到可压缩的 Neo-Hookean 模型。

3）Mooney-Rivlin 模型

Mooney-Rivlin 模型是广义里夫林（Rivlin）多项式超弹性模型的一种简化形式，具体的应变能表示为

$$\Psi(\boldsymbol{B})=C_{01}(I_2-3)+C_{10}(I_1-3)+D_1(J-1)^2 \tag{2.1.36}$$

其中，

$$I_2=\frac{1}{2}\{[\mathrm{tr}(\boldsymbol{B})]^2-\mathrm{tr}(\boldsymbol{BB})\} \tag{2.1.37a}$$

或者，可以采用主伸长率来表示不变量 I_2，即

$$I_2=\lambda_1^2\lambda_2^2+\lambda_2^2\lambda_3^2+\lambda_3^2\lambda_1^2 \tag{2.1.37b}$$

4）Ogden 模型

Ogden 于 1972 年提出了一种适用于不可压缩橡胶类材料大变形情形的本构关系，其应变能表示为

$$\Psi(\boldsymbol{B})=\sum_{p=1}^{N}\frac{\mu_p}{\alpha_p}(\lambda_1^{\alpha_p}+\lambda_2^{\alpha_p}+\lambda_3^{\alpha_p}-3) \tag{2.1.38}$$

其中，$\mu_p,\alpha_p(p=1,2,\cdots,N)$ 为材料常数，可通过实验确定。

2.1.4　边界条件及初始条件

一个定解问题的完整描述必须包括相适宜的边界条件和初始条件。在一维问题中，边界就是区域端部的端点。对于二维或三维问题，边界则是曲线或曲面。

1. 边界条件

在力学问题中，边界一般包括两类：位移边界 Γ_u 和应力边界 Γ_σ，并有 $\Gamma_u\cup\Gamma_\sigma=\Gamma$，$\Gamma_u\cap\Gamma_\sigma=0$。

边界条件可表示为

$$\boldsymbol{u}=\bar{\boldsymbol{u}}\quad（在\ \Gamma_u\ 上）\tag{2.1.39a}$$

$$\boldsymbol{n}\cdot\boldsymbol{\sigma}=\bar{\boldsymbol{t}}\quad（在\ \Gamma_\sigma\ 上）\tag{2.1.39b}$$

其中，$\bar{\boldsymbol{u}}$，$\bar{\boldsymbol{t}}$ 分别表示在边界上给定的已知位移和载荷。

2. 初始条件

由于固体或结构的动力学方程中存在关于时间的二阶导数，则只需要给出两组初始条件。

我们分别采用位移和速度表示初始条件：

$$\boldsymbol{u}(\boldsymbol{x},0)=\boldsymbol{u}_0(\boldsymbol{x}) \tag{2.1.40a}$$

$$\frac{\partial\boldsymbol{u}(\boldsymbol{x},0)}{\partial t}=\boldsymbol{v}_0(\boldsymbol{x}) \tag{2.1.40b}$$

其中，$\boldsymbol{u}_0(\boldsymbol{x})$，$\boldsymbol{v}_0(\boldsymbol{x})$ 分别表示初始时刻的位移和速度。当物体初始无变形且静止，则有$\boldsymbol{u}_0(\boldsymbol{x})=\boldsymbol{0}$，$\boldsymbol{v}_0(\boldsymbol{x})=\boldsymbol{0}$。

2.2 温度场问题

热和热传导是自然界中普遍的一种现象与物理过程。在总结前人实验研究的基础上，傅里叶（Fourier）于 1807 年建立了傅里叶导热定律的数学表达式，由此奠定了经典热传导的理论基础。

傅里叶导热定律中隐含了热量传播速度为无限大的假设，这一假设对于稳态或常规导热问题是适用的。但在极端条件或多场环境情形下，这一假设则具有明显的局限性。例如，激光冲击加热、等离子体点火等应用技术领域，相应的加热速率极高，达到 $10^4\sim10^6$℃/s（功率密度 $10^6\sim10^8\,\mathrm{W/cm^2}$），作用时间更短，达到 10^{-12}s（皮秒量级）。因此，大量新涌现的问题需要发展和建立非傅里叶的广义热传导定律。

本节将简要介绍广义热传导理论，并将之退化到传统的傅里叶热传导理论。

2.2.1 热传导方程

如图 2.2.1 所示，根据热力学第一定律，封闭系统的内能变化 ΔU 等于系统吸收的热量 Q 减去系统对外所做的功 W，即

$$\Delta U = Q - W \tag{2.2.1}$$

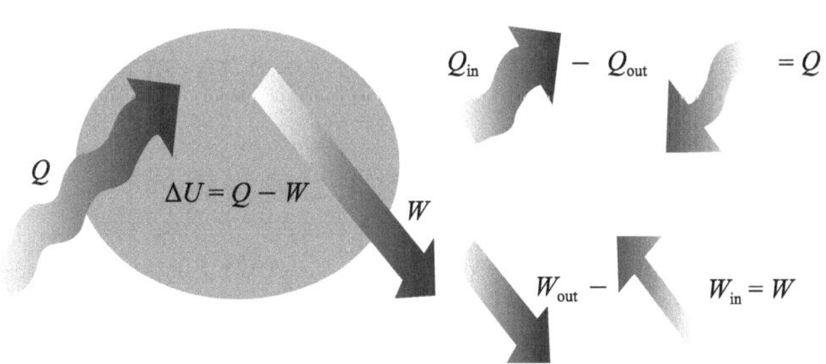

图 2.2.1 系统内能、热量和外力功的热力学平衡示意图

忽略外力对系统所做的功，进而可得到

$$\frac{\partial}{\partial t}(\rho e) = -\nabla\cdot \boldsymbol{q} + h \tag{2.2.2}$$

其中，ρ，e 分别表示材料密度和单位质量的内能；$\boldsymbol{q}$，h 分别表示热流矢量以及热源密度。

在工程应用中，往往采用温度 T 而非内能来表征系统内的能量，即有如下的热力学关系式：

$$e = s - \frac{p}{\rho}, \quad \mathrm{d}s = c_P\mathrm{d}T + \frac{1}{\rho}(1 - T\beta)\mathrm{d}p \tag{2.2.3}$$

其中，c_P，β 分别表示热传导系数。

在固体介质中，我们往往不考虑压强的影响，则热传导微分方程可表示如下：

$$\rho c_P \frac{\partial T}{\partial t} = -\nabla \cdot \boldsymbol{q} + h \tag{2.2.4}$$

1. Cattaneo-Vernotte (CV) 热传导模型

1944 年，Peshkov[7] 首次在超流液态氦（1.4 K）中测得热量以有限的速度（例如，1.9 m/s）传播，即热传播表现出波动性。

为克服传统热传导定律的局限性，Cattaneo 和 Vernotte[8, 9] 在傅里叶定律中引入一个松弛时间因子 τ_0，并计及热流变化率对热传导的影响，得到了热流量的修正表达式：

$$\boldsymbol{q} + \tau_0 \dot{\boldsymbol{q}} = -k\,\nabla T \tag{2.2.5}$$

将式（2.2.5）代入热传导微分方程（2.2.4），则可得

$$\rho c_P \left(\frac{\partial T}{\partial t} + \tau_0 \frac{\partial^2 T}{\partial t^2} \right) = k\,\nabla^2 T + \tau_0 \frac{\partial h}{\partial t} + h \tag{2.2.6}$$

其中，松弛时间因子可由热扩散率 η 和热波速度 c_h 表示为 $\tau_0 = \eta / c_h^2$ 。

2. Dual-Phase-Lag (DPL) 双相滞后热传导模型

Tzou 等放弃了热波模型的假设，建立了一个更为普遍性的热流量模型[10, 11]。该模型既可以描述温度梯度超前于热流，又可以描述温度梯度滞后于热流，即

$$\boldsymbol{q} + \tau_0 \dot{\boldsymbol{q}} = -k \left[\nabla T + \tau_1 \frac{\partial}{\partial t} (\nabla T) \right] \tag{2.2.7}$$

式中，τ_0，τ_1 分别表示热流矢量、温度梯度的时滞因子。

对于 $\tau_0 > \tau_1$ 情形，热流发生在温度梯度产生之后；对于 $\tau_0 < \tau_1$ 情形，热流则发生在温度梯度产生之前。若不考虑时滞因子 τ_1，式（2.2.7）可直接退化为 CV 热流量模型式（2.2.5）。

将式（2.2.7）代入热传导微分方程（2.2.4），则得到

$$\rho c_P \left(\frac{\partial T}{\partial t} + \tau_0 \frac{\partial^2 T}{\partial t^2} \right) = k \left[\nabla^2 T + \tau_1 \frac{\partial^2}{\partial t^2} (\nabla^2 T) \right] + \tau_0 \frac{\partial h}{\partial t} + h \tag{2.2.8}$$

3. 傅里叶热传导模型

当热量传播速度 c_h 趋于无穷大时，则 $\tau_0 = \eta / c_h^2 \approx 0$。若不考虑温度梯度的滞后效应，则有 $\tau_1 = 0$。这样，前面的 CV 热传导模型、DPL 双相滞后热传导模型均可退化为经典的傅里叶模型，即

$$\boldsymbol{q} = -k\,\nabla T \tag{2.2.9}$$

相应的热传导微分方程可退化为熟知的经典热传导模型：

$$\rho c_P \frac{\partial T}{\partial t} = k\,\nabla^2 T + h \tag{2.2.10}$$

2.2.2　边界条件及初始条件

从热力学角度来看，如果已知物体在边界上的温度或热量交换信息，以及初始时刻的温度，就可以确定物体在以后各时刻的温度。

1. 边界条件

1) 第一类边界条件（狄利克雷（Dirichlet）条件）

此类边界条件规定了温度在边界上的值，即已知任意时刻边界 Γ 上的温度值：

$$T=\bar{T} \quad (\text{在}\ \Gamma\ \text{上}) \tag{2.2.11}$$

2) 第二类边界条件（诺伊曼（Neumann）条件）

此类边界条件的温度值未知，但给定了温度梯度在边界上的值，即已知任意时刻边界上的热流密度值。

这里不妨以 CV 热传导模型为例，其第二类边界条件的表达式为

$$-k(\boldsymbol{n}\cdot\nabla T)=\bar{q}_n+\tau_0\frac{\partial\bar{q}_n}{\partial t} \quad (\text{在}\ \Gamma\ \text{上}) \tag{2.2.12}$$

其中，$\bar{q}_n$ 为边界处的热流量；$\tau_0\dfrac{\partial\bar{q}_n}{\partial t}$ 为 τ_0 时间内边界上热流密度的变化量。显然，边界上热流密度的变化量大小直接反映了系统热传导过程中加热或冷却速率的大小。

3) 第三类边界条件（罗宾（Robin）条件）

此类边界条件较为复杂，边界处的温度、温度梯度均未知，只知道两者之间的关系。

例如，所考察物体与另一种介质（如介质 1）相接触，我们能测量到的只是接触处的温度 $\bar{T}_1$，其与物体表面上的温度 T 往往并不相同。该边界条件可表示为

$$-k(\boldsymbol{n}\cdot\nabla T)=\alpha(T-\bar{T}_1)+\tau_0\frac{\partial\bar{q}_n}{\partial t} \quad (\text{在}\ \Gamma\ \text{上}) \tag{2.2.13}$$

2. 初始条件

对于广义热传导微分方程，其为含有温度关于时间二阶偏导数的双曲型方程，因而要获得温度场，需要给出两个初始条件。

一般情况下，已知条件是初始时刻物体的温度分布以及温度时间变化率，即

$$T(\boldsymbol{x},0)=T_0(\boldsymbol{x}) \tag{2.2.14a}$$

$$\frac{\partial T(\boldsymbol{x},0)}{\partial t}=G_0(\boldsymbol{x}) \tag{2.2.14b}$$

其中，$T_0(\boldsymbol{x})$，$G_0(\boldsymbol{x})$ 分别表示初始时刻的温度和温度变化率。

当采用经典傅里叶热传导模型时，由于其仅含有温度对时间的一阶偏导数，仅需给出式（2.2.14a）一个初始条件即可。

2.3 电磁场问题

电磁场方程是研究电磁介质体中电磁场分布规律的基本方程。通常由 Maxwell 电磁场基本方程组、电磁本构关系以及介质交界面处的跳变条件等组成。

2.3.1 Maxwell 电磁场方程

Maxwell 于 1864 年以空气中孤立电荷和电流回路的实验为基础，建立了描述电磁现

象最基本的 Maxwell 方程组[12]。

（1）磁通守恒定律（或磁高斯定律）：

$$\nabla\cdot \boldsymbol{B}=0 \tag{2.3.1}$$

（2）高斯（Gauss）定律：

$$\nabla\cdot \boldsymbol{D}=q_{\mathrm{e}} \tag{2.3.2}$$

（3）法拉第（Faraday）电磁感应定律：

$$\nabla\times \boldsymbol{E}+\frac{\partial \boldsymbol{B}}{\partial t}=\boldsymbol{0} \tag{2.3.3}$$

（4）安培（Ampere）定律：

$$\nabla\times \boldsymbol{H}=\boldsymbol{J}_{\mathrm{e}}+\frac{\partial \boldsymbol{D}}{\partial t} \tag{2.3.4}$$

其中，$\boldsymbol{B}$ 和 $\boldsymbol{H}$ 分别表示磁感应强度和磁场强度矢量；$\boldsymbol{E}$ 和 $\boldsymbol{D}$ 分别为电场强度和电位移矢量；q_{e} 和 $\boldsymbol{J}_{\mathrm{e}}$分别为自由电荷密度和电流密度。

上述的 Maxwell 方程组并不是独立的，由式（2.3.2）和式（2.3.4）可导出电荷守恒方程：

$$\nabla\cdot \boldsymbol{J}_{\mathrm{e}}+\frac{\partial q_{\mathrm{e}}}{\partial t}=0 \tag{2.3.5}$$

该式也称为电流连续方程。

此外，针对不同的实际问题，可以在诸如仅存在电场或磁场，或者考虑稳恒电磁场的情形下对上述的 Maxwell 方程组予以进一步的化简。

2.3.2　电磁本构关系

前面的 Maxwell 方程组并不是自洽的，场变量数目明显多于场的控制方程数目。因此，还需要补充场量之间的相互依赖关系，即电磁本构方程。一般而言，对于不同的电磁介质，其基本的电磁属性不同，则相应的电磁本构关系也会有所不同。

1. 真空介质

对于真空介质，电磁本构关系为

$$\boldsymbol{D}=\varepsilon_0\boldsymbol{E},\qquad \boldsymbol{B}=\mu_0\boldsymbol{H} \tag{2.3.6}$$

其中，ε_0 和 μ_0 分别表示真空中的介电常数和磁导率。

2. 导体介质

对于导体介质，则电流与电场之间满足广义欧姆定律：

$$\boldsymbol{J}_{\mathrm{e}}=\sigma\boldsymbol{E} \tag{2.3.7}$$

其中，σ 表示电导率。

3. 电介质

电介质可分为两类：一类是非极性电介质，常态下介质内分子的正负电荷的平均位置重合；另一类是极性电介质，常态下介质内分子的正负电荷的平均位置不重合。

当无外电场作用时，非极性电介质分子的等效电偶极矩为零；而极性电介质分子由于排列杂乱无章，其等效电偶极矩的矢量和亦为零。当存在外电场时，非极性电介质分子的正负电荷平均位置发生相对位移，极性电介质的电偶极矩则发生转向，出现极化现象，可用电极化强度 $\boldsymbol{P}$ 表示。

许多电介质的电极化强度与电场强度成正比，即

$$\boldsymbol{P}=\varepsilon_0\chi_e\boldsymbol{E} \tag{2.3.8}$$

其中，χ_e 为电极化率。对于各向同性电介质，电极化率为一标量；对于各向异性电介质，其为一张量。

某些电介质中偶极分子间作用很强，无外电场时也可能形成具有宏观偶极矩的电畴。这种无外电场时电畴内部分子已出现极化的现象称为自发极化，例如热释电材料、铁电材料，均具有自发极化特性。但由于电畴之间的排列无序，故无外电场时整体上也不显示出极化。

电位移强度可表示为电场与电极化强度之和，即

$$\boldsymbol{D}=\varepsilon_0\boldsymbol{E}+\boldsymbol{P} \tag{2.3.9}$$

4. 铁磁介质

与电介质处在电场中会产生极化现象类似，磁介质在磁场中会发生磁化，产生磁化场 $\boldsymbol{M}$，并对原来的磁场产生影响。

不同磁介质在磁场中磁化的效果是不同的。有些磁介质，磁化后的磁场大于原来的外磁场，这类磁介质称为顺磁质。有些磁介质磁化后的磁场小于原来的外磁场，这类磁介质称为抗磁质。还有一类磁介质受外磁场的作用而表现出很强的磁性，显著增强和影响外磁场，这类磁介质称为铁磁介质。例如，铁、钴、镍以及它们的一些合金，稀土金属，以及一些氧化物合金等均为铁磁介质。该类材料往往具有很大的磁导率以及明显的磁滞效应。

铁磁介质的铁磁性通常十分复杂。在介质内部存在着磁畴，每个磁畴都是一个强大的内磁场。当无外磁场时，铁磁介质磁畴的磁场朝向各不相同、杂乱无章，因而整体上对外不显磁性。但当存在外磁场时，磁畴的朝向就会发生转变，这时内磁场极大地增强了整个磁场，使得铁磁介质材料对外显示出很大的磁性。

一般地，铁磁介质的磁化强度与磁场强度呈正比关系，即

$$\boldsymbol{M}=\chi_m\boldsymbol{H} \tag{2.3.10}$$

其中，χ_m 为磁化系数。对于各向同性铁磁介质，磁化系数为一标量，对于各向异性铁磁介质其为一张量。

对于均匀、各向同性且线性磁化的铁磁介质，则有

$$\boldsymbol{B}=\mu_0(\boldsymbol{H}+\boldsymbol{M})=\mu_0\mu_r\boldsymbol{H} \tag{2.3.11}$$

其中，μ_r 表示铁磁介质的相对磁导率，其与磁化系数存在关系式 $\mu_r=\chi_m+1$。

5. 可极化磁化介质

对于一般的可极化、可磁化介质材料，当其处于电、磁、热等多场环境中时，对应的电磁本构关系可表示为更一般形式：

$$\boldsymbol{P}=\boldsymbol{P}(\boldsymbol{E},\boldsymbol{H},T,\cdots) \quad \text{或} \quad \boldsymbol{D}=\boldsymbol{D}(\boldsymbol{E},\boldsymbol{H},T,\cdots) \tag{2.3.12}$$

$$\boldsymbol{M}=\boldsymbol{M}(\boldsymbol{E},\boldsymbol{H},T,\cdots) \quad \text{或} \quad \boldsymbol{B}=\boldsymbol{B}(\boldsymbol{E},\boldsymbol{H},T,\cdots) \tag{2.3.13}$$

$$\boldsymbol{J}_{\mathrm{e}}=\boldsymbol{J}_{\mathrm{e}}(\boldsymbol{E},T,\cdots) \tag{2.3.14}$$

2.3.3 电磁场跳变条件

实际问题中，所涉及的场域或者电磁介质可能有多个，且各不相同。此时，介质表面处的场变量会发生变化，不再满足 Maxwell 方程的微分形式，需要对边界处的场变量施以一定的限制条件。

在不同介质的交界面 $S=\Omega_1 \cap \Omega_2$ 上，电磁场的场变量应满足一定的跳变条件（图 2.3.1）。根据 Maxwell 方程的积分形式，不难得到如下的跳变条件：

$$\boldsymbol{n}_{12}\cdot[\![\boldsymbol{D}]\!]=q_{\mathrm{s}}, \quad \boldsymbol{n}_{12}\times[\![\boldsymbol{E}]\!]=\boldsymbol{0} \quad (\text{在 } S \text{ 上}) \tag{2.3.15}$$

$$\boldsymbol{n}_{12}\cdot[\![\boldsymbol{B}]\!]=0, \quad \boldsymbol{n}_{12}\times[\![\boldsymbol{H}]\!]=\boldsymbol{J}_{\mathrm{s}} \quad (\text{在 } S \text{ 上}) \tag{2.3.16}$$

$$\boldsymbol{n}_{12}\cdot[\![\boldsymbol{J}_{\mathrm{e}}]\!]+\frac{\partial q_{\mathrm{s}}}{\partial t}=0 \quad (\text{在 } S \text{ 上}) \tag{2.3.17}$$

其中，$\boldsymbol{n}_{12}$ 表示介质 1 到介质 2 的单位法向矢量；q_{s} 和 $\boldsymbol{J}_{\mathrm{s}}$ 分别为界面处的面分布电荷和面分布电流矢量；$[\![A]\!]=A_2-A_1$，这里 A_1 和 A_2 分别表示场变量 A 在介质 1 和 2 内的值。这里的介质也可以是真空。

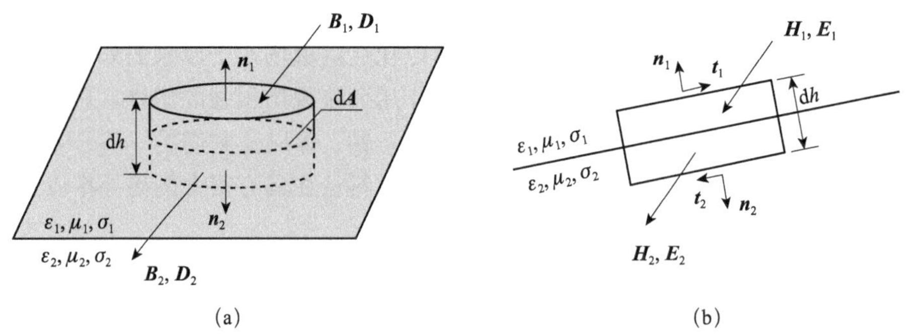

图 2.3.1　不同介质交界面处的电磁场跳变条件

(a) 磁感应强度和电位移；(b) 磁场强度和电场强度

2.4 流体力学问题

流体与人类日常生活和生产实践密切相关。大气、水是最常见的流体，大气包围着整个地球，大气圈的厚度达到 1000km 以上；地球表面 70%的区域被水覆盖。大气流动、海水运动（包括波浪、潮汐、环流等）乃至地球深处的熔浆流动都涉及流体力学。河流泥沙的输运、管道中煤粉的输送、化工中气体催化剂的运动等，涉及带有颗粒或气泡的流体运动，这类问题属于多相流体力学研究范畴，与流体力学密切相关。

从阿基米德时代到现在的两千多年来，特别是 20 世纪以来，流体力学已发展成为基础科学体系中最重要的部分之一。同时，流体力学在工业、农业、交通运输、天文学、地学、生物学、医学等方面得到了广泛应用。

2.4.1 流体运动的两种描述方法

针对流体的分析，通常采用连续介质假设：在流场中，任一时刻、任一空间点处，有且只有一个流体质点存在，一个空间点对应于一个流体质点。

描述流体运动有两种不同的方式[13]，分别为拉格朗日描述法和欧拉描述法（图2.4.1）。

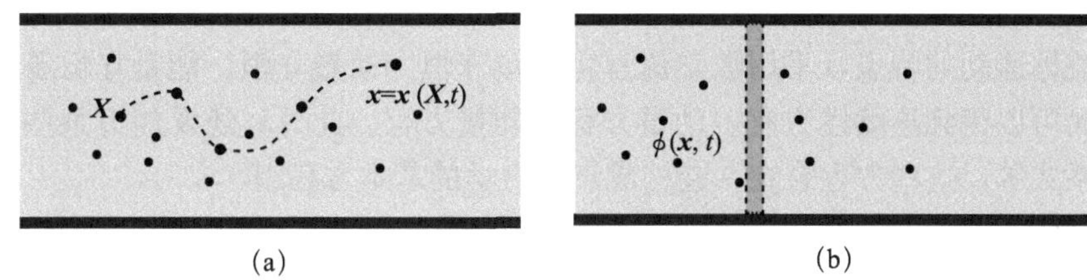

图 2.4.1 流体的两种描述方法

(a) 拉格朗日描述法；(b) 欧拉描述法

1. 拉格朗日描述法

该描述法关注并追踪流体质点，通过对流体质点随时间变化规律的观察来确定流体介质或流场的运动规律，也称为"质点跟踪法"。

整个流场是由无数密集分布的流体质点组成的。选定流体中的某一质点所在位置，其与一空间坐标 $\boldsymbol{X}$ 对应，由此，不同空间坐标可代表不同的流体质点。流体的运动规律可用流体质点的位置矢径给出，即

$$\boldsymbol{x}=\boldsymbol{x}(\boldsymbol{X},t) \tag{2.4.1}$$

流体质点在初始时刻（$t=t_0$），有 $\boldsymbol{X}=\boldsymbol{x}(\boldsymbol{X},t=t_0)$ 。流体质点所具有的任一物理量，如速度、密度、压力等，可以表示为

$$\varPhi=\varPhi(\boldsymbol{X},t) \tag{2.4.2}$$

2. 欧拉描述法

该描述法关注于流场空间点，通过在流场中各个固定空间点上对流动进行观察，并确定流体质点经过该空间点处的各物理量的变化特征与规律。在同一空间点上，尽管不同时刻被不同的流体质点所占据，且空间点上的物理量随时间发生变化，但所观察的物理量总是与该空间点位置相关联。如果在不同的空间点上进行同样的观察，就可以获得整个流场的空间分布与变化规律。

采用欧拉描述法，流体质点的物理量将可表示为

$$\phi=\phi(\boldsymbol{x},t) \tag{2.4.3}$$

其中，ϕ 表示为空间坐标和时间的函数。

显然，欧拉描述与拉格朗日描述可以建立如下关联：

$$\phi(\boldsymbol{x},t)=\phi(\boldsymbol{x}(\boldsymbol{X},t),t)=\varPhi(\boldsymbol{X},t) \tag{2.4.4}$$

进一步地，定义一个质点所携带的物理量随时间的变化率为质点导数或物质导数，则不难得到基于欧拉描述法表示的任一物理量 Q 的物质导数为

$$\frac{DQ}{Dt}=\frac{\partial}{\partial t}Q(\boldsymbol{x}(\boldsymbol{X},t),t)+\frac{\partial Q}{\partial \boldsymbol{x}}\frac{\partial}{\partial t}\boldsymbol{x}(\boldsymbol{X},t)=\frac{\partial Q}{\partial t}+(\boldsymbol{v}\cdot\nabla)Q \tag{2.4.5}$$

其中，$\frac{D(\cdot)}{Dt}$ 表示物质导数或全导数；$\frac{\partial(\cdot)}{\partial t}$ 称为局部导数，表示流场的非定常性；$\boldsymbol{v}$ 表示流体的速度；$\boldsymbol{v}\cdot\nabla$为迁移导数，表示流场的非均匀性。

2.4.2　流体力学基本方程

针对流体运动的特点，采用数学语言将质量守恒、动量守恒、能量守恒等定律表征出来，从而可以得到连续性方程、动量方程和能量方程。此外，还要加上某些联系流动参量的关系式等，这些方程合在一起构成流体力学的基本方程组[14]。

1. 质量守恒

单位时间内流体微元体中质量的增加，等于同一时间内流入该微元体的净质量。将其表示为微分形式，相应的方程为

$$\frac{\partial\rho}{\partial t}+\nabla\cdot(\rho\boldsymbol{v})=\hat{m} \tag{2.4.6a}$$

也可以另写为

$$\frac{\partial\rho}{\partial t}+\boldsymbol{v}\,\nabla\rho+\rho\,\nabla\cdot\boldsymbol{v}=\hat{m} \tag{2.4.6b}$$

该方程是质量守恒方程的一般形式，也称为连续性方程，适用于可压流动和不可压流动。式（2.4.6b）中的 $\hat{m}$ 表示源项，是其他相加入流体连续相中的质量，如液滴的蒸发等；在大部分情形下，可忽略源项，即 $\hat{m}=0$。

2. 动量守恒

动量守恒定律是任何流动系统都必须满足的基本定律。

该定律表述为：微元体中流体的动量对时间的变化率，等于外界作用在该微元体上的各种力之和。其实际上就是牛顿第二定律。

按照这一定律，可写出流体介质的动量守恒方程如下：

$$\frac{\partial}{\partial t}(\rho\boldsymbol{v})+\boldsymbol{v}\,\nabla(\rho\boldsymbol{v})+(\rho\boldsymbol{v}\,\nabla)\boldsymbol{v}=\nabla\cdot\boldsymbol{\sigma}+\rho\boldsymbol{g} \tag{2.4.7}$$

式中，$\boldsymbol{\sigma}$ 为应力张量；$\boldsymbol{g}$ 表示体积力。

3. 能量守恒

能量守恒定律是包含热交换的流动系统必须满足的基本定律。

该定律表述为：微元体中能量的增加率，等于进入微元体的净热流量以及体积力与表面力对微元体所做功之和。其实质上是热力学第一定律，即

$$\frac{\partial}{\partial t}\left[\rho\left(e+\frac{1}{2}\boldsymbol{v}\cdot\boldsymbol{v}\right)\right]+\nabla\cdot\left\{\left[\rho\left(e+\frac{1}{2}\boldsymbol{v}\cdot\boldsymbol{v}\right)\boldsymbol{v}\right]-\boldsymbol{v}\cdot\boldsymbol{\sigma}+\boldsymbol{q}\right\}=\rho\boldsymbol{g}\cdot\boldsymbol{v} \tag{2.4.8}$$

其中，e 表示流体的内能；$\boldsymbol{q}$ 表示热流量。

以上的质量守恒、动量守恒以及能量守恒方程通常统称为 Navier-Stokes（N-S）方程。从方程数目以及未知量数目上判定，N-S 方程并不是封闭的，还需要补充本构方程和状态方程。此外，如果流动包含了不同成分流体介质的混合或相互作用，则系统还要遵守组分守恒定律等；若流动处于湍流状态，则系统还需遵守附加的湍流输运方程等。

2.4.3 流体的本构关系及状态方程

在流体力学中，本构关系是指应力张量与应变率张量之间的关系式。不同性质的流体具有不同形式的本构关系，例如非牛顿流体与牛顿流体的本构关系就不同。

这里以牛顿流体为例进行介绍。牛顿流体定义为流体的剪应力和垂直剪切平面的速度梯度成正比。例如，在地表的常规环境下，水和空气的特性均非常接近于牛顿流体。流体中的应力可表示为

$$\boldsymbol{\sigma} = -p\boldsymbol{I} + \boldsymbol{D}\cdot\boldsymbol{\eta} \tag{2.4.9}$$

其中，p 为压力；$\boldsymbol{D}$ 表示黏性系数张量；$\boldsymbol{\eta}$ 表示流体应变率张量，表示如下：

$$\boldsymbol{\eta} = \frac{1}{2}[\nabla\boldsymbol{v} + (\nabla\boldsymbol{v})^{\mathrm{T}}] \tag{2.4.10}$$

若考虑流体是各向同性的，且应力和应变张量均是对称的，则黏性系数张量也是各向同性且对称的，仅由 2 个独立常数表示。式（2.4.9）可进一步表示为

$$\boldsymbol{\sigma} = -p\boldsymbol{I} + 2\mu\boldsymbol{\eta} + \left(\mu' - \frac{2}{3}\mu\right)(\nabla\cdot\boldsymbol{\eta})\boldsymbol{I} \tag{2.4.11}$$

其中，μ，μ' 分别表示流体的动力黏性系数和第二黏性系数。在除了高温和高频声波等极端情况外，一般斯托克斯（Stokes）假设成立，即第二黏性系数为零（$\mu'=0$）。基于此，式（2.4.11）还可以得到进一步的简化。

若考虑流体为不可压缩的，则速度散度为零。本构关系式（2.4.9）可简化为

$$\boldsymbol{\sigma} = -p\boldsymbol{I} + 2\mu\boldsymbol{\eta} \tag{2.4.12}$$

由于方程中的未知量（$\rho, P, \boldsymbol{v}, T$）数目多，而 N-S 方程数目少，则以上理论模型并不能构成定解问题，还需要考虑流体的状态方程。

对于一般的可压缩流体，流体的密度、压强和温度属于状态参量。根据经典热力学状态公理可得出具有两个独立参数，它们之间满足代数关系式：

$$f(\rho, P, T) = 0 \tag{2.4.13}$$

例如，对于完全气体（分子间的作用和分子所占据体积可以忽略），则状态方程可以写为克拉珀龙（Clapeyron）方程[15]：

$$P = r\rho T \tag{2.4.14}$$

其中，r 表示气体常数。进一步地，内能可表示为 $e = \int c_V \mathrm{d}T$，其中 c_V 表示定容比热。

对于水而言，也可以按可压缩流体对待，并采用状态方程，如 Cole 方程[14]：

$$\left(\frac{\rho}{\rho_0}\right)^n = \frac{p + B}{1 + B} \tag{2.4.15}$$

其中，ρ_0 表示水在标准大气压下的密度；模型参数 n，B 可通过实验获得。

2.4.4 边界条件及初始条件

与其他的物理过程一样，所有流体运动除了满足基本控制方程组外，还需要相适应的定解条件。

1. 边界条件

在两个不同介质的交界面处（$S=\Omega_1\cap\Omega_2$），可以是气体、液体、固体三相中的任意两种介质，也可以是同一介质中的不同部分组成的界面，一般需满足

$$\boldsymbol{n}_{12}\cdot[\![\boldsymbol{v}]\!]=0,\quad \boldsymbol{n}_{12}\cdot[\![\boldsymbol{\sigma}]\!]=\boldsymbol{0}\quad (\text{在 } S \text{ 上}) \tag{2.4.16}$$

对于固体壁面边界，其属于液体和固体的接触面。若研究黏性流动问题，可设置壁面为无滑移边界，也可以指定壁面切向速度分量（壁面平移或旋转运动时），并给出壁面切应力，从而模拟壁面滑移。

在实际的问题分析中，流场往往具有入口边界、出口边界以及对称性等特征，对应的边界条件提法也略有不同。

1）入口边界处

入口边界条件就是指定入口处各流动变量的值，常见的有速度、压力和质量流量等入口边界条件。

对于不可压缩流，可以定义速度和流动入口的流动属性相关的标量。但若用于可压缩流，可能会导致非物理结果或较大偏差。压力入口边界条件可用于压力已知但是流动速度或速率未知的情形，对于可压流和不可压流均适用；也可用于定义外部或无约束流的自由边界。对于质量流量入口边界条件，主要用于已知入口质量流量的可压缩流动。不可压缩流动中不必指定入口的质量流量，因为此时密度为常数，速度入口边界条件直接确定了质量流量条件。

2）出口边界处

对于压力出口边界条件，需要在出口边界处予以指定，主要适用于亚声速流动。若流动为超声速，则不再指定压力，此时压力包括其他流动属性需要从内部流动中求出。若流动出口的速度和压力在获得流动解之前为未知，则可以使用质量出口边界条件模拟流动。

3）对称或周期性边界处

实际问题的分析中，还可以根据流动特性以及区域特征，充分利用对称性条件或周期性条件等。

例如，当所研究的流场具有对称特征，则在对称轴或对称面上无对流通量，垂直于对称轴或对称面的速度分量为零。若流动的几何边界、流动和换热具有周期性，则可以采用周期性边界条件。

2. 初始条件

初始条件是指流体在初始时刻，流体运动所应满足的初始状态。

一般情况下，已知初始时刻的流体密度、压强、速度等，如下：

$$\rho(\boldsymbol{x},0)=\rho_0(\boldsymbol{x}),\quad p(\boldsymbol{x},0)=p_0(\boldsymbol{x}) \tag{2.4.17a}$$

$$\boldsymbol{v}(\boldsymbol{x},0)=\boldsymbol{v}_0(\boldsymbol{x}),\quad \boldsymbol{\sigma}(\boldsymbol{x},0)=\boldsymbol{\sigma}_0(\boldsymbol{x}) \tag{2.4.17b}$$

最后，关于流体力学需要说明的是：大量自然现象和工程应用中的流体运动往往是湍流而非层流；湍流的流场具有随机脉动现象，变化不规则，须运用统计平均的方法建立湍流平均流动所满足的运动方程组，即雷诺方程。

伴随着科学技术的发展与工程应用的需求，更复杂和特殊的流体力学问题被不断提出来。流体力学向物理、化学、生物领域等相邻学科渗透，形成了许多新的分支学科，如相对论流体力学、非牛顿流体力学、多孔介质流体力学、稀薄气体动力学、非平衡系统流体力学、多相流体力学、生物流体力学、地球流体力学等。在这些新的领域内，需要根据所研究问题的特点，提出各自不同的流体运动模型，从而建立相应的流体力学运动方程组。

2.5 声场问题

一个声源可以在周围的介质（如空气、水等）中激发起振荡，这个振荡由近而远传播，形成了声波。我们将介质中存在声波的区域称为声场，声场的基本特征量包括了声压 p、介质的质点速度 $\boldsymbol{v}$、密度变化 ρ 和温度变化等。

声音或声波对于人类而言是感知信号，通过耳朵感知声压在某个静态值上下非常微小而快速的变化，这个静态值为大气压。人耳能够检测到的压力微小变化幅度主要介于 $2\times10^{-5}\,\mathrm{Pa}$（听阈）到 $6\times10^{2}\,\mathrm{Pa}$（喷气发动机噪声）之间。关于声音和声波的研究形成了声学学科，主要内容包括了声信号的产生、传播和检测等与之相关的多物理科学[15, 16]。

2.5.1 声场基本方程

声波的产生一般被认为来自于压强（或密度）的扰动量，因此可以根据牛顿质点动力学理论来描述声场基本特征量在空间和时间上的变化。此外，声波传播的介质通常为流体，也可以直接从流体力学的基本方程获得声场方程。

在实际问题研究或分析计算中，一般忽略高于人类所能分辨的频率范围，并且考虑声场介质中声波的传播无吸收衰减、无黏性、无热传导等。此时，声场介质可以看作是理想流体介质，也就是可忽略 N-S 方程中的黏性项，从而获得由无黏欧拉方程线性化后的基本方程。

1. 质量守恒

与一般流体介质满足的守恒方程是相同的，即

$$\frac{\partial\rho}{\partial t}+\nabla\cdot(\rho\boldsymbol{v})=0 \tag{2.5.1}$$

2. 动量守恒

由于不考虑介质的黏性，动量守恒方程可表示如下：

$$\frac{\partial}{\partial t}(\rho\boldsymbol{v})+\boldsymbol{v}\,\nabla(\rho\boldsymbol{v})+(\rho\boldsymbol{v}\,\nabla)\boldsymbol{v}+\nabla p=\mathbf{0} \tag{2.5.2}$$

3. 能量守恒

能量守恒定律是包含热交换的流动系统必须满足的。考虑绝热过程，该守恒定律可表示为

$$\frac{\partial}{\partial t}\left[\rho\left(e+\frac{1}{2}\boldsymbol{v}\cdot\boldsymbol{v}\right)\right]+\nabla\cdot\left\{\left[\rho\left(e+\frac{1}{2}\boldsymbol{v}\cdot\boldsymbol{v}\right)\boldsymbol{v}\right]-p\boldsymbol{v}\right\}=0 \tag{2.5.3}$$

2.5.2　方程线性化

将声场相关的物理量分解为基准部分和扰动部分，如下：

$$\rho=\rho_0+\varepsilon\rho_1+o(\varepsilon^2) \tag{2.5.4}$$

$$p=p_0+\varepsilon p_1+o(\varepsilon^2) \tag{2.5.5}$$

$$\boldsymbol{v}=\boldsymbol{v}_0+\varepsilon\,\boldsymbol{v}_1+o(\varepsilon^2) \tag{2.5.6}$$

其中的基准部分（如 $\rho_0, p_0, \boldsymbol{v}_0$）可选取特定的参考值，通过变换，其可使得声场相对流场静止。

将上面的展开式分别代入质量守恒、动量守恒方程，进行线性化处理并忽略高阶小量，可得

$$\frac{\partial\rho_1}{\partial t}+\rho_0\,\nabla\cdot\boldsymbol{v}_1=0 \tag{2.5.7}$$

$$\rho_0\,\frac{\partial\,\boldsymbol{v}_1}{\partial t}+\nabla p_1=\boldsymbol{0} \tag{2.5.8}$$

将压强-密度方程按照泰勒级数展开，略去高阶项后可得

$$p_1=\left(\frac{\partial p}{\partial\rho}\right)_{S_0}\cdot\rho_1 \tag{2.5.9a}$$

若记 $c^2=\left(\frac{\partial p}{\partial\rho}\right)_{S_0}$，其中 c 表示介质的等熵声速，则压强-密度之间的关系式还可以表示为

$$p_1=c^2\rho_1 \tag{2.5.9b}$$

进一步地，由式（2.5.7）和式（2.5.8）可获得

$$\frac{1}{c^2}\,\frac{\partial^2 p_1}{\partial t^2}-\nabla^2 p_1=0 \tag{2.5.10}$$

显而易见，这是一个标准的双曲型波动方程。

最后，结合能量方程，可以获得

$$\frac{\partial p_1}{\partial t}+\gamma p_0\,\nabla\cdot\boldsymbol{v}_1=0 \tag{2.5.11}$$

至此，我们得到了可压缩介质中线性声学的两个控制方程。不难看出，式（2.5.10）和式（2.5.11）并不耦合，可以先求解式（2.5.10）获得声波的压力变化，再求解式（2.5.11）获得介质内各质点的速度。

2.5.3　边界条件及初始条件

在求解控制方程时，需要使用适当的边界和初始条件以便在数学模型上形成封闭。

这些条件主要用于描述声场如何产生，边界上的行为，以及在无限域中的辐射行为等。

1. 边界条件

从数学上讲，声场的边界条件与流体力学的边界条件类似。在两种介质的交界面处（$S=\Omega_1 \cap \Omega_2$），一般施加两类条件：一个是速度（或位移）连续性的运动学条件，另一个是压力（或应力）的连续性动力学条件。其可表示为

$$\boldsymbol{n}_{12} \cdot [\![\boldsymbol{v}_1]\!] = 0, \quad [\![p_1]\!] = 0 \quad (\text{在 } S \text{ 上}) \tag{2.5.12}$$

在声场问题分析中，声波进入或离开介质时的行为可以用辐射条件或端口条件来描述。在波导结构等系统的入口处，一般应允许声波进入波导，以及允许反射波离开波导。在管道结构的入口和出口处，此类条件可以作为端口条件来实现。在开放系统中，声波可以向无穷远处自由传播。由于波源和散射体的距离趋于无穷，还需要满足一些辐射条件。

2. 初始条件

初始条件是指声场在初始时刻所应满足的状态。一般情形下，已知初始时刻介质的压力和压力变化量等：

$$p_1(\boldsymbol{x},0) = p_{10}(\boldsymbol{x}), \quad \frac{\partial}{\partial t} p_1(\boldsymbol{x},0) = \vartheta_{10}(\boldsymbol{x}) \tag{2.5.13}$$

其中，$p_{10}(\boldsymbol{x})$，$\vartheta_{10}(\boldsymbol{x})$ 分别表示压力和压力变化的给定值。

参 考 文 献

[1] Timoshenko S, Goodier J N. Theory of Elasticity [M]. New York: McGraw-Hill, 1970.

[2] Eringen A C. Mechanics of Continua [M]. New York: Robert E. Krieger Publ. Co., 1980.

[3] 黄克智，黄永刚．固体本构关系 [M]. 北京：清华大学出版社，1999.

[4] 王自强．理性力学基础 [M]. 北京：科学出版社，2000.

[5] Mooney M. A theory of large elastic deformation [J]. J. Appl. Phys., 1940, 11 (9): 582-592.

[6] Ogden R W. Non-linear Elastic Deformation [M]. New York: Dover Publications, 2013.

[7] Peshkov V. Second sound in helium Ⅱ [J]. J. Phys., 1944, 8: 381386.

[8] Cattaneo C. Sulla conduzione del calore [J]. Atti. Sem. Mat. Fis. Univ. Modena, 1948, 3: 83-101.

[9] Vernotte P. Les paradoxes de la theorie continue de I' equation de la chaleur [J]. Compute Rendus, 1958, 246 (22): 3154-3155.

[10] Tzou D Y. Macro- to Microscale Heat Transfer: the Lagging Behavior [M]. Washington, DC: Taylor and Francis, 1997.

[11] Wang L, Xu M. Well-posedness of dual-phase-lagging heat conduction equation: Higher dimensions [J]. Int. J. Heat Mass Trans., 2002, 45: 1165-1171.

[12] Griffiths D J. Introduction to Electrodynamics [M]. Upper Saddle River: Prentice Hall, 1999.

[13] 吴子牛．计算流体力学基本原理 [M]. 北京：科学出版社，2001.

[14] White F M. Fluid Mechanics [M]. 7th ed. New York: McGraw-Hill, 2011.

[15] Shapiro M. Fundamentals of Engineering Thermodynamics [M]. 4th ed. New York: Wiley, 2000.

[16] Olson H F. Music, Physics and Engineering [M]. New York: Dover Publications, 1967.

第 3 章　一些典型的两场耦合力学问题及其特征

长期以来，由于多场耦合问题基础理论研究的滞后和不完全，相关的耦合问题大多限于日常现象和工程实践中的两场耦合问题。例如，热弹性耦合、流-固耦合、空气弹性耦合、电弹性耦合、磁弹性耦合等问题。

本章将针对这些工程应用中的典型两场之间存在相互影响的问题进行介绍，侧重于介绍耦合场的基本模型以及场与场之间的耦合特征。

3.1　热弹性耦合问题

温度-结构力学变形相互作用的问题，从摩擦生热到热胀冷缩，再到热加工，都是人们比较早就认识到的自然现象和生产实践。随着科学技术的发展，温度和结构变形相互作用的问题成为一个专门的分支学科。若考虑固体结构的弹性变形情形，则温度-弹性力学也称为热弹性理论（thermoelasticity theory），隶属于固体力学研究范畴，主要研究物体由受热造成的非均匀温度场在弹性范围内产生的应力和变形问题。

一般来讲，物体温度发生变化时，体内任一点的热变形（膨胀或收缩）受到周围相邻各材料单元体的限制而不能自由地发生，由此导致了热应力问题。如果物体在热作用下，其边界受到约束，也会使体内任一点的热变形不能自由地发生而出现热应力。

热弹性相关理论早在 19 世纪上半叶，由 Duhamel 和 Neumann 在分析轴对称温度分布的圆柱体以及中心对称温度分布的球体热应力问题时提出[1]。随着工业化的发展，热应力问题及其重要性逐渐被人们所认识。飞机、火箭、导弹、核反应堆等尖端装备和工程技术领域的快速发展需求，使热弹性和热应力问题显得尤为突出，大批科研工作者投身于相关领域研究，并推动了热弹性力学的发展。在这些研究中，针对具体结构或构件的热应力计算与分析的工作较多，温度的影响一般是作为一个附加项补充到弹性力学的方程中[2]。除了探讨热应力的计算以外，人们基于连续体力学的理论，从质量守恒、能量守恒、熵不等式等基本定律出发建立线性和非线性的热传导方程等研究[3]，促进了相关领域的理论发展。

近年来，热弹性耦合问题和热弹性波的传播问题逐渐引起人们的关注。对于各向异性材料、复合材料等热应力问题的研究也取得了较大进展，并且向多学科交叉与融合方向发展。在较早开展的热弹性耦合问题研究中，科学家是通过引入一个材料耦合系数来表征耦合效应[4]，其物理含义对应于热弹性波的阻尼效应，若加热速率不是很大，则热弹性耦合以及动态效应在一定范围是可以忽略的。一些后续研究结果表明[5]，热弹性耦合效应使得应变（包括应力）在波前的突变迅速衰减，这也是该类耦合问题的重要特征之一。

3.1.1 耦合场基本方程

热弹性耦合问题的基本模型，有单向和双向两种耦合模式。

早期的研究主要是将热引起的应变加入弹性变形分析中，从而获得热应力。在该情形下，温度场的控制方程依然为普通的热传导方程，可以先由热传导方程求出物体内部的温度分布，再由热弹性方程求解位移和应力。与此对应的热弹性方程组是解耦的，狭义上也将其称为非耦合热弹性理论。

1. 弹性变形场的控制方程

根据线性热应力理论，应变张量可表示为弹性应变和热应变之和：

$$\boldsymbol{\varepsilon} = \boldsymbol{\varepsilon}^{\mathrm{e}} + \boldsymbol{\varepsilon}^{\mathrm{T}} \tag{3.1.1}$$

热应变 $\boldsymbol{\varepsilon}^{\mathrm{T}}$ 可由温度变化 $\Delta T = T - T_0$ 给出，即

$$\boldsymbol{\varepsilon}^{\mathrm{T}} = \boldsymbol{\alpha} \Delta T \tag{3.1.2}$$

其中，$\boldsymbol{\alpha}$ 表示材料的线性热膨胀系数张量，对于热弹性各向同性材料，其为一常数。

根据材料满足的广义胡克定律，不难得到

$$\boldsymbol{\sigma} = \boldsymbol{C} \cdot \boldsymbol{\varepsilon}^{\mathrm{e}} = \boldsymbol{C} \cdot (\boldsymbol{\varepsilon} - \boldsymbol{\varepsilon}^{\mathrm{T}}) \quad 或 \quad \sigma_{ij} = C_{ijkl}(\varepsilon_{kl} - \varepsilon_{kl}^{\mathrm{T}}) \tag{3.1.3}$$

再结合几何方程

$$\boldsymbol{\varepsilon} = \frac{1}{2}[\nabla \boldsymbol{u} + (\nabla \boldsymbol{u})^{\mathrm{T}}] \quad 或 \quad \varepsilon_{ij} = \frac{1}{2}(u_{i,j} + u_{j,i}) \tag{3.1.4}$$

进一步可得到应力的表达式：

$$\boldsymbol{\sigma} = \mu[\nabla \boldsymbol{u} + (\nabla \boldsymbol{u})^{\mathrm{T}}] + [\lambda(\nabla \cdot \boldsymbol{u}) - \alpha(3\lambda + 2\mu)\Delta T]\boldsymbol{I} \tag{3.1.5a}$$

或

$$\sigma_{ij} = 2\mu\varepsilon_{ij} + [\lambda\varepsilon_{kk} - \alpha(3\lambda + 2\mu)\Delta T]\delta_{ij} \tag{3.1.5b}$$

将式（3.1.5b）代入弹性变形场的基本方程（参见式（2.1.21）），可得到位移形式的热弹性动力学平衡方程：

$$\rho \frac{\partial^2 u_i}{\partial t^2} = (\lambda + \mu)u_{j,ji} + \mu u_{i,jj} - \alpha(3\lambda + 2\mu)T_{,i} + f_i \tag{3.1.6}$$

2. 温度场控制方程

考虑经典的傅里叶热传导模型（参见式（2.2.10）），对应的热传导方程或温度场 T 的控制微分方程为

$$\rho c_p \frac{\partial T}{\partial t} = kT_{,ii} + h \tag{3.1.7}$$

上面的弹性变形场方程（3.1.6）和温度场方程（3.1.7），共同组成了热弹性的基本控制方程组。其包含了场变量 $u_i(\boldsymbol{x},t)(i=1,2,3)$ 和 $T(\boldsymbol{x},t)$ 共 4 个标量，对应的方程数目也是 4 个，是一组自洽方程。在边界处和初始时刻选取合适条件，则以上模型完整描述了热弹性定解问题。

式（3.1.7）中仅含有温度场变量 T，由此可以先求解该式获得温度场解答，再代入式（3.1.6）求解力学变形场。这里的耦合是单向的，材料内部的温度场影响其变形、

应力和应变的分布，但不考虑变形对于温度场的影响。

为了考虑热弹性耦合效应，一些理论从热力学基本定律出发，采用变形过程中物体的体积不变假定，以及亥姆霍兹（Helmholtz）自由能推导给出了更一般的热传导方程，包含了变形功，即体积应变率 $\partial u_{i,i}/\partial t$ 项[6]。基于这一理论，式（3.1.7）可另写为

$$\rho c_p \frac{\partial T}{\partial t}=kT_{,ii}+h-(3\lambda+2\mu)\alpha T_0 \frac{\partial u_{i,i}}{\partial t} \tag{3.1.8}$$

Boley 和 Weiner[4] 进一步引入了一个无量纲参数——材料的耦合系数，来表征热弹性耦合效应的大小，即

$$\delta=\frac{(3\lambda+2\mu)^2\alpha^2 T_0}{\rho^2 c_p v_e^2} \tag{3.1.9}$$

其中，$v_e=\sqrt{(\lambda+2\mu)/\rho}$ 表示膨胀波在弹性介质中的传播速度。

将式（3.1.9）代入式（3.1.8），可得到

$$\rho c_p \frac{\partial T}{\partial t}=kT_{,ii}+h-\delta \frac{\rho c_p(\lambda+2\mu)}{\alpha(3\lambda+2\mu)} \frac{\partial u_{i,i}}{\partial t} \tag{3.1.10}$$

式（3.1.10）中的最后一项表示热弹性问题的耦合效应项。

若考虑一些热冲击问题或极端环境下的热传导问题，则需要放弃傅里叶热传导定律，而采用广义热传导 CV 模型或 DPL 模型。与之相对应的包含耦合项的温度场方程可分别表示如下：

$$\rho c_p\left(\frac{\partial T}{\partial t}+\tau_0 \frac{\partial^2 T}{\partial t^2}\right)=kT_{,ii}+\tau_0 \frac{\partial h}{\partial t}+h-\delta \frac{\rho c_p(\lambda+2\mu)}{\alpha(3\lambda+2\mu)} \frac{\partial u_{i,i}}{\partial t} \tag{3.1.11}$$

$$\rho c_p\left(\frac{\partial T}{\partial t}+\tau_0 \frac{\partial^2 T}{\partial t^2}\right)=k\left(T_{,ii}+\tau_1 \frac{\partial^2 T_{,ii}}{\partial t^2}\right)+\tau_0 \frac{\partial h}{\partial t}+h-\delta \frac{\rho c_p(\lambda+2\mu)}{\alpha(3\lambda+2\mu)} \frac{\partial u_{i,i}}{\partial t} \tag{3.1.12}$$

3.1.2 耦合效应及特征

由于耦合项的存在，温度场的方程与物体的变形位移 u_i 有关，不能独立确定。式（3.1.6）和式（3.1.10）（或式（3.1.11）、式（3.1.12））组成了一耦合方程组，两者之间是双向耦合的：温度场影响弹性体的变形，弹性体的变形反过来也会影响温度场的分布（图 3.1.1）。一般情况下，这就极大地增加了问题的复杂性以及求解上的困难。对于热弹性耦合问题，研究耦合效应在什么条件以及多大程度上对问题的解产生影响，以及考虑耦合效应后会产生哪些新现象或者不考虑耦合将会引起多大的误差等，是耦合场问题分析中极为重要的课题。

从温度场方程（3.1.10）或两个广义温度场方程式（3.1.11）和式（3.1.12）可以看出：耦合项是由材料的属性、耦合系数和变形率决定的。若材料的耦合系数很小且变形过程缓慢，则耦合影响可以忽略不计，此时是单向弱耦合问题（图 3.1.1）。此外，由于耦合与变形率相关，则这一耦合效应只有在动态问题中才具有明显意义。

其次，为了进一步分析耦合效应，我们不妨对式（3.1.10）进行如下改写：

$$\rho c_p \frac{\partial T}{\partial t}\left[1+\delta \frac{\lambda+2\mu}{3\lambda+2\mu}\left(\frac{1}{\alpha} \frac{\partial u_{i,i}/\partial t}{\partial T/\partial t}\right)\right]=kT_{,ii}+h \tag{3.1.13}$$

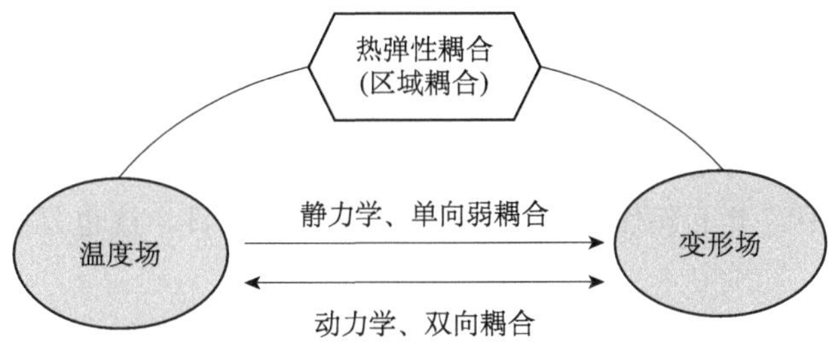

图 3.1.1　热弹性耦合问题

若耦合项较小，则式（3.1.13）中的第二项远小于 1，即

$$\delta \frac{\lambda+2\mu}{3\lambda+2\mu}\left(\frac{1}{\alpha}\frac{\partial u_{i,i}/\partial t}{\partial T/\partial t}\right) \ll 1 \tag{3.1.14a}$$

或者

$$\frac{\partial u_{i,i}/\partial t}{3\alpha\partial T/\partial t} \ll \frac{1}{\delta}\frac{\lambda+2\mu/3}{\lambda+2\mu} \tag{3.1.14b}$$

此时耦合项可以忽略不计。

对于金属材料铝、钢，在参考温度 $T_0=93$℃下的耦合系数 δ 分别为 0.014 和 0.029，进而可以估算得到 $\frac{\partial u_{i,i}/\partial t}{3\alpha\partial T/\partial t} \ll 20$。若温度分布无突变，则 $\frac{\partial u_{i,i}}{\partial t}$，$\alpha\frac{\partial T}{\partial t}$ 为同阶量，此时不考虑耦合项也具有一定的合理性。

对于大量的热弹性问题，除了要考虑弹性介质的属性外，还需要综合考虑其所处的条件，以及各种载荷特征（包括机械、热冲击等），才能较全面地确定耦合效应的大小以及其对整体问题解的影响程度。

3.2　流-固耦合问题

流-固耦合（fluid-structure interaction，FSI）是指流体与固体之间的相互作用。

流-固耦合现象在自然界随处可见。大风中摇曳的树木、河海中游弋的帆船、风场中旋转的风力发电机叶片、生物体内流淌着血液的血管等，均是流-固耦合的典型例子。这里，剧烈的风载荷作用于树木、风帆或旋转叶片上，或者流动血液作用于血管壁等，使得固体结构发生变形或者运动，同时这些发生变形的结构反过来影响着周围的气流或液体流动，导致流体动载荷的大小和分布方式发生变化，两者的作用是交互的、相互影响的。

一般情况下，固体结构对于大空间流场的影响与改变不是决定性的，甚至这种反作用效果有时候是可以忽略的。然而，在一些工程应用中，特别是大型结构中，这样的相互作用往往不能再被忽略，甚至具有十分重要的影响。最典型的例子莫过于 1940 年发生在美国华盛顿州塔科马海峡（Tacoma Narrows）的悬索桥风中的崩塌事故。事后的专家分析结论给出[7]：大桥与风场组成了耦合系统，流场产生了具有一定频率的特殊卡门涡脱落现象；其与耦合系统中的大桥结构固有频率相近，因此大桥发生共振而剧烈晃动直至崩塌破坏。由此，对于风载荷下结构的流-固耦合问题的研究吸引了学者们的极大兴趣，同时也成为大型桥梁或高耸结构所必须考虑的因素。即便是现代桥梁技术充分发展与成熟的今天，类似的问题依然时有发生。例如，2020 年 5 月，广东虎门大桥悬索桥发生了肉眼可见的风中“上下起伏”，之后整个大桥封闭数日，这也是流-固耦合所引发的安全和灾变事故。

人们关于流-固耦合问题的研究最早可追溯到 19 世纪初期，主要源于飞机机翼及叶片的气动弹性问题。最早的单翼飞机在首次进行有动力飞行就出现了机翼折断事故，进而引发了科学家们对这一现象背后的气动弹性原因的探究[8]。

气动弹性问题主要研究气动力对飞行器结构的作用以及固体结构对流场的反作用，其核心内容就是气流引发的激振问题。弹性机翼或叶片在气动力作用下发生振动，在某些条件下机翼或叶片会从气流中吸收能量，当这一能量大于阻尼功时，结构振动的幅度显著加剧，发生通常所谓的失速颤振。大幅度的剧烈振动很容易造成机翼或叶片在短时间内的开裂和折断，造成极为严重的安全事故。因此，航空航天工程中的飞行器气动弹性问题一直是理论研究和实验测试中的核心内容，并伴随着飞行器的整个发展过程[9]。

1964 年，美国阿拉斯加州发生的地震引起了该州许多化工容器损坏和破坏，带来巨大经济损失。针对该事故的研究发现[10]：这些化工容器的建造本身具有较高的抗震性能，而真正的大多数破坏是由于地震过程中引发了容器内流体的晃动，进而产生翻转力矩，导致容器结构的动力屈曲和破坏。化工工业在现代工业中的地位，促使更多科技工作者开展了容器的流-固耦合稳定性问题的研究。随着科学技术的发展，更多不同领域中的流-固耦合问题逐渐引起关注。例如，海洋工程中的水轮机、汽轮机等大型机械的流体弹性振动问题；风力工程中的陆地、海上大型风力发电机组的运行和稳定性问题；大型和高耸建筑物的风致变形和振动问题；地下储层（油、气、水、煤等）的多孔复杂介质的渗流问题；等等[11]。这些问题直接并显著影响着重大工程的经济性、可靠性，有时甚至会引起整体结构的失效和破坏，带来巨大损失。

自 20 世纪 80 年代以来，流-固耦合问题一直受到学术界的广泛关注，其为一类边界耦合问题（图 3.2.1）。近年来，随着多学科交叉的日益广泛和深入，流-固耦合研究取得了不少进展。主要体现在：从早期的线性流-固耦合问题逐步发展到非线性流-固耦合问题的研究；从仅考虑固体结构的变形和强度问题，发展到目前的涉及结构耦合屈曲问题、材料非线性和几何非线性等复杂效应；从传统的理想流体发展到开始考虑流体的黏性、空化效应等，以及拓展到研究晃动、飞溅等复杂环境或条件下的流-固耦合问题。

此外，在流-固耦合问题的分析与计算方面，先后从单纯的结构有限元或流体的差分计算方法发展到混合或兼容的流-固计算格式，以及一些商用软件也研发拓展了流-固耦合的分析模块等。近些年来，高超声速飞行器的发展促进了跨声速气动弹性力学的基础研究需求；特殊飞行器如微型飞机、柔性和可变形飞行器等还涉及大迎角分离条件下的气动弹性耦合问题，这些均属于新兴的流-固非线性耦合动力学问题，尚有待发展极端条件下的流-固耦合理论与方法等。

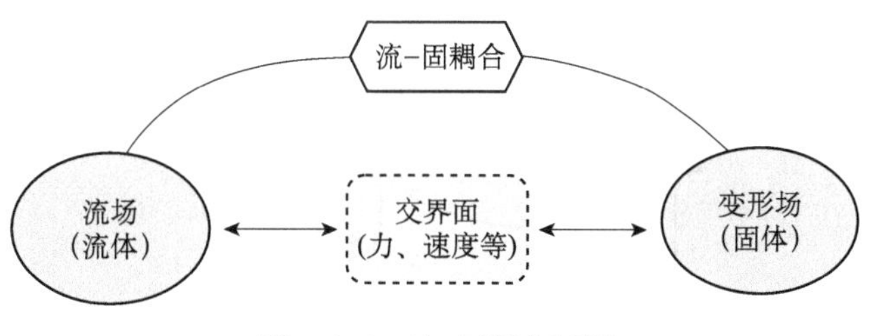

图 3.2.1 流-固耦合问题

3.2.1 耦合场基本方程

在流-固耦合问题中，一般情形下流体区域和固体区域是互不重叠的，两者之间的耦合主要通过流-固交界面来实现，主要包括作用力的交换、能量的交换等。在耦合场分类中，其可以归属于边界耦合问题。若在交界面上的作用只考虑单向，则为单向耦合模式，否则为双向耦合模式。

在越来越多的工程问题中，还有一类流-固耦合问题，其流体相和固体相交互在一起。例如，岩土多孔介质的渗流问题、点阵结构内部气体或液体流动等，又如固体颗粒材料分散于流体介质中。此类问题本质上的耦合还是源于流-固界面处的相互作用，只是这些界面并非传统的区域边界，宏观意义上讲，可以看作多相复杂区域内的耦合作用问题。

流-固耦合问题中的耦合作用主要发生于界面处，因此各个区域的基本控制方程保持不变。

1. 流场的控制方程

在流体区域，流场满足 N-S 方程组，即式（2.4.6）～式（2.4.8），已在第 2 章详细叙述。流体本构关系与状态方程可以根据具体流体的性质进行选择和建立，如各向同性、可压缩黏性流体的本构关系（2.4.9）。

2. 固体变形场的控制方程

在固体或结构区域，变形场控制方程满足式（2.1.20）～式（2.1.22）。

本构关系根据材料属性可选择线弹性本构方程（2.1.28），或其他相适应的本构关系。限于篇幅，这里不再一一赘述。

3. 交界面处的耦合条件

如图 3.2.2 所示，流体和固体所占区域分别用 Ω_{f}，Ω_{s} 表示，各自边界分别记为 Γ_{f}，Γ_{s}。流、固区域的交界面则可表示为 $\Gamma_{\mathrm{sf}}=\Gamma_{\mathrm{f}}\cap\Gamma_{\mathrm{s}}$，各自边界上的外法向矢量分别记为 $\boldsymbol{n}_{\mathrm{f}}$，$\boldsymbol{n}_{\mathrm{s}}$。

通常情况下，流-固交界面是一个移动界面，界面位移是固体域内的解。在该界面上，流体的位移和速度与界面处固体结构的解相关，这个条件称为运动学条件（kinematic condition），即

$$\boldsymbol{v}_{\mathrm{f}}=\boldsymbol{v}_{\mathrm{s}}=\frac{\partial \boldsymbol{u}_{\mathrm{s}}}{\partial t} \quad (\text{在 } \Gamma_{\mathrm{sf}} \text{ 上}) \tag{3.2.1}$$

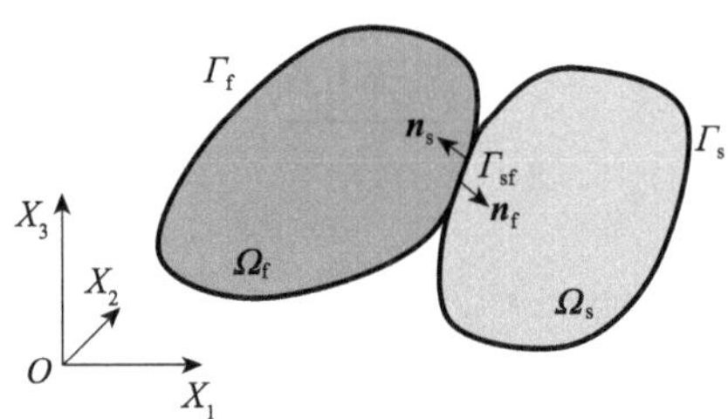

图 3.2.2　流-固耦合问题的边界及交界面

另一方面，流体的作用力必须施加在结构界面上来保证力的平衡，该条件称为动力学条件（dynamic condition），即

$$\boldsymbol{n}_f \cdot \boldsymbol{\sigma}_f + \boldsymbol{n}_s \cdot \boldsymbol{\sigma}_s = \boldsymbol{0} \quad (\text{在 } \Gamma_{sf} \text{ 上}) \tag{3.2.2}$$

在其他边界处，如流体区域边界 $\widetilde{\Gamma}_f = \Gamma_f \setminus \Gamma_{sf}$ 、固体区域边界 $\widetilde{\Gamma}_s = \Gamma_s \setminus \Gamma_{sf}$ ，可根据第 2 章中针对不同介质区域问题的特征，分别写出相应的边界与初始条件等。

3.2.2　耦合效应及特征

3.1 节，我们基于流体力学、固体结构力学基本理论建立起了流-固耦合基本模型，包括了流、固两场的微分控制方程，以及耦合效应在交界面处的速度、应力连续性条件等。

尽管从数学上建立这样的耦合模型并不是很困难，然而由于耦合作用发生在两种不同物态介质的交界处，则该问题在实际分析和求解上却有着极大困难。主要表现在以下方面。

(1) 在流-固耦合问题中，流体区域和固体区域均发生变形。在流体域，一般采用欧拉描述法进行流场的力学建模与分析，而在固体结构域则通常采用拉格朗日描述法进行结构变形分析的力学建模。这样，在两者的交界面处，就存在两种不同描述方法的转化问题。

(2) 在一些流-固耦合问题中，存在着交界面 Γ_{fs} 的区域大小为未知的情形。例如在盛有液体的容器中，液体的晃动使得液体与固体容器壁的交接区域随着流场变化是发生变化的。这样，就需要求解流场域和结构变形场域才能得以确定界面区域，由此增加了问题的难度。

(3) 还存在一些流-固耦合问题，流体、固体的交界面可能并非理想的固体介质，含有空隙或特殊边界层（例如，水库的水坝、过滤海绵材料等）。在这类交界面上，除了作用力的传递外，还有渗流、挥发等方式引起的传质、传热变化等。这就需要在这些界面处根据实际的物理和力学过程，补充更多的交互条件、连续性条件或跳变条件等。

3.2.3　空气弹性耦合问题及方程

空气弹性耦合属于流-固耦合问题中的一个分支，也是较早受到广泛关注的研究领域。空气弹性耦合主要研究作用于弹性飞行器结构上的惯性力、弹性力和气动力之间的相互关系与作用，是为解决航空、航天实际问题应运而生。后来，超大、超高建筑，以及风力工程的应用与发展，各种突风、阵风对结构的空气弹性相互作用问题也日益引起关注。

现代空气弹性力学大致上研究两类问题及其相关的技术。其一是空气弹性分析，包括结构稳定性分析、定常或非定常空气流场下的结构响应；其二是空气弹性综合分析，包括了飞行器被动与主动控制技术，颤振抑制、阵风响应减缓等综合问题与技术，以及以空气弹性性能为优化目标的多学科优化设计等。

根据作用力的性质与来源，Collar[12] 绘制了空气弹性的“力三角”关系，作用力包括了弹性力、惯性力和空气动力，在整个空气弹性过程中它们之间存在相互影响（图 3.2.3）。不同空气弹性问题可以按照所关联的作用力和相互关系进行区分和分类，例如，仅有两种作用力关联的问题属于传统的结构振动问题、刚体飞行力学问题或空气弹性静力学问题，而三者均关联的为空气弹性耦合问题。

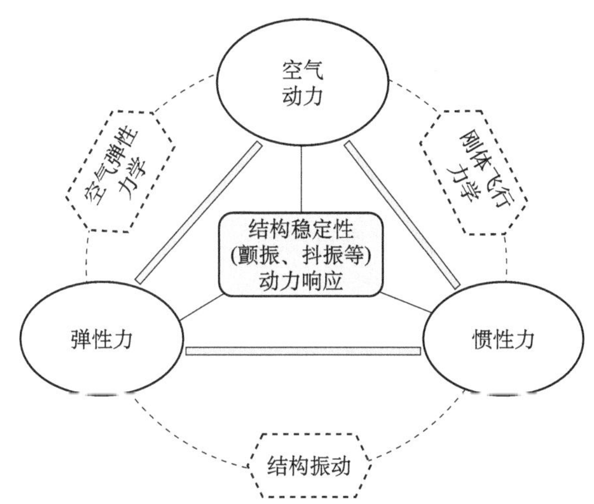

图 3.2.3 空气弹性问题的“力三角”及相互作用示意图

1. 空气流场的控制方程

空气作为一种特殊的流体，也满足 N-S 方程组，即式（2.4.6）～式（2.4.8）。

对于空气的基本物理学特性，早期的研究通常将其看作无黏性的理想气体，并且关注于固体结构表面上垂直于来流方向的气动力（主要包括升力、横向力），而摩擦产生的气动阻力和边界层效应往往是忽略的。在现代的空气弹性耦合问题研究中，由于航空航天技术中飞行器速度的极大提升，空气弹性问题中不能再忽略空气的可压缩性，否则将带来极大的偏差。

空气的压缩性能可表示为压力变化 Δp 与体积弹性模量 E_V 的比值：

$$\frac{\Delta\rho}{\rho}=\frac{\Delta p}{E_V} \tag{3.2.3}$$

进一步，根据声速的拉普拉斯（Laplace）方程以及不可压缩流的伯努利（Bernoulli）方程，可得到

$$a^2=\frac{\mathrm{d}p}{\mathrm{d}\rho}=\frac{E_V}{\rho},\quad \Delta p\approx\frac{\rho}{2}w^2 \tag{3.2.4}$$

其中，a，w 分别表示声速和空气流动速度。

空气流动速度与声速之比通常称为马赫（Mach）数，即 $Ma=w/a$ 。则式（3.2.3）可另表示为

$$\frac{\Delta\rho}{\rho}\approx\frac{1}{2}Ma^2 \tag{3.2.5}$$

该式表明空气流场的可压缩性与马赫数密切关联。当马赫数 $Ma=0.4$ 时，$\Delta\rho/\rho=0.08$，流体的可压缩性可忽略，该马赫数可看作是不考虑压缩特性的一个上界。

对于空气的状态过程描述，一般可以认为流动的空气质点与周围无热交换，这种绝热过程是在等熵条件下进行的。由此，$p/\rho^n=\mathrm{const}$ 成立，或者可表示为

$$\frac{p}{p_0}=\left(\frac{\rho}{\rho_0}\right)^n \tag{3.2.6}$$

其中，p_0，ρ_0 分别表示初始参考状态下的空气压力和密度。

此外，气体的物理属性往往还随着大气层高度 H 而发生变化。根据流体静力学关系可得到压力降的表征：

$$\frac{\mathrm{d}p}{\mathrm{d}H}=-\rho g \tag{3.2.7}$$

进一步结合空气介质的状态方程，则可得到

$$H=-\frac{1}{g}\int_{p_0}^{p}\frac{\mathrm{d}p}{\rho(p)}=\frac{n}{n-1}RT_0\left[1-\left(\frac{p}{p_0}\right)^{\frac{n-1}{n}}\right] \tag{3.2.8}$$

式中，R 表示气体常数；T_0 表示初始状态下的参考温度。

类似地，气体温度随大气层高度 H 的变化可表征如下：

$$\frac{\mathrm{d}T}{\mathrm{d}H}=-\frac{n-1}{nR} \tag{3.2.9}$$

2. 固体变形场的控制方程

在固体或结构区域，变形场控制方程满足式（2.1.20）～式（2.1.22）。

本构关系可根据固体材料属性，选择线弹性本构方程（2.1.28），或其他相适应的本构关系形式。

对于空气-固体结构界面处的条件以及耦合作用，与前面的流-固耦合问题是相似的。

3.2.4　声-结构耦合问题及方程

声音是一种由机械振动引发的传播现象，并且这种传播与弹性介质相关联。声-结构相互作用涉及两个不同学科领域的耦合：声学和结构力学。

声-结构耦合问题（图3.2.4）普遍存在于各个领域中。在交通运输、航空航天领域中尤为明显：火车的运行、飞行器的起飞、火箭的发射等过程中会产生强大的声场。外部声场不仅会对结构本身产生影响，也会对结构中搭载的精密设备和仪器（如机电设备、光学仪器等）造成严重的影响与破坏。20世纪60年代，Warburton[13] 首次研究了气体

对容器结构频率谱的影响，开创了声弹性体（acousto-elasticity）领域的研究。随后，人们开始关注众多不同领域中的声-结构相互作用问题，先后提出了一些求解方法，如能量方法、有限元法、无限元法等，进行问题的研究[14−16]。

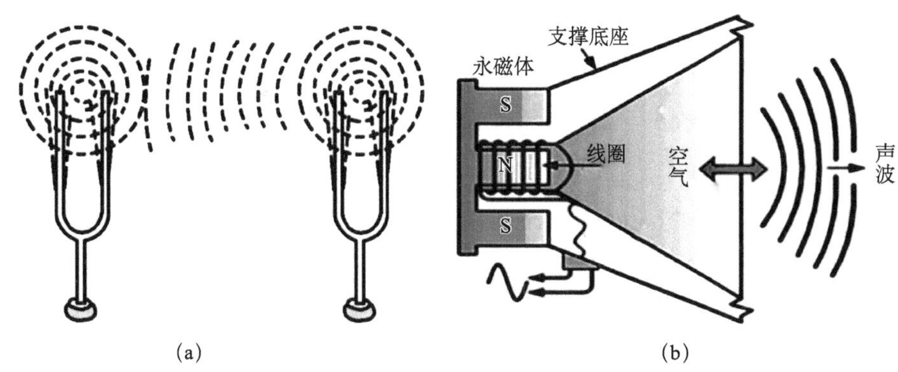

图 3.2.4 声-结构耦合问题

(a) 音叉；(b) 扬声器

随着出行条件的改善，人们越来越追求舒适、低噪声的现代交通工具。目前，车、船、飞机等交通工具的舱室噪声是影响安全驾驶的重要因素，也是影响乘坐舒适性的重要评价指标。同样，居住和工作环境周围及室内噪声问题也越来越引起人们的高度重视，这些均与声-结构耦合问题密切关联。通过科学有效地分析与设计交通工具、室内空间结构等，可以改善声学特性，这对众多工程领域和日常生活相关领域具有重要意义[17]。

1. 声场控制方程

声波传播过程中，必然有弹性介质质点的振动，而且压力变化与密度有关。因此，在分析声波传播的过程中需要考虑三个物理量：声压、质点振动速度和介质密度。

第 2 章中我们基于流体力学的基本方法，退化得到了理想气体的声场方程，并获得了声压满足的双曲波动方程，即声场控制方程（2.5.10）。

2. 结构变形场控制方程

在固体或结构区域，变形场控制方程满足式（2.1.20）～式（2.1.22）。

本构关系根据材料属性可选择线弹性本构方程，或其他相适应的本构关系。

3. 交界面及边界条件

与流-固耦合问题类似，声-结构耦合问题的相互作用也是发生在交界面处（$\Gamma_{\mathrm{fs}}=\Gamma_{\mathrm{f}}\cap\Gamma_{\mathrm{s}}$）。通常，需要满足声压力与结构惯性力的平衡，即

$$\boldsymbol{n}_{\mathrm{s}}\cdot\frac{\nabla p}{\rho_{\mathrm{f}}}=-\boldsymbol{n}_{\mathrm{s}}\cdot\frac{\partial^2\boldsymbol{u}_{\mathrm{s}}}{\partial t^2}\quad(\text{在 }\Gamma_{\mathrm{fs}}\text{ 上})\tag{3.2.10}$$

其中，ρ_{f}，$\boldsymbol{u}_{\mathrm{s}}$ 分别表示声场介质的密度和固体结构的位移矢量；$\boldsymbol{n}_{\mathrm{s}}$ 表示固体界面处的外法向单位矢量。

若存在刚性的交界面 $\Gamma_{\mathrm{fs}}^{(1)}$，则其界面条件可写为

$$\boldsymbol{n}_{\mathrm{s}}\cdot\nabla p=0\quad(\text{在 }\Gamma_{\mathrm{fs}}^{(1)}\text{ 上})\tag{3.2.11}$$

若存在固定的吸声壁面 $\Gamma_{\mathrm{fs}}^{(2)}$，则其边界条件可写为

$$\boldsymbol{n}_{\mathrm{s}} \cdot \nabla p = -\frac{\rho_{\mathrm{f}}}{Z}\frac{\partial p}{\partial t} \quad (\text{在 } \Gamma_{\mathrm{fs}}^{(2)} \text{ 上}) \tag{3.2.12}$$

其中，Z 为声阻抗率，表示介质中声波波阵面上的声压与该面上质点的振动速度之比。

3.3 电磁固体力学耦合问题

电磁材料（electromagnetic material）是指一类对电场、磁场敏感的金属、合金或复合材料。该类材料往往表现为：导电、电极化、电致伸缩、压电、热电、磁化、磁致伸缩以及压磁等特殊性能。其最基本的特点是存在电-磁-力多物理场耦合性能，多场性能之间的相互转换具有响应速度快、转换效率高、随外场可调节等特点。

一般地，代表性的电磁类功能材料包括压电、铁电材料，超导材料，铁磁、超磁致伸缩材料，磁形状记忆合金，多铁性材料，电、磁流变材料，等等（图 3.3.1）。这些功能材料大量用于能量转换器、信息存储器、传感器和制动器等功能器件的核心元件中，在生物医学、信息存储、航空航天和电力电子等现代科技和工程领域具有不可替代的重要应用价值。

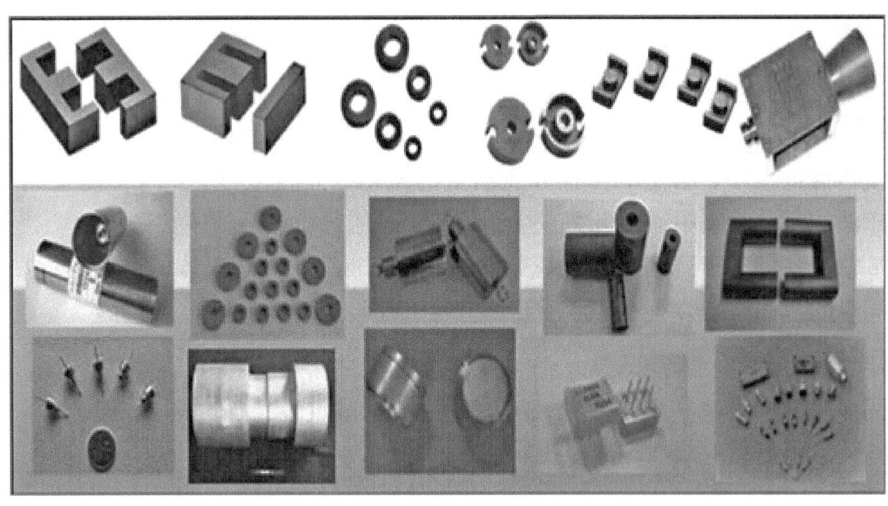

图 3.3.1 各种电磁类功能材料

电磁固体力学主要研究电磁场与电磁介质固体变形之间的耦合作用（图 3.3.2），该领域的研究对于固体力学理论体系的完善和工程应用中实际问题的解决有着重要意义[18−20]。这里，我们对电弹性、磁弹性理论及相关发展进行一些阐述，以便了解其研究的主要内容与特点。

电弹性材料主要以压电材料为代表，通常具有力-电耦合特性，在电场作用下会产生力学变形，在机械载荷作用下又会发生电极化等现象。一般而言，压电性指的是线性力-电耦合特征，而电致伸缩可以说是最简单的非线性力-电耦合行为，此时力学变形场依赖

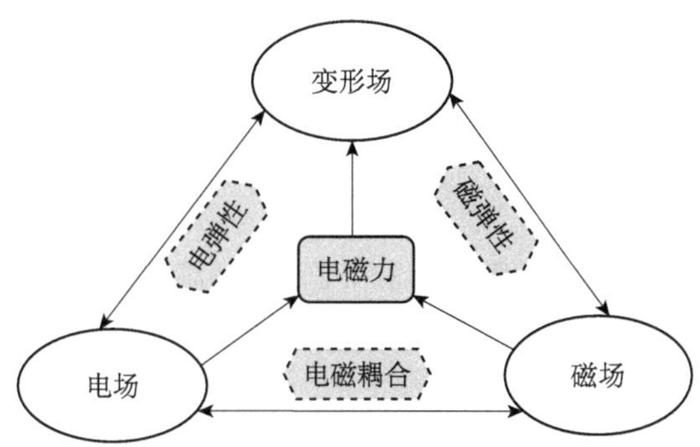

图 3.3.2 电磁弹性固体力学问题分类

于电场的二次项。压电材料被广泛用于制造力电器件，如换能器和声波传感器等。一些综述性文章较系统地总结了压电体动力学特性，压电板结构理论及其在压电谐振器中的应用等[21, 22]，关于压电材料在智能结构中的应用以及主动控制领域，目前已有较多相关研究进展[23]。

磁弹性材料具有力-磁耦合特性，在外加磁场作用下产生力学响应，发生变形、失稳以及振动等，其在力学作用下也会产生磁场的变化或磁性的改变。磁性材料在外磁场作用下的磁化效应以及内部产生的磁力往往无法直接实验测量，这就导致了描述这种磁场与磁性材料相互作用形成的“力”效应，一直是磁弹性力学理论研究的重要课题和难题，吸引着众多学者的不懈努力。例如，Brown（1966 年）、Moon（1968 年）、Pao（1978 年）、Eringen (1980 年)、Maugin (1981 年)、van Lieshout（1987 年）等国际知名理性力学学者先后从唯象模型、可变形磁介质理性力学模型等方面开展研究，以及兰州大学电磁固体力学研究团队在广义磁弹性变分模型方面开拓性的研究工作[18, 24−30]。

随着高新技术装置的发展和电磁场技术的不断提升，电磁固体力学的应用领域越来越广阔。例如，热核聚变反应堆的托卡马克电磁装置中，许多电磁结构和第一壁结构在强磁场作用下的强度、稳定性问题直接关系到反应堆的安全性和长时运行；高速磁悬浮列车，以及一些以电、磁物理量为输入或控制量的电磁敏感元器件和执行器的设计与寿命评估问题等。此外，大量新型功能材料的不断问世和应用，促进了诸如超导材料、磁致伸缩材料、磁性形状记忆材料、巨磁电阻材料的应用与发展，使得人们比以往任何时候都更为迫切地希望了解这些电磁敏感材料与结构的力学行为，以及它们与电磁场间的相互影响机制与耦合行为等。

3.3.1 耦合场基本方程

1. 电磁场控制方程

对于电磁介质，若我们考虑低速情形，其依然满足最基本的经典 Maxwell 方程组，具体参见式（2.3.1）～式（2.3.4）。

实际问题中，往往由于所研究电磁介质以电学特性或磁学特性为主，则 Maxwell 电磁方程组可以得到很大简化。另外，若研究中考虑非变化的电磁场，则电场与磁场之间不存在相互影响与耦合，可以采用准静态电场、准静态磁场理论进行分析。

1）静电场

对于静电场问题，高斯定律、法拉第电磁感应定律可表示为

$$\nabla \cdot \boldsymbol{D} = q_{\mathrm{e}} \tag{3.3.1}$$

$$\nabla \times \boldsymbol{E} = \boldsymbol{0} \tag{3.3.2}$$

引入电场势 ϕ_E，即 $\boldsymbol{E} = -\nabla \phi_E$，则式（3.3.2）自动满足。

再结合电位移强度与电场、电极化强度的关系（如 $\boldsymbol{D} = \varepsilon_0 \boldsymbol{E} + \boldsymbol{P}$），则式（3.3.1）可另写为

$$\varepsilon_0 \nabla^2 \phi_E = \nabla \cdot \boldsymbol{P} - q_{\mathrm{e}} \tag{3.3.3}$$

当电介质的电极化强度与其他外场（如温度、应变等）无关，且与电场成正比，以及不考虑自由电荷时，我们有

$$\boldsymbol{P} = \varepsilon_0 \chi_{\mathrm{e}} \boldsymbol{E}, \quad q_{\mathrm{e}} = 0 \tag{3.3.4}$$

此时，式（3.3.3）可以简化为大家所熟知的静电场拉普拉斯方程，即

$$\nabla^2 \phi_E = 0 \tag{3.3.5}$$

2）静磁场

对于静磁场问题，磁通守恒定律、安培定律可表示为

$$\nabla \cdot \boldsymbol{B} = 0 \tag{3.3.6}$$

$$\nabla \times \boldsymbol{H} = \boldsymbol{0} \tag{3.3.7}$$

引入磁场势 ϕ_H，即 $\boldsymbol{H} = -\nabla \phi_H$，则式（3.3.7）自动满足。

结合铁磁性介质的磁感应强度与磁场、磁化强度的关系（例如，$\boldsymbol{B} = \mu_0 (\boldsymbol{H} + \boldsymbol{M})$），则式（3.3.6）可另写为

$$\nabla^2 \phi_H = \nabla \cdot \boldsymbol{M} \tag{3.3.8}$$

当铁磁电介质的磁化强度与其他外场（如温度、应变等）无关，且与磁场强度成正比（即 $\boldsymbol{M} = \chi_m \boldsymbol{H}$）时，式（3.3.8）可简化为静磁场拉普拉斯方程，即

$$\nabla^2 \phi_H = 0 \tag{3.3.9}$$

2. 固体变形场控制方程

在固体介质或结构区域，变形场控制方程依然可采用式（2.1.20）～式（2.1.22）。

但电磁场属于全空间存在，其在固体结构内部也是无处不在，故电磁场与固体介质的相互作用为区域内部耦合形式（域耦合问题）。主要体现之一是，作用于固体介质中的体力既包含了机械方面的体力 $\boldsymbol{f}^{\mathrm{mech}}$（如重力等），也包含了电磁体力 $\boldsymbol{f}^{\mathrm{em}}$[18, 26−30]。因此，固体变形场对应的线动量平衡方程（2.1.21）可另写为

$$\nabla \cdot \boldsymbol{\sigma} + \boldsymbol{f}^{\mathrm{mech}} + \boldsymbol{f}^{\mathrm{em}} = \rho \frac{\mathrm{d}^2 \boldsymbol{u}}{\mathrm{d}t^2} \tag{3.3.10}$$

角动量平衡方程（2.1.22）可另写为

$$\boldsymbol{\Gamma}^{\mathrm{em}} + \boldsymbol{\sigma} - \boldsymbol{\sigma}^{\mathrm{T}} = \boldsymbol{0} \tag{3.3.11}$$

其中，$\boldsymbol{\Gamma}^{\mathrm{em}}$ 表示偏应力张量，其轴矢量为体力偶 $\boldsymbol{c}$，且对于任意矢量 $\boldsymbol{a}$ 满足 $\boldsymbol{\Gamma}^{\mathrm{em}} \cdot \boldsymbol{a} = \boldsymbol{c} \times \boldsymbol{a}$。

能量守恒方程可以表示为

$$\rho\dot{e}=\boldsymbol{\sigma}\cdot\nabla\boldsymbol{v}+\dot{r}^{\mathrm{th}}+\dot{r}^{\mathrm{em}}-\nabla\cdot\boldsymbol{q} \tag{3.3.12}$$

其中，$\dot{e}$ 表示系统内能变化率；$\dot{r}^{\mathrm{th}}$，$\dot{r}^{\mathrm{em}}$ 分别表示电磁介质中由热、电磁引起的能量输入率。

3.3.2 电磁固体力学本构关系

正如前面的介绍，电磁场与固体介质的变形场之间属于域耦合问题。电磁场在固体介质内部以及周围的空气域（或真空域）均存在，固体介质的变形又与电磁场所对应的介质区域、边界均相互关联。根据经典的电动力学知识以及固体连续介质力学理论，其表现在本构关系上是多场并存和交互影响的（图 3.3.3）。

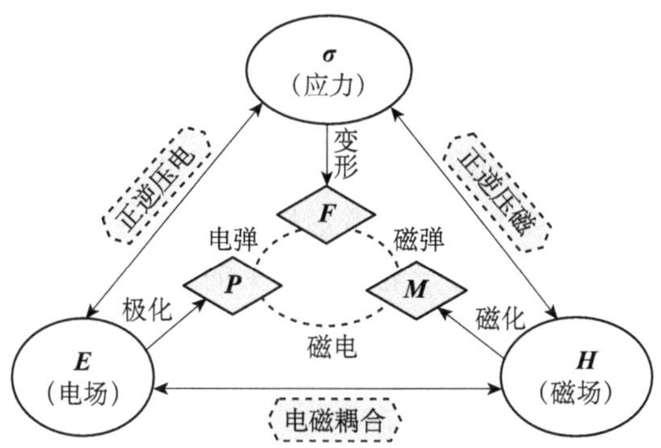

图 3.3.3 电磁固体力学场变量耦合关系

不失一般性，我们假设电磁介质的响应是路径无关、可逆并且率无关，即仅考虑非耗散过程。式（3.3.10）～式（3.3.12）中的电磁体力、电磁偏应力张量，以及电磁能量率可以表示如下[31]：

$$\boldsymbol{f}^{\mathrm{em}}=\bar{q}_{\mathrm{e}}\boldsymbol{E}+\bar{\boldsymbol{J}}_{\mathrm{e}}\times\boldsymbol{B}+(\nabla\boldsymbol{E})^{\mathrm{T}}\cdot\boldsymbol{P}+\mu_0(\nabla\boldsymbol{H})^{\mathrm{T}}\cdot\boldsymbol{M} \tag{3.3.13}$$

$$\boldsymbol{\Gamma}^{\mathrm{em}}=(\boldsymbol{E}\otimes\boldsymbol{P}-\boldsymbol{P}\otimes\boldsymbol{E})+\mu_0(\boldsymbol{H}\otimes\boldsymbol{M}-\boldsymbol{M}\otimes\boldsymbol{H}) \tag{3.3.14}$$

$$\dot{r}^{\mathrm{em}}=\bar{\boldsymbol{J}}_{\mathrm{e}}\cdot\boldsymbol{E}+\rho\boldsymbol{E}\cdot\dot{\boldsymbol{P}}_{\rho}+\rho\mu_0\boldsymbol{H}\cdot\dot{\boldsymbol{M}}_{\rho} \tag{3.3.15}$$

其中，$\bar{q}_{\mathrm{e}}$ 和 $\bar{\boldsymbol{J}}_{\mathrm{e}}$ 分别为等效自由电荷密度和等效自由电流密度；$\boldsymbol{P}$ 为电磁介质的电极化强度（如前面章节所定义，$\boldsymbol{P}=\boldsymbol{D}-\varepsilon_0\boldsymbol{E}$），并记 $\boldsymbol{P}_{\rho}=\boldsymbol{P}/\rho$；$\boldsymbol{M}$ 表示介质的磁化强度（有 $\boldsymbol{M}=\boldsymbol{B}/\mu_0-\boldsymbol{H}$），并记 $\boldsymbol{M}_{\rho}=\boldsymbol{M}/\rho$；运算符号⊗为并矢运算，表示将两个矢量组成为一个二阶张量。

事实上，以上的电磁体力表述也可以写为另外的形式。

定义总的应力张量 $\boldsymbol{\sigma}^{\mathrm{tot}}$，其为 Cauchy 应力张量 $\boldsymbol{\sigma}$ 和 Maxwell 电磁应力张量 $\boldsymbol{\sigma}^{\mathrm{em}}$ 之和，即

$$\boldsymbol{\sigma}^{\mathrm{tot}}=\boldsymbol{\sigma}+\boldsymbol{\sigma}^{\mathrm{em}} \tag{3.3.16}$$

其中，$\boldsymbol{\sigma}^{\mathrm{em}}$ 的偏张量为 $\boldsymbol{\Gamma}^{\mathrm{em}}$，其散度为电磁体力，即

$$\nabla\cdot\boldsymbol{\sigma}^{\mathrm{em}}=\boldsymbol{f}_1^{\mathrm{em}} \tag{3.3.17}$$

这里，$\boldsymbol{f}_1^{\mathrm{em}}$ 表示电磁介质非静电力和洛伦兹（Lorentz）力的部分。

另外，我们将 $\boldsymbol{f}_0^{\mathrm{em}}$ 称为宏观 Maxwell-Lorentz 力，即

$$\boldsymbol{f}_0^{\mathrm{em}}=\bar{q}_{\mathrm{e}}\boldsymbol{E}+\bar{\boldsymbol{J}}_{\mathrm{e}}\times\boldsymbol{B} \tag{3.3.18}$$

结合式（3.3.13），则有 $\boldsymbol{f}_1^{\mathrm{em}}=\boldsymbol{f}^{\mathrm{em}}-\boldsymbol{f}_0^{\mathrm{em}}$。

Maxwell 电磁应力张量 $\boldsymbol{\sigma}^{\mathrm{em}}$ 往往也可以表示为不同的形式。例如，麦克斯韦-闵可夫斯基（Maxwell-Minkowski）形式[14]：

$$\boldsymbol{\sigma}^{\mathrm{em}}=\boldsymbol{E}\otimes\boldsymbol{D}+\boldsymbol{H}\otimes\boldsymbol{B}-\frac{1}{2}(\varepsilon_0\boldsymbol{E}^2+\mu_0\boldsymbol{H}^2)\boldsymbol{I} \tag{3.3.19}$$

此时，线动量平衡方程（3.3.10）可表示为

$$\nabla\cdot\boldsymbol{\sigma}^{\mathrm{tot}}+\boldsymbol{f}^{\mathrm{mech}}+\boldsymbol{f}_1^{\mathrm{em}}=\rho\frac{\partial^2\boldsymbol{u}}{\partial t^2} \tag{3.3.20}$$

相应的能量守恒方程（3.3.12）可表示为

$$\rho\dot{e}=J^{-1}\boldsymbol{\tau}_{\mathrm{I}}\cdot\dot{\boldsymbol{F}}+\bar{\boldsymbol{J}}_{\mathrm{e}}\cdot\boldsymbol{E}+\rho\boldsymbol{E}\cdot\dot{\boldsymbol{P}}_{\rho}+\rho\mu_0\boldsymbol{H}\cdot\dot{\boldsymbol{M}}_{\rho}+\dot{r}^{\mathrm{th}}-\nabla\cdot\boldsymbol{q} \tag{3.3.21}$$

其中，$\boldsymbol{\tau}_{\mathrm{I}}=J\boldsymbol{\sigma}\cdot\boldsymbol{F}^{-\mathrm{T}}$ 为第一 Piola-Kirchhoff 应力张量，且 Cauchy 应力张量与其的关系可表示为 $\boldsymbol{\sigma}=J^{-1}\boldsymbol{\tau}_{\mathrm{I}}\cdot\boldsymbol{F}^{\mathrm{T}}$；$\boldsymbol{F}=\partial\boldsymbol{x}/\partial\boldsymbol{X}$ 表示变形梯度。

由于电磁固体力学耦合作用，对于电磁场相关的变量，表述形式需要基于 Clausius-Duhem 能量不等式获得。

基于热力学第二定律，可以得到电磁连续介质中的 Clausius-Duhem 不等式：

$$\rho\dot{s}-\rho\frac{\dot{r}^{\mathrm{th}}}{T}+\nabla\cdot\left(\frac{\boldsymbol{q}}{T}\right)\geqslant 0 \tag{3.3.22}$$

其中，s 表示系统的熵；T 为热力学温度。

引入亥姆霍兹（Helmholtz）自由能

$$\psi_{\mathrm{h}}=e-Ts \tag{3.3.23}$$

通过勒让德（Legendre）变换，由式（3.3.21）和式（3.3.22）可得 Helmholtz 自由能表示的系统 Clausius-Duhem 不等式为

$$-\rho\dot{\psi}_{\mathrm{h}}+J^{-1}\boldsymbol{\tau}_{\mathrm{I}}\cdot\dot{\boldsymbol{F}}-\rho s\dot{T}+\rho\boldsymbol{E}\cdot\dot{\boldsymbol{P}}_{\rho}+\rho\mu_0\boldsymbol{H}\cdot\dot{\boldsymbol{M}}_{\rho}+\bar{\boldsymbol{J}}_{\mathrm{e}}\cdot\boldsymbol{E}-\frac{1}{T}\boldsymbol{q}\cdot\nabla T\geqslant 0 \tag{3.3.24}$$

再结合

$$\dot{\overline{(1/\rho)}}=\frac{1}{\rho}\mathrm{tr}(\dot{\boldsymbol{F}}\boldsymbol{F}^{-1})=\frac{1}{\rho}\boldsymbol{F}^{-\mathrm{T}}\cdot\dot{\boldsymbol{F}} \tag{3.3.25a}$$

$$\rho\dot{\boldsymbol{P}}_{\rho}=\dot{\boldsymbol{P}}+(\boldsymbol{F}^{-\mathrm{T}}\cdot\dot{\boldsymbol{F}})\boldsymbol{P} \tag{3.3.25b}$$

$$\rho\dot{\boldsymbol{M}}_{\rho}=\dot{\boldsymbol{M}}+(\boldsymbol{F}^{-\mathrm{T}}\cdot\dot{\boldsymbol{F}})\boldsymbol{M} \tag{3.3.25c}$$

以及不考虑温度对电磁固体力学行为的影响（即等温过程）：

$$\dot{T}=0,\qquad\nabla T=\boldsymbol{0} \tag{3.3.26}$$

进一步，式（3.3.24）可以表示为

$$-\dot{\psi}_{\mathrm{h}}+\frac{1}{\rho}[J^{-1}\boldsymbol{\tau}_{\mathrm{I}}+(\boldsymbol{E}\cdot\boldsymbol{P}+\mu_0\boldsymbol{H}\cdot\boldsymbol{M})\boldsymbol{F}^{-T}]\cdot\dot{\boldsymbol{F}}$$

$$+\frac{1}{\rho}(\boldsymbol{E}\cdot\dot{\boldsymbol{P}}+\mu_0\boldsymbol{H}\cdot\dot{\boldsymbol{M}})+\frac{1}{\rho}\bar{\boldsymbol{J}}_{\mathrm{e}}\cdot\boldsymbol{E}\geqslant 0 \tag{3.3.27}$$

式中，由于 $\boldsymbol{F}$，$\boldsymbol{P}$，$\boldsymbol{M}$ 分别为独立变量，则 Helmholtz 自由能 $\psi_{\mathrm{h}}=\psi_{\mathrm{h}}(\boldsymbol{F},\boldsymbol{P},\boldsymbol{M})$ 的变化量可表示为

$$\dot{\psi}_{\mathrm{h}}=\frac{\partial\psi_{\mathrm{h}}}{\partial\boldsymbol{F}}\cdot\dot{\boldsymbol{F}}+\frac{\partial\psi_{\mathrm{h}}}{\partial\boldsymbol{P}}\cdot\dot{\boldsymbol{P}}+\frac{\partial\psi_{\mathrm{h}}}{\partial\boldsymbol{M}}\cdot\dot{\boldsymbol{M}} \tag{3.3.28}$$

将其代入式（3.3.27），则得

$$\left\{\frac{1}{\rho}[J^{-1}\boldsymbol{\tau}_{\mathrm{I}}+(\boldsymbol{E}\cdot\boldsymbol{P}+\mu_0\boldsymbol{H}\cdot\boldsymbol{M})\boldsymbol{F}^{-\mathrm{T}}]-\frac{\partial\psi_{\mathrm{h}}}{\partial\boldsymbol{F}}\right\}\cdot\dot{\boldsymbol{F}}+\left(\frac{1}{\rho}\boldsymbol{E}-\frac{\partial\psi_{\mathrm{h}}}{\partial\boldsymbol{P}}\right)\cdot\dot{\boldsymbol{P}}$$
$$+\left(\frac{1}{\rho}\mu_0\boldsymbol{H}-\frac{\partial\psi_{\mathrm{h}}}{\partial\boldsymbol{M}}\right)\cdot\dot{\boldsymbol{M}}+\frac{1}{\rho}\bar{J}_{\mathrm{e}}\cdot\boldsymbol{E}\geqslant 0 \tag{3.3.29}$$

考虑到独立变量的任意性，我们不难获得

$$\boldsymbol{\tau}_{\mathrm{I}}=\rho J\frac{\partial\psi_{\mathrm{h}}}{\partial\boldsymbol{F}}-J(\boldsymbol{E}\cdot\boldsymbol{P}+\mu_0\boldsymbol{H}\cdot\boldsymbol{M})\boldsymbol{F}^{-\mathrm{T}} \tag{3.3.30a}$$

$$\boldsymbol{E}=\rho\frac{\partial\psi_{\mathrm{h}}}{\partial\boldsymbol{P}},\quad \boldsymbol{H}=\frac{\rho}{\mu_0}\frac{\partial\psi_{\mathrm{h}}}{\partial\boldsymbol{M}} \tag{3.3.30b}$$

另外，为了分析方便起见，也可以将电场 $\boldsymbol{E}$、磁场 $\boldsymbol{H}$ 作为系统自变量。利用 Legendre 转换关系，定义新的势能函数，即电磁吉布斯（Gibbs）自由能：

$$\psi_{\mathrm{g}}=\psi_{\mathrm{h}}-\frac{1}{\rho}\boldsymbol{E}\cdot\boldsymbol{P}-\frac{1}{\rho}\mu_0\boldsymbol{H}\cdot\boldsymbol{M} \tag{3.3.31}$$

则

$$\dot{\psi}_{\mathrm{g}}=\dot{\psi}_{\mathrm{h}}-\frac{1}{\rho}[(\boldsymbol{E}\cdot\boldsymbol{P})\boldsymbol{F}^{-\mathrm{T}}\cdot\dot{\boldsymbol{F}}+\boldsymbol{E}\cdot\dot{\boldsymbol{P}}+\boldsymbol{P}\cdot\dot{\boldsymbol{E}}]$$
$$-\frac{1}{\rho}\mu_0[(\boldsymbol{H}\cdot\boldsymbol{M})\boldsymbol{F}^{-\mathrm{T}}\cdot\dot{\boldsymbol{F}}+\boldsymbol{H}\cdot\dot{\boldsymbol{M}}+\boldsymbol{M}\cdot\dot{\boldsymbol{H}}] \tag{3.3.32}$$

结合

$$\dot{\psi}_{\mathrm{g}}=\frac{\partial\psi_{\mathrm{g}}}{\partial\boldsymbol{F}}\cdot\dot{\boldsymbol{F}}+\frac{\partial\psi_{\mathrm{g}}}{\partial\boldsymbol{E}}\cdot\dot{\boldsymbol{E}}+\frac{\partial\psi_{\mathrm{g}}}{\partial\boldsymbol{H}}\cdot\dot{\boldsymbol{H}} \tag{3.3.33}$$

以及式（3.3.25），则可以得到

$$\left(\frac{1}{\rho}J^{-1}\boldsymbol{\tau}_{\mathrm{I}}-\frac{\partial\psi_{\mathrm{g}}}{\partial\boldsymbol{F}}\right)\cdot\dot{\boldsymbol{F}}-\left(\frac{1}{\rho}\boldsymbol{P}+\frac{\partial\psi_{\mathrm{g}}}{\partial\boldsymbol{E}}\right)\cdot\dot{\boldsymbol{E}}$$
$$-\left(\frac{1}{\rho}\mu_0\boldsymbol{M}+\frac{\partial\psi_{\mathrm{g}}}{\partial\boldsymbol{H}}\right)\cdot\dot{\boldsymbol{H}}+\frac{1}{\rho}\bar{\boldsymbol{J}}_{\mathrm{e}}\cdot\boldsymbol{E}\geqslant 0 \tag{3.3.34}$$

进一步可得到状态及本构方程如下：

$$\boldsymbol{\tau}_{\mathrm{I}}=\rho J\frac{\partial\psi_{\mathrm{g}}}{\partial\boldsymbol{F}},\quad \boldsymbol{P}=-\rho\frac{\partial\psi_{\mathrm{g}}}{\partial\boldsymbol{E}},\quad \boldsymbol{M}=-\rho\frac{1}{\mu_0}\frac{\partial\psi_{\mathrm{g}}}{\partial\boldsymbol{H}} \tag{3.3.35}$$

3.3.3 耦合效应及特征

从 3.3.2 小节本构关系的建立可以看出，由于电磁固体力学的电磁场与固体变形场之间相互作用，场变量与电磁场、力学变形场均关联（如式（3.3.35）），即

$$\boldsymbol{\tau}_{\mathrm{I}}=\boldsymbol{\tau}_{\mathrm{I}}(\boldsymbol{F},\boldsymbol{E},\boldsymbol{H}),\quad \boldsymbol{P}=\boldsymbol{P}(\boldsymbol{F},\boldsymbol{E},\boldsymbol{H}),\quad \boldsymbol{M}=\boldsymbol{M}(\boldsymbol{F},\boldsymbol{E},\boldsymbol{H}) \tag{3.3.36}$$

这样，电磁场基本方程式（2.3.1）～式（2.3.4）与固体变形平衡方程（3.3.10）构成一组耦合的微分方程。

一直以来，关于可变形介质中的电磁力描述是一个未得到有效解决的难题。这是由于材料内部的电磁力在实验中难以测量，对其表征只能依赖于理论模型。目前主要有两种模式[29−31]，一种是将电磁力表征为系统内部变量合并于多场本构响应关系中，另外一种则是直接表征电磁体力、体力偶以及电磁能量率的方法。

原则上讲，宏观的电磁体力、体力偶以及能量率可以从原子或微观电磁理论出发，通过求解和分析原子尺度上移动电荷的力而获得。具体做法是：首先通过任意时刻每一个离散粒子的位置、速度和电荷获得电磁场，进而得到每个粒子周围的电磁场；然后通过所有粒子或微元进行统计平均而获得宏观连续场，如电场 $\boldsymbol{E}$、电位移 $\boldsymbol{D}$、磁场 $\boldsymbol{H}$、磁感应强度 $\boldsymbol{B}$ 等；最后，通过作用于每个带电粒子上的 Lorentz 力，以及相关联的体力偶和能量进行统计平均而获得电磁体力、体力偶和电磁能量率等。然而实际计算中，由于所需要的每个原子尺度的信息（包括位置、速度、带电量等）数量巨大，以至于难以真正实现较为准确的计算，所以基于微观尺度的电磁力表述，进而假设宏观连续的电磁力的形式，如式（3.3.13）～式（3.3.15），这是目前较多采用的模型建立模式。

另外，除了电磁-固体耦合效应出现在本构关系以及基本控制方程中外，在介质的边界或交界面，也存在类似的耦合效应。这主要体现在，电磁场交界面上的跳变条件中，存在与固体介质变形相关的量；同样，在固体介质力学交界面的应力跳变条件中，也存在电磁场相关的量。

1. 电磁场跳变条件

不同介质的交界面 $S=\Omega_1\cap\Omega_2$ 上，电磁场各场量满足的跳变条件可表示如下：

$$\boldsymbol{n}_{12}\times[\![\boldsymbol{E}]\!]=\boldsymbol{0} \tag{3.3.37a}$$

$$\boldsymbol{n}_{12}\cdot[\![\boldsymbol{D}]\!]=\boldsymbol{n}_{12}\cdot[\![\varepsilon_0\boldsymbol{E}+\boldsymbol{P}]\!]=q_{\mathrm{s}} \tag{3.3.37b}$$

$$\boldsymbol{n}_{12}\times[\![\boldsymbol{H}]\!]=\boldsymbol{J}_{\mathrm{s}} \tag{3.3.38a}$$

$$\boldsymbol{n}_{12}\cdot[\![\boldsymbol{B}]\!]=\boldsymbol{n}_{12}\cdot[\![\mu_0(\boldsymbol{H}+\boldsymbol{M})]\!]=0 \tag{3.3.38b}$$

其中，$\boldsymbol{n}_{12}$ 是指在交界面 S 上，由介质 1 指向介质 2 的法线方向矢量。

2. 应力跳变条件

在交界面上（$S=\Omega_1\cap\Omega_2$），若 S_σ 表示应力对应的界面部分，则固体介质的应力张量在此交界面上满足的跳变条件如下：

$$\boldsymbol{n}_{12}\cdot[\![\boldsymbol{\sigma}]\!]=\boldsymbol{n}_{12}\cdot[\![J^{-1}\boldsymbol{\tau}_I\cdot\boldsymbol{F}^{\mathrm{T}}]\!]=\bar{\boldsymbol{t}} \tag{3.3.39}$$

这里的介质区域可以是两种不同材料的固体介质，也可以其中之一 Ω_1（或 Ω_2）是真空区域，此时 Cauchy 应力 $\boldsymbol{\sigma}_1$（或 $\boldsymbol{\sigma}_2$）对应于 Maxwell 电磁应力[27]。

3.3.4　电弹性耦合问题及方程

电弹性材料作为电磁类智能材料中的一类，一般包括了介电、压电、铁电材料等（图 3.3.4），其具有显著的力-电耦合特性。各类压电、铁电材料制成的传感器、调制器、制动器、表面声波器件、红外探测器、超声换能器等，在社会生活和高科技领域得到了广泛的应用，这些器件的功能性和可靠性均与电磁场及力学性能密切关联。

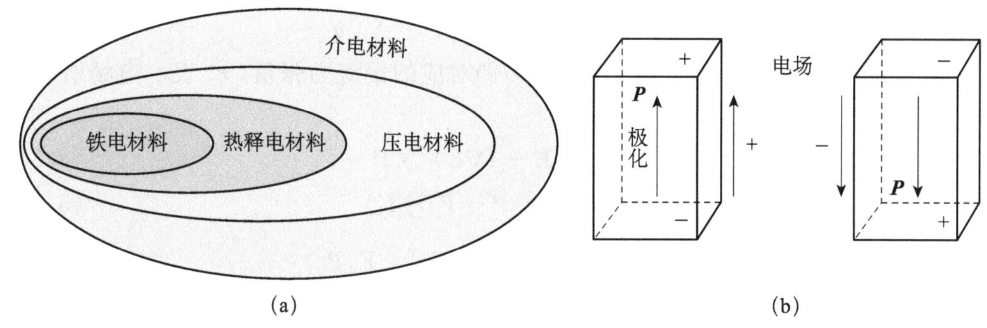

图 3.3.4 (a) 电介质材料分类；(b) 电极化微观特征

压电效应最早是由法国物理学家居里（Curie）兄弟于 1880 年发现的。他们将一重物置于石英晶体上，晶体表面会产生电荷，并且电荷量与压力成比例，这一现象称为压电效应。随即，他们又发现了在外电场作用下石英晶体会产生形变，即逆压电效应。压电效应来自于压电材料晶格内原子间的特殊排列方式。产生这一效应的机理是：具有压电性的晶体对称性较低，当受到外力作用而发生形变时，晶格中正、负离子的相对位移使得正负电荷中心不再重合，导致晶体发生宏观极化；由于晶体表面电荷面密度等于极化强度在表面法向上的投影，所以压电材料受力作用后两端面出现了异号电荷。

除了压电晶体，还有压电陶瓷类材料，一般是通过特定成分的原料进行混合、成型、高温烧结而形成多晶体，其往往具有铁电性。在这类陶瓷中，存在着铁电畴，通常由自发极化方向反向平行的 180°电畴和自发极化方向互相垂直的 90°畴组成。这些电畴在施加外电场条件下，自发极化按照外电场方向充分排列并在外电场撤销后保持了剩余极化强度，因而具有宏观压电性。代表性的材料有：钛酸钡（BT）、锆钛酸铅（PZT）、偏铌酸铅（PN）、铌酸铅钡锂（PBLN）等。

铁电陶瓷属于压电陶瓷中的一种，由于各个晶粒间自发极化方向的随机性，宏观上呈现无极性。此外，铁电材料具有显著的电滞回线特征。近些年，也出现了一些有机压电材料，或称为压电聚合物，例如偏聚氟乙烯（PVDF）及其他有机压电（薄膜）材料。这类材料具有柔韧、低密度、低阻抗和高压电常数等优点，已在水声超声测量、压力传感、引燃引爆等方面获得应用。

电弹性器件在使用中会不可避免地受力而发生变形，材料的变形又导致电磁场改变，这就需要建立相应的电弹性耦合理论来表征电弹性材料的性能与行为。

1. 电弹性基本方程

由于仅考虑电场，Maxwell 方程组可以得到很大的简化，由静电场方程表征，即式 (3.3.1)～式 (3.3.2)。

对于可变形电介质固体材料，相应的基本方程依然包括了质量守恒方程、线动量和角动量守恒方程、能量方程[32, 33]。具体如下：

$$\nabla\cdot\boldsymbol{\sigma}+\boldsymbol{f}^{\text{mech}}+\boldsymbol{f}^{\text{e}}=\rho\frac{\text{d}^2\boldsymbol{u}}{\text{d}t^2} \tag{3.3.40}$$

$$\boldsymbol{\Gamma}^{\text{e}}+\boldsymbol{\sigma}-\boldsymbol{\sigma}^{\text{T}}=\boldsymbol{0} \tag{3.3.41}$$

$$\rho\dot{e}=\boldsymbol{\sigma}\cdot\nabla\boldsymbol{v}+\dot{r}^{\text{th}}+\dot{r}^{\text{e}}-\nabla\cdot\boldsymbol{q} \tag{3.3.42}$$

其中，$\boldsymbol{f}^{\text{e}}$，$\boldsymbol{\Gamma}^{\text{e}}$ 分别表示电场体力、电场体力偶对应的偏应力张量，$\dot{r}^{\text{e}}$ 表示电场所引起的能量输入率，分别表示如下：

$$\boldsymbol{f}^{\text{e}}=\bar{q}_{\text{e}}\boldsymbol{E}+(\nabla\boldsymbol{E})^{\text{T}}\cdot\boldsymbol{P} \tag{3.3.43}$$

$$\boldsymbol{\Gamma}^{\text{e}}=(\boldsymbol{E}\otimes\boldsymbol{P}-\boldsymbol{P}\otimes\boldsymbol{E}) \tag{3.3.44}$$

$$\dot{r}^{\text{e}}=\bar{\boldsymbol{J}}_{\text{e}}\cdot\boldsymbol{E}+\dot{\boldsymbol{P}}+(\boldsymbol{F}^{-\text{T}}\cdot\dot{\boldsymbol{F}})\boldsymbol{P} \tag{3.3.45}$$

2. 电弹性本构关系

一般地，电弹性问题有两组变量，分别为 $\boldsymbol{\sigma}$，$\boldsymbol{\varepsilon}$ 以及 $\boldsymbol{E}$，$\boldsymbol{D}$。这里，我们采用应变 $\boldsymbol{\varepsilon}$ 和电位移 $\boldsymbol{D}$ 为变量，其中的电位移与电极化矢量 $\boldsymbol{P}$ 存在关联，即 $\boldsymbol{D}=\varepsilon_0\boldsymbol{E}+\boldsymbol{P}$ 。

采用电 Gibbs 自由能，即

$$\psi_{\text{ge}}=\psi_{\text{h}}-\boldsymbol{E}\cdot\boldsymbol{D} \tag{3.3.46}$$

由于材料通常具有一定的对称性，对于线性电弹性材料，ψ_{ge} 可以具体表示为

$$\psi_{\text{ge}}(\boldsymbol{\varepsilon},\boldsymbol{E})=\frac{1}{2}\boldsymbol{\varepsilon}^{\text{T}}\cdot\boldsymbol{C}^{E}\cdot\boldsymbol{\varepsilon}-\boldsymbol{E}^{\text{T}}\cdot\boldsymbol{G}^{E\varepsilon}\cdot\boldsymbol{\varepsilon}-\frac{1}{2}\boldsymbol{E}^{\text{T}}\cdot\boldsymbol{G}^{EE}\cdot\boldsymbol{E} \tag{3.3.47a}$$

或

$$\psi_{\text{ge}}(\varepsilon_{ij},E_i)=\frac{1}{2}C^{E}_{ijkl}\varepsilon_{ij}\varepsilon_{kl}-G^{E\varepsilon}_{kij}E_k\varepsilon_{ij}-\frac{1}{2}G^{EE}_{ij}E_iE_j \tag{3.3.47b}$$

其中，$\boldsymbol{C}^{E}$ 表示在电场 $\boldsymbol{E}$ 不变情形下的四阶弹性系数张量；$\boldsymbol{G}^{E\varepsilon}$，$\boldsymbol{G}^{EE}$ 分别表示压电应力系数张量和介电系数张量，满足以下对称性，

$$C^{E}_{ijkl}=C^{E}_{jikl}=C^{E}_{ijlk}=C^{E}_{klij},\quad G^{E\varepsilon}_{kij}=G^{E\varepsilon}_{kji},\quad G^{EE}_{ij}=G^{EE}_{ji} \tag{3.3.48}$$

根据热力学原理，我们可获得电弹性材料所对应的本构关系如下：

$$\boldsymbol{\sigma}=\frac{\partial\psi_{\text{ge}}}{\partial\boldsymbol{\varepsilon}}=\boldsymbol{C}^{E}\cdot\boldsymbol{\varepsilon}-\boldsymbol{G}^{E\varepsilon}\cdot E,\quad \boldsymbol{D}=-\frac{\partial\psi_{\text{ge}}}{\partial\boldsymbol{E}}=\boldsymbol{G}^{EE}\cdot\boldsymbol{E}+\boldsymbol{G}^{E\varepsilon}\cdot\boldsymbol{\varepsilon} \tag{3.3.49a}$$

或

$$\sigma_{ij}=C^{E}_{ijkl}\varepsilon_{kl}-G^{E\varepsilon}_{kij}E_k,\quad D_i=G^{EE}_{ij}E_j+G^{E\varepsilon}_{ikl}\varepsilon_{kl} \tag{3.3.49b}$$

也可以基于 Helmholtz 自由能 ψ_{h} 来进行本构关系的表征，即

$$\psi_{\text{h}}(\boldsymbol{\varepsilon},\boldsymbol{D})=\frac{1}{2}\boldsymbol{\varepsilon}^{\text{T}}\cdot\boldsymbol{C}^{D}\cdot\boldsymbol{\varepsilon}-\boldsymbol{D}^{\text{T}}\cdot\boldsymbol{G}^{D\varepsilon}\cdot\boldsymbol{\varepsilon}+\frac{1}{2}\boldsymbol{D}^{\text{T}}\cdot\boldsymbol{G}^{DD}\cdot\boldsymbol{D} \tag{3.3.50a}$$

或

$$\psi_{\text{h}}(\varepsilon_{ij},D_k)=\frac{1}{2}C^{D}_{ijkl}\varepsilon_{ij}\varepsilon_{kl}-G^{D\varepsilon}_{kij}D_k\varepsilon_{ij}+\frac{1}{2}G^{DD}_{ij}D_iD_j \tag{3.3.50b}$$

其中，$\boldsymbol{C}^{D}$ 表示电位移 $\boldsymbol{D}$ 不变时的四阶弹性系数张量；$\boldsymbol{G}^{D\varepsilon}$，$\boldsymbol{G}^{DD}$ 分别表示压电刚度系数张量和介电系数张量，具有如下对称性：

$$C^{D}_{ijkl}=C^{D}_{jikl}=C^{D}_{ijlk}=C^{D}_{klij},\quad G^{D\varepsilon}_{kij}=G^{D\varepsilon}_{kji},\quad G^{DD}_{ij}=G^{DD}_{ji} \tag{3.3.51}$$

根据热力学原理，进而可获得电弹性的本构关系如下：

$$\boldsymbol{\sigma}=\frac{\partial\psi_{\mathrm{h}}}{\partial\boldsymbol{\varepsilon}}=\boldsymbol{C}^{D}\cdot\boldsymbol{\varepsilon}-\boldsymbol{G}^{D\varepsilon}\cdot\boldsymbol{D},\quad \boldsymbol{E}=\frac{\partial\psi_{\mathrm{h}}}{\partial\boldsymbol{D}}=\boldsymbol{G}^{DD}\cdot\boldsymbol{D}-\boldsymbol{G}^{D\varepsilon}\cdot\boldsymbol{\varepsilon} \tag{3.3.52a}$$

或

$$\sigma_{ij}=C_{ijkl}^{D}\varepsilon_{kl}-G_{kij}^{D\varepsilon}D_{k},\qquad E_{i}=G_{ij}^{DD}D_{j}-G_{ikl}^{D\varepsilon}\varepsilon_{kl} \tag{3.3.52b}$$

若考虑材料的非线性效应（如电致伸缩效应等），则电 Gibbs 自由能或 Helmholtz 自由能可以关于独立场变量展开到更高阶项，相应的本构关系中也将含有非线性项[34, 35]。

3. 压电材料的电弹性力-电耦合模型

前面针对一般的电弹性介质材料给出了电场方程、弹性力学方程以及电弹性本构方程等。为了更清晰地了解耦合方程组的细节与特征，我们这里给出三维压电材料的电弹性耦合模型的具体形式，包括了基本场变量函数的控制方程、初边界条件等。

对于电场，引入电场势 ϕ_E（即 $\boldsymbol{E}=-\nabla\phi_E$）作为场变量，则电场控制方程简化为式(3.3.3)。

对于压电材料的力学变形，采用三维正交直角坐标系 $\{Oxyz\}$。沿三个坐标轴的位移分量（即 u，v，w）作为变形场变量，则弹性应变 $\boldsymbol{\varepsilon}$ 可表示如下：

$$\boldsymbol{\varepsilon}=\begin{Bmatrix}\varepsilon_{x}\\ \varepsilon_{y}\\ \varepsilon_{z}\\ \gamma_{yz}\\ \gamma_{zx}\\ \gamma_{xy}\end{Bmatrix}=\begin{Bmatrix}\partial u/\partial x\\ \partial v/\partial y\\ \partial w/\partial z\\ \partial w/\partial y+\partial v/\partial z\\ \partial u/\partial z+\partial w/\partial x\\ \partial v/\partial x+\partial u/\partial y\end{Bmatrix} \tag{3.3.53}$$

采用电 Gibbs 自由能 ψ_{ge} 来表征电弹性本构方程[36]，则式 (3.3.49) 可另写为

$$\boldsymbol{\sigma}=\begin{Bmatrix}\sigma_{x}\\ \sigma_{y}\\ \sigma_{z}\\ \tau_{yz}\\ \tau_{zx}\\ \tau_{xy}\end{Bmatrix}=\begin{bmatrix}C_{11}^{E} & C_{12}^{E} & C_{13}^{E} & C_{14}^{E} & C_{15}^{E} & C_{16}^{E}\\ C_{21}^{E} & C_{22}^{E} & C_{23}^{E} & C_{24}^{E} & C_{25}^{E} & C_{26}^{E}\\ C_{31}^{E} & C_{32}^{E} & C_{33}^{E} & C_{34}^{E} & C_{35}^{E} & C_{36}^{E}\\ C_{41}^{E} & C_{42}^{E} & C_{43}^{E} & C_{44}^{E} & C_{45}^{E} & C_{46}^{E}\\ C_{51}^{E} & C_{52}^{E} & C_{53}^{E} & C_{54}^{E} & C_{55}^{E} & C_{56}^{E}\\ C_{61}^{E} & C_{62}^{E} & C_{63}^{E} & C_{64}^{E} & C_{65}^{E} & C_{66}^{E}\end{bmatrix}\begin{Bmatrix}\partial u/\partial x\\ \partial v/\partial y\\ \partial w/\partial z\\ \partial w/\partial y+\partial v/\partial z\\ \partial u/\partial z+\partial w/\partial x\\ \partial v/\partial x+\partial u/\partial y\end{Bmatrix}$$

$$-\begin{bmatrix}G_{11}^{E\varepsilon} & G_{21}^{E\varepsilon} & G_{31}^{E\varepsilon}\\ G_{12}^{E\varepsilon} & G_{22}^{E\varepsilon} & G_{32}^{E\varepsilon}\\ G_{13}^{E\varepsilon} & G_{23}^{E\varepsilon} & G_{33}^{E\varepsilon}\\ G_{14}^{E\varepsilon} & G_{24}^{E\varepsilon} & G_{34}^{E\varepsilon}\\ G_{15}^{E\varepsilon} & G_{25}^{E\varepsilon} & G_{35}^{E\varepsilon}\\ G_{16}^{E\varepsilon} & G_{26}^{E\varepsilon} & G_{36}^{E\varepsilon}\end{bmatrix}\begin{Bmatrix}-\partial\phi_{E}/\partial x\\ -\partial\phi_{E}/\partial y\\ -\partial\phi_{E}/\partial z\end{Bmatrix} \tag{3.3.54a}$$

$$\boldsymbol{D}=\begin{Bmatrix}D_{x}\\ D_{y}\\ D_{z}\end{Bmatrix}=\begin{bmatrix}G_{11}^{EE} & G_{12}^{EE} & G_{13}^{EE}\\ G_{21}^{EE} & G_{22}^{EE} & G_{23}^{EE}\\ G_{31}^{EE} & G_{32}^{EE} & G_{33}^{EE}\end{bmatrix}\begin{Bmatrix}-\partial\phi_{E}/\partial x\\ -\partial\phi_{E}/\partial y\\ -\partial\phi_{E}/\partial z\end{Bmatrix}$$

$$+\begin{bmatrix} C_{11}^{E\varepsilon} & C_{12}^{E\varepsilon} & C_{13}^{E\varepsilon} & C_{14}^{E\varepsilon} & C_{15}^{E\varepsilon} & C_{16}^{E\varepsilon} \\ C_{21}^{E\varepsilon} & C_{22}^{E\varepsilon} & C_{23}^{E\varepsilon} & C_{24}^{E\varepsilon} & C_{25}^{E\varepsilon} & C_{26}^{E\varepsilon} \\ C_{31}^{E\varepsilon} & C_{32}^{E\varepsilon} & C_{33}^{E\varepsilon} & C_{34}^{E\varepsilon} & C_{35}^{E\varepsilon} & C_{36}^{E\varepsilon} \end{bmatrix} \begin{Bmatrix} \partial u/\partial x \\ \partial v/\partial y \\ \partial w/\partial z \\ \partial w/\partial y + \partial v/\partial z \\ \partial u/\partial z + \partial w/\partial x \\ \partial v/\partial x + \partial u/\partial y \end{Bmatrix} \tag{3.3.54b}$$

将以上本构方程代入应力平衡方程（3.3.40）以及电位移方程（3.3.3），可得

$$\begin{cases} \ell_{11}u + \ell_{12}v + \ell_{13}w + \ell_{14}\phi_E + f_x = \rho\dfrac{\partial^2 u}{\partial t^2} \\ \ell_{21}u + \ell_{22}v + \ell_{23}w + \ell_{24}\phi_E + f_y = \rho\dfrac{\partial^2 v}{\partial t^2} \\ \ell_{31}u + \ell_{32}v + \ell_{33}w + \ell_{34}\phi_E + f_z = \rho\dfrac{\partial^2 w}{\partial t^2} \\ \ell_{41}u + \ell_{42}v + \ell_{43}w + \ell_{44}\phi_E - q_e = 0 \end{cases} \tag{3.3.55}$$

可以看出，以上为关于四个场变量 $\{u, v, w, \phi_E\}$ 的耦合微分方程组，未知场变量在每个方程中均含有，必须同时求解四个微分方程才能获得场变量解答。

在上面的方程中，f_x，f_y，f_z 分别表示沿三个坐标轴方向的体力分量；$\ell_{ij}(i,j=1,2,3,4)$ 表示微分算子，并满足 $\ell_{ij}=\ell_{ji}$，具体表示如下：

$$\begin{aligned} \ell_{11} &= C_{11}^{E}\frac{\partial^2}{\partial x^2} + C_{66}^{E}\frac{\partial^2}{\partial y^2} + C_{55}^{E}\frac{\partial^2}{\partial z^2} \\ &\quad + 2\left(C_{56}^{E}\frac{\partial^2}{\partial y\partial z} + C_{15}^{E}\frac{\partial^2}{\partial x\partial z} + C_{16}^{E}\frac{\partial^2}{\partial x\partial y}\right) \\ \ell_{12} &= C_{16}^{E}\frac{\partial^2}{\partial x^2} + C_{26}^{E}\frac{\partial^2}{\partial y^2} + C_{45}^{E}\frac{\partial^2}{\partial z^2} + (C_{25}^{E} + C_{46}^{E})\frac{\partial^2}{\partial y\partial z} \\ &\quad + (C_{14}^{E} + C_{56}^{E})\frac{\partial^2}{\partial x\partial z} + (C_{12}^{E} + C_{66}^{E})\frac{\partial^2}{\partial x\partial y} \\ \ell_{13} &= C_{15}^{E}\frac{\partial^2}{\partial x^2} + C_{46}^{E}\frac{\partial^2}{\partial y^2} + C_{35}^{E}\frac{\partial^2}{\partial z^2} + (C_{36}^{E} + C_{45}^{E})\frac{\partial^2}{\partial y\partial z} \\ &\quad + (C_{13}^{E} + C_{55}^{E})\frac{\partial^2}{\partial x\partial z} + (C_{14}^{E} + C_{56}^{E})\frac{\partial^2}{\partial x\partial y} \\ \ell_{14} &= G_{11}^{E\varepsilon}\frac{\partial^2}{\partial x^2} + G_{26}^{E\varepsilon}\frac{\partial^2}{\partial y^2} + G_{35}^{E\varepsilon}\frac{\partial^2}{\partial z^2} + (G_{36}^{E\varepsilon} + G_{25}^{E\varepsilon})\frac{\partial^2}{\partial y\partial z} \\ &\quad + (G_{31}^{E\varepsilon} + G_{15}^{E\varepsilon})\frac{\partial^2}{\partial x\partial z} + (G_{12}^{E\varepsilon} + G_{16}^{E\varepsilon})\frac{\partial^2}{\partial x\partial y} \\ \ell_{22} &= C_{66}^{E}\frac{\partial^2}{\partial x^2} + C_{22}^{E}\frac{\partial^2}{\partial y^2} + C_{44}^{E}\frac{\partial^2}{\partial z^2} \\ &\quad + 2\left(C_{24}^{E}\frac{\partial^2}{\partial y\partial z} + C_{46}^{E}\frac{\partial^2}{\partial x\partial z} + C_{26}^{E}\frac{\partial^2}{\partial x\partial y}\right) \end{aligned} \tag{3.3.56a}$$

$$\ell_{23}=C_{56}^{E}\frac{\partial^2}{\partial x^2}+C_{24}^{E}\frac{\partial^2}{\partial y^2}+C_{34}^{E}\frac{\partial^2}{\partial z^2}+(C_{23}^{E}+C_{44}^{E})\frac{\partial^2}{\partial y\partial z}+(C_{45}^{E}+C_{36}^{E})\frac{\partial^2}{\partial x\partial z}+(C_{46}^{E}+C_{25}^{E})\frac{\partial^2}{\partial x\partial y}$$

$$\ell_{24}=G_{16}^{E\varepsilon}\frac{\partial^2}{\partial x^2}+G_{22}^{E\varepsilon}\frac{\partial^2}{\partial y^2}+G_{34}^{E\varepsilon}\frac{\partial^2}{\partial z^2}+(G_{32}^{E\varepsilon}+G_{24}^{E\varepsilon})\frac{\partial^2}{\partial y\partial z}+(G_{36}^{E\varepsilon}+G_{14}^{E\varepsilon})\frac{\partial^2}{\partial x\partial z}+(G_{26}^{E\varepsilon}+G_{12}^{E\varepsilon})\frac{\partial^2}{\partial x\partial y} \tag{3.3.56b}$$

$$\ell_{33}=C_{55}^{E}\frac{\partial^2}{\partial x^2}+C_{44}^{E}\frac{\partial^2}{\partial y^2}+C_{33}^{E}\frac{\partial^2}{\partial z^2}+2\left(C_{34}^{E}\frac{\partial^2}{\partial y\partial z}+C_{35}^{E}\frac{\partial^2}{\partial x\partial z}+C_{45}^{E}\frac{\partial^2}{\partial x\partial y}\right)$$

$$\ell_{34}=G_{15}^{E\varepsilon}\frac{\partial^2}{\partial x^2}+G_{24}^{E\varepsilon}\frac{\partial^2}{\partial y^2}+G_{33}^{E\varepsilon}\frac{\partial^2}{\partial z^2}+(G_{34}^{E\varepsilon}+G_{23}^{E\varepsilon})\frac{\partial^2}{\partial y\partial z}+(G_{35}^{E\varepsilon}+G_{13}^{E\varepsilon})\frac{\partial^2}{\partial x\partial z}+(G_{25}^{E\varepsilon}+G_{14}^{E\varepsilon})\frac{\partial^2}{\partial x\partial y} \tag{3.3.56c}$$

$$\ell_{44}=-G_{11}^{EE}\frac{\partial^2}{\partial x^2}-G_{22}^{EE}\frac{\partial^2}{\partial y^2}-G_{33}^{EE}\frac{\partial^2}{\partial z^2}-2\left(G_{23}^{EE}\frac{\partial^2}{\partial y\partial z}+G_{13}^{EE}\frac{\partial^2}{\partial x\partial z}+G_{12}^{EE}\frac{\partial^2}{\partial x\partial y}\right)$$

特别地，若考虑正交各向异性压电材料，则一些相关材料系数为零，如下：

$$\begin{gathered}C_{14}^{E}=C_{15}^{E}=C_{16}^{E}=0,\quad C_{24}^{E}=C_{25}^{E}=C_{26}^{E}=0,\quad C_{34}^{E}=C_{35}^{E}=C_{36}^{E}=0\\ C_{45}^{E}=C_{46}^{E}=0,\quad C_{56}^{E}=0,\quad G_{11}^{E\varepsilon}=G_{12}^{E\varepsilon}=G_{13}^{E\varepsilon}=G_{14}^{E\varepsilon}=G_{16}^{E\varepsilon}=0\\ G_{21}^{E\varepsilon}=G_{22}^{E\varepsilon}=G_{23}^{E\varepsilon}=G_{25}^{E\varepsilon}=G_{26}^{E\varepsilon}=0\\ G_{34}^{E\varepsilon}=G_{35}^{E\varepsilon}=G_{36}^{E\varepsilon}=0,\quad G_{12}^{EE}=G_{13}^{EE}=G_{23}^{E\varepsilon}=0\end{gathered} \tag{3.3.57}$$

相对应的微分算子可简化为

$$\ell_{11}=C_{11}^{E}\frac{\partial^2}{\partial x^2}+C_{66}^{E}\frac{\partial^2}{\partial y^2}+C_{55}^{E}\frac{\partial^2}{\partial z^2},\quad \ell_{12}=(C_{12}^{E}+C_{66}^{E})\frac{\partial^2}{\partial x\partial y}$$

$$\ell_{13}=(C_{13}^{E}+C_{55}^{E})\frac{\partial^2}{\partial x\partial z},\quad \ell_{14}=(G_{31}^{E\varepsilon}+G_{15}^{E\varepsilon})\frac{\partial^2}{\partial x\partial z} \tag{3.3.58a}$$

$$\ell_{22}=C_{66}^{E}\frac{\partial^2}{\partial x^2}+C_{22}^{E}\frac{\partial^2}{\partial y^2}+C_{44}^{E}\frac{\partial^2}{\partial z^2}$$

$$\ell_{23}=(C_{23}^{E}+C_{44}^{E})\frac{\partial^2}{\partial y\partial z},\quad \ell_{24}=(G_{32}^{E\varepsilon}+G_{24}^{E\varepsilon})\frac{\partial^2}{\partial y\partial z} \tag{3.3.58b}$$

$$\ell_{33}=C_{55}^{E}\frac{\partial^2}{\partial x^2}+C_{44}^{E}\frac{\partial^2}{\partial y^2}+C_{33}^{E}\frac{\partial^2}{\partial z^2}$$

$$\ell_{34}=G_{15}^{E\varepsilon}\frac{\partial^2}{\partial x^2}+G_{24}^{E\varepsilon}\frac{\partial^2}{\partial y^2}+G_{33}^{E\varepsilon}\frac{\partial^2}{\partial z^2} \tag{3.3.58c}$$

$$\ell_{44}=-G_{11}^{EE}\frac{\partial^2}{\partial x^2}-G_{22}^{EE}\frac{\partial^2}{\partial y^2}-G_{33}^{EE}\frac{\partial^2}{\partial z^2}$$

对于电弹性定解问题，相应的初、边界条件也较容易获得。

在初始时刻，分别给定位移和速度条件，即

$$u_x(x,y,z,0)=u_{x0},\quad u_y(x,y,z,0)=u_{y0},\quad u_z(x,y,z,0)=u_{z0} \tag{3.3.59a}$$

$$\frac{\partial u_x(x,y,z,0)}{\partial t}=v_{x0},\quad \frac{\partial u_y(x,y,z,0)}{\partial t}=v_{y0},\quad \frac{\partial u_z(x,y,z,0)}{\partial t}=v_{z0} \tag{3.3.59b}$$

边界包含了与可变形固体结构相关的位移边界 Γ_u 和应力边界 Γ_σ，也包含了与电场关联的电势边界 Γ_ϕ 和表面电荷边界 Γ_q，则有

$$u_x=\bar{u}_x,\quad u_y=\bar{u}_y,\quad u_z=\bar{u}_z\quad (\text{在 } \Gamma_u \text{ 上}) \tag{3.3.60a}$$

$$\boldsymbol{n}\cdot\boldsymbol{\sigma}=\bar{\boldsymbol{t}}\quad (\text{在 } \Gamma_\sigma \text{ 上}) \tag{3.3.60b}$$

$$\phi_E=\bar{\phi}_E\quad (\text{在 } \Gamma_\phi \text{ 上}) \tag{3.3.60c}$$

$$\boldsymbol{n}\cdot\boldsymbol{D}=-\bar{q}\quad (\text{在 } \Gamma_q \text{ 上}) \tag{3.3.60d}$$

3.3.5　磁弹性耦合问题及方程

能够对磁场予以某种方式响应的材料统称为磁性材料。

严格讲，任何物质在外磁场中均能够或多或少地被磁化，但是磁化的程度可能不同。根据物质在外磁场中表现出的特性与磁性强弱，可分为五类：顺磁性（paramagnetic）物质、抗磁性（antiferromagnetic）物质、铁磁性（ferromagnetic）物质、亚铁磁性（ferrimagnetic）物质和反磁性（diamagenic）物质（表 3.3.1）。

大多数材料是抗磁性或顺磁性的，它们对外磁场响应较弱。铁磁性和亚铁磁性物质为强磁性物质，通常所说的磁性材料主要指这类强磁性材料。

表 3.3.1　各类磁性材料的特征以及代表性材料

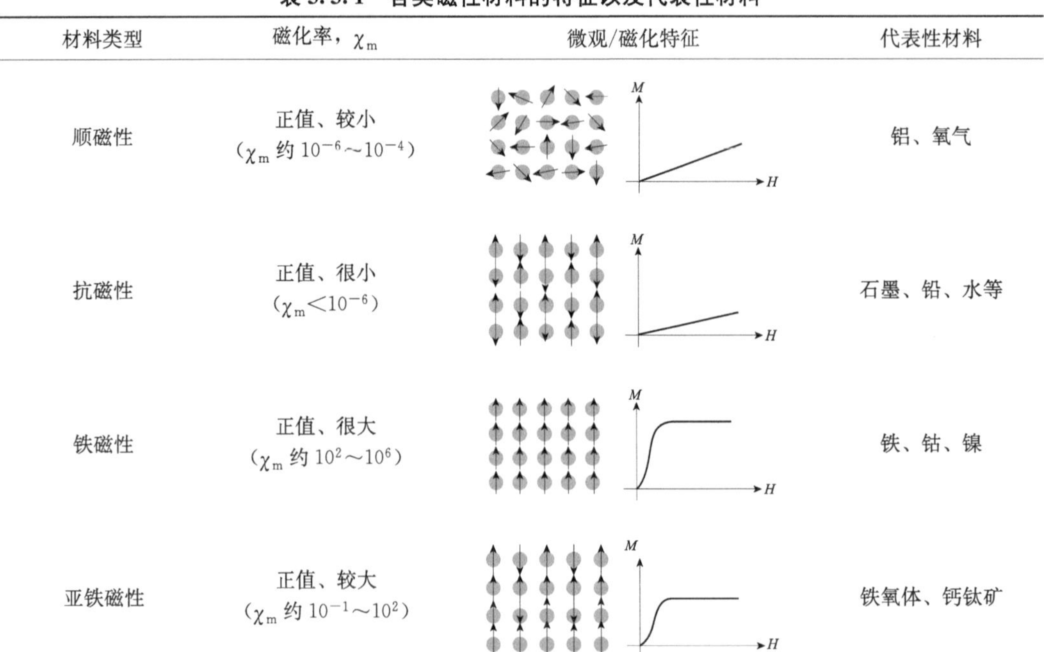

材料类型	磁化率，χ_m	微观/磁化特征	代表性材料
顺磁性	正值、较小（χ_m 约 $10^{-6}\sim10^{-4}$）	M, H	铝、氧气
抗磁性	正值、很小（$\chi_m<10^{-6}$）	M, H	石墨、铅、水等
铁磁性	正值、很大（χ_m 约 $10^{2}\sim10^{6}$）	M, H	铁、钴、镍
亚铁磁性	正值、较大（χ_m 约 $10^{-1}\sim10^{2}$）	M, H	铁氧体、钙钛矿

续表

材料类型	磁化率，χ_m	微观/磁化特征	代表性材料
反磁性	负值、较小 （χ_m 约 -10^{-6}）	M H	铬、锰等

对于磁性材料来说，磁化曲线和磁滞回线是反映基本磁学性能的特性曲线。铁磁性材料一般是 Fe、Co、Ni 元素及其合金，稀土元素及其合金，以及一些 Mn 的化合物。磁性材料按照磁化的难易程度，一般分为硬磁材料（或永磁材料）、软磁材料。硬磁材料一经磁化即能保持恒定磁性，具有宽磁滞回线、高矫顽力和高剩磁。软磁材料的剩磁与矫顽磁力均较小、磁滞回线窄、磁损耗较小。

尽管人们对铁磁物质和现象早已有了认识，但由于铁磁介质的铁磁性通常十分复杂，直到 20 世纪初爱因斯坦和德哈斯（de Haas）的实验证实了物质的铁磁性并非由轨道磁矩引起，而是由自旋磁矩引起。依此结论，人们认为铁磁介质内部存在着磁畴，每个磁畴都是一个强的内磁场。在没有外磁场时，铁磁介质磁畴的磁场朝向各不相同、杂乱无章，因而在整体效果上对外不显磁性。但当存在外加磁场时，磁畴的朝向就会发生转变，这时内磁场显著地增强了整个磁场，使得铁磁介质材料对外显示出很大的磁性。在此磁化过程中往往伴随有能量的损耗，并产生磁滞现象（图 3.3.5）。

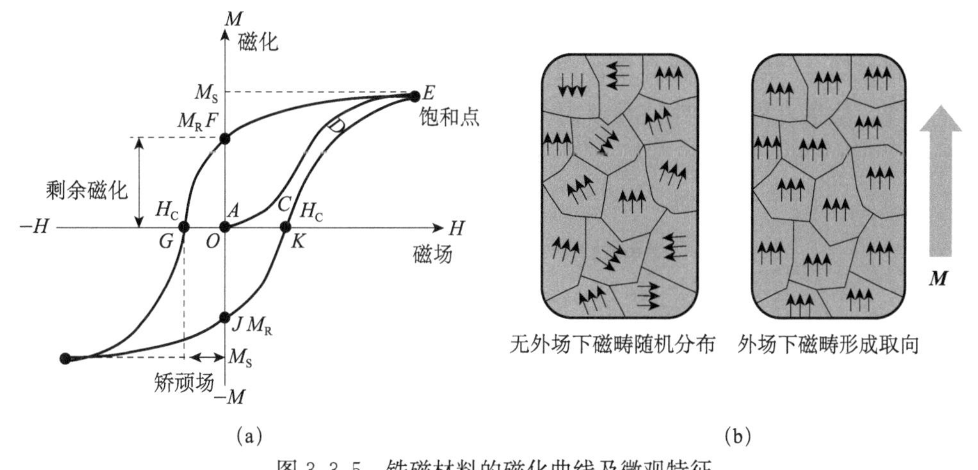

图 3.3.5　铁磁材料的磁化曲线及微观特征

（a）*H-M* 曲线；（b）磁化磁畴分布特征

我们常见的纯铁、铁氧体、铁硅合金、铁镍合金等均属于铁磁或亚铁磁材料范畴，被广泛应用于自动化元件、电机、电磁铁、电声电工器件、计算机以及热核反应堆等现代高新装置和设备中。压磁材料是另外一类磁性功能材料，在外加磁场作用下会发生机械形变，又称磁致伸缩材料。其常用于超声波发生器的振动头、机械滤波器和电脉冲信号延迟线等，与微波技术结合则可制作成微声（或旋声）器件等。

1. 磁弹性理论发展

磁性介质的弹性变形与磁场相互作用的行为特征问题统称为磁弹性问题，是伴随着人们对电磁场与物质相互作用研究的逐步深入而发展起来的[18, 24−30]。在早期的研究中，通常先计算出磁场作用于磁化介质上的电磁力大小，然后将这些力引入弹性力学方程来确定介质的变形。在处理场对介质的磁化效应时，并没有严格区分物体变形前与变形后两者之间的差别，也不考虑变形与电磁场间的耦合效应。因此，这种分析还不能算作真正意义上的力学变形场与电磁场间的相互作用分析。

1956 年，Toupin[37] 基于连续介质有限变形理论与方法，最早开展了弹性电磁介质与电磁场间的相互作用问题的研究。之后，出于对电磁场作用下应力-应变本构关系基础研究的深入，从 20 世纪 60 年代开始，大批力学、物理、机电等领域的科研工作者开展了系列工作。Toupin（1963 年）[38] 和 Eringen（1963 年）[39] 分别运用非线性连续统力学和公理化的方法，重新研究了变形介质体与电磁场间的相互作用问题，获得了一些基本的表征方程。这些开拓性的研究工作鼓舞了后来的许多研究，极大地促进了电磁场与可变形介质结构耦合理论的发展。

可变形介质同电磁场间的相互作用与场的性质密切关联，而现有所有实验技术均难以做到对场变量以及电磁力分布的直接测量，这就为实验检验理论的正确性带来极大挑战。特别是可磁化介质的磁弹性相互作用问题，其现象和机制更为复杂，相应地产生了从各种不同观点出发的众多理论模型或表述。例如，从弹性连续介质的观点出发，基于磁化的安培分子环流假设（如图 3. 3. 6（a）），分别有饱和磁绝缘体以及考虑非线性效应的磁弹性问题的数学模型[40]；基于微观安培分子环流磁化、磁偶极子（如图 3. 3. 6（b））等机制以及连续介质力学基本理论，Brown（1966 年）[25]、Paria（1967 年）[41] 等建立了磁弹性耦合问题中磁化介质体内磁合力和磁合转矩的表达式，以及顺磁和铁磁材料边界条件、能量方程和本构方程方面的理论模型等。

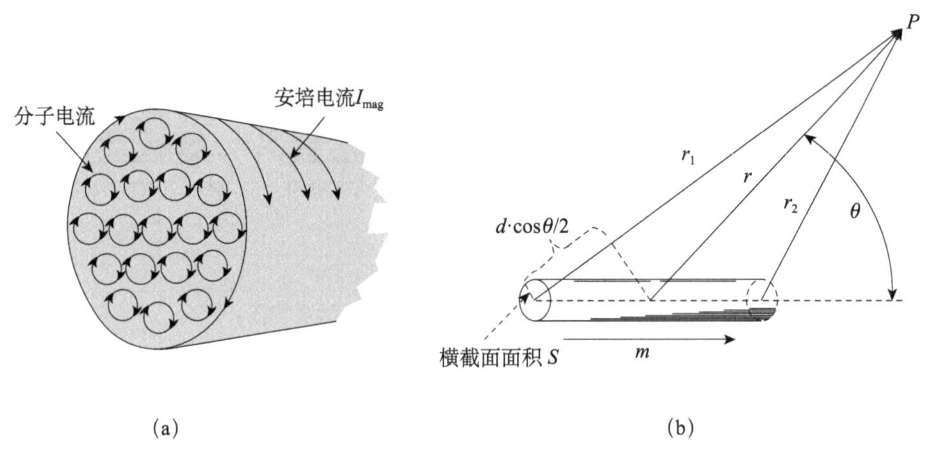

图 3. 3. 6　铁磁材料的微观磁化模型

（a）安培分子环流；（b）磁偶极子

通过预先引入一 Maxwell 电磁应力张量，Pao 和 Yeh[27, 42] 采用公理化的方法，在考虑非线性变形及介质与磁场间耦合效应后导出了作用于铁磁介质体上的磁体力与边界磁面力的磁弹性力学模型（Pao-Yeh 公理化模型）。之后，他们进一步总结了可极化、可磁化介质与电磁场相互作用理论方面的研究状况，分别对基于 Maxwell 应力张量建立的 Lorentz 理论模型、Minkowski 理论模型、统计力学理论模型以及 Chu 理论模型“从数学的严格性、假设的正确性以及理论所依据的基本原理的可用性”方面较系统评述，但是这些模型与方程并不完全等价，主要差别来自于介质的磁化耦合效应表征。

Eringen 和 Maugin [29, 43]采用另一形式的 Maxwell 电磁应力张量，运用理性力学理论导出了不同于 Pao-Yeh 模型的磁弹性力学模型（Eringen-Maugin 理性力学模型）。van de Ven（1984 年）[44]和 van Lieshout 等（1987 年）[45] 通过预先引入 Maxwell 电磁应力张量后，构造了一 Lagrange 函数，通过变分运算得到了与 Pao-Yeh 模型相同的磁弹性理论模型（van de Ven-van Lieshout 变分模型）等。

进入 20 世纪 90 年代以后，国内力学工作者也开始将目光转向这一研究领域。例如，周又和、郑晓静从磁弹性系统的磁能与应变能之和出发，通过广义变分原理建立起了铁磁介质线弹性、小变形情形下的磁弹性广义变分模型[18]，并与本书作者等进一步建立了磁热弹性和几何大变形、磁化非线性的广义变分模型等[46, 47]。在这一新途径建立的广义磁弹性变分模型中，磁体力、磁面力是以铁磁介质系统磁能改变量转化为铁磁介质体等效磁力所做的功来表征的，具有明显的力学及物理意义。这一模型也是目前为止能够同时解释三类典型磁弹性实验结果（如负磁刚度、正磁刚度、磁弹性壳体应力分布实验）的模型。

尽管针对可变形、可磁化介质的磁弹性耦合问题已有大量的理论方面的研究，但是由于问题的复杂性以及实验直接观测的困难，模型的验证依然面临挑战。一些模型之间的关联与表征量可以获得等价性的证明，但大多数并不完全等价，有些模型仅能够解释少量已观测的典型实验现象。总体而言，各类模型的差别主要是由介质磁化耦合效应所带来的，关于电磁介质与电磁场相互作用的一般理论依然有待于深入研究。

2. 几类典型的磁弹性理论模型

本节将针对现有的较为成熟的几类磁弹性理论进行简要介绍，方便读者了解其耦合机制以及适用范围等。

1）直观物理模型

基于直观的磁化物理机制，可以得到铁磁介质体内的电磁力表述，进而获得不同的磁弹性模型。

Moon 和 Pao[26] 针对铁磁薄板、薄壁结构，通过一些合理的工程化简化，获得了铁磁体内仅受磁体力偶作用的模型（即 Moon-Pao 磁体力偶模型）。其表达式为

$$\boldsymbol{f}^{\mathrm{m}}=\boldsymbol{0}, \qquad \boldsymbol{c}^{\mathrm{m}}=\boldsymbol{M}\times\boldsymbol{B}_0 \tag{3.3.61}$$

其中，$\boldsymbol{B}_0$ 为外加磁场的磁感应强度矢量。

若考虑磁化过程中磁感应强度的变化，则可获得薄板、薄壁的铁磁介质体的磁体力模型，其表达式为

$$\boldsymbol{f}^{\mathrm{m}}=(\nabla\boldsymbol{B})\cdot\boldsymbol{M}=\frac{\mu_0\mu_{\mathrm{r}}\chi_{\mathrm{m}}}{2}\nabla\boldsymbol{H}^2, \qquad \boldsymbol{c}^{\mathrm{m}}=\boldsymbol{0} \tag{3.3.62}$$

我们注意到，以上两种基于直观物理机制给出电磁力除了形式上不同外，甚至两者出现一定的矛盾。这主要是因为 Moon-Pao 磁体力偶模型是基于薄板的厚度很小所得到

的简化结果，其使用范围更为局限。

2）Pao-Yeh 公理化模型

采用公理化的方法并考虑非线性变形及介质与磁场间耦合效应后，Pao 和 Yeh[42] 给出了作用于铁磁介质体上的磁体力、边界磁面力表达形式。在他们的模型中，采用了如下的 Maxwell 电磁应力张量：

$$\boldsymbol{T}^{\mathrm{m}}=\boldsymbol{B}\otimes\boldsymbol{H}-\frac{1}{2}\mu_0(\boldsymbol{H}\cdot\boldsymbol{H})\boldsymbol{I} \tag{3.3.63}$$

进而，可得到磁体力的表达式：

$$\boldsymbol{f}^{\mathrm{m}}=\nabla\cdot\boldsymbol{T}^{\mathrm{m}}=\mu_0(\nabla\boldsymbol{H})\cdot\boldsymbol{M} \tag{3.3.64}$$

同时引入了与磁化关联的应力张量 $\boldsymbol{\sigma}^{\mathrm{m}}=\mu_0\boldsymbol{M}\otimes\boldsymbol{H}$ ，则总的应力张量表示为

$$\boldsymbol{\sigma}^{\mathrm{tot}}=\boldsymbol{\sigma}+\boldsymbol{\sigma}^{\mathrm{m}}=\boldsymbol{\sigma}+\mu_0\boldsymbol{M}\otimes\boldsymbol{H} \tag{3.3.65}$$

Pao-Yeh 模型还给出了介质边界处的磁面力表达式，其通过 Maxwell 电磁应力张量在边界 S 处的跳变量获得，即

$$\boldsymbol{F}_{\mathrm{s}}^{\mathrm{m}}=-\boldsymbol{n}\cdot[\![\boldsymbol{T}^{\mathrm{m}}]\!]=\frac{1}{2}\mu_0(M_n)^2\boldsymbol{n}\qquad(在\ S\ 上) \tag{3.3.66}$$

3）Eringen-Maugin 理性力学模型

根据连续介质理论以及电动力学相关理论，理性力学大师 Eringen 和 Maugin [43]选取了另外一种形式的 Maxwell 电磁应力张量：

$$\boldsymbol{T}^{\mathrm{m}}=-\boldsymbol{B}\otimes\boldsymbol{M}+\frac{1}{\mu_0}\boldsymbol{B}\otimes\boldsymbol{B}-\frac{1}{2}(\boldsymbol{B}\cdot\boldsymbol{B}/\mu_0-2\boldsymbol{M}\cdot\boldsymbol{B})\boldsymbol{I} \tag{3.3.67}$$

进而得到铁磁介质体的磁体力如下：

$$\boldsymbol{f}^{\mathrm{m}}=\nabla\cdot\boldsymbol{T}^{\mathrm{m}}=(\nabla\boldsymbol{B})\cdot\boldsymbol{M} \tag{3.3.68}$$

同时引入了与磁化关联的应力张量$\boldsymbol{\sigma}^{\mathrm{m}}=-\boldsymbol{B}\otimes\boldsymbol{M}$，则总的应力张量表示为

$$\boldsymbol{\sigma}^{\mathrm{tot}}=\boldsymbol{\sigma}+\boldsymbol{\sigma}^{\mathrm{m}}=\boldsymbol{\sigma}-\boldsymbol{B}\otimes\boldsymbol{M} \tag{3.3.69}$$

类似地，边界处的磁面力是通过 Maxwell 电磁应力张量的跳变量获得，即

$$\boldsymbol{F}_{\mathrm{s}}^{\mathrm{m}}=-\boldsymbol{n}\cdot[\![\boldsymbol{T}^{\mathrm{m}}]\!]=\frac{1}{2}\mu_0(M_\tau)^2\boldsymbol{n}\qquad(在\ S\ 上) \tag{3.3.70}$$

其中，M_τ 表示边界表面 S 上的磁化矢量的切向分量。

4）Zhou-Zheng 广义磁弹性变分模型

周又和和郑晓静[18]针对线性小变形铁磁介质，建立了一广义磁弹性变分模型。他们考虑了磁弹性系统内部的铁磁介质区域（记为 Ω^+ ）和外部的空气域（记为 Ω^- ），基于应变能和系统总磁能泛函，通过广义变分运算获得铁磁介质体内的磁体力以及表面上的磁面力。

铁磁介质的系统总势能泛函表示为

$$\begin{aligned}\Pi\{\phi,\ \boldsymbol{u}\}&=\Pi_{\mathrm{em}}\{\phi,\ \boldsymbol{u}\}+\Pi_{\mathrm{me}}\{\phi,\ \boldsymbol{u}\}\\&=\frac{1}{2}\int_{\Omega^+(\boldsymbol{u})}\mu_0\mu_{\mathrm{r}}(\nabla\phi^+)^2\mathrm{d}v+\frac{1}{2}\int_{\Omega^-(\boldsymbol{u})}\mu_0(\nabla\phi^-)^2\mathrm{d}v\\&\quad+\int_{\Gamma_0}\boldsymbol{n}_0\cdot\boldsymbol{B}_0\phi^-\,\mathrm{d}s\end{aligned}$$

$$+\frac{1}{2}\int_{\Omega^+}\boldsymbol{\sigma}\cdot\boldsymbol{\varepsilon}\,\mathrm{d}v-\int_{\Omega^+}\boldsymbol{f}^{\mathrm{me}}\cdot\boldsymbol{u}\,\mathrm{d}v \tag{3.3.71}$$

其中，ϕ^+，ϕ^- 分别表示铁磁介质内、外区域的磁标量势函数；$\boldsymbol{B}_0$ 表示外加磁场；Γ_0 表示外部空气域无穷远处的边界。对于铁磁介质线弹性小变形情形，应力 $\boldsymbol{\sigma}$ 与应变 $\boldsymbol{\varepsilon}$ 满足胡克定律，$\boldsymbol{f}^{\mathrm{me}}$ 表示作用于铁磁介质上的机械体力。

根据磁弹性广义变分原理，进行变分运算：

$$\delta\Pi\{\phi,\boldsymbol{u}\}=\delta_u\Pi\{\phi,\boldsymbol{u}\}+\delta_\phi\Pi\{\phi,\boldsymbol{u}\} \tag{3.3.72}$$

由式（3.3.72）中关于磁标量势的变分项可以获得静磁场基本方程，如式（3.3.6）、式（3.3.7）以及边界条件式（3.3.38a）、式（3.3.38b）。

考虑到磁场在边界上的连接条件：

$$H_n^-=\mu_{\mathrm{r}}H_n^+,\quad H_\tau^-=H_\tau^+ \tag{3.3.73}$$

及

$$(H^+)^2=(H_n^+)^2+(H_\tau^+)^2,\quad (H^-)^2=(H_n^-)^2+(H_\tau^-)^2 \tag{3.3.74}$$

其中，H_n^+，H_n^- 和 H_τ^+，H_τ^- 分别为磁场强度在铁磁介质表面处的法向和切向分量。

关于位移 $\boldsymbol{u}$ 进行变分运算，进一步可以得到

$$\begin{aligned}\delta_u\Pi\{\phi,\boldsymbol{u}\}&=\delta_u\Pi_{\mathrm{me}}\{\phi,\boldsymbol{u}\}+\delta_u\Pi_{\mathrm{em}}\{\phi,\boldsymbol{u}\}\\&=-\int_{\Omega^+}(\nabla\cdot\boldsymbol{\sigma}+\boldsymbol{f}^{\mathrm{me}})\cdot\delta\boldsymbol{u}\,\mathrm{d}v+\int_{S_t}\boldsymbol{\sigma}\cdot\boldsymbol{n}^+\cdot\delta\boldsymbol{u}\,\mathrm{d}s\\&\quad-\int_{\Omega^+}\frac{\mu_0\mu_{\mathrm{r}}\chi_{\mathrm{m}}}{2}\nabla(\boldsymbol{H}^+)^2\cdot\delta\boldsymbol{u}\,\mathrm{d}v\\&\quad+\oint_S\left[\frac{\mu_0\chi_{\mathrm{m}}(\mu_{\mathrm{r}}+1)}{2}(H_\tau^+)^2\right]\boldsymbol{n}^+\cdot\delta\boldsymbol{u}\,\mathrm{d}s\end{aligned} \tag{3.3.75}$$

令一阶变分等于零，可得到线弹性小变形情形下的磁弹性力学基本方程：

$$\nabla\cdot\boldsymbol{\sigma}+\boldsymbol{f}^{\mathrm{me}}+\boldsymbol{f}^{\mathrm{m}}=\boldsymbol{0} \tag{3.3.76}$$

$$\boldsymbol{n}^+\cdot\boldsymbol{\sigma}=\boldsymbol{F}_{\mathrm{s}}^{\mathrm{m}} \tag{3.3.77}$$

其中，$\boldsymbol{f}^{\mathrm{m}}$ 和$\boldsymbol{F}_{\mathrm{s}}^{\mathrm{m}}$ 分别为磁体力和磁面力，具体形式如下：

$$\boldsymbol{f}^{\mathrm{m}}=\frac{\mu_0\mu_{\mathrm{r}}\chi_{\mathrm{m}}}{2}\nabla(\boldsymbol{H}^+)^2 \tag{3.3.78}$$

$$\boldsymbol{F}_{\mathrm{s}}^{\mathrm{m}}=-\frac{\mu_0\chi_{\mathrm{m}}(\mu_{\mathrm{r}}+1)}{2}(H_\tau^+)^2\boldsymbol{n}^+ \tag{3.3.79}$$

在这一磁弹性广义变分原理模型中，磁体力和磁面力是基于变分而自然导出的，反映了铁磁介质磁场能与弹性体变形能的转化，具有明显的物理意义。另外，这里的磁体力$\boldsymbol{f}^{\mathrm{m}}$ 表达式与 Eringen-Maugin 理性力学模型中的体力项（3.3.68）完全一致，磁面力为 Faraday 电磁应力在边界处的跳变值。

5）基于连续介质热动力学的磁弹性理论模型（Hutter，Dorfmann，Bechtel）

基于连续介质力学、热动力学以及电动力学理论可以建立较为一般形式的电磁固体力学连续理论框架[48−50]（如 3.3.1 节），磁弹性问题可以看作其仅考虑磁场作用下的一个特例。

结合式（3.3.13）～式（3.3.15），略去电场相关的项，则可获得铁磁介质的磁体

力、磁体力偶相关表征，以及守恒方程如下：

$$\boldsymbol{f}^{\mathrm{m}}=\bar{\boldsymbol{J}}_{\mathrm{e}}\times\boldsymbol{B}+\mu_0(\nabla\boldsymbol{H})^{\mathrm{T}}\cdot\boldsymbol{M} \tag{3.3.80}$$

$$\boldsymbol{\Gamma}^{\mathrm{m}}=\mu_0(\boldsymbol{H}\otimes\boldsymbol{M}-\boldsymbol{M}\otimes\boldsymbol{H}) \tag{3.3.81}$$

$$\rho\dot{e}=J^{-1}\boldsymbol{\tau}_I\cdot\dot{\boldsymbol{F}}+\rho\mu_0\boldsymbol{H}\cdot\dot{\boldsymbol{M}}_\rho+\dot{r}^{\mathrm{th}}-\nabla\cdot\boldsymbol{q} \tag{3.3.82}$$

引入 Helmholtz 自由能：

$$\psi_{\mathrm{h}}=e-Ts \tag{3.3.83}$$

根据热力学第二定律，并结合式（3.3.21）和式（3.3.22），可得 Helmholtz 自由能表示的系统 Clausius-Duhem 不等式为

$$-\dot{\psi}_h+\frac{1}{\rho}[J^{-1}\boldsymbol{\tau}_{\mathrm{I}}+\mu_0\boldsymbol{H}\cdot\boldsymbol{M}\boldsymbol{F}^{-\mathrm{T}}]\cdot\dot{\boldsymbol{F}}+\frac{1}{\rho}\mu_0\boldsymbol{H}\cdot\dot{\boldsymbol{M}}\geqslant 0 \tag{3.3.84}$$

式中，$\boldsymbol{F}$，$\boldsymbol{M}$ 为独立变量。

进一步，Helmholtz 自由能 $\psi_{\mathrm{h}}=\psi_{\mathrm{h}}(\boldsymbol{F},\boldsymbol{M})$ 的变化量可表示为

$$\dot{\psi}_{\mathrm{h}}=\frac{\partial\psi_{\mathrm{h}}}{\partial\boldsymbol{F}}\cdot\dot{\boldsymbol{F}}+\frac{\partial\psi_{\mathrm{h}}}{\partial\boldsymbol{M}}\cdot\dot{\boldsymbol{M}} \tag{3.3.85}$$

将其代入不等式（3.3.84），则得

$$\begin{aligned}&\left\{\frac{1}{\rho}[J^{-1}\boldsymbol{\tau}_{\mathrm{I}}+\mu_0\boldsymbol{H}\cdot\boldsymbol{M}\boldsymbol{F}^{-\mathrm{T}}]-\frac{\partial\psi_{\mathrm{h}}}{\partial\boldsymbol{F}}\right\}\cdot\dot{\boldsymbol{F}}\\&+\left(\frac{1}{\rho}\mu_0\boldsymbol{H}-\frac{\partial\psi_{\mathrm{h}}}{\partial\boldsymbol{M}}\right)\cdot\dot{\boldsymbol{M}}\geqslant 0\end{aligned} \tag{3.3.86}$$

考虑到独立变量的任意性，我们不难得到如下的本构关系式：

$$\boldsymbol{\tau}_{\mathrm{I}}=\rho J\,\frac{\partial\psi_{\mathrm{h}}}{\partial\boldsymbol{F}}-\mu_0J(\boldsymbol{H}\cdot\boldsymbol{M})\boldsymbol{F}^{-\mathrm{T}},\quad \boldsymbol{H}=\rho\,\frac{1}{\mu_0}\,\frac{\partial\psi_{\mathrm{h}}}{\partial\boldsymbol{M}} \tag{3.3.87}$$

另外，也可以将磁场作为系统自变量，利用 Legendre 转换关系，定义新的势能函数，即磁 Gibbs 自由能：

$$\psi_{\mathrm{gm}}=\psi_{\mathrm{h}}-\frac{1}{\rho}\mu_0\boldsymbol{H}\cdot\boldsymbol{M} \tag{3.3.88}$$

则

$$\dot{\psi}_{\mathrm{gm}}=\dot{\psi}_{\mathrm{h}}-\frac{1}{\rho}\mu_0[(\boldsymbol{H}\cdot\boldsymbol{M})\boldsymbol{F}^{-\mathrm{T}}\cdot\dot{\boldsymbol{F}}+\boldsymbol{H}\cdot\dot{\boldsymbol{M}}+\boldsymbol{M}\cdot\dot{\boldsymbol{H}}] \tag{3.3.89}$$

再结合 Gibbs 自由能变化率表达式：

$$\dot{\psi}_{\mathrm{gm}}=\frac{\partial\psi_{\mathrm{gm}}}{\partial\boldsymbol{F}}\cdot\dot{\boldsymbol{F}}+\frac{\partial\psi_{\mathrm{gm}}}{\partial\boldsymbol{H}}\cdot\dot{\boldsymbol{H}} \tag{3.3.90}$$

则 Clausius-Duhem 不等式另写为

$$\left(\frac{1}{\rho}J^{-1}\boldsymbol{\tau}_{\mathrm{I}}-\frac{\partial\psi_{\mathrm{gm}}}{\partial\boldsymbol{F}}\right)\cdot\dot{\boldsymbol{F}}-\left(\frac{1}{\rho}\mu_0\boldsymbol{M}+\frac{\partial\psi_{\mathrm{gm}}}{\partial\boldsymbol{H}}\right)\cdot\dot{\boldsymbol{H}}\geqslant 0 \tag{3.3.91}$$

进一步可得到另一形式的本构方程如下：

$$\boldsymbol{\tau}_{\mathrm{I}}=\rho J\,\frac{\partial\psi_{\mathrm{gm}}}{\partial\boldsymbol{F}},\quad \boldsymbol{M}=-\rho\,\frac{1}{\mu_0}\,\frac{\partial\psi_{\mathrm{gm}}}{\partial\boldsymbol{H}} \tag{3.3.92}$$

相对应的磁场边界和应力边界跳变方程与式（3.3.37）和式（3.3.38）相同。

3.4 电磁流变力学耦合问题

电磁流变力学是关于电磁流变液（electro/magneto-rheological fluid，EMRF）的多场特性与行为力学。

作为电磁驱动的功能材料，电磁流变液是将具有电或磁敏感的微、纳米级颗粒分散于载体液中获得的。在外场作用下，电磁流变液内部可形成某些特定的微结构，从而实现了从流体到类固体的转变，并具有显著的力学响应与输出（图 3.4.1）。电磁流变液功能材料往往具有变化迅速、连续、高效可靠等显著优点，已广泛应用于振动控制、液压装置、离合器、制动器、密封、抛光装置、柔性夹具等机械结构中。其在航空航天、精密加工和医疗等领域，也显示出其强大的应用前景和潜力。

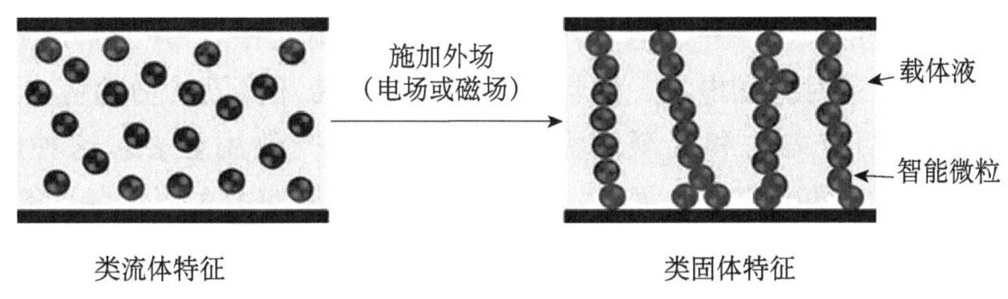

图 3.4.1 电磁流变液智能材料的流变性能与变形机制

一般意义上，电磁流变介质包括了电流变液（electro-rheological fluid，ERF）和磁流变液（magncto-rhcological fluid，MRF）两大类[51, 52]。

ERF 是一种将微、纳米级尺寸的颗粒悬浮于绝缘载体中形成的悬浮液混合介质。通常是由固体颗粒和绝缘液体组成，其中固体颗粒是可在电场下极化的介电粒子，一般为有机化合物粒子、金属氧化物粒子等。绝缘载体液一般采用硅油、矿物油、合成油等；也有添加剂，通常为水、酸等表面活性剂和稳定剂。当对 ERF 施加电场时，其力学性能和流变性能会发生明显的变化，响应时间通常发生在毫秒量级，而且是连续可逆的。撤去电场后，ERF 的状态又会恢复到未加电场时的状态。这种在电场作用下，ERF 发生的快速、可逆变化的现象通常称为电流变效应[53, 54]。

MRF 则是由磁性固体颗粒分布于非磁性液体中形成的悬浮液混合介质。可磁化固体颗粒一般采用铁磁性和顺磁性微粒，如铁、镍、钴等；载体液一般采用硅油、煤油和合成油等。在外加磁场的作用下，MRF 的性能迅速发生变化，由原先的黏性流转化为类固态，并具有屈服剪切应力。磁流变效应的响应时间一般为毫秒量级，并且类固态和液态之间的转化具有可逆性，一旦外磁场撤去后，便可恢复液体的流动性。MRF 的固化强弱可受外加磁场的控制，其剪切应力随磁场强度的增加而增加，直至达到磁饱和状态。与 ERF 类似，MRF 发生的快速、可逆变化的现象通常称为磁流变效应[55, 56]。若流变液中的微粒尺度进一步减小到纳米量级，则可形成磁流体（magnetic fluid，MF），其中的磁性微粒主要采用铁氧体系、金属系和氮化金属系等。该类材料易于实现工业化，可在磁场下驱动流动，广泛应用于磁密封技术领域，尤其是应用于要求真空、防尘等特殊环境中的动态密封。

关于电流变液和磁流变液的主要性能及对比，可参见表 3.4.1。

表 3.4.1　电、磁流变液主要性能比较

主要性能	电流变液（ERF）	磁流变液（MRF）
最大能量密度	10^{-3} J/cm^3	10^{-1} J/cm^3
屈服应力 τ_Y	2～10 kPa	30～100 kPa
表观黏度	0.1～1 Pa·s	0.1～10 Pa·s
响应时间	毫秒	毫秒
杂质敏感性	是	否

随着人们对电磁驱动流变液的深入研究以及性能拓展，出现了直接将 ERF、MRF 混合的悬浮液体，通常由微米级的导电、可磁化的复合粒子分散于合适的液体载体中而形成。复合粒子中的一部分可在外加电场作用下表现出电流变性，另一部分则可在外磁场下表现出磁流变性。同时施加电场、磁场时，该混合电磁流变液的剪切应力比单独施加电场或磁场时的剪切应力之和甚至增大一倍以上，协同效用显著。这种电磁流变液（EMRF）既具有 ERE 的响应快的优点，又具有 MRF 屈服应力大等优点，备受关注[57]。

近几年，还出现了一类以高分子聚合物（如橡胶等）和铁磁性微粒组成的磁流变弹性体（magneto-rheological elastomer，MRE）。这是磁流变材料领域的一类新兴功能材料，兼具了磁流变材料和弹性体的各自优点，以及克服了流变液易沉降、稳定性差、颗粒易磨损等缺点[58]。这种混合或夹杂了铁磁性微粒的聚合物，可在外加磁场下进行预固化和微结构定型，在基体中形成有序的稳定结构。由于磁流变弹性体固化后的微结构根植于基体中，则其力学、电学、磁学等性能可以由外加磁场来控制，而且通过材料内部的有序结构设计还可获得更多优异特性。

3.4.1　耦合场基本方程

1. 电磁场方程

电磁流变液属于电磁类介质，考虑介质低速运动情形，其依然满足经典的 Maxwell 方程组，具体参见式（2.3.1）～式（2.3.4）。

其次，安培定律式（2.3.4）中的电流$\boldsymbol{J}_e$需要替代为更一般的欧姆定律来表示：

$$\boldsymbol{J}_e=\sigma_E(\boldsymbol{E}+\boldsymbol{v}\times\boldsymbol{B})+q_e\boldsymbol{v} \tag{3.4.1}$$

其中，σ_E 为电导率；$\boldsymbol{v}$ 为电磁流变液体的速度。

在实际问题中，往往可以根据所研究的电磁流变介质特性以及外加场的特性进行适当的简化。若外场为非变化的电磁场，则此时电场与磁场之间不存在相互影响与耦合，电磁场的分析可以简化为准静态电场、磁场问题等。

2. 流变液体运动学方程

电磁流变液是一种混合的两相或多相功能流体，在外场下流变液中的微粒发生极化或磁化，并移动形成一些特定结构（如链状、网状、团簇等），进而流体整体力学性能也发生极大改变。

从理论上讲，我们可以将电磁流变液体看作一类特殊的复合流体，采用流体力学 N-S 方程组（式（2.4.6）～式（2.4.8））来描述其中的纯流体相；采用电磁类固体介质相表征其中的电磁微粒相；两者之间的相互作用可采用流-固耦合进行刻画。

然而，由于流变体中固体微粒数目庞大，这样的分析方式实际中通常无法实现。因此，可以采用各种简化分析途径，不寻求追踪每个微粒的运动轨迹以及混合流体的流动细节，而只关注外场作用下的流变液内部颗粒形成特定结构后对于流变体整体力学效应的影响。

3. 电磁流变液体的本构关系

对于电流变液或磁流变液，当前的很多研究中通常采用了黏塑性的 Bingham 模型[59]。

将电磁流变液在外场驱动下的行为分为前屈服和后屈服阶段，并将弹性应变引入经典的 Bingham 模型中，则总应变率可以写为弹性应变率和黏性应变率之和，即

$$\dot{\boldsymbol{\varepsilon}} = \dot{\boldsymbol{\varepsilon}}^{\mathrm{E}} + \dot{\boldsymbol{\varepsilon}}^{\mathrm{V}} \quad 或 \quad \dot{\varepsilon}_{ij} = \dot{\varepsilon}_{ij}^{\mathrm{E}} + \dot{\varepsilon}_{ij}^{\mathrm{V}} \tag{3.4.2}$$

弹性应变率部分可假设依然满足胡克定律：

$$\dot{\boldsymbol{\sigma}} = \boldsymbol{C} \cdot \dot{\boldsymbol{\varepsilon}}^{\mathrm{E}} \quad 或 \quad \dot{\sigma}_{ij} = C_{ijkl}\dot{\varepsilon}_{kl}^{\mathrm{E}} \tag{3.4.3}$$

对于黏性应变率部分，则给出如下形式：

$$\eta_\tau \dot{\boldsymbol{\varepsilon}}^{\mathrm{V}} = \begin{cases} 0 & (g < 0) \\ g\boldsymbol{s} & (g \geqslant 0) \end{cases} \quad 或 \quad \eta_\tau \dot{\varepsilon}_{ij}^{\mathrm{V}} = \begin{cases} 0 & (g < 0) \\ g s_{ij} & (g \geqslant 0) \end{cases} \tag{3.4.4}$$

这里，η_τ 表示剪切黏性系数；$\boldsymbol{s}$ 为应力偏张量，即

$$\boldsymbol{s} = \boldsymbol{\sigma} - \frac{1}{3}\mathrm{tr}(\boldsymbol{\sigma})\boldsymbol{I} \quad 或 \quad s_{ij} = \sigma_{ij} - \frac{1}{3}\sigma_{kk}\delta_{ij} \tag{3.4.5}$$

函数 g 为与加载相关的无量纲函数，可表示如下：

$$g = 1 - \frac{\tau_{\mathrm{Y}}}{\sqrt{J_2}} \tag{3.4.6}$$

其中，τ_{Y} 表示纯剪切下的屈服应力；J_2 为应力偏张量的第二不变量，即

$$J_2 = \frac{\boldsymbol{s} \cdot \boldsymbol{s}}{2} \quad 或 \quad J_2 = \frac{s_{ij}s_{ij}}{2} \tag{3.4.7}$$

由于外加电场或磁场的作用，剪切屈服应力是随外场发生变化的，其数值一般依赖于外加场，即

$$\tau_{\mathrm{Y}} = \tau_{\mathrm{Y}}(\boldsymbol{E}, \boldsymbol{B}) \tag{3.4.8}$$

此外，剪切屈服应力也与流变体自身特性（如颗粒尺寸与电磁学特性、微粒浓度比、微结构特征等）相关。

为了更好地表征流变体达到屈服应力前和屈服应力后的行为，一些修正或改进的 Bingham 模型也被广泛采用[60, 61]。例如，双黏性模型：

$$\tau = \begin{cases} \eta_{\tau b}\dot{\gamma} & (\tau < \tau_{\mathrm{Y}}) \\ \tau_{\mathrm{Y}} + \eta_{\tau a}\dot{\gamma} & (\tau \geqslant \tau_{\mathrm{Y}}) \end{cases} \tag{3.4.9}$$

其中，$\eta_{\tau b}$，$\eta_{\tau a}$ 分别表示流变液屈服前、后的黏性系数；$\dot{\gamma}$ 表示剪切应变率。

对于颗粒在电磁场作用下的分析，研究人员发展了各种简化模型，包括水桥模型、偶极子模型、动态极化和磁化模型等，也有从宏观能量转换角度进行的等效电磁力及力学模量的讨论等[60]。图 3.4.2 给出了牛顿流体、非牛顿流体的 Bingham 模型的本构关系，可以直观地看出不同模型的基本特征。

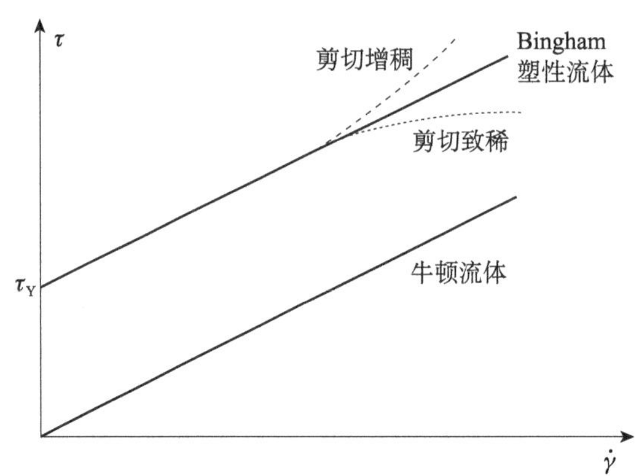

图 3.4.2　电磁流变液的流变性能以及与牛顿流体的比较

3.4.2　耦合效应及特征

对于电磁流变多相流体介质而言，其处于电场或磁场中，电磁场与流变液体之间的相互作用属于域耦合问题。同时，介质中的电磁能向力学变形能的转换是通过可极化、可磁化的固体介质微粒实现的，也是一种域耦合效应。然而，在外场驱动下的悬浮微粒与载体之间的作用，则是通过边界作用实现的。由此可见，电磁流变问题的耦合极为复杂，存在多种耦合方式共同作用。

外场（电或磁）作用下，悬浮于载体中的电磁类功能颗粒实现了一定的微结构分布，整体上影响了流变体的力学特性，同时也影响了所在流体区域和微粒介质内的电磁场特性，该电磁场又是悬浮微粒移动和结构分布的驱动，因此这种相互作用和耦合实质上是双向的（图 3.4.3）。

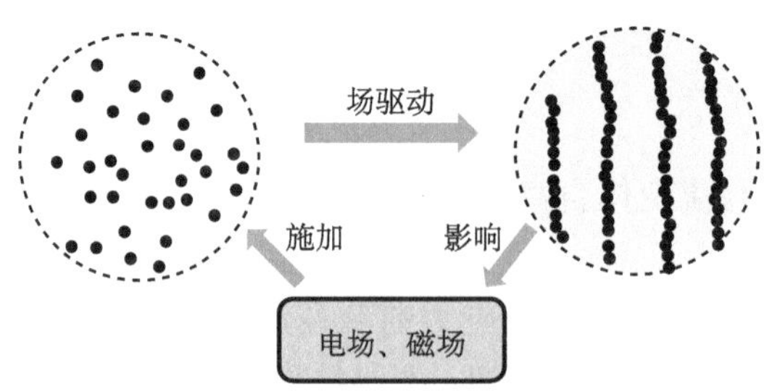

图 3.4.3　电磁流变液功能材料与电磁场耦合关系

由于多相材料、多区域问题的复杂性以及电磁类颗粒数目庞大，相应的完整耦合效应处理困难，目前针对电磁流变液材料的研究大多限于仅考虑外加场对流变体整体或局部性质的影响，而不考虑流变体颗粒运动以及复杂微结构构型对电磁场的影响，即以单向耦合分析模式为主。

参 考 文 献

[1] Parkus H. Thermoelasticity [M]. New York: Springer-Verlag, 1976.

[2] Sneddon I N. The Linear Thoery of Thermoelasticity [M]. New York: Springer-Verlag, 1974.

[3] Lebon G A. Generalized theory of thermoelasticity [J]. J. Tech. Phys., 1982, 23: 37-46.

[4] Boley B A, Weiner J H. Theory of Thermal Stresses [M]. New York: John Wiley and Sons Inc., 1960.

[5] Boley B A, Tolins I S. Transient coupled thermoelastic boundary value problems in the half-space [J]. J. Appl. Mech., 1962, 29 (4): 637-646.

[6] Biot M A. Thermoelasticity and irreversible thermodynamics [J]. J. Appl. Phys., 1956, 27: 240-253.

[7] Amann O H, von Karman N T H, Woodruff G B. The failure of the Tacoma Narrows bridge, a report to the administrator [R]. Federal Works Agency, March 28, 1941.

[8] Theodorsen T. General theory of aerodynamic instability and the mechanism of flutter [R]. In: Twentieth Annaul Report of the National Advisory Committee for Aerodynamics 1934, US Government Printing Office, Washington, 1935: 413-433.

[9] 诸德超，陈桂彬，邹丛青. 气动弹性力学 [M]. 北京：航空工业部教材编审室，1986.

[10] Greenspon J E. Fluid-solid interaction [C] // The Winter Annual Meeting of the ASME. New York: Pittsburgh, Pennsyl-vania, ASME, 1967.

[11] 杜庆华，吴有生，冯振兴. 流固耦合振动问题的某些工程处理方法 [J]. 固体力学学报，1988, 9 (1): 49-61.

[12] Collar A R. The expanding domain of aeroelasticity [J]. J. Roy. Aero. Soc., 1968, 50: 613-636.

[13] Warburton G B. Vibration of a cylindrical shell in an acoustic medium [J]. J. Mech. Eng. Sci., 1961, 3: 69-79.

[14] Smith R R, Hunt J T, Barach D. Finite element analysis of acoustically radiating structures with applications to sonar transducers [J]. J. Sound Vibr., 1973, 54 (5): 1277-1288.

[15] Everstine G C. Finite element formulations of structural acoustics problems [J]. Comput. Struct., 1997, 65 (3): 307-321.

[16] Sung S H, Nefske D J. Component mode synthesis of a vehicle structural-acoustic system model [J]. AIAA J., 1986, 24 (6): 1021-1026.

[17] Kompella M S. Variation of structural-acoustic characteristics of automotive & vehicle [J]. Noise Control Eng. J., 1996, 44 (2): 93-99.

[18] 周又和，郑晓静. 电磁固体结构力学 [M]. 北京：科学出版社，1999.

[19] 方岱宁，刘金喜. 压电与铁电体的断裂力学 [M]. 北京：清华大学出版社，2008.

[20] Eerenstein W, Mathur N D, Scott J F. Multiferroic and magnetoelectric materials [J]. Nature, 2006, 442 (7104): 759-765.

[21] Rao S S, Sunar M. Piezoelectricity and its use in disturbance sensing and control of flexible struc-

tures: A survey [J]. Appl. Mech. Rev., 1994, 47: 113-123.

[22] Wang J, Yang J S. Higher-order theories of piezoelectric plates and applications [J]. Appl. Mech. Rev., 2000, 53: 87-99.

[23] Tani J, Takagi T, Qiu J. Intelligent material systems: Application of functional materials [J]. Appl. Mech. Rev., 1998, 51: 505-521.

[24] 方岱宁，裴永茂. 铁磁固体的变形与断裂 [M]. 北京：科学出版社，2011.

[25] Brown W F. Magnetoelastic Interactions [M]. New York: Springer-Verlag, 1966.

[26] Moon F C, Pao Y H. Magnetoelastic buckling of a thin plate [J]. J. Appl. Mech., 1968, 35 (1): 53-38.

[27] Pao Y H. Electromagnetic Forces in Deformable Continua [M] // Nemat-Nasser S. Mechanics Today. New York: Pergamon Press, Inc., 1978, 4: 209-305.

[28] Maugin G A. Continuum Mechanics of Electromagnetic Solids [M]. Amsterdam: North-Holland, 1988.

[29] Eringen A C, Maugin G A. Electrodynamics of Continua Ⅰ: Foundations and Solid Media [M]. New York: Springer-Verlag, 1990.

[30] Maugin G A. On modelling electro-magneto-mechanical interactions in deformable solids [J]. Int. J. Adv. in Eng. Sci. Appl. Math., 2009, 1 (1): 25-32.

[31] Hutter K, van de Ven A A F, Ursescu A. Electromagnetic Field Matter Interactions in Thermoelastic Solids and Viscous Fluids [M]. Berlin and Heidelberg: Springer, 2006.

[32] Landis C M. Fully coupled, multi-axial, symmetric constitutive laws for polycrystalline ferroelectric ceramics [J]. J. Mech. Phys. Solid., 2002, 50 (1): 127-152.

[33] Mcmeeking R M, Landis C M. Electrostatic forces and stored energy for deformable dielectric materials [J]. ASME J. Appl. Mech., 2005, 72 (4): 581-590.

[34] Dorfmann A, Ogden R W. Nonlinear electroelastic deformations [J]. J. Elasticity, 2006, 82 (2): 99-127.

[35] Suo Z, Zhao X, Greene W H. A nonlinear field theory of deformable dielectrics [J]. J. Mech. Phys. Solid., 2008, 56 (2): 467-486.

[36] Soh A K, Liu J X. On the constitutive equations of magnetoelectroelastic solids [J]. J. Intel. Mater. System. Struct., 2005, 16 (7-8): 597-602.

[37] Toupin R A. The elastic dielectrics [J]. J. Rational Mech. Anal., 1956, 5: 849-915.

[38] Toupin R A. A dynamical theory of elastic dielectrics [J]. Int. J. Eng. Sci., 1963, 1 (1): 101-126.

[39] Eringen A C. On the foundations of electroelastodynamics [J]. Int. J. Eng. Sci., 1963, 1: 127-153.

[40] Tiersten H F. On the nonlinear equations of thermoelectro-elasticity [J]. Int. J. Eng. Sci., 1971, 9: 587-604.

[41] Paria G. Magneto-elasticity and magneto-thermo-elasticity [M] //Advances in Applied Mechanics. New York: Academic Press, 1967, 10: 73-112.

[42] Pao Y H, Yeh C S. A linear theory for soft ferromagnetic elastic solids [J]. Int. J. Eng. Sci., 1973, 11 (4): 415-436.

[43] Maugin G A. A continuum theory of deformable ferrimagnetic bodies, Ⅰ. Field equations [J]. J. Math. Phys., 1976, 17 (9): 1727-1738.

[44] van de Ven A A F. Magnetoelastic buckling of a beam of elliptic cross section [J]. Acta Mechanica,

1984, 51: 119 - 138.

[45] van Lieshout P H, Rongen P M J, van de Ven A A F. A variational principle for magneto-elastic buckling [J]. J. Eng. Math., 1987, 21: 227 - 252.

[46] Wang X, Zhou Y H, Zheng X J. A generalized variational model of magneto-thermo-elasticity for nonlinearly magnetized ferroelastic bodies [J]. Int. J. Eng. Sci., 2002, 40: 1957 - 1973.

[47] Wang X, Lee J S, Zheng X J. Magneto-thermo-elastic instability of ferromagnetic plates in thermal and magnetic fields [J]. Int. J. Solids and Structures, 2003, 40: 6125 - 6142.

[48] Hutter K, Pao Y H. A dynamic theory for magnetizable elastic solids with thermal and electrical conduction [J]. Journal of Elasticity, 1974, 4 (2): 89 - 114.

[49] Dorfmann A, Ogden R W. Magnetoelastic modelling of elastomers [J]. Euro. J. Mech. A/Solids, 2003, 22 (4): 497 - 507.

[50] Santapuri S, Lowe R L, Bechtel S E, et al. Thermodynamic modeling of fully coupled finite deformation thermo-electro-magneto-mechanical behavior for multifunctional applications [J]. Int. J. Eng. Sci., 2013, 72: 117 - 139.

[51] Block H, Kelly J P. Electro-rheology [J]. J. Phys. D: Applied Physics, 1988, 21 (12): 1661 - 1677.

[52] Ginder J M. Behavior of magnetorheological fluids [J]. MRS Bulletin, 1998, 23 (8): 26 - 29.

[53] Winslow W M. Induced fibration of suspensions [J]. J. Appl. Phys., 1949, 20: 1137 - 1140.

[54] Halsey T C. Electrorheological fluids [J]. Science, 1992, 258: 761 - 766.

[55] Rabinow J. The magnetic fluid clutch [J]. AIEE Transaction, 1948, 67: 1308 - 1315.

[56] Shulman Z P, Koroclonskii V I, Zaltsgendler E A, et al. Structure and magnetic and rheological characteristics of a ferro-suspension [J]. Magnetohydrodynamics, 1984, 20 (3): 223 - 229.

[57] Kordonsky W I, Gorodkin S R, et al. In Electrorheological Fluids: Mechanisms, Properties, Technology, and Applications [M]. Singapore: World Scientific, 1994.

[58] Shiga T, Okada A, Kutauchki T. Magnetroviscoelastic behavior of composite gels [J]. J. Appl. Polymer Science, 1995, 58 (4): 787 - 792.

[59] Malvern L E. Introduction to the Mechanics of Continuous Medium [M]. Englewood Cliffs: Prentice-Hall, 1969.

[60] 王志远 . 电流变液的力学性能研究及其微观结构研究 [D]. 合肥：中国科学技术大学，2017.

[61] 阮晓辉 . 磁流变液力学性能及其应用研究 [D]. 合肥：中国科学技术大学，2017.

第 4 章　三场及多场耦合力学问题

在自然界和大量的工程应用问题中，往往涉及更多系统或更多物理场在时空域内的交互和彼此影响。三场以及三场以上的多场耦合问题涵盖了科学和工程中的众多学科。

本章我们将针对工程应用中较多遇到的多场耦合力学问题，如高速飞行器的气动-热-力耦合、电子器件的电磁-热-力耦合、铁磁介质的磁-热-力耦合、超导材料的电-磁-热-力耦合、智能软材料的热-电-化学-力耦合等，进行一些初步介绍。

4.1　高速飞行器气动-热-力耦合问题

高超声速飞行器一般是指马赫数大于 5，可在大气层、跨大气层中运行的飞行器，包括跨大气层飞机、单级与多级入轨系统、可重复使用天地往返运载器等，也包括高超声速巡航武器、高超声速航天器等。

通常，高速飞行器大多选取细长体、升力体或乘波体等构型，尽可能地减小阻力以获取更高速度。受到重量的限制，高速飞行器机身、机体和控制舵面通常具有较大的结构柔度，易变形。另外，为了满足吸气式推进系统的要求，高速飞行器还需在相对低的高度达到超声速飞行，以获得超燃冲压发动机启动的动压要求等。为了能够实现不同大气层中高速巡航，高速飞行器一般在整个飞行过程经历亚声速、跨声速、超声速以及超高声速，具有较宽广的飞行马赫数（图 4.1.1）。

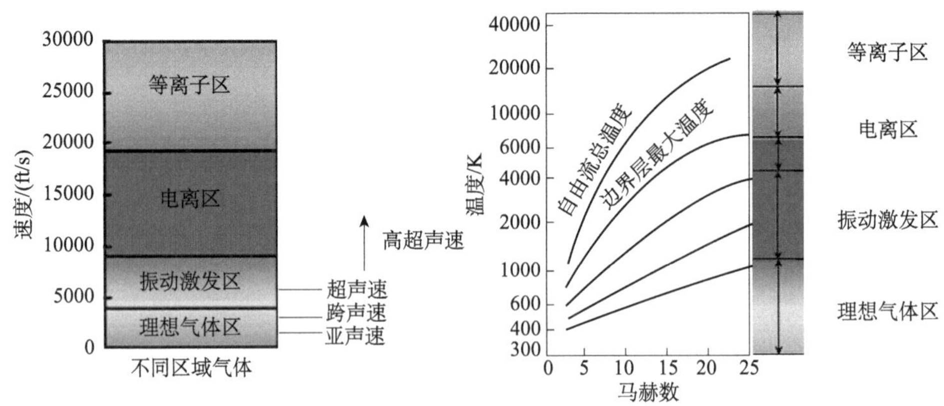

图 4.1.1　高速飞行器的飞行大气区域及气动热效应

1ft=3.048×10⁻¹m

飞行器在不同大气层区域飞行或者跨越大气层时，其所受的气动热导致空气和飞行器温升更高，气动弹性和气动热弹性问题变得更为复杂和显著。在推进过程与高速飞行过程中，气动力和气动热的共同作用会使得飞行器的结构、控制等系统之间产生强相互作用，进而导致异常复杂的气动-热-力耦合行为，直接影响其各项性能指标以及安全飞行。

早在 20 世纪 50、60 年代，美国便开展了高速飞行器相关的应用技术研究。例如，美国的 WAC 探空火箭 1949 年首次突破了马赫数 5。随后，美国国家航空航天局（NASA）针对高速飞行器 X-15 试验机先后开展百余次的飞行实验，取得了高超声速技术研究方面的巨大成功。与此同时，高超声速气动弹性和气动热弹性耦合相关问题引起了广大学者和工程技术人员的极大关注，一些深入的基础研究工作相继展开，为高速飞行器的气动热弹性耦合设计奠定了坚实基础[1-4]。

气动-热-弹性变形问题通常包含两方面内容：气动热问题和气动弹性问题。高速气流流经飞行器表面时，强烈摩擦使得气流损失的动能转化为边界层内的热能（即空气动力加热），致使气流温度急速上升。高超声速飞行中，飞行器周围的空气因受剧烈压缩还会形成激波层，并伴随着气体分子的振动激发和离解、电离等复杂的物理与化学过程；来流空气穿过激波层时，则会被加热到几千甚至上万摄氏度而形成高温气体层。由于这些高温气体效应，飞行器表面不仅产生了显著的气动加热，而且高温流动与机体表面发生强烈的非线性耦合作用，对飞行器的气动热/力特性和热防护产生严重影响。此外，热流与飞行器结构的表面几何构型密切相关，且气动弹性效应还会导致结构表面发生变形。气动弹性对飞行器的操纵性和稳定性往往会产生显著影响，严重时会使结构破坏或造成飞行事故，因此气动弹性问题是飞行器设计与安全运行中不可回避的关键基础问题。

高速飞行器的气动-热-力耦合问题，涉及多物理场及多因素间的相互作用，如材料、结构特性以及极端服役环境等[5,6]（图 4.1.2），一直备受关注。在这些问题中，有些相互作用较弱，例如，结构变形导致内能变化很小，弹性变形对流场的变化不足以影响结构内部的温度分布等；有些相互作用较强，多场间的相互影响不能忽略。随着飞行器的速度越来越高，这些场之间的强耦合、多耦合作用将愈加凸显，成为面临的巨大挑战。

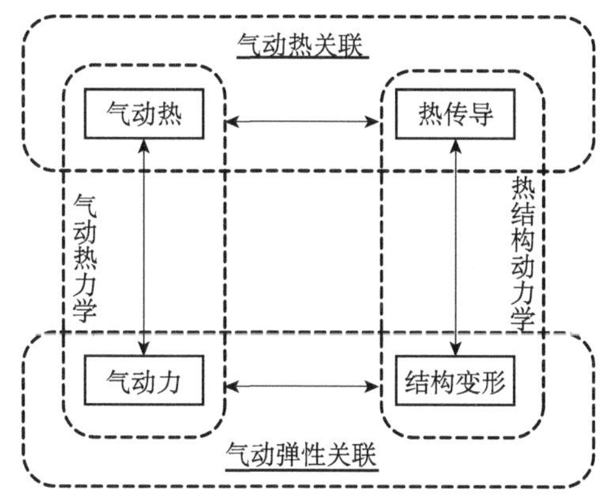

图 4.1.2 气动-热-力耦合关系

4.1.1 耦合模型及基本方程

高速飞行器的气动-热-力耦合问题具有明显的多学科交叉特性，不仅与流体力学、固体力学密切相关，还与工程热物理、动力学与控制、计算力学等学科紧密关联。

早期研究多以壁板或二维简单翼型为研究对象，以热颤振分析和定性的结构空气动力学行为分析为主。随着航空航天工程的发展，研究人员逐渐针对真实的复杂结构开展建模与模拟，以及针对飞行器组合外形及整机进行较宽时域内的分析。自20世纪80～90年代起，一些研究关注于飞行器机翼结构的热颤振问题，并采用主动控制的手段抑制颤振；也有针对高速飞行器开展的气动-热-弹性耦合分析及结构优化设计等，致力于飞行器的安全和结构稳定性的提升。

受早期计算能力的制约，大多研究采用近似理论和简易结构进行工程估算，并以此指导工程应用。为了简化分析，工程方法中往往采取较多的假设，诸如考虑无黏流动，限于准定常，忽略真实气体效应。随着计算能力的提升，各种求解微分方程的方法的提出，以及非线性问题算法的进步，高精度的理论模型与数值计算方法逐渐得以应用。

1. 空气动力学方程

对于飞行器周围的空气流场，一般采用可压缩流体的N-S方程，如式（2.4.5）～式（2.4.8）。在直角坐标系下，可以采用统一的无量纲守恒形式来表征这组方程，即

$$\frac{\partial \boldsymbol{Q}}{\partial t}=-\left(\frac{\partial \boldsymbol{G}_x}{\partial x}+\frac{\partial \boldsymbol{G}_y}{\partial y}+\frac{\partial \boldsymbol{G}_z}{\partial z}\right)+\frac{1}{Re}\left(\frac{\partial \boldsymbol{G}_{\mu x}}{\partial x}+\frac{\partial \boldsymbol{G}_{\mu y}}{\partial y}+\frac{\partial \boldsymbol{G}_{\mu z}}{\partial z}\right) \tag{4.1.1}$$

其中，$\boldsymbol{Q}$ 表示无量纲的守恒状态量，包括了流体密度 ρ 、沿三个坐标轴方向的速度分量 $v_i(i=x,y,z)$ 和系统内能 e ；$\boldsymbol{G}_x$，$\boldsymbol{G}_y$，$\boldsymbol{G}_z$ 表示无量纲的无黏性通量，$\boldsymbol{G}_{\mu x}$，$\boldsymbol{G}_{\mu y}$，$\boldsymbol{G}_{\mu z}$ 表示黏性通量，分别表示如下：

$$\boldsymbol{Q}=\begin{Bmatrix}\rho\\ \rho v_x\\ \rho v_y\\ \rho v_z\\ e\end{Bmatrix},\quad \boldsymbol{G}_x=\begin{Bmatrix}\rho v_x\\ \rho v_x^2+p\\ \rho v_x v_y\\ \rho v_x v_z\\ (e+p)v_x\end{Bmatrix},\quad \boldsymbol{G}_y=\begin{Bmatrix}\rho v_y\\ \rho v_x v_y\\ \rho v_y^2+p\\ \rho v_y v_z\\ (e+p)v_y\end{Bmatrix},\quad \boldsymbol{G}_z=\begin{Bmatrix}\rho v_z\\ \rho v_x v_z\\ \rho v_y v_z\\ \rho v_z^2+p\\ (e+p)v_z\end{Bmatrix} \tag{4.1.2}$$

$$\boldsymbol{G}_{\mu x}=\begin{Bmatrix}0\\ \sigma_x\\ \tau_{xy}\\ \tau_{xz}\\ \sigma_x v_x+\tau_{xy}v_y+\tau_{xz}v_z+q_x\end{Bmatrix},\quad \boldsymbol{G}_{\mu y}=\begin{Bmatrix}0\\ \tau_{xy}\\ \sigma_y\\ \tau_{yz}\\ \tau_{xy}v_x+\sigma_y v_y+\tau_{yz}v_z+q_y\end{Bmatrix},$$

$$\boldsymbol{G}_{\mu z}=\begin{Bmatrix}0\\ \tau_{xz}\\ \tau_{yz}\\ \sigma_z\\ \tau_{xz}v_x+\tau_{yz}v_y+\sigma_z v_z+q_z\end{Bmatrix} \tag{4.1.3}$$

式（4.1.2）和式（4.1.3）中，p 表示压强；$q_i(i=x,y,z)$ 表示热流量；$\sigma_i(i=x,y,z)$ 和 τ_{xy}，τ_{xz}，τ_{yz} 表示Cauchy应力张量分量，其与流体速度之间的本构关系可表示为

$$\begin{aligned}\sigma_x&=\mu\left[-\frac{2}{3}\left(\frac{\partial v_x}{\partial x}+\frac{\partial v_y}{\partial y}+\frac{\partial v_z}{\partial z}\right)+2\frac{\partial v_x}{\partial x}\right]\\\sigma_y&=\mu\left[-\frac{2}{3}\left(\frac{\partial v_x}{\partial x}+\frac{\partial v_y}{\partial y}+\frac{\partial v_z}{\partial z}\right)+2\frac{\partial v_y}{\partial y}\right]\\\sigma_z&=\mu\left[-\frac{2}{3}\left(\frac{\partial v_x}{\partial x}+\frac{\partial v_y}{\partial y}+\frac{\partial v_z}{\partial z}\right)+2\frac{\partial v_z}{\partial z}\right]\end{aligned}\tag{4.1.4a}$$

$$\tau_{xy}=\mu\left(\frac{\partial v_y}{\partial x}+\frac{\partial v_x}{\partial y}\right),\quad \tau_{xz}=\mu\left(\frac{\partial v_z}{\partial x}+\frac{\partial v_x}{\partial z}\right),\quad \tau_{yz}=\mu\left(\frac{\partial v_z}{\partial y}+\frac{\partial v_y}{\partial z}\right)\tag{4.1.4b}$$

另外，对于空气流场的描述还需考虑状态方程以及空气的黏性特征参数等。

2. 温度场方程

对于飞行器结构的温度场分析，我们可以采用第 2 章统一的热传导微分方程描述，如式 (2.2.4)。若采用广义热传导定律，则热传导方程为式 (2.2.6) 或式 (2.2.8)；若采用传统的傅里叶热传导定律，则热传导方程为式 (2.2.10)。

这里，不妨以传统的热传导方程为例，则三维直角坐标系下的热传导方程可表示为

$$\rho_s c_P\frac{\partial T}{\partial t}=\frac{\partial}{\partial x}\left(k_x\frac{\partial T}{\partial x}\right)+\frac{\partial}{\partial y}\left(k_y\frac{\partial T}{\partial y}\right)+\frac{\partial}{\partial z}\left(k_z\frac{\partial T}{\partial z}\right)\tag{4.1.5}$$

其中，ρ_s，c_P 分别表示结构的密度和热传导系数；k_x，k_y，k_z 分别表示沿着三个坐标轴方向的热导率。

3. 结构变形场

飞行器结构在气动力和温度载荷等作用下的力学变形问题，与第 2 章的固体与结构力学基本方程是一致的，即式 (2.1.20) ～式 (2.1.22)。

在三维直角坐标系下，结构的平衡方程具体表示如下：

$$\rho_s\frac{\partial^2 u_x}{\partial t^2}=\frac{\partial\sigma_x}{\partial x}+\frac{\partial\tau_{xy}}{\partial y}+\frac{\partial\tau_{xz}}{\partial z}\tag{4.1.6a}$$

$$\rho_s\frac{\partial^2 u_y}{\partial t^2}=\frac{\partial\tau_{xy}}{\partial x}+\frac{\partial\sigma_y}{\partial y}+\frac{\partial\tau_{yz}}{\partial z}\tag{4.1.6b}$$

$$\rho_s\frac{\partial^2 u_z}{\partial t^2}=\frac{\partial\tau_{xz}}{\partial x}+\frac{\partial\tau_{yz}}{\partial y}+\frac{\partial\sigma_z}{\partial z}\tag{4.1.6c}$$

应力-应变关系则可采用弹性胡克定律，即

$$\sigma_{ij}=C_{ijkl}\varepsilon_{kl}\tag{4.1.7}$$

其中，弹性系数张量 C_{ijkl} 可针对材料的各向同性、各向异性等力学性能而分别选择对应的材料性能参数。

应变与位移之间的关系表示为

$$\varepsilon_x=\frac{\partial u_x}{\partial x},\quad \varepsilon_y=\frac{\partial u_y}{\partial y},\quad \varepsilon_z=\frac{\partial u_z}{\partial z}\tag{4.1.8a}$$

$$\gamma_{xy}=\frac{\partial u_y}{\partial x}+\frac{\partial u_x}{\partial y},\quad \gamma_{yz}=\frac{\partial u_z}{\partial y}+\frac{\partial u_y}{\partial z},\quad \gamma_{xz}=\frac{\partial u_z}{\partial x}+\frac{\partial u_x}{\partial z}\tag{4.1.8b}$$

其中，$u_i(i=x,y,z)$ 表示沿三个坐标轴的位移。

4.1.2 耦合效应及特征

气动加热产生的热环境与气动力、弹性力及惯性力之间存在着不同程度的双向（强）耦合、单向（弱）耦合关系[6,7]（图 4.1.3）。

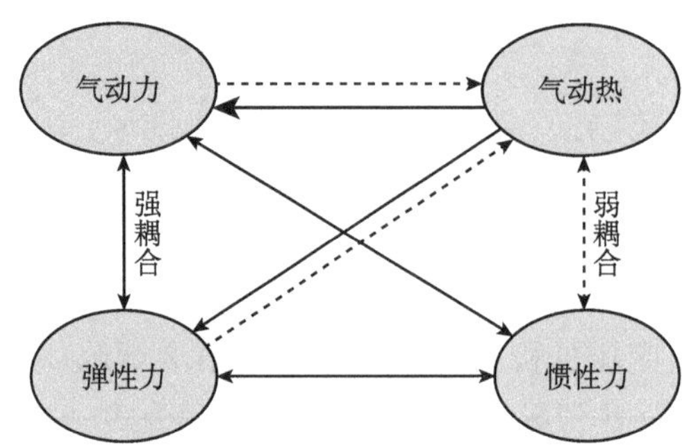

图 4.1.3 气动力、弹性力、惯性力等各个力之间的相互关系

这里的单向耦合效应主要基于以下三个基本假设：飞行器结构由变形所产生的热量可忽略不计；气动热系统的特征时间远大于气动弹性系统的响应时间；忽略结构弹性变形对温度场分布的影响等。然而，随着飞行器温度的升高以及结构柔度的增大，各个力或场间双向耦合效应就不能再被忽略，仅考虑单向耦合则可能会带来较大的偏差。

1. 气动力

飞行器气动-热-结构变形耦合分析的正确与否，很大程度上取决于能否准确地表征非定常气动力。气动力一般由两个分布力系组成：一个是沿飞行器表面的法向分布力系，另一个是切向分布力系。

早期研究主要采用工程计算方法，包括活塞理论以及改进的活塞理论等。作用于飞行器表面的瞬时压力 p 可表示为

$$\frac{p}{p_\infty}=\left(1+\frac{k-1}{2}\frac{V_z}{a_\infty}\right)^{2k/(k-1)} \tag{4.1.9}$$

其中，p_∞，a_∞ 分别表示无穷远处未经扰动的气体压力和声速；k 为比热之比；V_z 为活塞离开结构表面的速度。对于较小马赫数情形，可采用修正的 van Dyke 模型等。

气动力活塞理论表述简单，合乎一些基本工程设计要求。除此之外，也有诸如激波膨胀波理论、非定常牛顿流体理论等用于复杂气动力的计算。随着流体力学理论和复杂问题求解方法的发展，直接基于 N-S 方程求解高速非定常气动力问题以及一些简化模型也逐渐得以应用。

2. 气动热

在高速空气流动中，飞行器受到极大的气动加热。贴近飞行器表面区域的气体形成附面层，气动热通过附面层进入结构内部，使得结构的热学、热弹性、热弹塑性等特性发生显著变化。关于气动热的分析，目前已发展了多种方法，包括直接求解 N-S 方程、近似的工程化方法，以及边界层内、外综合估算方法等。

在考虑附面层内部的流动状态时，需要研究边界层多组元反应气体的基本方程和输

运特性来获取气动热相关规律。气动加热过程中，边界层内传热是典型的对流传热过程，可根据牛顿冷却定律表征附面层传递给飞行器结构表面的热流：

$$q_s = \alpha_h (h_\gamma - h_{\bar{\omega}}) \tag{4.1.10}$$

其中，α_h 为焓差表征的热交换系数；h_γ，$h_{\bar{\omega}}$ 分别表示恢复焓和结构壁面焓。

3. 流-固耦合和热传导

飞行器结构变形与空气的耦合属于流-固边界耦合问题，在交界面处存在速度和应力的传递。具体的模型表述可参照第 3 章的相关内容。

结构热传导与热应力基础理论发展较早，也较为成熟，一些基本理论和分析方法可以直接借鉴，这里不再赘述（参照第 3 章 3.1 节）。

4.2 电子器件电磁-热-力耦合问题

在现代电子信息技术中，各类电子器件的作用愈加重要，已成为支撑电子信息、现代化工业，推动设备智能化、提升竞争力的基础与支撑。当前，电子工业的主要趋势是朝着轻、小、薄、短、快以及智能化的方向发展，同时在不断地追求功能强大、可靠、稳健以及低成本的产品。密集度越来越大的集成化电路技术日益成为电子技术的基石，目前半导体集成电路设计、测试、制造并称为半导体产业的三大支柱[8]。

各种电子器件的小型化和模块化（图 4.2.1），伴随着功率密度的不断提高。例如，集成电路中的热流密度从 20 世纪 80 年代的 10W/cm^2、90 年代的 $20\sim30\text{W/cm}^2$，到目前已突破了 100W/cm^2，这种趋势还在高速增长中。一般认为，高功率密度是指 $50\sim200\text{W/cm}^2$ 数量级，超高功率密度是 $200\sim1000\text{W/cm}^2$ 数量级。目前，在军事电子设备中的微波功率器件、绝缘栅双极型晶体管（IGBT）、军用雷达收/发组件、航空航天设备中，均有着超高功率密度的极大应用需求。

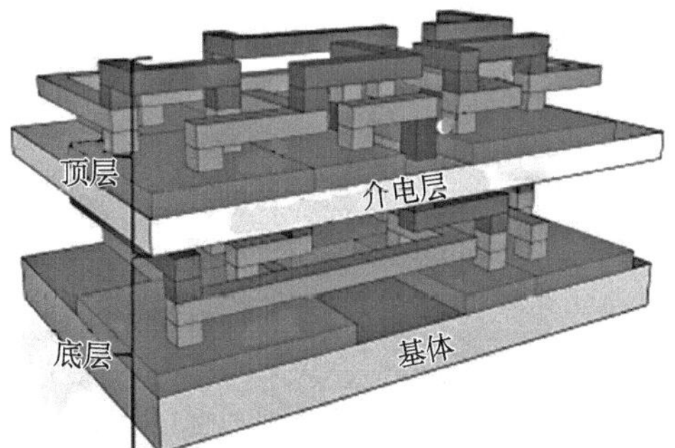

图 4.2.1 集成电路以及多层级的集成电子元器件结构示意图

伴随着电子器件和集成电路的快速发展，严峻的多场相互作用问题以及失效问题越来越多[9]。

首先，电子器件的使用存在热问题。在大功率、高频情形下，电子器件的发热严重，降低了工作安全裕度，影响到使用寿命，甚至引发其他功能失效问题（图 4.2.2）。

未发生电迁移

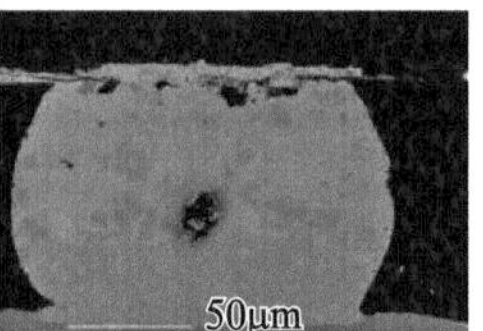

发生电迁移并失效

图 4.2.2　集成电路元器件多场环境下的烧毁或失效

其次，电子器件的运行涉及电磁兼容性问题。大功率电子器件工作过程中，谐波、开关等通断过程产生了严重电磁干扰，会对电路自身以及控制系统的稳定性和可靠性造成极大威胁，同时还会对周边电子器件或设备的正常使用产生负面影响。

再次，电子器件和集成电路是多层封装结构，内部存在众多不同材料的接口层（如焊锡层）。这些接口层承受循环温度载荷而产生不可恢复的塑性形变，当塑性形变累积或者电迁移引发的缺陷等达到一定的程度时，诱发裂纹产生、扩展，最终导致器件永久失效。在造成电子元器件失效的原因中，温度影响通常占主导。

在电子行业中，器件环境温度每升高 10℃，其失效率增加一个数量级。现代集成电路芯片集成的元器件数目达到了百万数量之巨，运行温度显著提高，即便采用了一些外环境冷却降温方式如散热片（图 4.2.3）、风机等，仍难以达到预期效果。

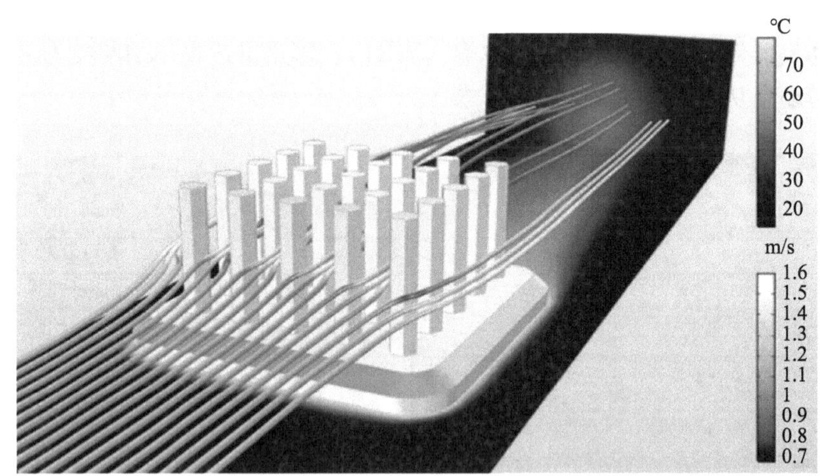

图 4.2.3　微电子器件散热及周围的温度流场特征（彩图扫封底二维码）

在过去的几十年中，基于数学和物理建模与仿真的虚拟设计及制造，在半导体和电子器件的封装、性能优化、寿命评估等方面展示出了极大优势。通常，基于结构的几何、材料属性、工程和物理定律来开展电子器件的研发并为工程实施指导，可以显著地减少试验次数、降低成本、缩短研发周期，也有助于深入理解微电子封装中的物理、化学、电学、机械、热等特性。

4.2.1 耦合模型及基本方程

在电子器件封装以及运行过程中，主要涉及电磁-热-力多场间的耦合作用问题。

1. 温度场方程

温度问题与热管理是电子器件中首当其冲的重要课题，直接影响微型电子器件系统的正常运行与使用寿命。对于温度场分析，我们可以采用第 2 章介绍的统一热传导理论进行描述。若考虑广义热传导定律，则可以采用热传导方程式（2.2.6）或式（2.2.8）；若采用传统傅里叶热传导定律，热传导方程则为式（2.2.10）。这里不再赘述。

对于电子器件，温度变化可由空气介质的对流引起，空气的整体流动进而实现能量的转移。如果是外部因素导致的空气流动，则称为强制对流；若是内部空气引起的流动，则称为自然对流。

热流速率由对流条件给出，对应的热流量可表示为

$$q_s = -\beta_h (T_s - T_\infty) \tag{4.2.1}$$

其中，β_h 表示对流传热系数；T_s，T_∞ 分别表示物体表面温度以及周围空气的温度。

另外，在电子器件以及集成电路中，由于各种元器件繁多，则辐射传热往往不能被忽略。辐射发生于温度不同的表面之间，可以不通过中间介质发生，此时热流量可表示为物体向外辐射的能量与接收的辐射能量之差[10]，即

$$q_r = -\left(\alpha_r \lambda T_s^4 - \alpha_a \Sigma\right) \tag{4.2.2}$$

其中，α_r，α_a 分别表示无量纲的辐射系数和吸收系数；λ，Σ 分别表示斯特藩-玻尔兹曼（Stefan-Boltzmann）常量以及物体所接收的辐射。

2. 电迁移模型及电磁场方程

电迁移（electromigration）是指导电金属在通载高电流时，金属原子沿着电子运动方向进行迁移的一种扩散现象。电迁移现象最早由法国科学家 Gerardin 发现[11]，已有一百多年的历史。

通常，电迁移可引起明显的质量输运，出现原子空位或累积，进而在金属互连形成空洞或晶须，导致电路的短路或电阻增加，引发严重的电路功能失效。据统计，在心脏起搏器、高速战斗机雷达、火箭发动机、导弹、核武器以及卫星等太空电子器件中均发生过由电迁移晶须导致的严重故障和失效问题。导体中高电流密度产生的焦耳热形成了温度梯度，电迁移形成的空穴诱导了材料内部产生应力，与机械和热综合引起的应力一道形成了应力梯度，进而促使了原子的迁移。电迁移失效问题实际上是多种迁移机制耦合作用的结果，往往伴随着热迁移、应力迁移和化学迁移等过程。

早期，人们采用 Black 经验方程，以“电子风力”来描述迁移的驱动力[11]。之后随着研究的深入，较广泛采用的是 Dalleau[12] 提出的原子通量散度模型：

$$\frac{\partial N}{\partial t} + \nabla \cdot \boldsymbol{q}_{\text{atom}} = 0 \tag{4.2.3}$$

该方程反映了原子的质量输运过程，其中 N 表示原子密度，$\boldsymbol{q}_{\text{atom}}$ 表示原子通量，通常由电子风力、温度梯度、应力梯度以及原子密度等驱动力引起。

原子通量可进一步表示如下：

$$\begin{aligned}\boldsymbol{q}_{\text{atom}} &= \boldsymbol{q}_{\text{ew}} + \boldsymbol{q}_{\text{th}} + \boldsymbol{q}_{\sigma} + \boldsymbol{q}_{N} \\ &= \frac{NeZD\rho_R}{kT}\boldsymbol{j} - \frac{NDQ}{kT^2}\nabla T + \frac{ND}{kTN_0}\nabla P_{\sigma} - D\nabla N\end{aligned} \tag{4.2.4}$$

其中，k 为 Boltzmann 常量；e，Z 分别为电子电荷和有效电荷数；Q，N_0 分别表示传导热量和初始原子密度；ρ_R 是电阻率；T 表示温度；$\boldsymbol{j}$ 表示电流密度。

另外，式（4.2.4）中的 D，P_σ 分别表示金属原子的有效扩散速率、静水压力，具体形式为

$$D = D_0 \exp\left(\frac{P_\sigma / N_0 - E_{\text{a}}}{kT}\right), \quad P_\sigma = \frac{1}{3}(\sigma_x + \sigma_y + \sigma_z) \tag{4.2.5}$$

其中，D_0 为有效的热激活扩散系数；E_{a} 表示原子热扩散的有效活化能。

由于导线、防护导体等中的交变载流，电子器件往往处于变化电磁场中，存在涡流损耗并产生大量热。对于电磁器件所处的电磁场，依然满足经典的 Maxwell 方程组，具体参见式（2.3.1）～式（2.3.4）。

考虑各向同性的电磁介质，则电磁本构关系可表示为

$$\boldsymbol{D} = \varepsilon_{\text{eff}}\boldsymbol{E}, \quad \boldsymbol{B} = \mu_{\text{eff}}\boldsymbol{H}, \quad \boldsymbol{J}_E = \sigma_E \boldsymbol{E} \tag{4.2.6}$$

其中，ε_{eff}，μ_{eff} 分别表示介质的有效介电常数和磁导率。

若假设电磁场以简谐形式变化，即

$$\{\boldsymbol{D}, \boldsymbol{E}, \boldsymbol{B}, \boldsymbol{H}\} = \{\bar{\boldsymbol{D}}, \bar{\boldsymbol{E}}, \bar{\boldsymbol{B}}, \bar{\boldsymbol{H}}\} \cdot \exp(\mathrm{i}\bar{\omega}t) \tag{4.2.7}$$

则 Maxwell 方程组可另写为

$$\nabla \cdot \bar{\boldsymbol{E}} = 0, \quad \nabla \times \bar{\boldsymbol{E}} = -\mathrm{i}\bar{\omega}\mu_{\text{eff}}\bar{\boldsymbol{H}} \tag{4.2.8a}$$

$$\nabla \cdot \bar{\boldsymbol{H}} = 0, \quad \nabla \times \bar{\boldsymbol{H}} = (\sigma_E + \mathrm{i}\bar{\omega}\varepsilon_{\text{eff}})\bar{\boldsymbol{E}} \tag{4.2.8b}$$

进一步简化为

$$\nabla^2 \bar{\boldsymbol{E}} - \mathrm{i}\bar{\omega}\mu_{\text{eff}}(\sigma_E + \mathrm{i}\bar{\omega}\varepsilon_{\text{eff}})\bar{\boldsymbol{E}} = \boldsymbol{0} \tag{4.2.9a}$$

$$\nabla^2 \bar{\boldsymbol{H}} - \mathrm{i}\bar{\omega}\mu_{\text{eff}}(\sigma_E + \mathrm{i}\bar{\omega}\varepsilon_{\text{eff}})\bar{\boldsymbol{H}} = \boldsymbol{0} \tag{4.2.9b}$$

在获得电磁场分布和变化特征后，可计算电子器件中的涡流损耗：

$$Q_{\text{eddy}} = \boldsymbol{J}_E \cdot \boldsymbol{E} \tag{4.2.10}$$

3. 结构变形场

电子器件与结构主要受到温度载荷（包括热对流、辐射以及涡电流等引起）、电磁力等，其力学变形问题与第 2 章固体与结构力学基本方程是一致的，即式（2.1.20）～式（2.1.22）。

若仅限于电子器件与结构的弹性变形，则可采用线弹性的应力-应变关系。若要分析电子器件的塑性变形、裂纹萌生、传播特性以及疲劳失效问题等，则需要综合考虑材料的塑性本构关系以及非线性变形特征等。

4.2.2 耦合效应及特征

如前所述，电子器件（包括集成电路）的封装以及运行，关联到电磁、温度以及变形等多场。只有综合考虑各场行为以及它们之间的相互耦合效应，才能更全面分析电子器件的运行环境，实现性能评估和使用寿命预测等。与宏观大尺度的结构不同，随着电子器件的尺寸越来越小、布局越来越密集、载能密度越来越大，其热环境或热管理面临着严峻挑战。当微型元器件的尺度减小到毫米甚至微米量级时，由电子输运引起的材料微观性能变化也将成为棘手问题。

另外，由于焦耳热、涡流损耗以及电磁力的作用，随着时间推移，将出现电子器件及组件的变形、老化，以及可靠性问题等。整体上，这些场之间是相互影响的耦合关系（图 4.2.4）。

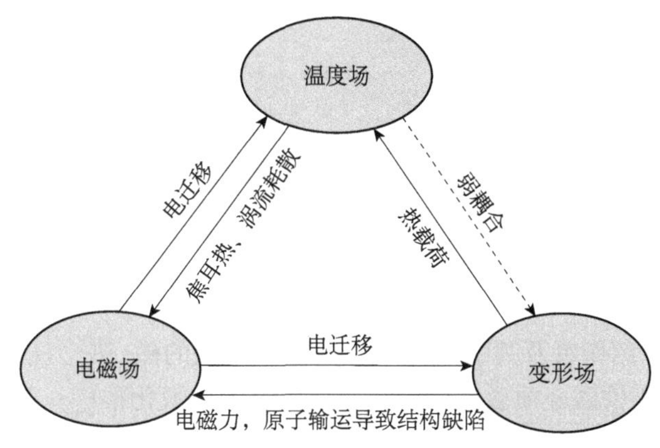

图 4.2.4 电子器件多场耦合问题特征

4.3 铁磁介质磁-热-力耦合问题

铁磁性材料在日常生产、生活和工程技术领域被大量应用。在第 3 章，我们已针对该类电磁类功能材料的相关性能，以及磁弹性耦合效应与特征予以了详细阐述。

实际工程应用中，铁磁类材料往往运行于温度相关的环境。除了温度变化引起的铁磁介质与结构的热应力外，温度对材料的磁化特性也会产生显著影响。在过高温度环境下或受到强烈的机械振动时，磁畴就会瓦解，铁磁性质被削弱，出现材料磁性的失效。当温度超过某一临界值——居里温度时，铁磁材料则变得与弱磁材料一样，在外磁场中几乎不再显示出磁性。不同铁磁介质材料的居里温度不同，例如，铁为 768℃，镍为 358℃，钴为 1120℃。

作为未来的清洁能源，热核聚变利用托卡马克大型高场磁体将上亿摄氏度的高温等离子体约束于反应堆中运行，由此带来了磁体及反应堆第一壁等结构中的一些铁磁性材料在强磁场和温度环境下的力学及多场问题，并成为热核反应堆安全设计与性能评估所关注的焦点之一（图 4.3.1）。在航空航天领域，基于电磁新设计的除冰系统、防雷和其他防护系统等，均涉及电磁场与温度场共存的运行环境。由此导致的磁-热-力多场耦合问题伴随着近代高新科学技术发展的实际需要而产生，并有着十分重要的应用价值和广阔前景[13, 14]。

图 4.3.1 聚变堆第一壁以及各类电磁及防护材料与结构

4.3.1 耦合模型及基本方程

本小节将首先介绍作者及其团队关于三维铁磁介质的磁-热-力耦合系统的广义变分模型[15, 16]，其是基于铁磁介质磁弹性广义变分模型的一般化推广；其次介绍这一多场耦合问题的基本特征等。

为了建立一般性的铁磁介质的多场耦合理论模型，我们采用以下基本假设：

(1) 铁磁介质在力学、磁学以及热学性质上表现为均匀、各向同性；

(2) 考虑铁磁介质静态或准静态问题，并且限于小变形情形；

(3) 考虑铁磁介质的磁化非线性效应，忽略磁致伸缩效应以及磁化过程中的磁滞效应等；

(4) 忽略磁致热效应及弹性系数的温度依赖性，且温度场小于居里温度。

事实上，以上假定与限定条件对于实际工程应用中的大多数铁磁类材料和服役环境都是适用的。

场的概念与范围不仅仅局限于某一区域，而是全空间的。因此，磁场既存在于铁磁介质体内（如介质区域 Ω^+），也存在于介质体外部的空气或真空域（如 Ω^-）。另外，介质体的变形（如交界面几何形状、曲率等变化）对外部真空域的磁场也会产生相应影响，因此这里的耦合系统具有更广泛的含义，是包含铁磁介质体内部与外部区域的广义耦合系统。这与文献中基于公理化及理性力学等理论仅限于铁磁体系统的含义是不同的。

1. 耦合系统的广义能量泛函

对于磁-热-力多场耦合系统而言，在铁磁介质发生磁热弹性变形过程中的每一瞬时，力学变形场、磁场、温度场各场量之间相互影响、相互作用，因此对这些场量的定义需要针对铁磁介质结构的当前构形。

1) *系统磁能*

铁磁介质的磁本构关系可表示为

$$\boldsymbol{M}^{+}=\chi\boldsymbol{H}^{+},\qquad \boldsymbol{B}^{+}=\mu\boldsymbol{H}^{+}\quad（在\ \Omega^{+}(\boldsymbol{u})\ 中）\tag{4.3.1}$$

$$\boldsymbol{M}^{-}=\boldsymbol{0},\qquad \boldsymbol{B}^{-}=\mu_0\boldsymbol{H}^{-}\quad（在\ \Omega^{-}(\boldsymbol{u})\ 中）\tag{4.3.2}$$

其中，上标“+”及“−”分别表示铁磁介质体内部与外部区域的场量；μ_0 和 μ 分别表示真空和铁磁介质的磁导率；χ 表示磁化系数；$\boldsymbol{u}$ 表示铁磁介质的变形位移，其也会影响到内、外区域边界的变化。

由于考虑了铁磁介质的非线性磁化效应，磁导率和磁化率为磁场 $H^{+}=|\boldsymbol{H}^{+}|$ 的函数，即

$$\mu=\mu(H^{+}),\qquad \chi=\chi(H^{+})\tag{4.3.3}$$

引入磁标量势函数 φ（即 $\boldsymbol{H}=-\nabla\varphi$），则铁磁介质系统的总磁能可表示为

$$\Pi_{\mathrm{em}}\{\varphi,\boldsymbol{u}\}=\int_{\Omega^{+}(\boldsymbol{u})}\left(\int_0^{H^{+}}B^{+}\,\mathrm{d}H^{+}\right)\mathrm{d}v+\frac{1}{2}\int_{\Omega^{-}(\boldsymbol{u})}\mu_0(\nabla\varphi^{-})^2\mathrm{d}v+\int_{\Gamma_0}\boldsymbol{n}_0\cdot\boldsymbol{B}_0\varphi^{-}\,\mathrm{d}s\tag{4.3.4}$$

该能量包含了铁磁介质体内部和外部区域的磁能，以及外加磁场$\boldsymbol{B}_0$ 对应的外力功。式(4.3.4) 中，Γ_0 表示铁磁介质体外真空域但远离且包围铁磁体的一封闭曲面；$\boldsymbol{n}_0$ 为外法向单位矢量。

2) *系统热弹性自由能*

对于铁磁介质系统的热弹性自由能密度，$\sum=\sum(\boldsymbol{e},T)$，可表示为

$$\sum(\boldsymbol{e},T)=\frac{1}{2}\lambda[\mathrm{tr}(\boldsymbol{e})]^2+G\boldsymbol{e}:\boldsymbol{e}-\alpha(3\lambda+2G)[\mathrm{tr}(\boldsymbol{e})](T-T_0)-\frac{C_{\mathrm{E}}(T-T_0)^2}{2T_0}\tag{4.3.5}$$

根据热弹性理论以及自由能的定义，以下关系式是满足的：

$$\frac{\partial\sum(\boldsymbol{e},T)}{\partial\boldsymbol{e}}=\boldsymbol{t},\qquad \frac{\partial\sum(\boldsymbol{e},T)}{\partial T}=-\eta_T\tag{4.3.6}$$

式 (4.3.5) 和式 (4.3.6) 中，$\boldsymbol{t}$ 表示应力张量；$\boldsymbol{e}=[\nabla\boldsymbol{u}+(\nabla\boldsymbol{u})^{\mathrm{T}}]/2$ 表示应变张量；$\mathrm{tr}(\boldsymbol{e})$ 表示应变张量的迹；λ，G 为线弹性、各向同性铁磁介质的拉梅系数；η_T 为热弹性过程中的熵密度分布；α，C_{E} 分别表示线膨胀系数和热容。

考虑作用于铁磁介质体上的机械体力$\boldsymbol{f}^{\mathrm{me}}$ 以及面力$\boldsymbol{F}^{\mathrm{me}}$，则整个铁磁介质系统的热弹性机械能表示如下：

$$\begin{aligned}\Pi_{\mathrm{me}}\{\boldsymbol{u},T\}&=\int_{\Omega^{+}}\left[\sum(\boldsymbol{e},T)+\eta_T T-\boldsymbol{f}^{\mathrm{me}}\cdot\boldsymbol{u}\right]\mathrm{d}v-\int_{S_t}\boldsymbol{F}^{\mathrm{me}}\cdot\boldsymbol{u}\,\mathrm{d}s\\&=\int_{\Omega^{+}}\left\{\frac{1}{2}\lambda[\mathrm{tr}(\boldsymbol{e})]^2+G\boldsymbol{e}:\boldsymbol{e}-\alpha(3\lambda+2G)[\mathrm{tr}(\boldsymbol{e})](T-T_0)\right.\\&\qquad\left.-\frac{C_{\mathrm{E}}(T-T_0)^2}{2T_0}+\eta_T T-\boldsymbol{f}^{\mathrm{me}}\cdot\boldsymbol{u}\right\}\mathrm{d}v-\int_{S_t}\boldsymbol{F}^{\mathrm{me}}\cdot\boldsymbol{u}\,\mathrm{d}s\end{aligned}\tag{4.3.7}$$

3）系统热流势

对于所研究的铁磁介质体静态或准静态耦合系统，相应的热流势表示如下：

$$\Pi_{\mathrm{th}}\{T\}=\int_{\Omega^+}\left[\frac{1}{2}k(\nabla T)^2-\rho h_T T\right]\mathrm{d}v-\int_{S_P}\left[(\lambda_1\bar{q}-\lambda_2 H_T\bar{T})T-\frac{1}{2}\lambda_2 H_T T^2\right]\mathrm{d}s \tag{4.3.8}$$

其中，k 为铁磁介质的热传导系数；ρ 和 h_T 分别为铁磁介质体密度和热源密度；S_p 表示铁磁体的热流与热交换边界；H_T 为放热系数；λ_1 与 λ_2 分别为热流和热交换因子。当 $\lambda_1=1$，$\lambda_2=0$ 时，边界上仅有热流 $\bar{q}$ ；当 $\lambda_1=0$，$\lambda_2=1$ 时，边界上与外界温度场 $\bar{T}$ 存在热交换；当 $\lambda_1\neq 0$，$\lambda_2\neq 0$ 时，边界上既有热流又有热交换。

4）系统的广义总能量

铁磁介质磁-热-力耦合系统的广义总能量可由上述的总磁能、热弹性能和热流势能三部分叠加而得。其可表示为磁场标量势 φ 、位移场 $\boldsymbol{u}$ 和温度场 T 的广义泛函，即

$$\begin{aligned}\Pi\{\varphi,\boldsymbol{u},T\}&=\Pi_{\mathrm{em}}\{\varphi,\boldsymbol{u}\}+\Pi_{\mathrm{me}}\{\boldsymbol{u},T\}+\Pi_{\mathrm{th}}\{T\}\\&=\int_{\Omega^+(\boldsymbol{u})}\left(\int_0^{H^+}B^+\,\mathrm{d}H^+\right)\mathrm{d}v+\frac{1}{2}\int_{\Omega^-(\boldsymbol{u})}\mu_0(\nabla\varphi^-)^2\mathrm{d}v+\int_{\Gamma_0}\boldsymbol{n}_0\cdot\boldsymbol{B}_0\varphi^-\,\mathrm{d}s\\&\quad+\int_{\Omega^+}\left\{\frac{1}{2}\lambda[\mathrm{tr}(\boldsymbol{e})]^2+G\boldsymbol{e}:\boldsymbol{e}-\alpha(3\lambda+2G)[\mathrm{tr}(\boldsymbol{e})](T-T_0)\right.\\&\quad\left.-\frac{C_{\mathrm{E}}(T-T_0)^2}{2T_0}+\eta_T T-\boldsymbol{f}^{\mathrm{me}}\cdot\boldsymbol{u}\right\}\mathrm{d}v-\int_{S_t}\boldsymbol{F}^{\mathrm{me}}\cdot\boldsymbol{u}\,\mathrm{d}s\\&\quad+\int_{\Omega^+}\left[\frac{1}{2}k(\nabla T)^2-\rho h_T T\right]\mathrm{d}v-\int_{S_P}\left[(\lambda_1\bar{q}-\lambda_2 H_T\bar{T})T-\frac{1}{2}\lambda_2 H_T T^2\right]\mathrm{d}s\end{aligned} \tag{4.3.9}$$

2. 耦合系统的广义变分原理

基于铁磁介质的多场广义总能量泛函，以及磁场、变形和温度变分 $\delta\varphi$ ，$\delta\boldsymbol{u}$ 和 δT 的任意性，我们可以进行混合的广义变分运算：

$$\delta\Pi\{\varphi,\boldsymbol{u},T\}=\delta_\varphi\Pi\{\varphi,\boldsymbol{u},T\}+\delta_u\Pi\{\varphi,\boldsymbol{u},T\}+\delta_T\Pi\{\varphi,\boldsymbol{u},T\} \tag{4.3.10}$$

其中，$\delta_\varphi\Pi\{\varphi,\boldsymbol{u},T\}$ 、$\delta_u\Pi\{\varphi,\boldsymbol{u},T\}$ 和 $\delta_T\Pi\{\varphi,\boldsymbol{u},T\}$ 分别表示广义能量泛函对应的三个场的变分。

下面我们将进一步给出各自场的变分运算过程及结果。

1）磁场变分—— $\delta_\varphi\Pi\{\varphi,\boldsymbol{u},T\}$ 及基本方程

耦合系统的广义能量泛函关于磁场标量势 φ 进行变分，可得

$$\begin{aligned}\delta_\varphi\Pi\{\varphi,\boldsymbol{u},T\}&=\delta_\varphi\Pi_{\mathrm{em}}\{\varphi,\boldsymbol{u}\}+\delta_\varphi\Pi_{\mathrm{me}}\{\boldsymbol{u},T\}+\delta_\varphi\Pi_{\mathrm{th}}\{T\}\\&=\delta_\varphi\Pi_{\mathrm{em}}\{\varphi,\boldsymbol{u}\}\\&=\int_{\Omega^+(\boldsymbol{u})}\frac{\partial}{H^+}\left(\int_0^{H^+}B^+\,\mathrm{d}H^+\right)\frac{\partial H^+}{\partial\varphi^+}\delta\varphi^+\,\mathrm{d}v\\&\quad+\int_{\Omega^-(\boldsymbol{u})}\mu_0\nabla\varphi^-\cdot\nabla(\delta\varphi^-)\mathrm{d}v+\int_{\Gamma_0}\boldsymbol{n}_0\cdot\boldsymbol{B}_0\delta\varphi^-\,\mathrm{d}s\end{aligned} \tag{4.3.11}$$

注意到

$$H^+=\sqrt{(H_x^+)^2+(H_y^+)^2+(H_z^+)^2},\quad B^+=\mu H^+$$
$$H_x^+=-\frac{\partial\varphi^+}{\partial x},\quad H_y^+=-\frac{\partial\varphi^+}{\partial y},\quad H_z^+=-\frac{\partial\varphi^+}{\partial z} \tag{4.3.12}$$

则有

$$\frac{\partial}{\partial H^+}\left(\int_0^{H^+}B^+\,\mathrm{d}H^+\right)\frac{\partial H^+}{\partial\varphi^+}\delta\varphi^+$$
$$=B^+\frac{\partial H^+}{\partial\varphi^+}\delta\varphi^+=\mu\left[\frac{\partial\varphi^+}{\partial x}\frac{\partial(\delta\varphi^+)}{\partial x}+\frac{\partial\varphi^+}{\partial y}\frac{\partial(\delta\varphi^+)}{\partial y}+\frac{\partial\varphi^+}{\partial z}\frac{\partial(\delta\varphi^+)}{\partial z}\right]=\mu\,\nabla\varphi^+\cdot\nabla\delta\varphi^+ \tag{4.3.13}$$

将式（4.3.12）和式（4.3.13）代入式（4.3.11），可得

$$\delta_\varphi\Pi\{\varphi,\boldsymbol{u},T\}=-\int_{\Omega^+(\boldsymbol{u})}\nabla\cdot(\mu\,\nabla\varphi^+)\delta\varphi^+\,\mathrm{d}v-\int_{\Omega^-(\boldsymbol{u})}\mu_0(\nabla^2\varphi^-)\delta\varphi^-\,\mathrm{d}v$$
$$+\oint_S\left(\mu\frac{\partial\varphi^+}{\partial n}-\mu_0\frac{\partial\varphi^-}{\partial n}\right)\delta\varphi\,\mathrm{d}s$$
$$+\int_{\Gamma_0}\boldsymbol{n}_0\cdot(\mu_0\,\nabla\varphi^-+\boldsymbol{B}_0)\delta\varphi^-\,\mathrm{d}s \tag{4.3.14}$$

令 $\delta_\varphi\Pi\{\varphi,\boldsymbol{u},T\}=0$，并根据 $\delta\varphi$ 的任意性，可得到铁磁介质所满足的以下磁场基本方程：

$$\nabla\cdot(\mu\,\nabla\varphi^+)=0\quad（在\ \Omega^+(\boldsymbol{u})\ 中） \tag{4.3.15a}$$
$$\nabla^2\varphi^-=0\quad（在\ \Omega^-(\boldsymbol{u})\ 中） \tag{4.3.15b}$$
$$\varphi^+=\varphi^-,\quad \mu\frac{\partial\varphi^+}{\partial n}=\mu_0\frac{\partial\varphi^-}{\partial n}\quad（在\ S=\Omega^+(\boldsymbol{u})\cap\Omega^-(\boldsymbol{u})\ 上） \tag{4.3.16a}$$
$$-\nabla\varphi^-=\frac{\boldsymbol{B}_0}{\mu_0}\quad（在\ \Gamma_0\ 上或\ \infty\ 处） \tag{4.3.16b}$$

若将此组方程写为矢量形式，则不难看出其与 Maxwell 方程组以及相应的电磁场跳变条件在静磁场下的特殊情形是相一致的。

2）变形场变分—— $\delta_u\Pi\{\varphi,\boldsymbol{u},T\}$ 及基本方程

对于铁磁介质耦合系统的广义能量泛函关于变形场 $\boldsymbol{u}$ 进行变分，令 $\delta_u\Pi\{\varphi,\boldsymbol{u},T\}=0$ 并考虑到 $\delta\boldsymbol{u}$ 的任意性，我们可得到铁磁介质体所满足的变形场基本方程如下：

$$\nabla\cdot\boldsymbol{t}+\boldsymbol{f}^{\mathrm{me}}+\boldsymbol{f}^{\mathrm{m}}=0\quad（在\ \Omega^+\ 中） \tag{4.3.17}$$
$$\boldsymbol{u}=\boldsymbol{u}^*\quad（在\ S_u\ 上） \tag{4.3.18a}$$
$$\boldsymbol{t}\cdot\boldsymbol{n}=\boldsymbol{F}^{\mathrm{me}}+\boldsymbol{F}^{\mathrm{m}}\quad（在\ S_\sigma\ 上） \tag{4.3.18b}$$

其中，$\boldsymbol{u}^*$ 表示位移边界 S_u 上给定的位移。

铁磁介质中的应力张量，以及作用于铁磁介质体上的磁体力和磁面力由磁弹性广义变分得到，分别表示为

$$\boldsymbol{t}=\lambda[\mathrm{tr}(\boldsymbol{e})]\boldsymbol{I}+2G\boldsymbol{e}-\alpha(3\lambda+2G)(T-T_0)\boldsymbol{I} \tag{4.3.19}$$
$$\boldsymbol{f}^{\mathrm{m}}=\nabla\left[\frac{\mu^2}{2\mu_0}(\boldsymbol{H}^+)^2-\int_0^{H^+}B^+\,\mathrm{d}H^+\right] \tag{4.3.20a}$$

$$\boldsymbol{F}^{\mathrm{m}}=-\frac{\mu^{2}-\mu_{0}^{2}}{2\mu_{0}}(H_{\tau}^{+})^{2}\boldsymbol{n} \tag{4.3.20b}$$

这里，$\boldsymbol{f}^{\mathrm{m}}$ 和$\boldsymbol{F}^{\mathrm{m}}$ 分别为作用于铁磁介质体上的等效磁体力和磁面力。

这一组磁力的物理和力学意义可理解为：铁磁介质在变形过程中，系统的磁能与机械能发生转换，介质体内、外磁能的改变转化为等效磁力（包括体力和面力）对铁磁介质所做的功。此外，不难看出：磁力表达式中的磁场各场量 B^{+}，H^{+} 与铁磁介质内部区域相关，也与介质变形直接相关；且磁力中含有磁场分量的平方项，这就表现出磁场与力学变形场之间的相互耦合及非线性的显著特征。

3）温度场变分—— $\delta_{T}\Pi\{\varphi,\boldsymbol{u},T\}$ 及基本方程

将耦合系统的广义能量泛函关于温度场 T 进行变分运算，并令 $\delta_{T}\Pi\{\varphi,\boldsymbol{u},T\}=0$ 以及根据 δT 的任意性，可得到铁磁介质体所满足的温度场的基本方程：

$$k\,\nabla^{2}T+\rho h_{T}=0\quad（在\ \Omega^{+}\ 中） \tag{4.3.21}$$

$$T=T^{*}\quad（在\ S_{T}\ 上） \tag{4.3.22a}$$

$$k\frac{\partial T}{\partial n}=\lambda_{1}\bar{q}+\lambda_{2}H_{T}(T-\bar{T})\quad（在\ S_{P}\ 上） \tag{4.3.22b}$$

这一热传导方程与传统的形式是一致的。

4.3.2　耦合效应及特征

磁-热-力多场耦合理论是力学变形场与温度场相互作用的一个古典例证——热弹性理论的推广，涵盖了经典的弹性理论、热传导理论和电磁场理论。

目前，对电磁场、温度场同弹性、可磁化、可变形体间的相互作用问题的研究依然未达到成熟阶段。这是由于这种多场耦合下的相互作用机制非常复杂，通常表现出多非线性、强非线性和强耦合性等特征（图 4.3.2），无论在理论模型的建立，还是在耦合问题的定性、定量分析上，均有相当大的难度。

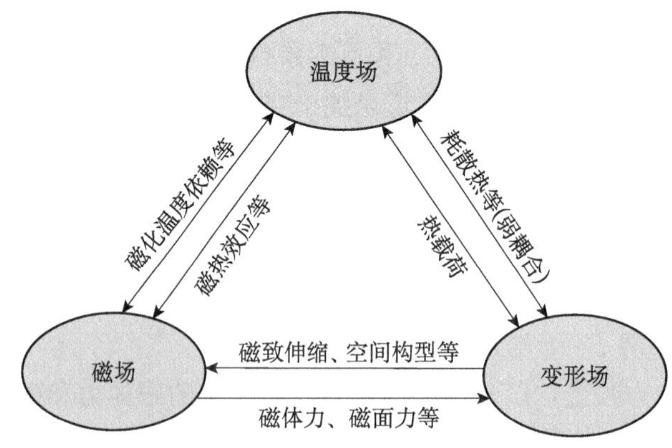

图 4.3.2　铁磁介质材料与结构的多场耦合问题以及各场间的相互作用

在前述的多场耦合广义能量变分模型中，我们获得了与系统动量、能量等基本守恒

定律相一致的磁学、力学、热学三场基本控制方程及相应的边界条件等，其中磁体力反映了力磁相互作用的域耦合特性。另外，由于铁磁介质结构的变形，内、外磁场的区域与边界也发生了变化，从而也具有边界耦合特征。最后，这一广义变分模型是基于一般的三维铁磁介质体建立的，具有较广泛的适用范围。当所研究问题的某些条件较弱时，一些场的效应可以忽略，或者场之间的一些相互作用可以忽略，则不难退化得到传统的热弹性、磁弹性基本问题的变分模型。

4.4 超导材料电-磁-热-力耦合问题

超导现象自 1911 年首次发现以来，因其独特的电学、磁特性（如零电阻、完全抗磁性、约瑟夫森（Josephson）效应等）在材料科学、物理科学等众多领域备受关注，引发了科学家们持久的研究热情。目前，超导材料已在新型电力与储能、聚变新能源、医用磁共振成像（MRI）、高能粒子加速器以及量子计算等领域得到广泛应用（图 4.4.1），特别是以超导电力和国际热核聚变实验堆（ITER）超导磁约束大型装置为代表的应用拓展，有望引领未来新能源革命。

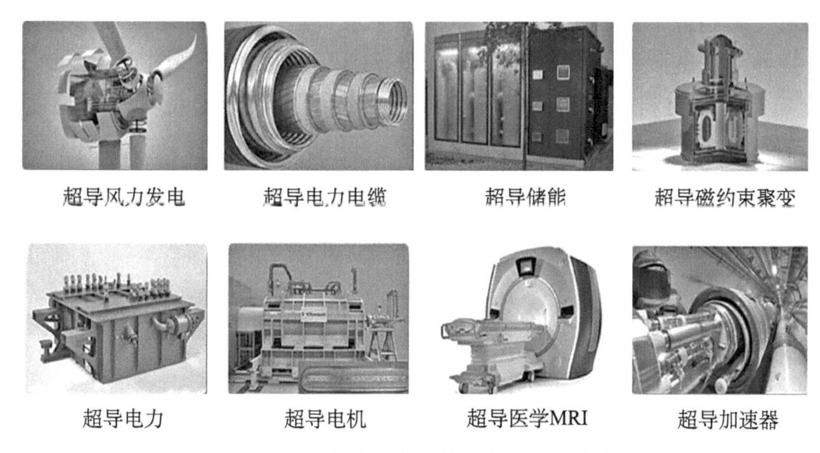

图 4.4.1 超导材料与技术主要应用领域

从最初的 NbTi 金属合金类低温超导材料，到以 Bi 系、稀土钡铜氧（ReBCO）为代表的氧化物高温超导材料，超导科学与技术在过去的 100 多年间获得长足进展（图 4.4.2）。超导材料的临界温度也从最初的 3.722K（Sn）、9.7K（NbTi）、18K（Nb_3Sn）、40K（MgB_2）、50K（FeAs）提高到 160K（Hg-Ba-Ca-Cu-O 系，高压环境）[17]。超导磁体是基于超导物理和低温物理等基础学科发展起来的超导应用技术。越来越多的超导磁体在未来大科学研究平台，如粒子加速器装置、高场磁共振成像设备以及热核聚变堆等，发挥着巨大作用，并向着高能量化的方向发展。

但是在这些超导磁体技术与应用领域中，作为核心的超导材料和结构往往处于极端的工作环境下，如极低温、强磁场甚至极高的载流环境等，材料的力学及多场耦合特性

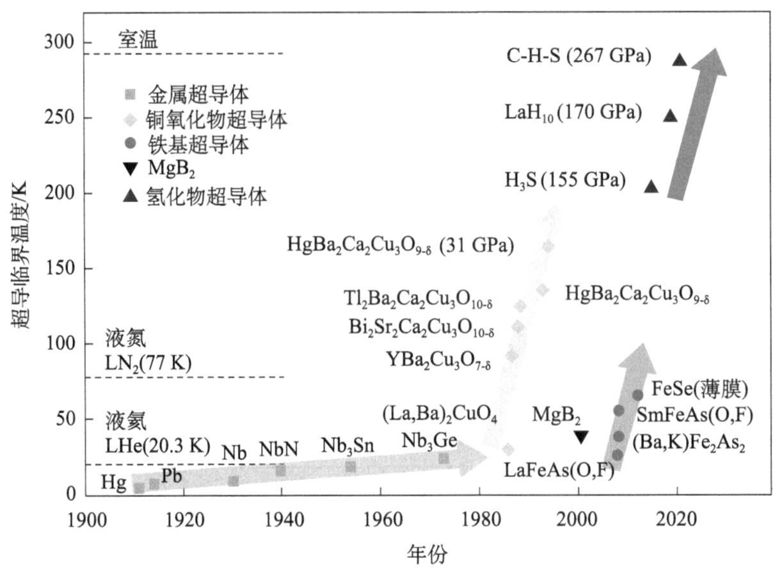

图 4.4.2　各类代表性超导材料的主要发展历程

直接关系到这些高新技术领域中装置的安全设计和稳定运行。超导材料的性能实现与应用不可避免地受到超导临界态的限制，即临界温度 T_c、临界电流 I_c 以及临界磁场 H_c，若超出这一临界范围的限制，则超导材料从超导态变为常导态（图 4.4.3）。越来越多的研究表明[18]：当超导材料在外界机械压力或变形情形下，会出现其临界温度 T_c 或临界磁场 H_c 的改变，以及临界电流 I_c 的退化现象。可见超导材料的应用不但受到其物理性能的影响，还受到其力学性能的显著影响。而在实际应用中，外界的机械载荷、内部的电磁力载荷，甚至制备过程中的加工机械载荷等均是无法避免的。

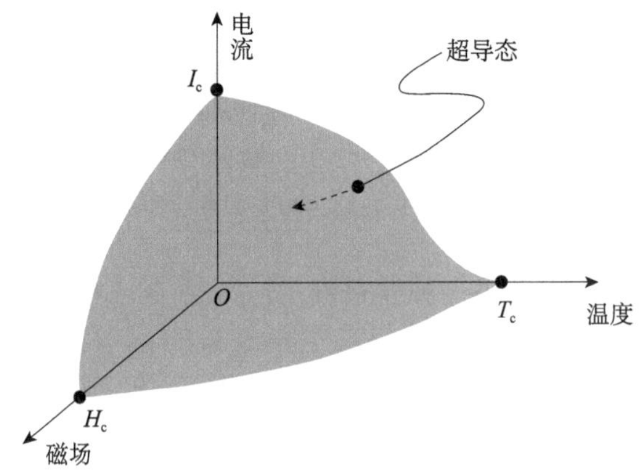

图 4.4.3　超导临界特性的多参数曲面示意图

超导材料与结构系统是典型的电-磁-热-力多场耦合作用下的非线性系统，涉及超导物理的非线性电磁本构关系、极低温非线性热传导过程等，一直是超导物理研究的难点课题。超导科学与技术研究属于电磁学、力学和热学等多学科交叉。由于临界特性，超导材料不仅在物理上具有很强的非线性，而且与变形相耦合也产生强非线性关联，因此超导多场耦合问题呈现出强耦合、强非线性等特征[19]。另外，极端、多场环境下材料的性质和行为往往与其常规状态与环境下的也有显著不同，这些均为超导耦合问题的研究带来了困难与挑战。

4.4.1 耦合模型及基本方程

超导磁体工作过程中，超导线圈结构存在着电场、磁场和低温温度场之间的相互耦合作用，对于超导混合磁体结构，还存在着内、外线圈之间的互感作用等。超导线圈结构的力学响应主要来自于电磁场作用下的电磁力、温度变化所引起的热应力。

本小节将以具有轴对称几何特征的超导混合磁体结构在励磁和运行过程中的多场行为研究为例，对多场模型建立和耦合特征进行简要介绍。如图 4.4.4 所示，内线圈为一超导非绝缘线圈，其在载流状态下将受到电磁力的作用并发生变形，进而影响整个磁体内的磁场分布以及非绝缘线圈匝间接触电阻等。由于磁体内、外线圈之间的互感，磁体线圈内的电流发生变化，进而影响到电磁力的大小和分布以及线圈的变形。此外，超导线圈中的部分环向电流会分流到径向，从而产生焦耳热导致温升，这进一步又改变了超导线圈内的电流、磁场分布及力学变形等。超导磁体线圈的完整分析涉及电场、磁场、温度及力学这四个场间的相互作用。

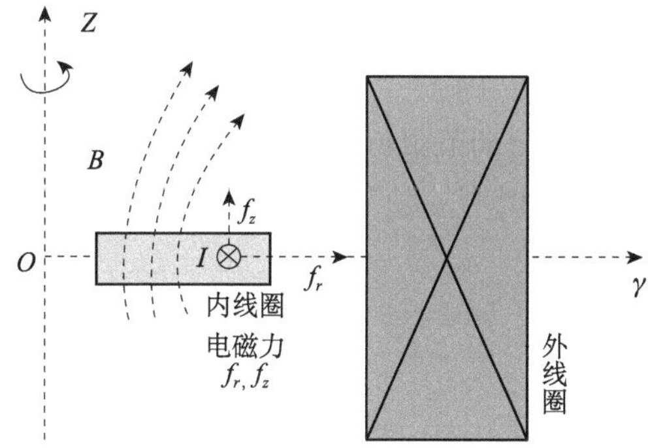

图 4.4.4 超导混合磁体的内、外超导线圈结构示意图

1. 电场——等效电路方程

在混合磁体的电场分析中，我们可以采用电路模型，将内部线圈等效为多个电路，即将每一匝线圈（总匝数为 N ）等效为一个暂态 RL 电路（图 4.4.5）。为了分析简单起见，将外部线圈整体等效为一个集中电路。

根据 Kirchhoff 定理，可建立磁体电路的基本方程。对于内部非绝缘超导线圈，其满足的电路方程如下：

$$i_m + j_m = I_{\mathrm{H}} \tag{4.4.1}$$

$$V_m - j_m R_{\mathrm{c},\,m} = 0 \tag{4.4.2}$$

其中，i_m，j_m，I_{H} 分别表示超导线圈第 m 匝的环向电流、径向电流和总承载电流；$R_{\mathrm{c},\,m}$ 为匝间接触电阻（即 $R_{\mathrm{c},\,m} = \rho_{\mathrm{c}} l_m / S_m$ ），其中 l_m 和 S_m 分别为带材长度和表面积，ρ_{c} 为接

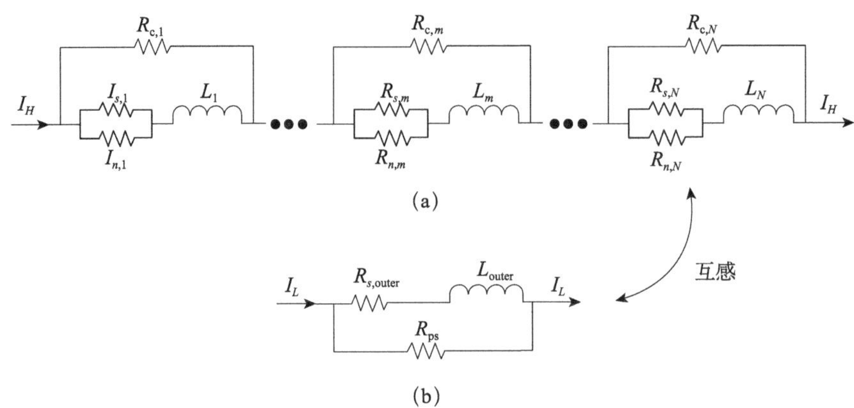

图 4.4.5　混合磁体等效电路

(a) 内部非绝缘超导线圈等效电路；(b) 外部磁体线圈等效电路

触电阻率，一般可通过实验测定。

式 (4.4.2) 中的 V_m 表示第 m 匝线圈两端的电压，包括了电阻电压和感应电压，其可表示为

$$V_m = \sum_{l=1}^{N} \bar{M}_{m,l} \frac{\mathrm{d}i_l}{\mathrm{d}t} + V_{n,m} + M_m \frac{\mathrm{d}i_L}{\mathrm{d}t} \tag{4.4.3}$$

其中，感应电压是由每一匝线圈与外部磁体线圈中电流变化引起的互感所产生。当 $m \neq l$ 时，$\bar{M}_{m,l}$ 为互感，当 $m=l$ 时，则 $\bar{M}_{m,m}$ 表示自感；M_m 为第 m 匝线圈与外部磁体线圈间的互感；$V_{n,m}$ 为第 m 匝超导层的电阻电压，与该匝超导层的电压关系为

$$V_{n,m} = i_{n,m} R_{n,m} = V_{\mathrm{sc},m} \tag{4.4.4}$$

进一步，电阻电压还可以表示为

$$V_{n,m} = (i_m - i_{\mathrm{sc},m}) R_{n,m} = (i_m - i_{\mathrm{sc},m}) \rho_n (T_m) \frac{l_m}{S} \tag{4.4.5a}$$

$$V_{\mathrm{sc},m} = i_{\mathrm{sc},m} R_{\mathrm{sc},m} = E_{\mathrm{c}} l_m \left[\frac{i_{\mathrm{sc},m}}{I_{\mathrm{c}}(T_m, B_m)} \right]^n \tag{4.4.5b}$$

其中，E_{c} 表示临界电场；S 为带材的横截面积；n 表示超导材料 E-J 特征曲线参数（对于高温超导材料，$n=20 \sim 60$）；I_{c} 表示临界电流，通常与温度、外加磁场及其方向有关，即

$$I_{\mathrm{c}} = I_{\mathrm{c}}^{T}(T_m) I_{\mathrm{c}}^{B}(B_{\parallel,m}, B_{\perp,m}) \tag{4.4.6}$$

并且

$$I_{\mathrm{c}}^{T}(T_m) = \begin{cases} I_{\mathrm{c}0} \dfrac{T_{\mathrm{c}} - T_m}{T_{\mathrm{c}} - T_0} & (T_m < T_{\mathrm{c}}) \\ 0 & (T_m \geqslant T_{\mathrm{c}}) \end{cases} \tag{4.4.7a}$$

$$I_{\mathrm{c}}^{B}(B_{\parallel,m}, B_{\perp,m}) = \frac{1}{1 + \sqrt{(kB_{\parallel,m})^2 + B_{\perp,m}^2} / B_{\mathrm{c}}} \tag{4.4.7b}$$

从前面的超导混合磁体的电路模型看：磁体内的电流分布显著依赖于温度和磁场，

体现了多场之间的相互影响，而且一些影响是非线性的。

2. 磁场方程

基于等效电路分析模型，我们可以获得磁体内的电流分布，进而可进行磁场分析。

假设超导线圈内承载电流为 $\boldsymbol{J}$，由 Maxwell 方程可得

$$\nabla\times\boldsymbol{H}=\begin{cases}\boldsymbol{J}/S_0 & (\text{在 }\Omega_{\text{coil}}\text{ 中})\\ \boldsymbol{0} & (\text{在 }\Omega_{\text{air}}\text{ 中})\end{cases} \tag{4.4.8}$$

其中，S_0 表示超导材料的横截面积；Ω_{coil} 和 Ω_{air} 分别表示线圈区域和外部的空气域。

对于超导线圈稳态载流情形下，可引入磁矢量 $\boldsymbol{A}$（即满足 $\boldsymbol{B}=\nabla\times\boldsymbol{A}$）来分析磁场。结合磁本构关系 $\boldsymbol{B}=\mu_0\mu_r\boldsymbol{H}$，式（4.4.8）可另写为

$$\nabla\times(\nabla\times\boldsymbol{A})=\begin{cases}\mu_0\mu_r\boldsymbol{J}/S_0 & (\text{在 }\Omega_{\text{coil}}\text{ 中})\\ \boldsymbol{0} & (\text{在 }\Omega_{\text{air}}\text{ 中})\end{cases} \tag{4.4.9}$$

式中，μ_0，μ_r 分别为真空磁导率和相对磁导率。若不考虑磁介质的影响，则可取 $\mu_r=1$。

在磁体线圈内部或者外部空气域中的任意位置处，总磁场为内线圈和外部线圈产生的磁场叠加。由于超导线圈内的载流与超导临界电流相关，并受到磁体内部温度场和应变敏感等因素影响，所以磁场分布也是与温度场和变形场相关的。

3. 温度场方程

由于超导磁体结构的多相复合、多尺度等特点，其内部的热传导具有各向异性特征。此外，超导材料工作于低温极端环境，材料低温区的物理和力学等属性温度依赖性十分显著，不能被忽略。

根据傅里叶热传导定律，材料热传导过程中的热流可表示为

$$\boldsymbol{q}=-\boldsymbol{k}(T)\cdot\nabla T \tag{4.4.10}$$

其中，$\boldsymbol{k}(T)$ 表示热导率张量，与温度相关。考虑到热导率的各向异性特征，热导率的矩阵形式可写为

$$\boldsymbol{k}(T)=\begin{bmatrix}k_x(T) & 0 & 0\\ 0 & k_y(T) & 0\\ 0 & 0 & k_z(T)\end{bmatrix} \tag{4.4.11}$$

根据第 2 章中介绍的介质内部的热传导理论，不难得到超导磁体中的温度场控制方程如下：

$$\rho c(T)\frac{\partial T}{\partial t}=\frac{\partial}{\partial x}\left(k_x\frac{\partial T}{\partial x}\right)+\frac{\partial}{\partial y}\left(k_y\frac{\partial T}{\partial y}\right)+\frac{\partial}{\partial z}\left(k_z\frac{\partial T}{\partial z}\right)+Q_{\text{J}} \tag{4.4.12}$$

其中，ρ，$c(T)$ 分别表示超导结构的等效密度和等效比热；Q_{J} 为热源项，主要由电阻热引起，与电磁场分布密切关联。

4. 结构变形场方程

在电磁场、低温及瞬态变温等的共同作用下，超导线圈结构会产生相应的瞬态力学响应。为分析方便起见，可以将超导线圈结构均匀化，视为等效的正交各向异性材料。

以超导磁体的轴对称结构为例，磁体线圈结构的动力学平衡方程为

$$\frac{\partial\sigma_r}{\partial r}+\frac{\sigma_r-\sigma_\theta}{r}+\frac{\partial\tau_{rz}}{\partial r}+f_r=\bar{\rho}\frac{\partial^2u_r}{\partial t^2} \tag{4.4.13}$$

$$\frac{\partial \sigma_z}{\partial z}+\frac{\tau_{rz}}{r}+\frac{\partial \tau_{rz}}{\partial r}+f_z=\bar{\rho}\frac{\partial^2 u_z}{\partial t^2} \tag{4.4.14}$$

其中，$\bar{\rho}$ 表示结构的等效密度；f_r 和 f_z 分别表示沿径向、轴向的电磁体力分量，可通过磁场及线圈内承载电流给出：

$$f_r=\frac{J}{S_0}B_z, \qquad f_z=-\frac{J}{S_0}B_r \tag{4.4.15}$$

几何方程表示为

$$\varepsilon_r=\frac{\partial u_r}{\partial r}, \quad \varepsilon_\theta=\frac{u_r}{r}, \quad \varepsilon_z=\frac{\partial u_z}{\partial z}, \quad \gamma_{zr}=\frac{\partial u_r}{\partial z}+\frac{\partial u_z}{\partial r} \tag{4.4.16}$$

超导结构的热弹性本构方程为

$$\varepsilon_{ij}=S_{ijkl}\sigma_{ij}+\varepsilon_{ij}^{\text{th}} \tag{4.4.17}$$

其中，$\varepsilon_{ij}^{\text{th}}(=\alpha_{ij}\Delta T)$ 为热应变张量，α_{ij} 为热膨胀系数；S_{ijkl} 为柔度系数。

轴对称条件下，磁体结构的应变、应力可分别表示为

$$\varepsilon_{ij}=[\varepsilon_r,\ \varepsilon_\theta,\ \varepsilon_z,\ \gamma_{rz}]^{\text{T}}, \qquad \sigma_{ij}=[\sigma_r,\ \sigma_\theta,\ \sigma_z,\ \tau_{rz}]^{\text{T}} \tag{4.4.18}$$

对于材料的正交各向异性情形，柔度系数矩阵和热膨胀系数矩阵的分量形式可表示如下：

$$\boldsymbol{S}=\begin{bmatrix} \dfrac{1}{\bar{E}_r} & -\dfrac{\bar{\upsilon}_{\theta r}}{\bar{E}_\theta} & -\dfrac{\bar{\upsilon}_{zr}}{\bar{E}_z} & 0 \\ -\dfrac{\bar{\upsilon}_{r\theta}}{\bar{E}_r} & \dfrac{1}{\bar{E}_\theta} & -\dfrac{\bar{\upsilon}_{z\theta}}{\bar{E}_z} & 0 \\ -\dfrac{\bar{\upsilon}_{rz}}{\bar{E}_r} & -\dfrac{\bar{\upsilon}_{\theta z}}{\bar{E}_\theta} & \dfrac{1}{\bar{E}_z} & 0 \\ 0 & 0 & 0 & \dfrac{1}{\bar{G}_{zr}} \end{bmatrix}, \qquad \boldsymbol{\alpha}=\begin{bmatrix} \bar{\alpha}_r \\ \bar{\alpha}_\theta \\ \bar{\alpha}_z \\ 0 \end{bmatrix} \tag{4.4.19}$$

上述各式中，u_r，u_z 分别为线圈径向及轴向的位移；ε_r，ε_θ 和 ε_z 分别为径向、环向和轴向的正应变，γ_{rz} 为切应变；σ_r，σ_θ 和 σ_z 分别为径向、环向和轴向的正应力，τ_{rz} 为切应力；$\bar{E}_i(i=r,\theta,z)$ 和 $\bar{\upsilon}_{ij}(i,j=r,\theta,z)$ 分别为等效弹性模量和泊松比；$\bar{\alpha}_i(i=r,\theta,z)$ 为等效的线膨胀系数。

4.4.2　耦合效应及特征

作为电磁类功能材料的超导材料，在超导状态下其为完美的电导体及抗磁性材料。但大多数超导材料自身是脆性的，实际应用中通常采用与金属基体复合制备成线缆、带材（如图 4.4.6 所示的高温超导 ReBCO 复合带材），进而绕制成线圈、加工为磁体结构等。超导材料与结构的这些基本特征，也决定了其往往对多场环境是敏感的。

对于本小节中这一超导磁体线圈结构在励磁和运行过程中的典型例子，图 4.4.7 给出了所对应的多场耦合效应与关系。

该多场问题的耦合效应主要体现在以下几方面。

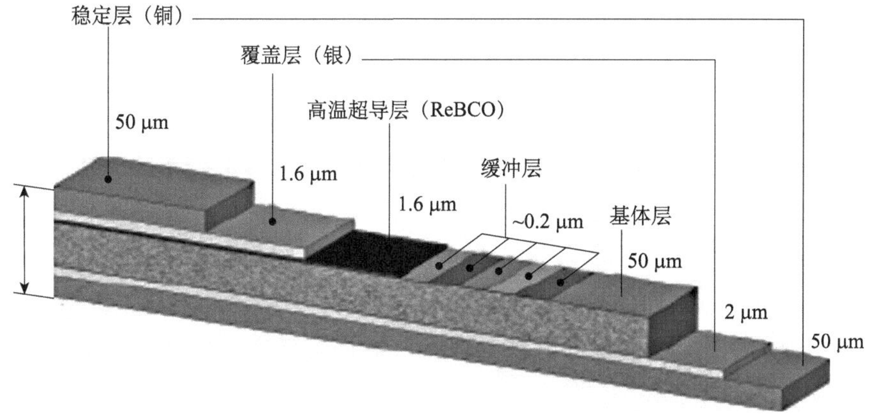

图 4.4.6 具有多层复合结构的 ReBCO 高温超导带材

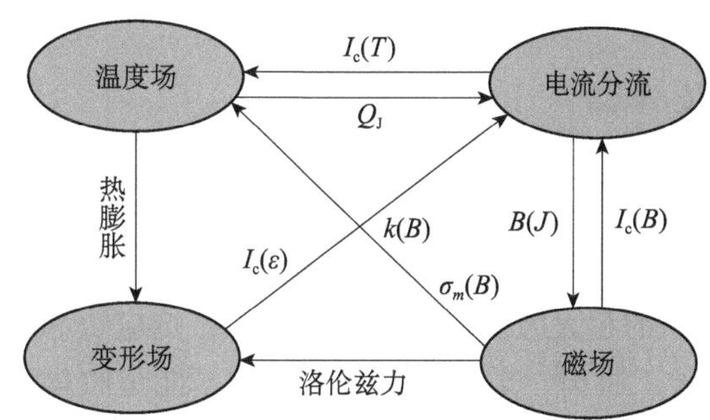

图 4.4.7 超导磁体结构的电-磁-热-力多场耦合效应

(1) 超导材料力学和热学性能的温度依赖性。例如，弹性模量或柔度模量、热膨胀系数等在超导结构运行的超低温温区，具有显著的温度依赖性，即 $S_{ijkl}=S_{ijkl}(T)$，$\alpha_{ij}=\alpha_{ij}(T)$；同时温度的变化还会导致结构热变形，即热弹性耦合效应。

(2) 超导材料具有的临界特性，使得超导电磁本构具有显著的电-磁-热耦合效应。一般地，超导临界电流是温度、磁场的函数（即 $I_c=I_c^T(T)I_c^B(B)$）。此外，超导内部电流的变化显著影响着焦耳热或交流损耗，以及所产生的磁场大小。更多的研究表明，变形会导致绝大多数超导材料的超导临界特性的显著变化（即 $I_c=I_c^\varepsilon(\varepsilon)$），导致临界电流退化甚至失去超导性。

(3) 磁-力耦合效应。超导结构由于通载电流大、所处磁场高，其对应的洛伦兹电磁力大，使得结构发生显著变形。当载流较小或者所处磁场较小时，可以仅考虑单向耦合即电磁力对超导结构变形的影响；当磁场较高时，超导结构的力学变形显著，其构型的变化也显著影响磁场的重新分布，同时导致流经结构内部的电流重新分布（例如电流方向发生改变等）和电磁场的改变，这就是典型的磁-力双向耦合问题。

(4) 区域内的耦合与边界耦合共存。例如，超导材料与结构的热弹性问题、磁弹性耦合问题就属于区域内部的场间耦合，因为焦耳热、交流损耗热均在超导结构内部任一点存在；洛伦兹力为体力，也体现了结构内部的磁-力耦合。另外，在边界处，由于电磁跳变条件与物体的边界特征和构型均有关联，故而电磁场的分布与边界变形特征也密切关联，在边界处存在能量或力的交换与转换。

4.5　智能软材料热-电-化学-力耦合问题

智能软材料（soft smart material）是一类具有较低模量，能够感知外部（声、光、电、热、力、磁等）刺激而作出响应的新型功能材料，具有“小激励、大响应”的共性特征，以及良好的生物亲和性、相容性等特点[20]。该类材料主要包括：聚合物胶体、水凝胶、液晶、形状记忆聚合物、介电弹性体、泡沫、颗粒物质，以及大量的生物体物质和软组织等。

近年来，智能软材料的多场耦合行为研究引起国内外学者的广泛兴趣，已成为新的学科生长点和研究热点，并极大地拓展了传统的力学研究领域。

4.5.1　智能软材料及分类

1. 介电弹性体材料

介电弹性体（dielectric elastomer）材料属于典型的电功能软材料，可以力-电耦合加载，产生 100%～200%的超大应变，并具有质量轻、响应快和能量密度高等优点（图 4.5.1），被广泛应用于人工肌肉、柔性传感和驱动器、能量收集装置、机器人和盲文显示装置等各个方面。

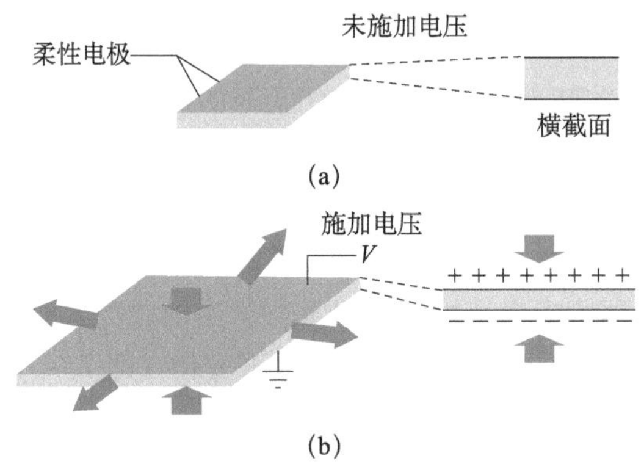

图 4.5.1　介电弹性体工作原理示意图

(a) 处于两柔性电极间的介电弹性体；(b) 电场加载下介电弹性薄膜发生超大变形

介电弹性体具有材料非线性和几何大变形特点，以及显著的多场耦合特征。与介电弹性体多场相关的稳定性、非线性大变形两大研究主题一直备受关注，而其多场本构关系、力-电稳定性与突变稳定性、超大电致变形机理及其应用器件的失效分析等，依然是有待深入研究的课题。

2. 液晶弹性体

液晶的发现已有一百多年的历史。液晶是一种介于晶体与液体之间的中间相，液晶态中分子的排列，既不同于晶体完全有序，也不同于液体完全无序，而是处于长程取向有序的流体。液晶弹性体（liquid crystal elastomer）是一种特殊的智能软材料，指非交联的液晶高分子经过一定程度的交联后形成网络结构，能够在各向同性相或者液晶相中表现出弹性的一类聚合物[21]。液晶弹性体兼有弹性体和液晶的双重特性（即弹性以及有序性、流动性），通过调控液晶单体的分子结构、液晶相的种类及大分子交联网络结构等，可以使液晶弹性体的相关性质得到极大优化。

由于液晶弹性体同时具备了液晶的各向异性和高分子软材料的弹性特性，其具有较好的激励-响应性、分子协同和弹性等性能，表现在外部环境（如热、光、电、pH 等）的刺激作用以改变液晶基元排列方式影响整个材料的宏观形貌，使之发生一定的形状或形态的改变（如收缩、弯曲、扭曲等）。机械力场下的取向性是其区别于其他非交联型液晶聚合物的最重要特性。很小的机械拉伸就可导致液晶基元很大程度的取向，而连接液晶基元与高分子链的间隔段越短，这种耦合效应越强。这种可逆的激励-响应形变材料使得液晶弹性体成为一种非常有应用潜力的智能材料（图 4.5.2），例如，其在微流体系统、软驱动材料、人造肌肉以及智能动态表面等方面都有着极其广阔的应用前景。

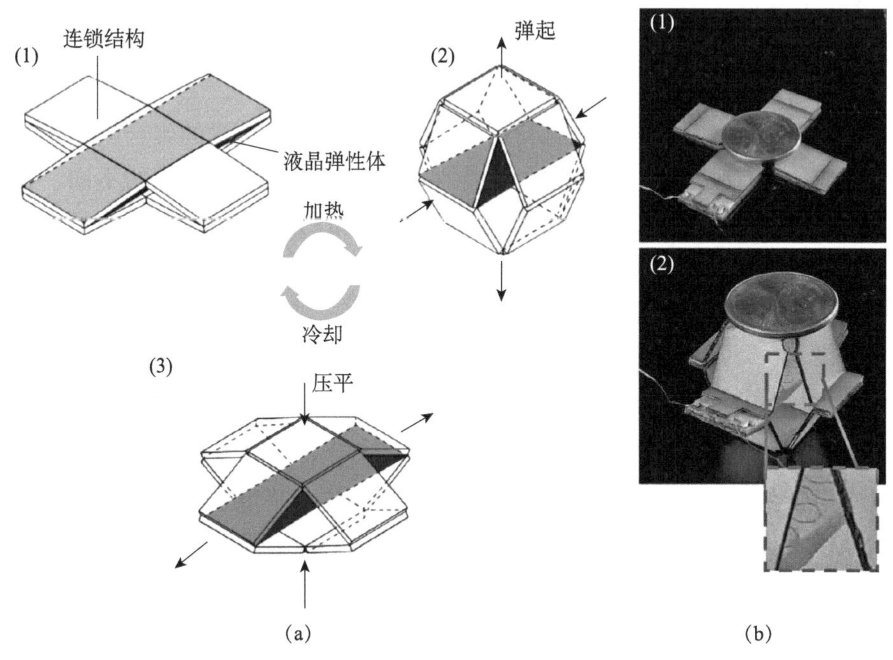

图 4.5.2 液晶弹性体智能结构[21]

(a) 起动平台在加热或冷却下作动示意图；(b) 实体结构

3. 聚合物胶体和凝胶

聚合物胶体和凝胶广泛存在于自然界和工程应用领域，许多工业产品和生活用品以凝胶的形式存在，例如硅胶、隐形眼镜、面膜、牙膏、凉粉、果冻等（图 4.5.3）。

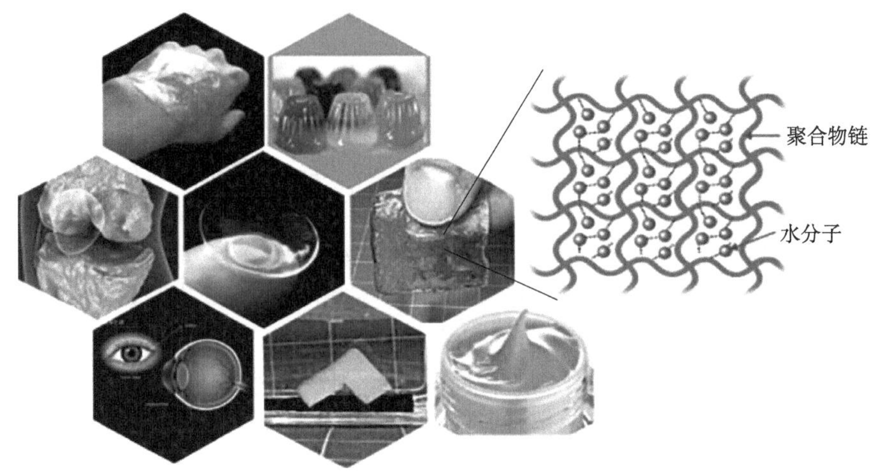

图 4.5.3　几类典型的凝胶材料（彩图扫封底二维码）

凝胶是一种类固体材料，也是一种充分稀释的交联系统，主要成分是液体。凝胶的聚集态既非完全的固体也非完全的液体，可以很柔软，也可以较硬。水凝胶作为凝胶家族中的一大类，具有极为亲水的三维网络结构，在水中迅速溶胀并可以保持大量体积的水而不溶解。水凝胶中的水含量可以低到百分之几，亦可高达 99%。一些水凝胶具有多重亚稳定态、多级结构层次、多种活性官能团等，从而可以感知外界环境的变化与刺激，具有环境敏感性。这种环境敏感型水凝胶又称为智能水凝胶[22]。

智能水凝胶属于高分子类智能材料的一种，一般由互相交联的聚合物网络、溶剂和离子混合而成，具有吸水溶胀、失水收缩特性。按照对外界环境激励的不同，智能水凝胶可以分为温度敏感、光敏感、电敏感型、pH 敏感、压力敏感型等。这类智能材料兼具了结构和功能的双重特性，可以传质、传热，并在多物理场作用下能够与外界的热、电、化学、机械作用等激励产生响应，具有多场耦合特征。目前，智能凝胶类材料已在环境工程、柔性机械、医疗、软性接触透镜、表面图形技术等高新技术领域得到重要应用。

4. 生物材料与组织

随着科学技术的进步和人们对生命健康的极大关注，生物材料（biological material）性能及其应用研究越来越受到科学家们的重视。生命体的环境通常是多系统、多场同时存在并相互作用的繁杂体系，例如，温度场、渗流场、应力场、电场和化学场并存，共同参与生命过程和机体功能的实现，构成了相互制约的生物体复杂状态[23]。

作为生命体的重要组成部分，生物软组织（如关节软骨、椎间盘等）可看作是由固体网络、孔隙液体和自由离子组成的生物多孔介质（图 4.5.4），其具有极特殊的力学性能，在关节润滑和减弱动力作用中起着重要的作用。此外，在神经、体液、代谢作用的调控下，生物体组织也常表现为化学-力学等多场耦合行为。在生物医学领域，生物软材料在电化学场作用下产生力学变形，反过来力学变形也会影响其电化学特性，这种生物-电学-化学-力学耦合现象中能量的相互传递和交换不仅为医学和生物学者关注，而且也是多学科交叉领域的新课题。

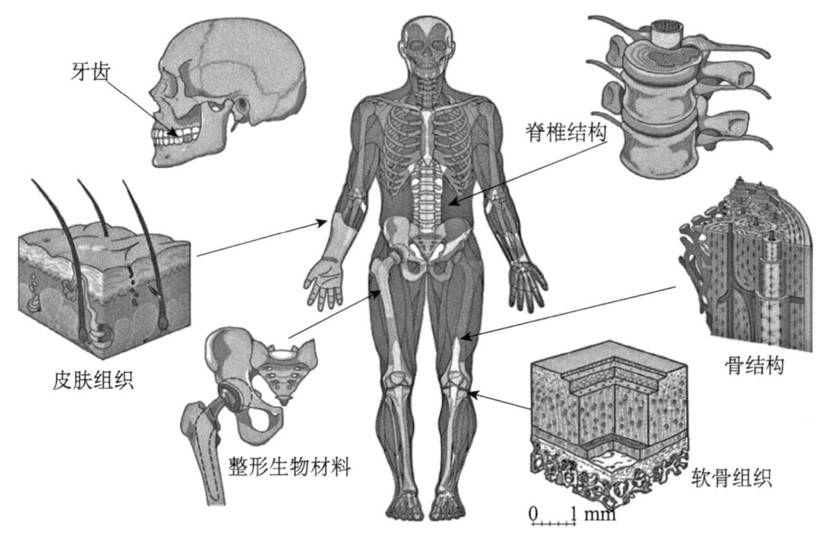

图 4.5.4 人体的一些生物组织或器官

4.5.2 耦合模型及基本方程

对于大量的智能软材料，其所处环境以及材料与环境之间的相互作用甚至多达三到五个物理场[24]。在此，我们以一些功能凝胶或生物组织的多场问题为例进行一些阐述，以期读者能够有直观的理解。

一般地，假设智能软材料介质区域为Ω、边界为Γ，其同时受热、电、化学、力学多场同时作用，且多场之间存在相互耦合效应。例如，介质中离子浓度的变化会引起渗透压力和电势，离子与固体相的混合扩散过程中则会伴随着热量的生成和消失，温度和熵也会随之改变，介质力学性能如应力和应变也会发生改变，等等。这一多场耦合问题除了遵循普遍的质量守恒、动量守恒和能量守恒外，各物理场还要遵守各自的守恒方程和边界条件等。

1. 温度场方程

对于软材料介质内的温度场分析，我们依然可以采用第 2 章介绍的热传导统一方程，如式（2.2.4）。若考虑到广义热传导定律，则温度场热传导方程为式（2.2.6）或式（2.2.8）；若采用传统的傅里叶热传导定律，则方程为式（2.2.10）。

温度场的边界条件和初始条件与一般介质的第一类、第二类以及混合边界条件的提法类似。这里不再一一赘述。

2. 电场方程

考虑静电场情形，则电位移满足的控制方程可表示为

$$\nabla\cdot \boldsymbol{D}=q_{\mathrm{e}} \tag{4.5.1}$$

介质内的电场强度和电位移存在本构关系：

$$\boldsymbol{D}=\varepsilon_0\varepsilon_{\mathrm{r}}\boldsymbol{E} \tag{4.5.2}$$

其中，ε_0 和 ε_{r} 分别表示真空中的介电常数和介质的相对介电系数。

进一步，引入电势 ϕ_E（即 $\boldsymbol{E}=-\nabla\phi_E$），则式（4.5.1）可另表示为

$$\nabla^2\phi_E=-\frac{1}{\varepsilon_0\varepsilon_{\mathrm{r}}}q_{\mathrm{e}} \tag{4.5.3}$$

相应的边界条件可写为

$$\boldsymbol{n}\cdot\boldsymbol{D}=\bar{D}_n \quad （在 \Gamma_D 上） \tag{4.5.4a}$$

$$\phi_E=\bar{\phi}_E \quad （在 \Gamma_\phi 上） \tag{4.5.4b}$$

其中，$\bar{D}_n$，$\bar{\phi}_E$ 分别为边界处给定的面电荷和电势。

3. 化学场方程

根据经典物理化学理论，离子或物质的扩散满足菲克（Fick）第二定律[25]，即

$$\frac{\partial c}{\partial t}+\nabla\cdot\boldsymbol{q}_{\mathrm{ion}}=0 \tag{4.5.5}$$

其中，c 表示离子密度；$\boldsymbol{q}_{\mathrm{ion}}$ 表示离子的扩散通量。

引入化学势 ϕ_{c}，其与浓度的关系式可表示如下[26]：

$$\phi_{\mathrm{c}}=\phi_{\mathrm{c0}}+T_0R^*\ln\frac{c_0+c}{c_0} \tag{4.5.6}$$

其中，ϕ_{c0} 和 c_0 分别表示标准化学势和离子浓度；T_0，R^* 分别表示参考温度和普适气体常数。对式（4.5.6）两边关于时间进行求导数运算，并代入式（4.5.5），可得

$$\frac{c_0+c}{T_0R^*}\frac{\partial\phi_{\mathrm{c}}}{\partial t}+\nabla\cdot\boldsymbol{q}_{\mathrm{ion}}=0 \tag{4.5.7}$$

一般地，离子扩散通量可以梯度方程确定，即

$$\boldsymbol{q}_{\mathrm{ion}}=-\boldsymbol{\kappa}\cdot\nabla c \tag{4.5.8}$$

其中，$\boldsymbol{\kappa}$ 表示介质的离子化学扩散系数张量。

当考虑离子浓度的变化不是很大的情形时，近似有 $c_0+c\approx c_0$。结合式（4.5.8）以及式（4.5.7），我们可以得到

$$\frac{c_0}{T_0R^*}\frac{\partial\phi_{\mathrm{c}}}{\partial t}-\nabla(\boldsymbol{\kappa}\cdot\nabla c)=0 \tag{4.5.9}$$

相应地，在介质边界处，可以写出化学通量和化学势（或离子浓度）的边界条件：

$$\boldsymbol{n}\cdot\boldsymbol{q}_{\mathrm{ion}}=\bar{q}_n \quad （在 \Gamma_q 上） \tag{4.5.10a}$$

$$\phi_{\mathrm{c}}=\bar{\phi}_{\mathrm{c}} \quad （在 \Gamma_\phi 上） \tag{4.5.10b}$$

其中，$\bar{q}_n$，$\bar{\phi}_{\mathrm{c}}$ 分别是边界处给定的通量值和化学势。

4. 力学变形场方程

软材料的力学变形问题，与第 2 章固体与结构力学基本方程是一致的，即式（2.1.20）～式（2.1.22）。

考虑到软材料的大变形、超弹性等变形特征，可以采用式（2.1.32）等。

5. 多场耦合本构关系

以上给出的四场基本控制方程均是相对独立的，当其相互之间存在耦合效用时，还需要考虑各个场量之间的影响，即多场本构关系。

这里，采用耦合系统的 Gibbs 能函数进行本构关系的建立，

$$G=\boldsymbol{\sigma}\cdot\boldsymbol{\varepsilon}-\boldsymbol{E}\cdot\boldsymbol{D}-\eta T+\sum_{i=1}^{N}\phi_{ci}c_i \tag{4.5.11}$$

其中，$\boldsymbol{\sigma}$，$\boldsymbol{\varepsilon}$ 分别表示介质体内的应力和应变张量；η 表示熵。式（4.5.11）中最后一项表示化学能量的贡献，N 表示离子的种类数目。

在平衡状态附近，我们分别选取变形、电场、温度等小量，将 Gibbs 能进行泰勒级数展开至二次项[27]，如下：

$$\begin{aligned}G&=G(\boldsymbol{\varepsilon},\boldsymbol{E},T,c)\\&=G_0+\frac{\partial G}{\partial\boldsymbol{\varepsilon}}\boldsymbol{\varepsilon}+\frac{\partial G}{\partial\boldsymbol{E}}\boldsymbol{E}+\frac{\partial G}{\partial T}T+\sum_{i=1}^{N}\frac{\partial G}{\partial c_i}c_i\\&\quad+\frac{1}{2}\frac{\partial^2 G}{\partial\boldsymbol{\varepsilon}\partial\boldsymbol{\varepsilon}^{\mathrm{T}}}\boldsymbol{\varepsilon}^{\mathrm{T}}\cdot\boldsymbol{\varepsilon}+\frac{1}{2}\frac{\partial^2 G}{\partial\boldsymbol{E}\partial\boldsymbol{E}^{\mathrm{T}}}\boldsymbol{E}^{\mathrm{T}}\cdot\boldsymbol{E}\\&\quad+\frac{1}{2}\frac{\partial^2 G}{\partial T^2}T^2+\frac{1}{2}\sum_{i=1}^{N}\sum_{j=1}^{N}\frac{\partial^2 G}{\partial c_i\partial c_j}c_ic_j\\&\quad+\frac{\partial^2 G}{\partial\boldsymbol{\varepsilon}\partial T}T\boldsymbol{\varepsilon}+\frac{\partial^2 G}{\partial\boldsymbol{E}\partial T}T\boldsymbol{E}+\frac{\partial^2 G}{\partial\boldsymbol{\varepsilon}\partial\boldsymbol{E}^{\mathrm{T}}}\boldsymbol{E}^{\mathrm{T}}\cdot\boldsymbol{\varepsilon}+\sum_{i=1}^{N}\frac{\partial^2 G}{\partial\boldsymbol{\varepsilon}\partial c_i}c_i\boldsymbol{\varepsilon}\\&\quad+\sum_{i=1}^{N}\frac{\partial^2 G}{\partial\boldsymbol{E}\partial c_i}c_i\boldsymbol{E}+\sum_{i=1}^{N}\frac{\partial^2 G}{\partial T\partial c_i}Tc_i\end{aligned} \tag{4.5.12}$$

对 Gibbs 自由能进行微分运算，可得到如下方程：

$$\boldsymbol{\sigma}=\frac{\partial G}{\partial\boldsymbol{\varepsilon}}=\frac{\partial^2 G}{\partial\boldsymbol{\varepsilon}\partial\boldsymbol{\varepsilon}^{\mathrm{T}}}\boldsymbol{\varepsilon}+\frac{\partial^2 G}{\partial\boldsymbol{\varepsilon}\partial T}T+\frac{\partial^2 G}{\partial\boldsymbol{\varepsilon}\partial\boldsymbol{E}^{\mathrm{T}}}\boldsymbol{E}+\sum_{i=1}^{N}\frac{\partial^2 G}{\partial\boldsymbol{\varepsilon}\partial c_i}c_i \tag{4.5.13a}$$

$$\boldsymbol{D}=-\frac{\partial G}{\partial\boldsymbol{E}}=-\frac{\partial^2 G}{\partial\boldsymbol{\varepsilon}^{\mathrm{T}}\partial\boldsymbol{E}}\boldsymbol{\varepsilon}-\frac{\partial^2 G}{\partial T\partial\boldsymbol{E}}T-\frac{\partial^2 G}{\partial\boldsymbol{E}\partial\boldsymbol{E}^{\mathrm{T}}}\boldsymbol{E}-\sum_{i=1}^{N}\frac{\partial^2 G}{\partial\boldsymbol{E}\partial c_i}c_i \tag{4.5.13b}$$

$$\eta=-\frac{\partial G}{\partial T}=-\frac{\partial^2 G}{\partial\boldsymbol{\varepsilon}\partial T}\boldsymbol{\varepsilon}-\frac{\partial^2 G}{\partial T^2}T-\frac{\partial^2 G}{\partial\boldsymbol{E}\partial T}\boldsymbol{E}-\sum_{i=1}^{N}\frac{\partial^2 G}{\partial T\partial c_i}c_i \tag{4.5.13c}$$

$$\phi_{ck}=\frac{\partial G}{\partial c_k}=\frac{\partial^2 G}{\partial\boldsymbol{\varepsilon}\partial c_k}\boldsymbol{\varepsilon}+\frac{\partial^2 G}{\partial T\partial c_k}T+\frac{\partial^2 G}{\partial\boldsymbol{E}\partial c_k}\boldsymbol{E}+\sum_{i=1}^{N}\frac{\partial^2 G}{\partial c_k\partial c_i}c_i \tag{4.5.13d}$$

为了方便地表征各个物理和力学量间的本构关系，我们定义与变形状态无关的材料参数，如下：

$$\begin{aligned}&C_{ijkl}=\frac{\partial^2 G}{\partial\varepsilon_{ij}\partial\varepsilon_{kl}},\quad \gamma_{ij}=-\frac{\partial^2 G}{\partial E_i\partial E_j},\quad \tilde{\omega}=-\frac{\partial^2 G}{\partial T^2}=\frac{\rho C_v}{T_0},\quad z_{ij}=\frac{\partial^2 G}{\partial c_i\partial c_j}\\&\lambda_{ij}=-\frac{\partial^2 G}{\partial T\partial\varepsilon_{ij}},\quad \zeta_i=-\frac{\partial^2 G}{\partial T\partial c_i},\quad \chi_i=-\frac{\partial^2 G}{\partial T\partial E_i}\\&R_{ijk}=-\frac{\partial^2 G}{\partial\varepsilon_{ij}\partial c_k},\quad e_{ijk}=-\frac{\partial^2 G}{\partial\varepsilon_{ij}\partial E_k},\quad \vartheta_{ik}=-\frac{\partial^2 G}{\partial E_i\partial c_k}\end{aligned} \tag{4.5.14}$$

其中，C_{ijkl} 是恒定电场、温度和离子浓度下的材料刚度系数；γ_{ij} 是恒定应变、温度和浓度下的介电系数；$\tilde{\omega}$ 是恒定应变、电场和浓度下的温度系数（定义为 $\rho C_v/T_0$，其中 ρ 表示密度、C_v 表示比热容）；z_{ij} 表示恒定电场、温度和应变下的离子化学势系数；λ_{ij}，ζ_i，χ_i 分别表示热力系数、热化系数和热电系数；R_{ijk}，e_{ijk}，ϑ_{ik} 分别表示力化系数、力电系数

和电化系数。

结合以上参数，本构方程（4.5.13）的分量形式进一步表示为

$$\sigma_{ij} = C_{ijkl}\varepsilon_{kl} - \lambda_{ij}T - e_{ijk}E_k - \sum_{k=1}^{N} R_{ijk}c_k \tag{4.5.15a}$$

$$D_i = e_{ijk}\varepsilon_{jk} + \chi_i T + \gamma_{ij}E_j + \sum_{k=1}^{N} \vartheta_{ik}c_k \tag{4.5.15b}$$

$$\eta = \lambda_{ij}\varepsilon_{ij} + \tilde{\omega}T + \chi_i E_i + \sum_{k=1}^{N} \zeta_k c_k \tag{4.5.15c}$$

$$\phi_{ck} = -R_{ijk}\varepsilon_{ij} - \zeta_k T - \vartheta_{ki}E_i + \sum_{i=1}^{N} z_{ki}c_i \tag{4.5.15d}$$

从多场本构关系中可以看出，各个场的表征参数均是相互影响的，体现了各场间的相互作用与耦合效应。

4.5.3 耦合效应及特征

智能软材料的设计与应用中，在外场（如电场、温度、力等）的诱导或作用下，材料内部微结构发生物理的或者化学的变化，进而导致材料某些宏观性质的较大变化，以达到某种智能响应或控制目的。

图 4.5.5 给出大部分智能软材料的多场效应以及耦合关系，各个场之间存在相互作用。根据所研究材料的性能以及外界环境的强度，这些场之间的效应也有强有弱。在某些特定条件下，一些场间相互作用为强耦合，在多场分析中是必须考虑的；也有一些相互作用是弱耦合，为了分析简便起见则往往是可以忽略的。

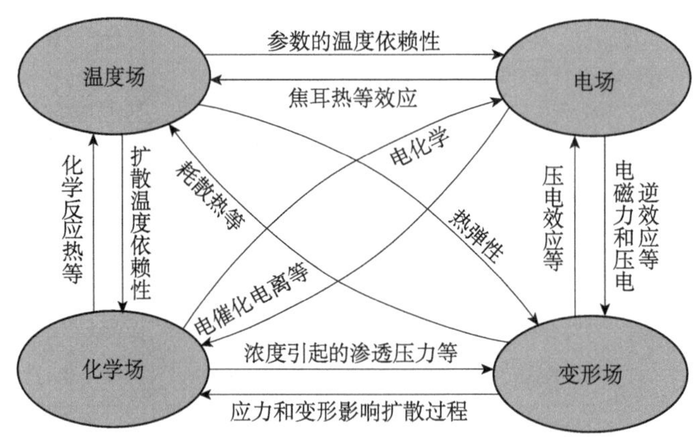

图 4.5.5　智能软材料热-电-化学-力耦合问题中各场间的耦合关系

4.6　多孔介质的渗流-温度-变形耦合问题

多孔介质广泛存在于自然界，是一种多相混合材料。自然界中的多孔介质结构复杂，

一般可以分为两类：一是颗粒多孔介质，如堆积的谷物、砂石，二元金属颗粒混合物等；二是骨架或纤维型多孔介质，如岩石和土壤，人体和动物体内的微细血管网络和组织，以及植物体的根、茎、枝、叶等。除了天然多孔介质，还存有许许多多的人造多孔介质。例如，各种过滤设备内的滤网，铸造砂型、陶瓷、砖瓦等建筑材料，活性炭、催化剂等(图 4.6.1)，均属于多孔介质范畴。

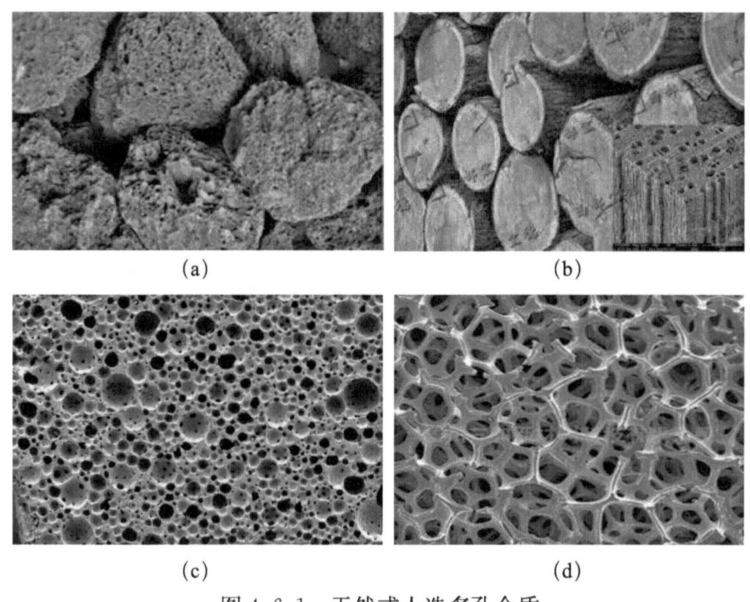

(a)　(b)　(c)　(d)

图 4.6.1　天然或人造多孔介质

(a) 岩石；(b) 木材；(c) 无机多孔材料；(d) 金属骨架多孔材料

一般地，多孔介质被定义为：由多孔的连续固体骨架和微小空隙空间储满的单相或多相物质（如空气、流体等）所组成的体系。如果构成孔洞的固体材料只存在于孔洞的边界（即孔洞之间是相通的），则称为开孔；如果孔洞表面也是实心的，即孔洞与周围孔洞完全隔开，则称为闭孔；也有介于两者之间的孔洞，则是半开半闭孔。

多孔材料的孔隙结构不同，对应的应用范围也往往不同。早在 20 世纪 90 年代，许多发达国家就将多孔介质材料作为众多工业生产中的重要应用材料。例如，高效气体分离膜、化学催化膜，用于实现吸声、抗震、隔热等功能的高速系统衬底材料，燃料电池的多孔电极、分离介质，燃料（包括天然气和氢气）的储存介质，环境净化系统中可重复使用的过滤装置等。

当前，多孔材料已成为材料科学中发展迅速的方向之一，特别是孔径在纳米量级的多孔材料，具有许多独特性质和较强的应用性，引起了科学家和工程师们的广泛关注。一些新型的多孔材料，如各种无机气凝胶、有机气凝胶、多孔半导体材料、多孔金属材料等，由于其密度小、孔洞率高和比表面积大的共性特点，以及对外界多场响应显著优点等，而成为多学科交叉研究领域的热点[28]。

4.6.1　多孔介质的多场性能

多孔介质中由于骨架和纤维材料的固相特征，孔隙间流动介质的液体性能，以及所处的外界复杂环境等，使得其往往具有多相、多尺度、多场相互作用的显著特征。

1. 机械性能

由多孔材料制备的部件或结构，密度得到有效降低，同时提高了强度和刚度等机械性能。例如，使用多孔材料制造的飞机，在同等机械性能条件下，净质量极大减轻，甚至减重一半以上；同时，多孔材料往往具有较高的冲击韧性，可极大降低冲击破坏。

岩石作为一类复杂的多相多孔介质，具有显著的非均匀性。在局部区域，固相材料的力学性质、孔隙几何构型和分布特征存在较大差异，即便在固相材料物理力学性能不变的前提下，材料内部孔隙结构的变形破坏还与孔隙的数量、大小、形状以及连通等有关，其中的任一因素都可能影响到岩石的宏观机械性能与力学响应[29]。

2. 渗流性能

多孔介质的渗流现象广泛存在，如土壤中的地下水渗透、天然气的开采工程中的渗流等。多孔介质的渗流特性与内部孔隙分布及输运流体的物性有关。由于多孔介质结构的复杂性、多样性，对于渗流行为的精确描述依然是富有挑战性的难题。反映渗透性能的物理参数是渗透率，是指在一定压力差下，介质允许流体通过的能力。例如，花岗岩具有很强的透水性，渗透率为 $10^{-2}\sim1$ cm/s；黏土具有较弱透水性，渗透率一般小于 10^{-6} cm/s。

长期以来，众多学者围绕多孔介质渗流特性进行了大量理论与实验研究。早期的研究大多是建立在实验基础上的半经验模型，如 Darcy 模型、Brinkman-Forchheimer 模型[30]。在人造多孔材料制备中，人们可以通过控制孔道尺寸、方向、孔型及排列规律等结构特征，提高孔隙率以及提升渗透性能。例如，当多孔材料的孔隙度在 60%以上时，渗透系数随孔隙度的提高显著增大；当多孔材料的尺寸为每英寸孔数 10～40 时，渗透系数则随孔尺寸的增大而显著提高。此外，随着孔径降低，体积比表面积增大，流体阻力增大，黏度渗透系数减小；孔径降低还会导致相同压力下流体通过多孔材料的流速降低，惯性渗透减小。

3. 吸附性能

根据多孔材料对不同气体或液体吸附能力的差异，多孔介质可作为净化材料或过滤材料。微孔分子筛、介孔材料、多级孔材料等因结构和特性不同而应用到日常生活的各个领域中，例如，微孔沸石分子筛以规则的孔道结构和尺寸、较强的吸附能力而被广泛应用于石油催化、环境保护、精细化工等领域；介孔材料具有较窄孔径分布、较规则孔道排列以及较大的比表面积而被用于催化反应中的催化剂载体等。

另外，多孔介质还能表现出对其他物理性能的吸附作用，如电荷和物质传输等[31]。一般地，氧化物矿物多孔介质对重金属离子有专性吸附；层状硅酸盐结构具有交换性吸附性，通过静电作用吸附重金属离子等。

4. 热学性能

多孔介质的传热过程复杂，影响因素多[32]。通常，多孔介质内部传热主要方式有：固体骨架之间的导热，孔隙中流体的导热和对流换热，骨架之间、骨架与孔隙气体之间的辐射热过程等。对于多孔介质的传热分析，大多采用将实际多孔材料中各种传热方式进行等效的宏观方法，进而获得有效导热系数等。

等效导热系数除了可实验方法获得外，基于理论方法也是有效途径之一，目前多孔介质等效导热系数的计算模式还有 Russell、Eucken 和 Loeb 等公式[33]。多孔介质的传热不仅取决于固、气（或液）相介质的热物理特性，很大程度上还与介质中固相网络和孔隙结构有关。目前，尚无统一的计算模式能够囊括所有结构类型，对于气孔相互连通、孔隙率较高的泡沫状多孔介质，其热学性能分析尚较少开展。

4.6.2 耦合模型及基本方程

多孔介质中的质量输运与扩散问题研究可追溯到 19 世纪 70 年代，吉布斯（Gibbs）于 1878 年提出了描述由流体扩散引起的弹性固体变形的热力学理论[34]。多孔介质的经典理论最初只涉及流体、固体间的相互作用。随后，研究人员发展了许多描述能量、物质输运的物理模型，主要分为连续介质模型和非连续介质模型两大类。经典方法一般采用连续介质模型，即先定义一个微元控制体，然后建立能量、物质平衡方程式等。在模型的求解过程中，多孔介质的宏观性质（如等效输运参量、反应速率等）采用与微观量对应的平均值，对孔隙的表述主要采用毛细管模型等表征输运过程。

为了分析方便起见，在具体研究过程中往往采用单相饱和多孔介质假设，认为介质内只含有固、液两相，且两相传热均满足傅里叶导热定律；固体骨架为小变形线弹性材料，孔隙内部的液体流动则满足达西（Darcy）定律，同时可忽略介质的物理吸附和化学作用对渗流流体的影响等。

1. 渗流场

多孔介质内部的骨架和孔隙大小及空间分布往往是无序和随机的，其与流体介质之间的相互作用也往往表现为非线性特征。因此，严格建立或者准确描述其物理和数学模型几乎不可能，需要基于一定假设条件来描述多孔介质的渗流特征。

Darcy 于 1856 年根据流体动力学实验观测建立了描述渗流行为的 Darcy 模型[35]：

$$\boldsymbol{v}=-\frac{k}{\mu_{\mathrm{f}}}\nabla p \tag{4.6.1}$$

其中，$\boldsymbol{v}$ 表示流体的速度；p 为孔隙压力；μ_{f}，k 分别为流体动力黏滞系数和渗透率。这一模型认为渗流过程中速度与压力梯度遵从线性关系，能够成功处理雷诺数较小时（如 $Re<10$）的渗流运动。

Darcy 模型形式简单、易于理解，但也存在一些局限性。因此，许多学者致力于模型的拓展和修正，例如发展了考虑黏性阻力、加速度和惯性效应的 Darcy-Brinkman-Forchhemier 模型等[36]。

多孔介质中的流体流动，还需要满足基本的质量守恒定律，即在多孔介质代表性单元中，若单元体内无有源项或汇存在，则单元体内的液体质量变化等于同一时间间隔内流体流入质量和流出质量之差：

$$\frac{\partial}{\partial t}(\rho_{\mathrm{f}}\phi)+\nabla\cdot(\rho_{\mathrm{f}}\phi\boldsymbol{v})=0 \tag{4.6.2}$$

其中，ρ_{f} 表示流体密度；ϕ 表示多孔介质的孔隙率。

进一步，考虑多孔介质的固体骨架变形以及温度的影响效应等，并将式（4.6.1）代入式（4.6.2），可以得到一般形式的质量守恒方程如下：

$$\frac{\rho_{\mathrm{f}}}{\rho_0}\frac{\partial e}{\partial t}+\phi\left(\beta_p\frac{\partial p}{\partial t}+\beta_T\frac{\partial T}{\partial t}\right)-\nabla\cdot\left(\frac{\rho_{\mathrm{f}}}{\rho_0}\frac{k}{\mu_{\mathrm{f}}}\nabla p\right)=0 \tag{4.6.3}$$

式中，e 表示介质中固体骨架的体积应变；ρ_0 表示流体参考密度；β_p，β_T 分别表示流体的压缩系数和热体积膨胀系数。

2. 温度场

对于多孔介质而言，介质骨架材料与孔隙中流动介质不相同，二者尽管处于同一空间单元体内，但它们具有不同的热动力学特性与响应。

根据能量守恒，介质中骨架的热传导方程可表示为

$$(1-\phi)\rho_{\mathrm{s}}c_{\mathrm{s}}\frac{\partial T}{\partial t}=(1-\phi)\nabla\cdot(k_{\mathrm{s}}\nabla T)+(1-\phi)q_{\mathrm{s}} \tag{4.6.4}$$

其中，ρ_{s}，c_{s} 分别表示多孔介质固体骨架的密度和热传导系数；k_{s}，q_{s} 分别表示骨架的热导率以及热源强度。

类似地，对于介质内流动的流体，相应的热传导方程可表示为

$$\phi\rho_{\mathrm{f}}c_{\mathrm{f}}\frac{\partial T}{\partial t}+\rho_{\mathrm{f}}c_{\mathrm{f}}(\boldsymbol{v}\cdot\nabla)T=\phi\nabla\cdot(k_{\mathrm{f}}\nabla T)+\phi q_{\mathrm{f}} \tag{4.6.5}$$

其中，c_{f} 表示流体的热传导系数；k_{f}，q_{f} 分别表示流体的热导率及热源强度。

若多孔介质中仅存在单相流体，并假设固体骨架和流体之间处于热平衡状态，将以上两式进行叠加以及考虑变形能，则可得到如下统一的热传导方程：

$$\bar{\vartheta}\frac{\partial T}{\partial t}+(1-\phi)T_0\gamma\frac{\partial e}{\partial t}+\rho_{\mathrm{f}}c_{\mathrm{f}}(\boldsymbol{v}\cdot\nabla)T=\nabla\cdot(\bar{K}\nabla T)+\bar{Q} \tag{4.6.6}$$

其中，

$$\begin{aligned}&\gamma=\alpha(2\mu+3\lambda),\quad \bar{\vartheta}=\phi\rho_{\mathrm{f}}c_{\mathrm{f}}+(1-\phi)\rho_{\mathrm{s}}c_{\mathrm{s}}\\&\bar{K}=\phi k_{\mathrm{f}}+(1-\phi)k_{\mathrm{s}},\quad \bar{Q}=\phi q_{\mathrm{f}}+(1-\phi)q_{\mathrm{s}}\end{aligned} \tag{4.6.7}$$

式中，μ，λ 为多孔介质的拉梅系数；α 表示线性热膨胀系数；T_0 表示无应力状态下的绝对温度。

3. 力学变形场

假设多孔介质中的固体骨架为理想热弹性材料，则考虑流体孔隙压力和热应力的本构关系为

$$\boldsymbol{\sigma}=2\mu\boldsymbol{\varepsilon}+\lambda e\boldsymbol{I}-\alpha(2\mu+3\lambda)\Delta T\boldsymbol{I}-\beta p\boldsymbol{I} \tag{4.6.8}$$

其中，β 表示 Biot 系数。

将式（4.6.8）代入弹性变形场的基本方程（式（2.1.21）），不难得到位移形式的力学变形场基本方程如下：

$$\rho\frac{\partial^2 u_i}{\partial t^2}=(\lambda+\mu)u_{j,ji}+\mu u_{i,jj}-\alpha(3\lambda+2\mu)T_{,i}-\beta p_{,i} \tag{4.6.9}$$

4. 初、边值条件

微分方程式（4.6.3）、式（4.6.6）、式（4.6.9）构成了多孔介质渗流-热-变形多物理场耦合的基本控制方程。

对上述方程组的求解，还需要针对不同的工程实际情况给出相应的边界条件和初始条件。即对于各场分别给出渗流初始条件、边界条件；热传导初始条件、边界条件，应力初始条件和边界条件，这样才能构成多物理场耦合的定解问题。

对于渗流场，初始条件是指初始时刻多孔介质区域内各点的压力分布；边界条件一般为给定流量边界或者给定压力边界。例如，

$$p|_{t=0}=p_0 \tag{4.6.10}$$

$$p|_{\Gamma_1}=\bar{p}, \quad \frac{k}{\mu_f}\boldsymbol{n}\cdot\nabla p|_{\Gamma_2}=-\bar{q} \tag{4.6.11}$$

其中，p_0 表示初始时刻介质各点的压力分布；$\bar{p}$，$\bar{q}$ 分别为边界处的孔隙压力和渗流速度。

对于多孔介质涉及的温度场和变形场，需要分别针对性地建立相应的初、边值条件方程，可参阅第 2、3 章相关内容。

4.6.3 耦合效应及特征

本小节所讨论的多孔介质的渗流-温度-变形三场耦合问题，是将渗流力学、结构力学和热传导理论相结合，用以研究孔隙介质内部流体流动、介质固体骨架变形和温度变化之间的相互作用（图 4.6.2）。

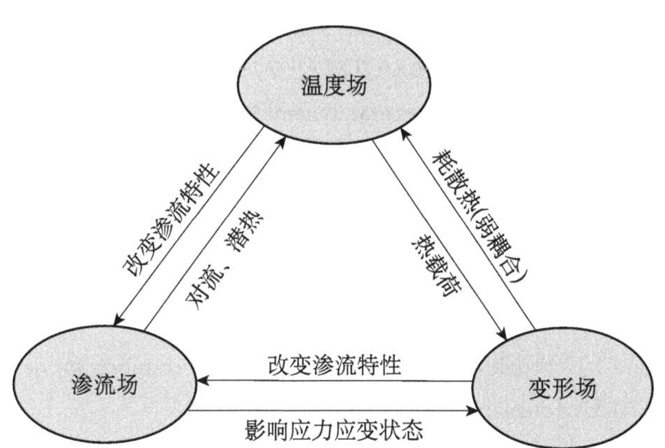

图 4.6.2 多孔介质渗流-温度-变形耦合场间的相互作用

微观上的多场耦合效应是通过多孔介质内部流体与固体骨间的相界面上的相互作用反映，由于孔隙大小、形状、方向的无规律性，多孔介质内部结构非常复杂，因此多以等效连续介质的方法处理多孔介质的多场行为与响应问题。以下我们以裂隙岩体多孔介质的多场问题为例，说明各场间的耦合效应与相互影响方式等。

（1）温度场对应力场的影响——主要体现在岩体内温度的改变影响岩体固有的物理力学性质，同时热应力会导致原有应力场分布的改变。

（2）应力场对温度场的影响——主要表现在应力场变化引起岩体结构的改变并产生

热量，同时结构变形影响到岩体孔隙内部的导热性能（如热动力弥散特性）与热传导过程。

（3）温度场对渗流场的影响——主要体现在岩体内温度的变化对地下水渗流物理特性（如密度、黏度等）产生影响，进一步影响岩体内流体流动。

（4）渗流场对温度场的影响——表现为地下水在渗流过程中与裂隙岩体发生热交换，热量伴随着渗流而发生了相应的运移和传递，这一过程称为热对流。此时，裂隙岩体中原有平衡状态的温度场发生破坏，最终在热对流和热传导的综合影响下达到新的平衡状态。

（5）应力场对地下水渗流场的影响——主要是通过改变岩体内部骨架的空间结构而影响岩体的整体渗透性。通常基于渗透系数或者储水系数来表征，进而引起渗流场的变化。

（6）渗流场对应力场的影响——主要表现为流体对岩体骨架结构的物理化学作用和孔隙水压的力学作用。水的力学作用就是将地下水的渗透力作为机械力，表现形式为静水压力和动水压力两种，通常以有效应力形式引发岩体结构的变形。

参 考 文 献

[1] Holden M S. Aerothermal and propulsion ground testing that can be conducted to increase chances for successful hypervelocity flight experiments [R]. Notes RTO-EN-AVT-130, 2007.

[2] Doggett R. Experimental flutter investigation of some simple models of a boost-glide-vehicle wing at Mach numbers of 3.0 and 7.3 [R]. NASA TM X-37, 1959.

[3] Jordan G H, Mcleod N J, Guy L D. Structural dynamic experiences of the X-15 airplane [R]. NASA TN, 1962.

[4] 叶友达．高超声速空气动力学研究进展与趋势 [J]. 科学通报，2015，60（12）：1095－1103.

[5] Garrick I E. A survey of aerothermoelasticity [J]. Aerospace Engineering, 1963, 22 (1): 140－147.

[6] 桂业伟，刘磊，代光月，等．高超声速飞行器流-热-固耦合研究现状与软件开发 [J]. 航空学报，2017，38（7）：92－110.

[7] Culler A J, Mcnamara J J. Studies on fluid-thermal-structure coupling for aerothermoelasticity in hypersonic flow [J]. AIAA Journal, 2010, 48 (8): 1721－1738.

[8] 刘勇，梁利华，曲建民．微电子器件及封装的建模与仿真 [M]. 北京：科学出版社，2010.

[9] 王国彪，段宝岩，黎明，等．高精度电子装备机电耦合研究进展 [R]. 中国科学基金，2014.

[10] Sparrow E M, Cess R D. Radiation Heat Transfer [M]. Washington: Hemisphere Publishing Corporation, 1978.

[11] Black J R. Electromigration—A brief survey and some recent results [J]. IEEE Trans. Electron Devices, 1969, 16 (4): 338－347.

[12] Dalleau D. 3-D time-depending simulation of void formation in metallization structures [D]. Hannover: Hannover University, 2003.

[13] Zhou Y H, Zheng X J, Miya K. Magnetoelastic bending and snapping of ferromagnetic plates in oblique magnetic fields [J]. Fusion Eng. Design, 1995, 30: 325－337.

[14] 周又和，郑晓静．磁弹性薄板屈曲的研究进展和存在的若干问题 [J]. 力学进展，1995 (4)：525 - 536.

[15] Wang X，Zhou Y H，Zheng X J. A generalized variational model of magneto-thermo-elasticity for nonlinearly magnetized ferroelastic bodies [J]. Int. J. Eng. Sci. ，2002，40：1957 - 1973.

[16] Wang X，Lee J S，Zheng X J. Magneto-thermo-elastic instability of ferromagnetic plates in thermal and magnetic fields [J]. Int. J. Solids and Structures，2003，40：6125 - 6142.

[17] Rogalla H，Kes P H. 100 Years of Superconductivity [M]. Boca Raton：CRC Press，2012.

[18] Devred A，Backbier I，Bessette D，et al. Challenges and status of ITER conductor production [J]. Supercond. Sci. Tech. ，2014，27 (4)：044001.

[19] 周又和，王省哲. ITER 超导磁体设计与制备中的若干关键力学问题 [J]. 中国科学，2013，43：1558 - 1569.

[20] Ohm C，Brehmer M，Zentel R. Applications of Liquid Crystalline Elastomers Liquid Crystal Elastomers：Materials and Applications [M]. Berlin：Springer，2012.

[21] Minori A F，He Q，Glick P E，et al. Reversible actuation for self-folding modular machines using liquid crystal elastomer [J]. Smart Mater. Struct. ，2020，29：105003.

[22] White E M，Yatvin J，Grubbs J B ，et al. Advances in smart materials：Stimuli-responsive hydrogel thin films [J]. J. Polymer Sci. Part B，2013，51：1084 - 1099.

[23] Kumar N S，Suvarna R P，Naidu K C B，et al. A review on biological and biomimetic materials and their applications [J]. Appl. Phys. A，2020，126：1 - 18.

[24] Yang Q S，Qin Q H，Ma L H，et al. A theoretical model and finite element formulation for coupled thermo-electro-chemo-mechanical media [J]. Mechanics of Materials，2010，42：148 - 156.

[25] Crank J. The Mathematics of Diffusion [M]. Oxford：Oxford Science，1993.

[26] Levine I N. Physical Chemistry [M]. New York：McGraw-Hill，2002.

[27] Yang Q S，Wei W，Ma L H. Research advances in thermo-electro-chemo-mechanical coupling problem for intelligent soft materials [J]. Advances in Mechanics，2014，44：201404.

[28] Reisfeld R，Jjorgensen C K. Chemistry，Spectroscopy and Applications of Sol-Gel Glasses [M]. Berlin：Springer-Verlag，1992.

[29] Lu G，Lu G Q，Xiao Z M. Mechanical properties of porous materials [J]. J. Porous Materials，1999，6：359 - 368.

[30] Lage J L，Antohe B V，Nield D A. Two types of nonlinear pressure-drop versus flow-rate relation observed for saturated porous media [J]. ASME J. Fluids Engng. ，1997，119：701 - 706.

[31] Coelho D，Shapiro M，Thovert J F，et al. Electro-osmotic phenomena in porous media [J]. J. Colloid Interface Sci. ，1996，181：169 - 190.

[32] 林瑞泰．多孔介质传热传质引论 [M]. 北京：科学出版社，1995.

[33] Loeb A L. Thermal conductivity：A theory of thermal conductivity of porous materials [J]. J. Am. Ceram. Soc. ，1954，37 (2)：96 - 99.

[34] Gibbs J W. On the equilibrium of heterogeneous substances [J]. Amer. J. Sci. ，1878，s3 - 16 (96)：441 - 458.

[35] Brown G O. Henry Darcy and the making of a law [J]. Water Resource Research，2002，38 (7)：1106.

[36] Vafai K. Handbook of Porous Media [M]. New York：CRC Press，2005.

第 5 章　多场耦合问题的一般解法

在数学表述上，多场问题往往对应于多个代数或微分方程联立构成的方程组。如果整个多场系统中各场之间的相互关联度较低、联系较为松散，并且场量之间多数以单向影响为主，则方程组的线性度一般较高。反之，若各场之间的关联度较高，方程和场量之间双向的相互影响强，则整个方程组的非线性度就会较强。

基于此，可以将多场耦合问题从数学描述角度分为弱耦合和强耦合方程。这里的“强”与“弱”，主要是指各场之间的关联紧密程度，或者不同场量间的相互影响程度。

5.1　耦合问题的一般解法

截至目前，多场耦合问题的理论分析尚没有形成统一的、成熟的方法。这一方面是由于自然界和工程领域中大量耦合场问题的复杂性和多样性，耦合特征与耦合方式的极大差异性，以及多场、多相、多尺度等问题的跨学科、跨领域的特殊性与挑战性；另一方面是由于与耦合问题相关的高维、高阶、非线性微分方程的数学理论发展尚不充分，分析手段与求解方法依然极为匮乏。

如何求解耦合的多场问题呢?

当前，使用较广泛也是较早采用的传统近似方法，称为解耦（decoupling）方法[1,2]。通过引入一些线性化假设，将各个场或子系统间进行解耦简化和近似处理，由此可以在一定程度上将一些耦合问题转化为单向的、弱耦合的问题；在数学上体现为一组非完全耦联的方程组，然后按照各个场或者子系统逐一求解的方式予以解决。

显然，这样的解耦方法与单独求解一个场的问题是类似的，不同的是分别求解各个单场或者按照先后顺序逐一求解。大多数情形下，是将前一个求解结束获得解答的场变量或者场变量的导出量（如进行微分、积分运算等）作为下一个场的输入量或者输入参数，进而独立求解第二个场；依此类推，直到所有解耦的独立场或子系统均求解完成，则整个问题获得最终解答（图 5.1.1（a））。如果各个解耦的场之间没有信息的关联，即不存在一个场的输出量是另一个场的输入量或者参数，则还可以采用并行算法，同时求解问题所涉及的各个场，以此来获得所有场量的解答（图 5.1.1（b））。

尽管这一解耦的近似方法简单易行，但是所进行的简化与近似处理往往存在着较大风险和局限性。这是由于忽略或减弱了各场或子系统之间的相互影响，即简化的各个场或者部分场的数学模型未能准确反映实际情况，随着多场问题非线性程度的增强，解耦方法不仅会影响到分析结果的可靠性和准确性，甚至导致可能遗漏了问题中一些相互作用的本质特征与规律。例如流-固耦合、等离子体物理学、电化学等耦合问题等，解耦近

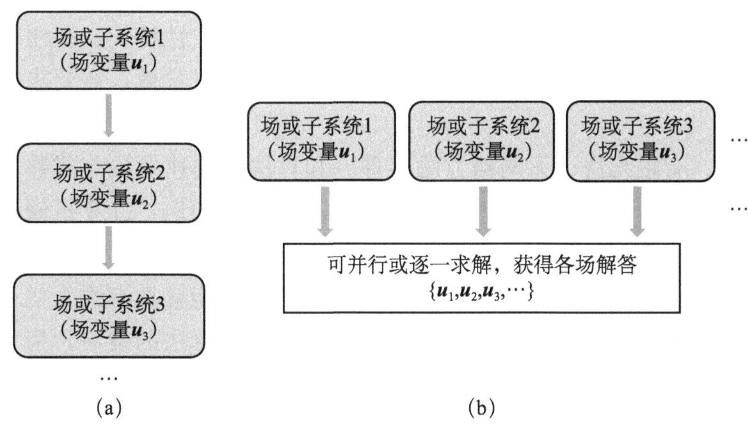

图 5.1.1 多场问题的解耦解法

(a) 顺序求解；(b) 并行求解

似导致的结果是：一定程度上分割了各个场或子系统的关联，近似当作了孤立系统，不能有效反映问题的本质特征与场效应等。

这里，以准静态热弹性问题为例，来展示基于解耦方法的求解过程。

参照第 3 章的热弹性耦合问题的一般表示，对于准静态热弹性耦合问题，由式 (3.1.7) 可获得准静态热传导方程如下：

$$kT_{,ii}+h=0 \tag{5.1.1}$$

由式 (3.1.6) 可得到准静态弹性体变形方程：

$$(\lambda+\mu)u_{j,ji}+\mu u_{i,jj}-\alpha(3\lambda+2\mu)T_{,i}+f_i=0 \tag{5.1.2}$$

可以看出，弹性体变形 u_i 与热传导方程 (5.1.1) 无关；由于热弹性应变效应，弹性体平衡方程 (5.1.2) 与温度 T 是相关的。但是，这一影响是单向的，即式 (5.1.1) 和式 (5.1.2) 是解耦形式的。

对于这一解耦系统，可以采用先求解温度场，再求解变形场的解耦模式，按照顺序进行逐一求解。图 5.1.2 给出了温度场和结构变形场逐一顺序求解的流程图。

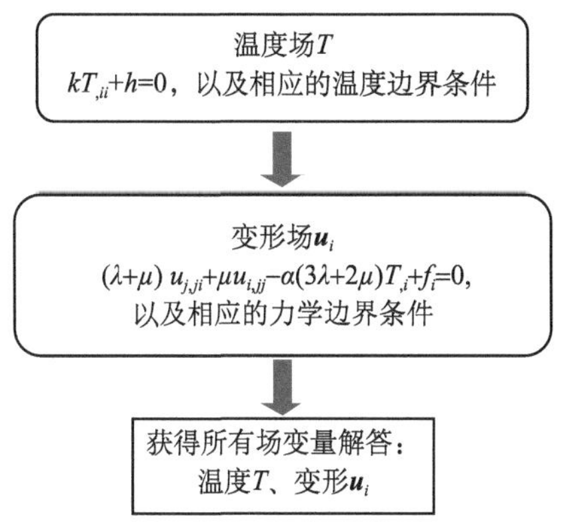

图 5.1.2 准静态热弹性问题的解耦求解流程图

一般而言，在一些简化基础上，现有的各类解析方法、近似逼近方法依然可以充分借鉴和采用。但是，由于大多数的耦合问题会体现出的非线性特征，即便对于其中单个场也表现出高维和复杂性，从而使得解析分析方法往往难以奏效，需要求助于数值分析的手段。

有限差分法、有限元法、无网格方法等理论和算法的快速发展与成熟，促使数值定量化方法成为极具活力的解决复杂问题的手段与工具。特别地，计算机硬件技术的高速发展，使得高性能计算平台进入大多企业和科研单位，图形处理单元（GPU）技术的发展和基于互联网的云计算服务，更是让普通科研工作者也能够拥有强大的计算能力。另外，在计算数学领域和重大工程应用领域中的高性能计算算法的发展，为大规模、多系统、多学科领域的模拟仿真带来机遇，使得过去难以处理、无法处理的众多交叉、多场耦合问题等挑战性科学与工程难题有望得以突破。

针对耦合问题分析模型中的“弱”、“强”特征，我们可以分类提出一些较为通用的求解模式与方法，以期为越来越多的各类耦合场问题的求解提供基本方法与借鉴。

5.2　耦合问题的分场降维解法

弱耦合问题是指所对应的方程系统线性度较高的一类问题，大致可分为以下两类。

第一类，各物理场或子系统之间是单向作用，没有反向影响或者反向影响可以忽略不计。这样，一个方程的解单向地影响另一个方程，如 5.1 节介绍的解耦问题及方法。在这种情况下，虽然是多场演化过程，但各个物理量相对独立，或者一个场的输出结果是另一个场的输入条件。因而，可以按照先求解第一个场，再求解第二个场，顺序地依次独立求解。这一求解过程简单、便捷，且极大地提高了计算效率。

第二类，各物理场之间存在较小、较弱程度的相互作用。例如方程系统中仅有少量的方程之间存在双向的关联与影响，类似于数学上的弱非线性问题。此类问题不用同时求解全部的多场组成的高维微分方程，可按顺序求解部分场方程，再考虑一些参数或场量影响下的其他场方程的求解。这就相当于将高维问题转化为一系列低维的单场问题逐一按顺序求解，并运用场间迭代方法进行不同场信息的交换和影响作用的计算，实现场间耦合效应的处理和求解。

对于第二类弱耦合问题，一般可以采用“分场降维解法”或“分区块求解”（partitioned method）模式进行，并运用“交错迭代方法”（staggered iterative method）实现场间信息交换和相互影响的计算，这一模式最早在流-固耦合问题的分析中得到广泛应用[3, 4]。

5.2.1　准静态耦合问题

本小节将给出弱耦合问题求解的一般算法与过程，方便读者理解和掌握基本概念与关键分析步骤。

不失一般性，这里仅以包含两个场或子系统的耦合问题进行阐述。其主要的求解思想和方法，很容易拓展到多于两场或子系统的复杂情形。

假设经过物理和数学建模后，两场或子系统的基本方程可以表示为简单的方程形式，即

$$\boldsymbol{u}_1=\boldsymbol{\xi}_1(\boldsymbol{u}_1,\boldsymbol{u}_2) \tag{5.2.1}$$

$$\boldsymbol{u}_2=\boldsymbol{\xi}_2(\boldsymbol{u}_1,\boldsymbol{u}_2) \tag{5.2.2}$$

其中，$\boldsymbol{u}_1$，$\boldsymbol{u}_2$ 分别为场 F_1，F_2 对应的场变量；$\boldsymbol{\xi}_1$，$\boldsymbol{\xi}_2$ 分别为函数运算或微分算子（仅与空间变量相关）。例如，对于准静态压电弹性耦合问题，分别对应于结构变形场、准静态电场。由于场变量分别出现在两个控制方程中，从而两场间存在明显的耦合效应。

显然，式（5.2.1）和式（5.2.2）也可以写为另外的同解形式，如下：

$$\boldsymbol{f}_1(\boldsymbol{u}_1,\boldsymbol{u}_2)=\boldsymbol{0} \tag{5.2.3}$$

$$\boldsymbol{f}_2(\boldsymbol{u}_1,\boldsymbol{u}_2)=\boldsymbol{0} \tag{5.2.4}$$

其中，微分算子$\boldsymbol{f}_1=\boldsymbol{\xi}_1-\boldsymbol{I}$，$\boldsymbol{f}_2=\boldsymbol{\xi}_2-\boldsymbol{I}$，这里 $\boldsymbol{I}$ 表示单位算子。方程不同形式的表述适合于不同解法的便捷运用，对于迭代格式，某些情况下采用式（5.2.1）和式（5.2.2）更为方便。

对于式（5.2.1），若已知场变量 $\boldsymbol{u}_2^k$，则其变为仅含有场变量$\boldsymbol{u}_1$ 的代数方程或者微分方程，即

$$\boldsymbol{u}_1=\boldsymbol{\xi}_1(\boldsymbol{u}_1,\boldsymbol{u}_2^k) \tag{5.2.5}$$

求解该式可以获得场 F_1 对应的场变量$\boldsymbol{u}_1^k$。

将其代入式（5.2.2）中，则有

$$\boldsymbol{u}_2=\boldsymbol{\xi}_2(\boldsymbol{u}_1^k,\boldsymbol{u}_2) \tag{5.2.6}$$

求解该式，可以获得关于场 F_2 的$\boldsymbol{u}_2^k$。

理论上讲，式（5.2.6）所获得解应该与代入第一式（5.2.5）的已知场变量$\boldsymbol{u}_2^k$ 是一样的，但这显然是很难做到的。这是因为$\boldsymbol{u}_2^k$ 的求解需要$\boldsymbol{u}_1^k$ 的已知信息，而$\boldsymbol{u}_1^k$ 的获得又是需要已知$\boldsymbol{u}_2^k$ 才能获得。也就是说，唯有式（5.2.1）和式（5.2.2）同时联立求解才可能满足这样的要求。

上述的求解可以采用迭代过程（如高斯-赛德尔（Gauss-Seidel）迭代模式[5]）实现，如下所述：

（1）假设一预估场变量$\boldsymbol{u}_2^k$。

（2）将其代入式（5.2.1），便可获得式（5.2.5），单独求解该式可得到场变量$\boldsymbol{u}_1^k$（这里上标“k”表示该解对应于$\boldsymbol{u}_2^k$ 输入）。

（3）将$\boldsymbol{u}_1^k$ 代入式（5.2.2），得到关于场变量$\boldsymbol{u}_2$ 的式（5.2.6）并求解。由于其解答与事先预估的$\boldsymbol{u}_2^k$ 可能不同，因此我们记解答为$\boldsymbol{u}_2^{k+1}$。

（4）将$\boldsymbol{u}_2^{k+1}$ 替换$\boldsymbol{u}_2^k$，进行预估值的修正，进而代入式（5.2.5），可以获得$\boldsymbol{u}_1^{k+1}$。

（5）依此类推，重复以上过程并进行迭代，便可获得一系列的迭代解$\boldsymbol{u}_1^{k+1}$ 和$\boldsymbol{u}_2^{k+1}$，当前后两次迭代解接近并趋于相等时，即

$$\max\left\{\frac{\|\boldsymbol{u}_1^{k+1}-\boldsymbol{u}_1^k\|}{\|\boldsymbol{u}_1^k\|},\ \frac{\|\boldsymbol{u}_2^{k+1}-\boldsymbol{u}_2^k\|}{\|\boldsymbol{u}_2^k\|}\right\}<\tilde{\varepsilon} \tag{5.2.7}$$

则可认为迭代解同时近似满足了两场的基本方程，其中 $\tilde{\varepsilon}>0$ 且为预先给定的容许小量。

该迭代算法的流程如图 5.2.1 所示。

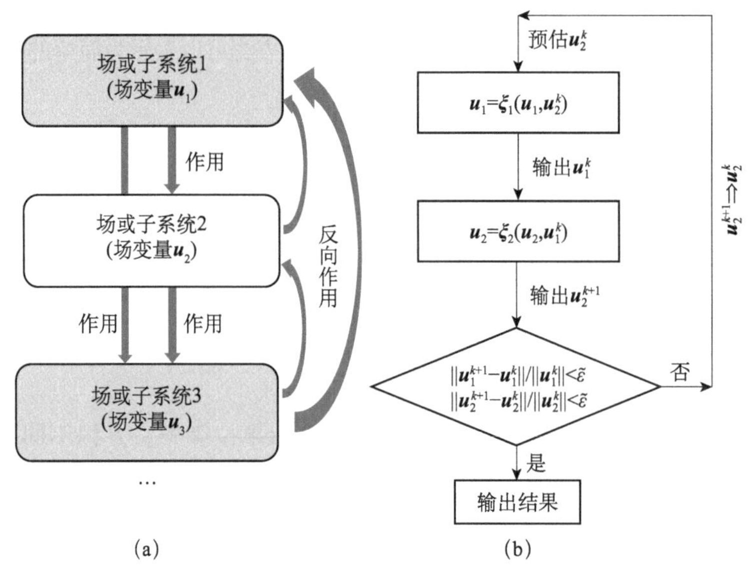

图 5.2.1　(a) 两场或多场耦合问题分场降维解法；(b) 迭代算法与流程

这种求解方式有可能弱化了两场之间的耦合效应，因而是一种“松散耦合”(loose coupling) 求解[6]。当迭代计算模式收敛时，可以通过增加迭代次数来提高求解精度。这种半解耦式求解过程也可以采用并行计算，但是往往收敛速度较慢。

5.2.2　动力学耦合问题

若考虑动力学过程，则包含时间演化的两场或子系统的基本方程可以表示为一般的微分方程形式，即

$$\dot{\boldsymbol{u}}_1=\boldsymbol{\xi}_1(\boldsymbol{u}_1,\boldsymbol{u}_2,t) \tag{5.2.8}$$

$$\dot{\boldsymbol{u}}_2=\boldsymbol{\xi}_2(\boldsymbol{u}_1,\boldsymbol{u}_2,t) \tag{5.2.9}$$

其中，$\boldsymbol{u}_1$，$\boldsymbol{u}_2$ 分别为场 F_1，F_2 对应的场变量；$\boldsymbol{\xi}_1$，$\boldsymbol{\xi}_2$ 为微分算子。例如，对于流-固耦合问题，分别对应于流场、结构变形场。由于场变量分别出现在两个控制方程中，从而两场之间存在明显的耦合效应。另外，由于两场的场变量分别对应着不同的微分演化方程，从而这一组微分方程也可看作纯微分耦合。

对于微分方程式 (5.2.8) 和式 (5.2.9)，这里采取适当的时间积分方法并进行离散化处理。为简单起见，两个微分方程采用同样的时间步长，即 $\Delta t=t_n-t_{n-1}$ (或 $t_n=t_{n-1}+\Delta t$)，对应于 t_n 时刻的场变量分别记为 $\boldsymbol{u}_i^{(n)}=\boldsymbol{u}_i(\boldsymbol{x},t_n)$, $i=1,2$。

1. 显式求解模式

针对每一个微分演化方程均采用显式化离散方法，即当前时刻的场量信息可由上一时刻的信息表征。进而，耦合系统离散方程可表示为如下形式：

$$\boldsymbol{u}_1^{(n)}=\boldsymbol{\varphi}_1(\boldsymbol{u}_1^{(n-1)},\boldsymbol{w}_2) \tag{5.2.10}$$

$$\boldsymbol{u}_2^{(n)}=\boldsymbol{\varphi}_2(\boldsymbol{u}_2^{(n-1)},\boldsymbol{w}_1) \tag{5.2.11}$$

其中，$\boldsymbol{\varphi}_i(i=1,2)$ 表示两场离散化后的微分算子；$\boldsymbol{w}_i(i=1,2)$ 表示两场间相互作用关联项，分别对应于另一场量在时间步 Δt 内的未知场量。

为了能够进行显式表示，我们依然可采用基于上一时刻的结果并采用外推法表示相互作用关联项：

$$\boldsymbol{w}_i=\boldsymbol{\gamma}_i(\boldsymbol{u}_i^{(n-1)}),\quad i=1,2 \tag{5.2.12}$$

其中，$\boldsymbol{\gamma}_i$ 为相应的微分算子。

进一步采用更为简单的形式，假设在时间步长范围内，时刻 t_{n-1} 的变量值为常数，则可以得到 $\boldsymbol{w}_i=\boldsymbol{u}_i^{(n-1)}$，$i=1,2$。这样，我们就可以获得如下的弱耦合微分方程系统的显式表示：

$$\boldsymbol{u}_1^{(n)}=\boldsymbol{\varphi}_1(\boldsymbol{u}_1^{(n-1)},\boldsymbol{u}_2^{(n-1)}) \tag{5.2.13}$$

$$\boldsymbol{u}_2^{(n)}=\boldsymbol{\varphi}_2(\boldsymbol{u}_2^{(n-1)},\boldsymbol{u}_1^{(n-1)}) \tag{5.2.14}$$

显然，从上面的耦合系统离散化形式可以看出：若已知上一时刻 t_{n-1} 的场变量 $\boldsymbol{u}_i^{(n-1)}$，便可获得下一时刻的 $\boldsymbol{u}_i^{(n)}$；依此类推，只要知道初始时刻的场变量值，则可以按照以上的显式计算模式“交错”地获得所有时刻的场变量。

有时为了获得较高精度的解答，采用变量 $\boldsymbol{w}_1=\boldsymbol{u}_1^{(n)}$（即选取 t_n 时刻的值），并保持式（5.2.13）形式不变，则式（5.2.14）变成了另外一显式形式，如

$$\boldsymbol{u}_2^{(n)}=\boldsymbol{\varphi}_2(\boldsymbol{u}_2^{(n-1)},\boldsymbol{u}_1^{(n)}) \tag{5.2.15}$$

可以看出，只要先进行式（5.2.13）的求解，再进行式（5.2.15）的求解，依然可以获得两个场或子系统的解答，而且整体上计算格式还是显式的。这一计算模式常被采用，对应的显式算法流程如图 5.2.2 和图 5.2.3 所示。

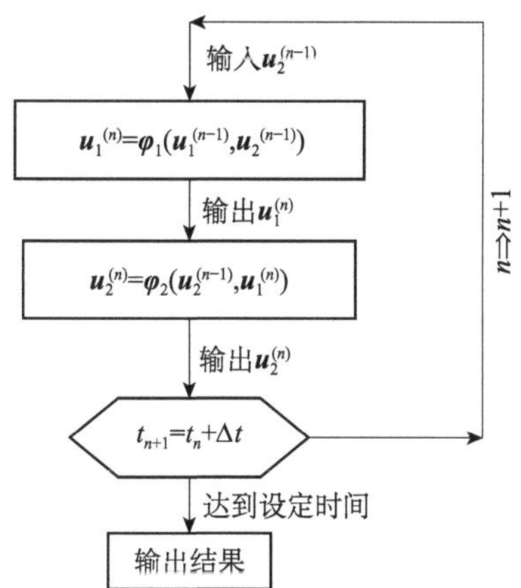

图 5.2.2 动力学两场耦合问题的分场降维模式解法流程

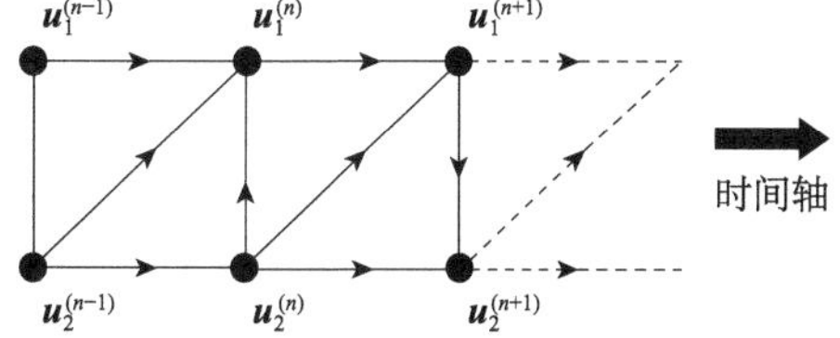

图 5.2.3 沿着时间轴的迭代推进

2. 隐式求解模式

为了获得更高精度的解答，时间离散化过程还可以采用隐式模式，即场变量的时间演化 $\dot{\boldsymbol{u}}_i(i=1,2)$ 分别采用当前时刻值 $\boldsymbol{u}_i^{(n)}$ 和上一时刻值 $\boldsymbol{u}_i^{(n-1)}$ 表征，并假设在时间步长范围内 t_n 时刻的变量值为常数，有 $\boldsymbol{w}_i=\boldsymbol{u}_i^{(n)}(i=1,2)$ 。

这样，就可以获得如下的耦合微分方程系统的隐式表示：

$$\boldsymbol{u}_1^{(n)}=\boldsymbol{\varphi}_1(\boldsymbol{u}_1^{(n)},\boldsymbol{u}_1^{(n-1)},\boldsymbol{u}_2^{(n)}) \tag{5.2.16}$$

$$\boldsymbol{u}_2^{(n)}=\boldsymbol{\varphi}_2(\boldsymbol{u}_2^{(n)},\boldsymbol{u}_2^{(n-1)},\boldsymbol{u}_1^{(n)}) \tag{5.2.17}$$

由式（5.2.16）和式（5.2.17）显而易见：在时刻 t_n 每一个场方程均含有另一场变量在当前时刻的信息，因此采取先求解一个场方程，再求解另一个场方程的方法是无法实现的，两场方程须同步进行求解。

若采用全局迭代方法，也可以对式（5.2.16）和式（5.2.17）进行近似求解。主要步骤表述如下：

（1）假设 t_n 时刻一初始的预估场变量 $\boldsymbol{u}_2^{(n),k}$；

（2）将其代入式（5.2.16），可得

$$\boldsymbol{u}_1^{(n)}=\boldsymbol{\varphi}_1(\boldsymbol{u}_1^{(n)},\boldsymbol{u}_1^{(n-1)},\boldsymbol{u}_2^{(n),k}) \tag{5.2.18}$$

单独求解可得到场变量 $\boldsymbol{u}_1^{(n),k}$（这里上标“k”表示对应于 $\boldsymbol{u}_2^{(n),k}$ 情形下的解）；

（3）将 $\boldsymbol{u}_1^{(n),k}$ 代入式（5.2.17），得到关于场变量 $\boldsymbol{u}_2^{(n)}$ 的方程：

$$\boldsymbol{u}_2^{(n)}=\boldsymbol{\varphi}_2(\boldsymbol{u}_2^{(n)},\boldsymbol{u}_2^{(n-1)},\boldsymbol{u}_1^{(n),k}) \tag{5.2.19}$$

求解该式并考虑到其解与事先预估的 $\boldsymbol{u}_2^{(n),k}$ 可能不同，因此记解为 $\boldsymbol{u}_2^{(n),k+1}$；

（4）以 $\boldsymbol{u}_2^{(n),k+1}$ 替换 $\boldsymbol{u}_2^{(n),k}$，进行预估值的修正并代入式（5.2.16），可获得 $\boldsymbol{u}_1^{(n),k+1}$；

（5）依此类推，重复以上迭代过程，便可获得 t_n 时刻一系列的迭代解 $\boldsymbol{u}_1^{(n),k+1}$，$\boldsymbol{u}_2^{(n),k+1}$，当前后两次迭代解接近并趋于相等时，即

$$\max\left\{\frac{\|\boldsymbol{u}_1^{(n),k+1}-\boldsymbol{u}_1^{(n),k}\|}{\|\boldsymbol{u}_1^{(n),k}\|},\ \frac{\|\boldsymbol{u}_2^{(n),k+1}-\boldsymbol{u}_2^{(n),k}\|}{\|\boldsymbol{u}_2^{(n),k}\|}\right\}<\tilde{\varepsilon} \tag{5.2.20}$$

其中，$\tilde{\varepsilon}>0$ 且为预先给定的容许小量，此时迭代解同时近似满足了两场的基本方程。

对应的流程图如图 5.2.4 和图 5.2.5 所示。

另外，在上述的隐式迭代算法中，若考虑上一时间步两场的信息，则可以表述为更为复杂的隐式迭代过程，如图 5.2.6 所示。

这里依然以热弹性耦合问题为例，对相关的分场模式求解热弹性耦合问题的过程进行介绍。

根据第 3 章关于热弹性耦合问题的叙述，这里考虑弱耦合分场模式的求解过程。由热弹性动力学平衡方程（3.1.8）可得到如下的微分形式：

$$\dot{T}=\zeta_1(T,\dot{\boldsymbol{u}})=\frac{k}{\rho c_p}\nabla^2 T-\frac{(3\lambda+2\mu)\alpha T_0}{\rho c_p}(\nabla\cdot\dot{\boldsymbol{u}})+\frac{h}{\rho c_p} \tag{5.2.21}$$

弹性体变形场的微分方程可表示为

$$\ddot{\boldsymbol{u}}=\boldsymbol{\zeta}_2(T,\boldsymbol{u})=\frac{\mu}{\rho}\nabla^2\boldsymbol{u}+\frac{\lambda+\mu}{\rho}\nabla(\nabla\cdot\boldsymbol{u})-\frac{\alpha(3\lambda+2\mu)}{\rho}\nabla T+\frac{1}{\rho}\boldsymbol{f} \tag{5.2.22}$$

引入新变量 $\boldsymbol{v}=\dot{\boldsymbol{u}}$ 以及 $\boldsymbol{y}=\{\boldsymbol{v}\quad\boldsymbol{u}\}^{\mathrm{T}}$，则以上的两个微分方程式（5.2.21）和式

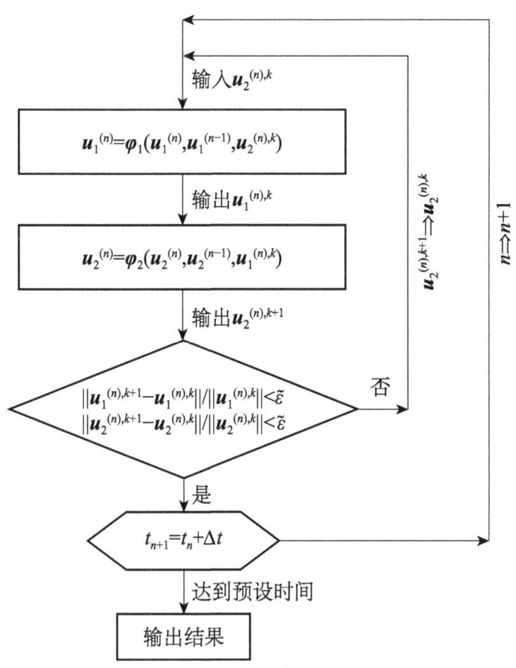

图 5.2.4 动力学两场耦合问题分场模式解法流程

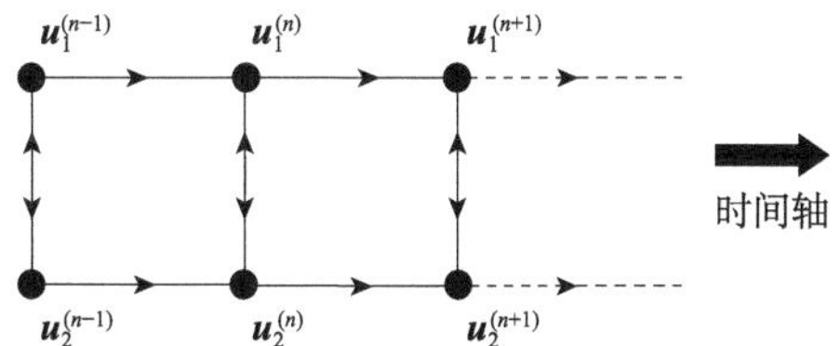

图 5.2.5 隐式模式中沿着时间轴的迭代推进

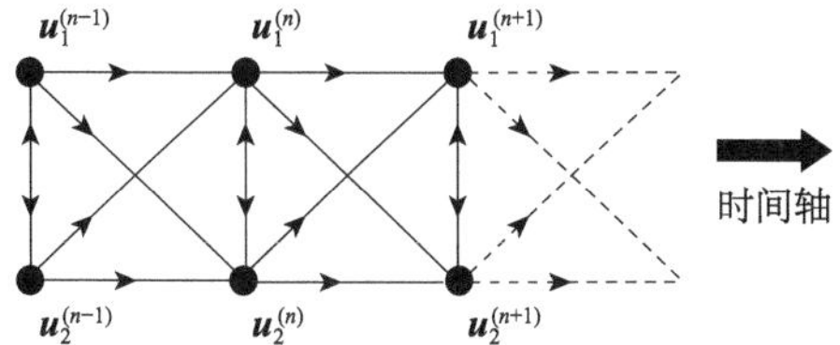

图 5.2.6 复杂隐式模式中沿着时间轴的迭代推进

(5.2.22) 可以化为类似于式 (5.2.8) 和式 (5.2.9) 的标准形式，如下：

$$\dot{T}=\bar{\zeta}_1(T,\boldsymbol{y}) \tag{5.2.23}$$

$$\dot{\boldsymbol{y}}=\bar{\zeta}_2(T,\boldsymbol{y}) \tag{5.2.24}$$

采用适当的离散化格式，以上的方程可以化为迭代格式的方程组。图 5.2.7 给出了相对应的分场模式求解流程。

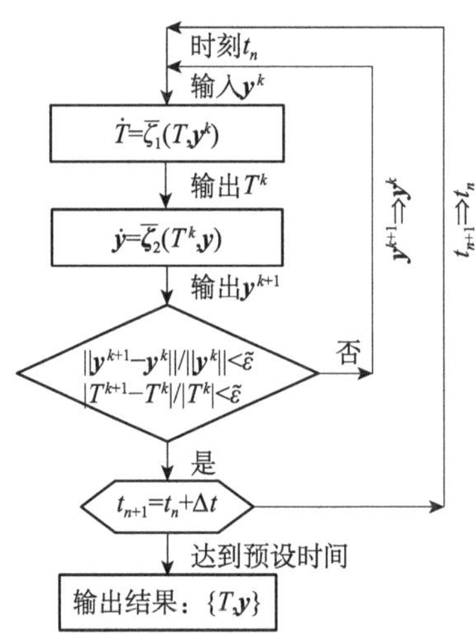

图 5.2.7　热弹性动力学耦合问题的分场模式求解流程

5.3　耦合问题的合场统一解法

大多数的多场耦合问题实质是多个物理过程相互影响，场间有着强相关性，对应的多方程体系往往具有高维、非线性特征。

本节将讨论多场强耦合问题的分析以及与其相应的共同点和挑战。通常，多场之间的相互作用，有的是通过材料的属性变化而体现，即一个场对其他场介质属性的依赖性和影响（例如，热敏电阻，电导率是温度的函数；大温区的热弹性问题，结构材料参数随温度线性或非线性变化；磁电材料的电学或磁学性能依赖于磁场或电场强度等）；有的是通过场域内外的几何特征变化，包括区域大小、边界移动等变化而体现（例如，大变形的流-固耦合问题；处于电磁场环境中的柔性电磁智能结构等）；有的则通过场间效应（如作用力、能量转换或耗散等）等方式体现（例如，电磁类智能材料的电磁力、压电或压磁效应；热弹性问题的应变率内生热源效应等）。这几类强耦合场问题中，按照对耦合问题的分类可以归结为边界耦合问题、区域耦合问题；按照非线性特征的分类来看，本质上对应于材料非线性、几何非线性和边界非线性等。

大多数情形下，多场强耦合问题实质上就是强非线性问题的一种体现。一直以来，高维、强非线性问题是难以有效分析与求解的基础性难题[2]。对于区域耦合问题，各场在共同区域内通过材料属性而相互发生作用与影响，体现为方程系统中多个场变量之间存在双向的系数上关联，彼此制约，并往往导致整个方程组存在高度非线性。对于边界耦合问题，场之间的作用造成求解域的变化或变形，从而影响到这些物理过程自身以及其他过程的发展，往往也带来非线性特征。此外，强耦合的场间相互作用机制不仅仅是微分形式，也可能会是积分形式，例如耦合效应是空间域或时间域内的累加效果。在数学上，耦合系统的方程可表征为含有高度非线性的微分、积分方程。

两个或者多个场间的强耦合效应，使得分场式求解方式往往难以奏效，需要多场同时进行求解。对此，可采用整体或合场统一方法（monolithic method）[7,8]，即将涉及的多场问题采用统一的形式表征，形成一个包含所有场变量的一体化方程系统，一次求解便可获得所有待求的各个场变量。

与弱耦合问题的分析类似，这里从耦合问题的数学描述出发，分别阐述准静态两场强耦合问题和动力学强耦合问题的整体式求解方法与过程。

5.3.1 准静态耦合问题

不失一般性，这里仅以包含两个分场或子系统的耦合系统进行阐述。其主要的求解思想和方法，很容易拓展到两场及以上的复杂情形。

这里假设经过物理和数学建模后，两场或两子系统的基本方程可以表示为简洁的方程形式，即

$$\boldsymbol{u}_1=\boldsymbol{\xi}_1(\boldsymbol{u}_1,\boldsymbol{u}_2) \tag{5.3.1}$$

$$\boldsymbol{u}_2=\boldsymbol{\xi}_2(\boldsymbol{u}_1,\boldsymbol{u}_2) \tag{5.3.2}$$

其中，$\boldsymbol{u}_1$，$\boldsymbol{u}_2$ 分别为场 F_1，F_2 对应的场变量；$\boldsymbol{\xi}_1$，$\boldsymbol{\xi}_2$ 分别为函数运算或微分算子（对于准静态问题，其仅与空间变量相关）。

如果将两个场的变量组合形成新变量，如合场形式 $\boldsymbol{u}=\{\boldsymbol{u}_1,\boldsymbol{u}_2\}^{\mathrm{T}}$，并且能够存在一个新的微分算子 $\boldsymbol{\xi}$，使得两场基本方程式（5.3.1）和式（5.3.2）表示为一个统一方程，如

$$\boldsymbol{u}=\boldsymbol{\xi}(\boldsymbol{u}) \quad 或 \quad \begin{Bmatrix}\boldsymbol{u}_1\\ \boldsymbol{u}_2\end{Bmatrix}=\begin{bmatrix}\boldsymbol{\xi}_{11} & \boldsymbol{\xi}_{12}\\ \boldsymbol{\xi}_{21} & \boldsymbol{\xi}_{22}\end{bmatrix}\begin{Bmatrix}\boldsymbol{u}_1\\ \boldsymbol{u}_2\end{Bmatrix} \tag{5.3.3}$$

其中，$\boldsymbol{\xi}_{ij}(i,j=1,2)$ 为矩阵微分算子 $\boldsymbol{\xi}$ 的各个微分算子元素。

上述方程可另表示为

$$\boldsymbol{f}(\boldsymbol{u})=\boldsymbol{0} \tag{5.3.4}$$

其与式（5.3.3）是同解的，其中算子 $\boldsymbol{f}=\boldsymbol{\xi}-\boldsymbol{I}$，$\boldsymbol{I}$ 表示单位算子。与前述章节的迭代过程类似，一些情形下采用式（5.3.3）将更为便捷。

假设一迭代初始值 $\boldsymbol{u}^k$，则由式（5.3.3）可得

$$\boldsymbol{u}^{k+1}=\boldsymbol{\xi}(\boldsymbol{u}^k) \tag{5.3.5}$$

式（5.3.5）也称为不动点迭代（或 Picard 迭代）格式[9]，序列 $\boldsymbol{u}^k$ 收敛于 $\boldsymbol{\xi}$ 的不动点（即 $\boldsymbol{u}^{k+1}\rightarrow\boldsymbol{u}^*$），也就是收敛于合场方程的解。根据不动点定理，式（5.3.5）收敛的充分条件是，$\boldsymbol{\xi}$ 必须是某些封闭支集中的一个压缩映射。

对于混合形式的不动点迭代格式，则可以采用式（5.3.4）进行迭代运算：

$$\boldsymbol{u}^{k+1}=\boldsymbol{u}^k+\alpha\boldsymbol{f}(\boldsymbol{u}^k) \tag{5.3.6}$$

这里，α 表示混合格式的参数，其不同值的选取对应着不同的迭代格式。以上这一计算分析模式是相对于松散耦合而言的，也称为“紧密耦合”（tight coupling）[6]。

5.3.2 动力学耦合问题

考虑一动力学过程，则可以将包含时间演化的合场形式的基本方程表示为如下的一

般微分方程形式，即

$$\dot{\boldsymbol{u}}=\boldsymbol{\xi}(\boldsymbol{u},t) \tag{5.3.7}$$

采取适当的时间积分方法，对该微分方程进行离散化，并选取时间步长 $\Delta t=t_n-t_{n-1}$，将 t_n 时刻对应的场变量记为 $\boldsymbol{u}^{(n)}=\boldsymbol{u}(\boldsymbol{x},t_n)$。

针对微分演化方程采用显式化离散方法，可得到

$$\boldsymbol{u}^{(n)}=\boldsymbol{\varphi}(\boldsymbol{u}^{(n-1)}) \tag{5.3.8}$$

其中，$\boldsymbol{\varphi}$ 表示离散化后的微分算子。

若采用更多的前序时刻的信息（例如 $\boldsymbol{u}^{(n-2)}$），则上面的显式迭代格式还可写为

$$\boldsymbol{u}^{(n)}=\boldsymbol{\varphi}(\boldsymbol{u}^{(n-1)},\boldsymbol{u}^{(n-2)}) \tag{5.3.9}$$

为了获得更高精度的解答，则前面的时间离散化可以采用隐式。将场变量的时间演化采用当前时刻值 $\boldsymbol{u}^{(n)}$ 和上一时刻值 $\boldsymbol{u}^{(n-1)}$ 表征，从而得到

$$\boldsymbol{u}^{(n)}=\bar{\boldsymbol{\varphi}}(\boldsymbol{u}^{(n)},\boldsymbol{u}^{(n-1)}) \tag{5.3.10}$$

其中，$\bar{\boldsymbol{\varphi}}$ 为采用隐式离散化后的微分算子。

为了较为直观地理解合场统一模式的耦合问题求解过程，这里以流-固耦合问题为例进行简要说明。

在第 2 章中，对于固体结构变形（如控制方程式（2.1.20)～式（2.1.22)），以及流体介质的运动方程（如式（2.4.6)～式（2.4.8)），已进行了较为详细的叙述。流-固耦合问题是通过流体与固体的交界面进行运动和能量的传递，表现为在交界面处需满足运动学条件（3.2.1）和动力学条件（3.2.2)。

结合两场的运动微分方程以及交界面处的耦合条件，则合场统一模式的流-固耦合问题基本方程在形式上可表示如下[10]：

$$\begin{bmatrix}\boldsymbol{\Psi}_{\mathrm{FF}} & \psi_{\mathrm{Fp}} & \boldsymbol{\Psi}_{\mathrm{FS}} & \boldsymbol{\Psi}_{\mathrm{FI}}\\ \boldsymbol{\Psi}_{\mathrm{pF}} & \psi_{\mathrm{pp}} & \boldsymbol{\Psi}_{\mathrm{pS}} & \boldsymbol{\Psi}_{\mathrm{pI}}\\ \boldsymbol{\Psi}_{\mathrm{SF}} & \psi_{\mathrm{Sp}} & \boldsymbol{\Psi}_{\mathrm{SS}} & \boldsymbol{\Psi}_{\mathrm{SI}}\\ \boldsymbol{\Psi}_{\mathrm{IF}} & \psi_{\mathrm{Ip}} & \boldsymbol{\Psi}_{\mathrm{IS}} & \boldsymbol{\Psi}_{\mathrm{II}}\end{bmatrix}\begin{Bmatrix}\boldsymbol{v}_{\mathrm{F}}\\ \boldsymbol{p}_{\mathrm{F}}\\ \boldsymbol{u}_{\mathrm{S}}\\ \boldsymbol{u}_{\mathrm{I}}\end{Bmatrix}=\begin{Bmatrix}\boldsymbol{R}_{\mathrm{F}}\\ R_{\mathrm{p}}\\ \boldsymbol{R}_{\mathrm{S}}\\ \boldsymbol{R}_{\mathrm{I}}\end{Bmatrix} \tag{5.3.11}$$

其中 $\boldsymbol{v}_{\mathrm{F}}$，$\boldsymbol{p}_{\mathrm{F}}$ 分别表示流场流速与压强；$\boldsymbol{u}_{\mathrm{S}}$ 表示固体结构的位移；$\boldsymbol{u}_{\mathrm{I}}$ 则表示流体介质和固体交界面处的位移，其往往也与界面处的网格移动相关联；$\boldsymbol{\Psi}_{ij}(i=\mathrm{F,p,S,I};\ j=\mathrm{F,S,I})$ 表示关于时间和空间的矢量微分算子；$\psi_{ip}(i=\mathrm{F,p,S,I})$ 为关于时间和空间的微分算子。根据流体和固体介质变形的特征，以上的微分算子矩阵并不是满阵，一些非对角线上的微分算子为零。$\boldsymbol{R}_i(i=\mathrm{F,S,I})$ 分别对应于流体介质、固体介质和交界面处的广义力；R_{p} 则表示流体压强所对应的广义力。对于流-固耦合问题的合场微分方程（5.3.11)，若进一步针对空间、时间域离散化则可以得到一组代数方程。

可以看出：合场统一模式表征的耦合问题在方程形式上更为简洁，求解也往往与单一场的情形类似。但需要指出的是，合场统一方程往往是高维、强非线性的，由此带来的是，合场的微分算子的统一表征形式很难获得。另外，各个场的场量组成了一个新的广义合场量，其各自的物理特征（包括空间分布与时间响应特征、系统参数范围等）各不相同，甚至差异很大，使得微分算子所对应的离散化矩阵往往出现病态，进而带来求解上的极大难度。

5.4 分场降维解法与合场统一解法的比较

分场降维、合场统一这两种模式是目前求解耦合问题中常用的最重要解法。

对于较为简单的耦合问题，如两场问题以及弱耦合问题，两者均可适用，并能给出较为接近和满意的解答。但对于较为复杂的问题，则需要针对问题所涉及的不同场的特征以及场与场之间的耦合强弱等，通过科学和经验分析，综合权衡和采用合适的解法。

一般地，弱耦合问题运用分场降维模式进行求解，往往具有较为显著的优势。其实施便捷，且可以得到较好满足精度要求的解，但也存在一些不足之处。

表 5.4.1 给出这一求解模式的总结。

表 5.4.1 分场降维解法的优缺点

解法	优势	不足
分场降维模式	1. 分析与求解过程简单、便捷，易于实现	1. 主要适合弱耦合问题
	2. 单个场的方程无须改变，可采用相应的单场高性能求解方法	2. 对于耦合较强情形，可尝试求解，但一般收敛性慢，耗时长
	3. 可充分借助已发展的单场各种有效方法、软件、模块化程序以及进行有效组合，具拓展性	3. 计算精度依赖于各个场的分析以及耦合迭代的效率
	4. 易于协调各个场的分析算法，较好结合各自主要特征	4. 不同场采用的空间、时间步长等信息需要匹配，场与场之间的信息交换是计算效率的重要影响因素

对于强耦合问题而言，合场统一解法是首选，但存在较多的实施困难，往往难以有效建立统一的模型，而且高维、非线性方程组的求解亦是极大的难题。该解法的优缺点参见表 5.4.2。

表 5.4.2 合场统一解法的优缺点

解法	优势	不足
合场统一模式	1. 数学模型形式简单、紧凑	1. 需要构建并形成完整的合场模式数学表征，每一项表述复杂
	2. 耦合系统多个场的解可在单一步内一次获得，可采用统一的理论和数值处理方法	2. 具有高维、多变量特征，合场微分算子获得难度大
	3. 对于强耦合系统一般可以获得较好收敛性	3. 不同场之间较大特征差异导致广义刚度相差大，统一模型求解中易出现病态矩阵
	4. 一般可获得高精度的解	4. 已有单场计算模式和软件模块不能直接拿来用，需发展高维算子对应的新算法、新软件等
		5. 高维、多变量系统的数值求解难度大，数学方法尚匮乏；巨量计算对于空间、时间消耗大等

值得指出的是：由于耦合场问题的理论和数学研究均尚远未达到成熟地步，从而目前针对耦合问题的求解方法极为有限，强耦合问题更是面临极大挑战。因此，针对具体问题应不仅仅局限于前面介绍的一般分析模式，还需不断尝试和优化求解模式。例如，可以结合隐式格式和高精度的离散格式，将分场求解模式用于强耦合问题的尝试求解；或者采用合场模式与分场模式相结合的方法，尝试强耦合问题的分析等。

从前面内容的阐述以及耦合问题求解的角度看，耦合体现在两个层面：一个是物理模型的强、弱耦合，侧重于耦合问题中的相互作用与影响的特征属性；另一个则是数值求解中，分析模型的紧密、松散耦合，侧重于问题求解过程中的数学处理方式。实际问题求解中，二者之间并非一一对应，而是取决于研究者的选择以及耦合问题的自身特征，因为紧密（松散）耦合数值分析方案也可以用于弱（强）耦合的物理模型中。例如，流体压力对固体结构变形的位移和结构位移对流体速度的影响是瞬时的，因而从物理上讲，二者的相互作用是很强的。然而，在实际计算中可以根据新的流体压力分布计算和更新结构的位移场，而一般无需同时调整流体速度以适应其新的边界面。在这种情况下，数值耦合是松散的，需要在两场之间进行不断迭代，以充分减少相互作用的误差。又如，在反应流动中，物质的化学浓度在很大范围内往往对流体的热力学状态影响不大，甚至可能对热力学状态不敏感，因此物理相互作用是微弱的。但在分析与求解模型中可以选择独立地演化这些状态变量（即采用弱耦合），也可以同时演化这些状态变量（强耦合），同样可以获得问题的较好解答。

实际问题中，也存在物理耦合在一个方向可能比较弱，在另一个方向或者两个方向可能都比较强，即所谓的单向（one-way coupling）和双向（two-way coupling）耦合特性[11]。这就需要研究者针对具体问题具体分析，尝试并找出有效的分析和求解途径。

参 考 文 献

[1] Moura C A. A linear uncoupling numerical scheme for the nonlinear coupled thermoelastodynamics equations [M] // Pereura V, Reinoze A. Lecture Notes in Math. Berlin：Springer，1983.

[2] Jiang S. An uncoupled numerical scheme for the equations of nonlinear one-dimensional thermoelasticity [J]. J. Comp. Appl. Math.，1991，34（2）：135－144.

[3] Felippa C A，Park K C，Farhat C. Partitioned analysis of coupled mechanical systems [J]. Comput. Meth. Appl. Eng.，2001，190：3247－3270.

[4] Michopoulos J G，Farhat C，Fish J. Modeling and simulation of multiphysics systems [J]. J. Comput. Infor. Sci. Eng.，2005，5：198－213.

[5] Li W. A note on the preconditioned Gauss Seidel（GS）method for linear system [J]. J. Comput. Appl. Math.，2005，182：81－90.

[6] Novascone S R，Spencer B W，Andrs D，et al. Results from tight and loose coupled multiphysics in nuclear fuels performance simulation using BISON [C]. Int. Conf. on Math. Comp. Meth. Appl. to Nuclear Sci. & Eng.（M&C 2013），Sun Valley，Idaho，USA，2013.

[7] Becker P，Idelsohn S R，Onate E. A unified monolithic approach for multi-fluid flows and fluid-struc-

ture interaction using the Particle finite element method with fixed mesh [J]. Comp. Mech., 2015, 55: 1091-1104.

[8] Brun M K, Elyes A, Berre I, et al. Monolithic and splitting solution schemes for fully coupled quasi-static thermo-poroelasticity with nonlinear convective transport [J]. Comp. Math. Appl., 2020, 80 (8): 1964-1984.

[9] Shin M H, Yeh C. On fixed point theorems of contractive type [J]. Proc. Amer. Math. Soc., 1982, 85 (3): 465-468.

[10] Bazilevs Y, Takizawa K, Tezduyar T E. Computational Fluid-Structure Interaction: Methods and Applications [M]. Hoboken: John Wiley & Sons, 2013.

[11] Berna F, Dohmen H J, Pei J, et al. A comparison of one-way and two-way coupling methods for numerical analysis of fluid-structure interactions [J]. J. Appl. Math., 2011, 11: 853560.

第 6 章　多场耦合问题的数值离散化方法

在多场现象以及多场耦合问题中，微分方程（包括常微分方程、偏微分方程）是最为常见的数学模型表征形式，成功应用于物理、力学、化学、生物、地球科学、经济学等众多学科领域，以及大量的工程与技术领域，如裂变反应堆燃料性能与堆芯建模、DNA 测序、辐射安全与环境问题等。由于这些微分方程大多情形下是高阶、高维，甚至是强非线性的，解析分析手段几乎难以获得解答，而且相关的数学理论发展也远未成熟。

因此，计算数学或科学计算这一新的数学分支应运而生，其可视为数学实验，与传统的物理、化学、生物等科学实验是类似的。所不同的是，数学实验的工具是计算机、数值算法和计算代码，实验对象是数学方程。当前，数值计算和模拟方法提供了人们认识世界和解决大量复杂科学问题的有力手段和途径，可以开展以往无法解决的一些领域难题的研究。其显著优势还在于：可以有效解决真实实验中通常所面临的太昂贵、太耗时（几年甚至几十年）、太远（如月球、遥远星体）、太大（如海洋潮流、全球大气环流、地球板块演化等）、太小（如纳米、原子尺度等）、太危险（如极高压、高温、高辐照苛刻环境）等棘手问题及其面临的极大困难。

本章将从数值定量化角度，针对多场耦合问题数学模型中的复杂微分方程系统求解问题予以介绍，涵盖了数值建模与分析的基本途径、微分方程空间和时间离散化的一般方法，以及离散化后的代数非线性方程的常用解法等。

6.1　微分方程的数值计算概述

6.1.1　数值计算的一般流程

研究和开发用于计算机求解微分方程的算法，是数值计算与模拟中的重要部分，也是科学计算的重要部分。从整个数值计算流程看，主要包含了以下五个方面的基本内容（图 6.1.1）。

(1) 物理模型：针对所研究的实际科学及工程问题，分析主要特征、厘清主次因素，建立概念模型即物理模型。但不仅仅局限于物理过程，还可以包含化学、生物、经济等过程。

(2) 数学模型：基于数学理论和连续性等概念分析物理过程，给出或建立问题描述的数学方程（包括微分、积分方程等）。

(3) 数值分析：针对建立的数学模型，采用或新建立可靠、有效的算法，构建对应于数学模型的离散化数值模型，并进行数值定量化研究。

(4) 计算程序：形成计算机程序代码、模块化程序或软件等，能够实现数值模型与算法在计算机上的执行。

(5) 数值结果：基于数学离散化模型的数值求解与仿真，最终实现解释相关物理、化学等过程中的现象，阐述成因，揭示复杂过程中的关键变量之间的依赖关系与影响规律等。

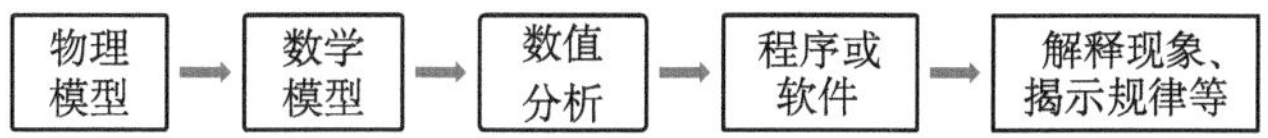

图 6.1.1 科学计算的主要组成部分与流程

处理微分方程的一个重要步骤是发展稳定、一致、准确的数值算法，尽可能保留原始问题的大部分全局和连续性等信息，特别是数学模型固有的结构特性。目前，使用广泛并较为成熟的几种方法包括：有限差分法（finite difference method，FDM）、有限元法（finite element method，FEM）、有限体积法（finite volume method，FVM）、边界元法（boundary element method，BEM）、加权残值法（weighted residual method，WRM）等。这些典型方法的共同特点是：基于数值定量化方法处理和求解微分方程系统，将一个无限维微分方程系统转化为一个有限维的代数方程系统；并采用计算机求解，获得原微分方程的数值解答。所不同的是，每种方法将微分方程系统转化为代数方程时所基于的原理和采用的具体方式各不相同。

对于含有时间依赖性的瞬态和动力学问题，除了必要的空间域离散化和数值分析外，还需要进行时间域的离散化和数值分析。目前较为成熟和常用的方法包括：时间积分法（time integration method），差分法，以及各类显式、隐式时间步（explicit and implicit time-stepping）的离散化算法等。

图 6.1.2 给出了一时空演化偏微分方程系统的数值定量化分析核心过程，包括了空间域、时间域的离散化以及常用的数值方法等。图 6.1.3 为一飞行器机翼流-固耦合问题的时-空离散化求解的策略与流程。

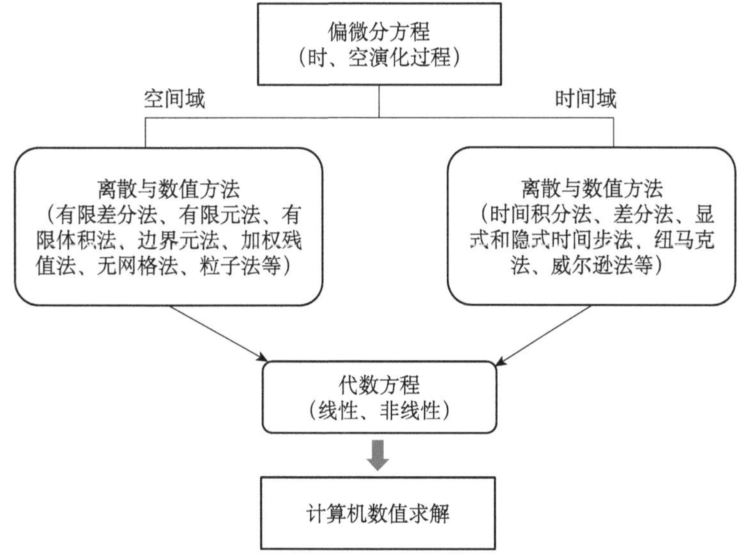

图 6.1.2 数值定量化分析核心过程

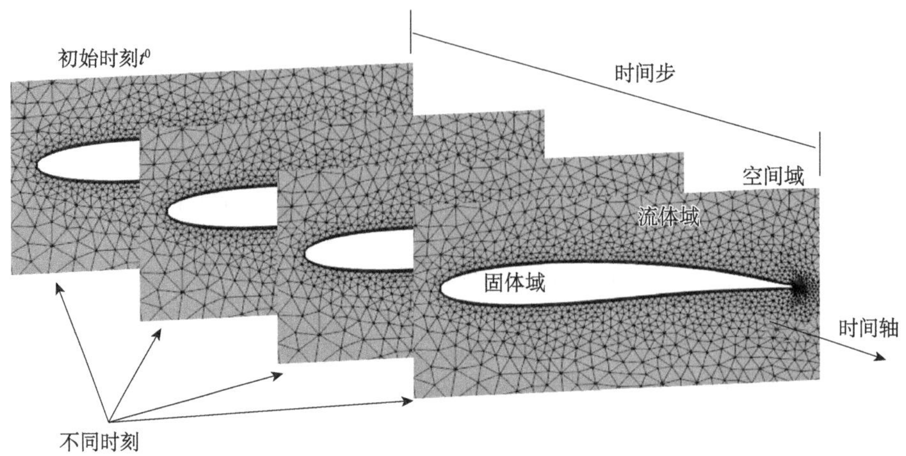

图 6.1.3　流-固耦合问题的时-空离散化求解的策略与流程

6.1.2　数值计算相关的基本特征

在数值建模和求解过程中，往往会涉及一些典型或基本的特征，主要体现在原微分方程与离散方程、数值解与精确解等之间的关联。

(1) 数值近似与一致性：对于复杂、高维的微分方程系统，解析分析方法获取解答几乎难以实现，因此大量问题的解决需要求助于近似数值计算这一途径。对于数值分析模型及求解算法，当离散步长趋向于零时，数值方程应趋近于微分方程。即假设数值计算结果 u_n^i 与方程的精确解 $\tilde{u}_n^i$ 之间的误差为 $\tilde{\varepsilon}_n^i = u_n^i - \tilde{u}_n^i$，则当时间、空间步长均趋向于零时，有 $\tilde{\varepsilon}_n^i \to 0$。

(2) 收敛性：定性上讲，若一个序列 $\{u_n\}(n=1,2,\cdots)$ 中的项 u_n 充分接近于其极限值，即 $\lim\limits_{n\to\infty} u_n = u^*$，则称其是收敛的。数值计算中，这个极限值就是我们所寻求的解答。

(3) 收敛阶：在理论分析中，人们往往关注于问题自身的收敛特性。而在数值计算中，还需要关注获得满足足够精度的解答需要多长时间，如何高效率地实现。数值计算时间越长，意味着时间代价和人力、物力等费用更大，因此发展和建立有效且快速的算法就尤具重要性。如何判断和评估一个算法的快慢，则需要确定其收敛阶。

(4) 稳定性：主要是指对于不同数值模型和物理参数，算法是否具有鲁棒性或稳健性。也就是说，如果计算中输入参数在一小的、许可的范围内变化，输出的结果是否也在小范围变化。实际计算中，非稳定性的算法往往表现在输出结果的非物理振荡甚至远离真实解。基于此，很重要的一个预判就是这种振荡是该问题本身物理属性所确定的，还是算法自身可能带来的。唯有找出真正的原因并予以改进，或者替换可行的数值计算方法，才能消除非真实的结果。

(5) 高效性：一般而言，一个算法的收敛阶越高，则运算越高效，可以更快地获得给定问题的数值解答。但是数值计算效率并不是简单地关联于计算资源的效率，或者从计算时间的长短来判断。例如，基于消息传递接口（MPI）的并行计算程序可以在较短时间内获得问题的解答，但平行计算机系统（包括硬件和软件）的整体代价是否要比一个顺序求解计算的台式机更高效的问题，并非简单地以时间短来衡量，还需要综合和均衡全局计算策略予以客观评估。

（6）误差和误差估计：在数值计算中，误差的存在往往是不可避免的，并且误差来源也是多方面的。我们关心的问题在于，所获得的数值解答能够多大程度上近似逼近精确解。这就涉及误差估计，也是计算数学中最大的分支之一，需要基于相关数学理论给出误差公式，用于评价数值模拟结果，以及衡量一定范数条件下的数值解与精确解间的差异大小。

在一个通用的数值计算过程或者算法中，以上这些问题均需要予以关注，并尽可能地得到有效的定量化评估。这些对于算法更大范围的使用，以及计算性能提升和功能拓展等是极为重要的。

6.1.3 数值计算中的主要误差来源

通常，从一个连续模型到离散模型的替代和转化处理，不可避免地会引入一定的误差。可以说，从数值模型建立到最终获得数值解的整个过程中，均会有误差产生。

一般而言，误差主要来自六个方面。

（1）舍入误差：数值计算受到机器精度的限制（如浮点运算），运算中得到的近似值与精确值之间存在着一定的差异。比如，当用有限位数的浮点数来表示实数的时候，理论上存在无限位数的浮点数，而实际上显然无法实现，这就会产生舍入误差。

（2）离散化误差：计算机的内存是有限的，处理的信息量也有限，因此只能通过一定程度上的近似来表示函数和方程。连续的信息须以离散方式来表示，这就导致所谓的离散化误差。

（3）系统误差：为了解决数值离散化后的问题（通常为大型矩阵或大量数据信息等），所进行的进一步简化或者减少计算时间的数值算法，会导致所谓的系统误差产生。通常以迭代误差为主，例如设定某一误差容许值，迭代多少步或次数后迭代终止。

（4）模型误差：数值模拟结果通常还会受到物理模型误差的影响。为了“快速猜测”问题可能的解答，开发或者验证算法以便在以后阶段能够解决较复杂的问题，一定的简化是必要的。一般将复杂、非线性微分方程简化为简单的、线性的微分方程，或者进行线性化近似处理等，这就会导致所谓的模型误差。

（5）数据误差：数值计算模拟中，需要输入相关数据与信息，如材料参数、几何参数、边界条件等，这些数据或参数可以来自于实验测量，但其本身由于可能的测量误差而不准确，源于此的误差称为数据误差。

（6）随机或人为误差：编程错误（或者代码错误）是一个重要的随机和人为误差源。通常，通过一些标准程式或已有精确解的问题可以进行验证，可以根据不符合常识或者表现奇异特征的输出而识别出这些误差或错误。但是，也有很多这样的误差源是较为隐秘的，即便有经验的编程人员也需要细心编写代码，反复验证并予以消除。

最后，特别需要指出的是：在进行数值计算中，需要认识到并接受我们通常是无法避免所有这些误差的。因而，在计算数学或数值分析中，一个较大的研究分支就是分析和建立误差估计模型，以评估近似结果偏离真实解的程度以及分析影响误差的主要因素。进而控制或者尽可能减少这些误差，并在误差太大而影响最终数值解答或者模拟现象时改进其适用范围，或者科学评估哪些条件下哪些误差是可以忽略不计的。

6.2　多场耦合问题空间域的数值离散化方法

耦合问题的数学模型主要体现在微分方程的数目多、维数高，以及涉及的空间多区域或时空多尺度等特征[1]。对于微分方程中空间域部分关联的数值计算，可以借用与传统求解单场问题类似的方法，现已发展成熟的各类离散方法大部分情形下可继续适用，或者经过改进后可运用。

对于不同场或空间区域，可以根据问题与场域的特点采用相适应的离散模式，或者选取不同的离散参数进行，以保证不同场问题求解的精度和稳定性等要求。对于涉及两场共同的区域或者边界，需综合考虑共性特点而选择相适应的离散化方案。

一般而言，空间离散化包括两方面内容：一是空间区域网格化或节点化，二是微分方程中空间偏导数项的离散化。

6.2.1　空间域离散——网格与节点

针对所研究问题的空间区域，构建网格、单元或节点等进行空间离散化，由此实现连续空间域以有限数量的网格小区域、节点所取代，这些节点上的数值将是需要确定的变量。这一空间离散化，将原问题的整个空间区域 Ω 内的求解问题转化为很多小的子区域 Ω_k 的问题，实现了无限未知量向有限数目未知量的重要转换。

直观上，数值近似的准确性往往取决于网格、单元的大小或节点的数目。一般而言，节点数目越多、各个节点相互越接近，则离散空间就越接近于连续体，数值格式的近似程度就越优。各种文献资料中已有很多关于自动生成或者调整区域网格、单元剖分的方法与技术，对于区域内的网格或单元生成往往较易实现；而对于曲边或者曲面边界、内部含有缺陷或小几何尺寸等特殊区域，则具有一定的挑战性，实现相对困难。

根据空间区域 Ω 的几何特征，网格剖分可以采用结构化网格、非结构化网格以及分区结构化网格等离散方式。

这里，以一维问题的空间离散过程为例，对于二维、三维问题也不难得到推广。记问题所关联的计算区域为 $\Omega=[a,b]$，将其以等间距 Δx 剖分为 N 段，即 $\Delta x=(b-a)/N$。则子区域为 $\Omega_k=[x_k,x_{k+1}]$，节点数目共计 $N+1$ 个。

节点坐标可表示为

$$x_i=a+(i-1)\Delta x\ ,\qquad i=1,2,\cdots,N+1 \tag{6.2.1}$$

每一个内节点 x_i 都有相邻两个节点 $x_{i\pm1}$。空间步长 $\Delta x_k=x_{k+1}-x_k$ 表示采用非等间距剖分时的每一段的长度，例如，对局部区域进行细化，采用更小的步长等。

在空间域离散过程中，离散后的子区域或单元、节点的基本信息（如位置坐标、尺寸等）均是容易确定的，这些信息也是后续方程离散化需要用到的。

对于二维、三维问题（图 6.2.1），可以采用结构化网格进行区域离散，并进行单元或节点编号，获得各个节点的坐标信息等。由于结构化网格的网格线必须在边界上起始和结束（图 6.2.1（a）），对于局部区域网格加密则会带来其他一些区域不必要的网格细化。此时，采用分区结构化网格将更为便捷（图 6.2.1（b）），多分区的结构化网格能够适应于非规则区域或者移动区域。此外，运用分区离散方法可以很方便地实现计算机的并行处理，而且局部网格的细化和求解可以针对不同区块进行。

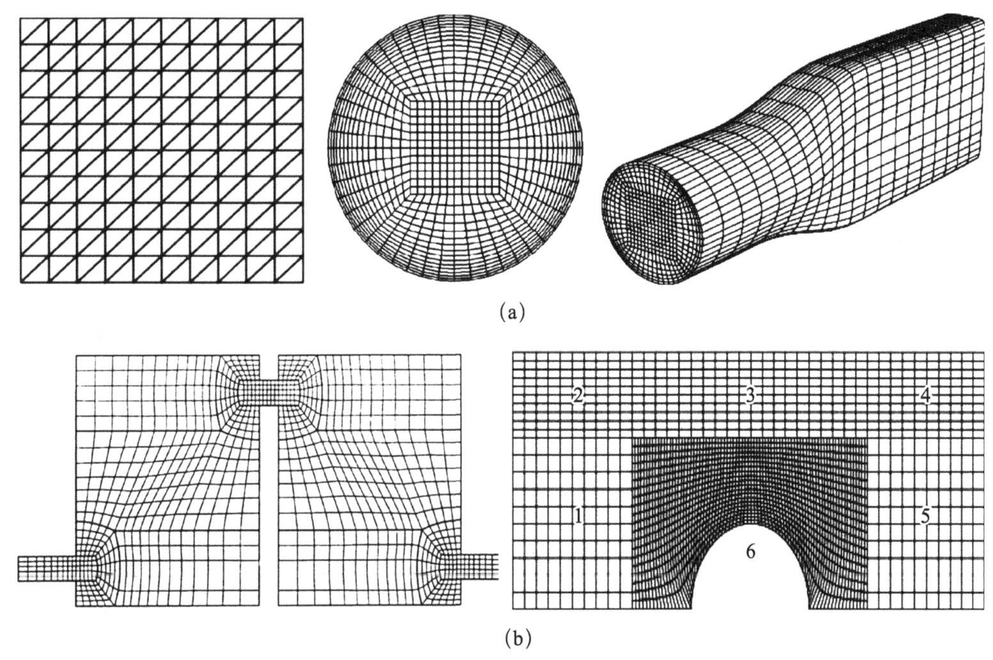

图 6.2.1 基于结构化网格剖分进行空间区域离散化

(a) 二维、三维的结构化网格；(b) 分区结构化网格（边界匹配以及不匹配）

对于具有复杂几何形状的研究对象，其区域的剖分一般采用如图 6.2.2 所示的非结构网格方法。基于计算几何学的相关进展，目前已发展了较为成熟的非结构网格化方法的自动生成和局部细化等方法，可用于二维和三维等复杂结合形状的问题。例如，具有复杂或非规则外形的飞行器表面和周围空气域的空间离散，超大研究对象地球的大尺度、多层、多相结构的自动化网格剖分等。

非结构化网格方法具有灵活、自适应性强的特点，任意数目的网格或单元节点允许相交于单个顶点，因此容易插入额外的单元或网格，形成细化的局部区域。这些特点也适合在计算模拟过程中进行网格结构调整，在不需要过细网格的区域则删除掉一些网格或节点，从而以较低的成本达到所需计算精度。尽管非结构化网格优势明显，但也面临诸多难题，例如复杂数据结构处理上的困难，程序代码的编写和通用性功能的开发都具有一定的挑战性和需要投入较多的研发时间。目前，一些大型商用软件都有采用或提供与此相关的前处理模块和功能化模块等。

空间区域内离散化后的网格和节点可以固定，或按规定方式或伴随结构变形等移动。

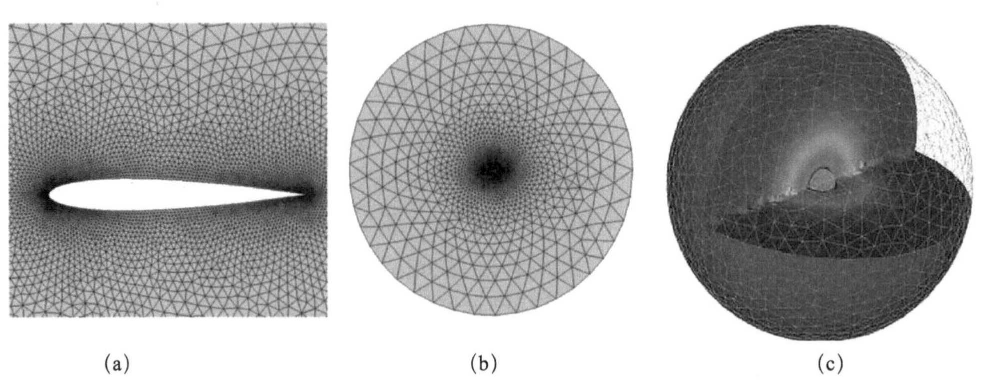

(a)　(b)　(c)

图 6.2.2　非结构化网格剖分（彩图扫封底二维码）
(a)、(b) 带有空隙的二维区域离散化；(c) 三维区域离散化

对应于数值描述和处理方式，可分为拉格朗日算法、欧拉算法和任意拉格朗日-欧拉算法。

1. 拉格朗日算法

如图 6.2.3 (a) 所示，离散化后的网格固连在研究对象上随物体一起变形，这种方式称为拉格朗日算法。在此情形下，研究对象与网格之间不存在相对运动，从而控制方程中也不存在对流项，可以极大地简化控制方程及其求解过程。另外，单元体积或大小由于网格变形而发生变化。

拉格朗日算法具有如下优点：微分方程中质量、动量和能量守恒方程形式一般较为简单，每一步中所需的计算量较小，易于实现；网格与研究对象体的外表面及材料界面在求解过程中始终重合，方便处理边界条件和跟踪材料界面；在物体的运动或变形过程中，材料与网格始终相重合，在处理与变形历史相关的材料性能和本构关系时较为便捷。

在拉格朗日算法中，当离散网格由变形较大而发生扭曲（畸变）且非常严重时，该方法将会导致很大的计算误差。有些网格，如四边形或者六面体网格扭曲后，其面积或体积可能成为负值而失去物理意义。为保证算法的稳定性，在一些计算中空间步长一般是由最小单元的特征尺寸来确定。当网格扭曲、变形增加时，步长逐步减小并趋于零，计算成本急剧增加，甚至难以达到预期结果。为此，当网格发生严重扭曲时须重新划分网格（即网格重剖分技术），并将旧网格中的物理量映射到新网格中。这一处理方法已成功地应用于一维、二维问题，但对于三维问题，网格重剖分过程往往复杂又费时，甚至难以实现。

克服网格畸变的另外一种方法是所谓的侵蚀算法，可以定义一些物理阈值，当网格或单元变形过大，达到阈值时就将该网格或单元删除。这一处理模式在一些侵彻问题的数值计算中非常有效，但也带来了局部网格或单元删除所造成的守恒律破坏或扰动，进而导致计算误差的增大等。

2. 欧拉算法

对于研究对象存在较大变形情形，例如流体或者超弹体、软材料等，计算分析中可能会产生严重的网格扭曲；或者两种分离材料发生混合在一起的问题，则一般采用欧拉算法较为适宜。

欧拉算法中的计算网格在空间中相对固定，不随所研究对象运动，而材料相对于网格可发生运动，因而可天然地消除网格畸变问题（图 6.2.3（b））。各个时刻的物理量（如速度、压力、密度和温度等）不像拉格朗日算法那样在物质点上计算，而是在空间点上进行计算的。因而，一些物理量（如质量、动量和能量等）能够跨越网格或单元边界实现输运。另外，各网格或单元的大小、体积在计算中保持不变，但网格或单元内部的一些特征物理量（如质量等）由输运物理而发生变化。

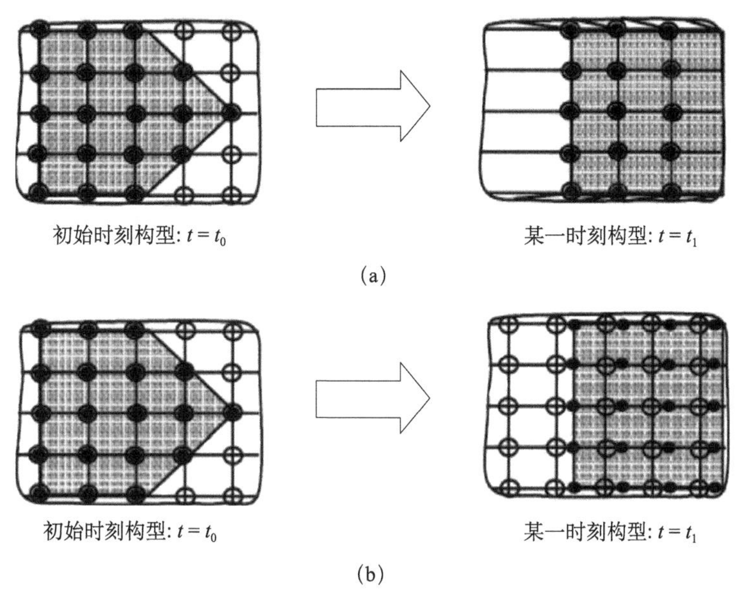

图 6.2.3 不同的离散化网格描述（○表示网格节点，●表示物质点）

（a）拉格朗日算法网格；（b）欧拉算法网格

欧拉算法适合大变形问题，这是其显著优点，因而流体介质的计算分析中多采用欧拉算法。相比于拉格朗日算法只需对所研究物体进行网格离散化，欧拉算法的网格区域需要足够大，以便在任意的计算时刻均能完全覆盖所研究的物体，由此存在着大量的空网格或单元（无任何材料占据）。此外，对于不同材料的界面，欧拉算法较难精确地确定材料界面和自由表面的位置，施加边界条件变得困难，精度也会有一定程度的降低。目前一些研究已提出多种改进方法，用于克服不足之处或提高计算效率，例如通过引入无质量的拉格朗日示踪点来计算材料界面的实际位置等。

3. 任意拉格朗日-欧拉算法

如前所述，拉格朗日算法、欧拉算法各具自身优势，同时也存在一定的局限性和不足，如果能将两者有机地结合，则可解决一大批特殊或复杂的单单采用拉格朗日算法或欧拉算法所解决不了的问题。

任意拉格朗日-欧拉（arbitrary Lagrangian-Eulerian，ALE）算法正是基于两种方法的优点而提出的[2]。这一方法在早期研究有限差分法时提出，网格节点可以随研究的物质点一起运动，也可以在空间中固定不动，甚至网格点可以在一个方向上固定，而在另一个方向上随物质点一起运动。随后，这一方法获得了进一步发展，被广泛应用于有限元法等方法中。

这一方法的基本思想是：计算过程中离散化后的网格不再固定，也不依附于流动介质，可以相对于坐标系做任意运动。这样，其可以看作是一个完全柔性的网格，每一点均可以任意运动，同时保持拉格朗日算法和欧拉算法描述的能力，克服了单纯的拉格朗日算法常见的网格畸变的困难（如图 6.2.4）。自 20 世纪 80 年代中期以来，ALE 算法已被广泛用来研究存在自由液面流体的晃动问题、固体材料的大变形问题、流-固耦合问题等。

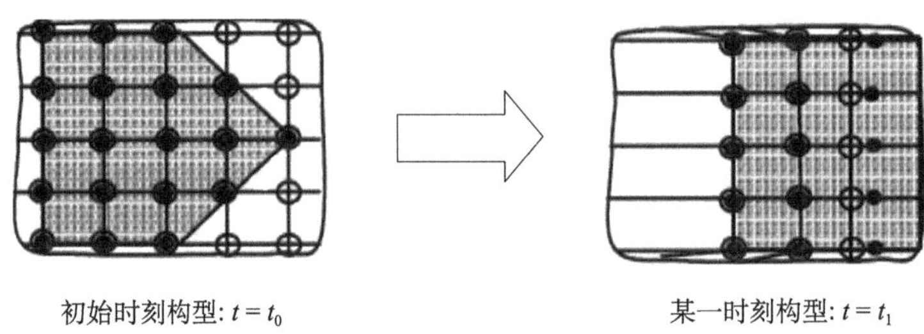

图 6.2.4　任意拉格朗日-欧拉算法网格描述（○表示网格节点，•表示物质点）

6.2.2　空间域离散——微分方程

经过适当的空间网格或单元的离散化后，对于任一连续函数 $u(\boldsymbol{x},t)$，则可由有限个节点上的函数值 $\{u_i\}(i=1,2,\cdots,N)$ 来近似表征或逼近，这些节点值与离散网格或单元的顶点、边界、面、控制体等是密切关联的。在一个节点处，可以定义描述问题特征的参数或未知量，即自由度。基于采用的近似方法不同，这些节点上自由度的值可以代表函数逐点的值、胞元的平均值、分段基函数的系数等。如果微分控制方程是与时间相关的非稳态过程，则这些节点自由度也是时间的函数。

获得近似解的节点值所满足的离散控制方程，是空间离散化的另一个重要任务。离散后方程的数目应该等于节点处未知量的数目，对于偏微分方程而言，空间离散化后的方程可能依然与时间是相关的，即包含时间的导数项等。

这里，以一个典型的输运问题为例[3]，来阐述微分方程的空间离散化处理过程。

考虑如下的对流-扩散偏微分方程：

$$\rho\frac{\partial u}{\partial t}+\nabla\cdot(\bar{\boldsymbol{v}}\rho u)-\nabla\cdot(d\rho\nabla u)=s \tag{6.2.2}$$

其中，u 表示单位体积的物质浓度；ρ 表示密度；$\bar{\boldsymbol{v}}$ 和 d 分别表示流体的速度和物质扩散系数；s 表示有源项，可以是来自于诸如化学反应、加热、冷却导致的单位时间和体积内的物质浓度增加量。

对于任意一节点处函数值 u_j，上述的微分方程（6.2.2）可以离散化为

$$\sum_j\left(m_{ij}\frac{\mathrm{d}u_j}{\mathrm{d}t}\right)+\sum_j(c_{ij}+d_{ij})u_j=s_i \tag{6.2.3}$$

这里，m_{ij} 表示质量项；c_{ij}，d_{ij} 分别对应于对流、扩散过程；s_i 表示节点 i 处的源项。

如果对于任意的 $i \neq j$，有 $m_{ij}=0$，则式（6.2.3）可进一步简化为如下的常微分方程：

$$m_{ii}\frac{\mathrm{d}u_i}{\mathrm{d}t}+\sum_j(c_{ij}+d_{ij})u_j=s_i \tag{6.2.4}$$

采用矩阵形式，上面的常微分方程（6.2.4）可以另写为

$$\boldsymbol{M}\frac{\mathrm{d}\boldsymbol{u}}{\mathrm{d}t}+(\boldsymbol{C}+\boldsymbol{D})\boldsymbol{u}=\boldsymbol{s} \tag{6.2.5}$$

其中，$\boldsymbol{u}=\{u_1, u_2, \cdots, u_N\}^{\mathrm{T}}$ 表示节点未知列阵；$\boldsymbol{s}=\{s_1, s_2, \cdots, s_N\}^{\mathrm{T}}$ 表示节点处的源列阵；$\boldsymbol{M}=[m_{ij}]$ 表示质量矩阵；$\boldsymbol{C}=[c_{ij}]$，$\boldsymbol{D}=[d_{ij}]$ 分别表示对流和扩散矩阵。

一般地，微分方程（6.2.5）中的系数矩阵是稀疏的，即表示区域内某一点处的浓度主要与其附近区域的信息相关，而且往往具有正定性等特点。这就带来了计算机求解上的便利，不用存储系数矩阵中大量的零元素；同时借助于一些稀疏矩阵的性质和运算方法，可以高效地求解问题。

此外，在微分方程的空间离散化中，多项式函数由于易于微分和积分而得到广泛应用。基于多项式逼近的离散化技术，目前最为常用的包括有限差分法、有限元法、有限体积法、加权残值法等。谱方法（spectral method）、边界元法也是较为重要的方法，但使用范围有限。

以下我们将简要介绍几类常用的用于空间离散偏微分方程的方法。

1. 有限差分法（FDM）

有限差分法是求解微分方程定解问题常用的、经典的近似方法之一。

有限差分法的基本思想是用离散的、只含有限个未知数的差分方程代替连续变量的微分方程和定解条件。这一数值方法也是最早提出并得到广泛运用的方法。先将求解区域划分为线段、矩形或正交曲线网格，然后在网格节点上将控制方程中的每一个微分以差商来代替，从而实现了将连续函数的微分方程离散为网格节点上定义的差分方程。在每个差分方程中，包含了该节点及其附近一些节点上的待求函数值，所有节点处的差分方程构成了有限差分法的整体方程。柯朗（Courant）、弗里德里希斯（Friedrichs）、列维（Lewy）（1928 年）首次对偏微分方程的差分方法作了完整的论述[4]，电子计算机的诞生为差分方法提供了强有力的工具，从而促使这一数值分析方法迅速发展起来。

对于某一节点 i，函数值在该节点处可表示为

$$u_i(t)=u(\boldsymbol{x}_i, t) \tag{6.2.6}$$

基于泰勒级数展开或者多项式拟合方法，未知函数关于空间的导数均可以表示为该节点附近节点处的函数值形式，即差商形式。例如，

$$\left(\frac{\partial u}{\partial x}\right)_i \approx \frac{u_{i+1}-u_{i-1}}{2\Delta x}, \quad \left(\frac{\partial^2 u}{\partial x^2}\right)_i \approx \frac{u_{i+1}-2u_i+u_{i-1}}{(\Delta x)^2} \tag{6.2.7}$$

对于非均匀化的网格，由于空间步长不相等，从而需要在每个网格节点处单独导出这些以差商表示的微分表达形式。

在运用有限差分格式对于偏微分方程（6.2.2）中的所有空间导数进行离散处理，表

征成一系列节点函数值的信息后，就可以获得常微分方程（6.2.3）中的各个系数矩阵 $\boldsymbol{C}$，$\boldsymbol{D}$ 的具体形式。需要指出的是，矩阵 $\boldsymbol{C}$，$\boldsymbol{D}$ 依赖于网格几何参数和差分离散的格式选择。如图 6.2.5 所示，一般可选择向前、向后、中心差分格式和高阶差分格式等，实现微分导数项的替换。

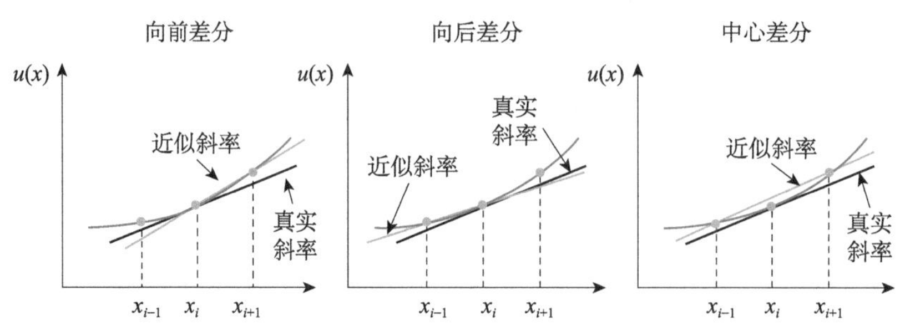

图 6.2.5　不同（向前、向后、中心）的差分格式

如果区域采用结构化网格，则每一节点与其周边邻接关联节点的数目大多数情形下是相同的。通常可以采用网格和节点连续编号，使得计算模拟中易于识别节点方程和处理。对于非结构化的网格剖分情形，网格节点往往具有不均匀性，邻近节点的数量和分布均存在较大变化，一般会导致计算成本升高。

有限差分法的主要缺点是对于复杂区域的边界形状处理不方便，若处理得不好将严重影响计算精度和计算效率。

2. 有限元法（FEM）

有限元法是求解偏微分方程的一种非常灵活和通用的方法，也是目前应用最广的数值方法。

有限元法的基本原理是：将适定的微分方程问题进行空间离散化，剖分为具有一定规则几何形状的、有限个空间网格、单元或子区域（例如，在二维问题中可以划分为三角形、四边形等；三维问题中可划分为四面体、六面体等）；函数值定义在单元节点上，在单元中选择合适的基函数（又称插值函数），以节点函数值与基函数的线性组合的近似解来逼近真解；利用古典变分方法（里茨（Ritz）法或伽辽金（Galerkin）法）、能量变分方法等，由单元分析建立单元的有限元方程，然后组合成总体有限元方程，并考虑边界条件后求解。

在有限元法中，由于单元的几何形状是规则的，所以在单元上构造基函数可以遵循相同的法则。另外，每个单元的有限元方程都具有相同的形式，可以采用标准化的格式表示，即使是求解域剖分各单元的几何尺寸大小不一，其求解步骤也不用改变。因此，有限元方法非常适合于利用计算机编制通用程序进行求解。有限元法的优点还表现在，对求解区域的网格或单元剖分没有特别的限制，适合于处理具有复杂边界和多区域的问题。

基于不同原理的有限元方程，其建立过程是类似的，这里以伽辽金有限元法为例，针对前面的对流-扩散偏微分方程的建模来说明其大体过程。

式（6.2.2）的弱形式可表示为

$$\langle w, \frac{\partial u}{\partial t} \rangle + c\langle w, u \rangle + d\langle w, u \rangle = s(w) \tag{6.2.8}$$

其中，w 表示试函数；$c\langle \cdot, \cdot \rangle$ 和 $d\langle \cdot, \cdot \rangle$ 分别对应于对流和扩散项的弱形式；$s(\cdot)$ 包括了源以及边界处的积分项；$\langle \cdot, \cdot \rangle$ 表示内积运算，其定义于平方可积空间 $L^2(\Omega)$，即

$$\langle w, v \rangle = \int_\Omega wv\mathrm{d}v, \qquad w, v \in L^2(\Omega) \tag{6.2.9}$$

问题的近似解可由一组基函数 $\{\varphi_i\}$ 来表征：

$$u_h(\boldsymbol{x}, t) = \sum_i u_i(t)\varphi_i(\boldsymbol{x}) \tag{6.2.10}$$

对于基函数，其一般满足以下两个基本条件（图 6.2.6）：

（1）对于节点 i（$\boldsymbol{x}_i \in \Omega$），有 $\varphi_i(\boldsymbol{x}_i) = 1$ 和 $\varphi_i(\boldsymbol{x}_j) = 0$（$i \neq j$）；

（2）在每一个单元内，φ_i 可以表示为局部坐标变量的多项式函数。

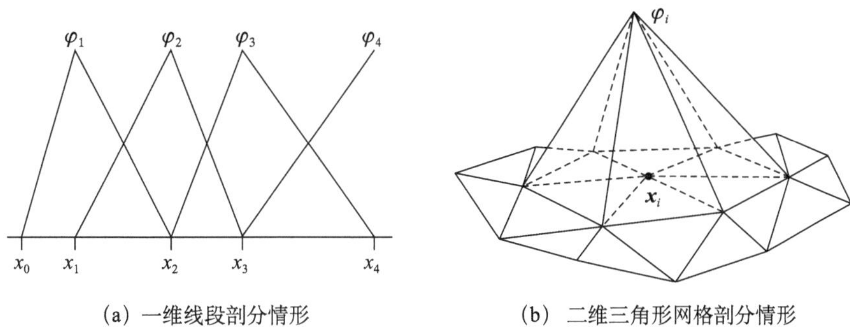

(a) 一维线段剖分情形　　(b) 二维三角形网格剖分情形

图 6.2.6　分段线性基函数

由第一个条件并结合式（6.2.10），可以得出近似解在节点 $\boldsymbol{x}_i$ 处的函数值，即 $u_i(t) = u_h(\boldsymbol{x}_i, t)$。节点 $\boldsymbol{x}_i$ 通常可以选择为网格或单元的顶点，也可以是网格边界的中点，或者网格表面或胞元体的形心等。

在伽辽金有限元法中，试函数通常直接选取为基函数，即 $w = \varphi_i$。从而离散化方程中的系数矩阵可表示如下：

$$m_{ij} = \langle \varphi_i, \varphi_j \rangle, \quad c_{ij} = c\langle \varphi_i, \varphi_j \rangle, \quad d_{ij} = d\langle \varphi_i, \varphi_j \rangle, \quad s_i = s(\varphi_i) \tag{6.2.11}$$

由此，便可获得矩阵形式的式（6.2.5）。

目前，有限元法已经发展得较为成熟，有大量的数学理论作为支撑，使得该方法严格的误差估计和收敛证明成为可能。此外，有限元法还可以与一些自适应算法相结合，发展形成自适应有限元法，使得空间区域中的局部网格尺寸和基函数多项式的阶数可进行最优选择与组合，以便获得高精度的数值解答。

有限元法中网格的划分通常是非结构化的，多采用适用性广的三角形网格等，这样网格或单元形状可以很好地拟合曲线边界，使其在复杂边界问题中显现优势。有限元法中的系数矩阵组装可以实现以完全自动化方式逐个单元进行，单元数目和节点自由度可以不受太大限制，这些均体现了有限元法的灵活性以及强大功能。

3. 有限体积法（FVM）

有限体积法又称为控制体积法（control volume method）。

该方法的基本思路是：在网格离散化后的计算区域，使每一个网格节点周围均有一个互不重复的控制体积；将需要求解的微分控制方程对每一个控制体积进行积分，从而获得一组离散化的方程，其中的未知数是网格节点上的变量。

该方法以守恒型的微分控制方程为出发点，充分考虑了控制体内的物理量守恒等基本要求，通过对流体介质运动中的有限子区域的积分离散来构造离散方程。有限体积法常用的有两种建立离散化方程的方式：一种是控制体积积分法，另一种是控制体积平衡法。不论是基于哪种方式导出离散化方程，均描述了有限个控制体积物理量的守恒性，所以有限体积法是守恒定律的一种最自然的表现形式。正是基于此，该方法在计算流体力学以及其他问题的求解中显示出特有优势，得到了一定范围内的广泛使用。

对于前述的对流-扩散微分方程，其具有以下的积分守恒率，即

$$\frac{\partial}{\partial t}\int_{V_i}\rho u(\boldsymbol{x},t)\mathrm{d}v+\int_{S_i}(\bar{\boldsymbol{v}}\rho u-d\rho\ \nabla u)\cdot\boldsymbol{n}\mathrm{d}s=\int_{V_i}s(\boldsymbol{x},t)\mathrm{d}v \tag{6.2.12}$$

其中，V_i，S_i 分别表示控制体域和表面；$\boldsymbol{n}$ 为单位外法向矢量。

选用基于单元Ω_i 的控制体（即$V_i=\Omega_i$），其表示网格剖分后的单元直接用于控制体的运算（图 6.2.7（a））。若选用基于节点的控制体，则 V_i 表示了围绕节点选定的区域，对于二维问题，围绕节点 $\boldsymbol{x}_i$ 可通过连接毗邻单元边界的中点或者单元的形心（图 6.2.7（b））。

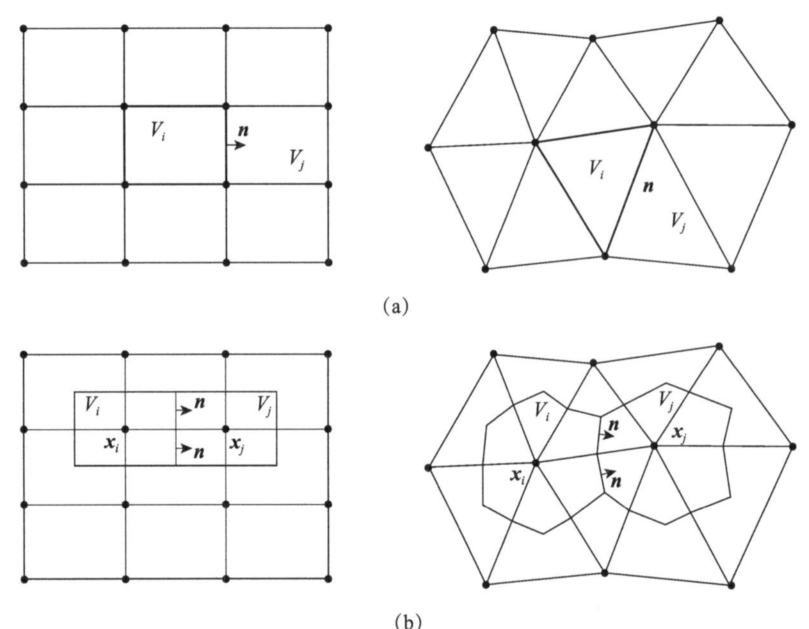

图 6.2.7　二维问题中 FVM 的不同控制体选择

（a）基于单元的控制体；（b）基于节点的控制体

由于在连接两个相邻控制体 V_i 和 V_j 的边界处（$S_{ij}=V_i\cap V_j$），外法向方向相反，从而式（6.2.12）中的内边界积分项将相互抵消。这也意味着，积分守恒量不但对于所有的单元体 V_i 成立，也对于整体区域 Ω 成立，即

$$\frac{\partial}{\partial t}\int_{\Omega}\rho u(\boldsymbol{x},t)\mathrm{d}v+\int_{\Gamma}(\bar{\boldsymbol{v}}\rho u-d\rho\ \nabla u)\cdot\boldsymbol{n}\mathrm{d}s=\int_{\Omega}s(\boldsymbol{x},t)\mathrm{d}v \tag{6.2.13}$$

则积分方程式（6.2.12）和式（6.2.13）分别表征了局部和整体守恒律，若前者满足，后者自动满足。

进一步，这里定义控制体内平均值为节点自由度的函数值，如下：

$$u_i(t)=\frac{1}{|V_i|}\int_{V_i}u(\boldsymbol{x},t)\mathrm{d}v \tag{6.2.14}$$

则积分控制方程（6.2.12）可表示为

$$m_i|V_i|\frac{\mathrm{d}u_i}{\mathrm{d}t}+\int_{S_i}(\bar{\boldsymbol{v}}\rho u-d\rho\ \nabla u)\cdot\boldsymbol{n}\mathrm{d}s=|V_i|s_i \tag{6.2.15}$$

式中，$s_i=1/|V_i|\int_{V_i}s(\boldsymbol{x},t)\mathrm{d}v$ 表示控制体内的平均量；边界 $S_i=\bigcup\limits_j S_{ij}$ 表示控制体 V_i 所包含的所有边界。对于任意的节点 $i\neq j$，则 S_{ij} 是控制体 V_i 和邻接的 V_j 之间的交接面；当指标 $i=j$ 时，则表示边界 $S_{ii}=S_i\cap\Gamma$。

将边界上的积分转换为子区域的积分，则式（6.2.15）可另写为

$$m_i|V_i|\frac{\mathrm{d}u_i}{\mathrm{d}t}+\sum_j\int_{S_{ij}}(\bar{\boldsymbol{v}}\rho u-d\rho\ \nabla u)\cdot\boldsymbol{n}\mathrm{d}s=|V_i|s_i \tag{6.2.16}$$

对式（6.2.16）中的边界积分项可进一步进行积分运算，可获得

$$m_i\frac{\mathrm{d}u_i}{\mathrm{d}t}+\sum_j(c_{ij}+d_{ij})u_j=s_i \tag{6.2.17}$$

至此微分方程获得离散化，并且其矩阵形式与式（6.2.5）一致。

有限体积法中的方程各项都含有明确的物理意义，并且吸收和借鉴了有限元分片近似思想，以及有限差分法中格式构造的思想。该方法的优点还体现在：适用于任意类型的网格形状，可以用于模拟具有复杂边界形状区域的介质流动特性；只要单元边上相邻单元上的通量是一致的，就能保证方法的守恒性。关于有限体积法更为专业和详尽的知识，读者可以参阅有关的文献和专著[5]。

6.3 瞬态多场耦合问题时间域的数值离散化方法

6.2 节，针对偏微分控制方程进行了空间离散化，获得了仅含有关于时间导数的常微分方程，亦即半离散的方程。为了进一步获得问题的数值模型和解答，则还需要进行时间相关部分的离散化。

这里，依然以前面的对流-扩散问题的半离散方程（6.2.4）来举例说明。

为了进行时间的离散化，这里选取时间段 $[0,T]$，并考虑一时间序列：

$$0=t_0<t_1<\cdots<t_K=T \tag{6.3.1}$$

时间步长为 $\Delta t_n=t_{n+1}-t_n$，可以是常数或变化的时间步。

若选取等时间步长 $\Delta t=\Delta t_n$，则时间序列（6.3.1）可由步长表示为

$$t_n=n\Delta t,\quad n=0,1,2,\cdots,K \tag{6.3.2}$$

在 t_n 时刻，节点 i 处的近似解表示如下：

$$u_i^n=u(\boldsymbol{x}_i,t_n),\quad i=1,2,\cdots,N;\quad n=0,1,2,\cdots,K \tag{6.3.3}$$

理论上讲，时间变量可看作是扩展的一个空间维度。因而各类数值计算方法如有限差分法、有限元法、有限体积法、边界元法等中未知的待求解量可以看作是定义在时空域 $\Omega\times(0,T)$，关于广义变量 $\boldsymbol{x}=(x_1,x_2,\cdots,x_N,t)\in\mathbb{R}^{N+1}$ 的函数。但由于同时在空间和时间域上计算所有的 u_i^n，则往往数据量巨大而难以实现。考虑到函数解具有时间域上的传播特性，一般可以采用在时间域上逐步推进的计算方法，化繁为简。

对于时间序列离散后，将第 n 时间步的近似解 u_i^n 作为初始迭代值，进而可计算第 $n+1$ 步的近似解 u_i^{n+1}。依此类推，获得了前一时间步的结果，就可以计算下一时间步的信息。每一时间步的计算量主要集中在计算域中的所有空间节点信息，中间时间步迭代的一些信息一旦不再需要，还可以覆盖重写。依此时间步逐一推进，则可以高效地获得问题解，而且所需的计算资源相对较低。

实际上，不论选取何种方法进行微分方程在空间和时间域上的离散化，最终均能获得一代数方程系统。其一般形式如下：

$$\boldsymbol{AU}=\boldsymbol{B} \tag{6.3.4}$$

其中，$\boldsymbol{A}=[a_{ij}]$ 为系数矩阵（一般具有稀疏性）；$\boldsymbol{U}=\{u_i^{n+1}\}$ 为未知向量；$\boldsymbol{B}=\{b_i^n\}$ 与上一时间步 n 计算结果相关，甚至与以前的更多时间步如 n 和 $n-1$ 等相关。

如果系数矩阵是常数，则该代数方程是线性的；若系数矩阵是未知量的函数，即$\boldsymbol{A}=\boldsymbol{A}(\boldsymbol{U})$，则方程是非线性的。

6.3.1 单时间步的离散方法

前面介绍了关于时间域进行离散序列化，便可以得到不同时刻的一系列代数方程系统。但每一时刻的代数方程均与上一时刻或者更多以前时刻的信息有关，如何高效地获得高精度离散后的代数方程系统，是选择时间离散化方法以及离散化处理过程中首要考虑的问题。否则，不适当的离散化方法可能会带来数值求解不收敛、计算不稳定等问题。

这里依然以前面的对流-扩散偏微分方程半离散化的形式（6.2.4）为例，来进行时间的离散化。该方程可另写为

$$\frac{\mathrm{d}\boldsymbol{u}}{\mathrm{d}t}=\boldsymbol{F}(\boldsymbol{u},t) \tag{6.3.5}$$

其中，$\boldsymbol{u}$ 是随时间变化的节点列向量；$\boldsymbol{F}(\boldsymbol{u},t)$ 表示空间离散后的函数形式，包含了对流项、扩散项以及源等，即

$$\boldsymbol{F}(\boldsymbol{u},t)=\boldsymbol{M}^{-1}[\boldsymbol{s}-(\boldsymbol{C}+\boldsymbol{D})\boldsymbol{u}] \tag{6.3.6}$$

通常，$\boldsymbol{F}(\boldsymbol{u},t)$ 表示一个 $[t_0,\infty)\times\mathbb{R}^N\rightarrow\mathbb{R}^N$ 的映射函数，并且给定初始条件 $\boldsymbol{u}(t_0)=\boldsymbol{u}^0\in\mathbb{R}^N$，这里 $\mathbb{R}^N$ 表示 N 维欧几里得空间。若 $\boldsymbol{F}(\boldsymbol{u},t)$ 具有较好的函数特性，能够满足利普希茨（Lipschitz）条件[6]，则

$$\|\boldsymbol{F}(\boldsymbol{u},t)-\boldsymbol{F}(\boldsymbol{v},t)\|\leqslant\lambda\|\boldsymbol{u}-\boldsymbol{v}\|,\quad\forall\,\boldsymbol{u},\boldsymbol{v}\in\mathbb{R}^N,\quad t\geqslant t_0 \tag{6.3.7}$$

这里，$\lambda>0$ 是一正实数，称为 Lipschitz 常数。数学上可以证明，满足 Lipschitz 条件（6.3.7）的式（6.3.5）具有唯一解。

最简单的时间步进离散化方法是基于有限差分法。令 $t_{n+1}=t_n+\Delta t$，则方程式（6.3.5）可表示为

$$\frac{\boldsymbol{u}^{n+1}-\boldsymbol{u}^{n}}{\Delta t}=\theta\boldsymbol{F}(\boldsymbol{u}^{n+1},t_{n+1})+(1-\theta)\boldsymbol{F}(\boldsymbol{u}^{n},t_{n}),\qquad 0\leqslant\theta\leqslant 1 \tag{6.3.8}$$

式中，右端项为$\boldsymbol{F}(\boldsymbol{u},t)$关于参数$\theta$的加权平均，可由上一时间步和当前时间步的结果确定，分别对应于时间离散的显式格式或隐式格式形式。

通常，显式格式易于求解，每一时间步的待求未知量均可以运用已知的上一时间步的信息来获得。隐式格式每一时间步的求解包含了更多的未知量，需要同步更新所有节点的信息，往往涉及矩阵逆运算，计算量大。但隐式格式往往具有较好的数值稳定性。参数θ的不同取值，对应于不同的时间离散计算格式。

1) $\theta=0$ 情形——向前欧拉法（forward Euler method）

若选取参数$\theta=0$，则式（6.3.8）可简化为

$$\boldsymbol{u}^{n+1}=\boldsymbol{u}^{n}+\Delta t\boldsymbol{F}(\boldsymbol{u}^{n},t_{n}) \tag{6.3.9}$$

该离散化后的代数方程就是一阶导数对应的向前欧拉差分格式所得结果，具有一阶精度。

2) $\theta=1$ 情形——向后欧拉法（backward Euler method）

若选取参数$\theta=1$，则式（6.3.8）另写为

$$\boldsymbol{u}^{n+1}=\boldsymbol{u}^{n}+\Delta t\boldsymbol{F}(\boldsymbol{u}^{n+1},t_{n+1}) \tag{6.3.10}$$

该离散化后的代数方程就是向后欧拉差分格式所得结果，具有一阶精度。

3) $\theta=1/2$ 情形——克兰克-尼科尔森法（Crank-Nicolson method）

若选取参数$\theta=1/2$，则式（6.3.8）另写为

$$\boldsymbol{u}^{n+1}=\boldsymbol{u}^{n}+\frac{\Delta t}{2}[\boldsymbol{F}(\boldsymbol{u}^{n+1},t_{n+1})+\boldsymbol{F}(\boldsymbol{u}^{n},t_{n})] \tag{6.3.11}$$

该离散化后的代数方程就是克兰克-尼科尔森法所得结果，具有二阶精度。

6.3.2 高阶精度的时间步离散方法

6.3.1 节给出了常用的时间离散化的欧拉法，其具有容易理解，也便于编程的优点。但该方法大多以线性速度收敛，计算效率较低，而且向前欧拉法常常出现收敛失效的情形。因此，采用更高阶精度来获得更好的收敛性，在很多问题分析中是十分必要的。此外，并不是所有的问题采用统一的时间步长都能有效，也需要变时间步长的算法。

泰勒级数展开方法在数值分析中是非常有效的，尤其是在差分方法的推导和分析中，可以通过在展开式中保留更多的项以获得高阶近似。为此，我们在泰勒级数展开式中舍弃$O(\Delta t^3)$以上的高阶项，可获得关于时间步的级数展开式：

$$\boldsymbol{u}(t_n+\Delta t)=\boldsymbol{u}(t_n)+\Delta t\boldsymbol{u}'(t_n)+\frac{(\Delta t)^2}{2!}\boldsymbol{u}''(t_n)+\cdots \tag{6.3.12}$$

式中，出现了二阶导数项，结合式（6.3.5），我们有

$$\boldsymbol{u}''(t)=\frac{\partial\boldsymbol{F}(\boldsymbol{u},t)}{\partial t}+\frac{\partial\boldsymbol{F}(\boldsymbol{u},t)}{\partial\boldsymbol{u}}\frac{\mathrm{d}\boldsymbol{u}}{\mathrm{d}t}=\boldsymbol{F}_t+\boldsymbol{F}_{\boldsymbol{u}}\cdot\boldsymbol{F} \tag{6.3.13}$$

其中，$\boldsymbol{F}_{\boldsymbol{u}}=\partial\boldsymbol{F}(\boldsymbol{u},t)/\partial\boldsymbol{u}$，为二阶张量。

将式（6.3.13）代入式（6.3.12），可得到

$$\boldsymbol{u}'(t) \approx \frac{\boldsymbol{u}(t_n+\Delta t)-\boldsymbol{u}(t_n)}{\Delta t} - \frac{\Delta t}{2!}[\boldsymbol{F}_t(\boldsymbol{u}(t_n),t_n)+\boldsymbol{F}_{\boldsymbol{u}}(\boldsymbol{u}(t_n),t_n)\cdot \boldsymbol{F}(\boldsymbol{u}(t_n),t_n)] \tag{6.3.14}$$

或者写为

$$\boldsymbol{u}^{n+1}=\boldsymbol{u}^n+\Delta t\boldsymbol{F}(\boldsymbol{u}^n,t_n)+\frac{(\Delta t)^2}{2}[\boldsymbol{F}_t(\boldsymbol{u}^n,t_n)+\boldsymbol{F}_{\boldsymbol{u}}(\boldsymbol{u}^n,t_n)\cdot \boldsymbol{F}(\boldsymbol{u}^n,t_n)] \tag{6.3.15}$$

式中，若舍弃二阶小量 $O(\Delta t^2)$，则可得到与式（6.3.9）相同的向前欧拉差分式。

可以看出，在上述的算法中，需要计算 $\boldsymbol{F}_t$，$\boldsymbol{F}_{\boldsymbol{u}}$，对于某些低维简单问题，这些计算较易实现；而对于大量复杂和高维问题，计算量大甚至难以有效实现。

实际计算分析中，往往采用具有较高精度的龙格-库塔法（Runge-Kutta method）[7]。龙格（Runge）是一位德国数学家，他最早提出了一种不用泰勒级数展开式中的高阶项就能实现高阶收敛精度的算法，并于 1895 年给出了精度可达到二阶的中点法[8]。该方法后来经过不断改进和发展，最终以龙格和库塔（Kutta）两位计算数学家而命名。这一方法的基本思想是：在时间域区间 $[t_n,t_{n+1}]$ 中计算多个点的斜率值，并采用加权平均法获得平均斜率，进而可以构造出高精度的计算格式。

若令时间步长 $h=\Delta t$，龙格-库塔法的一般形式可表示如下：

$$\boldsymbol{u}^{n+1}=\boldsymbol{u}^n+h\sum_{i=1}^{s}\beta_i\boldsymbol{K}_i \tag{6.3.16}$$

其中，

$$\boldsymbol{K}_1=\boldsymbol{F}(\boldsymbol{u}^n,t_n),\quad \boldsymbol{K}_i=\boldsymbol{F}(\boldsymbol{u}^n+h\sum_{j}^{i-1}\mu_{ij}\boldsymbol{K}_j,\ t_n+\alpha_i h),\quad i=2,3,\cdots,s \tag{6.3.17}$$

这里，β_i，α_i，μ_{ij} 均为常数。

显然，当 $s=1$，$\beta_1=1$ 时，式（6.3.16）退化为欧拉公式。随着 s 取值的增大，可以获得更高精度的计算格式。选用不同的项数，可得到不同的计算格式。

1）**二阶龙格-库塔法**

若取 $s=2$，则式（6.3.16）和式（6.3.17）可以另写为

$$\begin{cases}\boldsymbol{u}^{n+1}=\boldsymbol{u}^n+h(\beta_1\boldsymbol{K}_1+\beta_2\boldsymbol{K}_2)\\ \boldsymbol{K}_1=\boldsymbol{F}(\boldsymbol{u}^n,t_n)\\ \boldsymbol{K}_2=\boldsymbol{F}(\boldsymbol{u}^n+\mu_{21}h\boldsymbol{K}_1,t_n+\alpha_2 h)\end{cases} \tag{6.3.18}$$

其中，待定系数 β_1，β_2 和 α_2，μ_{21} 可由需要满足的精度阶数来获得。

根据局部截断误差，可以获得

$$\boldsymbol{e}^{n+1}=\boldsymbol{u}^{n+1}-\boldsymbol{u}^n-h[\beta_1\boldsymbol{F}(\boldsymbol{u}^n,t_n)+\beta_2\boldsymbol{F}(\boldsymbol{u}^n+\mu_{21}h\boldsymbol{K}_1,t_n+\alpha_2 h)] \tag{6.3.19}$$

对式（6.3.19）右端中的第一项和第三项在（$\boldsymbol{u}^n$，t_n）处进行泰勒级数展开，则得

$$\begin{aligned}\boldsymbol{u}^{n+1}&=\boldsymbol{u}^n+h\frac{\mathrm{d}\boldsymbol{u}^n}{\mathrm{d}t}+\frac{h^2}{2}\frac{\mathrm{d}^2\boldsymbol{u}^n}{\mathrm{d}t^2}+O(h^3)\\ &=\boldsymbol{u}^n+h\boldsymbol{F}(\boldsymbol{u}^n,t_n)+\frac{h^2}{2}[\boldsymbol{F}_t(\boldsymbol{u}^n,t_n)\\ &\quad+\boldsymbol{F}_{\boldsymbol{u}}(\boldsymbol{u}^n,t_n)\cdot\boldsymbol{F}(\boldsymbol{u}^n,t_n)]+O(h^3)\end{aligned} \tag{6.3.20}$$

$$\boldsymbol{F}(\boldsymbol{u}^n + \mu_{21} h \boldsymbol{K}_1, t_n + \alpha_2 h)] = \boldsymbol{F}(\boldsymbol{u}^n, t_n) + \mu_{21} h \boldsymbol{F}_{\boldsymbol{u}}(\boldsymbol{u}^n, t_n) \cdot \boldsymbol{F}(\boldsymbol{u}^n, t_n) + \alpha_2 h \boldsymbol{F}_t(\boldsymbol{u}^n, t_n) + O(h^2) \tag{6.3.21}$$

将式（6.3.20）和式（6.3.21）代回式（6.3.19）的误差估计式中，可得

$$\boldsymbol{e}^{n+1} = (1 - \beta_1 - \beta_2) h \boldsymbol{F}(\boldsymbol{u}^n, t_n) + \left(\frac{1}{2} - \beta_2 \alpha_2\right) h^2 \boldsymbol{F}_t(\boldsymbol{u}^n, t_n) + \left(\frac{1}{2} - \beta_2 \mu_{21}\right) h^2 \boldsymbol{F}_{\boldsymbol{u}}(\boldsymbol{u}^n, t_n) \cdot \boldsymbol{F}(\boldsymbol{u}^n, t_n) + O(h^3) \tag{6.3.22}$$

令 $\boldsymbol{e}^{n+1} = \boldsymbol{0}$，则可得到满足二阶精度的各个待定系数如下：

$$\beta_1 = 0, \quad \beta_2 = 1, \quad \alpha_2 = \frac{1}{2}, \quad \mu_{21} = \frac{1}{2} \tag{6.3.23}$$

故可得二阶精度的龙格-库塔法公式：

$$\begin{cases} \boldsymbol{u}^{n+1} = \boldsymbol{u}^n + h \boldsymbol{K}_2 \\ \boldsymbol{K}_1 = \boldsymbol{F}(\boldsymbol{u}^n, t_n) \\ \boldsymbol{K}_2 = \boldsymbol{F}\left(\boldsymbol{u}^n + \frac{1}{2} h \boldsymbol{K}_1,\ t_n + \frac{1}{2} h\right) \end{cases} \tag{6.3.24}$$

2）四阶龙格-库塔法

若再提高精度，可以采用上述类似的处理方法与过程。在时间域 $[t_n, t_{n+1}]$ 中用四个点处斜率的加权平均作为平均斜率，不难构造出常用的四阶龙格-库塔公式，如下：

$$\begin{cases} \boldsymbol{u}^{n+1} = \boldsymbol{u}^n + h(\beta_1 \boldsymbol{K}_1 + \beta_2 \boldsymbol{K}_2 + \beta_3 \boldsymbol{K}_3 + \beta_4 \boldsymbol{K}_4) \\ \boldsymbol{K}_1 = \boldsymbol{F}(\boldsymbol{u}^n, t_n) \\ \boldsymbol{K}_2 = \boldsymbol{F}(\boldsymbol{u}^n + \mu_{21} h \boldsymbol{K}_1,\ t_n + \alpha_2 h) \\ \boldsymbol{K}_3 = \boldsymbol{F}(\boldsymbol{u}^n + \mu_{31} h \boldsymbol{K}_1 + \mu_{32} h \boldsymbol{K}_2,\ t_n + \alpha_3 h) \\ \boldsymbol{K}_4 = \boldsymbol{F}(\boldsymbol{u}^n + \mu_{41} h \boldsymbol{K}_1 + \mu_{42} h \boldsymbol{K}_2 + \mu_{43} h \boldsymbol{K}_3,\ t_n + \alpha_4 h) \end{cases} \tag{6.3.25}$$

该计算格式具有四阶精度，是目前应用最广的计算格式。这里略去推导过程，而仅给出计算参数和格式：

$$\begin{gathered} \beta_1 = \beta_4 = \frac{1}{6}, \quad \beta_2 = \beta_3 = \frac{1}{3}, \quad \alpha_2 = \alpha_3 = \frac{1}{2}, \quad \alpha_4 = 1 \\ \mu_{21} = \mu_{32} = \frac{1}{2}, \quad \mu_{31} = \mu_{41} = \mu_{42} = 0, \quad \mu_{43} = 1 \end{gathered} \tag{6.3.26}$$

最终形式可表示为

$$\begin{cases} \boldsymbol{u}^{n+1} = \boldsymbol{u}^n + \frac{1}{6} h(\boldsymbol{K}_1 + 2\boldsymbol{K}_2 + 2\boldsymbol{K}_3 + \boldsymbol{K}_4) \\ \boldsymbol{K}_1 = \boldsymbol{F}(\boldsymbol{u}^n, t_n) \\ \boldsymbol{K}_2 = \boldsymbol{F}\left(\boldsymbol{u}^n + \frac{1}{2} h \boldsymbol{K}_1,\ t_n + \frac{1}{2} h\right) \\ \boldsymbol{K}_3 = \boldsymbol{F}\left(\boldsymbol{u}^n + \frac{1}{2} h \boldsymbol{K}_2,\ t_n + \frac{1}{2} h\right) \\ \boldsymbol{K}_4 = \boldsymbol{F}(\boldsymbol{u}^n + h \boldsymbol{K}_3,\ t_n + h) \end{cases} \tag{6.3.27}$$

6.3.3 多时间步的离散方法

欧拉法、龙格-库塔法等均是单时间步离散方法，即通过时间域区间 $[t_n, t_{n+1}]$ 中信息获得时刻 t_{n+1} 的近似解答。

如果计算中运用到多个历史时间步的信息，便可以构造多时间步算法。例如，采用 t_n 时刻以及更靠前的时刻 t_{n-1}，t_{n-2} 等的信息来估算 t_{n+1} 时刻的解。相比于单时间步方法，多时间步方法充分地基于更多已获得解答的历史信息，来提高当前时刻计算结果的准确性[9]。

这里定义 k 步（k-step）的多时间步算法如下：

$$\begin{aligned}\boldsymbol{u}^{n+1} &= a_{k-1}\boldsymbol{u}^n + a_{k-2}\boldsymbol{u}^{n-1} + \cdots + a_0\boldsymbol{u}^{n-k+1} \\ &\quad + h[b_k\boldsymbol{F}(\boldsymbol{u}^{n+1}, t_{n+1}) + b_{k-1}\boldsymbol{F}(\boldsymbol{u}^n, t_n) + \cdots + b_0\boldsymbol{F}(\boldsymbol{u}^{n-k+1}, t_{n-k+1})]\end{aligned} \tag{6.3.28}$$

其中，$a_j(j=0,1,\cdots,k-1)$ 和 $b_j(j=0,1,\cdots,k)$ 为常数。如果 $b_k=0$，则上述方法为显式的，否则为隐式计算格式。

若采用式（6.3.28）进行计算，则需要知道一些历史时间步的初始值。例如初始条件 $\boldsymbol{u}^0=\bar{\boldsymbol{u}}^0$，以及

$$\boldsymbol{u}^1=\bar{\boldsymbol{u}}^1,\ \cdots,\ \boldsymbol{u}^{k-1}=\bar{\boldsymbol{u}}^{k-1} \tag{6.3.29}$$

在实际的分析中，可以采用龙格-库塔法估算和获得初始值。

对于显式计算格式（如 $b_k=0$），可以基于时间步 t_n 和之前时间步的信息（包括解及其导数等），比较容易地从式（6.3.28）获得 t_{n+1} 时刻的解。此时，仅需要在该时间步计算一次 $\boldsymbol{F}(\boldsymbol{u}^n, t_n)$，而其他的最近历史步的如 $\boldsymbol{F}(\boldsymbol{u}^{n-1}, t_{n-1})$，$\boldsymbol{F}(\boldsymbol{u}^{n-2}, t_{n-2})$ 采用已存储的信息即可。

对于隐式计算格式（如 $b_k\neq 0$），式（6.3.28）可另写为

$$\boldsymbol{u}^{n+1} - hb_k\boldsymbol{F}(\boldsymbol{u}^{n+1}, t_{n+1}) = \boldsymbol{F}^*(\boldsymbol{u}^n, \boldsymbol{u}^{n-1}, \cdots, \boldsymbol{u}^{n-k+1}) \tag{6.3.30}$$

可以看出，未知的 $\boldsymbol{u}^{n+1}$ 出现在函数 $\boldsymbol{F}(\boldsymbol{u}^{n+1}, t_{n+1})$ 中。通常，这涉及非线性方程根的求解问题，需要相应的非线性算法来实现。

实际计算分析中，直接采用多时间步方法（6.3.28）的一般形式，其中的项数太多，也没有必要。通常可以根据计算精度和效率的考虑，选择少量项的计算格式即可。

1）亚当斯-巴什福思法（Adams-Bashforth method）

这是一种常用的显式多时间步计算格式，简称 A-B 法。

例如，对于二阶近似算法，采用了前两个时间步的函数信息，同时选取 $a_{k-2}=a_{k-3}=\cdots=a_0=0$，$a_{k-1}=1$ 以及 $b_k=0$。从而，由式（6.3.28）得到

$$\boldsymbol{u}^{n+1}=\boldsymbol{u}^n + h[b_1\boldsymbol{F}(\boldsymbol{u}^n, t_n) + b_0\boldsymbol{F}(\boldsymbol{u}^{n-1}, t_{n-1})] \tag{6.3.31}$$

该算法具有二阶精度。

2）亚当斯-莫尔顿法（Adams-Moulton method）

这是一种常用的隐式多时间步计算格式，简称 A-M 法。

对于二阶近似算法，采用当前时间步 t_{n+1} 的函数 $\boldsymbol{F}(\boldsymbol{u}^{n+1}, t_{n+1})$，同时选取了 $a_{k-2}=$

$a_{k-3}=\cdots=a_0=0$，$a_{k-1}=1$ 以及 $b_k\neq 0$。由式（6.3.28）得到

$$\boldsymbol{u}^{n+1}=\boldsymbol{u}^n+h[b_2\boldsymbol{F}(\boldsymbol{u}^{n+1},t_{n+1})+b_1\boldsymbol{F}(\boldsymbol{u}^n,t_n)+b_0\boldsymbol{F}(\boldsymbol{u}^{n-1},t_{n-1})] \tag{6.3.32}$$

如表 6.3.1 所列，分别给出了显式 Adams-Bashforth 法和隐式 Adams-Moulton 法的多时间步（k-step）的参数选取以及不同精度的对比等，方便读者选择使用。

表 6.3.1 显式 Adams-Bashforth 法、隐式 Adams-Moulton 法的比较

算法/精度阶	k-step	b_k	b_{k-1}	b_{k-2}	b_{k-2}	b_{k-4}
A-B 法/1 阶	1	0	1	（该算法为欧拉法）		
A-B 法/2 阶	2	0	3/2	−1/2	—	—
A-B 法/3 阶	3	0	23/12	−16/12	5/12	—
A-B 法/4 阶	4	0	55/25	−59/24	37/24	−9/24
A-M 法/1 阶	1	1	（该算法为向后欧拉法）			
A-M 法/2 阶	1	1/2	1/2	—	—	—
A-M 法/3 阶	2	5/12	8/12	−1/12	—	—
A-M 法/4 阶	3	9/24	19/24	−5/24	1/24	—
A-M 法/5 阶	4	251/720	646/720	−264/720	106/720	−19/720

3）*向后差分公式*（backward differentiation formulas）

另外，还有一种较为常用的隐式多时间步的计算格式，是基于差分运算格式的。例如，对于具有二阶精度的向后差分近似计算格式，采用了当前时间步 t_{n+1} 的函数 $\boldsymbol{F}(\boldsymbol{u}^{n+1},t_{n+1})$，同时选取 $b_{k-1}=b_{k-2}=\cdots=b_0=0$ 以及 $b_k\neq 0$。

从而，由式（6.3.28）可得到

$$\boldsymbol{u}^{n+1}=a_1\boldsymbol{u}^n+a_0\boldsymbol{u}^{n-1}+hb_0\boldsymbol{F}(\boldsymbol{u}^{n+1},t_{n+1}) \tag{6.3.33}$$

该算法具有二阶精度。表 6.3.2 列出各阶近似算法以及对应的参数选取。

表 6.3.2 隐式向后差分算法

算法/精度阶	k-step	a_{k-1}	a_{k-2}	a_{k-3}	a_{k-4}	b_k
B-D 法/1 阶	1	1	（该算法为向后欧拉法）			1
B-D 法/2 阶	2	4/3	−1/3	—	—	2/3
B-D 法/3 阶	3	18/11	−9/11	2/11	—	6/11
B-D 法/4 阶	4	48/25	−36/25	16/25	−3/25	12/25

6.3.4 高阶时间导数的离散方法

在随时间变化的动力学问题中，结构分析是一大类工程应用中关注的问题。由于惯性力对结构动力响应的影响，则涉及关于位移的高阶（如二阶）时间导数项。

例如，经过空间域的离散化后，典型的结构动力学常微分方程可表示如下：

$$\boldsymbol{M}\frac{\mathrm{d}^2\boldsymbol{u}}{\mathrm{d}t^2}+\boldsymbol{C}\frac{\mathrm{d}\boldsymbol{u}}{\mathrm{d}t}+\boldsymbol{K}\boldsymbol{u}=\boldsymbol{f} \tag{6.3.34}$$

其中，$\boldsymbol{M}$ 表示经过空间离散化后的结构质量矩阵；$\boldsymbol{C}$，$\boldsymbol{K}$ 分别表示阻尼和刚度矩阵；$\boldsymbol{f}$

表示结构所受的载荷列阵。

一般而言，高阶导数可以通过引入新变量而转化为低阶（如一阶）时间导数。令 $\boldsymbol{v}=\mathrm{d}\boldsymbol{u}/\mathrm{d}t$ ，则式（6.3.34）可改写为

$$\begin{bmatrix}\boldsymbol{M} & \boldsymbol{0}\\ \boldsymbol{0} & \boldsymbol{1}\end{bmatrix}\begin{Bmatrix}\dot{\boldsymbol{v}}\\ \dot{\boldsymbol{u}}\end{Bmatrix}+\begin{bmatrix}\boldsymbol{K} & \boldsymbol{C}\\ -\boldsymbol{1} & \boldsymbol{0}\end{bmatrix}\begin{Bmatrix}\boldsymbol{v}\\ \boldsymbol{u}\end{Bmatrix}=\begin{Bmatrix}\boldsymbol{f}\\ \boldsymbol{0}\end{Bmatrix} \tag{6.3.35}$$

若进一步记 $\boldsymbol{\xi}=\{\boldsymbol{v}\ \boldsymbol{u}\}^{\mathrm{T}}$ ，则式（6.3.35）可以另写为关于时间一阶导数的微分方程：

$$\dot{\boldsymbol{\xi}}=\bar{\boldsymbol{M}}^{-1}[\bar{\boldsymbol{f}}-\bar{\boldsymbol{K}}\boldsymbol{\xi}] \tag{6.3.36}$$

其中，$\bar{\boldsymbol{M}}$，$\bar{\boldsymbol{K}}$ 分别对应于广义质量矩阵和刚度矩阵；$\bar{\boldsymbol{f}}$ 表示广义载荷列阵。

针对半离散式的微分方程（6.3.34），前面各节所介绍的单时间步、多时间步等算法均可以直接采用，进而实现时间域的离散化。但是，相比较于原来的未知量 $\boldsymbol{u}$，新的未知量 $\boldsymbol{\xi}$ 列阵的元素数目增大了一倍，对于实际工程中的大型结构分析，自由度可能达到上百万甚至上亿，若未知量再增大一倍，则必将带来求解效率和计算精度上的极大困难。因而，直接对包含二阶时间导数项的方程进行时间域的离散，往往也是常用途径。

以下介绍几类常用和经典的时间离散化方法（也称时间积分法）。

1）纽马克-β 法（Newmark-β method）

1959 年，纽马克（Newmark）最早提出了一系列单时间步算法，进行爆炸和地震荷载作用下的结构动力问题的求解，其为一种直接时间积分方法[10]。经过不断发展，在过去的半个世纪里，这一方法已被应用于大量工程实际结构的动力学问题分析中。

对于单时间步而言，在时间域区间 $[t_n, t_{n+1}]$ 中的每一时刻，结构中的位移 $\boldsymbol{u}$ 和速度 $\dot{\boldsymbol{u}}$ 均需要进行计算，表示如下：

$$\begin{cases}\boldsymbol{u}^{n+1}=\boldsymbol{u}^n+h\,\dot{\boldsymbol{u}}^n+\dfrac{1}{2}h^2[(1-2\beta)\,\ddot{\boldsymbol{u}}^n+2\beta\,\ddot{\boldsymbol{u}}^{n+1}]\\ \dot{\boldsymbol{u}}^{n+1}=\dot{\boldsymbol{u}}^n+h[(1-\gamma)\,\ddot{\boldsymbol{u}}^n+\gamma\,\ddot{\boldsymbol{u}}^{n+1}]\end{cases} \tag{6.3.37}$$

其中，β，γ 为 Newmark-β 法的参数。

将式（6.3.37）代入式（6.3.34），便可获得$\ddot{\boldsymbol{u}}^{n+1}$。也就是说，当前时刻的未知量 $\{\boldsymbol{u}^{n+1}, \dot{\boldsymbol{u}}^{n+1}, \ddot{\boldsymbol{u}}^{n+1}\}$ 均可以基于上一时间步的 $\{\boldsymbol{u}^n, \dot{\boldsymbol{u}}^n, \ddot{\boldsymbol{u}}^n\}$ 得到。

当参数满足以下情形：

$$\frac{1}{2}\leqslant\gamma\leqslant 2\beta \tag{6.3.38}$$

Newmark-β 法的计算格式是无条件稳定的。

对于零阻尼情形（$\boldsymbol{C}=\boldsymbol{0}$），且参数满足以下情形：

$$\beta\leqslant\frac{1}{2},\quad \gamma\geqslant\frac{1}{2},\quad h\leqslant\frac{1}{\omega_{\max}\sqrt{\gamma/2-\beta}} \tag{6.3.39}$$

则 Newmark-β 法的计算格式是条件稳定的，其中 $\omega_{\max}$ 表示系统的最大频率。

通过选取不同的参数，由 Newmark-β 法可以获得不同的时间积分加速算法。

当 $\beta=1/4$，$\gamma=1/2$ 时，可得到平均加速格式，其为隐式、二阶精度和无条件稳定的。

当 $\beta=1/6$，$\gamma=1/2$ 时，可得到线性加速格式，其为隐式和条件稳定的。

当 $\beta=0$，$\gamma=1/2$ 时，可得到中心差分格式，其为条件稳定的；当质量矩阵、阻尼矩阵为对角阵时，该格式为显式。中心差分法通常是最经济的一种直接积分方法，广泛应用于时间步长限制不太苛刻的场合，如弹性波传播问题等。

当 $\beta=1/12$，$\gamma=1/2$ 时，可得到 Fox-Goodwin 格式。这是一隐式、条件稳定的计算格式，在系统无阻尼情形下可达四阶计算精度。

2）威尔逊-θ 法（Wilson-θ method）

1973 年，威尔逊（Wilson）在 Newmark 方法中引入一个因子 θ 来构造无条件稳定的计算格式，称为威尔逊-θ 法[11]。这一方法可以看作是线性加速计算格式的拓展。

将时间步长取为 θh（$\theta\geqslant 1$），在时刻 $t=t_n+\theta h$，式（6.3.34）可表示为

$$\boldsymbol{M}\ddot{\boldsymbol{u}}^{n+\theta}+\boldsymbol{C}\dot{\boldsymbol{u}}^{n+\theta}+\boldsymbol{K}\boldsymbol{u}^{n+\theta}=\boldsymbol{f}^{n+\theta} \tag{6.3.40}$$

其中，

$$\boldsymbol{f}^{n+\theta}=\boldsymbol{f}^{n}+\theta(\boldsymbol{f}^{n+1}-\boldsymbol{f}^{n}) \tag{6.3.41}$$

这里，参数 θ 主要是用于控制算法的稳定性和精度。

进一步，可得到速度和加速度的计算关系式：

$$\begin{cases}\dot{\boldsymbol{u}}^{n+\theta}=\dfrac{3}{\theta h}(\boldsymbol{u}^{n+\theta}-\boldsymbol{u}^{n})-2\dot{\boldsymbol{u}}^{n}-\dfrac{\theta h}{2}\ddot{\boldsymbol{u}}^{n}\\[2ex]\ddot{\boldsymbol{u}}^{n+\theta}=\dfrac{6}{\theta^2h^2}(\boldsymbol{u}^{n+\theta}-\boldsymbol{u}^{n})-\dfrac{6}{\theta h}\dot{\boldsymbol{u}}^{n}-2\ddot{\boldsymbol{u}}^{n}\end{cases} \tag{6.3.42}$$

当 $\theta=1$ 时，Wilson-θ 法退化为线性加速算法；当 $\theta\geqslant 1.37$ 时，计算格式是无条件稳定的；但当 $\theta>2$ 时，需要注意相对周期误差增加的风险。

3）HHT-α 法（Hilber-Hughes-Taylor-α method）

HHT-α 法是一种二阶精度的计算格式[12]，以 Newmark-β 法为出发点，采用时间步的位移和速度式（6.3.37）来进行计算。

对于动力学方程，该方法所对应的方程形式为

$$\boldsymbol{M}\ddot{\boldsymbol{u}}^{n+1}+(1+\alpha)\boldsymbol{C}\dot{\boldsymbol{u}}^{n+1}-\alpha\boldsymbol{C}\dot{\boldsymbol{u}}^{n}+(1+\alpha)\boldsymbol{K}\boldsymbol{u}^{n+1}-\alpha\boldsymbol{K}\boldsymbol{u}^{n}=\boldsymbol{f}^{n+\alpha} \tag{6.3.43}$$

其中，α 为控制参数，并有

$$t_{n+1+\alpha}=(1+\alpha)t_{n+1}-\alpha t_n=t_{n+1}+\alpha h \tag{6.3.44}$$

这一方法无条件稳定的参数选取如下：

$$-\frac{1}{3}\leqslant\alpha\leqslant 0,\quad \beta=\frac{(1-\alpha)^2}{4},\quad \gamma=\frac{1-2\alpha}{2} \tag{6.3.45}$$

若 $\alpha=0$，则 HHT-α 方法退化为隐式的 Newmark-β 法（即 $\beta=\gamma=1/2$）。

6.4 边界耦合问题的移动边界数值方法

多场耦合问题中，有着重要应用背景以及常见的一类是边界耦合问题，场与场之间通过边界进行物质、能量等的交换与相互作用。边界构型、运动等特性的准确表征是揭

示该类问题耦合效应和获得解答的关键。

人们传统上将边界分为两类：自由边界和移动边界。自由边界主要是针对准静态问题而言，边界是静止和恒定的，大多与椭圆型微分方程问题相关；移动边界是指边界的位置是时间和空间的函数，多与双曲型和抛物型微分方程问题关联，这种移动边界也包括了可变形介质在不同材料或者不同区域之间的界面边界。

通常，数值方法处理移动边界问题主要有两类：界面跟踪法和界面捕捉法。前者是最直观、应用最为广泛的方法，以动网格方法为主。该方法是在所研究区域（包括不同场的区域）构建拉格朗日网格并伴随边界一起移动，区域内则由连续的、不断重新生成的离散化网格进行更新。其优点是能够对边界信息予以准确刻画以及易于施加边界条件，缺点是重新剖分网格极为耗时，特别是对于复杂几何形状的问题，例如对侵蚀、破碎等问题而言，追踪移动边界变得更为困难等。界面捕捉法则主要包括近十几年来新发展的相场方法和水平集方法等，相关研究还在不断推进中。

6.4.1 动网格方法

动网格方法中网格的更新是关键，网格更新质量的优劣直接关系到边界耦合等效应计算的准确性与精度。目前，网格更新方法主要有两种：网格重划分和网格重构。

网格重划分也称为网格自适应，是指在每一时间演化步内均对区域内旧网格进行删除并重新划分、生成新网格，也可以通过动态变形网格来实现。一般还需采用插值等技术，将上一时刻的物理场变量映射到当前时刻。如果网格节点位于变量的高梯度区域，则插值过程可能会带来“人为”光滑作用，降低了计算精度。

在网格重构方法中，由始至终只使用同一套网格，在不同时刻根据一定规则布置网格节点的位置，以达到网格动态变化与调整的效果。网格重构方法多种多样，大体可分为基于物理类比的方法和插值法两大类。下面介绍较为常用的方法。

1. 物理类比法

物理类比法是基于数值方法来模拟物理过程，进而描述网格的运动或变形，主要采用弹簧近似类比、偏微分方程解类比的途径。

1）*弹簧近似法*（spring analogy method）

弹簧近似法的早期工作可追溯到 Batina 提出的线弹簧技术[13]。如图 6.4.1 所示，将网格形象地看作一组具有一定刚度的虚拟弹簧系统，网格节点视为弹簧节点，网格边界视为弹簧。弹簧的平衡长度等于网格边界的初始长度，网格运动导致边界的收缩或伸长，等效于弹簧的压缩或拉伸。

基于弹性变形的胡克定律，节点位移和节点力的关系可以表示为

$$\boldsymbol{f}_i = \sum_{j=1}^{N_i} k_{ij}(\boldsymbol{\delta}_j - \boldsymbol{\delta}_i) \tag{6.4.1}$$

其中，k_{ij} 表示节点 i 和 j 之间弹簧的刚度系数；$\boldsymbol{\delta}_i$，$\boldsymbol{\delta}_j$ 表示节点处的位移；N_i 为节点 i 周围的关联的节点数。当某边界上的两个节点无限接近时，边长趋近于零，此时弹簧刚度取为无限大，从而防止网格失效。

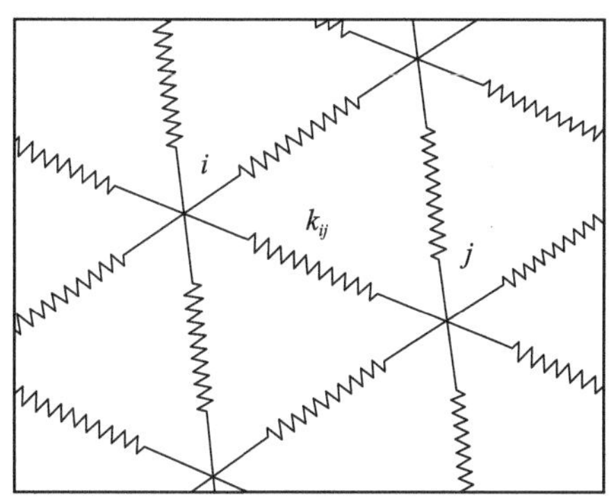

图 6.4.1 动网格的弹簧近似法

考虑静力学平衡，节点 i 处的合力应为零，从而可以得到迭代解：

$$\boldsymbol{\delta}_i^{k+1}=\frac{\sum_{j=1}^{N_i}k_{ij}\,\boldsymbol{\delta}_j^k}{\sum_{j=1}^{N_i}k_{ij}} \tag{6.4.2}$$

一般仅需 3～4 次迭代便可达到满意的计算精度。通过以上的迭代求解，可以将位移加到节点坐标从而实现坐标的更新。

该方法中，如何确定弹簧刚度系数则是关键。如果弹簧压缩时刚度系数增大，则可以避免网格节点的重合现象。因此，刚度系数常用的一种取法是采用网格节点之间距离倒数或者指数函数，即

$$k_{ij}=|\boldsymbol{X}_j-\boldsymbol{X}_i|^{\alpha}=L_{ij}^{\alpha},\quad \alpha=-2\sim-1 \tag{6.4.3}$$

在早期的弹簧近似法中，由于没有考虑相邻节点之间弹簧的位置约束，当边界发生较大变形或运动时，会出现网格严重扭曲现象或穿透现象。原本在单元一侧的节点移动了另一侧，出现单元面积为负值的情形（图 6.4.2）。为此，一些修正方法被提出，用于消除失效网格，提高网格的变形能力。

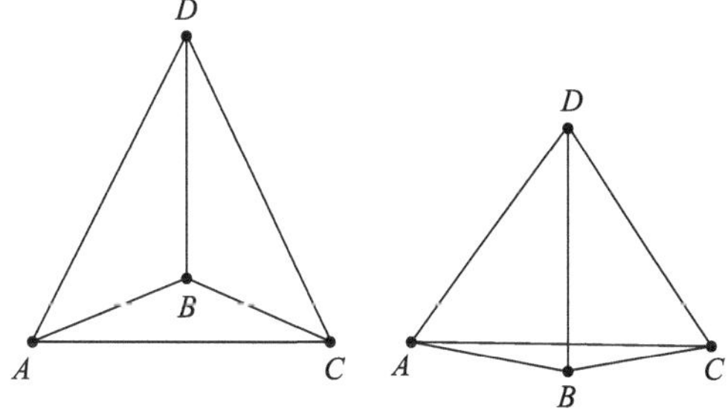

图 6.4.2 单元出现穿透现象

例如，Farhat 等[14] 提出了二维的扭转弹簧近似法，扭转弹簧系数通过引入边界夹角正弦函数幂的倒数来实现，如下：

$$\tau_A^{ABC}=\frac{1}{\sin^2\theta_A^{ABC}} \tag{6.4.4}$$

这里，下标“A”代表需要计算的网格节点；上标“ABC”表示包含节点 A 的单元。在该修正的模型中，弹簧总刚度由线弹簧和扭转弹簧系数确定，可有效防止网格穿透现象的发生。这个改进方法可推广到三维情形，并获得证实是依然有效的。

2）*拉普拉斯光滑法*（Laplacian smoothing method）

拉普拉斯光滑法是一种求解动网格和变形的有效方法。这一方法的思想是：基于拉普拉斯方程解的最小/最大值原理，即区域内部位移的值以边界上的值为界，确保了区域内部节点不会跨越边界。

传统的拉普拉斯光滑法中，所采用的方程如下：

$$\nabla\cdot(\nabla v)=0 \tag{6.4.5}$$

其中，v 表示网格移动速度。网格节点的新坐标和旧坐标之间的关系为

$$X_{\text{new}}=X_{\text{old}}+v\Delta t \tag{6.4.6}$$

通过引入一因子 γ 来改进拉普拉斯光滑法，所对应的方程为

$$\nabla\cdot(\gamma^{q}\,\nabla v)=0 \tag{6.4.7}$$

若指数 $q=0$，则退化为传统的拉普拉斯光滑法。

这一方法需要网格变形沿三个方向的分量相互独立求解，若边界面仅沿 x 方向移动，则内部网格点也只能沿 x 方向移动。对于改进的拉普拉斯光滑法，选择合适的指数则可以有效提高网格极端变形的能力，并在描述刚体平移和旋转变形时也有很好效果。

2. 插值法

插值是基于一些离散位置上的已知函数值来构建整个连续区间上函数的方法。插值法通常不需要节点连接信息，因而可以较好应用于包含一般多面体单元或内部节点的任意网格类型。

与物理类比方法相比，插值法具有更高的计算效率和更少的内存需求，其中的径向基函数插值法应用较广。径向基函数插值法是指通过构造一个支撑域，对该域内移动网格节点的坐标或位移采用径向基函数进行插值，进而获得网格节点的运动特征。

径向基函数可以使用全局支撑域或局部支撑域，Boer 等[15] 于 2007 年提出的径向基函数插值方法更为实用。该方法的优点是：产生的系统方程规模较小，仅包括边界节点自由度，可采用发展成熟的直接法或迭代法来求解系统方程。

基于径向基函数 $\phi(\boldsymbol{r})$，整个区域内的位移可以表示为

$$S(\boldsymbol{X})=\sum_{j=1}^{N_{\mathrm{b}}}\alpha_j\phi(\boldsymbol{X}-\boldsymbol{X}_{\mathrm{b}j})+P(\boldsymbol{X}) \tag{6.4.8}$$

其中，$\boldsymbol{X}_{\mathrm{b}j}=(X_{\mathrm{b}j},Y_{\mathrm{b}j},Z_{\mathrm{b}j})$ 表示边界上的节点，变形为已知；N_{b} 为边界上的节点数目；$P(\boldsymbol{X})$ 表示多项式函数。

径向基函数插值法在变形边界附近可以生成高质量的网格，并具有良好的正交性。但对于三维问题而言，系统方程组的直接求解需要 $O(N_{\mathrm{b}}^3)$ 运算量级，计算成本高。因而，一些利用曲面网格的粗（细）化子集、添加节点等算法提了出来[16]，用于提升效率和网格变形效果（图 6.4.3）。

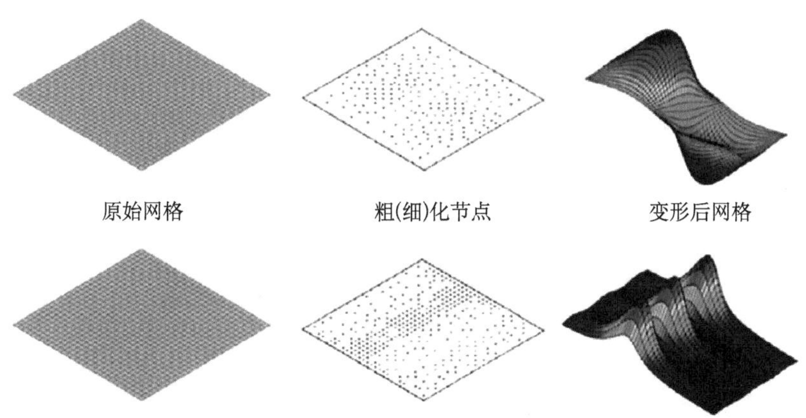

图 6.4.3 基于径向基函数插值方法的二维网格变形处理

6.4.2 流-固耦合问题的浸入边界法

流-固耦合问题属于边界耦合问题中应用最为广泛，也是关注和研究最多的耦合问题。依据运动学描述方式，流-固耦合问题通常可采用拉格朗日算法、欧拉算法或任意拉格朗日-欧拉算法进行数值分析。

任意拉格朗日-欧拉算法由于集成了拉格朗日算法和欧拉算法的优点，可以更好地描述流-固耦合问题而被普遍使用。一般采用拉格朗日算法处理运动边界、欧拉算法划分流体网格，流体介质可以在网格间流动，通过调整网格运动以避免网格畸变的产生。

依据计算网格的结构形式和边界特征，在流-固耦合问题分析中，通常采用贴体网格、重叠网格和非贴体网格方法等。

1. 贴体网格法

该方法较为直观、应用最广。采用贴体网格，则耦合场中的物面边界条件能够得到有效满足，附面层的演化规律也能被准确捕捉，从而在求解高雷诺数流动问题中独具优势。

以结构网格为主的有限差分法、非结构网格为主的有限体积法等均可以采用贴体网格离散并实现求解。但有限差分法在采用结构网格进行数值计算过程中，往往需要通过高精度坐标变换矩阵完成网格映射，需要高质量的正交网格，进而使得网格生成难度增大，计算效率降低。非结构化网格的有限体积法能够很好地处理复杂几何边界条件，但是对于动边界过程，每一时间步都要进行网格重构处理，计算量急剧增加。

重叠网格技术主要是将计算区域内的网格分割成多块具有重叠或者嵌套关系的子网格集，其中的贴体子网格会随着物体的运动而运动，方便捕捉运动信息。数值计算分别在各个子网格区域内展开，流场信息的传递是通过重叠或者嵌套区域内的插值来实现（图 6.4.4）。重叠网格技术在能够精确处理物面边界的前提下，提高了网格计算域的灵活性，降低了网格生成的难度，且作为一种网格分区策略而有利于并行计算。但也存在一些不足，比如该方法关于物理量的守恒特性在网格区域内插值过程中难以得到有效保证。

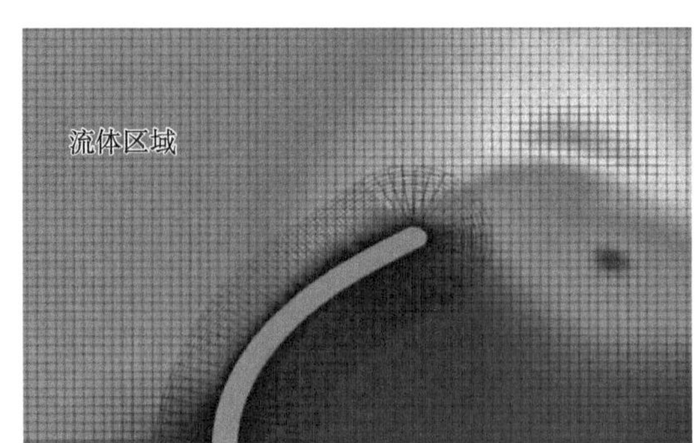

图 6.4.4　基于重叠网格技术的流-固耦合分析（彩图扫封底二维码）

2. 非贴体网格的浸入边界法

非贴体网格法不要求网格与物面边界完全贴合，求解过程可以在简单的、规格化的网格上进行。与贴体网格相比，该方法可通过边界周围流场的变量信息实现物面边界条件，降低了网格生成的工作量与难度，可以更为简捷地实现数值模拟全过程。

近些年，非贴体网格法越来越受到学者的青睐，尤其是非贴体的浸入边界法（immersed boundary method，IBM）在处理动边界问题中显示出了极大优势。IBM 最早由 Peskin 于 1972 年提出，并成功运用于心脏瓣膜周围血液流动的数值仿真计算中[17]。

如图 6.4.5 所示，IBM 一般采用拉格朗日和欧拉两套运动描述体系与网格：流体区域采用固定的欧拉-笛卡儿网格，流-固界面采用拉格朗日点进行标记；其中笛卡儿正交网格不需要与边界重叠，边界对流体的作用是通过在控制方程中添加源项的方式实现。该方法是一种流体域网格，不需要重构的求解方法，适用于复杂和移动边界问题，相比于贴体网格方法被证实通常具有更好的计算效率。

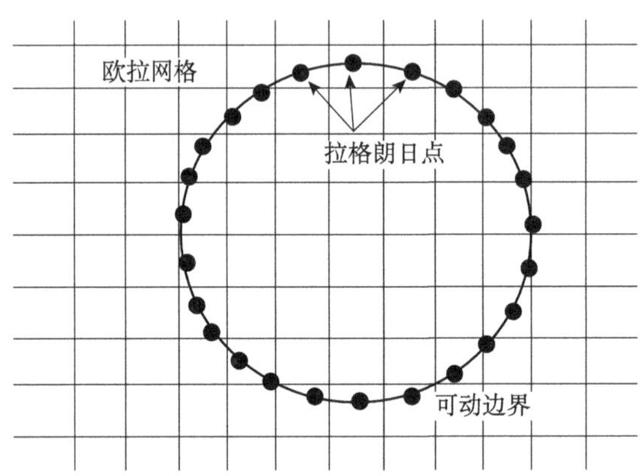

图 6.4.5　浸入边界法中的两套运动描述与网格

浸入式边界上施加边界条件的方式很大程度上决定了 IBM 的种类。对于流体区域为 Ω_{f}，边界为 Γ_{b} 的问题，其对应的控制方程和边界条件的一般形式可表示如下：

$$\Re(\boldsymbol{V})=0 \tag{6.4.9}$$

$$\boldsymbol{V}=\bar{\boldsymbol{V}}_{\Gamma} \tag{6.4.10}$$

其中，$\Re$ 对应于 N－S 方程的微分算子（具体形式可参阅第 2 章 2.4 节），$\boldsymbol{V}=\{\boldsymbol{v}\quad p\}^{\mathrm{T}}$ 表

示流场速度和压强。

在传统的流体力学问题求解过程中，控制方程（6.4.9）通常采用直接求解方式，边界方程（6.4.10）需要强制满足。对于 IBM，方程（6.4.9）是在固定的笛卡儿网格上离散，通过修正该方程来实现间接施加边界条件（6.4.10）。

边界条件的施加是 IBM 应用和实现的关键。通常，在控制方程中采用源项（或强迫函数项）的形式进行修正，再现边界的影响。有两种不同的方式可实现强迫函数的引入，对应于 IBM 的两种模式：连续力逼近和离散力逼近模式。在离散力逼近模式中，力源项由离散后的控制方程求出，多用于处理固体不动界面或高雷诺数的问题。

这里我们仅简要介绍可动边界较为常用的连续力逼近计算模式。在该模式中，力源项满足某些特定的力学关系如胡克定律，一般具有解析表达式，可用于处理弹性移动边界问题，也可用于刚性边界问题。

考虑边界的处理，则修正后的控制方程可表示为

$$\Re(\boldsymbol{V}) = \boldsymbol{f} \tag{6.4.11}$$

其中，$\boldsymbol{f}$ 表示弹性边界传递给流体内任一网格节点 $\boldsymbol{x}$ 处的所有体力。

该力的表征采用一系列无质量弹性纤维以及通过 δ 函数来表示：

$$\boldsymbol{f}(\boldsymbol{x},t) = \int_{\Gamma_b} \boldsymbol{F}_b(s,t)\delta[\boldsymbol{x} - \boldsymbol{X}(s,t)]\mathrm{d}s \tag{6.4.12}$$

其中，$\boldsymbol{X}(s,t)$ 表示边界构型曲线或曲面函数；s 为坐标参数；$\boldsymbol{F}_b(s,t)$ 表示单位长度（一维边界）或面积（二维边界）上的力。图 6.4.6 给出了浸入边界处的力分布示意图。

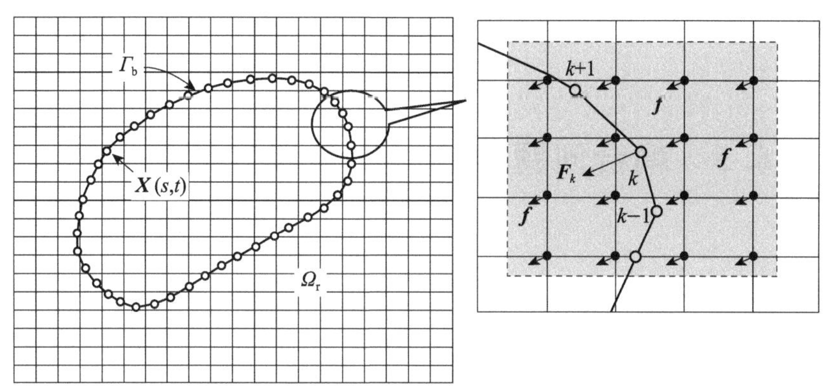

图 6.4.6 浸入边界法中边界处力的表征示意图

对于边界力，可进一步由下式给出：

$$\boldsymbol{F}_b(s,t) = \frac{\partial[T(s,t)\boldsymbol{\tau}(s,t)]}{\partial s} \tag{6.4.13}$$

这里，$T(s,t)$ 表示边界上的张力；$\boldsymbol{\tau}(s,t) = \dfrac{\partial \boldsymbol{X}(s,t)/\partial s}{|\partial \boldsymbol{X}(s,t)/\partial s|}$ 为边界上的单位切向矢量。根据广义胡克定律，张力可表示为应变的线性函数，如下：

$$T(s,t) = k\left(\left|\frac{\partial \boldsymbol{X}(s,t)}{\partial s}\right| - 1\right) \tag{6.4.14}$$

其中，k 为弹性系数。

边界上的力还可以分解为法向和切向两个分量，表示如下：

$$\boldsymbol{F}_{\mathrm{b}}(s,t)=T(s,t)\frac{\partial\boldsymbol{\tau}(s,t)}{\partial s}+\frac{\partial T(s,t)}{\partial s}\boldsymbol{\tau}(s,t) \tag{6.4.15}$$

其中，

$$T(s,t)\frac{\partial\boldsymbol{\tau}(s,t)}{\partial s}=T(s,t)\left|\frac{\partial\boldsymbol{X}(s,t)}{\partial s}\right|\frac{|\partial\boldsymbol{\tau}(s,t)/\partial s|}{|\partial\boldsymbol{X}(s,t)/\partial s|}\frac{\partial\boldsymbol{\tau}(s,t)/\partial s}{|\partial\boldsymbol{\tau}(s,t)/\partial s|} \tag{6.4.16}$$

如果记 $\kappa(s,t)$ 为边界的曲率，$\boldsymbol{n}(s,t)$ 表示单位法向矢量，即

$$\kappa(s,t)=\frac{|\partial\boldsymbol{\tau}(s,t)/\partial s|}{|\partial\boldsymbol{X}(s,t)/\partial s|},\quad \boldsymbol{n}(s,t)=\frac{\partial\boldsymbol{\tau}(s,t)/\partial s}{|\partial\boldsymbol{\tau}(s,t)/\partial s|} \tag{6.4.17}$$

则边界力式（6.4.15）可另写为

$$\boldsymbol{F}_{\mathrm{b}}(s,t)=T(s,t)\left|\frac{\partial\boldsymbol{X}(s,t)}{\partial s}\right|\kappa(s,t)\boldsymbol{n}(s,t)+\frac{\partial T(s,t)}{\partial s}\boldsymbol{\tau}(s,t) \tag{6.4.18}$$

考虑边界处的速度连续条件：

$$\frac{\partial\boldsymbol{X}(s,t)}{\partial t}=\boldsymbol{v}[\boldsymbol{X}(s,t),t]=\int\boldsymbol{v}(\boldsymbol{x},t)\delta[\boldsymbol{x}-\boldsymbol{X}(s,t)]\mathrm{d}\boldsymbol{x} \tag{6.4.19}$$

这样，我们就通过固体介质弹性变形转换为力源分布，获得了作用域浸入边界上的单位力与 δ 函数的积分方程；对于弹性结构的运动，则由欧拉速度场与 δ 函数的积分方程来描述。

除了这里所介绍的传统概念的浸入边界法，近些年也发展出一些改进方法，如基于速度修正的浸入边界法等[18]。应该说这一研究领域尚处于发展之中，针对不同问题的特点与复杂性，如何选择或者建立高效的浸入边界算法，依然具有一定挑战性。

6.5 耦合问题中的时空多尺度数值方法

6.5.1 时空多尺度特征

多场耦合问题关联多个相互作用的物理场，这些场可能在时间或空间上具有不同的尺度，遵从不同尺度的时空演化特征，这就涉及时间和空间的多尺度问题。

例如，固体材料在外部应力作用下的脆性断裂，可能是数十米甚至数千米的船舶或桥梁等大型结构破坏的根本原因，但关联于断裂起因的微裂纹萌生、生成和扩展发生在原子尺度上。又如，海岸沿线或海湾内的潮汐流延伸数英里（1 英里＝1.609km），其流动基本特征与行为是由水的黏度决定的，从微观层面上这关联到分子层级的相互作用。计算和捕捉这些物理系统或自然现象的复杂性和规律，必须能够在准确描述其行为和特征所需的精度水平上处理所有相关的尺度，包括空间和时间的。

这里以固体材料的裂纹扩展和断裂问题为例，来阐述所涉及的多尺度特性。材料中裂纹的扩展往往是化学杂质（或腐蚀）的结果，其可以改变材料的力学特性，包括韧性（不易破碎）到脆性（易破碎）的行为。日常生活中，我们可观察到的裂纹尺度大约是毫

米级，肉眼可见并且较易检测到。但若不及时阻止其发展，可能会引发裂纹尺寸的扩大，从而导致大型建筑物如船、飞机和桥梁的损坏，甚至是灾难性的破坏。化学杂质的存在，通常以极其微小的浓度（千分之几甚至更低）就能改变原子间化学键的性质，越靠近裂纹尖端的区域越为显著，此区域的化学键受到压力而达到断裂阈值。在这一现象中，原子尺度的变化最终导致了宏观尺度力学行为的大变化。

图 6.5.1 给出了固体材料断裂现象在不同时、空尺度上的特征行为的示意图。通常，裂纹扩展的宏观尺度为 $L \sim 10^{-3}\mathrm{m}$ 及以上，此尺度一般具有实际工程意义。同时，这一尺度包含大量的原子，数目量级达到 10^{24}，只能通过连续介质的方法进行处理（如弹性理论）。固体材料对外力的响应是由缺陷（如位错）的移动来确定，其位错的分布和运动在介观尺度 $L \sim 10^{-5}\mathrm{m}$，可以基于相关理论和模型来描述，这也是产生变形的机制。位错的起源和内部相互作用的描述，就需要用到微观尺度 $L \sim 10^{-7}\mathrm{m}$，甚至原子尺度。

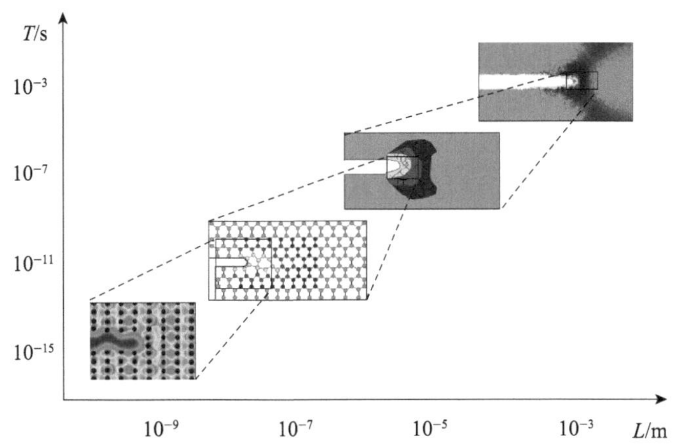

图 6.5.1 材料中断裂和裂纹扩展涉及的不同时空尺度示意图（彩图扫封底二维码）

此外，化学杂质使得材料的裂纹尖端附近原子聚集在一起的原子键会产生影响，为了表征这一现象，就需要包括对离子-电子相互作用的量子力学描述，以便捕获不同类型原子的化学性质。在微观原子尺度，目前比较常用的方式是采用密度泛函理论来模拟，也有尝试运用多尺度-原子-从头算法等理论等进行模拟仿真。在原子尺度和缺陷尺度（如位错、畴边界等）的关联方面，已有一些文献研究是通过准连续介质方法来完成的，能够较逼真地模拟材料的大变形特征。这样，通过不同尺度的建模与分析，才能有效地解决材料多尺度耦合行为以及众多的多尺度模拟问题。

还需要指出的一个重要特征是，以上问题涉及的时间多尺度（包含原子或电子尺度在内）中最重要的一个限制是时间步，是由最小尺度下的动力学行为所决定。原子运动时间尺度一般在 $10^{-15}\mathrm{s}$ 量级，肉眼可见裂纹的扩展时间尺度在 $10^{-6}\mathrm{s}$，可见不同行为特征在时间演化尺度上相差巨大。因此，一些学者提出了以扩展时间尺度来解决时间尺度限制的方法，但总体上多尺度问题目前依然是极具挑战性的基础难题。

6.5.2 空间多尺度的一般离散方法

多场耦合问题需要场与场之间进行数据信息的交换。较简单的一种情形是域耦合问题，所有的场均定义在一个物理空间 Ω 中，并采用统一的空间离散网格和节点。该情形下，耦合是由物理模型所定义的，相同的空间网格和节点在信息传递上一般不导致误差产生。但更为常见的做法是，每一场使用一种离散网格和节点模式，以更好地表征场特征。这些空间离散网格可以完全重叠或者部分重叠，也可以采用额外插值实现场变量在不同网格上的一致性。

对于边界耦合问题，定义在不同的空间域（如 Ω_i，$i=1,2,\cdots$）的不同场通过界面 $\Gamma_{ij}=\Omega_i \cap \Omega_j (i \neq j)$ 耦合。在此情形下，可能存在网格和节点 $\Omega_i^{h_i}$ 和 $\Omega_j^{h_j}$ 在边界处不匹配，则跨越界面的信息传递需要考虑到空间网格不同离散方式所引起的差异。一般而言，在交界面处的信息传递，需要满足局部和全局约束条件，而且大多数情形下局部的守恒约束需要强制满足。另外，通过共同界面在两个不同场之间的信息传递依赖于各个场解的光滑性，离散化方案以及界面两侧网格的匹配性。

由于场变量多以及场域和交界面的复杂性，在采用合场统一模式解法求解此类问题时，往往面临复杂非线性系统的巨量计算和收敛性等问题。一些研究经验表明，采用不同尺度的双网格技术是一种可行方法。如图 6.5.2（a）所示，对于一多孔岩体介质的渗流问题[19]，Ω_1 表示流体自由流动区域，A，B，C 分别表示具有不同渗透率的地层，D 表示断层区域。在流-固界面处，一般需要满足速度法向分量连续以及界面处力的平衡等条件。首先，在离散化比较粗的网格（例如分辨率为 H），求解合场统一模型；然后在细化后的网格基础上（例如分辨率为 H^2）进行分场求解，在交接面处采用粗网格下的全场计算结果。这样可以有效提高计算效率，并能获得较好满足精度要求的解答（图 6.5.2（b））。

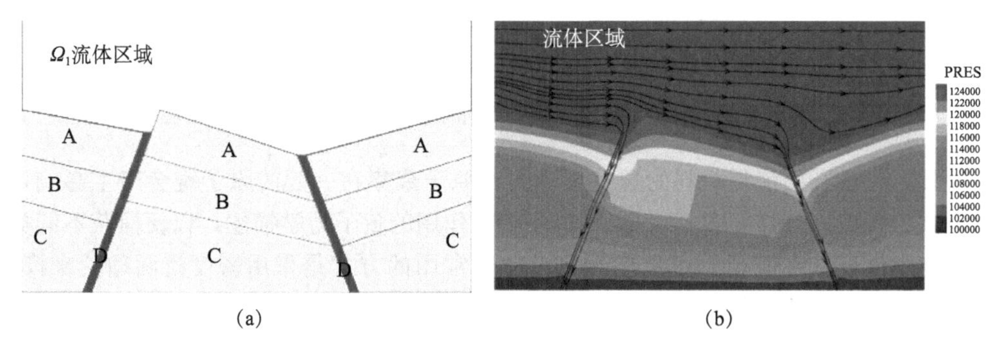

(a)　　(b)

图 6.5.2　多区域多孔岩体介质的渗流问题[19]（彩图扫封底二维码）

(a) 计算区域（含流体、多孔固体介质）；(b) 流体压力和速度云图

对于不同场域界面处的网格不匹配，以及界面处需要满足一些通量或应力条件的问题，Mortar 有限元法是一种新近发展的空间离散化方法[20]。如图 6.5.3 所示，该方法允许将某一场的求解区域划分为若干个子域，在各子域中以最适合子域特征的方式进行空间离散（例如，以不同的网格尺度大小）。在各子域的交界面上，网格和节点无需逐点匹配，可通过建立加权积分形式的 Mortar 条件来保证交界面上的传递条件在分布意义上得到满足。

目前，跨域多个物理尺度的耦合模型与方法依然是具有挑战性的课题。最初，对于空间尺度差异明显问题的处理模式是，较大尺度采用连续介质理论的微分方程模型表示，

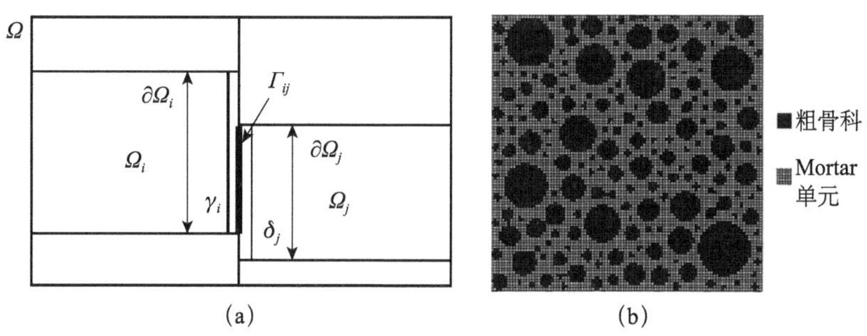

(a)　(b)

图 6.5.3　Mortar 有限元的空间离散化

(a) 不同计算子域及边界处的离散；(b) 多相介质采用不同尺寸的离散

小尺度直接以离散模型（如原子模型）或精细尺度的非均匀连续模型来表征。这样的处理方式在理论上是可行的，但存在强烈的尺度分离，极大地影响了结果的精度和可靠性。新近发展的一些方法，如分层、分级方法，是将信息从精细空间尺度通过“尺度放大”传递到较粗尺度（如提供本构关系信息），是一种很好的尝试。

一种称为并发模式的方法得到了极大关注。该方法在空间尺度上，针对不同模型空间区域的不同部分，同时进行分析与求解；主要用于区域仅很小部分需要原子尺度的模拟（如准连续方法），原子尺度的力学计算主要关注于临界区域。在非临界区域，整个原子群采用少数代表性原子以及一些假设来近似逼近，进而基于单元网格上的形函数来表征场的解。

空间多尺度方法的关键在于建立原子与连续体的关联与桥梁，仅通过不同模型空间域间的连接则往往无法实现。通常需要采用某种形式的重叠区域，使得连续介质和原子模型并存，实现从一个混合模型到另一个模型的过渡。如图 6.5.4 所示，模型的空间计算区域包括了原子域、连续介质区域以及中间过渡层的交接混合或重叠区域。在重叠区域，关键特征函数的选取必须能够实现从原子尺度物理量向连续尺度物理量的转变，具有极大难度。例如，目前只能在接近绝对零度下进行，对于有限温度情形，需要一种有效方法来确定和区别能量中的哪些部分转化为热负载，哪些部分转化为机械负载等。

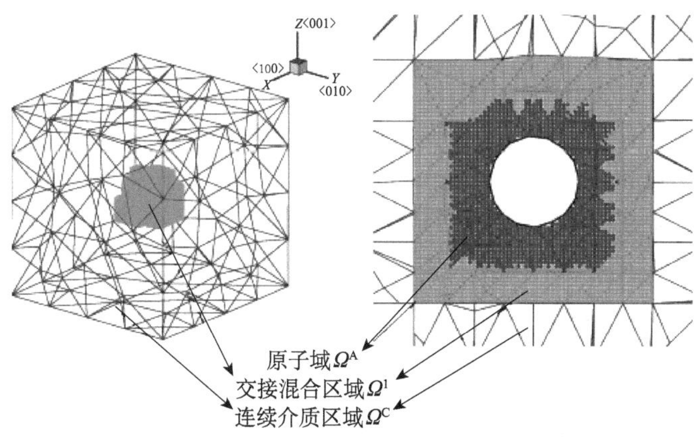

图 6.5.4　空间多尺度的并发模式方法（彩图扫封底二维码）

6.5.3 时间多尺度的一般离散方法

耦合场问题中，依赖于时间连续或非连续的模型均与物理量的时间分辨率密切关联。通常，求解过程中需要按照每个场自身特征、遵从的发展和演化规律，选择合适的时间离散化策略。不同物理过程、不同物理场间的瞬时交换信息，关联的时间尺度可能差异很大，这就要求针对不同场采取不同的时间尺度。

经过空间域离散化后，不同物理场演化过程所得到的半离散形式的常微分方程（如式（6.3.5））一般具有不同的动力学特征，可分为刚性的（stiff）和非刚性的（non-stiff）方程系统。对于刚性方程而言，在时间离散求解时必须选取足够小的时间步长，否则可能造成解的不稳定和精度较差。

考虑同一空间域的不同物理过程，可以采用“加法分解”模式，如下：

$$\frac{\mathrm{d}\boldsymbol{u}}{\mathrm{d}t}=\boldsymbol{F}_1(\boldsymbol{u},t)+\boldsymbol{F}_2(\boldsymbol{u},t) \tag{6.5.1}$$

在时间尺度上，将式（6.5.1）分为快、慢两种尺度，不同方程特征所对应的时间尺度离散和求解方法有所不同。当一个场相对于另一个场具有更快的时间尺度时，一个简单的方法就是选择快时间尺度的倍数来构建慢时间尺度的时间步（图 6.5.5）。

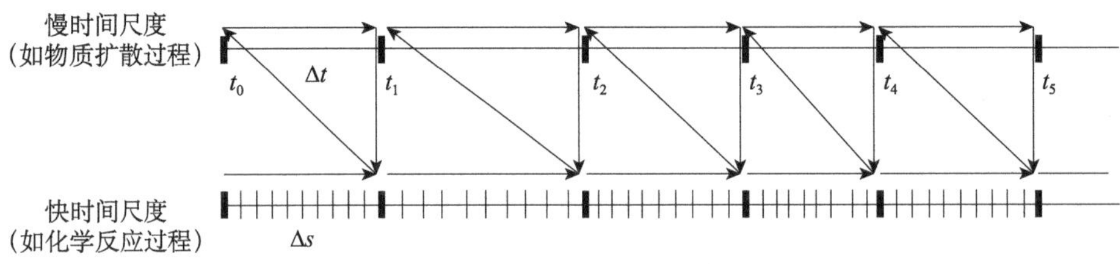

图 6.5.5　不同时间尺度问题的离散

对于不同空间域的场问题情形，其中一部分场变量对应于刚性问题，另一部分对应于非刚性问题，则可以采用“分块分解”模式，如下：

$$\frac{\mathrm{d}\boldsymbol{u}}{\mathrm{d}t}=\{\boldsymbol{F}_1(\boldsymbol{u}_1,t)\quad \boldsymbol{F}_2(\boldsymbol{u}_2,t)\}^{\mathrm{T}} \tag{6.5.2}$$

例如，不同区域内的具有不同速度的流体流动问题，采用式（6.5.2）可以将其分解为两部分。前面所述的时间域离散化和时间步计算方法依然可以采用，但需要特别处理不同区域或者跨时间尺度间的信息交换，确保数值的稳定性和准确性。

隐显多速率（implicit-explicit and multirate，IMEX）算法是目前复杂问题时间域求解中使用较多的一种方法[21]。该方法实质上属于分区算法，可以在求解域的某一部分采用隐式计算格式，另一部分采用显式格式，各取所长，实现计算效率和数值稳定性的均衡。对于所研究问题为非线性或者空间连续性较弱的情形，例如冲击问题，采用显式计算格式往往是高效的。IMEX 的优势还体现在，随着时间域离散化数量级的增加而更为明显。选定一满足计算精度的时间步长，当该时间步长小于计算稳定条件时，采用显式算法来提高计算效率；在计算稳定性不理想的区域，则采用隐式算法来保证计算的可靠性。

应该说在多场耦合问题的数值分析中，选择合适的时间步以保证计算精度是极具挑战性的。在传统的单场问题求解中，成熟的软件模块可以提供诸如重启动以及时间步控制选项（例如手动、半自动和自动等步长选择等）；而当涉及多个物理场模型时，不同场、不同模块之间的时间步控制会异常复杂，很难形成通用性的计算与控制程式。例如，在裂变反应堆的燃料反应过程中，宏观结构模型与介观物质模型在时间尺度上相差可超过 6 个数量级；材料介观尺度上的性质演变直接影响到宏观尺度的行为，但介观模型的时间尺度很难实现大范围的跨越；针对燃料性能表征而言，采用皮秒级的时间步长分析也不切实际。因此，有必要发展和运用高阶时间积分算法来支持更大的介观尺度时间步以及迭代运算，实现跨越尺度的模拟。

6.6 耦合及多非线性问题的数值方法

越来越多的科学研究需要考虑非线性效应，许多工程问题涉及复杂的材料非线性响应，以及结构大范围、大幅度的几何非线性变形行为等。在复杂电路、电力系统，甚至社会经济和规划问题中，也有大量的非线性问题。在多场问题中，各个场内部可能存在非线性效应，各个场之间的相互作用也可能是非线性的。这些大量的工程实际问题包括多场耦合问题，均涉及非线性微分方程，虽然其中的某些特定问题可以通过理论方法得到解的存在和稳定性等定性特征，而解析解答的获得几无可能，因而数值方法依然是目前重要的求解途径。

早在 20 世纪 60、70 年代，许多数学家、结构工程专家就开始致力于非线性方程的数值求解，提出了一些经典方法，如二分法、简单迭代法、割线法、牛顿迭代法等。之后，高速、大存储计算机技术的快速发展，为众多复杂问题的定量化研究提供了可能性；同时，求解更大规模、更多非线性效应的问题变得更为紧迫。在 21 世纪初期，非线性方程的高效数值解法又获得人们的广泛关注，并促使相关研究的深入。

本章前面几节中，介绍了将多场耦合问题对应的微分方程进行空间、时间离散化，最终转换为代数方程系统，进而可借助计算机编程进行求解。如果问题是非线性的，则最终获得高维的非线性代数方程组。结合现代计算数学和计算机技术，一些实用的、获得较好实证的高效计算方法成为求解非线性问题的主流。

本节将介绍几类经典的非线性方程组的求解方法，以期读者在自己所遇到的问题中借鉴或直接使用。

6.6.1 非线性代数方程组的一般形式

不论是什么样的多场耦合问题，其对应的复杂、高维问题的偏微分方程系统经过适当的空间和时间离散化后，均可以转化为多变量的代数方程系统。

对于一组由 N 个待求未知量 $\{u_i\}$，$i=1,2,\cdots,N$（其可表示在研究区域内的任一点、任一时刻对应的场变量）组成的非线性方程系统，其一般形式可表示为

$$\begin{cases} f_1(u_1,u_2,\cdots,u_N)=0 \\ f_2(u_1,u_2,\cdots,u_N)=0 \\ \cdots\cdots \\ f_N(u_1,u_2,\cdots,u_N)=0 \end{cases} \tag{6.6.1}$$

其中，$f_i(u_1,u_2,\cdots,u_N)$，$i=1,2,\cdots,N$ 是定义在域 $\mathbb{R}^N$ 上的实值函数，并且 f_i 中至少一个方程是非线性的。

延续前面章节的矩阵或矢量描述方式，这里采用以下记号：

$$\boldsymbol{u}=\{u_1,u_2,\cdots,u_N\}^{\mathrm{T}}, \quad \boldsymbol{F}=\{f_1,f_2,\cdots,f_N\}^{\mathrm{T}} \tag{6.6.2}$$

则式（6.6.1）可另写为

$$\boldsymbol{F}(\boldsymbol{u})=\boldsymbol{0} \tag{6.6.3}$$

其中，$\boldsymbol{F}$：$D\subset\mathbb{R}^N\to\mathbb{R}^N$ 为定义在 $D\subset\mathbb{R}^N$ 上且取值为 $\mathbb{R}^N$ 的非线性映射，或向量函数。

若存在 $\boldsymbol{u}^*\subset\mathbb{R}^N$，使得式（6.6.3）成立，即 $\boldsymbol{F}(\boldsymbol{u}^*)=\boldsymbol{0}$，则称 $\boldsymbol{u}^*$ 为非线性方程系统（6.6.3）的一个解。

在第 5 章，介绍了耦合场问题常用的两类基本求解方法，分别是分场降维法、合场统一法。在经过空间、时间离散化后（若问题为静态或者准静态的，不含时间依赖性，则不需要进行时间离散），若问题是非线性的，则最终均会转化为非线性代数方程系统，但两类耦合解法所对应方程的具体形式会有所不同。

1. 分场降维法对应的方程形式

对于分场降维解法，各个场是相对单独地进行建模和离散化，不同场中的相关信息会出现在其他场量的方程中。这里以两场耦合问题为例，介绍其一般的离散化的方程形式。

假设“场 1”离散化的场变量为 $\{u_{1i}\}$，$i=1,2,\cdots,N_1$，“场 2”对应的场变量为 $\{u_{2i}\}$，$i=1,2,\cdots,N_2$，分别可记为矩阵或矢量形式：$\boldsymbol{u}_1$，$\boldsymbol{u}_2$。两场各自离散后的非线性代数方程分别为

$$\boldsymbol{F}_1(\boldsymbol{u}_1,\boldsymbol{u}_2)=\boldsymbol{0} \tag{6.6.4}$$

$$\boldsymbol{F}_2(\boldsymbol{u}_2,\boldsymbol{u}_1)=\boldsymbol{0} \tag{6.6.5}$$

其中，“场 1”方程 $\boldsymbol{F}_1$ 中包含了“场 2”的变量信息 $\boldsymbol{u}_2$；“场 2”方程 $\boldsymbol{F}_2$ 中包含了“场 1”的变量信息 $\boldsymbol{u}_1$。每一场中会包含另一场的场量信息，这是由两场间相互影响的耦合效应所致。这些信息可以是场区域内部的，也可以是在交界面上的。

由于两个场变量均含在两个方程中，则需要联立求解，即写为统一的形式：

$$\boldsymbol{F}_{12}(\boldsymbol{u}_{12})=\boldsymbol{0} \tag{6.6.6}$$

其中，

$$\boldsymbol{u}_{12}=\{\boldsymbol{u}_1,\boldsymbol{u}_2\}^{\mathrm{T}}, \quad \boldsymbol{F}_{12}(\boldsymbol{u}_{12})=\boldsymbol{F}_{12}(\boldsymbol{u}_1,\boldsymbol{u}_2)=\begin{bmatrix}\boldsymbol{F}_1(\boldsymbol{u}_1,\boldsymbol{u}_2)\\ \boldsymbol{F}_2(\boldsymbol{u}_2,\boldsymbol{u}_1)\end{bmatrix} \tag{6.6.7}$$

该方程组的总数为 $\bar{N}=N_1+N_2$，维数高于单独的方程组 $\boldsymbol{F}_1$（数目为 N_1）、$\boldsymbol{F}_2$（数目为 N_2）。

若“场 2”的变量 $\boldsymbol{u}_2$ 对于“场 1”方程 $\boldsymbol{F}_1$ 的影响较弱，则这些变量是以线性项出现

的；同样地，“场 1”的变量$\boldsymbol{u}_1$对于“场 2”方程$\boldsymbol{F}_2$的影响较弱，也是以线性项出现的，此时就可以采用比较松散的方式分别求解两个非线性方程。

在方程$\boldsymbol{F}_1$的求解中，假设关于“场 2”的场变量是预先知道的（或一预估值，如$\tilde{\boldsymbol{u}}_2$），即

$$\boldsymbol{F}_1(\boldsymbol{u}_1,\tilde{\boldsymbol{u}}_2)=\boldsymbol{0} \tag{6.6.8}$$

采用合适的方法求解该非线性方程，则可获得解答$\boldsymbol{u}_1$。

同理，在方程$\boldsymbol{F}_2$的求解中，假设关于“场 1”的变量是预先知道的（或预估值$\tilde{\boldsymbol{u}}_1$），即

$$\boldsymbol{F}_2(\boldsymbol{u}_2,\tilde{\boldsymbol{u}}_1)=\boldsymbol{0} \tag{6.6.9}$$

求解该非线性方程，则可获得解答$\boldsymbol{u}_2$。

值得注意的是，显然这样的解答并没有真正满足式（6.6.4）和式（6.6.5）。对此，可以采用交错迭代的方式，分别求解获得新解并不断修正两场的预估值（如$\tilde{\boldsymbol{u}}_1$，$\tilde{\boldsymbol{u}}_2$），直到这些场变量均能近似满足两组方程为止。

图 6.6.1 给出了两个非线性方程的这一交错迭代求解过程。

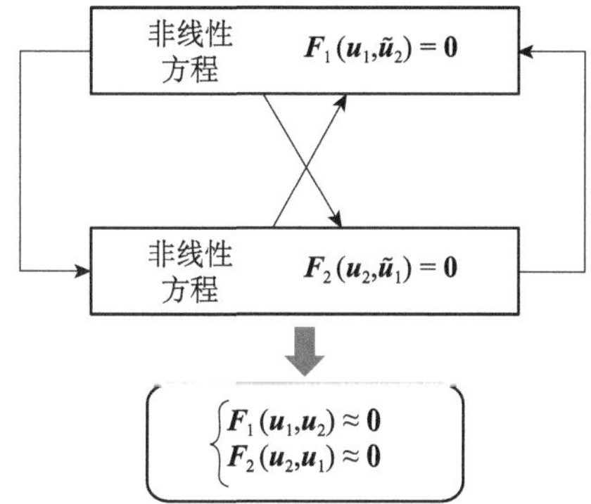

图 6.6.1　分场降维解法中的非线性方程交错迭代过程

2. 合场统一法对应的方程形式

对于合场统一的耦合问题解法，“场 1”和“场 2”是作为一个整体进行离散化的，对应的场变量直接包含了两场变量，可表示为

$$\bar{\boldsymbol{u}}=\{u_{11},u_{12},\cdots,u_{1N_1},u_{21},u_{22},\cdots,u_{2N_2}\}^{\mathrm{T}} \tag{6.6.10}$$

则非线性代数方程可表示为

$$\bar{\boldsymbol{F}}(\bar{\boldsymbol{u}})=\boldsymbol{0} \tag{6.6.11}$$

可以看出，这一方法最终获得一个包含了所有场变量的、统一的非线性代数方程组。这一方程形式也与前面讨论的非线性方程一般形式（6.6.3）是相一致的，因此求解方式也是类似的。

6.6.2　解非线性方程组的基本概念及几类经典方法

求解非线性方程由来已久，科学家先后发展了多种有效的数值方法，并依然在不断

地改进和完善。这里，首先介绍几个与非线性方程关联的基本概念。

1. 一些基本概念

1）连续性和可导性

设 $\boldsymbol{F}: D\subset\mathbb{R}^N\to\mathbb{R}^N$ 是闭域 $D_0\subset D$ 的映射，则对于 $\forall\boldsymbol{u},\ \boldsymbol{w}\in D_0$，存在常数 $L>0$，使得如下关系成立：

$$\|\boldsymbol{F}(\boldsymbol{u})-\boldsymbol{F}(\boldsymbol{w})\|\leqslant L\|\boldsymbol{u}-\boldsymbol{w}\|^p \tag{6.6.12}$$

如果 $0<p<1$，则称 $\boldsymbol{F}(\boldsymbol{u})$ 在 D_0 上赫尔德（Hölder）连续；如果 $p=1$，则称为 Lipschitz 连续[22]。

设 $\boldsymbol{F}: D\subset\mathbb{R}^N\to\mathbb{R}^N$，对于 D 内的 $\boldsymbol{u}$ 以及 $\forall\boldsymbol{\delta}\in\mathbb{R}^N$，若存在 $\boldsymbol{A}(\boldsymbol{u})\in\mathbb{R}^{N\times N}$，并有

$$\lim_{\boldsymbol{\delta}\to 0}\frac{\|\boldsymbol{F}(\boldsymbol{u}+\boldsymbol{\delta})-\boldsymbol{F}(\boldsymbol{u})-\boldsymbol{A}(\boldsymbol{u})\boldsymbol{\delta}\|}{\|\boldsymbol{\delta}\|}=0 \tag{6.6.13}$$

则称 $\boldsymbol{F}(\boldsymbol{u})$ 在 $\boldsymbol{u}$ 处弗雷歇（Fréchet）可导（简称可导），$\boldsymbol{A}(\boldsymbol{u})$ 称为 $\boldsymbol{F}(\boldsymbol{u})$ 的导数，即

$$\boldsymbol{F}'(\boldsymbol{u})=\boldsymbol{A}(\boldsymbol{u}) \tag{6.6.14}$$

如果 $\boldsymbol{F}(\boldsymbol{u})$ 在 $\boldsymbol{u}$ 处可导，则 $\boldsymbol{F}(\boldsymbol{u})$ 的分量函数 $f_i(i=1,2,\cdots,N)$ 的偏导数存在，并且称 $\boldsymbol{F}'(\boldsymbol{u})$ 为雅可比（Jacobian）矩阵，即

$$\boldsymbol{F}'(\boldsymbol{u})=\begin{bmatrix}\dfrac{\partial f_1(\boldsymbol{u})}{\partial u_1} & \dfrac{\partial f_1(\boldsymbol{u})}{\partial u_2} & \cdots & \dfrac{\partial f_1(\boldsymbol{u})}{\partial u_N}\\ \dfrac{\partial f_2(\boldsymbol{u})}{\partial u_1} & \dfrac{\partial f_2(\boldsymbol{u})}{\partial u_2} & \cdots & \dfrac{\partial f_2(\boldsymbol{u})}{\partial u_N}\\ \vdots & \vdots & \ddots & \vdots\\ \dfrac{\partial f_N(\boldsymbol{u})}{\partial u_1} & \dfrac{\partial f_N(\boldsymbol{u})}{\partial u_2} & \cdots & \dfrac{\partial f_N(\boldsymbol{u})}{\partial u_N}\end{bmatrix} \tag{6.6.15}$$

设映射 $\boldsymbol{F}: D\subset\mathbb{R}^N\to\mathbb{R}^N$ 是可导的，如果 $\boldsymbol{F}'(\boldsymbol{u})$ 在 $\boldsymbol{u}$ 处亦可导，则称 $\boldsymbol{F}(\boldsymbol{u})$ 有二阶导数，记为 $\boldsymbol{F}''(\boldsymbol{u})$。由于 $\boldsymbol{F}'(\boldsymbol{u})\in\mathbb{R}^{N\times N}$，$\boldsymbol{F}''(\boldsymbol{u})$ 也称为双重线性算子。

根据式（6.6.13），$\boldsymbol{F}(\boldsymbol{u})$ 的二阶导数可定义如下：

$$\lim_{\boldsymbol{\delta}\to 0}\frac{\|\boldsymbol{F}'(\boldsymbol{u}+\boldsymbol{\delta})-\boldsymbol{F}'(\boldsymbol{u})-\boldsymbol{H}(\boldsymbol{u})\boldsymbol{\delta}\|}{\|\boldsymbol{\delta}\|}=0 \tag{6.6.16}$$

其中，$\boldsymbol{H}$ 称为黑塞（Hessian）矩阵，具体表示为

$$\boldsymbol{F}''(\boldsymbol{u})\boldsymbol{\delta}=[\boldsymbol{H}_1(\boldsymbol{u})\boldsymbol{\delta}\quad\cdots\quad\boldsymbol{H}_N(\boldsymbol{u})\boldsymbol{\delta}]^{\mathrm{T}} \tag{6.6.17}$$

式中，

$$\boldsymbol{H}_i(\boldsymbol{u})=\begin{bmatrix}\dfrac{\partial^2 f_i(\boldsymbol{u})}{\partial u_1\partial u_1} & \dfrac{\partial^2 f_i(\boldsymbol{u})}{\partial u_2\partial u_1} & \cdots & \dfrac{\partial^2 f_i(\boldsymbol{u})}{\partial u_N\partial u_1}\\ \dfrac{\partial^2 f_i(\boldsymbol{u})}{\partial u_1\partial u_2} & \dfrac{\partial^2 f_i(\boldsymbol{u})}{\partial u_2\partial u_2} & \cdots & \dfrac{\partial^2 f_i(\boldsymbol{u})}{\partial u_N\partial u_2}\\ \vdots & \vdots & \ddots & \vdots\\ \dfrac{\partial^2 f_i(\boldsymbol{u})}{\partial u_1\partial u_N} & \dfrac{\partial^2 f_i(\boldsymbol{u})}{\partial u_2\partial u_N} & \cdots & \dfrac{\partial^2 f_i(\boldsymbol{u})}{\partial u_N\partial u_N}\end{bmatrix},\quad i=1,2,\cdots,N \tag{6.6.18}$$

同理，我们还可以定义更高阶导数。例如，n 阶导数：

$$\boldsymbol{F}^{(n)}(\boldsymbol{u})=[\boldsymbol{F}^{(n-1)}(\boldsymbol{u})]' \tag{6.6.19}$$

2）收敛性和收敛阶

非线性问题的求解，一般没有通用的某种方法能适合所有问题。因而，根据问题的特点，尝试采用各式各样的迭代算法，或者基于已有研究经验选择较为可行的算法，就显得尤为重要。

对于一个迭代序列 $\{\boldsymbol{u}^k\}$，$k=1,2,3,\cdots$，其能否收敛，收敛的速度如何，等等，这些均是非线性计算成败的关键和算法高效性所最为关注的。

假设一迭代序列收敛于 $\boldsymbol{u}^*$，且存在 $q\geqslant 1$ 以及常数 $\eta>0$，使得当 $k>k_0$ 时，满足如下关系式：

$$\|\boldsymbol{u}^{k+1}-\boldsymbol{u}^*\|\leqslant\eta\|\boldsymbol{u}^k-\boldsymbol{u}^*\|^q \tag{6.6.20}$$

则称迭代序列 $\{\boldsymbol{u}^k\}$ 至少 q 阶收敛。当 $q=1$，$1>\eta>0$ 时，迭代序列 $\{\boldsymbol{u}^k\}$ 线性收敛；当 $q=2$，$\eta>0$ 时，迭代序列 $\{\boldsymbol{u}^k\}$ 为平方收敛。

若引入迭代误差 $\boldsymbol{e}^k=\boldsymbol{u}^k-\boldsymbol{u}^*$，则关系式（6.6.20）可以等价为如下形式：

$$\lim_{k\to\infty}\|\boldsymbol{e}^{k+1}\|/\|\boldsymbol{e}^k\|^q=C \tag{6.6.21}$$

其中，$C\neq 0$ 为一常数。

在数值求解方程过程中常常需要进行误差估计，泰勒（Taylor）定理是一类常用和有效的数学工具。

设 $\boldsymbol{F}(\boldsymbol{u})$ 在区域 $U(\boldsymbol{u}_0,r)$，$r>0$ 上具有 n 次 Fréchet 可导，对于 $\forall\ \boldsymbol{u}_1\in U(\boldsymbol{u}_0,r)$ 且 $\boldsymbol{F}^{(n)}(\boldsymbol{u})$ 在 $\boldsymbol{u}_0$，$\boldsymbol{u}_1$ 可积分，则有

$$\boldsymbol{F}(\boldsymbol{u}_1)=\boldsymbol{F}(\boldsymbol{u}_0)+\sum_{k=1}^{n-1}\frac{1}{k!}\boldsymbol{F}^{(k)}(\boldsymbol{u}_0)(\boldsymbol{u}_1-\boldsymbol{u}_0)^k+\boldsymbol{R}_n(\boldsymbol{u}_0,\boldsymbol{u}_1) \tag{6.6.22}$$

其中，展开式中的余项表示如下：

$$\boldsymbol{R}_n(\boldsymbol{u}_0,\boldsymbol{u}_1)=\int_0^1\boldsymbol{F}^{(n)}[\boldsymbol{u}_0+\zeta(\boldsymbol{u}_1-\boldsymbol{u}_0)](\boldsymbol{u}_1-\boldsymbol{u}_0)^n\frac{(1-\zeta)^{n-1}}{(n-1)!}\mathrm{d}\zeta \tag{6.6.23}$$

在数值分析中，若迭代法所产生的逐次逼近能保证在初始值足够接近解的情况下收敛于解，则称该迭代法为局部收敛的。对任意初始值均能收敛的迭代法称为全局收敛的。

2. 牛顿-拉弗森法

在很多实际问题的数学化处理与求解中，往往将问题转化为不动点问题以及构造高效的不动点迭代算法来获得解答，但一般情况下该算法的迭代序列大多是线性收敛的。

最为经典的求解方法是牛顿法，其由单变量方程的求解方法推广而来，具有收敛速度快等优点，至今仍然是一类常用的解法。很多新发展的算法有相当一部分是针对牛顿法的改进或拓展而来[23]。

对于非线性方程式（6.6.3）或式（6.6.11），设 $\boldsymbol{u}^k=\{u_1^k,u_2^k,\cdots,u_N^k\}^{\mathrm{T}}$ 是其一个近似解，将 $\boldsymbol{F}(\boldsymbol{u})$ 在 $\boldsymbol{u}^k$ 处线性展开，可得到

$$\boldsymbol{F}(\boldsymbol{u})\approx\boldsymbol{F}(\boldsymbol{u}^k)+\boldsymbol{F}'(\boldsymbol{u}^k)(\boldsymbol{u}-\boldsymbol{u}^k)=\boldsymbol{0} \tag{6.6.24}$$

当雅可比矩阵 $\boldsymbol{F}'(\boldsymbol{u}^k)$ 非奇异时，式（6.6.24）可表示为如下的迭代格式：

$$\boldsymbol{u}^{k+1}=\boldsymbol{u}^k-[\boldsymbol{F}'(\boldsymbol{u}^k)]^{-1}\boldsymbol{F}(\boldsymbol{u}^k) \tag{6.6.25}$$

该式称为解非线性方程式（6.6.3）或式（6.6.11）的牛顿-拉弗森法（Newton-Raphson method），其中的迭代步为 $k=0,1,2,\cdots$ 。

牛顿-拉弗森法的优点是收敛速度快，收敛阶为二阶。也就是说，对于足够大的迭代步数 k ，有

$$\| \boldsymbol{e}^{k+1} \| = O(\| \boldsymbol{e}^{k} \|^{2}) \tag{6.6.26}$$

但是，该方法具有局部收敛特性。若初始值 $\boldsymbol{u}^0$ 不在解的小邻域内，则牛顿-拉弗森迭代可能不收敛，得到发散序列。这里的“小邻域”或者初始值足够靠近解可表示如下[24]：

$$\| \boldsymbol{u}^{0} - \boldsymbol{u}^{*} \| \leqslant \min\left\{ \frac{\| \boldsymbol{F}'(\boldsymbol{u}^{*})^{-1} \|^{-1}}{2L},\ \rho^{*} \right\} \tag{6.6.27}$$

其中，L 为 Lipschitz 常数；ρ^* 表示以 $\boldsymbol{u}^*$ 为球心并且满足 $\boldsymbol{F}'$ 的 Lipschitz 连续条件的半径。

针对牛顿-拉弗森法中初始值 $\boldsymbol{u}^0$ 的限制，常用的一个改进方法是引入参数 $\beta_k > 0$，将迭代式（6.6.25）改写为

$$\boldsymbol{u}^{k+1} = \boldsymbol{u}^{k} - \beta_{k} [\boldsymbol{F}'(\boldsymbol{u}^{k})]^{-1} \boldsymbol{F}(\boldsymbol{u}^{k}) \tag{6.6.28}$$

选择合适的 $1 \geqslant \beta_k > 0$，使得

$$\| \boldsymbol{F}(\boldsymbol{u}^{k+1}) \| \leqslant \| \boldsymbol{F}(\boldsymbol{u}^{k}) \| \tag{6.6.29}$$

则迭代式（6.6.28）称为牛顿下山法（Newton down-hill method）。在迭代过程中，要求每次迭代得到的值与其前一步进行模的比较，确保每一次迭代后的近似值的模小于前一次的。

一般而言，牛顿法并不能保证这一条件总能成立，但是选择合适的参数 β_k 后可使得式（6.6.29）始终成立，因而这一改进方法减弱了牛顿法对初始近似值的限制。在实际的计算中，可以每个迭代步选取 $\beta_k = 1, 1/2, 1/4, \cdots$ ，直到不等式（6.6.29）获得满足为止。这样的迭代过程，一般会增加计算工作量，且收敛性降低为线性的，但很好地克服了初始值的选择困难。

此外，牛顿-拉弗森迭代过程中需要 $\boldsymbol{F}'(\boldsymbol{u}^k)$ 为非奇异的，当 $\boldsymbol{F}'(\boldsymbol{u}^k)$ 接近奇异或者严重病态时，可能导致迭代过程无法继续。为了解决这一问题，可以引入另一阻尼参数 d_k ，将迭代式（6.6.25）改写为

$$\boldsymbol{u}^{k+1} = \boldsymbol{u}^{k} - [\boldsymbol{F}'(\boldsymbol{u}^{k}) + d_{k}\boldsymbol{I}]^{-1} \boldsymbol{F}(\boldsymbol{u}^{k}) \tag{6.6.30}$$

这里，$\boldsymbol{I}$ 为单位矩阵。

该修正的迭代算法称为阻尼牛顿法（damped Newton method）。通过选取适当的阻尼参数，可使得 $[\boldsymbol{F}'(\boldsymbol{u}^k) + d_k\boldsymbol{I}]$ 为非奇异。

3. 拟牛顿布罗伊登（Broyden）法

牛顿法需要每个迭代步进行雅可比矩阵 $\boldsymbol{F}'(\boldsymbol{u}^k)$ 的计算。对于高维非线性方程，变量达到上百万、上亿的方程而言，计算耗时巨大。为了不必每步都计算 $\boldsymbol{F}'(\boldsymbol{u}^k)$ ，而且保持超线性收敛，科学家提出了一类拟牛顿的改进方法[23, 25]。

该方法采用较为简单的矩阵 $\boldsymbol{B}_k$ 来近似替代 $\boldsymbol{F}'(\boldsymbol{u}^k)$ ，则迭代公式（6.6.25）变为

$$\boldsymbol{u}^{k+1} = \boldsymbol{u}^{k} - [\boldsymbol{B}_{k}]^{-1} \boldsymbol{F}(\boldsymbol{u}^{k}) \tag{6.6.31}$$

一般情形下，矩阵 $\boldsymbol{B}_k$ 依赖于 $\boldsymbol{F}(\boldsymbol{u}^k)$ 和 $\boldsymbol{F}'(\boldsymbol{u}^k)$ 。

为进一步避免每个迭代步重新计算这一矩阵，$\boldsymbol{B}_{k+1}$ 由 $\boldsymbol{B}_k$ 的一个低秩修正矩阵来获得

$$\boldsymbol{B}_{k+1}=\boldsymbol{B}_k+\Delta\boldsymbol{B}_k \tag{6.6.32}$$

其中，$\Delta\boldsymbol{B}_k$ 表示秩为 m 的修正矩阵，即

$$\operatorname{rank}(\Delta\boldsymbol{B}_k)=m\geqslant 1 \tag{6.6.33}$$

并且，$\boldsymbol{B}_{k+1}$ 需满足

$$\boldsymbol{B}_{k+1}(\boldsymbol{u}^{k+1}-\boldsymbol{u}^k)=\boldsymbol{F}(\boldsymbol{u}^{k+1})-\boldsymbol{F}(\boldsymbol{u}^k) \tag{6.6.34}$$

对于 $\Delta\boldsymbol{B}_k$，一般可以有不同的取法和构造形式，从而可以得到不同的拟牛顿算法。常用的有“秩 1”和“秩 2”算法。

构造“秩 1”的算法如下：

$$\Delta\boldsymbol{B}_k=\frac{(\delta\boldsymbol{F}_k-\boldsymbol{B}_k\delta\boldsymbol{u}^k)(\delta\boldsymbol{u}^k)^{\mathrm{T}}}{(\delta\boldsymbol{u}^k)^{\mathrm{T}}\delta\boldsymbol{u}^k} \tag{6.6.35}$$

其中，

$$\delta\boldsymbol{u}^k=\boldsymbol{u}^{k+1}-\boldsymbol{u}^k,\qquad \delta\boldsymbol{F}_k=\boldsymbol{F}(\boldsymbol{u}^{k+1})-\boldsymbol{F}(\boldsymbol{u}^k) \tag{6.6.36}$$

基于这样的构造方法，式（6.6.35）可自动满足条件（6.6.34）。

进而，可得迭代格式为

$$\begin{cases}\boldsymbol{u}^{k+1}=\boldsymbol{u}^k-[\boldsymbol{B}_k]^{-1}\boldsymbol{F}(\boldsymbol{u}^k)\\[2mm] \boldsymbol{B}_{k+1}=\boldsymbol{B}_k+\dfrac{1}{(\delta\boldsymbol{u}^k)^{\mathrm{T}}\delta\boldsymbol{u}^k}(\delta\boldsymbol{F}_k-\boldsymbol{B}_k\delta\boldsymbol{u}^k)(\delta\boldsymbol{u}^k)^{\mathrm{T}}\end{cases} \tag{6.6.37}$$

该算法称为“Broyden 秩 1”方法。

基于相关理论，也可以建立“秩 2”的迭代格式：

$$\begin{cases}\boldsymbol{u}^{k+1}=\boldsymbol{u}^k-[\boldsymbol{B}_k]^{-1}\boldsymbol{F}(\boldsymbol{u}^k)\\[2mm] \boldsymbol{B}_{k+1}=\boldsymbol{B}_k+\dfrac{\delta\boldsymbol{F}_k(\delta\boldsymbol{u}^k)^{\mathrm{T}}}{(\delta\boldsymbol{u}^k)^{\mathrm{T}}\delta\boldsymbol{u}^k}-\dfrac{\boldsymbol{B}_k\delta\boldsymbol{u}^k(\delta\boldsymbol{F}_k)^{\mathrm{T}}\boldsymbol{B}_k}{(\delta\boldsymbol{F}_k)^{\mathrm{T}}\boldsymbol{B}_k\delta\boldsymbol{u}^k}\end{cases} \tag{6.6.38}$$

4. 同伦延拓法

同伦延拓法（homotopic continuation method，HCM）是一类扩大非线性问题收敛域的有效方法[26]。该方法的主要思想是通过引入参数来构造一族同伦映射，实现从任意点出发，通过延拓获得非线性方程的解。

引入参数 $\lambda(0\leqslant\lambda\leqslant 1)$，构造一族同伦映射 $\boldsymbol{H}$：$D\times[0,1]\subset\mathbb{R}^{N+1}\to\mathbb{R}^N$ 代替原有的映射 $\boldsymbol{F}$：$D\subset\mathbb{R}^N\to\mathbb{R}^N$，并使得如下条件满足：

$$\boldsymbol{H}(\boldsymbol{u}^0,0)=\boldsymbol{0},\qquad \boldsymbol{H}(\boldsymbol{u},1)=\boldsymbol{F}(\boldsymbol{u}) \tag{6.6.39}$$

显然，当 $\lambda=0$ 时，$\boldsymbol{H}(\boldsymbol{u}^0,0)=\boldsymbol{0}$ 的解 $\boldsymbol{u}^0$ 已知；当 $\lambda=1$ 时，$\boldsymbol{H}(\boldsymbol{u},1)=\boldsymbol{F}(\boldsymbol{u})=\boldsymbol{0}$ 的解（记为 $\boldsymbol{u}^*$）就是原非线性方程式（6.6.3）或者式（6.6.11）的解。

考虑同伦延拓方程：

$$\boldsymbol{H}(\boldsymbol{u},\lambda)=\boldsymbol{0}\qquad(\lambda\in[0,1];\ \boldsymbol{u}\in D\subset\mathbb{R}^N) \tag{6.6.40}$$

如果对于每一个参数 λ，式（6.6.40）有解 $\boldsymbol{u}(\lambda)$，$\boldsymbol{u}$：$[0,1]\to D$ 连续，则这是关于参数 $\lambda\in[0,1]$ 在 $\mathbb{R}^{N+1}$ 中的一条曲线。如图 6.6.2 所示，记该曲线的一端为已知点 $(\boldsymbol{u}^0,0)$，另一端为点 $(\boldsymbol{u}^*,1)$，其中 $\boldsymbol{u}^*$ 为原方程的解。

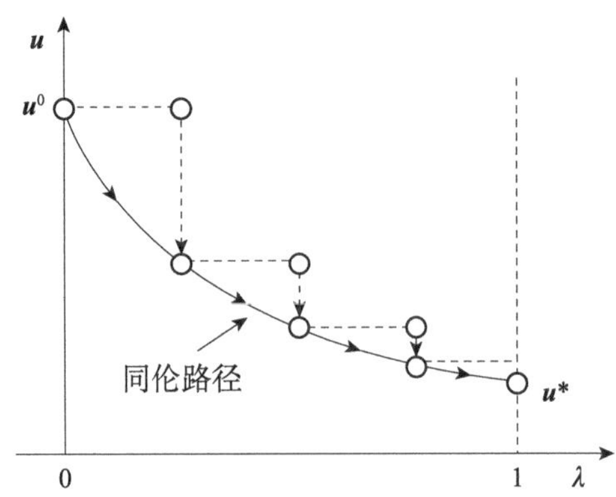

图 6.6.2 同伦延拓法求解示意图

满足条件（6.6.39）的同伦延拓方程一般具有各种不同的形式，比较常用的选取形式为

$$\boldsymbol{H}(\boldsymbol{u},\lambda)=\boldsymbol{F}(\boldsymbol{u})+(\lambda-1)\boldsymbol{F}(\boldsymbol{u}^0) \tag{6.6.41}$$

称为牛顿同伦法。

若选取

$$\boldsymbol{H}(\boldsymbol{u},\lambda)=\lambda\boldsymbol{F}(\boldsymbol{u})+(1-\lambda)\boldsymbol{A}(\boldsymbol{u}-\boldsymbol{u}^0) \tag{6.6.42}$$

其中，$\boldsymbol{A}\in\mathbb{R}^{N\times N}$ 是非奇异的，则该方程称为凸同伦法。

求解同伦延拓方程的数值方法通常有数值延拓法和参数微分法，以下分别予以简要介绍。

1）*数值延拓法*

首先进行参数的离散化，将 λ 在区间 $[0,1]$ 中进行如下离散：

$$0=\lambda_0<\lambda_1<\cdots<\lambda_M=1 \tag{6.6.43}$$

进而，同伦延拓方程（6.6.40）可另写为

$$\boldsymbol{H}(\boldsymbol{u},\lambda_j)=\boldsymbol{0} \tag{6.6.44}$$

其中，$j=0$ 时的方程组解 $\boldsymbol{u}^0$ 为已知，可将其作为 $j=1$ 时方程组的解 $\boldsymbol{u}^1$ 的近似。依此类推，可将第 $j-1$ 个方程的解 $\boldsymbol{u}^{j-1}$ 作为第 j 个方程的初始近似。

采用牛顿法进行迭代计算，如下：

$$\boldsymbol{u}^{j,k+1}=\boldsymbol{u}^{j,k}-\left[\frac{\partial\boldsymbol{H}(\boldsymbol{u}^{j,k},\lambda_j)}{\partial\boldsymbol{u}}\right]^{-1}\boldsymbol{H}(\boldsymbol{u}^{j,k},\lambda_j),\quad k=0,1,\cdots,k_j-1 \tag{6.6.45}$$

其中

$$\boldsymbol{u}^{j,0}=\boldsymbol{u}^{j-1},\quad \boldsymbol{u}^{j,k_j}=\boldsymbol{u}^j,\quad j=0,1,2,\cdots,M \tag{6.6.46}$$

在获得 $\boldsymbol{u}^M$（对应于 $\lambda_M=1$）后，继续进行迭代计算：

$$\boldsymbol{u}^{j+1}=\boldsymbol{u}^j-\left[\frac{\partial\boldsymbol{H}(\boldsymbol{u}^j,1)}{\partial\boldsymbol{u}}\right]^{-1}\boldsymbol{H}(\boldsymbol{u}^j,1),\quad j=M,M+1,\cdots \tag{6.6.47}$$

直到收敛并获得方程的解 $\boldsymbol{u}^*$ 。

2）*参数微分法*

对于同伦延拓方程（6.6.40）关于参数 λ 进行微分运算，则得

$$\frac{\partial \boldsymbol{H}(\boldsymbol{u},\lambda)}{\partial \boldsymbol{u}}\frac{\mathrm{d}\boldsymbol{u}}{\mathrm{d}\lambda}+\frac{\partial \boldsymbol{H}(\boldsymbol{u},\lambda)}{\partial \lambda}=\boldsymbol{0} \tag{6.6.48}$$

进而可化为微分方程初值问题

$$\begin{cases}\dfrac{\mathrm{d}\boldsymbol{u}}{\mathrm{d}\lambda}=-\left[\dfrac{\partial \boldsymbol{H}(\boldsymbol{u},\lambda)}{\partial \boldsymbol{u}}\right]^{-1}\dfrac{\partial \boldsymbol{H}(\boldsymbol{u},\lambda)}{\partial \lambda}, \quad 0\leqslant\lambda\leqslant 1\\ \boldsymbol{u}(0)=\boldsymbol{u}^0\end{cases} \tag{6.6.49}$$

对于此问题，可以采用发展较为成熟的常微分方程初值问题的数值解答获得求解，这里不再赘述。

5. 伪弧长延拓法

伪弧长延拓法（pseudo-arclength continuation method）是一种采用路径追踪方式，将曲线弧长作为理想参数的延拓方法。该方法最早提出于 20 世纪 60 年代末，最初应用于有限元分析中[27]。

在同伦延拓方法中引入参数 λ，但是这一参数化存在一个严重的局限性，即在某些情况其是非光滑的。如图 6.6.3（a）所示的点处，$\partial \boldsymbol{H}/\partial \boldsymbol{u}$ 出现奇异性，解曲线 $\boldsymbol{H}(\boldsymbol{u},\lambda)=\boldsymbol{0}$ 不能直接基于参数 λ 表征。

为了避免这一困难，可以将 $\boldsymbol{u}$，λ 看作单独变量，并且通过弧长来参数化同伦曲线，即所谓的伪弧长方法。如图 6.6.3（b）所示，伪弧长延拓是采用与曲线相切的单位方向来进行解的预测，这里的伪弧长是指沿步长近似于沿着曲线的弧长。

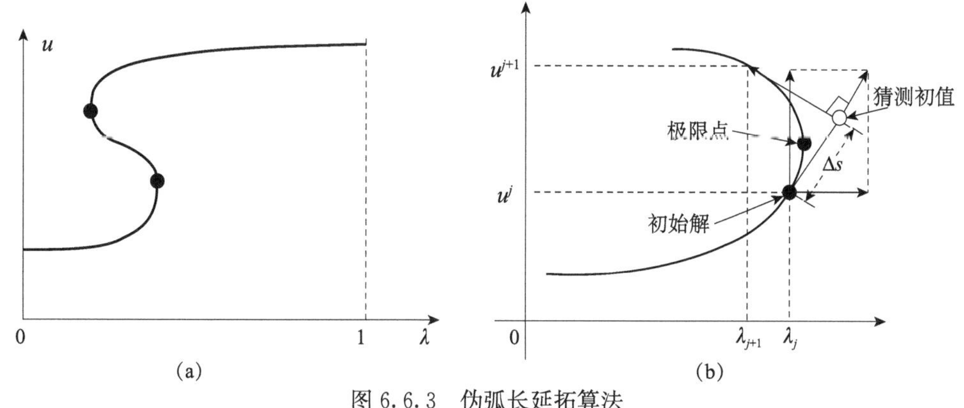

图 6.6.3　伪弧长延拓算法

（a）参数化表征失效点；（b）伪弧长延拓的几何描述

为方便起见，记 $\boldsymbol{y}=(\boldsymbol{u},\lambda)$，则同伦延拓方程可另写为

$$\boldsymbol{H}(\boldsymbol{y})=\boldsymbol{H}(\boldsymbol{u},\lambda)=\boldsymbol{0} \tag{6.6.50}$$

这里没有变量被选取为解曲线的参数。

若将弧长 s 看作独立变量，则有

$$\boldsymbol{u}=\boldsymbol{u}(s), \quad \lambda=\lambda(s), \quad \boldsymbol{y}=\boldsymbol{y}(s) \tag{6.6.51}$$

显然，不难得到

$$\boldsymbol{y}(0)=(\boldsymbol{u}^0,0), \quad \boldsymbol{H}(\boldsymbol{y}(s))=\boldsymbol{0} \tag{6.6.52}$$

同时将切向矢量 $\dot{\boldsymbol{y}}=\mathrm{d}\boldsymbol{y}(s)/\mathrm{d}s$ 取为单位矢量。

基于以上条件与方程，可得到关于 $\boldsymbol{y}(s)$ 的如下微分方程：

$$\begin{cases} D\boldsymbol{H}(\boldsymbol{y}(s)) \cdot \dot{\boldsymbol{y}}(s) = \boldsymbol{0} \\ \| \dot{\boldsymbol{y}}(s) \| = 1 \\ \boldsymbol{y}(0) = (\boldsymbol{u}^0, 0) \end{cases} \tag{6.6.53}$$

其中，$D\boldsymbol{H}(\boldsymbol{y}(s))$ 表示函数 $\boldsymbol{H}(\boldsymbol{y})$ 的雅可比矩阵，维度为 $N\times(N+1)$。

由于沿着光滑曲线上的每一个点，弧长可以有两个不同方向（如正向、反向），则式(6.6.53) 的解是不唯一的。为了保证始终沿着一个弧长方向，我们需要确定并保持各点上一致的方向。将 $\dot{\boldsymbol{y}}(s)$ 和 $D\boldsymbol{H}(\boldsymbol{y}(s))$ 可以组成一个非奇异的 $(N+1)\times(N+1)$ 的矩阵，其所对应的行列式是不为零的。

因此，可以选取该行列式的正负号用于确定弧长参数的方向，即

$$\sigma(\boldsymbol{y}) = \operatorname{sgn}\begin{vmatrix} D\boldsymbol{H}(\boldsymbol{y}) \\ \dot{\boldsymbol{y}} \end{vmatrix} \tag{6.6.54}$$

一旦方向选定，例如，

$$\sigma(\boldsymbol{y}) = \tilde{\sigma}, \quad \tilde{\sigma} = +1, -1 \tag{6.6.55}$$

则在整个跟踪曲线过程中应保持同一符号。

综上，式 (6.6.53) 和式 (6.6.55) 组成伪弧长延拓法的定解方程组，为一常微分方程系统。原则上，现有成熟的常微分方程的解法均可以用于跟踪解曲线，获得问题的最终解。

考虑到非线性方程数值稳定性等因素，目前常用的有效方法是“预测-修正模式”。采用一系列离散步，先基于在解曲线上的已知点或者非常靠近曲线的点沿正确方向“预测”一合适步长，然后应用牛顿法等进行“修正”和细化预测结果，使其接近真实解曲线。依此类推，重复该过程，可实现沿着曲线的弧长增加，一步步进行下去（图 6.6.3 (b)）。

6.6.3 其他改进方法

也有一些其他的非线性方程组的解法，大都是基于牛顿迭代法主要思想进行的改进或变形。

有些改进方法注重收敛阶的提升，有些侧重于提高计算效率，有些则拓展了多步迭代策略等。常用的牛顿-拉弗森方法属于一步迭代法，Chebyshev-Halley 型算法属于两步迭代法[28, 29]。

考虑一迭代过程，如 $k=0,1,2,\cdots$，则非线性方程式 (6.6.3) 或式 (6.6.11) 可写成如下形式：

$$\boldsymbol{v}^k = \boldsymbol{u}^k - \left[\boldsymbol{I} + \frac{1}{2}\boldsymbol{M}_k[\boldsymbol{I} - \alpha\boldsymbol{M}_k]^{-1}\right][\boldsymbol{F}'(\boldsymbol{u}^k)]^{-1} \tag{6.6.56}$$

$$\boldsymbol{w}^k = \boldsymbol{v}^k - [\boldsymbol{F}'(\boldsymbol{u}^k)]^{-1}[\boldsymbol{F}'(\boldsymbol{u}^k) + \boldsymbol{F}''(\hat{\boldsymbol{u}}^k)(\boldsymbol{u}^k - \boldsymbol{v}^k)][\boldsymbol{F}'(\boldsymbol{u}^k)]^{-1}\boldsymbol{F}(\boldsymbol{v}^k) \tag{6.6.57}$$

$$\boldsymbol{u}^{k+1} = \boldsymbol{w}^k - [\boldsymbol{I} + \boldsymbol{M}_k + \beta(\boldsymbol{M}_k)^2][\boldsymbol{F}'(\boldsymbol{u}^k)]^{-1}\boldsymbol{F}(\boldsymbol{w}^k) \tag{6.6.58}$$

其中，

$$\boldsymbol{M}_k = [\boldsymbol{F}'(\boldsymbol{u}^k)]^{-1}\boldsymbol{F}''(\hat{\boldsymbol{u}}^k)[\boldsymbol{F}'(\boldsymbol{u}^k)]^{-1}\boldsymbol{F}(\boldsymbol{u}^k) \tag{6.6.59}$$

$$\hat{\boldsymbol{u}}^k = \boldsymbol{u}^k - \frac{2}{3}[\boldsymbol{F}'(\boldsymbol{u}^k)]^{-1}\boldsymbol{F}(\boldsymbol{u}^k) \tag{6.6.60}$$

以及参数 α，β 的取值为 $0 \leqslant \alpha \leqslant 1$，$-1 \leqslant \beta \leqslant 1$。

上述一般形式的多步迭代过程式（6.6.56）～式（6.6.58），在简化和退化情形下可分别得到已有的一些基本迭代算法，如以下给出的几类[30]。

Chebyshev 方法：

$$\boldsymbol{u}^{k+1} = \boldsymbol{u}^k - \left[\boldsymbol{I} + \frac{1}{2}\boldsymbol{L}_F(\boldsymbol{u}^k)\right][\boldsymbol{F}'(\boldsymbol{u}^k)]^{-1}\boldsymbol{F}(\boldsymbol{u}^k) \tag{6.6.61}$$

Halley 方法：

$$\boldsymbol{u}^{k+1} = \boldsymbol{u}^k - \left\{\boldsymbol{I} + \frac{1}{2}\boldsymbol{L}_F(\boldsymbol{u}^k)\left[\boldsymbol{I} - \frac{1}{2}\boldsymbol{L}_F(\boldsymbol{u}^k)\right]^{-1}\right\}[\boldsymbol{F}'(\boldsymbol{u}^k)]^{-1}\boldsymbol{F}(\boldsymbol{u}^k) \tag{6.6.62}$$

super-Halley 方法（或加速牛顿方法）：

$$\boldsymbol{u}^{k+1} = \boldsymbol{u}^k - \left\{\boldsymbol{I} + \frac{1}{2}\boldsymbol{L}_F(\boldsymbol{u}^k)[\boldsymbol{I} - \boldsymbol{L}_F(\boldsymbol{u}^k)]^{-1}\right\}[\boldsymbol{F}'(\boldsymbol{u}^k)]^{-1}\boldsymbol{F}(\boldsymbol{u}^k) \tag{6.6.63}$$

其中，

$$\boldsymbol{L}_F(\boldsymbol{u}^k) = [\boldsymbol{F}'(\boldsymbol{u}^k)]^{-1}\boldsymbol{F}''(\boldsymbol{u}^k)[\boldsymbol{F}'(\boldsymbol{u}^k)]^{-1}\boldsymbol{F}(\boldsymbol{u}^k) \tag{6.6.64}$$

尽管以上迭代格式可以获得较好精度以及实现更快收敛，但每一步均会涉及雅可比、黑塞矩阵以及逆矩阵的计算。对于大型方程组而言，这对计算硬件要求以及时间需求都是巨大的，因而也有采用雅可比、黑塞矩阵冻结方法，即采用的以前迭代步的这些矩阵代替当前迭代步，来减少计算耗时等。

参 考 文 献

[1] Michopoulos J G, Farhat C, Fish J. Modeling and simulation of multiphysics systems [J]. J. Comp. Inf. Sci. Engng., 2005, 5 (3): 198 - 213.

[2] Noh W F. A time-dependent two-space dimensional coupled Eulerian-Lagrangian code [M] // Alder B, Fernbach S, Rotenberg M. Methods in Computational Physics. New York: Academic Press, 1964.

[3] Gilding B H. The characterization of reaction-convection-diffusion processes by travelling waves [J]. J. Diff. Equa., 1996, 124: 27 - 79.

[4] Thomas J W. Numerical Partial Differential Equations: Finite Difference Methods [M]. New York: Springer, 1998.

[5] Moukalled F, Mangani L, Darwish M. The Finite Volume Method in Computational fluid Dynamics: An Advanced Introduction with OpenFOAM® and Matlab [M]. Cham: Springer, 2015.

[6] Piasecki L. Classification of Lipschitz Mappings [M]. New York: Chapman and Hall/CRC, 2013.

[7] Butcher J C. On Runge-Kutta methods of high order [J]. J. Austral. Math. Soc., 1964, 4: 179 - 194.

[8] Runge C. Uber die numerisehe Auflosing von Differentialgleichungen [J]. Math. Ann., 1895, 46: 167 - 178.

[9] Butcher J C. Numerical Methods for Ordinary Differential Equations [M]. Hoboken: John Wiley & Sons Inc., 2003.

[10] Newmark N M. A method of computation for structural dynamics [J]. J. Eng. Mech. Divi.,

1959, 85 (3): 68 - 94.

[11] Wilson E L, Farhoomand I, Bathe K J. Nonlinear dynamic analysis of complex structures [J]. Earthquake Eng. Struct. Dynam., 1973, 1: 241 - 252.

[12] Hilber H M, Hughes T J R, Taylor R L. Improved numerical dissipation for time integration algorithms in structural dynamics [J]. Earthquake Eng. Struct. Dynam., 1977, 5: 283 - 292.

[13] Batina J T. Unsteady Euler airfoil solutions using unstructured dynamic meshes [J]. AIAA J., 1990, 28: 1381 - 1388.

[14] Farhat C, Degand C, Koobus B, et al. Torsional springs for two-dimensional dynamic unstructured fluid meshes [J]. Comp. Meth. Appl. Mech. Engng., 1998, 163: 231 - 245.

[15] Boer A D, van der Schoot M S, Bijl H. Mesh deformation based on radial basis function interpolation [J]. J. Comp. Struct., 2007, 45: 784 - 795.

[16] Selim M M, Koomullil R P. Incremental matrix inversion approach for radial basis function mesh deformation [C]. Proceedings of the Fifteenth Annual Early Career Technical Conference, 2015.

[17] Peskin C S. Flow patterns around heart valves: A numerical method [J]. J. Comput. Phys., 1972, 10 (2): 252 - 271.

[18] Wu J, Shu C. Implicit velocity correction-based immersed boundary-lattice Boltzmann method and its applications [J]. J. Comput. Phys., 2009, 228: 1963 - 1979.

[19] Chidyagwai P, Riviere B. A two-grid method for coupled free flow with porous media flow [J]. Adv. Water Resour., 2011, 34: 1113 - 1123.

[20] Bernardi C, Maday Y, Patera A T. A new nonconforming approach to domain decomposition: The mortar element method [M] // Brezzi H; Lions J L. Nonlinear PDEs and Their Applications. London: Longman, 1994.

[21] Chabaud B, Du Q. A hybrid implicit-explicit adaptive multirate numerical scheme for time-dependent equations [J]. J. Sci. Comput., 2012, 51: 135 - 157.

[22] Deutsch F, Li W. Strong uniqueness, Lipschitz continuity and continous selections for metric projections in L_1 [J]. J. Approx. Thoery, 1991, 66: 198 - 224.

[23] Deuflhard P. Newton Methods for Nonlinear Problems [M]. Heidelberg, New York : Springer-Verlag, 2004.

[24] Kelley C T. Numerical methods for nonlinear equations [J]. Acta Numer., 2018, 27: 207 - 287.

[25] Sekhar D C, Ganguli R. Modified Newton, rank-1 Broyden update and rank-2 BFGS update methods in helicopter trim: A comparative study [J]. Aero. Sci. Techn., 2012, 23 (1): 187 - 200.

[26] Li T Y, Wang X. Nonlinear homotopies for solving deficient polynomial systems with parameters [J]. SIAM J. Numer. Anal., 1992, 29 (4): 1104 - 1118.

[27] Riks E. The application of Newton's method to the problem of elastic stability [J]. J. Appl. Mech., 1972, 39: 1060 - 1065.

[28] Alefeld G. On the convergence of Halley' s method [J]. Amer. Math. Month., 1981, 88: 530 - 536.

[29] Argyros I K, Chen D. Results on the Chebyshev method in Banach spaces [J]. Proyecciones, 1993, 12 (2): 119 - 128.

[30] Gutierrez J M, Hernandez M A. A family of Chebyshev-Halley type methods in Banach spaces [J]. Bull. Austral. Math. Soc., 1997, 55: 113 - 130.

下　篇

多场耦合力学应用

第 7 章　铁磁介质与结构的磁-热-力多场耦合行为

微电子工业、现代交通以及新型能源的快速发展，使电磁类介质与结构作为基本的电磁器件和构件得到广泛应用。围绕这些电磁结构的功能设计以及安全性设计的强度、稳定性特性，需要建立力学变形场与多物理场相互耦合的非线性力学理论框架与有效的定量分析方法。铁磁介质与结构在强磁场环境下的力学行为，如变形、振动和屈曲等，直接关系到众多机电装置的安全运行。

当铁磁介质处于外加磁场中时，由磁极化产生的磁力将会导致结构变形，这种变形又将引发磁场的重新分布，由此构成磁场与铁磁介质结构的磁-力相互耦合作用问题，又称为磁弹性问题。当考虑铁磁介质与外部温度场相互作用时，则问题变得更为复杂，涉及磁-热-力三场耦合，也称为磁热弹性问题。在这一领域，兰州大学在国内率先开展了相关理论和定量研究，获得了系列卓有成效的进展。诸如，先后建立了铁磁介质的广义磁弹性变分原理和考虑耦合效应的多场定量分析方法[1,2]，考虑结构几何非线性、材料磁化非线性效应的广义磁弹性耦合理论与方法[3,4]，考虑温度场、磁场更多外场共同作用下的铁磁板壳结构的磁-热-力耦合行为分析[5,6]，以及磁阻尼效应下的磁弹性耦合动力学研究[7,8]。

本章将在前面所介绍或建立的多场耦合理论框架基础上，针对可变形、可磁化的铁磁介质与结构开展多场耦合问题的分析。

7.1　铁磁梁结构的磁-热-力耦合问题的解析求解

对于一维铁磁梁结构，本节将基于磁-力耦合线性化理论进行分析。

假设铁磁结构所处的磁场均匀、磁场与变形场间的相互耦合效应较小，并忽略磁化梯度及磁滞效应等。此时，可以将铁磁介质内、外磁场的各物理量（如磁场强度、磁感应强度、磁化强度等）看成结构未变形情形下的磁场（或称刚性磁场）与由变形而引起的微小附加磁场（或称扰动磁场）的线性之和，即将磁-力相互作用后的真实磁场采用摄动方法进行线性化处理。同时，将变形场、本构关系、边界条件等进行相应的线性化处理，进而可获得铁磁结构磁弹性问题的近似解。对于其他类似的多场耦合问题的求解，这一近似解法亦具有一定的借鉴意义。

7.1.1　耦合场理论模型

为了简化铁磁梁宽度方向的磁场分布，可视梁宽为无限大，则其变形、应力等沿宽度不发生变化，平衡方程具有与梁相似的形式，而抗弯曲能力又与板相似。该类结构也称为铁磁梁式板或梁式板（beam-plate）。

如图 7.1.1 所示，考察一处于稳恒均匀磁场 $\boldsymbol{B}_0$、温度场 $T(x,z)$ 中的铁磁梁式板结构。记梁的长度为 L，厚度为 h；外加磁场方向与 z 轴的夹角为 θ；S^+，S^- 分别表示铁磁梁式板内部和外部区域。

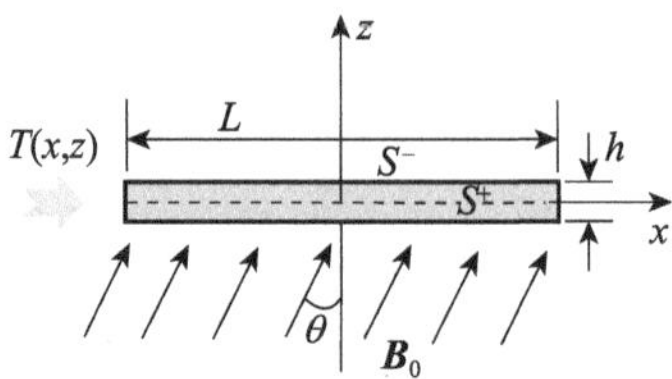

图 7.1.1　处于磁场、温度场中的铁磁梁式板示意图

假设铁磁梁式板为均匀、各向同性的可磁化弹性介质，则磁本构方程为

$$\boldsymbol{B}^+=\mu_0\mu_r\boldsymbol{H}^+\quad（在\ S^+(\boldsymbol{u})\ 中）\tag{7.1.1}$$

$$\boldsymbol{B}^-=\mu_0\boldsymbol{H}^-\quad（在\ S^-(\boldsymbol{u})\ 中）\tag{7.1.2}$$

其中，μ_0，μ_r 分别表示真空中的磁导率和铁磁介质的相对磁导率。

基于铁磁梁式板的变形特点，其一般形式的位移可表示为

$$\boldsymbol{u}=u(x)\boldsymbol{i}+w(x)\boldsymbol{k}\tag{7.1.3}$$

其中，$u(x)$ 表示梁中面的轴向位移；$w(x)$ 表示梁的横向弯曲挠度；$\boldsymbol{i}$，$\boldsymbol{k}$ 分别表示沿坐标轴 x，z 的单位矢量。

根据铁磁介质体的多场耦合广义能量泛函，我们可以写出铁磁梁式板的磁-热-力广义能量泛函，其由三部分组成[5]：

$$\begin{aligned}\Pi\{\boldsymbol{H},\boldsymbol{u},T\}&=\Pi_{\mathrm{em}}\{\boldsymbol{H},\boldsymbol{u}\}+\Pi_{\mathrm{me}}\{\boldsymbol{H},\boldsymbol{u}\}+\Pi_{\mathrm{T}}\{T\}\\&=\frac{1}{2}\int_{S^+(\boldsymbol{u})}\boldsymbol{B}^+\cdot\boldsymbol{H}^+\,\mathrm{d}s+\frac{1}{2}\int_{S^-(\boldsymbol{u})}\boldsymbol{B}^-\cdot\boldsymbol{H}^-\,\mathrm{d}s\\&\quad+\int_{\Gamma_0}\boldsymbol{n}_0\cdot\boldsymbol{B}_0\phi^-\,\mathrm{d}s+\int_{-\frac{L}{2}}^{\frac{L}{2}}\overline{\sum}(\boldsymbol{u},T)\mathrm{d}x\\&\quad+\int_{S^+}\left[\frac{1}{2}k(\bar{\nabla}T)^2-\rho h_T T\right]\mathrm{d}s\\&\quad-\int_{L_p}\left[\frac{1}{2}\lambda_2H_TT^2-T(\lambda_1\bar{q}-\lambda_2H_T\bar{T})\right]\mathrm{d}l\end{aligned}\tag{7.1.4}$$

这里，$S^+(\boldsymbol{u})$ 与 $S^-(\boldsymbol{u})$ 分别表示铁磁梁式板内部介质和外部的空气区域，由于变形的影响，其均为位移的函数；$\bar{\nabla}$表示二维拉普拉斯算子，即 $\bar{\nabla}=\boldsymbol{i}\partial/\partial x+\boldsymbol{k}\partial/\partial z$；$\Pi_{\mathrm{em}}$，$\Pi_{\mathrm{T}}$ 分别表示总磁能泛函和热流势泛函；Π_{me} 表示热弹性能量泛函。

具体地，铁磁梁式板结构的热弹性自由能密度可表示为

$$\begin{aligned}\overline{\sum}(\boldsymbol{u},T)&=\frac{1}{2}C\left(\frac{\partial u}{\partial x}\right)^2+\frac{1}{2}D\left(\frac{\partial^2 w}{\partial x^2}\right)^2\\&\quad-\frac{\alpha E}{1-\nu}\varepsilon_x\int_{-h/2}^{h/2}(T-T_0)\mathrm{d}z\end{aligned}$$

$$+\frac{\alpha E}{1-\nu}\frac{\partial^2 w}{\partial x^2}\int_{-h/2}^{h/2}(T-T_0)z\ \mathrm{d}z$$
$$+\left[\frac{C_E}{2T_0}-\frac{\alpha^2 E(1+\nu)}{(1-\nu)(1-2\nu)}\right]\int_{-h/2}^{h/2}(T-T_0)^2\mathrm{d}z \tag{7.1.5}$$

式中，C_E 为比热；T_0 表示参考温度；C，D 分别为铁磁梁式板的抗拉刚度及抗弯刚度，由弹性模量 E 和泊松比 ν 表示如下：

$$C=\frac{Eh}{1-\nu^2},\qquad D=\frac{Eh^3}{12(1-\nu^2)} \tag{7.1.6}$$

对于广义能量泛函式（7.1.4），分别关于磁场 $\boldsymbol{H}$、位移 $\boldsymbol{u}$，以及温度 T 进行变分运算，并令一阶变分等于零，即

$$\delta\Pi=\delta_{\boldsymbol{H}}\Pi+\delta_{\boldsymbol{u}}\Pi+\delta_T\Pi=0 \tag{7.1.7}$$

则可以分别得到磁场、变形场、温度场对应的控制方程以及边界条件等。

1. 磁场基本方程

$$\bar{\nabla}\cdot\boldsymbol{B}^+=0,\qquad \bar{\nabla}\times\boldsymbol{H}^+=\boldsymbol{0}\qquad (在\ S^+(\boldsymbol{u})\ 中) \tag{7.1.8}$$

$$\bar{\nabla}\cdot\boldsymbol{B}^-=0,\qquad \bar{\nabla}\times\boldsymbol{H}^-=\boldsymbol{0}\qquad (在\ S^-(\boldsymbol{u})\ 中) \tag{7.1.9}$$

$$\boldsymbol{n}\cdot(\boldsymbol{B}^+-\boldsymbol{B}^-)=0,\quad \boldsymbol{n}\times(\boldsymbol{H}^+-\boldsymbol{H}^-)=\boldsymbol{0}\quad (在\ \Gamma=S^+\cap S^-\ 上) \tag{7.1.10}$$

$$\boldsymbol{B}^-=\boldsymbol{B}_0\qquad (在\ \Gamma_0\ 上或\ \infty 处) \tag{7.1.11}$$

其中，Γ_0 表示包围铁磁介质梁式板以及周边空气域并与铁磁介质足够远的边界，可视为无穷远处的边界。

2. 变形场基本方程

考虑轴向变形和弯曲变形，铁磁梁式板满足的基本方程可表示如下：

$$\frac{\partial N_x}{\partial x}=0\quad (-L/2<x<L/2) \tag{7.1.12}$$

$$D\frac{\partial^4 w}{\partial x^4}+\frac{\alpha E}{1-\nu}\int_{-h/2}^{h/2}\frac{\partial^2}{\partial x^2}(T-T_0)z\mathrm{d}z-\frac{\partial}{\partial x}\left(N_x\frac{\partial w}{\partial x}\right)=q^{\mathrm{em}}(x)$$
$$(-L/2<x<L/2) \tag{7.1.13}$$

相应的边界条件如下所述。

1）轴向变形

（1）端部可移动：

$$N_x\big|_{x=\pm L/2}=0 \tag{7.1.14}$$

（2）端部不可移动：

$$u\big|_{x=\pm L/2}=0 \tag{7.1.15}$$

2）弯曲变形

（1）端部简支：

$$w\big|_{x=L/2或-L/2}=0,\qquad M_x\big|_{x=L/2或-L/2}=0 \tag{7.1.16}$$

（2）端部固支：

$$w\big|_{x=L/2或-L/2}=0,\qquad \left.\frac{\partial w}{\partial x}\right|_{x=L/2或-L/2}=0 \tag{7.1.17}$$

(3) 端部自由：

$$M_x\big|_{x=L/2或-L/2}=0,\quad V_x\big|_{x=L/2或-L/2}=0 \tag{7.1.18}$$

其中，N_x，M_x，V_x 分别为铁磁梁式板内的轴力、弯矩与等效剪力，表示如下：

$$N_x=C\frac{\partial u}{\partial x}-\frac{\alpha E}{1-\nu}\int_{-h/2}^{h/2}(T-T_0)\mathrm{d}z \tag{7.1.19}$$

$$M_x=-D\frac{\partial^2 w}{\partial x^2}-\frac{\alpha E}{1-\nu}\int_{-h/2}^{h/2}(T-T_0)z\mathrm{d}z \tag{7.1.20}$$

$$V_x=-D\frac{\partial^3 w}{\partial x^3}-\frac{\alpha E}{1-\nu}\int_{-h/2}^{h/2}\frac{\partial}{\partial x}(T-T_0)z\mathrm{d}z+N_x\frac{\partial w}{\partial x} \tag{7.1.21}$$

3. 温度场基本方程

$$k\bar{\nabla}^2 T+\rho h_T=0\quad（在 S^+ 中） \tag{7.1.22}$$

$$T=\tilde{T}\quad（在 L_T 上） \tag{7.1.23}$$

$$k\frac{\partial T}{\partial n}=\lambda_1\bar{q}+\lambda_2 H_T(T-\bar{T})\quad（在 L_P 上） \tag{7.1.24}$$

其中，k，h_T 分别表示铁磁介质的热导率和热源；L_T，L_P 分别表示铁磁梁式板上的温度边界和热传导边界。

4. 耦合效应

基于铁磁介质结构内、外区域的系统总能量泛函变分模型，我们分别获得了磁场、变形场和温度场三场的基本微分方程以及边界条件，为三组偏微分方程。

可以看出：多场变分模型所得的三场基本方程，与传统的静磁场、弹性梁弯曲、温度场单独表征的微分控制方程是类似的。这里需要说明的是，由于考虑准静态问题，铁磁结构的热弹性耦合问题是单向的，即温度引起热应变与热变形，但是变形不引起温度场的变化；在磁场和变形场之间，由于铁磁介质的磁化效应，铁磁梁式板将受到磁力作用。因此针对本节考虑的铁磁梁磁-热-力多场问题，其三场间的耦合关系如图 7.1.2 所示。磁场和温度场均引起铁磁梁的变形，但磁场与变形场之间是双向耦合，温度场和变形场则是单向耦合；由于变形场的中间桥梁作用，温度场对磁场也产生间接影响，而且是单向的。

图 7.1.2　铁磁梁式板在磁场和温度场共同作用下的耦合关系

一般而言，磁力包含了磁体力和磁面力。但是考虑到铁磁梁式板很薄，因而可将这些磁力统一表征为作用于梁轴线上的分布磁力（如式（7.1.13）中右端项），这一等效横向磁力 $q^{\mathrm{em}}(x)$ 可直接由铁磁梁系统的广义变分运算而获得：

$$\begin{aligned}q^{\mathrm{em}}(x)=&\frac{\mu_0\mu_r(\mu_r-1)}{2}\{[H_n^+(x,h/2)]^2-[H_n^+(x,-h/2)]^2\}\\&-\frac{\mu_0(\mu_r-1)}{2}\{[H_\tau^+(x,h/2)]^2-[H_\tau^+(x,-h/2)]^2\}\end{aligned} \tag{7.1.25}$$

式中，H_n^+，H_τ^+ 分别表示铁磁梁上下表面处的法向磁场分量和切向磁场分量。这是基于广义变分原理方法的优点，可以从变分运算获得耦合场之间的磁力表达式，而无需采用公理化的经验磁力模型。

7.1.2　复杂磁场环境中铁磁梁式板的磁力分布

针对铁磁梁式板未变形情形，这里进行定性的磁力分析。

如图 7.1.1 所示，任一外加稳恒磁场 $\boldsymbol{B}_0$ 可表示如下：

$$\boldsymbol{B}_0 = B_0\sin\theta\boldsymbol{i} + B_0\cos\theta\boldsymbol{k} \tag{7.1.26}$$

对于与梁中面平行的外加磁场 $\boldsymbol{B}_\parallel = B_0\sin\theta\boldsymbol{i}$，铁磁梁式板内相应的磁场分布为

$$\boldsymbol{H}_\parallel^+ = B_0\sin\theta\,\boldsymbol{h}_\parallel(x,z) = B_0\sin\theta[h_{\parallel x}(x,z)\boldsymbol{i} + h_{\parallel z}(x,z)\boldsymbol{k}] \tag{7.1.27}$$

其中，$\boldsymbol{h}_\parallel(x,z)$ 是单位外加平行磁场（$\boldsymbol{B}_\parallel = \boldsymbol{i}$）所对应的梁式板内磁场分布。

对于与板中面垂直的外加磁场 $\boldsymbol{B}_\perp = B_0\cos\theta\boldsymbol{k}$，相应的磁场分布为

$$\boldsymbol{H}_\perp^+ = B_0\cos\theta\,\boldsymbol{h}_\perp(x,z) = B_0\cos\theta[h_{\perp x}(x,z)\boldsymbol{i} + h_{\perp z}(x,z)\boldsymbol{k}] \tag{7.1.28}$$

其中，$\boldsymbol{h}_\perp(x,z)$ 是单位外加垂直磁场（$\boldsymbol{B}_\perp = \boldsymbol{k}$）所对应的磁场分布。

由式（7.1.27）和式（7.1.28），可得铁磁梁式板内总的磁场为

$$\begin{aligned}\boldsymbol{H}^+ = \boldsymbol{H}_\parallel^+ + \boldsymbol{H}_\perp^+ = {} & B_0[\sin\theta h_{\parallel x}(x,z) + \cos\theta h_{\perp x}(x,z)]\boldsymbol{i} \\ & + B_0[\sin\theta h_{\parallel z}(x,z) + \cos\theta h_{\perp z}(x,z)]\boldsymbol{k}\end{aligned} \tag{7.1.29}$$

根据磁场所满足的基本方程式（7.1.8）～式（7.1.11）以及铁磁梁式板结构的对称性，不难得到未变形状态下的磁场对称关系（图 7.1.3）：

$$h_{\parallel x}(x,z) = h_{\parallel x}(x,-z),\quad h_{\parallel x}(x,z) = h_{\parallel x}(-x,z) \tag{7.1.30}$$

$$h_{\parallel z}(x,z) = -h_{\parallel z}(x,-z),\quad h_{\parallel z}(x,z) = -h_{\parallel z}(-x,z) \tag{7.1.31}$$

$$h_{\perp x}(x,z) = -h_{\perp x}(x,-z),\quad h_{\perp x}(x,z) = -h_{\perp x}(-x,z) \tag{7.1.32}$$

$$h_{\perp z}(x,z) = h_{\perp z}(x,-z),\quad h_{\perp z}(x,z) = h_{\perp z}(-x,z) \tag{7.1.33}$$

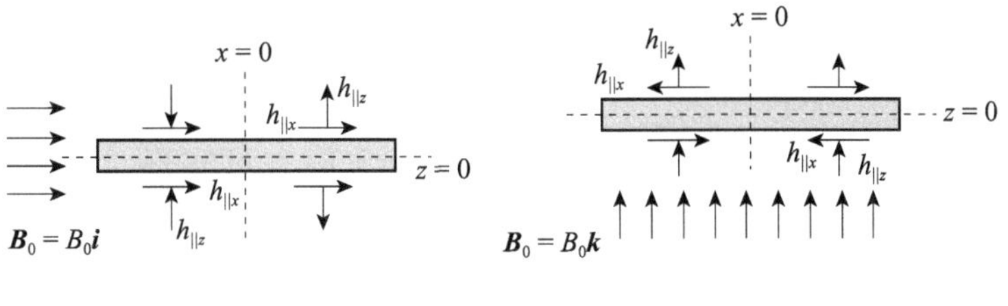

(a)　(b)

图 7.1.3　铁磁梁式板内磁场分布对称性示意图

(a) 纵向均匀场；(b) 横向均匀场

结合以上的磁场分布特征，磁-力耦合作用下的铁磁梁式板中面上的等效横向磁力可表示为

$$\begin{aligned}q^{\mathrm{em}}(x) = {} & \frac{\mu_0\mu_\mathrm{r}(\mu_\mathrm{r}-1)}{2}\left\{\left[H_z^+\left(x,\frac{h}{2}\right)\right]^2 - \left[H_z^+\left(x,-\frac{h}{2}\right)\right]^2\right\} \\ & - \frac{\mu_0(\mu_\mathrm{r}-1)}{2}\left\{\left[H_x^+\left(x,\frac{h}{2}\right)\right]^2 - \left[H_x^+\left(x,-\frac{h}{2}\right)\right]^2\right\}\end{aligned}$$

$$=\mu_0(\mu_r-1)B_0^2\sin(2\theta)\left[\mu_r h_{\parallel z}\left(x,\frac{h}{2}\right)\cdot h_{\perp z}\left(x,\frac{h}{2}\right)-h_{\parallel x}\left(x,\frac{h}{2}\right)\cdot h_{\perp x}\left(x,\frac{h}{2}\right)\right] \tag{7.1.34}$$

此外，可以看出，磁场作用于铁磁梁上的磁力还具有以下性质：

(1) 磁力 $q^{em}(x)$ 关于 $x=0$ 反对称，即

$$q^{em}(x)=-q^{em}(-x) \tag{7.1.35}$$

(2) 磁场不同倾角下，若 θ_1 和 θ_2 互余（不妨以 θ_1，$\theta_2<\pi/2$ 情形来讨论，其他情形类似），即 $\theta_1+\theta_2=\pi/2$，我们有

$$q^{em}(x)|_{\theta_1}=\bar{q}^{em}(x)\sin(2\theta_1)=\bar{q}^{em}(x)\sin(2\theta_2)=q^{em}(x)|_{\theta_2} \tag{7.1.36}$$

其中，

$$\bar{q}^{em}(x)=\mu_0(\mu_r-1)B_0^2\left[\mu_r h_{\parallel z}\left(x,\frac{h}{2}\right)\cdot h_{\perp z}\left(x,\frac{h}{2}\right)-h_{\parallel x}\left(x,\frac{h}{2}\right)\cdot h_{\perp x}\left(x,\frac{h}{2}\right)\right] \tag{7.1.37}$$

进一步，由磁力分布不难获得一些定性结果。若要使作用于铁磁介质梁上的磁力为零，即 $q^{em}(x)=0$，则需满足以下条件。

(1) $\mu_r=1$，即铁磁介质的磁化性质与真空相同，为不可磁化介质。这与铁磁材料的易磁化性和相对磁化率 $\mu_r\gg 1$ 的特性相违背，因此该情形不可能发生。这也表明，若材料的磁化可忽略不计，则不会受到磁力作用。

(2) $\sin 2\theta=0$，即 $\theta=0,\frac{\pi}{2},\pi,\frac{3\pi}{2}$ $(0\leqslant\theta<2\pi)$，此时外加磁场垂直于中面或与平行于中面。此时，由于磁场和结构的对称性，磁力是相互抵消的，从而总体上不受磁力。

(3) $\mu_r h_{\parallel z}\left(x,\frac{h}{2}\right)\cdot h_{\perp z}\left(x,\frac{h}{2}\right)-h_{\parallel x}\left(x,\frac{h}{2}\right)\cdot h_{\perp x}\left(x,\frac{h}{2}\right)=0$。对于横向磁场或面内平行磁场，有 $\boldsymbol{h}_{\perp}=\boldsymbol{0}$ 或 $\boldsymbol{h}_{\parallel}=\boldsymbol{0}$，上式成立，此种情形同于情形 (2)；对于 $\theta\neq 0,\frac{\pi}{2},\pi,\frac{3\pi}{2}$，通过对磁场分布的定量分析发现，仅当 $\mu_r=1$ 时方可实现，其本质与情形 (1) 相同。

由此，可以得到铁磁梁式板结构的磁弹性行为的以下定性结论。

(1) 对于处在外加垂直（横向）或平行（纵向）磁场中的铁磁梁（对于铁磁板也是类似），若不考虑温度场的影响，或温度场不产生热弯曲情形，则此时总有 $q^{em}(x)=0$，所以 $w\equiv 0$ 为磁弹性问题的解。

(2) 当 $\theta\neq 0,\frac{\pi}{2},\pi,\frac{3\pi}{2}$ 时，有 $q^{em}(x)\neq 0$，故 $w\neq 0$，即铁磁梁结构将发生磁弹性弯曲变形。

(3) 当 $|\sin 2\theta|=1$，即 $\theta=\frac{\pi}{4},\frac{3\pi}{4},\frac{5\pi}{4},\frac{7\pi}{4}$ $(0\leqslant\theta<2\pi)$ 时，铁磁梁所受磁力为最大，相应的磁弹性弯曲变形也将会达到最大。

7.1.3 铁磁梁式板的磁-热-力耦合稳定性问题及求解

设一铁磁薄梁式板处于外加横向的稳恒均匀磁场 $\boldsymbol{B}_0=B_0\boldsymbol{k}$ 中，且内部发生一恒变温度 T，并设铁磁梁式板的两端简支且不可移动。由式（7.1.12）及式（7.1.19），可得到轴向内力为（取参考温度 $T_0=0$）

$$N_x=-\frac{\alpha E}{1-\nu}\int_{-h/2}^{h/2}(T-T_0)\mathrm{d}z=-\frac{\alpha hET}{1-\nu} \tag{7.1.38}$$

对于铁磁梁式板所受的磁力，其与变形相耦合，在此采用线性化方法进行处理。将磁场分为刚性磁场和扰动磁场两部分的叠加，其中前者为结构在未变形（$\boldsymbol{u}=\boldsymbol{0}$）时的磁场分布，后者为发生微小扰动变形（$\boldsymbol{u}\neq\boldsymbol{0}$）后的扰动磁场分布。

$$\boldsymbol{H}^+=\boldsymbol{H}_0^++\boldsymbol{h}^+ \quad （在 S^+(\boldsymbol{u}) 中） \tag{7.1.39}$$

$$\boldsymbol{H}^-=\boldsymbol{H}_0^-+\boldsymbol{h}^- \quad （在 S^-(\boldsymbol{u}) 中） \tag{7.1.40}$$

由于铁磁梁式板的厚度很小（$h/L\ll 1$），且以弯曲变形为主（$w\gg u$），则可忽略铁磁梁式板边界处的磁场端部效应。根据分析已知 $w\equiv 0$ 为此问题的一个解（即平衡构形），因而刚性磁场满足的基本微分方程和边界条件为

$$\mu_0\mu_r\bar{\nabla}\cdot\boldsymbol{H}_0^+=0,\quad \bar{\nabla}\times\boldsymbol{H}_0^+=\boldsymbol{0} \quad （在 S^+(\boldsymbol{u}) 中） \tag{7.1.41}$$

$$\mu_0\bar{\nabla}\cdot\boldsymbol{H}_0^-=0,\quad \bar{\nabla}\times\boldsymbol{H}_0^-=\boldsymbol{0} \quad （在 S^-(\boldsymbol{u}) 中） \tag{7.1.42}$$

$$\mu_r H_{0z}^+=H_{0z}^-,\quad H_{0x}^+=H_{0x}^- \quad \left(在\ z=\pm\frac{h}{2}\ 上\right) \tag{7.1.43}$$

$$\mu_0\boldsymbol{H}_0^-=\boldsymbol{B}_0 \quad （在 \varGamma_0 上或 \infty 处） \tag{7.1.44}$$

求解上面的微分方程定解问题，可获得铁磁梁内外的刚性磁场分布如下：

$$\boldsymbol{H}_0^+=\frac{B_0}{\mu_0\mu_r}\boldsymbol{k} \quad （在 S^+(\boldsymbol{u}=\boldsymbol{0}) 中） \tag{7.1.45}$$

$$\boldsymbol{H}_0^-=\frac{B_0}{\mu_0}\boldsymbol{k} \quad （在 S^-(\boldsymbol{u}=\boldsymbol{0}) 中） \tag{7.1.46}$$

进一步，可得到扰动磁场所满足的基本微分方程和边界条件为

$$\mu_0\mu_r\bar{\nabla}\cdot\boldsymbol{h}^+=0,\quad \bar{\nabla}\times\boldsymbol{h}^+=\boldsymbol{0} \quad （在 S^+(\boldsymbol{u}) 中） \tag{7.1.47}$$

$$\mu_0\bar{\nabla}\cdot\boldsymbol{h}^-=0,\quad \bar{\nabla}\times\boldsymbol{h}^-=\boldsymbol{0} \quad （在 S^-(\boldsymbol{u}) 中） \tag{7.1.48}$$

$$\mu_r h_z^+-h_z^-,\quad H_{0z}^+\frac{\partial w}{\partial x}-h_x^+-H_{0z}^-\frac{\partial w}{\partial x}-h_x^- \quad \left(在\ z=\pm\frac{h}{2}\ 上\right) \tag{7.1.49}$$

$$\boldsymbol{h}^-\to\boldsymbol{0} \quad （在 \varGamma_0 上或 \infty 处） \tag{7.1.50}$$

满足两端简支边界条件的铁磁梁式板结构变形挠度可表示如下：

$$w=\sum_m A_m\cos\frac{m\pi x}{L} \tag{7.1.51}$$

其中，A_m 为待定系数，这里 m 为正奇整数（$m=1,3,5,\cdots$）。

将式（7.1.51）代入扰动磁场方程与边界条件式（7.1.47）～式（7.1.50），并求解该组方程，便可得到铁磁介质梁内外的扰动磁场如下：

$$\boldsymbol{h}^{+}=-\frac{(\mu_{\mathrm{r}}-1)B_0}{\mu_0\mu_{\mathrm{r}}}\sum_m A_m\frac{\lambda}{\Delta}\left[\sin\frac{m\pi x}{L}\cosh(\lambda z)\boldsymbol{i}+\cos\frac{m\pi x}{L}\sinh(\lambda z)\boldsymbol{k}\right] \tag{7.1.52}$$

$$\begin{aligned}\boldsymbol{h}^{-}=\frac{(\mu_{\mathrm{r}}-1)B_0}{\mu_0}\sum_m A_m\frac{\lambda}{\Delta}\sinh\frac{\lambda h}{2}\Big[&\sin\frac{m\pi x}{L}\mathrm{e}^{\lambda(h/2-|z|)}\boldsymbol{i}\\&+\cos\frac{m\pi x}{L}\mathrm{sgn}(z)\mathrm{e}^{\lambda(h/2-|z|)}\boldsymbol{k}\Big]\end{aligned} \tag{7.1.53}$$

其中，sgn(z) 为符号函数，以及

$$\lambda=\frac{m\pi}{L},\quad \Delta=\mu_{\mathrm{r}}\sinh\frac{\lambda h}{2}+\cosh\frac{\lambda h}{2} \tag{7.1.54}$$

将以上的磁场表达式代入磁力表达式（7.1.25），可得到铁磁梁上的横向磁力：

$$q^{\mathrm{em}}(x)=\frac{2(\mu_{\mathrm{r}}-1)^2B_0^2}{\mu_0\mu_{\mathrm{r}}}\sum_m A_m\frac{\lambda}{\Delta}\cos\frac{m\pi x}{L}\sinh\frac{\lambda h}{2} \tag{7.1.55}$$

将式（7.1.38）和式（7.1.55）代入铁磁梁式板的弯曲平衡方程（7.1.13），经化简后可得到

$$\sum_m A_m\left[D\lambda^4-\frac{2(\mu_{\mathrm{r}}-1)^2B_0^2\lambda}{\mu_0\mu_{\mathrm{r}}\Delta}\sinh\frac{\lambda h}{2}-\frac{\alpha hET}{1-\nu}\lambda^2\right]\cos\frac{m\pi x}{L}=0 \tag{7.1.56}$$

由式（7.1.56）可以看出：当外加磁场 B_0 和变温场 T 较小时，括号中的值大于零，因而必须系数 $A_m=0$，即 $w\equiv 0$ 为铁磁梁的平衡状态；但随着 B_0 和 T（或其中之一）的增大，必将出现括号中的值等于零的情形，此时 $A_m\neq 0$，即 $w\neq 0$，铁磁梁式板结构发生磁热弹性屈曲失稳现象。

下面分三种情形进行讨论。

1. 铁磁梁式板的磁弹性屈曲

考虑铁磁梁式板仅在横向磁场 B_0 作用下，此时由式（7.1.56）可得

$$D\lambda^4-\frac{2(\mu_{\mathrm{r}}-1)^2B_0^2\lambda}{\mu_0\mu_{\mathrm{r}}\Delta}\sinh\frac{\lambda h}{2}=0 \tag{7.1.57}$$

由式（7.1.57）解出磁场分量，不难得到铁磁梁式板发生磁弹性屈曲的最小磁场临界值为

$$B_{0\mathrm{cr}}=\frac{\pi}{2(\mu_{\mathrm{r}}-1)}\left[\frac{\mu_0\mu_{\mathrm{r}}\pi E\Delta}{6(1-\nu^2)\sinh(\lambda h/2)}\right]^{1/2}\left(\frac{L}{h}\right)^{-3/2} \tag{7.1.58}$$

对于铁磁材料而言，一般有 $\mu_{\mathrm{r}}\gg 1$，并且由 $h/L\ll 1$ 可近似得到

$$\sinh\frac{\lambda h}{2}\approx\frac{\lambda h}{2}\ll 1,\quad \cosh\frac{\lambda h}{2}\approx 1,\quad \mu_{\mathrm{r}}\frac{\lambda h}{2}\gg 1 \tag{7.1.59}$$

因此式（7.1.58）可进一步化简，得到无量纲化的磁场临界值：

$$B_{\mathrm{cr}}^{*}=\frac{B_{0\mathrm{cr}}}{\sqrt{\mu_0 E}}=\frac{\pi}{2}\left[\frac{\pi}{6(1-\nu^2)}\right]^{1/2}\left(\frac{L}{h}\right)^{-3/2} \tag{7.1.60}$$

该结果表明，铁磁简支梁式板在横向磁场中的屈曲临界值与铁磁材料的磁导率无关，与梁式板的长厚比 L/h 的 $-3/2$ 次幂成正比。这与 Moon 和 Pao（1968 年）及 Miya 等（1978 年）铁磁悬臂梁的实验结果[2] 是一致的，说明了这一预测结果的可靠性。

2. 铁磁梁式板的热弹性屈曲

考虑铁磁梁式板仅在变温场 T 作用下，此时有

$$D\lambda^4 - \frac{\alpha hET}{1-\nu}\lambda^2 = 0 \tag{7.1.61}$$

于是，铁磁梁发生热弹性屈曲的最小温度临界值（无量纲化）为

$$T_{cr}^* = \alpha T_{cr} = \frac{\pi^2}{12(1+\nu)}\left(\frac{L}{h}\right)^{-2} \tag{7.1.62}$$

这与简支梁在轴向压力作用下的传统屈曲结果类似，与已有结果相同。

3. 铁磁梁式板的磁热弹性屈曲

考虑铁磁梁式板在磁场和变温场共同作用下，结合式（7.1.56），我们不难分别得到变温场对磁弹性屈曲临界磁场的影响，以及磁场对热弹性屈曲临界温度场的影响关系，如下：

$$B_{cr}^* = \left[\frac{\pi^3}{24(1-\nu^2)}\left(\frac{h}{L}\right)^3 - \frac{\pi T^*}{2(1-\nu)}\frac{h}{L}\right]^{\frac{1}{2}} \tag{7.1.63}$$

$$T_{cr}^* = \frac{\pi^2}{12(1+\nu)}\left(\frac{L}{h}\right)^{-2} - \frac{2(1-\nu)(B^*)^2}{\pi}\frac{L}{h} \tag{7.1.64}$$

其中，B^* 和 T^* 分别是磁场和温度场的无量纲量。

进一步，可获得铁磁梁式板磁热弹性屈曲失稳的特征曲线：

$$\left(\frac{B^*}{B_{cr}^*}\right)^2 + \frac{T^*}{T_{cr}^*} = 1 \tag{7.1.65}$$

图 7.1.4 给出了铁磁梁式板在发生磁弹性屈曲、热弹性屈曲时，外加温度场或磁场对屈曲临界值的影响结果。由临界曲线特征可以看出：由于存在外加的温度场（或磁场），使得结构的磁弹性屈曲（或热弹性屈曲）的临界值减小；也就是说，考虑磁场、温度场的共同作用实际上是降低了结构的稳定性。图 7.1.5 给出了铁磁梁式板在温度场、磁场作用下的磁弹性和热弹性屈曲临界值随结构几何特征参数的对数变化曲线。可以看出，随着铁磁梁式板长厚比的增大，磁弹性和热弹性屈曲临界值呈现快速下降趋势；并且外加温度场、磁场显著影响临界值。

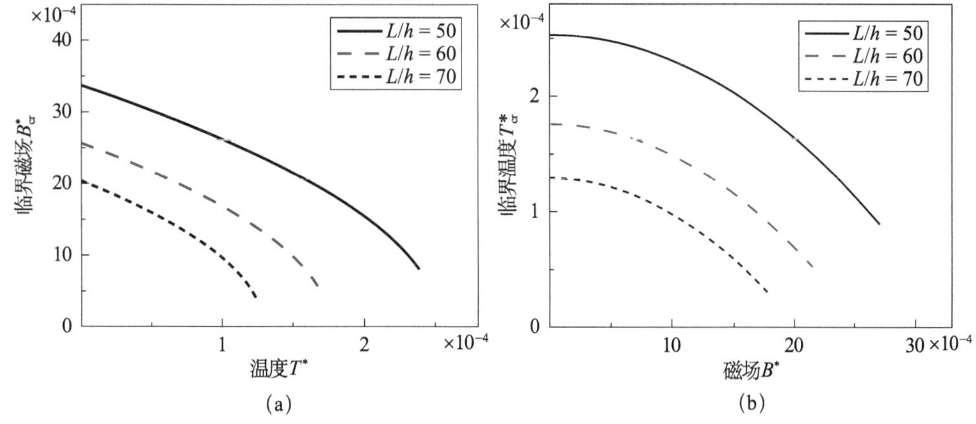

图 7.1.4 铁磁梁式板在温度场、磁场作用下的屈曲失稳（一）

（a）温度场对磁弹性屈曲的影响；（b）磁场对热弹性屈曲的影响

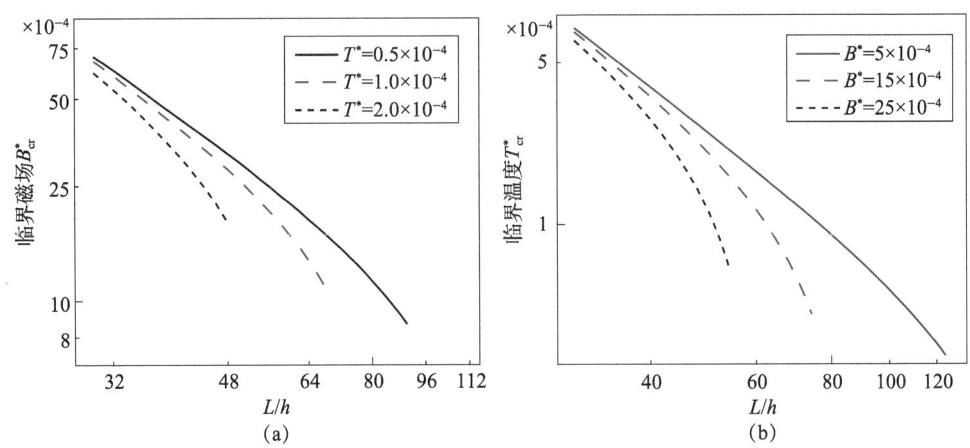

图 7.1.5　铁磁梁式板在温度场、磁场作用下的屈曲失稳（二）

(a) 临界磁场随梁长厚比的对数变化曲线；(b) 临界温度随梁长厚比的对数变化曲线

图 7.1.6 进一步给出磁场与温度场共同作用下的铁磁梁式板磁热弹性屈曲失稳特征曲线，B^*_{cr} 和 T^*_{cr} 分别表示磁场单独作用下的屈曲临界磁场值以及温度场单独作用下的屈曲临界温度值。在两场的共同作用下，铁磁梁式板结构的稳定区域为特征曲线与纵轴所围的区域，外部区域为发生磁热弹性屈曲失稳的区域。相关结果为铁磁结构多场作用下的耦合稳定性行为预测提供了理论指导。

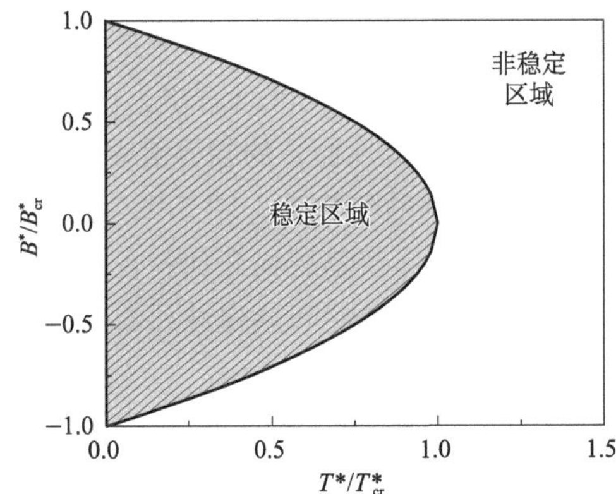

图 7.1.6　磁场与温度场共同作用下的铁磁梁式板磁热弹性屈曲失稳特征曲线

7.2　铁磁薄板的磁-力耦合动力学行为及磁阻尼效应

在磁悬浮车辆、电磁储能装置、聚变反应堆、磁推进装置等现代电磁设备中，铁磁性薄板结构被广泛应用。在磁场环境中，一方面，铁磁介质由于磁化而与外加场作用产生磁力作用；另一方面，外加场的变化或者结构的运动等，还会导致其受到磁阻尼等效应的影响。例如，核能工程中的第一壁和聚变动力堆的包层结构中，材料的磁化与涡流共存，结构不可避免地受到机械载荷和电磁力的共同作用等。

为此，本节将针对铁磁薄板结构在外加磁场和机械载荷共同作用下的磁-力耦合动力学行为进行分析[7,8]。

考虑一均匀、各向同性的铁磁矩形薄板结构，其长、宽、高分别为 a、b、h 。如图 7.2.1 所示，铁磁板处于一横向的外加稳恒磁场 $\boldsymbol{B}_0$ 中，并且沿着板中面作用一周期性的机械分布压力 $P(t)=P_0\cos\omega_0 t$ 。

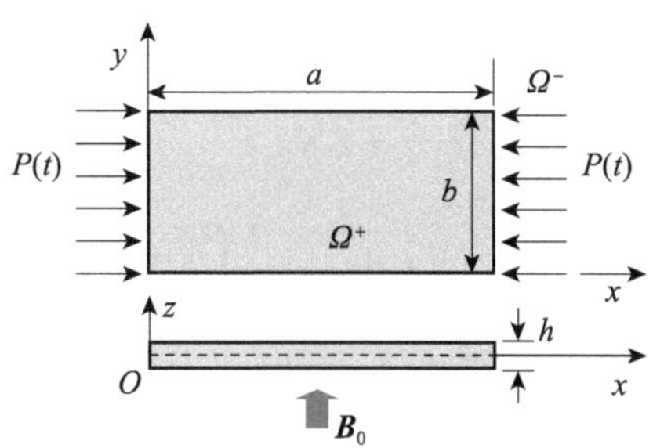

图 7.2.1 外加磁场和机械载荷共同作用下的铁磁薄板结构

7.2.1 耦合场理论模型

1. 磁场基本方程

对于线性磁化的铁磁介质，薄板内部区域、外部空气区域中的磁场强度 $\boldsymbol{H}$ 和磁化矢量 $\boldsymbol{M}$，以及磁感应强度 $\boldsymbol{B}$ 可表示如下：

$$\boldsymbol{M}^+=\chi\boldsymbol{H}^+,\quad \boldsymbol{B}^+=\mu_0\mu_r\boldsymbol{H}^+\quad (\text{在}\ \Omega^+(\boldsymbol{u})\ \text{中}) \tag{7.2.1}$$

$$\boldsymbol{M}^-=\boldsymbol{0},\quad \boldsymbol{B}^-=\mu_0\boldsymbol{H}^-\quad (\text{在}\ \Omega^-(\boldsymbol{u})\ \text{中}) \tag{7.2.2}$$

这里，$\Omega^+(\boldsymbol{u})$ 和 $\Omega^-(\boldsymbol{u})$ 分别表示铁磁介质薄板内、外的区域，由于铁磁结构的变形，这些区域均为薄板位移矢量 $\boldsymbol{u}$ 的函数；χ 表示铁磁介质的磁化率，其与相对磁导率的关系为 $\chi=\mu_r-1$。

不妨考虑铁磁薄板的振动频率较小的情形，因而可忽略电场、电荷和传导电流的影响，此时铁磁介质依然近似满足准静态磁场方程。由 Maxwell 方程组可得到

$$\nabla\cdot\boldsymbol{B}^+=0,\quad \nabla\times\boldsymbol{H}^+=\boldsymbol{0}\quad (\text{在}\ \Omega^+(\boldsymbol{u})\ \text{中}) \tag{7.2.3}$$

$$\nabla\cdot\boldsymbol{B}^-=0,\quad \nabla\times\boldsymbol{H}^-=\boldsymbol{0}\quad (\text{在}\ \Omega^+(\boldsymbol{u})\ \text{中}) \tag{7.2.4}$$

$$\boldsymbol{n}\cdot(\boldsymbol{B}^+-\boldsymbol{B}^-)=0,\quad \boldsymbol{n}\times(\boldsymbol{H}^+-\boldsymbol{H}^-)=\boldsymbol{0}\quad (\text{在}\ S=\Omega^+(\boldsymbol{u})\cap\Omega^-(\boldsymbol{u})) \tag{7.2.5}$$

$$\boldsymbol{B}^-=\boldsymbol{B}_0=B_0\boldsymbol{k}\quad (\text{在}\ S_0\ \text{或}\ \infty\text{处}) \tag{7.2.6}$$

其中，$\boldsymbol{n}$ 为铁磁薄板边界 S 上的外法向单位矢量；S_0 表示包围铁磁薄板且远离的封闭曲面；$\nabla=\partial/\partial x\boldsymbol{i}+\partial/\partial y\boldsymbol{j}+\partial/\partial z\boldsymbol{k}$ 为定义在空间坐标系 $\{Oxyz\}$ 中的拉普拉斯算子，$\boldsymbol{i}$，$\boldsymbol{j}$ 和 $\boldsymbol{k}$ 分别为沿着坐标轴的单位矢量。

2. 薄板动力学基本方程

对于满足 Kirchhoff 假设的铁磁薄板结构，薄板的位移可表示为

$$\boldsymbol{u}=-\frac{\partial w(x,y,t)}{\partial x}z\boldsymbol{i}-\frac{\partial w(x,y,t)}{\partial y}z\boldsymbol{j}+w(x,y,t)\boldsymbol{k} \tag{7.2.7}$$

其中，$w(x,y,t)$ 为薄板的弯曲挠度。

若忽略薄板面内的惯性力影响，并假设薄板四边简支，则不难写出薄板满足基本力学方程和边界如下：

$$\frac{\partial N_x}{\partial x}+\frac{\partial N_{xy}}{\partial y}+\int_{-h/2}^{h/2}f_x\mathrm{d}z=0,\quad \frac{\partial N_y}{\partial y}+\frac{\partial N_{xy}}{\partial x}+\int_{-h/2}^{h/2}f_y\mathrm{d}z=0 \tag{7.2.8}$$

$$D\left(\frac{\partial^4 w}{\partial x^4}+2\frac{\partial^4 w}{\partial x^2\partial y^2}+\frac{\partial^4 w}{\partial y^4}\right)-\left(N_x\frac{\partial^2 w}{\partial x^2}+2N_{xy}\frac{\partial^2 w}{\partial x\partial y}+N_y\frac{\partial^2 w}{\partial y^2}\right)+\rho h\frac{\partial^2 w}{\partial t^2}$$
$$=q_z(x,y,t)+\int_{-h/2}^{h/2}f_z\mathrm{d}z+\frac{\partial}{\partial x}\int_{-h/2}^{h/2}f_x z\,\mathrm{d}z+\frac{\partial}{\partial y}\int_{-h/2}^{h/2}f_y z\mathrm{d}z \tag{7.2.9}$$

$$w(x,y,t)=0,\quad \frac{\partial^2 w(x,y,t)}{\partial x^2}=0\quad (\text{在 } x=0,\ a \text{ 处}) \tag{7.2.10}$$

$$w(x,y,t)=0,\quad \frac{\partial^2 w(x,y,t)}{\partial y^2}=0\quad (\text{在 } y=0,\ b \text{ 处}) \tag{7.2.11}$$

这里，$D=\dfrac{Eh^3}{12(1-\nu^2)}$ 表示铁磁薄板的抗弯刚度；$q_z(x,y,t)$ 表示作用于铁磁薄板中面上的磁力，可由广义磁弹性变分原理获得[1-3]，形式如下：

$$q_z(x,y,t)=\frac{\mu_0\mu_r\chi}{2}\{[H_n^+(x,y,h/2,t)]^2-[H_n^+(x,y,-h/2,t)]^2\}$$
$$-\frac{\mu_0\chi}{2}\{[H_\tau^+(x,y,h/2,t)]^2-[H_\tau^+(x,y,-h/2,t)]^2\} \tag{7.2.12}$$

另外，铁磁薄板的运动还将受到洛伦兹力的作用，其与薄板的运动速度和磁场相关，表示如下：

$$\boldsymbol{f}(x,y,z,t)=f_x\boldsymbol{i}+f_y\boldsymbol{j}+f_z\boldsymbol{k}=\sigma\left(\frac{\partial \boldsymbol{u}}{\partial t}\times\boldsymbol{B}^+\right)\times\boldsymbol{B}^+ \tag{7.2.13}$$

式中，σ 表示铁磁介质的电导率。

由于磁场分布依赖于铁磁薄板的变形，从而变形前、后铁磁薄板内部 $\Omega^+(\boldsymbol{u})$ 以及边界 S 上的物质点的空间位置 $\boldsymbol{x}'$，$\boldsymbol{x}$ 发生了变化，可由变形位移来表征：

$$\boldsymbol{x}'=\boldsymbol{x}+\boldsymbol{u} \tag{7.2.14}$$

从前面的等效磁力表达式（7.2.12）和式（7.2.13）可以看出，磁场控制方程式（7.2.3）～式（7.2.6）以及薄板的运动方程式（7.2.8）和式（7.2.9）表现出了非线性耦合特征。

7.2.2　耦合效应下的磁力分析

这里我们采用线性化方法进行铁磁薄板磁弹性耦合效应下的磁力分析。

将铁磁薄板内外的磁场分为刚性场（不考虑变形）和摄动场（考虑变形）的叠加：

$$\boldsymbol{B}^+=\boldsymbol{B}_0^++\boldsymbol{b}^+(x,y,z,t),\quad \boldsymbol{H}^+=\boldsymbol{H}_0^++\boldsymbol{h}^+(x,y,z,t)\quad (\text{在 } \Omega^+(\boldsymbol{u}) \text{ 中}) \tag{7.2.15}$$

$$\boldsymbol{B}^{-}=\boldsymbol{B}_0^{-}+\boldsymbol{b}^{-}(x,y,z,t),\quad \boldsymbol{H}^{-}=\boldsymbol{H}_0^{-}+\boldsymbol{h}^{-}(x,y,z,t)\quad (在\ \Omega^{-}(\boldsymbol{u})\ 中) \tag{7.2.16}$$

进一步，引入铁磁薄板内、外区域的磁标量势 $\Phi^{+}(\Phi^{-})$，$\phi^{+}(\phi^{-})$，则磁场强度可表示为

$$\boldsymbol{H}_0^{+}=-\nabla\Phi^{+},\quad \boldsymbol{h}^{+}=-\nabla\phi^{+} \tag{7.2.17}$$

$$\boldsymbol{H}_0^{-}=-\nabla\Phi^{-},\quad \boldsymbol{h}^{-}=-\nabla\phi^{-} \tag{7.2.18}$$

考虑到薄板变形前后的表面法向方向的变化，即

$$\boldsymbol{n}=\boldsymbol{n}_0+\hat{\boldsymbol{n}} \tag{7.2.19}$$

其中，$\boldsymbol{n}_0$ 和 $\hat{\boldsymbol{n}}$ 分别表示变形前和变形后铁磁薄板的外法向矢量，表示如下：

$$\boldsymbol{n}_0=\pm\boldsymbol{k},\quad \hat{\boldsymbol{n}}=\pm\left(-\frac{\partial w}{\partial x}\boldsymbol{i}-\frac{\partial w}{\partial y}\boldsymbol{j}\right) \tag{7.2.20}$$

式中，“±”分别对应于铁磁薄板的上、下表面。

结合磁标量势，可获得铁磁薄板内外的刚性磁场和扰动磁场所对应的基本微分方程。

1. 刚性磁场

$$\nabla^2\Phi^{+}=0\quad (在\ \Omega^{+}(\boldsymbol{u}=\boldsymbol{0})\ 中) \tag{7.2.21}$$

$$\nabla^2\Phi^{-}=0\quad (在\ \Omega^{-}(\boldsymbol{u}=\boldsymbol{0})\ 中) \tag{7.2.22}$$

$$\Phi^{+}=\Phi^{-},\quad \mu_r\frac{\partial\Phi^{+}}{\partial z}=\frac{\partial\Phi^{-}}{\partial z}\quad (在\ z=\pm\frac{h}{2}\ 上) \tag{7.2.23}$$

$$-\nabla\Phi^{-}=\frac{\boldsymbol{B}_0}{\mu_0}\quad (在\ S_0\ 上或\ z\to\infty) \tag{7.2.24}$$

求解以上方程组，不难得到

$$\boldsymbol{H}_0^{+}=-\nabla\Phi^{+}=\frac{B_0}{\mu_0\mu_r}\boldsymbol{k},\quad \boldsymbol{H}_0^{-}=-\nabla\Phi^{-}=\frac{B_0}{\mu_0}\boldsymbol{k} \tag{7.2.25}$$

2. 扰动磁场

$$\nabla^2\phi^{+}=0\quad (在\ \Omega^{+}(\boldsymbol{u})\ 中) \tag{7.2.26}$$

$$\nabla^2\phi^{-}=0\quad (在\ \Omega^{-}(\boldsymbol{u})\ 中) \tag{7.2.27}$$

$$\mu_r\frac{\partial\phi^{+}}{\partial z}=\frac{\partial\phi^{-}}{\partial z}\quad (在\ z=\pm\frac{h}{2}\ 上) \tag{7.2.28}$$

$$\frac{\partial\phi^{+}}{\partial x}-H_{0z}^{+}\frac{\partial w}{\partial x}=\frac{\partial\phi^{-}}{\partial x}-H_{0z}^{-}\frac{\partial w}{\partial x}\quad (在\ z=\pm\frac{h}{2}\ 上) \tag{7.2.29}$$

$$\frac{\partial\phi^{+}}{\partial y}-H_{0z}^{+}\frac{\partial w}{\partial y}=\frac{\partial\phi^{-}}{\partial y}-H_{0z}^{-}\frac{\partial w}{\partial y}\quad (在\ z=\pm\frac{h}{2}\ 上) \tag{7.2.30}$$

$$\phi^{-}\to 0\quad (在\ S_0\ 上或\ z\to\infty) \tag{7.2.31}$$

可以看出，扰动磁场与薄板的变形密切关联。为此，我们假设满足四边简支边界条件的薄板弯曲挠度为

$$w(x,y,t)=\sum_m\sum_n A_{mn}\sin\frac{m\pi x}{a}\sin\frac{n\pi y}{b}f(t) \tag{7.2.32}$$

其中，A_{mn} 为弯曲变形对应的待定系数。

将式（7.2.32）代入扰动磁场方程式（7.2.26）～式（7.2.31）中，通过摄动技术可以获得如下的磁场分布：

$$\begin{aligned}\boldsymbol{h}^{+} =& \frac{B_0\chi}{\mu_0\mu_{\mathrm{r}}}\sum_m\sum_n\frac{A_{mn}}{\Delta_{mn}}\left\{\left[\frac{m\pi}{a}\cos\frac{m\pi x}{a}\sin\frac{n\pi y}{b}\cosh(k_{mn}z)\right]\boldsymbol{i}\right.\\&+\left[\frac{n\pi}{b}\sin\frac{m\pi x}{a}\cos\frac{n\pi y}{b}\cosh(k_{mn}z)\right]\boldsymbol{j}\\&\left.+\left[k_{mn}\sin\frac{m\pi x}{a}\sin\frac{n\pi y}{b}\sinh(k_{mn}z)\right]\boldsymbol{k}\right\}f(t)\end{aligned}\tag{7.2.33}$$

$$\begin{aligned}\boldsymbol{h}^{-} =& -\frac{B_0\chi}{\mu_0}\sum_m\sum_n\frac{A_{mn}}{\Delta_{mn}}\sinh\frac{k_{mn}h}{2}\left\{\left[\frac{m\pi}{a}\cos\frac{m\pi x}{a}\sin\frac{n\pi y}{b}\right]\boldsymbol{i}\right.\\&-\left[\frac{n\pi}{b}\sin\frac{m\pi x}{a}\cos\frac{n\pi y}{b}\right]\boldsymbol{j}\\&\left.-\left[\operatorname{sgn}(z)k_{mn}\sin\frac{m\pi x}{a}\sin\frac{n\pi y}{b}\right]\boldsymbol{k}\right\}\mathrm{e}^{k_{mn}(h/2-|z|)}f(t)\end{aligned}\tag{7.2.34}$$

其中，

$$k_{mn}=\pi\sqrt{\left(\frac{m}{a}\right)^2+\left(\frac{n}{b}\right)^2},\quad \Delta_{mn}=\mu_{\mathrm{r}}\sinh\frac{k_{mn}h}{2}+\cosh\frac{k_{mn}h}{2}\tag{7.2.35}$$

进而可获得铁磁薄板中面的等效磁力和洛伦兹力的表达式：

$$q_z(x,y,t)=\frac{2B_0^2\chi^2}{\mu_0\mu_{\mathrm{r}}}\sum_m\sum_n\frac{A_{mn}k_{mn}}{\Delta_{mn}}\sinh\frac{k_{mn}h}{2}\sin\frac{m\pi x}{a}\sin\frac{n\pi y}{b}f(t)\tag{7.2.36}$$

$$\begin{aligned}\boldsymbol{f}(x,y,z,t)=&\sigma B_0^2\frac{\mathrm{d}f(t)}{\mathrm{d}t}\sum_m\sum_n A_{mn}\left[\left(\frac{m\pi}{a}\cos\frac{m\pi x}{a}\sin\frac{m\pi y}{b}z\right)\boldsymbol{i}\right.\\&\left.+\left(\frac{n\pi}{b}\sin\frac{m\pi x}{a}\cos\frac{m\pi y}{b}z\right)\boldsymbol{j}\right]\end{aligned}\tag{7.2.37}$$

相对应的磁力分量为

$$\int_{-h/2}^{h/2}f_x\,\mathrm{d}z=0,\quad \int_{-h/2}^{h/2}f_y\,\mathrm{d}z=0\tag{7.2.38}$$

$$\begin{aligned}&\int_{-h/2}^{h/2}f_z\,\mathrm{d}z+\frac{\partial}{\partial x}\int_{-h/2}^{h/2}f_x z\,\mathrm{d}z+\frac{\partial}{\partial y}\int_{-h/2}^{h/2}f_y z\,\mathrm{d}z\\&=-\frac{\sigma B_0^2h^3}{12}\frac{\mathrm{d}f(t)}{\mathrm{d}t}\sum_m\sum_n A_{mn}k_{mn}^2\sin\frac{m\pi x}{a}\sin\frac{n\pi y}{b}\end{aligned}\tag{7.2.39}$$

7.2.3　铁磁薄板的磁-力耦合动力学问题求解

将磁力分布形式（7.3.28）代入铁磁薄板的面内控制方程，并考虑外加的面内机械周期压力，不难得到薄板的薄膜内力为

$$N_x=-P_0\cos\omega_0 t,\quad N_y=0,\quad N_{xy}=0\tag{7.2.40}$$

以及薄板的横向挠度方程如下：

$$\rho h\frac{\mathrm{d}^2f(t)}{\mathrm{d}t^2}+\frac{\sigma B_0^2h^3k_{mn}^2}{12}\frac{\mathrm{d}f(t)}{\mathrm{d}t}$$

$$+\left[Dk_{mn}^4-\frac{2B_0^2\chi^2k_{mn}}{\mu_0\mu_r\Delta_{mn}}\sinh\frac{k_{mn}h}{2}-P_0\left(\frac{m\pi}{a}\right)^2\cos\omega_0 t\right]f(t)=0 \tag{7.2.41}$$

考虑到 $m=n=1$ 时铁磁薄板发生磁弹性屈曲失稳，并引入如下的无量纲化参数：

$$\tau=\frac{\omega_0}{2}t,\quad \lambda=\frac{B^2G\bar{k}_{11}^2}{\Omega},\quad \alpha=\frac{\bar{k}_{11}^4-B^2H_{11}\bar{k}_{11}}{\Omega^2}$$

$$\beta=\frac{F}{\Omega^2},\quad F=P_0\frac{12(1-\nu^2)\pi^2\gamma^2}{Eh}$$

$$B^2=\frac{B_0^2}{\mu_0E}\times10^4,\quad G=\frac{\mu_0\sigma}{2\times10^4}\sqrt{\frac{Eh^2(1-\nu^2)}{3\rho}} \tag{7.2.42}$$

$$\Omega=\frac{a^2\omega_0}{h}\sqrt{\frac{3\rho(1-\nu^2)}{E}},\quad \gamma=\frac{a}{h}$$

$$H_{11}=\frac{24(1-\nu^2)\chi^2\gamma^3}{\mu_r\times10^4}\frac{\sinh(\bar{k}_{11}/2\gamma)}{\mu_r\sinh(\bar{k}_{11}/2\gamma)+\cosh(\bar{k}_{11}/2\gamma)}$$

$$\bar{k}_{11}=\pi\sqrt{1+\left(\frac{b}{a}\right)^2}$$

将其代入式（7.2.41），可以得到如下的无量纲的阻尼马蒂厄（Mathieu）方程：

$$\frac{d^2f}{d\tau^2}+\lambda\frac{df}{d\tau}+(\alpha-\beta\cos2\tau)f=0 \tag{7.2.43}$$

这里，采用谱方法求解以上方程，将未知函数展开为傅里叶级数：

$$f(\tau)=\sum_{k=1}^{N}c_k e^{ik\tau} \tag{7.2.44}$$

将其代入式（7.2.43）可获得关于系数 c_k 的递推关系，并且与特征参数 (α,β) 关联。

对于实时间变量，选取等间距进行离散化：

$$\tau_k=\frac{2\pi(k-1)}{N},\quad k=1,2,\cdots,N \tag{7.2.45}$$

分别记矩阵 $[\boldsymbol{A}]$，$[\boldsymbol{B}]$ 对应于式（7.2.43）中的二阶、一阶导数项，对角矩阵 $[\boldsymbol{C}]$ 对应元素为 $c_{kk}=\cos(2\tau_k)$，$k=1,2,\cdots,N$。

进而，可获得式（7.2.43）的近似离散化方程为

$$\{\beta[\boldsymbol{C}]-[\boldsymbol{A}]-\lambda[\boldsymbol{B}]\}\{\boldsymbol{y}\}=\alpha\{\boldsymbol{y}\} \tag{7.2.46}$$

其中，$\{\boldsymbol{y}\}$ 为对应于 $f(\tau_k)$ 的特征向量。

基于矩阵数值运算，上述的特征方程较易获得解答。这里选取如表 7.2.1 所列的铁磁介质的相关参数，对于系统的磁弹性稳定性问题予以讨论。

表 7.2.1 铁磁薄板的材料和几何参数

密度 ρ/(kg/m^3)	杨氏模量 E/MPa	泊松比 ν	电导率 σ/(S/m)	板宽 b/m	板厚 h/m
3.0×10^3	1.2×10^5	0.3	1.0×10^7	3.0×10^{-1}	1.0×10^{-2}

对于不考虑阻尼的磁弹性系统（即 $\lambda=0$ 或 $G=0$），图 7.2.2 给出了铁磁薄板稳定和

非稳定的参数 (α,β) 区域。这里着重关注参数激振随着激励频率的变化及特征。由于不同频率时，参数 α 和 β 的比值保持为一常数，因此铁磁薄板系统特征状态可由通过原点的直线 $\beta=k\alpha$ 上的点来确定。该直线的斜率可表示为

$$k=\frac{\beta}{\alpha}=\frac{F}{\bar{k}_{11}^{4}-B^{2}H_{11}\bar{k}_{11}}=\frac{F}{H_{11}\bar{k}_{11}(B_{\mathrm{d}}^{2}-B^{2})} \tag{7.2.47}$$

其中，B_{d}^{2} 表示铁磁薄板动力学的第二临界磁场的平方，对应于系统复频率的实部等于零的情形；且 B_{d} 一般大于或等于系统第一临界磁场 B_{cr}，即 $B_{\mathrm{d}}\geqslant B_{\mathrm{cr}}$ 。

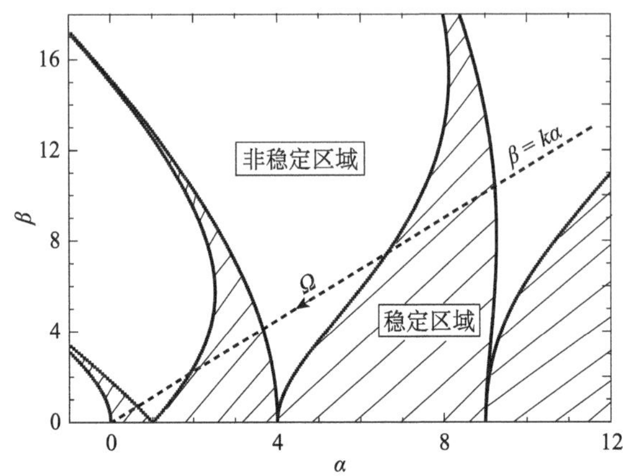

图 7.2.2　不考虑磁阻尼情形下，铁磁薄板磁弹性系统的参数激励稳定性区域（$\mu_{\mathrm{r}}=1000$，$\gamma=50$）

这里，第一临界磁场对应于铁磁薄板的磁弹性屈曲失稳，即

$$B_{\mathrm{cr}}^{2}=\frac{\bar{k}_{11}^{3}}{H_{11}}\approx\frac{\pi^{3}[1+(a/b)^{2}]^{3/2}}{24\times10^{-4}(1-\nu^{2})}\left(\frac{1}{\gamma}\right)^{3} \tag{7.2.48}$$

其可由磁弹性薄板振动的复频率虚部等于零而获得。在不考虑系统的磁阻尼效应情形下，一般有 $B_{\mathrm{d}}=B_{\mathrm{cr}}$ 。

由图 7.2.2 可以看出，随着外加机械载荷激振频率 Ω 的增加，参数 α 和 β 成比例减小，同时稳定和非稳定区域交替出现；当外加磁场的平方 B^{2} 接近或等于临界值 B_{d}^{2} 时，其意味着 $k\to\infty$，此时直线 $\beta=k\alpha$ 与坐标轴（$\alpha=0$）重合。在此情形下，铁磁薄板磁弹性系统依然能够在某些区域保持稳定状态。图 7.2.3（a）给出了参数激振 Ω-F 的依赖关系。当 B^{2} 增大甚至超过 B_{d}^{2} 时，直线 $\beta=k\alpha$ 位于第二象限，图 7.2.3（b）给出了部分的稳定区域。

磁阻尼效应（如无量纲量 λ 或 G）会对铁磁薄板的磁弹性稳定性和稳定区域产生影响。图 7.2.4 给出了不同激励频率下外加磁场与压力幅值的依赖关系，并绘制了铁磁板的稳定区域。我们可以看到，铁磁薄板的磁阻尼效应使磁弹性稳定区域有所扩大；外加磁场强度越大，则这种趋势越明显；当无外加面内机械载荷时，即 $F=0$ 的特殊情形，铁磁薄板始终保持稳定状态，直到外加磁场达到 B_{d}^{2}。

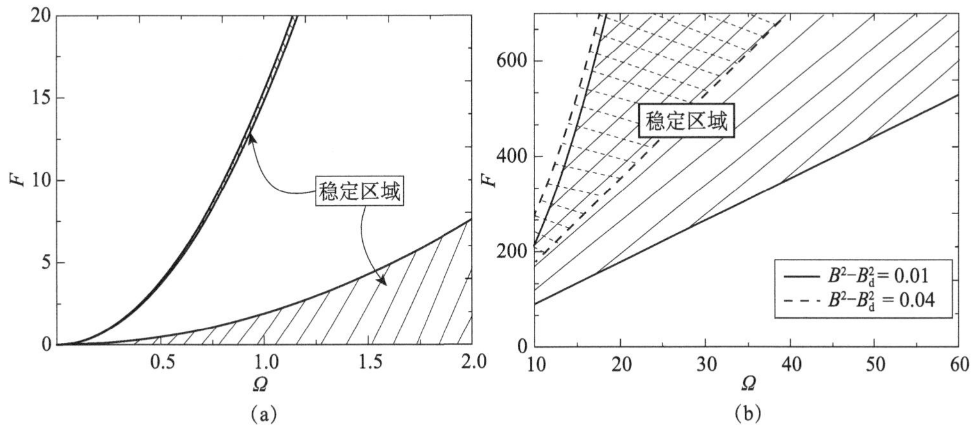

图 7.2.3 不考虑磁阻尼情形下，铁磁薄板磁弹性系统的参数激励稳定区域

($\mu_r = 1000$，$\gamma = 50$)

(a) $B^2 = B_d^2(\alpha = 0)$；(b) $B^2 > B_d^2$

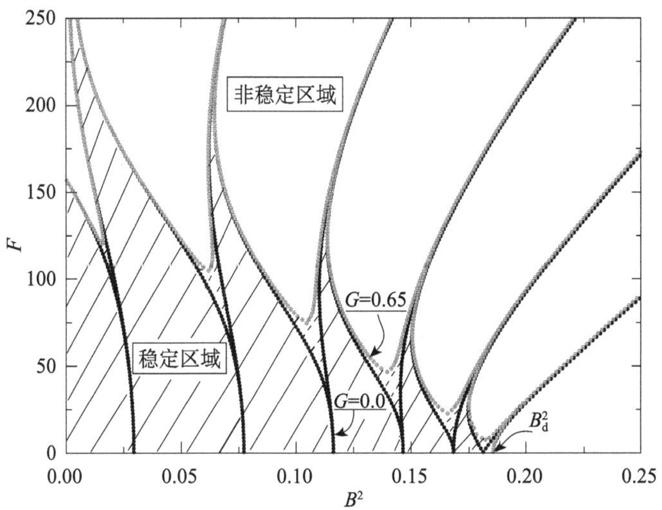

图 7.2.4 磁阻尼效应对铁磁薄板磁弹性参数激励稳定区域的影响

($\Omega = 2.05$, $\mu_r = 1000$，$\gamma = 50$)

7.3 铁磁薄壳的磁-热-力多场耦合理论及数值模拟

铁磁壳体作为基本结构单元被广泛应用于电机的磁屏蔽罩、反应堆的安全防护壁等。在这些设备和装置中，壳体结构往往置于磁场和热环境场中，它们会被磁化，引起磁-力强耦合作用，导致结构内部产生较大的应力，甚至使铁磁壳体结构失去稳定性，严重影响大型电器设施的安全和正常运行。

对于铁磁材料和结构的磁-力耦合行为，由于材料内部的磁力不可直接测量，如何描述作用在结构上的磁力是这类问题分析的关键。基于不同原理建立的局部磁力表述模型对于铁磁结构性能的预测也会不同，许多研究者致力于铁磁介质磁弹性研究并提出了一些理论模型，主要包括 Moon-Pao 磁偶模型、基于理性力学的系列磁弹性模型等[2, 11-13]。而针对铁磁介质结构目前存在三类典型实验：一是铁磁板在横向磁场中的磁弹性失稳，二是低磁化率铁磁板在面内磁场中的振动频率上升，三是铁磁圆柱薄壳的磁弹性弯曲与应力分布。其中前两类典型实验经过建立的系列模型，特别是基于磁弹性广义变分模型均得到很好的揭示[2]。而对于结构本身复杂的薄壳结构，现有理论模型预测结果尚与实验测试结果相去甚远，甚至相差 1～2 个数量级。

针对以上基础问题，考虑耦合效应以及非线性效应，我们从多场耦合模型建立到数值定量分析模型建立，再到数值仿真与预测，给出较为完整的分析过程与结果[6-10]。

7.3.1　磁-热-力耦合广义变分模型

如图 7.3.1 所示，考虑一铁磁薄壳结构，处于稳恒磁场 $\boldsymbol{B}_0$ 以及温度场 $T(x, y, z)$ 中，并记 Ω^+ 和 Ω^- 分别表示铁磁介质内、外区域。

为了建立铁磁薄壳结构的多场一般理论模型，我们采用如下的几个基本假设：

(1) 在力学、磁学以及热传导特性方面，铁磁薄壳均为各向同性、均匀的介质；

(2) 铁磁结构系统处于静态或准静态；

(3) 铁磁介质的磁致伸缩、磁化回滞以及磁热效应可忽略不计；

(4) 铁磁介质所处温度场低于居里温度，且所有的弹性系数均为常数。

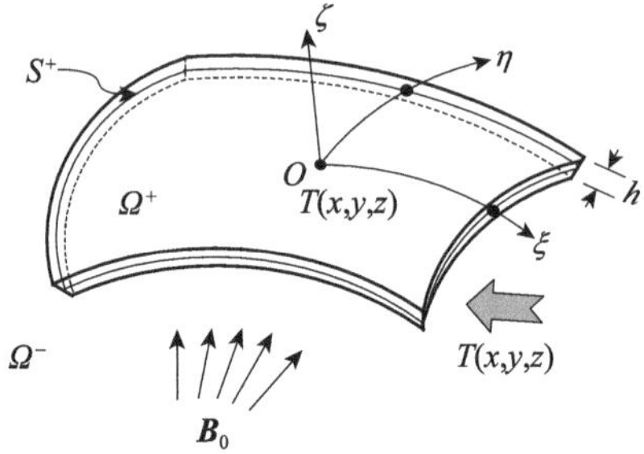

图 7.3.1　处于磁场和温度场中的任一铁磁薄壳结构

1. 系统总能量泛函

1) 系统磁能

引入磁标量势 ϕ（即 $-\nabla\phi = \boldsymbol{H}$），则可磁化、可变形铁磁介质的总磁能可表示如下：

$$\Pi_{\mathrm{em}}\{\phi, \boldsymbol{u}\} = \frac{1}{2}\int_{\Omega^+(\boldsymbol{u})} \mu_0 \mu_{\mathrm{r}} (\nabla\phi^+)^2 \mathrm{d}v + \frac{1}{2}\int_{\Omega^-(\boldsymbol{u})} \mu_0 (\nabla\phi^-)^2 \mathrm{d}v + \int_{\Gamma_0} \boldsymbol{n} \cdot \boldsymbol{B}_0 \phi^- \,\mathrm{d}s \tag{7.3.1}$$

式中，上标“+”和“−”分别表示铁磁薄壳内部介质区域和外部空气域；Γ_0 表示包围且远离铁磁薄壳的封闭边界面；$\boldsymbol{n}$ 为其单位外法向矢量。

2）系统的热弹性机械能

采用正交曲线坐标系 $\{O\xi\eta\zeta\}$，其中坐标线 ξ 和 η 分别表示薄壳中曲面 S^+ 上的主曲率（图 7.3.1）。基于薄壳结构的基尔霍夫-勒夫（Kirchhoff-Love）假设，铁磁壳中任意一点的位移可以由中曲面上的位移 $\{u,v,w\}$ 来表示：

$$u_1=u-\frac{1}{A}\frac{\partial w}{\partial \xi}\zeta,\quad u_2=v-\frac{1}{B}\frac{\partial w}{\partial \eta}\zeta,\quad u_3=w \tag{7.3.2}$$

考虑薄壳的几何非线性效应，则应变-位移关系可表示为

$$e_\xi=\varepsilon_\xi+\chi_\xi\zeta,\quad e_\eta=\varepsilon_\eta+\chi_\eta\zeta,\quad e_{\xi\eta}=\varepsilon_{\xi\eta}+\chi_{\xi\eta}\zeta \tag{7.3.3}$$

其中，

$$\begin{aligned}
\varepsilon_\xi&=\frac{1}{A}\frac{\partial u}{\partial \xi}+\frac{v}{AB}\frac{\partial A}{\partial \eta}+\frac{w}{R_\xi}+\frac{1}{2}\left(\frac{1}{A}\frac{\partial w}{\partial \xi}\right)^2\\
\varepsilon_\eta&=\frac{1}{B}\frac{\partial v}{\partial \eta}+\frac{u}{AB}\frac{\partial B}{\partial \xi}+\frac{w}{R_\eta}+\frac{1}{2}\left(\frac{1}{B}\frac{\partial w}{\partial \eta}\right)^2\\
\varepsilon_{\xi\eta}&=\frac{B}{A}\frac{\partial}{\partial \xi}\left(\frac{v}{B}\right)+\frac{A}{B}\frac{\partial}{\partial \eta}\left(\frac{u}{A}\right)+\frac{1}{AB}\frac{\partial w}{\partial \xi}\frac{\partial w}{\partial \eta}\\
\chi_\xi&=-\frac{1}{A}\frac{\partial}{\partial \xi}\left(\frac{1}{A}\frac{\partial w}{\partial \xi}\right)-\frac{1}{AB}\frac{\partial A}{\partial \eta}\frac{\partial w}{B\partial \eta}\\
\chi_\eta&=-\frac{1}{B}\frac{\partial}{\partial \eta}\left(\frac{1}{B}\frac{\partial w}{\partial \eta}\right)-\frac{1}{AB}\frac{\partial B}{\partial \xi}\frac{\partial w}{A\partial \xi}\\
\chi_{\xi\eta}&=-\frac{1}{AB}\left(\frac{\partial^2 w}{\partial \xi\partial \eta}-\frac{1}{A}\frac{\partial A}{\partial \eta}\frac{\partial w}{\partial \xi}-\frac{1}{B}\frac{\partial B}{\partial \xi}\frac{\partial w}{\partial \eta}\right)
\end{aligned} \tag{7.3.4}$$

式中，A，B 分别为沿着坐标线 ξ，η 的拉梅系数；R_ξ，R_η 分别为主曲率半径。

铁磁薄壳的应力-应变关系可表示为

$$\begin{aligned}
\sigma_\xi&=\frac{E}{1-\nu^2}[(\varepsilon_\xi+\nu\varepsilon_\eta)+(\chi_\xi+\nu\chi_\eta)\zeta]\\
\sigma_\eta&=\frac{E}{1-\nu^2}[(\varepsilon_\eta+\nu\varepsilon_\xi)+(\chi_\eta+\nu\chi_\xi)\zeta]\\
\sigma_{\xi\eta}&=\frac{E}{2(1+\nu)}(\varepsilon_{\xi\eta}+\chi_{\xi\eta}\zeta)
\end{aligned} \tag{7.3.5}$$

基于弹性系统的热弹性理论，系统自由能密度可表示为

$$\begin{aligned}
\sum(\boldsymbol{e},T)=&\frac{E}{2(1-\nu^2)}(e_\xi^2+e_\eta^2+2\nu e_\xi e_\eta)-\frac{\alpha E}{1-\nu}(e_\xi+e_\eta)(T-T_0)\\
&+\frac{E}{1+\nu}e_{\xi\eta}^2-\frac{\alpha E(1+\nu)}{(1-\nu)(1-2\nu)}-\frac{C_E}{2}\frac{(T-T_0)^2}{T_0}
\end{aligned} \tag{7.3.6}$$

在不考虑作用于铁磁薄壳上的机械体力和面力情形下，系统的热弹性机械能可由下式表示：

$$\Pi_{\mathrm{me}}\{\boldsymbol{u},T\}=\int_{\Omega^+}\left[\sum(\boldsymbol{e},T)+\eta_T T\right]\mathrm{d}v=\Pi_{\mathrm{me}}^{(1)}+\Pi_{\mathrm{me}}^{(2)}+\int_{\Omega^+}\eta_T T\mathrm{d}v \tag{7.3.7}$$

其中，

$$\Pi_{\mathrm{me}}^{(1)}=\frac{1}{2}\int_{S^+}\left\{C\left(\varepsilon_\xi^2+\varepsilon_\eta^2+2\nu\varepsilon_\xi\varepsilon_\eta+\frac{1-\nu}{2}\varepsilon_{\xi\eta}^2\right)\right.$$
$$\left.+D\left[\chi_\xi^2+\chi_\eta^2+2\nu\chi_\xi\chi_\eta+2(1-\nu)\chi_{\xi\eta}^2\right]\right\}\mathrm{d}s$$
$$\Pi_{\mathrm{me}}^{(2)}=-\frac{\alpha E}{1-\nu}\left\{\int_{S^+}(\varepsilon_\xi+\varepsilon_\eta)\left[\int_{-h/2}^{h/2}(T-T_0)\mathrm{d}\zeta\right]\mathrm{d}s\right. \tag{7.3.8}$$
$$\left.+\int_{S^+}(\chi_\xi+\chi_\eta)\left[\int_{-h/2}^{h/2}(T-T_0)\zeta\mathrm{d}\zeta\right]\mathrm{d}s\right\}$$
$$+\left[\frac{C_E}{2T_0}-\frac{\alpha^2E(1+\nu)}{(1-\nu)(1-2\nu)}\right]\int_{S^+}\int_{-h/2}^{h/2}(T-T_0)^2\mathrm{d}\zeta\mathrm{d}s$$

这里，$C=\dfrac{Eh}{1-\nu^2}$，$D=\dfrac{Eh^3}{12(1-\nu^2)}$ 分别表示壳体的抗拉和抗弯刚度；η_T 表示系统的熵密度；T_0，α，C_E 分别表示参考温度、介质的线性热膨胀系数、比热容。

3）系统热流势

基于热弹性理论，铁磁壳体的热流势可表示如下：

$$\Pi_{\mathrm{th}}\{T\}=\int_{\Omega^+}\left[\frac{1}{2}k(\nabla T)^2-\rho h_T T\right]\mathrm{d}v$$
$$-\int_{S_P}\left[T(\lambda_1\bar{q}-\lambda_2\gamma\bar{T})-\frac{1}{2}\lambda_2\gamma T^2\right]\mathrm{d}s \tag{7.3.9}$$

其中，k 表示铁磁介质的导热系数；ρ 和 h_T 分别为密度和热源；γ 为热辐射系数；λ_1 和 λ_2 分别为在边界 S_P 上的热流系数和热交换系数；$\bar{q}$ 和 $\bar{T}$ 分别表示边界 S_P 上的已知热流量和环境温度。为了分析简单起见，这里的热流势忽略了结构变形的影响。

4）系统总能量

将以上的系统磁能（7.3.1）、热弹性机械能（7.3.7）、系统热流势（7.3.9）进行叠加，便可获得铁磁薄壳的磁-热-力三场系统的总能量泛函：

$$\Pi\{\phi,\boldsymbol{u},T\}=\Pi_{\mathrm{em}}\{\phi,\boldsymbol{u}\}+\Pi_{\mathrm{me}}\{\boldsymbol{u},T\}+\Pi_{\mathrm{th}}\{T\} \tag{7.3.10}$$

2. 系统多场广义变分模型

对于系统总能量泛函（7.3.10）关于磁场、变形场和温度场的场量进行变分运算，可得到

$$\delta\Pi\{\phi,\boldsymbol{u},T\}=\delta_\phi\Pi\{\phi,\boldsymbol{u},T\}+\delta_{\boldsymbol{u}}\Pi\{\phi,\boldsymbol{u},T\}+\delta_T\Pi\{\phi,\boldsymbol{u},T\} \tag{7.3.11}$$

这里，$\delta_\phi\Pi\{\phi,\boldsymbol{u},T\}$，$\delta_{\boldsymbol{u}}\Pi\{\phi,\boldsymbol{u},T\}$ 和 $\delta_T\Pi\{\phi,\boldsymbol{u},T\}$ 分别表示由磁标量势 ϕ、弹性位移 $\boldsymbol{u}$、温度 T 引起的系统能量泛函的变分。

1）$\delta_\phi\Pi\{\phi,\boldsymbol{u},T\}$ 的运算

首先，考虑系统总能量关于磁标量势 ϕ 的变分运算，则有

$$\delta_\phi\Pi\{\phi,\boldsymbol{u},T\}=\delta_\phi\Pi_{\mathrm{em}}\{\phi,\boldsymbol{u}\}+\delta_\phi\Pi_{\mathrm{me}}\{\boldsymbol{u},T\}+\delta_\phi\Pi_{\mathrm{th}}\{T\}=\delta_\phi\Pi_{\mathrm{em}}\{\phi,\boldsymbol{u}\}$$
$$=\int_{\Omega^+(\boldsymbol{u})}\mu_0\mu_r\nabla\phi^+\cdot\nabla(\delta\phi^+)\mathrm{d}v+\int_{\Omega^-(\boldsymbol{u})}\mu_0\nabla\phi^-\cdot\nabla(\delta\phi^-)\mathrm{d}v$$
$$+\int_{\Gamma_0}\boldsymbol{n}_0\cdot\boldsymbol{B}_0\delta\phi^-\mathrm{d}s$$

$$=-\int_{\Omega^{+}(\boldsymbol{u})}\mu_0\mu_r(\nabla^2\phi^+)\delta\phi^+\,\mathrm{d}v-\int_{\Omega^{-}(\boldsymbol{u})}\mu_0(\nabla^2\phi^-)\delta\phi^-\,\mathrm{d}v$$
$$+\oint_S\mu_0\left(\mu_r\frac{\partial\phi^+}{\partial n}-\frac{\partial\phi^-}{\partial n}\right)\delta\phi\,\mathrm{d}s+\int_{\Gamma_0}\boldsymbol{n}_0\cdot(\mu_0\nabla\phi^-+\boldsymbol{B}_0)\delta\phi^-\,\mathrm{d}s \tag{7.3.12}$$

令 $\delta_\phi\Pi\{\phi,\boldsymbol{u},T\}=0$，并利用变分 $\delta\phi$ 的任意性，不难得到如下磁场基本方程和边界条件：

$$\nabla^2\phi^+=0\quad(\text{在 }\Omega^+(\boldsymbol{u})\text{ 中}) \tag{7.3.13}$$

$$\nabla^2\phi^-=0\quad(\text{在 }\Omega^-(\boldsymbol{u})\text{ 中}) \tag{7.3.14}$$

$$\phi^+=\phi^-,\quad \mu_r\frac{\partial\phi^+}{\partial n}=\frac{\partial\phi^-}{\partial n}\quad(\text{在 }S\text{ 上}) \tag{7.3.15}$$

$$-\nabla\phi^-=\frac{\boldsymbol{B}_0}{\mu_0}\quad(\text{在 }\Gamma_0\text{ 上或 }\infty\text{处}) \tag{7.3.16}$$

2) $\delta_{\boldsymbol{u}}\Pi\{\varphi,\boldsymbol{u},T\}$ 的运算

对于系统总能量，关于位移 $\boldsymbol{u}$ 进行变分运算，可得到

$$\delta_{\boldsymbol{u}}\Pi\{\varphi,\boldsymbol{u},T\}=\delta_{\boldsymbol{u}}\Pi_{\mathrm{em}}\{\varphi,\boldsymbol{u}\}+\delta_{\boldsymbol{u}}\Pi_{\mathrm{me}}\{\boldsymbol{u},T\}+\delta_{\boldsymbol{u}}\Pi_{\mathrm{th}}\{T\} \tag{7.3.17}$$

考虑到铁磁薄壳结构厚度远小于其中面尺寸，并结合壳体表面 S 上的磁场连续性条件 $\mu_r H_n^+=H_n^-$，$H_\tau^+=H_\tau^-$，我们可由变分运算中的第一项 $\delta_{\boldsymbol{u}}\Pi\{\phi,\boldsymbol{u},T\}$ 得到

$$\delta_{\boldsymbol{u}}\Pi_{\mathrm{em}}\{\phi,\boldsymbol{u}\}=\frac{\mu_0(\mu_r-1)}{2}\int_{S^+}\{\mu_r[\boldsymbol{H}_n^+(\xi,\eta,\zeta)]^2-[\boldsymbol{H}_\tau^+(\xi,\eta,\zeta)]^2\}_{\zeta=-h/2}^{\zeta=h/2}\delta w\,\mathrm{d}s \tag{7.3.18}$$

其中，$\boldsymbol{H}_n^+$ 和 $\boldsymbol{H}_\tau^+$ 分别表示表面 S 处的磁场法向和切向分量，即 $\boldsymbol{H}^+=\boldsymbol{H}_n^++\boldsymbol{H}_\tau^+$。

式（7.3.17）中的第二项变分可进一步表示为

$$\begin{aligned}\delta_{\boldsymbol{u}}\Pi_{\mathrm{me}}\{\boldsymbol{u},T\}=&-\int_{S^+}\frac{1}{AB}\Big\{\Big[\frac{\partial}{\partial\xi}(BN_\xi)+\frac{\partial}{\partial\eta}(AN_{\xi\eta})+N_{\xi\eta}\frac{\partial A}{\partial\eta}-N_\eta\frac{\partial B}{\partial\xi}\Big]\delta u\\&+\Big[\frac{\partial}{\partial\eta}(AN_\eta)+\frac{\partial}{\partial\xi}(BN_{\xi\eta})+N_{\xi\eta}\frac{\partial B}{\partial\xi}-N_\xi\frac{\partial A}{\partial\eta}\Big]\delta v\\&+\Big\{\frac{\partial}{\partial\xi}\Big\{\frac{1}{A}\Big[\frac{\partial}{\partial\xi}(BM_\xi)+\frac{\partial}{\partial\eta}(AM_{\xi\eta})+M_{\xi\eta}\frac{\partial A}{\partial\eta}-M_\eta\frac{\partial B}{\partial\xi}\Big]\Big\}\\&+\frac{\partial}{\partial\eta}\Big\{\frac{1}{B}\Big[\frac{\partial}{\partial\eta}(AM_\eta)+\frac{\partial}{\partial\xi}(BM_{\xi\eta})+M_{\xi\eta}\frac{\partial B}{\partial\xi}-M_\xi\frac{\partial A}{\partial\eta}\Big]\Big\}\\&-AB\Big(\frac{N_\xi}{R_\xi}+\frac{N_\eta}{R_\eta}+N_\xi\chi_\xi+N_\eta\chi_\eta+2N_{\xi\eta}\chi_{\xi\eta}\Big)\\&-AB\frac{\alpha E}{1-\nu}\int_{-h/2}^{h/2}\bar{\nabla}^2(T-T_0)\zeta\,\mathrm{d}\zeta\Big\}\delta w\Big\}\mathrm{d}s+\Big\{\int_{C_u}\cdots+\int_{C_t}\cdots\Big\}\end{aligned} \tag{7.3.19}$$

其中，$\left\{\int_{C_u}\cdots+\int_{C_t}\cdots\right\}$ 表示与壳体边界处关联的位移和应力积分项；N_ξ，N_η，$N_{\xi\eta}$ 和 M_ξ，M_η，$M_{\xi\eta}$ 分别表示壳体薄膜应力和弯曲应力，表示如下：

$$\begin{aligned}N_\xi&=C(\varepsilon_\xi+\nu\varepsilon_\eta)-\frac{\alpha E}{1-\nu}\int_{-h/2}^{h/2}(T-T_0)\mathrm{d}\zeta\\N_\eta&=C(\varepsilon_\eta+\nu\varepsilon_\xi)-\frac{\alpha E}{1-\nu}\int_{-h/2}^{h/2}(T-T_0)\mathrm{d}\zeta\\N_{\xi\eta}&=\frac{1}{2}C(1-\nu)\varepsilon_{\xi\eta}\end{aligned} \tag{7.3.20}$$

$$
\begin{aligned}
M_\xi &= D(\chi_\xi + \nu\chi_\eta) - \frac{\alpha E}{1-\nu}\int_{-h/2}^{h/2}(T-T_0)\zeta\mathrm{d}\zeta \\
M_\eta &= D(\chi_\eta + \nu\chi_\xi) - \frac{\alpha E}{1-\nu}\int_{-h/2}^{h/2}(T-T_0)\zeta\mathrm{d}\zeta \\
M_{\xi\eta} &= D(1-\nu)\chi_{\xi\eta}
\end{aligned}
\tag{7.3.21}
$$

令 $\delta_u \Pi\{\phi, \boldsymbol{u}, T\}=0$，并根据变分 $\delta \boldsymbol{u}$ 的任意性，可得到铁磁薄壳的三个力学平衡方程如下：

$$
\begin{aligned}
&\frac{\partial}{\partial \xi}(BN_\xi) + \frac{\partial}{\partial \eta}(AN_{\xi\eta}) + N_{\xi\eta}\frac{\partial A}{\partial \eta} - N_\eta \frac{\partial B}{\partial \xi} = 0 \\
&\frac{\partial}{\partial \eta}(AN_\eta) + \frac{\partial}{\partial \xi}(BN_{\xi\eta}) + N_{\xi\eta}\frac{\partial B}{\partial \xi} - N_\xi \frac{\partial A}{\partial \eta} = 0 \\
&\quad -\frac{1}{AB}\frac{\partial}{\partial \xi}\left\{\frac{1}{A}\left[\frac{\partial (BM_\xi)}{\partial \xi} + \frac{\partial (AM_{\xi\eta})}{\partial \eta} + M_{\xi\eta}\frac{\partial A}{\partial \eta} - M_\eta\frac{\partial B}{\partial \xi}\right]\right\} \\
&\quad -\frac{1}{AB}\frac{\partial}{\partial \eta}\left\{\frac{1}{B}\left[\frac{\partial (AM_\eta)}{\partial \eta} + \frac{\partial (BM_{\xi\eta})}{\partial \xi} + M_{\xi\eta}\frac{\partial B}{\partial \xi} - M_\xi\frac{\partial A}{\partial \eta}\right]\right\} \\
&\quad + \left(\frac{N_\xi}{R_\xi} + \frac{N_\eta}{R_\eta} + N_\xi\chi_\xi + N_\eta\chi_\eta + 2N_{\xi\eta}\chi_{\xi\eta}\right) \\
&= -\frac{\alpha E}{1-\nu}\int_{-h/2}^{h/2}\bar{\nabla}^2(T-T_0)\zeta\mathrm{d}\zeta \\
&\quad + \frac{\mu_0(\mu_r - 1)}{2}\left\{\mu_r[\boldsymbol{H}_n^+(\xi,\eta,\zeta)]^2 - [\boldsymbol{H}_r^+(\xi,\eta,\zeta)]^2\right\}_{\zeta=h/2}^{\zeta=h/2}
\end{aligned}
\tag{7.3.22}
$$

相应的边界条件可由式 (7.3.19) 中的边界积分项获得。

3) $\delta_T \Pi\{\phi, \boldsymbol{u}, T\}$ 的运算

对于系统总能量泛函关于温度 T 进行变分运算，可得

$$
\begin{aligned}
\delta_T \Pi\{\phi, \boldsymbol{u}, T\} &= \delta_T \Pi_{\mathrm{em}}\{\phi, \boldsymbol{u}\} + \delta_T \Pi_{\mathrm{me}}\{\phi, \boldsymbol{u}, T\} + \delta_T \Pi_{\mathrm{th}}\{T\} \\
&= \int_{\Omega_0^+}\left[\frac{\partial \sum(\boldsymbol{e}, T)}{\partial T} + \eta_T\right]\delta T\mathrm{d}v + \int_{\Omega_0^+}[k\,\nabla T\cdot\nabla(\delta T) - \rho h_T\delta T]\mathrm{d}v \\
&\quad - \int_{S_P}[(\lambda_1\bar{q} - \lambda_2\gamma\bar{T})\delta T - \lambda_2\gamma T\delta T]\mathrm{d}s
\end{aligned}
\tag{7.3.23}
$$

利用温度边界 S_T 上满足 $\delta T=0$ 以及熵密度与自由能之间的关系式 $\dfrac{\partial \sum(\boldsymbol{e}, T)}{\partial T} = -\eta_T$，式 (7.3.23) 进一步可简化为

$$
\begin{aligned}
\delta_T \Pi\{\phi, \boldsymbol{u}, T\} &= -\int_{\Omega_0^+}[k\,\nabla^2 T + \rho h_T]\delta T\mathrm{d}v \\
&\quad + \int_{S_P}\left\{k\frac{\partial T}{\partial n} - [\lambda_1\bar{q} + \lambda_2\gamma(T-\bar{T})]\right\}\delta T\mathrm{d}s
\end{aligned}
\tag{7.3.24}
$$

令 $\delta_T \Pi\{\varphi, \boldsymbol{u}, T\}=0$ 以及利用变分 δT 的任意性，我们不难得到铁磁介质壳体满足的热传导方程与对应的边界条件：

$$
k\,\nabla^2 T + \rho h_T = 0 \quad (\text{在 } \Omega_0^+ \text{ 中}) \tag{7.3.25}
$$

$$T=T^{*}\quad (在 S_T 上) \tag{7.3.26}$$

$$k\frac{\partial T}{\partial n}=\lambda_1\bar{q}+\lambda_2\gamma(T-\bar{T})\quad (在 S_P 上) \tag{7.3.27}$$

这里，Ω_0^+ 为铁磁壳体区域并忽略变形的影响。

通过以上的广义变分原理，我们建立了铁磁薄壳结构外加磁场和环境温度场下的多场耦合基本模型，分别获得了三个场的偏微分方程及相应的边界条件。可以看出，磁场分布依赖于结构的变形，而结构变形又与介质内的磁场分布和温度场分布密切关联，体现了磁-热-力相互耦合特征。另外，由于考虑薄壳结构的几何大变形，力学变形场自身表现出非线性特征。

3. 耦合变分模型的适用性和退化形式

基于上文建立的铁磁薄壳结构的磁-热-力三场耦合广义变分模型，本节对于其适用性予以简要讨论，并在一些特性条件下进行退化，与已有理论模型进行对比，说明该一般性模型的可靠性和适用性。

1）铁磁壳体的磁-力耦合模型

不考虑温度场影响，则前面的一般化模型可以退化为磁-力耦合模型，对应的能量泛函可由式（7.3.10）的一般表述简化为

$$\begin{aligned}\Pi\{\phi,\boldsymbol{u}\}&=\Pi_{\mathrm{em}}\{\phi,\boldsymbol{u}\}+\Pi_{\mathrm{me}}\{\boldsymbol{u}\}\\&=\frac{1}{2}\int_{\Omega^+(\boldsymbol{u})}\mu_0\mu_{\mathrm{r}}(\nabla\phi^+)^2\mathrm{d}v+\frac{1}{2}\int_{\Omega^-(\boldsymbol{u})}\mu_0(\nabla\phi^-)^2\mathrm{d}v\\&\quad+\int_{\Gamma_0}\boldsymbol{n}\cdot\boldsymbol{B}_0\phi^-\,\mathrm{d}s\\&\quad+\frac{1}{2}\int_{S^+}\left\{C\left[\varepsilon_\xi^2+\varepsilon_\eta^2+2\nu\varepsilon_\xi\varepsilon_\eta+\frac{1}{2}(1-\nu)\varepsilon_{\xi\eta}^2\right]\right.\\&\quad\left.+D\left[\chi_\xi^2+\chi_\eta^2+2\nu\chi_\xi\chi_\eta+\frac{1}{2}(1-\nu)\chi_{\xi\eta}^2\right]\right\}\mathrm{d}s\end{aligned} \tag{7.3.28}$$

通过该能量泛函关于磁标量势 ϕ 和位移 $\boldsymbol{u}$ 的变分运算，可以获得关于磁场和力学变形场的所有微分方程和边界条件。

2）壳体的热-力耦合模型

若不考虑磁场影响，则前面的一般形式的模型可以退化为薄壳的热弹性问题，对应的系统能量泛函可由式（7.3.10）简化为

$$\begin{aligned}\Pi\{\boldsymbol{u},T\}&=\Pi_{\mathrm{me}}\{\boldsymbol{u},T\}+\Pi_{\mathrm{th}}\{T\}\\&=\frac{1}{2}\int_{S^+}\left\{C\left[\varepsilon_\xi^2+\varepsilon_\eta^2+2\nu\varepsilon_\xi\varepsilon_\eta+\frac{1-\nu}{2}\varepsilon_{\xi\eta}^2\right]\right.\\&\quad\left.+D\left[\chi_\xi^2+\chi_\eta^2+2\nu\chi_\xi\chi_\eta+2(1-\nu)\chi_{\xi\eta}^2\right]\right\}\mathrm{d}s\\&\quad-\frac{\alpha E}{1-\nu}\left\{\int_{S^+}(\varepsilon_\xi+\varepsilon_\eta)\left[\int_{-h/2}^{h/2}(T-T_0)\mathrm{d}\zeta\right]\mathrm{d}s\right.\\&\quad\left.+\int_{S^+}(\chi_\xi+\chi_\eta)\left[\int_{-h/2}^{h/2}(T-T_0)\zeta\,\mathrm{d}\zeta\right]\mathrm{d}s\right\}\end{aligned}$$

$$
\begin{aligned}
&+\left[\frac{C_E}{2T_0}-\frac{\alpha^2E(1+\nu)}{(1-\nu)(1-2\nu)}\right]\iint_{S^+}\int_{-h/2}^{h/2}(T-T_0)^2\mathrm{d}\zeta\mathrm{d}s\\
&+\int_{\Omega^+}\left[\frac{1}{2}k(\nabla T)^2-\rho h_T T\right]\mathrm{d}v\\
&-\int_{S_P}\left[T(\lambda_1\bar{q}-\lambda_2\gamma\bar{T})-\frac{1}{2}\lambda_2\gamma T^2\right]\mathrm{d}s
\end{aligned}\tag{7.3.29}
$$

分别关于位移 $\boldsymbol{u}$ 和温度 T 进行变分运算，并令一阶变分为零，最终可以获得壳体满足的力学平衡方程、热传导方程以及相应的边界条件等。通过与文献中已有结果进行对比表明，其与传统热弹性理论结果是完全一致的。

3)铁磁薄板的磁-热-力耦合模型

进一步将薄壳结构退化为典型的薄板结构。

选取拉梅系数 $A=B=1$，并令曲率半径 $R_\xi\to\infty$，$R_\eta\to\infty$，则正交曲线坐标 $\{O\xi\eta\zeta\}$ 可转换为正交直角坐标系 $\{Oxyz\}$ 。系统的能量泛函(7.3.10)可另写为

$$
\begin{aligned}
\Pi\{\phi,\boldsymbol{u},T\}&=\Pi_{\mathrm{em}}\{\phi,\boldsymbol{u}\}+\Pi_{\mathrm{me}}\{\boldsymbol{u},T\}+\Pi_{\mathrm{th}}\{T\}\\
&=\frac{1}{2}\int_{\Omega^+(\boldsymbol{u})}\mu_0\mu_r(\nabla\phi^+)^2\mathrm{d}v+\frac{1}{2}\int_{\Omega^-(\boldsymbol{u})}\mu_0(\nabla\phi^-)^2\mathrm{d}v+\int_{\Gamma_0}\boldsymbol{n}\cdot\boldsymbol{B}_0\phi^-\,\mathrm{d}s\\
&\quad+\frac{1}{2}\int_{S^+}\left\{C\left[\varepsilon_x^2+\varepsilon_y^2+2\nu\varepsilon_x\varepsilon_y+\frac{1-\nu}{2}\gamma_{xy}^2\right]\right.\\
&\quad\left.+D\left[\chi_x^2+\chi_x^2+2\nu\chi_x\chi_y+2(1-\nu)\chi_{xy}^2\right]\right\}\mathrm{d}s\\
&\quad-\frac{\alpha E}{1-\nu}\left\{\int_{S^+}(\varepsilon_x+\varepsilon_y)\left[\int_{-h/2}^{h/2}(T-T_0)\mathrm{d}z\right]\mathrm{d}s\right.\\
&\quad\left.+\int_{S^+}(\chi_x+\chi_y)\left[\int_{-h/2}^{h/2}(T-T_0)z\,\mathrm{d}z\right]\mathrm{d}s\right\}\\
&\quad+\left[\frac{C_E}{2T_0}-\frac{\alpha^2E(1+\nu)}{(1-\nu)(1-2\nu)}\right]\iint_{S^+}\int_{-h/2}^{h/2}(T-T_0)^2\mathrm{d}z\mathrm{d}s\\
&\quad+\int_{\Omega^+}\left[\frac{1}{2}k(\nabla T)^2-\rho h_T T\right]\mathrm{d}v-\int_{S_P}\left[T(\lambda_1\bar{q}-\lambda_2\gamma\bar{T})-\frac{1}{2}\lambda_2\gamma T^2\right]\mathrm{d}s
\end{aligned}\tag{7.3.30}
$$

其中，

$$
\begin{gathered}
\varepsilon_x=\frac{\partial u}{\partial x}+\frac{1}{2}\left(\frac{\partial w}{\partial x}\right)^2,\quad \varepsilon_y=\frac{\partial v}{\partial y}+\frac{1}{2}\left(\frac{\partial w}{\partial y}\right)^2,\quad \gamma_{xy}=\frac{\partial v}{\partial x}+\frac{\partial u}{\partial y}+\frac{\partial w}{\partial x}\frac{\partial w}{\partial y}\\
\chi_x=-\frac{\partial^2 w}{\partial x^2},\quad \chi_y=-\frac{\partial^2 w}{\partial y^2},\quad \chi_{xy}=-\frac{\partial^2 w}{\partial x\partial y}
\end{gathered}\tag{7.3.31}
$$

通过关于磁标量势 ϕ 和温度 T 的变分运算，可分别获得磁场和温度场对应的方程，如式（7.3.13）～式（7.3.16）和式（7.3.25）～式（7.3.27）。

类似地，关于薄板的位移 $\boldsymbol{u}$ 进行变分运算并令 $\delta_u\Pi\{\phi,\boldsymbol{u},T\}=0$，不难得到如下的铁磁薄板几何大变形对应的基本微分方程：

$$
\frac{\partial N_x}{\partial x}+\frac{\partial N_{xy}}{\partial y}=0,\quad \frac{\partial N_y}{\partial y}+\frac{\partial N_{xy}}{\partial x}=0
$$

$$-\left(\frac{\partial^2 M_x}{\partial x^2}+\frac{\partial^2 M_y}{\partial y^2}+2\frac{\partial^2 M_{xy}}{\partial x\partial y}\right)+N_x\chi_x+N_y\chi_y+2N_{xy}\chi_{xy}$$
$$=-\frac{\alpha E}{1-\nu}\int_{-h/2}^{h/2}\bar{\nabla}^2(T-T_0)z\mathrm{d}z+\frac{\mu_0(\mu_r-1)}{2}\left\{\mu_r[\boldsymbol{H}_n^+(x,y,z)]^2\right.$$
$$\left.-[\boldsymbol{H}_n^+(x,y,z)]\right\}_{z=h/2}^{z=h/2} \tag{7.3.32}$$

该模型与文献中的结果[5] 也是相一致的。

7.3.2 磁-热-力耦合问题有限元数值模型

从前面建立的铁磁薄壳结构的多场耦合模型可以看出，其具有显著的高维、多未知变量、多非线性等特征，这就带来了问题求解上的极大难度。即便是对于铁磁薄壳结构内的单一的磁场、温度场分布或者力学变形行为分析，也均有着一定的难度。

由于涉及的物理场多，则很难采用统一的微分算子将三组偏微分方程转换为高维微分方程组形式，进而无法采用合场统一模式求解。为此，我们可以采用分场降维的耦合场求解模式，其已在多个具体分析实例中得到验证，并能获得较高精度的问题解答。

有限元方法具有通用、易于处理复杂结构和边界等特点，为此，我们建立铁磁薄壳的磁-热-力耦合问题有限元数值模型。由于前面的理论模型基于系统能量泛函，这也给建立有限元数值模型带来诸多便利，可以直接从能量出发构建单元有限元方程。

1. 多场有限元模型

1）磁场有限元模型

首先，选取三维六面体空间单元（图 7.3.2），对于铁磁壳体结构的内外区域 Ω^+ 和 Ω^- 进行单元和网格离散化。

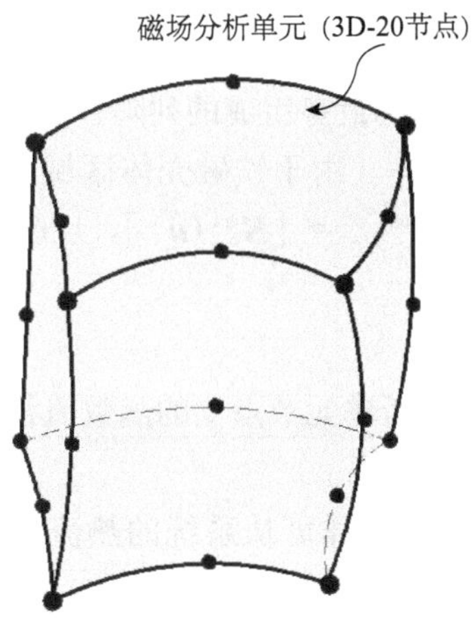

图 7.3.2 磁体分析的 3D－20 节点六面体空间单元

然后，对于前面已经建立铁磁结构系统的总磁能式（7.3.1），可以将其表示为所有单元内的磁能总和，即

$$\Pi_{\mathrm{em}}\{\phi,\boldsymbol{u}\}=\frac{1}{2}\sum_{e}\int_{\Omega_e^+(\boldsymbol{u})}\mu_0\mu_{\mathrm{r}}(\nabla\phi^-)^2\mathrm{d}v+\frac{1}{2}\sum_{e}\int_{\Omega_e^-(\boldsymbol{u})}\mu_0(\nabla\phi^-)^2\mathrm{d}v$$
$$+\sum_{e_0}\int_{\Gamma_e}\boldsymbol{n}_0\cdot\boldsymbol{B}_0\phi^-\,\mathrm{d}s \tag{7.3.33}$$

选取磁场分析的单元形函数 $[\boldsymbol{N}^{\mathrm{em}}(x,y,z)]_e$，则单元内任意一点的磁标量势 ϕ 可由节点处的标量势值 $[\boldsymbol{\Phi}]_e$ 表示如下：

$$\phi(x,y,z)=[\boldsymbol{N}^{\mathrm{em}}(x,y,z)]_e[\boldsymbol{\Phi}]_e \tag{7.3.34}$$

进一步，我们可以写出单元内任一点的磁场强度：

$$H_x=-\frac{\partial\phi}{\partial x}=-\left[\frac{\partial\boldsymbol{N}^{\mathrm{em}}}{\partial x}\right]_e[\boldsymbol{\Phi}]_e,\quad H_y=-\frac{\partial\phi}{\partial y}=-\left[\frac{\partial N^{\mathrm{em}}}{\partial y}\right]_e[\boldsymbol{\Phi}]_e$$
$$H_z=-\frac{\partial\phi}{\partial z}=-\left[\frac{\partial\boldsymbol{N}^{\mathrm{em}}}{\partial z}\right]_e[\boldsymbol{\Phi}]_e \tag{7.3.35}$$

将式（7.3.35）代入磁场总能量（7.3.33）中，可得到

$$\Pi_{\mathrm{em}}\{\phi,\boldsymbol{u}\}=\sum_{e}\frac{1}{2}[\boldsymbol{\Phi}]_e^{\mathrm{T}}[\boldsymbol{K}^{\mathrm{em}}]_e[\boldsymbol{\Phi}]_e-\sum_{e_0}[\boldsymbol{\Phi}]_e^{\mathrm{T}}[\boldsymbol{P}]_e \tag{7.3.36}$$

其中，$[\boldsymbol{K}^{\mathrm{em}}]_e$ 表示磁刚度矩阵；$[\boldsymbol{P}]_e$ 是与外加磁场关联的列阵，具体表示如下：

$$[\boldsymbol{K}^{\mathrm{em}}]_e=\begin{cases}\displaystyle\iint_{\Omega_e}\mu_0\mu_{\mathrm{r}}[\nabla\boldsymbol{N}^{\mathrm{em}}]_e^{\mathrm{T}}[\nabla\boldsymbol{N}^{\mathrm{em}}]_e\mathrm{d}v & (\Omega_e\in\Omega^+(\boldsymbol{u}))\\ \displaystyle\int_{\Omega_e}\mu_0[\nabla\boldsymbol{N}^{\mathrm{em}}]_e^{\mathrm{T}}[\nabla\boldsymbol{N}^{\mathrm{em}}]_e\mathrm{d}v & (\Omega_e\in\Omega^-(\boldsymbol{u}))\end{cases}$$
$$[\boldsymbol{P}]_e=\begin{cases}\displaystyle\iint_{\Gamma_e}\mu_0\boldsymbol{n}\cdot\boldsymbol{B}_0[\boldsymbol{N}^{\mathrm{em}}]_e^{\mathrm{T}}\mathrm{d}s & (\Gamma_e\in\Gamma_0)\\ \boldsymbol{0} & (\Gamma_e\notin\Gamma_0)\end{cases} \tag{7.3.37}$$

根据磁场能量取极值，即一阶变分 $\delta_\phi\Pi_{\mathrm{em}}\{\phi,\boldsymbol{u}\}=0$，便可获得磁场满足的整体有限元方程为

$$[\boldsymbol{K}^{\mathrm{em}}][\boldsymbol{\Phi}]=[\boldsymbol{P}] \tag{7.3.38}$$

其中，$[\boldsymbol{\Phi}]$ 表示所有节点处未知磁标量势组成的列阵；$[\boldsymbol{K}^{\mathrm{em}}]$ 和 $[\boldsymbol{P}]$ 分别为整体磁刚度矩阵和外加磁场$\boldsymbol{B}_0$ 关联的已知列阵。由于铁磁壳体区域 $\Omega^+(\boldsymbol{u})$ 与结构变形相关，因此磁刚度矩阵为位移的函数，即 $[\boldsymbol{K}^{\mathrm{em}}]=[\boldsymbol{K}^{\mathrm{em}}(\boldsymbol{u})]$，反映了变形场对于磁场分布的影响作用。

2）*温度场有限元模型*

将铁磁介质区域 Ω^+ 中磁场分析单元节点上的函数值替换为温度，则可以构成温度场分析的单元。

对于铁磁介质的热传导问题，同样可从系统的热流势出发建立相应的有限元方程，采用三维空间单元离散化后的热流势可表示为

$$\Pi_{\mathrm{th}}\{T\}=\sum_{e}\int_{\Omega_e^+}\left[\frac{1}{2}k(\nabla T)^2-\rho h_T T\right]\mathrm{d}v$$
$$-\sum_{e_0}\int_{S_{pe}}\left[(\lambda_1\bar{q}-\lambda_2\gamma\bar{T})T-\frac{1}{2}\lambda_2\gamma T^2\right]\mathrm{d}s \tag{7.3.39}$$

选取单元形函数 $[\boldsymbol{N}^{\text{th}}(x,y,z)]_e$，则单元内任意一点的温度可由单元节点处的温度列阵 $[\boldsymbol{T}]_e$ 表示为

$$T(x,y,z)=[\boldsymbol{N}^{\text{th}}(x,y,z)]_e[\boldsymbol{T}]_e \tag{7.3.40}$$

将式（7.3.40）代入热流势表达式（7.3.39）中，可以得到

$$\begin{aligned}\Pi_{\text{th}}\{T\}=&\frac{1}{2}\sum_e[\boldsymbol{T}]_e^{\text{T}}[\boldsymbol{K}_h^{\text{th}}]_e[\boldsymbol{T}]_e-\sum_e[\boldsymbol{T}]_e^{\text{T}}[\boldsymbol{Q}_h]_e\\&-\frac{1}{2}\sum_{e_0}[\boldsymbol{T}]_e^{\text{T}}[\boldsymbol{K}_s^{\text{th}}]_e[\boldsymbol{T}]_e+\sum_{e_0}[\boldsymbol{T}]_e^{\text{T}}[\boldsymbol{Q}_s]_e\end{aligned} \tag{7.3.41}$$

其中，$[\boldsymbol{K}_h^{\text{th}}]_e$ 表示热传导单元刚度矩阵；$[\boldsymbol{K}_s^{\text{th}}]_e$ 为边界 S_P 上对应于热交换的单元刚度矩阵；$[\boldsymbol{Q}_h]_e$，$[\boldsymbol{Q}_s]_e$ 分别对应热源和热流项列阵。

$$\begin{aligned}&[\boldsymbol{K}_h^{\text{th}}]_e=\int_{\Omega_e^+}k[\nabla\boldsymbol{N}^{\text{th}}]_e^{\text{T}}[\nabla\boldsymbol{N}^{\text{th}}]_e\text{d}v,\quad[\boldsymbol{K}_s^{\text{th}}]_e=\int_{S_{e_0}}\lambda_2\gamma[\boldsymbol{N}^{\text{th}}]_e^{\text{T}}[\boldsymbol{N}^{\text{th}}]_e\text{d}s\\&[\boldsymbol{Q}_h]_e=\int_{\Omega_e^+}\rho h_T[\boldsymbol{N}^{\text{th}}]_e^{\text{T}}\text{d}v,\quad[\boldsymbol{Q}_s]_e=\int_{S_{e_0}}(\lambda_1\bar{q}-\lambda_2\gamma\bar{T})[\boldsymbol{N}^{\text{th}}]_e^{\text{T}}\text{d}s\end{aligned} \tag{7.3.42}$$

由系统热流势取极值，即一阶变分等于零，$\delta\Pi_{\text{th}}\{T\}=0$，可以获得温度场的整体有限元方程：

$$[\boldsymbol{K}^{\text{th}}][\boldsymbol{T}]=[\boldsymbol{Q}] \tag{7.3.43}$$

这里，$[\boldsymbol{K}^{\text{th}}]$ 表示热传导整体刚度矩阵；$[\boldsymbol{T}]$ 为单元所有节点处的未知温度列阵；$[\boldsymbol{Q}]$ 为与热源、热流量关联的已知列阵。

3）壳体变形场有限元模型

对于壳体结构而言，厚壳一般可以采用三维空间单元，而对于薄壳则可以采用曲面壳体单元。考虑到我们将主要针对圆柱薄壳的实验进行分析，因此选取 8 节点的曲面壳体单元（图 7.3.3），其具有很好的适用性，可用于复杂载荷作用下的壳体变形分析。

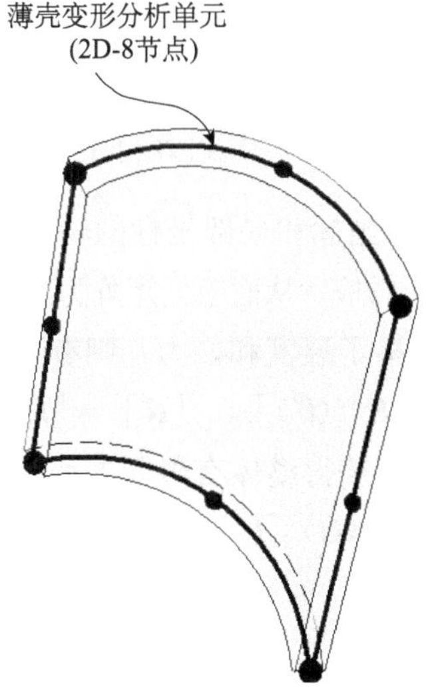

图 7.3.3　铁磁薄壳变形场分析的 2D-8 节点曲面壳单元

分别选取笛卡儿整体坐标系 $\{Oxyz\}$ 和单元局部坐标系 $\{O\xi\eta\zeta\}$，其中局部坐标系的原点位于单元形心，ζ 轴沿着单元面外法向方向。

记单元形函数为 $[\boldsymbol{N}^{\mathrm{me}}(\xi,\eta,\zeta)]_e$，则壳体单元内任一点的位移可表示为

$$\boldsymbol{u}=\{u \quad v \quad w\}^{\mathrm{T}}=[\boldsymbol{N}^{\mathrm{me}}(\xi,\eta,\zeta)]_e[U]_e \tag{7.3.44}$$

这里，$[U_i]_e=\{u_i \quad v_i \quad w_i \quad \omega_{iz} \quad \omega_{i\theta}\}^{\mathrm{T}}$，$i=1,2,\cdots,8$ 表示单元节点处的广义位移，包含了三个方向的位移和转角。

考虑薄壳体的大变形几何非线性，则单元内的应变可表示为

$$[\boldsymbol{\varepsilon}]=[\boldsymbol{\varepsilon}^{\mathrm{L}}]+[\boldsymbol{\varepsilon}^{\mathrm{N}}]=([\boldsymbol{B}^{\mathrm{L}}]_e+[\boldsymbol{B}^{\mathrm{N}}]_e)[\boldsymbol{U}]_e \tag{7.3.45}$$

其中，$[\boldsymbol{\varepsilon}^{\mathrm{L}}]$和$[\boldsymbol{\varepsilon}^{\mathrm{N}}]$分别对应于线性、非线性应变分量；$[\boldsymbol{B}^{\mathrm{L}}]$和$[\boldsymbol{B}^{\mathrm{N}}]$为线性、非线性应变矩阵。

尽管考虑了铁磁薄壳结构的几何大变形，但依然属于小应变范围。因此，基于线弹性本构关系，可获得壳体内的应力为

$$[\boldsymbol{\sigma}]=[\boldsymbol{D}]\{[\boldsymbol{\varepsilon}]-[\boldsymbol{\varepsilon}_{\mathrm{th}}]\} \tag{7.3.46}$$

其中，$[\boldsymbol{\varepsilon}_{\mathrm{th}}]$ 表示变温所引起的热应变；$[\boldsymbol{D}]$ 为壳体的弹性矩阵，可表示如下：

$$\begin{gathered}[\boldsymbol{D}]=\begin{bmatrix}\boldsymbol{D}_m & \boldsymbol{0}\\ \boldsymbol{0} & \boldsymbol{D}_s\end{bmatrix}\\ [\boldsymbol{D}_m]=\frac{E}{1-\nu^2}\begin{bmatrix}1 & \nu & 0\\ \nu & 1 & 0\\ 0 & 0 & (1-\nu)/2\end{bmatrix}\\ [\boldsymbol{D}_s]=\frac{E}{2(1+\nu)\kappa}\begin{bmatrix}1 & 0\\ 0 & 1\end{bmatrix}\end{gathered} \tag{7.3.47}$$

对于铁磁壳体的总机械能（7.3.7）取极值，可以获得壳体的单元有限元方程：

$$[\boldsymbol{K}^{\mathrm{me}}]_e[\boldsymbol{U}]_e=[\boldsymbol{R}]_e \tag{7.3.48}$$

这里，$[\boldsymbol{U}]_e$ 表示单元节点处的广义位移列阵；$[\boldsymbol{R}]_e$ 为载荷列阵，包括了机械、温度和磁力载荷等；$[\boldsymbol{K}^{\mathrm{me}}]_e$ 为单元刚度矩阵，可由下式表示：

$$[\boldsymbol{K}^{\mathrm{me}}]_e=\iiint([\boldsymbol{B}^{\mathrm{L}}]+[\boldsymbol{B}^{\mathrm{N}}])^{\mathrm{T}}[\boldsymbol{D}]\left([\boldsymbol{B}^{\mathrm{L}}]+\frac{1}{2}[\boldsymbol{B}^{\mathrm{N}}]\right)|\boldsymbol{J}^{\mathrm{me}}|\,\mathrm{d}\xi\,\mathrm{d}\eta\,\mathrm{d}\zeta \tag{7.3.49}$$

其中，$\boldsymbol{J}^{\mathrm{me}}$ 为雅可比矩阵，与整体坐标和局部坐标的转换关联。

由于考虑了薄壳的几何大变形效应，从而应变矩阵为位移的函数，即 $[\boldsymbol{B}^{\mathrm{N}}]=[\boldsymbol{B}^{\mathrm{N}}(\boldsymbol{U})]$。由于作用于铁磁壳体上的载荷包括了温度和磁力，则有

$$[\boldsymbol{K}^{\mathrm{me}}]_e=[\boldsymbol{K}^{\mathrm{me}}(\boldsymbol{U})]_e,\quad [\boldsymbol{R}]_e=[\boldsymbol{R}(\boldsymbol{T},\boldsymbol{\Phi})]_e \tag{7.3.50}$$

集成所有的结构分析单元，可获得整体有限元方程如下：

$$[\boldsymbol{K}^{\mathrm{me}}(\boldsymbol{U})][\boldsymbol{U}]=[\boldsymbol{R}(\boldsymbol{T},\boldsymbol{\Phi})] \tag{7.3.51}$$

2. 多场耦合问题的分场降维求解

在磁场、温度场共同作用下的铁磁薄壳结构，由式（7.3.32）可以看出：壳体所受到的中曲面上的横向等效力，包括了介质体内变温所引起的温度载荷，以及磁场与磁化

导致的磁力作用。由式（7.3.38）、式（7.3.50）亦可看出：铁磁介质中的磁场分布与薄壳结构的变相相关，薄壳结构的磁刚度矩阵是位移函数，载荷项是温度和磁场分布的函数。因此，铁磁薄壳结构的变形与所受磁力之间是相互影响、相互耦合的，且结构内温度的变化也影响到结构的热变形。

为了有效地分析与揭示这种场与场间的耦合效应和非线性等效应，我们采用分场降维求解模式。

(1) 假设结构的一初始位移 $[\boldsymbol{U}^0]$，在此构型下进行磁场有限元方程（7.3.38）和温度场方程（7.3.43）的求解，获得磁场和温度分布；

(2) 根据磁场和温度分布，根据式（7.3.22）右端项计算作用于壳体结构上的等效磁力和温度载荷；

(3) 求解壳体的变形方程（7.3.51），获得新的位移解 $[\boldsymbol{U}^1]$；

(4) 将位移 $[\boldsymbol{U}^1]$ 替代 $[\boldsymbol{U}^0]$，重复以上的计算过程，直到满足一给定的容许精度 $\|[\boldsymbol{U}^1]-[\boldsymbol{U}^0]\|/\|[\boldsymbol{U}^0]\|<\varepsilon$ $(0<\varepsilon\ll 1)$，便可获得满足所有场方程的近似解。

由于多场模型中考虑了薄壳结构的几何大变形效应，其对应的结构非线性问题需要在求解式（7.3.51）时单独进行处理。对此我们采用切向刚度法求解结构变形，其本质上属于牛顿-拉弗森非线性算法。

对于薄壳结构的有限元方程，假设一迭代近似解为 $[\boldsymbol{U}_n]$，则通常有

$$\boldsymbol{\Psi}(\boldsymbol{U}_n)=[\boldsymbol{K}^{\mathrm{me}}(\boldsymbol{U}_n)][\boldsymbol{U}_n]-[\boldsymbol{R}_n]\neq \boldsymbol{0} \tag{7.3.52}$$

为了获得更逼近真实解答的解 $[\boldsymbol{U}_{n+1}]$，对于近似解 $[\boldsymbol{U}_n]$ 叠加一小的修正项 $[\Delta\boldsymbol{U}_n]$，从而有

$$[\boldsymbol{U}_{n+1}]-[\boldsymbol{U}_n]+[\Delta\boldsymbol{U}_n] \tag{7.3.53}$$

将 $\boldsymbol{\Psi}(\boldsymbol{U}_{n+1})$ 在小邻域内基于泰勒级数展开，得到

$$\boldsymbol{\Psi}(\boldsymbol{U}_{n+1})\approx\boldsymbol{\Psi}(\boldsymbol{U}_n)+[\bar{\boldsymbol{K}}^{\mathrm{me}}][\Delta\boldsymbol{U}_n]=\boldsymbol{0} \tag{7.3.54}$$

式中，$[\bar{\boldsymbol{K}}^{\mathrm{me}}]=\dfrac{\partial\boldsymbol{\Psi}(\boldsymbol{U}_n)}{\partial\boldsymbol{U}}$ 表示切向刚度矩阵。

进一步可获得 $[\boldsymbol{U}_{n+1}]$ 的近似解如下：

$$[\boldsymbol{U}_{n+1}]=[\boldsymbol{U}_n]-[\bar{\boldsymbol{K}}^{\mathrm{me}}]^{-1}[\boldsymbol{\Psi}(U_n)] \tag{7.3.55}$$

重复以上过程，直到满足一给定的容许精度 $\|\boldsymbol{\Psi}(\boldsymbol{U}_{n+1})\|<\tilde{\varepsilon}$ $(0<\tilde{\varepsilon}\ll 1)$，便可获得位移解。

针对上述求解过程，图 7.3.4 给出了求解铁磁薄壳结构磁-热-力三场耦合问题的流程图。

为了提高数值计算效率和便于计算机模拟分析，在程序编制中可充分采用逐步加载、迭代加速、逐步增量法与牛顿-拉弗森法相结合的非线性问题的处理技巧，以及运用能够大大降低计算内存的半带宽存储有限元刚度矩阵、波前法求解大型超高阶（高达上千万自由度）线性代数方程组的有效算法等。此外，还需要考虑到计算过程中由掉电等因素而导致的计算中断和中断后的重启动功能、多开关参数的选择功能等，以适用于不同具

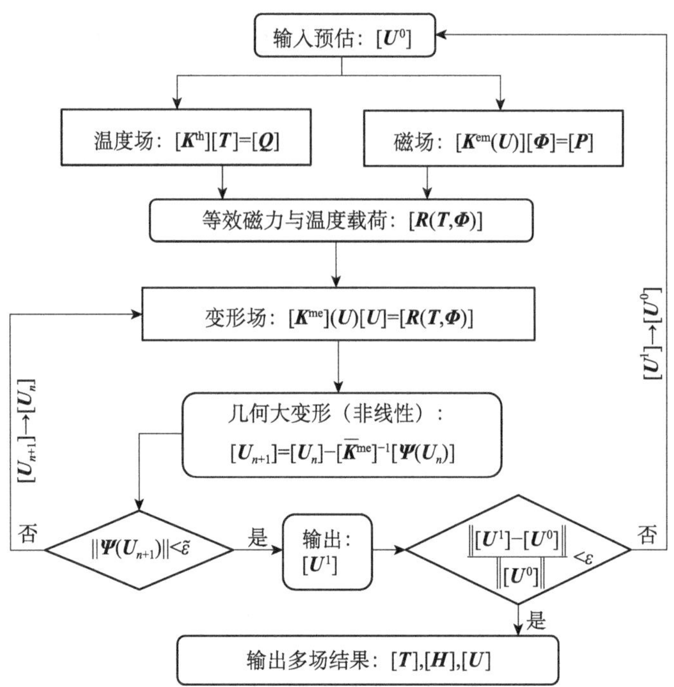

图 7.3.4　铁磁薄壳结构磁-热-力三场耦合数值求解流程图

体问题分析。

7.3.3　铁磁薄壳的多场耦合行为模拟

基于所建立的铁磁介质薄壳结构的磁-热-力多场耦合理论模型与有限元数值定量分析模型，本小节将针对具体的圆柱薄壳体开展数值求解。

铁磁壳体在磁场的磁弹性问题很早就受到学者的关注，Moon（1984 年）[12]，Miyata 和 Miya（1998 年）[14] 都开展了圆柱形铁磁薄壳结构在外加磁场中的弯曲实验。如图 7.3.5 所示，铁磁圆柱薄壳（$\mu_r \gg 1$）置于横断面远大于壳体直径和长度方向尺寸的两磁极之间，磁场强度为 $\boldsymbol{B}_0 = B_0\boldsymbol{i}$ 。壳体通过一中间支撑杆与两端部支撑尼龙盘相连接。记柱壳的半径和长度分别为 R，L ，厚度为 h 。

根据实验条件，我们可以写出铁磁壳体对应的磁场边界条件和力学边界条件。

1）*磁场边界条件*

$$\frac{\partial \phi^-}{\partial r} = -\frac{B_0}{\mu_0}\cos\theta \quad (r \to \infty), \quad \frac{\partial \phi^-}{\partial z} = 0 \quad (z \to \infty) \tag{7.3.56}$$

$$\frac{\partial \phi^-}{r\partial \theta} = 0 \quad (\Omega^- \text{内}, \theta = 0^\circ \text{处}), \quad \phi^- = 0 \quad (\Omega^- \text{内}, \theta = 90^\circ \text{处}) \tag{7.3.57}$$

$$\frac{\partial \phi^-}{\partial z} = 0 \quad (\Omega^- \text{内}, z = 0 \text{处}) \tag{7.3.58}$$

$$\phi^+ = \phi^-, \quad \mu_r \frac{\partial \phi^+}{\partial n} = \frac{\partial \phi^-}{\partial n} \quad \left(\Omega^+ \text{内}, r = R \pm \frac{h}{2}, z = \frac{L}{2} \text{处}\right) \tag{7.3.59}$$

$$\frac{\partial \phi^{+}}{r\partial \theta}=0 \quad (\Omega^{+}\text{内},\theta=0^{\circ}\text{处}),\quad \phi^{+}=0 \quad (\Omega^{+}\text{内},\theta=90^{\circ}\text{处}) \tag{7.3.60}$$

$$\frac{\partial \phi^{+}}{\partial z}=0 \quad (\Omega^{+}\text{内},z=0\text{处}) \tag{7.3.61}$$

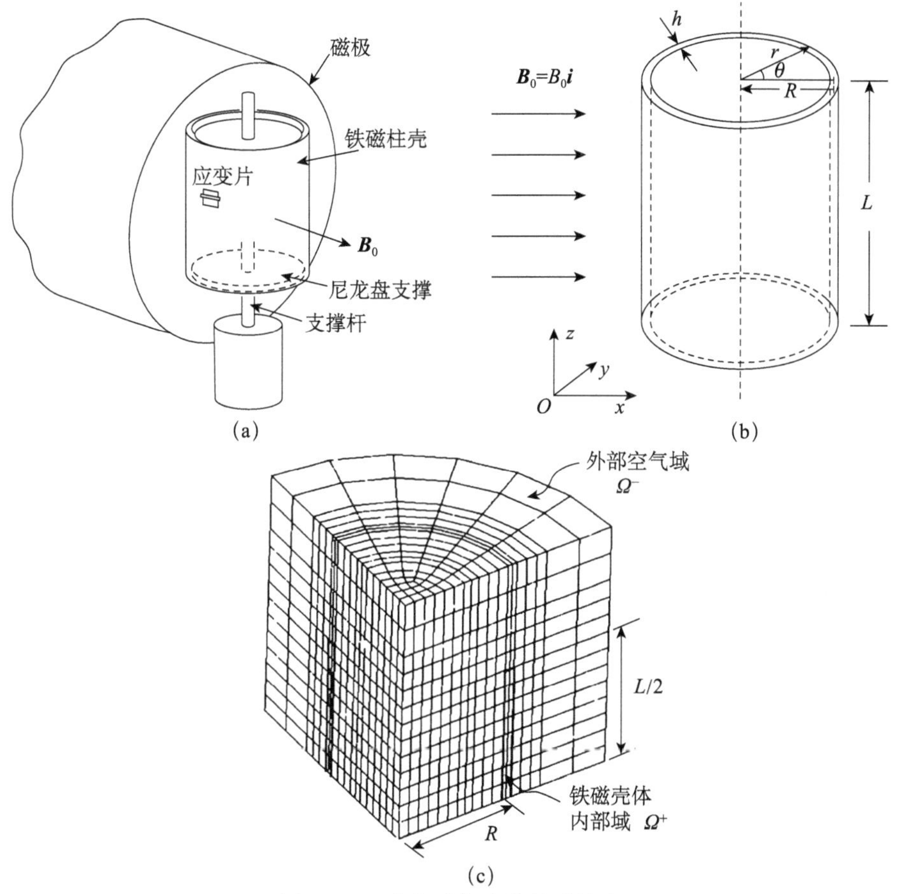

图 7.3.5 外加磁场中的铁磁柱壳

(a) 实验示意图[12]；(b) 壳体结构及几何尺寸；(c) 有限元剖分（八分之一区域）

2) 力学边界条件

$$u=v=w=0,\quad \omega_z=\omega_\theta=0 \quad \left(z=\frac{L}{2}\right) \tag{7.3.62}$$

$$v=\omega_\theta=0 \quad (\theta=0^{\circ},90^{\circ}),\quad w=\omega_z=0 \quad (z=0) \tag{7.3.63}$$

在以下的数值模拟中，选取参数与实验中相同，参见表 7.3.1。

表 7.3.1 铁磁薄柱壳的材料和几何参数[14]

杨氏模量 E/MPa	泊松比 ν	相对磁导率 μ_r	长度 L/m	半径 R/m	厚度 h/m
2.15×10^5	0.3	1.0×10^3	8.0×10^{-2}	1.5×10^{-2}	0.5×10^{-3}

1. 铁磁柱壳磁-力耦合弯曲实验的预测

首先，我们对磁弹性问题中的第三类典型实验——铁磁薄壳的磁弹性弯曲行为进行数值模拟与分析。

对于铁磁薄壳结构以及内、外区域，利用对称性，选取八分之一模型进行网格和单元剖分。磁场分析总计有 3344 个 3D-20 节点的空间单元（15577 个节点），对应的壳体结构力学分析总计有 64 个 2D-8 节点单元（225 个节点）。对于包围铁磁壳体的足够远处的封闭边界，计算中选择为壳体几何尺寸最大值的 25～50 倍远处。通过加倍网格细化和单元数目，计算结果误差在 1%～3%的可接受范围。

不考虑温度场的作用，则铁磁薄壳问题退化为磁-力耦合问题。如图 7.3.6 所示，基于前面的模型和数值算法，我们获得了铁磁柱壳在外加磁场中的应变曲线。可以看出，本书的磁-力耦合模型给出与实验较为接近的预测结果，在环向角度 $\theta=45°\sim90°$区间与实验吻合良好，在 $\theta=0°$ 附近的预测结果与实验存在一定误差；而文献中基于传统磁体力偶模型的预测结果与实验相比，整个环向均有较大差异。

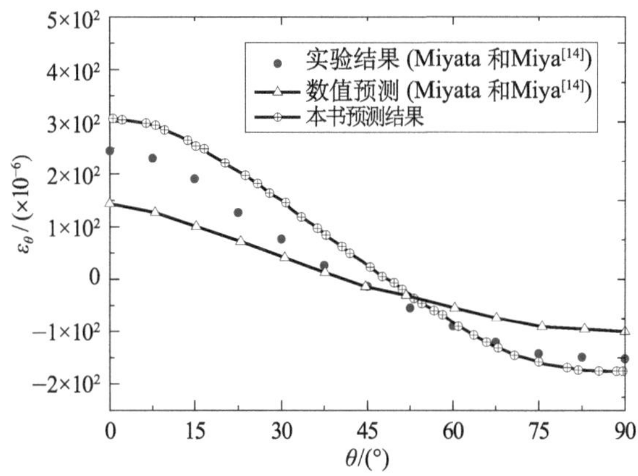

图 7.3.6　铁磁柱壳的弯曲环向应变实验测试与本书结果对比（$B_0=1.0\text{T}$，$z=L/2$）

表 7.3.2 进一步给出基于本书模型及其他文献中经典模型给出的预测结果，以及与实验结果的对比。可以看出，本书模型给出了与实验值最为接近的预测，最大相对误差为 22.4%，而一些文献中的磁弹性模型给出的预测结果高出实验值 50%以上，甚至达到 4 倍或 1 个数量级。图 7.3.7 给出了本书模型预测铁磁柱壳内的环向应变随磁场的变化曲线，其中壳体变形分别考虑线性小变形情形和几何大变形的非线性效应。可以看出：壳体内不同点的应变随磁场平方近似呈线性增大，这是由结构所受的磁力近似与磁场平方成正比所致；而基于变形线性理论的结果大于几何非线性结果，且随着磁场的增大，两者差异增大。

表 7.3.2　铁磁柱壳环向应变不同模型的预测结果对比

应变 $\varepsilon_\theta/(\times10^{-6})$	实验测量 (Miyata 和 Miya[14])	本书广义变分模型[6]	Moon-Pao[12]	Pao-Yeh[13]	Eringen-Maugin[15]
$\theta=0°$	250	306	531	397	489
相对误差/%	—	22.4	112.4	58.8	95.6
$\theta=90°$	−152	−175	−576	−203	−7134
相对误差/%	—	15.1	278.9	33.6	4593.4

此外，数值定量结果还表明，在铁磁壳体的边界处，由于磁场的边界集中效应，表

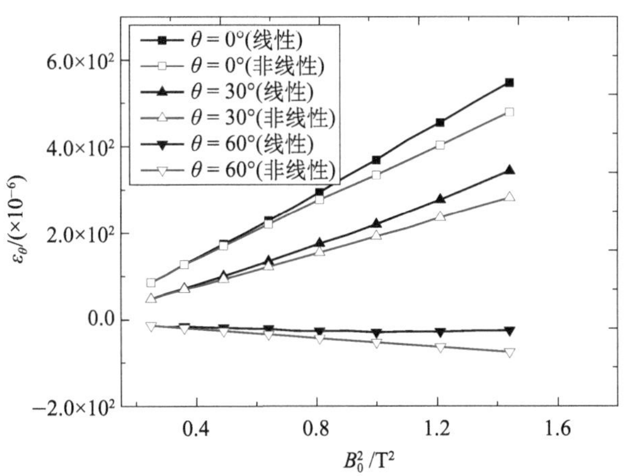

图 7.3.7 考虑几何非线性的铁磁柱壳环向应变随磁场变化曲线（$z=L/2$）

现出了磁力大于中间区域的现象。如图 7.3.8（a）所示，柱壳中曲面上的法向等效磁力明显存在着在端部的磁力集中现象，因此在此边界处力学约束条件将会影响铁磁结构内部的应变和应力分布水平。为了定量化分析这种影响，我们将柱壳端部的支撑简化为自由到刚性固定约束，取之以弹簧刚度 K 来表征。由图 7.3.8（b）可以看出，随着弹簧刚度的增大，即从自由约束（$K=0$）到完全刚性约束（K 取很大值，如 10^{10}），铁磁壳体内的环向应力值依次减小，但变形特征具有相似性。由此表明，边界处的磁场集中效应是磁弹性耦合问题分析中需予以关注的。

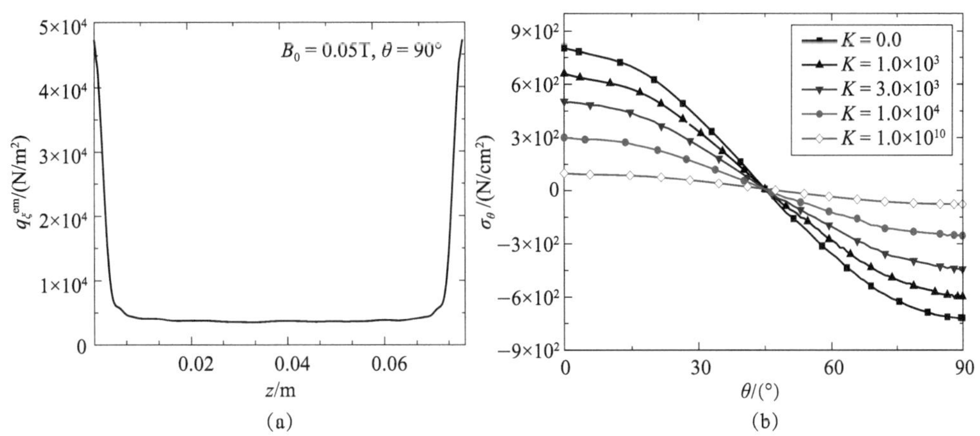

图 7.3.8 （a）铁磁柱壳端部的磁力集中现象；（b）不同弹性支撑下壳体内的应力分布

2. 铁磁柱壳的磁-热-力耦合行为模拟

接下来，我们给出了铁磁壳体磁-热-力三场耦合行为的部分数值仿真结果。铁磁柱壳同时处于磁场和温度场环境，并且考虑薄壳的几何大变形非线性效应。

温度场施加条件如下：

$$T=T_0\quad (r=R-h/2),\qquad T=T_0+\delta T\quad (r=R+h/2) \tag{7.3.64}$$

$$k\frac{\partial T}{\partial y}=\gamma(T-T_0)\quad (z=\pm L/2) \tag{7.3.65}$$

这里，参考温度 $T_0=20℃$；δT 表示柱壳内外侧面处的温度差。计算中热传导系数和热交换系数分别取为：$k=10.0\mathrm{W/(m\cdot ℃)}$，$\gamma=0.1\ \mathrm{W/(m^2\cdot ℃)}$。

图 7.3.9 给出了铁磁柱壳结构中截面处（$z=L/2$）的变形特征。可以看出：不同外加磁场下铁磁壳体的磁热弹性变形表现出类似特征；在壳体内外的温差保持不变的情形下，磁场越大则壳体受到磁力越大，因而变形越大；径向位移在接近 $\theta=45°$ 处具有一定的对称性特征，环向位移则达到最大值。图 7.3.10 进一步给出壳体结构环向应变的分布特征，其中图（a）为不同外加磁场下的情形，图（b）为不同温差载荷下的情形。由于铁磁壳体所受的等效磁力或温度载荷的形式不同，从而两者所对应的壳体应变响应也呈现了不同的变化特征。这些结果对于预测和理解铁磁结构复杂外部多场载荷下的耦合行为具有指导意义。

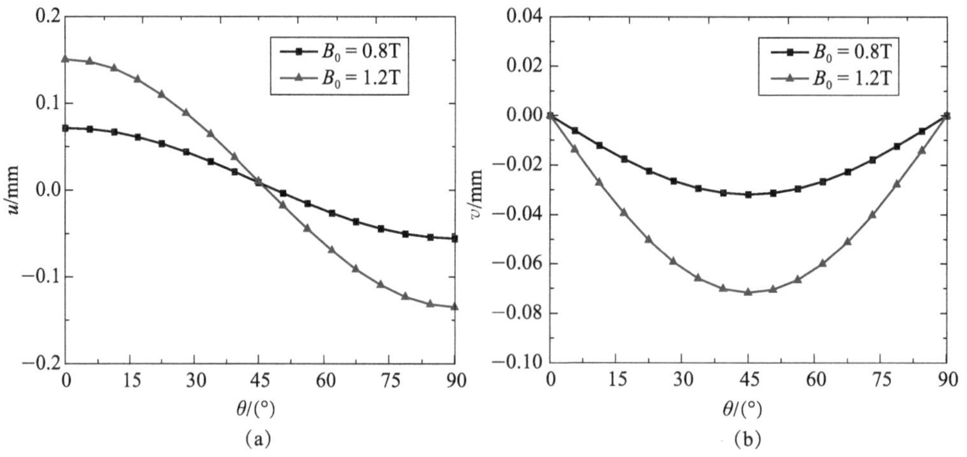

图 7.3.9　不同外加磁场下铁磁薄壳中截面处的变形（$\delta T=100℃$）

（a）径向位移 u；（b）环向位移 v

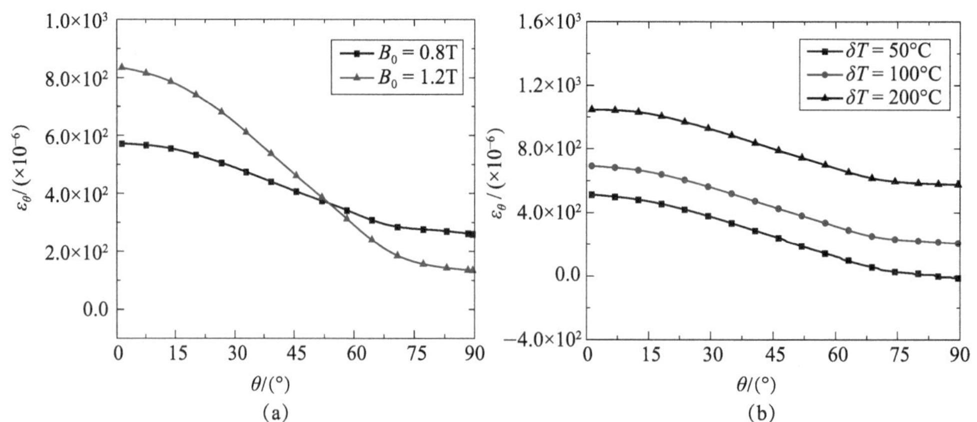

图 7.3.10　外加磁场或温度下铁磁薄壳中截面处的环向应变

（a）不同磁场（$\delta T=100℃$）；（b）不同温度场（$B_0=1.0$T）

参 考 文 献

[1] Zhou Y H, Zheng X J. A general expression of magnetic force for soft ferromagnetic plates in complex magnetic fields [J]. Int. J. Engng. Sci., 1997, 35: 1405 - 1417.

[2] 周又和，郑晓静．电磁固体结构力学 [M]. 北京：科学出版社，1999.

[3] Wang X, Zhou Y H, Zheng X J. A generalized variational model of magneto-thermo-elasticity for nonlinearly magnetized ferroelastic bodies [J]. Int. J. Engng. Sci., 2002, 40: 1957 - 1973.

[4] Zheng X J, Wang X. Large deflection of a ferromagnetic plate in a magnetic field [J]. ASCE J. Engng. Mech., 2003, 129 (2): 245 - 248.

[5] Wang X, Lee J S, Zheng X J. Magneto-thermo-elastic instability of ferromagnetic plates in thermal and magnetic fields [J]. Int. J. Solids Struct., 2003, 40: 6125 - 6142.

[6] Zheng X J, Wang X. A magnetoelastic theoretical model for soft ferromagnetic shell in magnetic field [J]. Int. J. Solids Struct., 2003, 40: 6897 - 6912.

[7] Wang X, Lee J S. Dynamic stability of ferromagnetic beam-plates with magneto-elastic interaction and magnetic damping in transverse magnetic fields [J]. ASCE J. Engng. Mech., 2006, 132 (4): 422 - 428.

[8] Wang X, Lee J S. Dynamic stability of ferromagnetic plate under transverse magnetic field and inplane periodic compression [J]. Int. J. Mech. Sci., 2006, 48 (8): 889 - 898.

[9] Wang X, Zheng X J. Analyses on nonlinear coupling of magneto-thermo-elasticity of a ferromagnetic thin shell I: generalized variational theoretical modeling [J]. Acta Mech. Solid. Sin., 2009, 22 (3): 189 - 196.

[10] Wang X, Zheng X J. Analyses on nonlinear coupling of magneto-thermo-elasticity of a ferromagnetic thin shell II: Finite Element modeling and application [J]. Acta Mech. Solid. Sin., 2009, 22 (3): 197 - 205.

[11] Brown W F. Magnetoelastic Interactions [M]. New York: Spinger, 1966.

[12] Moon F C. Magneto-Solid Mechanics [M]. New York: John Wiley & Sons, Inc., 1984.

[13] Pao Y H, Yeh C S. A linear theory for soft ferromagnetic elastic solids [J]. Int. J. Engng. Sci., 1973, 11: 415 - 436.

[14] Miyata K, Miya K. Magnetic field and stress analysis of saturated steel [J]. IEEE Trans. Magnetics, 1988, 24 (1): 230 - 233.

[15] Eringen A C, Maugin N G. Electrodynamics of Continua [M]. New York: Springer-Verlag, 1990.

第 8 章　磁敏功能复合材料与结构的多场耦合行为

磁敏功能复合材料是一类将高磁导率的磁性材料与基体材料通过一定方式复合而成的，具有特定微结构的新型多功能材料。由于组成该类功能复合材料的不同相之间常常存在相互影响与耦合效应，这就赋予了磁敏功能材料许多独特的、单一材料所不具有的优异特性。例如，材料的磁学、力学、热学、电学等性能在外场下的可调控性，以及实现连续、快速、可逆的性能变化等。目前，常见的磁敏功能复合材料有磁流变流体、磁流变弹性体、磁电复合材料等。

相比于传统的磁性材料，该类功能材料往往具有更大的应变输出、更高的磁控刚度及磁控阻尼、更快响应以及更多变形模态调控等优异性能。近些年，磁敏功能复合材料越来越受到广泛关注，在半主动隔振器与阻尼器、智能传感与驱动、微纳制造以及噪声控制等领域展现出了广阔的应用前景。

本章将主要针对磁敏颗粒夹杂多相功能复合材料，基于细观力学理论与方法开展多场有效性能的预测；进而建立磁敏颗粒夹杂复合软材料的多场耦合行为理论模型，定量研究其在磁场、温度和流场中的多场及力学行为等。

8.1　磁敏多相复合材料的磁-电-热-力多场性能参数表征

从复合材料的细观结构及组分材料的性能出发，利用解析或数值方法进行磁敏多相复合材料的有效性能预测，不仅能够为所制备材料的性能评估提供一种简单、快捷的途径，同时也为复合材料的优化设计与性能升级提供理论依据。

目前，复合材料有效性能表征的常用方法有自洽法、Eshelby 等效夹杂法、Mori-Tanaka 法等[1]。这些均是基于不同相组分材料中的应力、应变场的基本假设来预测整体材料的宏观平均性能。但该类解析方法的不足之处在于预测精度有限，且大多仅适用于材料细观结构相对较为简单、各相组分材料之间理想结合的情形。另外，对于复合材料的热学有效性能预测，由于其满足的微分方程与其他场方程通常不能表征为统一形式，从而带来了不小难度。

对此，通过广义 Eshelby 张量和 Mori-Tanaka 方法，我们将温度场产生的广义应力作为代表性单元上的预应力来处理，并基于能量等效的方式提出一种预测多相复合材料有效多场性质的广义 Mori-Tanaka 方法[2, 3]。在此基础上，本节给出了多相复合材料在多物理场作用下，包括有效热膨胀系数、有效热电系数、热磁系数等的显式表达。

8.1.1 磁敏三相复合材料的多场耦合性能

1. 基本方程

考虑如图 8.1.1 所示的磁敏三相复合材料代表性单元，其主要由压磁、压电材料夹杂于基体中形成。图中颜色较深的部分表示夹杂相，其余部分为基体。

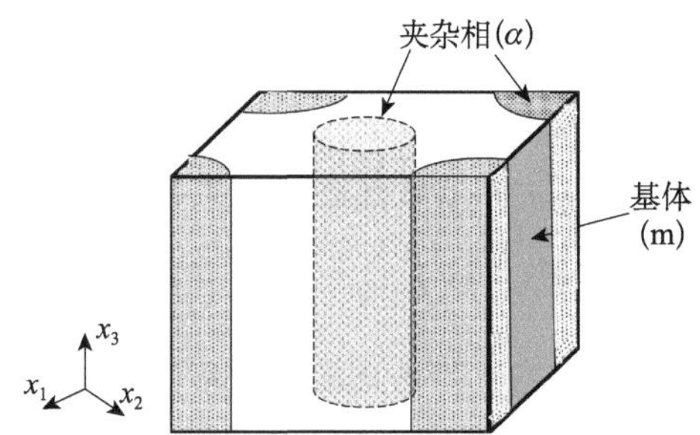

图 8.1.1 磁敏三相复合材料的代表性单元

采用各场线性假设，则各相材料的电场、磁场以及弹性场之间的本构关系可表示如下[4,5]：

$$\begin{cases}\sigma_{ij}=C_{ijkl}\varepsilon_{kl}+e_{ijl}(-E_l)+q_{ijl}(-H_l)-\lambda_{ij}\theta\\ D_i=e_{ikl}\varepsilon_{kl}-\eta_{il}(-E_l)-a_{il}(-H_l)-p_i\theta\\ B_i=q_{ikl}\varepsilon_{kl}-a_{il}(-E_l)-\mu_{il}(-H_l)-m_i\theta\end{cases}\tag{8.1.1}$$

其中，σ_{ij}，ε_{kl}，D_i，E_l，B_i，H_l 和 θ 分别为应力张量、应变张量、电位移、电场、磁感应强度、磁场以及温度变化量，下标的取值为 1～3 的正整数；a_{il} 表示磁电转换系数，为二阶张量；C_{ijkl}，e_{ijl}，q_{ijl} 分别为四阶的弹性张量、三阶力电耦合（压电）张量、三阶力磁耦合（压磁）张量；热应力系数张量为 $\lambda_{ij}=C_{ijkl}\alpha_{kl}$，其中 α_{kl} 是线膨胀系数；材料内部由温度变化所产生的残余电位移和磁感应强度可分别表示为 $p_i=e_{ikl}\alpha_{kl}$，$m_i=q_{ikl}\alpha_{kl}$。

对于多相复合材料的准静态响应，若不考虑体力、热源和自由电荷情形，则不难获得其应力、电位移、磁感应强度满足的如下控制微分方程：

$$\begin{cases}\sigma_{ij,j}=0\\ D_{i,i}=0\\ B_{i,i}=0\end{cases}\tag{8.1.2}$$

材料内部温度场所满足的方程为

$$\nabla^2\theta=0\tag{8.1.3}$$

对于准静态温度场问题，当无限大材料内部某一点存在一热扰动，在经过足够长的时间后材料内部总能够达到均一的温度场。

2. 基于 Mori-Tanaka 方法的理论模型与预测

由多相材料的本构方程（8.1.1）可以看出：应力、电位移、磁感应强度不仅与应变、电场强度、磁场有关，也与温度有关。采用如下的广义应力和应变：

$$\Sigma=\{\boldsymbol{\sigma}\quad \boldsymbol{D}\quad \boldsymbol{B}\},\quad \boldsymbol{Z}=\{\boldsymbol{\varepsilon}\quad -\boldsymbol{E}\quad -\boldsymbol{H}\}^{\mathrm{T}}\tag{8.1.4}$$

则式（8.1.1）的统一形式可以表示为

$$\Sigma_{iJ} = L_{iJKl} Z_{Kl} - \Pi_{iJ} \theta \tag{8.1.5}$$

其中，i，l 分别取 1～3 的正整数；K，J 分别取 1～5 的正整数。

考虑到温度场满足的微分方程与其他各物理场的不同，在预测各场有效性能时，不能采用统一的方法获取。针对这一困难和特殊性，我们将广义应变 Z_{Kl} 、广义应力 Σ_{iJ} 分解为与温度无关（用上标“e”表示）和与温度相关（用上标“θ”表示）的两部分之和来表征[3]，即

$$Z_{Kl} = Z^{e}_{Kl} + Z^{\theta}_{Kl}, \quad \Sigma_{iJ} = \Sigma^{e}_{iJ} + \Sigma^{\theta}_{iJ} \tag{8.1.6}$$

定义复合材料的有效模量 L^{*}_{iJKl} 和有效热膨胀系数 Π^{*}_{iJ} 如下：

$$\langle \Sigma_{iJ} \rangle = L^{*}_{iJKl} \langle Z_{Kl} \rangle - \Pi^{*}_{iJ} \theta \tag{8.1.7}$$

其中，$\langle A \rangle = \dfrac{1}{V}\displaystyle\int_{V} A\,\mathrm{d}v$ 表示体积平均。当考虑温度效应时，远场采用均匀边界条件，边界上采用限制性条件，即温度产生的广义应变为零。

根据高斯定理，我们可以得到式（8.1.6）中两部分广义应变满足的关系式如下：

$$\langle Z^{e}_{Kl} \rangle = \frac{1}{V}\int_{\Omega} Z^{e}_{Kl}\,\mathrm{d}v = Z^{0}_{Kl}, \quad \langle Z^{\theta}_{Kl} \rangle = 0 \tag{8.1.8}$$

进而可以得到广义应力的体积平均满足

$$\langle \Sigma^{e}_{iJ} \rangle = L^{*}_{iJKl} Z^{0}_{Kl}, \quad \langle \Sigma^{\theta}_{iJ} \rangle = \langle -\Pi_{iJ} \theta \rangle \tag{8.1.9}$$

由式（8.1.9）可以看出，有效模量 L^{*}_{iJKl} 与温度无关。

由 Mori-Tanaka 方法可以得到该模量的张量形式如下[6]：

$$L^{*}_{iJKl} = L^{\mathrm{m}}_{iJKl} + \sum_{\alpha=1}^{N-1} c_{\alpha} (L^{\alpha}_{iJMn} - L^{\mathrm{m}}_{iJMn}) A^{\alpha}_{MnKl} \tag{8.1.10}$$

其中，c_{α} 为各夹杂相材料的体积分数，满足 $1 = c_{\mathrm{m}} + \sum_{\alpha} c_{\alpha}$ ，c_{m} 为基体材料的体积分数；L^{m}_{iJMn} 、L^{α}_{iJMn} 分别为基体和夹杂相的磁-电-弹性模量；A^{α}_{MnKl} 表示与夹杂相中平均应变和梯度关联的因子。

进一步，我们考察材料的有效热性质。

基于 Hill 条件[7]，我们可以通过代表性单元有效性能等效前后的存储能量相等来进行分析。考虑存在一预应力 σ^{*}_{ij} 情形下的弹性材料，其总势能可表示为

$$U = -\frac{1}{2}\int_{V} \sigma_{ij} \varepsilon_{ij}\,\mathrm{d}v + \int_{V} \sigma^{*}_{ij} \varepsilon_{ij}\,\mathrm{d}v \tag{8.1.11}$$

其中，σ_{ij} 为材料的弹性变形所引起的应力。

对于满足本构关系式（8.1.1）的多相复合材料，总势能可具体表示为

$$\begin{aligned} U &= -\frac{V}{2} \langle \Sigma^{e}_{iJ} \rangle \langle Z_{Ji} \rangle - V\Pi^{*}_{iJ} \theta \langle Z_{Ji} \rangle \\ &= -\frac{V}{2} (L^{*}_{iJKl} \langle Z^{e}_{Kl} \rangle) \langle Z^{e}_{Ji} \rangle - V\Pi^{*}_{iJ} \theta \langle Z^{e}_{Ji} \rangle \end{aligned} \tag{8.1.12}$$

复合材料的总势能又可以表示为基体和各组分材料的势能之和，即

$$U = U_{\mathrm{m}} + \sum_{\alpha=1}^{N-1} U_{\alpha} \tag{8.1.13}$$

其中，

$$U_{\mathrm{m}} = -\frac{V_{\mathrm{m}}}{2}(L_{iJKl}^{\mathrm{m}}\langle Z_{Kl}^{e}\rangle_{\mathrm{m}})\langle Z_{Ji}^{e}\rangle_{\mathrm{m}} - V_{\mathrm{m}}\Pi_{iJ}^{\mathrm{m}}\theta\langle Z_{Ji}^{e}\rangle_{\mathrm{m}}$$

$$U_{\alpha} = -\frac{V_{\alpha}}{2}(L_{iJKl}^{\alpha}\langle Z_{Kl}^{e}\rangle_{\alpha})\langle Z_{Ji}^{e}\rangle_{\alpha} - V_{\alpha}\Pi_{iJ}^{\alpha}\theta\langle Z_{Ji}^{e}\rangle_{\alpha} \tag{8.1.14}$$

式中，指标“m”、“α”分别代表基体和夹杂相。

根据能量平衡可以得到

$$V\Pi_{iJ}^{*}\theta Z_{Ji}^{0} = V_{\mathrm{m}}\Pi_{iJ}^{\mathrm{m}}\theta\langle Z_{Ji}^{e}\rangle_{\mathrm{m}} + \sum_{\alpha=1}^{N-1} V_{\alpha}\Pi_{iJ}^{\alpha}\theta\langle Z_{Ji}^{e}\rangle_{\alpha} \tag{8.1.15}$$

再由 Mori-Tanaka 理论，有

$$Z_{Ji}^{0} = \left(c_{\mathrm{m}} I_{JiKl} + \sum_{\alpha=1}^{N-1} c_{\alpha} A_{JiKl}^{\alpha,dal}\right)\langle Z_{Kl}^{e}\rangle_{\mathrm{m}} \tag{8.1.16}$$

将式（8.1.16）代入式（8.1.15），化简后可得到复合材料的有效热性能为[7]

$$\Pi_{iJ}^{*} = \Pi_{iJ}^{\mathrm{m}} + \sum_{\alpha=1}^{N-1} c_{\alpha} A_{iJlK}^{\alpha} \times (\Pi_{lK}^{\alpha} - \Pi_{lK}^{\mathrm{m}}) \tag{8.1.17}$$

由此，结合式（8.1.10）和式（8.1.17），我们便获得了磁敏三相功能复合材料的所有磁、电、热、弹性有效性能的表征，其是由各相材料的性能和各相组分材料的体积分数等解析表示的。

8.1.2 多场有效性能的有限元法数值模型

通过构建代表性体积单元（RVE）的有限元方法，能够克服解析方法的不足，更为便捷地获取复合材料复杂微结构下的宏观等效性能。

这里，我们首先基于细观力学的理论方法，提出多相夹杂复合材料在力、热、电磁多场复杂环境中的磁-热-电-弹多场一般模型，给出相应的有效性质预测公式；进一步建立压磁、压电纤维夹杂复合材料的有限元数值模型，并给出多场性能的预测结果。

有限元方法是通过计算复合材料代表性单元上位移、电场、磁场等在周期性边界条件下的分布，利用均匀化思想得到复合材料宏观有效性质。针对图 8.1.1 所描述的代表性体积单元（RVE），采用商用软件 COMSOL 中的偏微分方程（PDE）模块进行计算。

考虑外加载荷情形下，代表性单元边界上的周期性边界条件可以写为如下的形式：

$$u_i(x_j + d_j) = u_i(x_j) + \left\langle \frac{\partial u_i}{\partial x_l} \right\rangle d_l \tag{8.1.18}$$

$$\Phi^{\mathrm{e}}(x_j + d_j) = \Phi^{\mathrm{e}}(x_j) + \left\langle \frac{\partial \Phi^{\mathrm{e}}}{\partial x_l} \right\rangle d_l \tag{8.1.19}$$

$$\Phi^{\mathrm{m}}(x_j + d_j) = \Phi^{\mathrm{m}}(x_j) + \left\langle \frac{\partial \Phi^{\mathrm{m}}}{\partial x_l} \right\rangle d_l \tag{8.1.20}$$

其中，u_i 表示位移；Φ^{e} 和 Φ^{m} 分别表示电势和磁标量势（即满足 $\boldsymbol{E} = -\nabla\Phi^{\mathrm{e}}$，$\boldsymbol{H} = -\nabla\Phi^{\mathrm{m}}$）；$x_j$ 表示代表性单元边界上点的位置；d_l 为一个 RVE 到相邻 RVE 对应点的周

期性位置向量的分量。

考虑到在材料边界上任意一点施加一个温度边界条件，在足够长的时间尺度内且没有其他热源的情形下，材料终会达到平衡状态，材料内各点的温度恒定且均一。因此给定温度边界条件为

$$\theta(x_j+d_j)=\theta(x_j) \tag{8.1.21}$$

即材料内各点的温升相同。

等效之后的复合材料同样具有如式（8.1.1）的本构关系，将其写成矩阵形式：

$$\langle \boldsymbol{\Sigma}\rangle=\boldsymbol{L}^*\langle \boldsymbol{Z}\rangle-\boldsymbol{\Pi}^*\theta \tag{8.1.22}$$

其中，$\boldsymbol{L}^*$ 表示一 12×12 的矩阵；$\boldsymbol{\Pi}^*$ 为一 12×1 的矩阵。

计算中采用周期性边界条件，在 $\theta=0$ 时确定 L^* 中的各分量需要 12 组相互独立的边界条件。周期性边界中 $\langle \partial u_i/\partial x_l\rangle$ 可以视为平均应变分量，因此可得到 6 个独立的边界条件，分别对应于 6 个平均应变分量不为零的情况；还可以采用平均电势、磁标势在三个空间坐标方向上的梯度值为零，获得 6 个独立的边界条件，总计 12 组独立的边界条件。即令

$$\begin{aligned}\langle \boldsymbol{Z}\rangle=\Big[&\langle \varepsilon_1\rangle\quad \langle \varepsilon_2\rangle\quad \langle \varepsilon_3\rangle\quad \langle 2\varepsilon_{23}\rangle\quad \langle 2\varepsilon_{13}\rangle\quad \langle 2\varepsilon_{12}\rangle\quad \langle -E_1\rangle\\ &\langle -E_2\rangle\quad \langle -E_3\rangle\quad \langle -H_1\rangle\quad \langle -H_2\rangle\quad \langle -H_3\rangle\Big]^{\mathrm{T}}\end{aligned} \tag{8.1.23}$$

其中，各个分量均不为零，便可确定 L^*。

对于有效性能系数 L^*，采用前述的 Mori-Tanaka 方法，不难得到如下表达式：

$$\boldsymbol{L}^*=\boldsymbol{L}^{\mathrm{m}}+\sum_{\alpha=1}^{N-1}c_\alpha(\boldsymbol{L}^\alpha-\boldsymbol{L}^{\mathrm{m}})\boldsymbol{A}^\alpha \tag{8.1.24}$$

在计算有效热参数时，取 $\langle Z\rangle=0$ 以及温升 θ 为常数，此时 RVE 对应面上的位移、电势、磁标势等均相等，$\langle \Sigma\rangle$ 为和温度相关广义应力的体积平均，即

$$\langle \boldsymbol{\Sigma}\rangle=-\boldsymbol{\Pi}^*\theta \tag{8.1.25}$$

在计算广义应力的体积平均时须注意到，温度引起的广义应变 $\langle Z\rangle_i^\theta$ 为一个扰动应变。在 RVE 内存在夹杂相时，由于各材料性质的不同，会产生相对位移，导致 RVE 内部应变的产生。

因此，复合材料内部由温度产生的广义应力应该由两部分组成：一部分是由材料本身的热弹性性质引起的，记为Σ^{I}；另一部分为复合材料各组分性质的差异所引起的，记为Σ^{II}。从而可得

$$\Sigma=\Sigma^{\mathrm{I}}+\Sigma^{\mathrm{II}} \tag{8.1.26}$$

如温度变化为 θ，那么

$$\langle \Sigma^{\mathrm{I}}\rangle=-c_{\mathrm{m}}\boldsymbol{\Pi}_{\mathrm{m}}\theta-\sum_{i=1}^{N-1}c_i\boldsymbol{\Pi}_i\theta \tag{8.1.27}$$

$$\langle \Sigma^{\mathrm{II}}\rangle=c_{\mathrm{m}}\boldsymbol{L}_{\mathrm{m}}\langle \boldsymbol{Z}\rangle_{\mathrm{m}}^\theta+\sum_{i=1}^{N-1}c_i\boldsymbol{L}_i\langle \boldsymbol{Z}\rangle_i^\theta \tag{8.1.28}$$

式中，$\langle \boldsymbol{Z}\rangle^\theta$ 为温度引起的广义应变。

结合前面各式，我们可得到

$$\boldsymbol{\Pi}^{*}=c_{\mathrm{m}}\boldsymbol{\Pi}_{\mathrm{m}}+\sum_{i=1}^{N-1}c_{i}\boldsymbol{\Pi}_{i}-\frac{1}{\theta}\left(c_{\mathrm{m}}\boldsymbol{L}_{\mathrm{m}}\langle\boldsymbol{Z}\rangle_{\mathrm{m}}^{\theta}+\sum_{i=1}^{N-1}c_{i}\boldsymbol{L}_{i}\langle\boldsymbol{Z}\rangle_{i}^{\theta}\right) \tag{8.1.29}$$

式（8.1.29）可另写为

$$\boldsymbol{\Pi}^{*}=\overline{\boldsymbol{\Pi}}+\boldsymbol{\Pi}^{\theta} \tag{8.1.30}$$

其中，

$$\overline{\boldsymbol{\Pi}}=c_{\mathrm{m}}\boldsymbol{\Pi}_{\mathrm{m}}+\sum_{i=1}^{N-1}c_{i}\boldsymbol{\Pi}_{i} \tag{8.1.31}$$

表示复合材料各组分热性质的直接体积平均结果。

由式（8.1.28）可以看出，复合材料有效热性质由与材料体积分数呈线性关系的体积平均项以及各组分性质不同所引起的扰动项组成。

8.1.3 多场性能参数预测

为了分析不同夹杂相对磁敏多相复合材料性能的影响，我们考虑材料内部的夹杂相分别为压电材料 $BaTiO_3$ 和压磁材料 $CoFe_2O_4$，基体相为高弹性材料（epoxy），所有材料的材料常数见表 8.1.1。

表 8.1.1 磁敏多相智能材料的基本属性与参数[3]

参数	$BaTiO_3$	$CoFe_2O_4$	epoxy
C_{11}/GPa	166	286	5.53
C_{12}/GPa	77	173	2.97
C_{13}/GPa	78	170.5	2.97
C_{33}/GPa	162	269.5	5.53
C_{44}/GPa	43	45.3	1.28
η_{11} /(C^2/(N·m^2))	112×10^{-10}	0.8×10^{-10}	1.0×10^{-10}
η_{33} /(C^2/(N·m^2))	126×10^{-10}	0.93×10^{-10}	1.0×10^{-10}
μ_{11} /(N·s^2/C^2)	5×10^{-6}	-590×10^{-6}	1.0×10^{-6}
μ_{33} /(N·s^2/C^2)	10×10^{-6}	157×10^{-6}	1.0×10^{-6}
e_{31} (C/m^2)	−4.4	0	0
e_{33} (C/m^2)	18.6	0	0
e_{15} (C/m^2)	11.6	0	0
q_{31}/(N/(A·m))	0	580.3	0
q_{33}/(N/(A·m))	0	699.7	0
q_{15}/(N/(A·m))	0	550	0
α_{11}/($\times10^{-6}K^{-1}$)	15.7	10	54
α_{22}/($\times10^{-6}K^{-1}$)	15.7	10	54
α_{33}/($\times10^{-6}K^{-1}$)	6.4	10	54

1. 夹杂相体积比固定，含量改变情形

设定磁敏三相复合材料的夹杂总体积比为 1，通过改变基体的体积分数 v_{m}，实现复合材料内部夹杂相和基体相之间的比例变化。这里，我们给出了材料的有效热膨胀系数、热电系数、热磁系数、压电系数、压磁系数和磁电系数的广义 Mori-Tanaka 方法解析计算结果，以及有限元法数值模拟结果[3]。

图 8.1.2 给出了磁敏三相复合材料的有效热性能（包括热膨胀系数、热电系数、热磁系数）随基体的体积分数的变化曲线。由图中可以看出，广义 Mori-Tanaka 方法的预测结果与有限元法计算结果吻合良好。在图 8.1.2（a）中，复合材料热膨胀系数随基体体积分数的增加呈现出非线性变化的趋势，当夹杂纤维的体积分数在 5%（或基体的体积分数 95%）左右时，复合材料有效热膨胀系数 α_{11} 达到极大值；当夹杂体积分数小于 85%（或基体的体积分数高于 15%）时，沿纤维方向的热膨胀系数 α_{33} 随基体的体积分数的变化不明显，但继续增加基体的体积分数时，其迅速增加。图 8.1.2（b）和（c）给出了各组分材料之间由相互作用而产生的有效热电系数和热磁系数。可以看出，基体的体积分数为 20%～100%时，有效热电系数线性减小，而有效热磁系数线性增加。此外，当基体的体积分数较小时（此时夹杂的压电、压磁相总体积分数较大），理论预测与有限元数值结果存在一定差异，这是由 Mori-Tanaka 方法低估了夹杂相之间的相互作用所致。

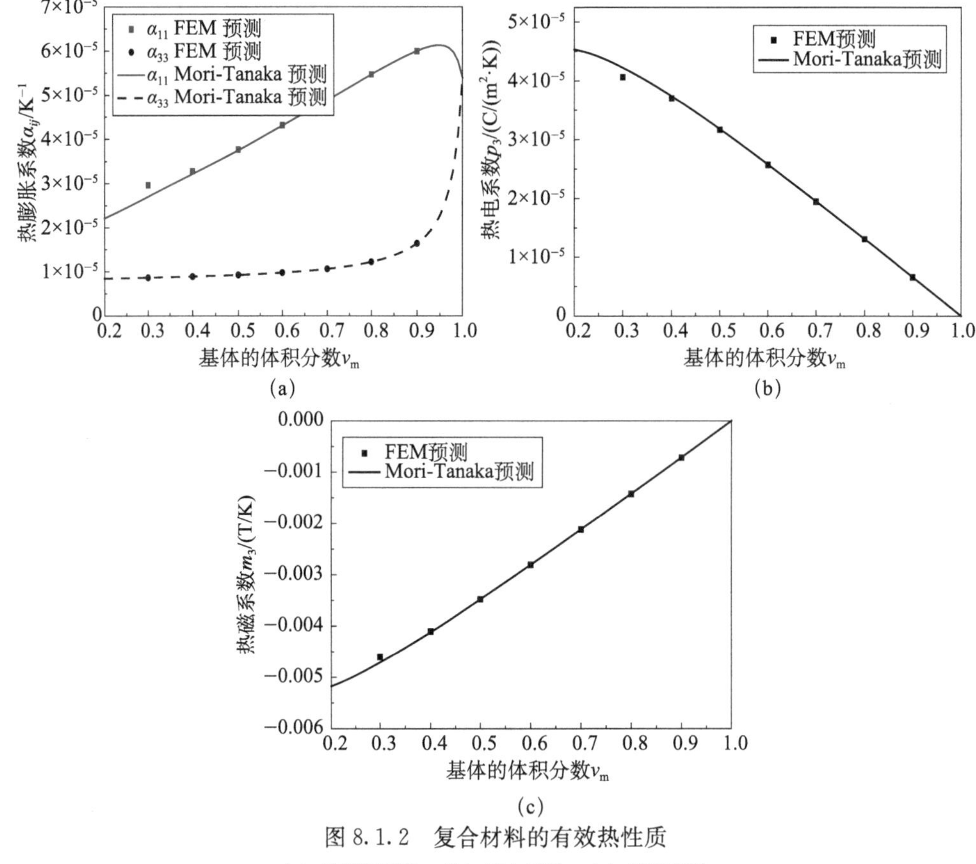

图 8.1.2　复合材料的有效热性质

(a) 热膨胀系数；(b) 热电系数；(c) 热磁系数

图 8.1.3 给出了复合材料的有效电磁性质的预测结果。可以看出：压电和压磁效应的有效性能随基体的体积分数的增加，总体上呈现线性变化趋势，压电系数 e_{33} 远大于 e_{15} 和 e_{31} 的值；压磁系数 q_{33} 远高于其他分量；对于磁电系数，分量 a_{11} 远小于 a_{33} 且接近于零，随着基体的体积分数的增加，a_{33} 迅速减小，a_{11} 基本保持不变。当基体的体积分数较小时，

Mori-Tanaka 方法的理论预测结果与有限元法数值预测结果相差较大；当基体体积分数逐渐增大时，夹杂相体积分数减小，相互作用逐渐减弱，两种方法所得结果吻合良好。

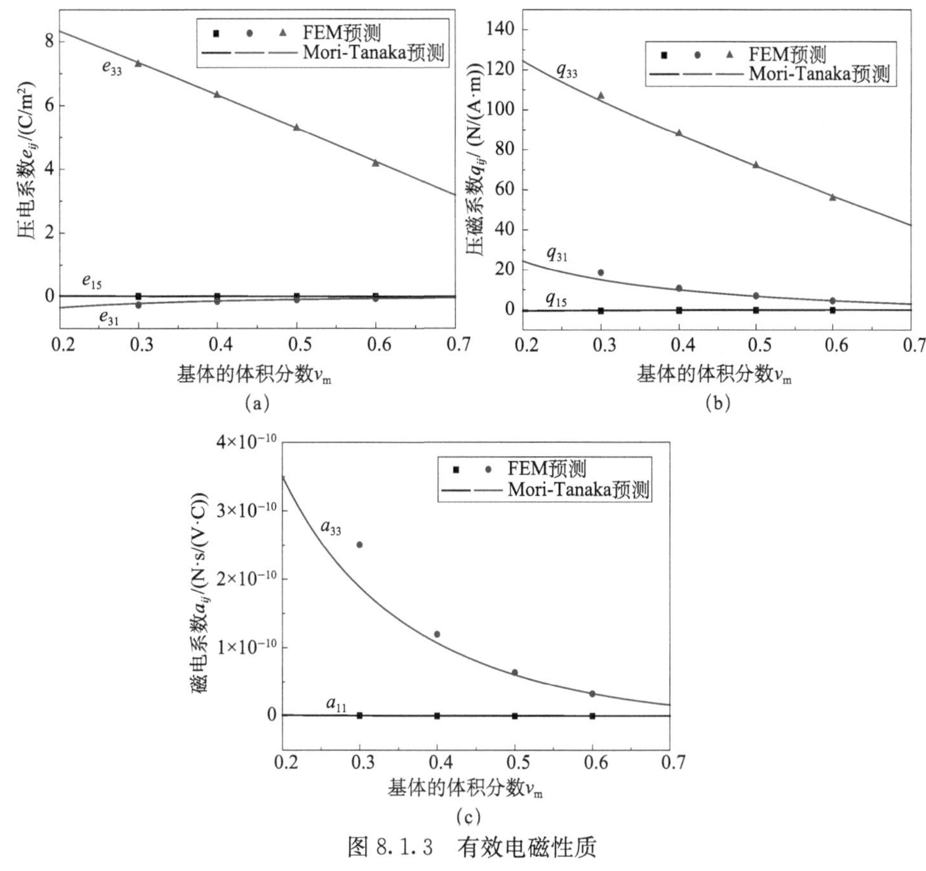

图 8.1.3 有效电磁性质

(a) 压电系数；(b) 压磁系数；(c) 磁电系数

图 8.1.4 给出了复合材料有效弹性系数随基体的体积分数的变化曲线。可以看出，有限元的计算结果与 Mori-Tanaka 方法的结果能很好地印证；随着基体的体积分数的增加，两种结果的误差减小；同时各参数随着基体体积分数呈现出非线性变化趋势。

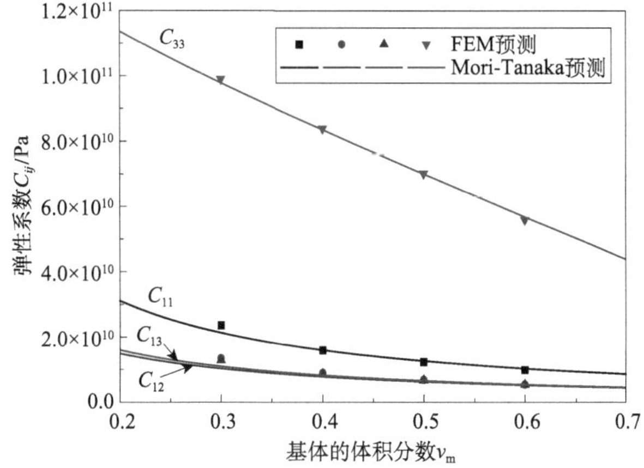

图 8.1.4 有效弹性系数随基体的体积分数的变化曲线

2. 夹杂相的总体积固定，组合体积比变化情形

固定复合材料基体的体积分数为 0.4，改变夹杂相体积分数比，下面分别给出了复合材料部分有效参数的广义 Mori-Tanaka 方法理论结果和有限元数值预测结果，并进行了对比。

图 8.1.5 和图 8.1.6 给出了磁敏三相复合材料的有效热学性质、电磁学性质随压电相材料体积分数的变化情况，基于广义 Mori-Tanaka 方法的理论预测结果和有限元数值结果吻合较好。由图 8.1.5 可以看出，复合材料的热膨胀系数显示出明显的各向异性特征，热电系数和热磁系数除在夹杂相的纤维分布方向上不为零外，其余方向上均为零。

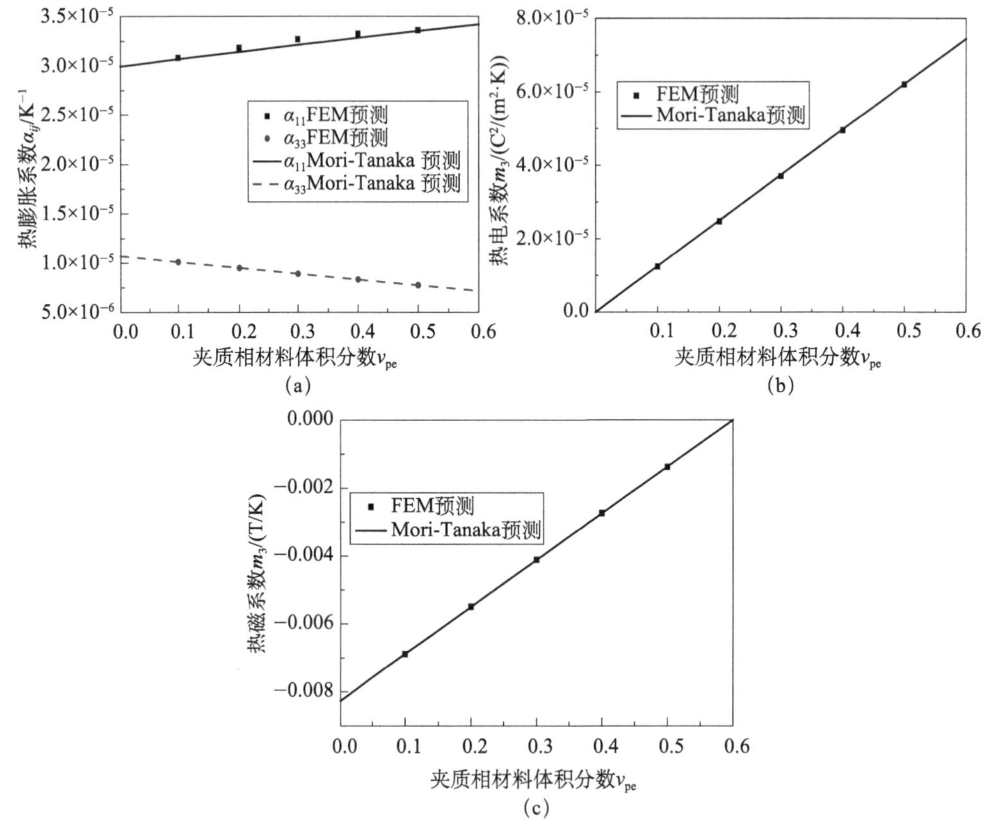

图 8.1.5　有效热学性质随夹杂相体积分数的变化

(a) 热膨胀系数；(b) 热电系数；(c) 热磁系数

图 8.1.6 给出了复合材料的有效压电系数和压磁系数随夹杂相材料体积分数的变化情况。可以看出：随着压电相材料体积分数的增大，压电系数和压磁系数均呈线性变化，沿夹杂相纤维方向的分量显著大于其余分量；复合材料的磁电系数各分量呈现不一样的变化特征，当压电相材料体积分数为 0.3（压磁相材料体积分数亦为 0.3）时，磁电系数 a_{33} 存在最优，取得极大值；垂直于夹杂相纤维长度方向上的系数 a_{11} 几乎可以忽略不计；当压电相材料的体积分数分别为 0 和 0.6 时，复合材料中只有压电或压磁相中的一种，复合材料的磁电系数为零，宏观上不表现出磁电效应。

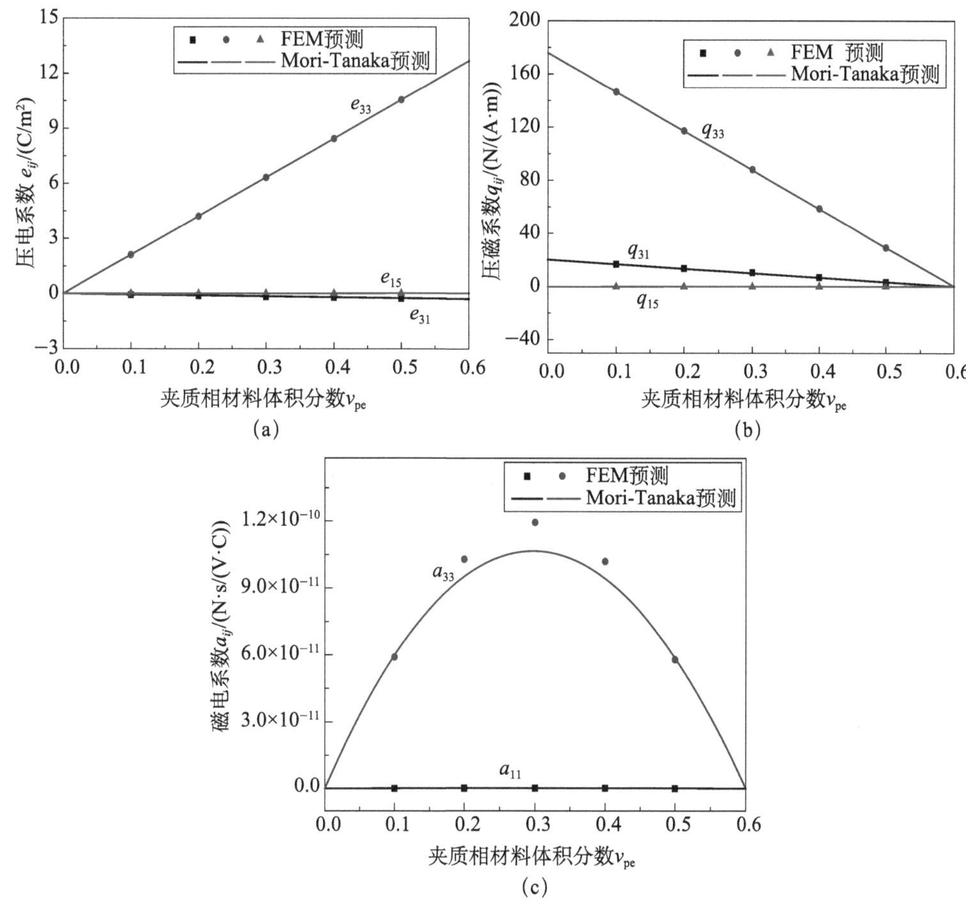

(a) (b) (c)

图 8.1.6 有效电磁学性质随夹杂相体积分数的变化

(a) 压电系数；(b) 压磁系数；(c) 磁电系数

图 8.1.7 给出了三相复合材料的有效介电系数、磁导率和弹性系数随夹杂相材料体积分数的变化情况。可以看出，在沿夹杂相材料的纤维方向上，复合材料的介电常数、磁导率均大于其他方向的分量，并且均随夹杂相材料的体积分数增加呈现线性变化；有效弹性系数随夹杂相体积分数也呈现出线性变化特征，并且有限元法数值预测结果和广义 Mori-Tanaka 方法的理论预测结果吻合良好，表明了多场性能参数预测方法的有效性。

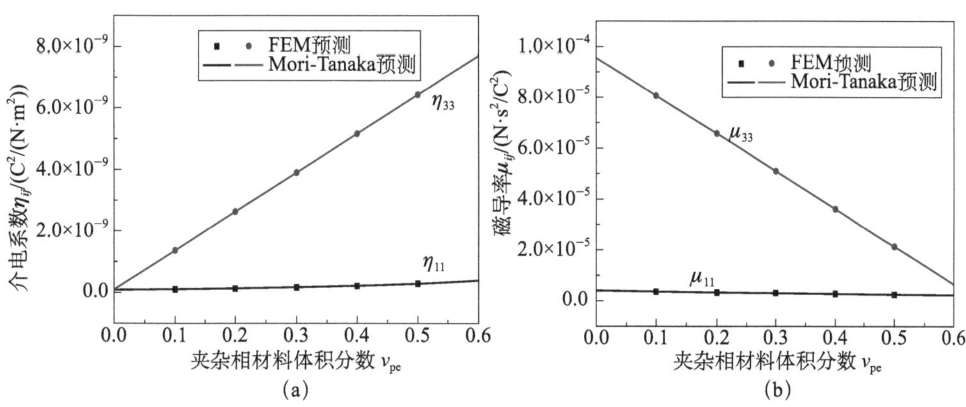

(a) (b)

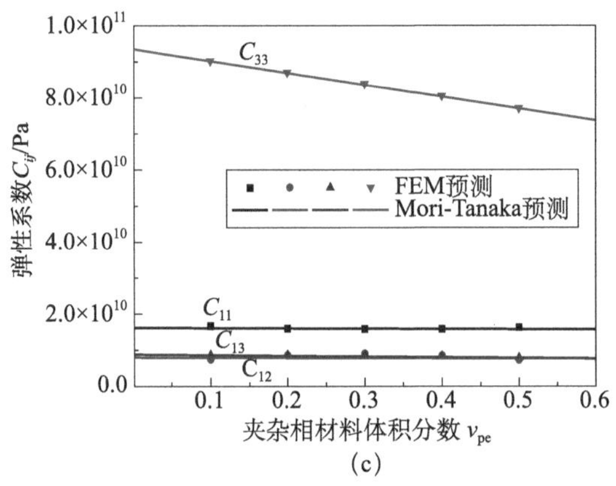

(c)

图 8.1.7　有效参数随夹杂相材料体积分数的变化

(a) 介电系数；(b) 磁导率；(c) 弹性系数

8.2　磁敏功能复合软材料的磁-力耦合特征

将高磁导率的磁敏颗粒（如铁粉、镍粉、钴粉等）夹杂于高弹性的固态聚合物中，如硅橡胶、天然橡胶、聚氨酯等，可形成的一类具有优异磁-力性能的新型复合材料，即磁敏功能复合软材料。

高弹性基体不仅赋予材料优异的变形特征（如可逆变形、超大变形、快速响应等），同时与磁化颗粒之间具有较强的磁弹性相互作用，使得该类材料的力学（模量、阻尼）、电学、磁学性能以及形貌具有较好的外场可调控特性。

8.2.1　微观结构特征

除了各组分材料自身性质外，磁敏功能复合软材料内部的微结构分布对材料的宏观响应往往具有重要作用与影响。大多数情况下，这种微结构可以在制备过程中通过施加特定分布的外场诱导形成和实现。

该类功能材料的制备工艺与普通橡胶或一般弹性体的过程类似，主要包括组分材料的混合与基底材料的固化两个阶段。在组分材料混合阶段，针对不同的基底材料选用不同的方法。例如，液态状硅橡胶可以通过人工或机械搅拌混合，而对于聚氨酯、天然橡胶等固态状材料需要借助混炼机等专用设备进行混合。当组分材料混合均匀后，将混合物注入模具，在设定的温度下进行固化。

若材料固化过程是在零场条件下进行，则会形成磁性颗粒随机分布的各向同性材料；反之，若在此过程中施加特定分布的磁场，则会形成具有一定初始微观构型的各向异性材料，例如，磁性颗粒呈链状、柱状等复杂网络状排布结构。图 8.2.1 (a) 和图 8.2.1 (b) 分别给出了两种不同材料的扫描电镜（SEM）图。可以看出，在外加磁场作用下固化的样品，内部颗粒具有显著的取向行为[8]。

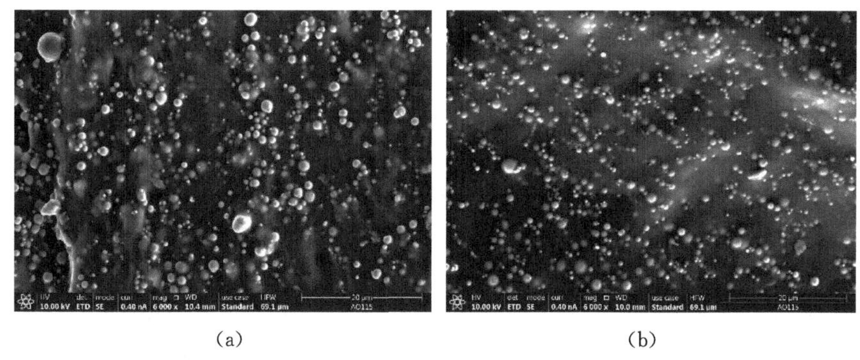

(a) (b)

图 8.2.1 磁敏功能复合软材料内部微结构的扫描电镜图

(a) 各向同性材料；(b) 颗粒链状分布的材料

进一步，为了定量表征外加磁场作用下磁敏颗粒在基体内部的重排过程，研究者借助数值模拟与先进的实验技术对不同条件下制备的材料微结构进行了大量研究。一些模拟计算表明[9]：当磁敏颗粒置于均匀磁场内，颗粒沿磁场方向快速形成短链结构继而扩展为长链，最终形成柱状结构；当置于平面内旋转磁场中，颗粒的空间结构发生重排而形成平行于旋转平面的层状结构。基于 X 射线层析成像技术对不同质量分数填充的弹性体测试发现[10]，即便质量分数发生较小的改变，材料内部也将形成完全不同的微观结构。

因此，颗粒的动态重排过程受到夹杂相的体积分数、基体的黏度、外加磁场的强度、作用时间等诸多因素的影响。在建立具有空间分布特征的磁偶极子唯象格子模型时，为了综合考虑磁敏颗粒的分布特征，便有了简单立方、体心立方、密排六方、直链、曲链、倾斜链、层状等多种微观分布结构。图 8.2.2 展示了几种代表性的颗粒分布形式。

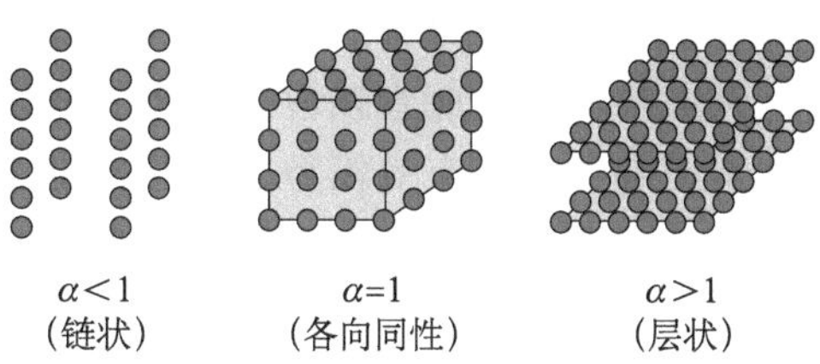

图 8.2.2 磁敏功能复合材料内部颗粒微结构分布的简化形式

8.2.2 宏观耦合特征

由于分散在基体内部的磁性颗粒是微米级（甚至纳米级），则在外加磁场/载荷作用下，可视为内部每一点均存在磁力与弹性恢复力的相互作用，即可将磁敏功能复合材料的力-磁耦合视为域耦合和直接耦合。

在外加磁场作用下，该类软材料的力学（模量、阻尼）、电学、磁学性能以及形貌特征具有磁控功能；同样，在外部载荷作用下，材料局部磁化状态和宏观磁学性能也随外载荷的改变而变化，表现出较强的双向耦合特征[11]，图 8.2.3 形象地展示了这一相互耦合过程。

由于基体材料对磁敏微粒的约束作用，则施加磁场后内部颗粒无法再次重组与移动，不再表现出类似磁流变液的“相变”效应，而是通过调控材料内部的磁敏颗粒与弹性基体之间的相互作用来改变复合材料的各属性，如模量、阻尼特性以及形状，继而实现材料的可控力学性能。图 8.2.3（a）为外加磁场引起内部磁敏颗粒的重排，继而导致材料沿着磁场方向伸长，这一现象称为磁致伸缩过程，被应用于磁控远程驱动装置中。另外，由于该类复合材料的基体为具有软物质性质的橡胶类高分子材料，在外部较小载荷下即可发生较大变形，导致内部的磁性颗粒分散相的构型变化，进而显著地影响到材料内部的局部磁学性能以及宏观磁场特性。图 8.2.3（b）展示了当对复合材料施加一定应力时，材料的宏观磁学特性也发生相应变化。根据外加载荷作用下材料磁学特性发生变化这一原理，人们常常将该类材料研制成形式各样的健康检测、应变传感等功能器件。

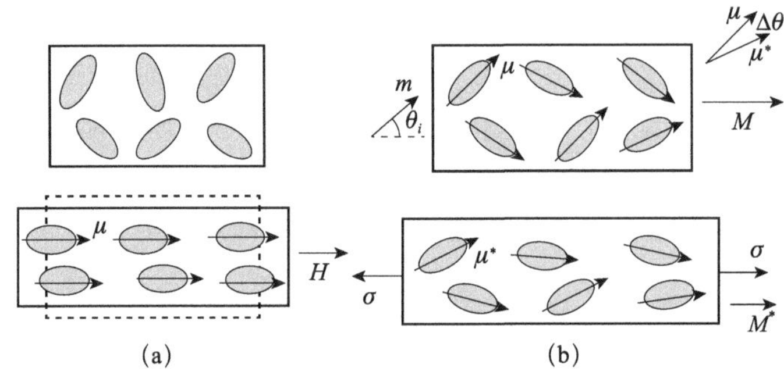

图 8.2.3　磁敏功能复合材料的磁-力耦合机制示意图

（a）磁场诱发变形；（b）应力改变磁性

磁敏复合软材料的多组分复合特性、微观非均匀性以及大变形等特性，使得已有描述均匀、连续电磁介质的电磁弹性理论不能直接应用。由于多相、多场特征，相应的理性力学模型与数学描述将非常复杂，这对有效模型的构建提出了巨大挑战。但是，由于复合材料中的夹杂相尺度一般都在微米量级，复合材料的力学性能更多地保持了橡胶基体的超弹性行为，因此仍然可以在宏观尺度上假设该类复合材料是各向同性、不可压缩的超弹性体。

我们按照橡胶类超弹性材料的研究方法，通过单位体积弹性应变能密度来描述该类材料的应力-应变关系。将磁敏复合软材料视为超弹性材料，可以基于经典的 Neo-Hookean（N-H）、Mooney-Rivlin（M-R）、Yeoh 模型对复合材料在磁场环境中测试的应力-应变曲线进行拟合。

图 8.2.4 给出了磁性颗粒夹杂相体积分数分别为 5%、20%与 10%、30%的复合材料在无外磁场（$B=0\mathrm{T}$）及磁场（$B=0.5\mathrm{T}$）环境中的实验与经典超弹性模型模拟结果[12]。可以看出：尽管超弹性橡胶软材料基体中加入了不同体积分数的磁性微颗粒，但是复合后的软材料依然近似地表现出超弹性行为特征；仅含单参数的 N-H 模型较为简单，且可以给出低应变下复合材料力学行为的较好描述，但在较高应变区的模拟结果与实验所测相去甚远；Yeoh 模型在低应变下比 N-H 模型能够较精确描述复合材料的力学

行为，在较高应变时稍有偏差，但是该模型描述超弹性橡胶软材料时模型参数较多，不便于工程应用。综合比较两种测试条件下羰基铁粉/硅橡胶复合材料力学行为的实验与数值仿真结果，表明含较少参数的修正 M-R 超弹性模型能与实验测试较好吻合。

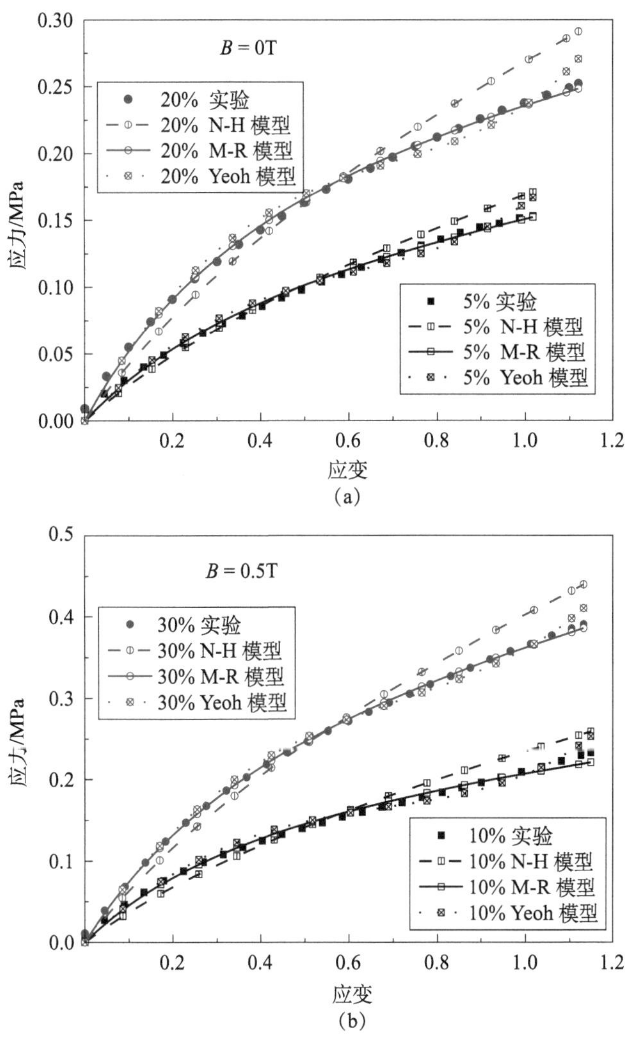

图 8.2.4　磁敏功能复合软材料应力-应变曲线实验测量与模型预测

(a) 无外加磁场情形；(b) 有外加磁场情形

为了进一步对比实验结果，我们选取不同的模型参数 C_{10} 与 C_{01}，来获取不同测试环境中 M-R 模型的预测曲线，相关的模型本构参数参见表 8.2.1。

在 M-R 模型中，材料常数 C_{10} 与 C_{01} 往往较难直接获得，而且也缺少确定性的关系，初始切变模量 $C=C_{10}+C_{01}$ 通常能够反映材料的整体刚度变化。由表中所列的数据可以看出：随着颗粒夹杂相体积分数的增大，初始切变模量近似呈线性增大，随着外加磁场的增大也呈现出近似线性增加趋势。这是由于，不论是颗粒夹杂相体积分数的增加还是外加磁场的增加，均在一定程度上提高了磁敏颗粒复合材料的力学性能。

表 8.2.1　M-R 模型参数随颗粒夹杂相体积分数的变化[12]

体积分数	B= 0T		B= 0.3T		B= 0.5T	
	C_{10}	C_{01}	C_{10}	C_{01}	C_{10}	C_{01}
0%	0.02319	0.01437	—	—	—	—
5%	0.02800	0.03011	0.02637	0.03573	0.03056	0.03389
10%	0.04251	0.01972	0.04287	0.02809	0.02995	0.05540
20%	0.03342	0.06778	0.04174	0.06390	0.04428	0.06520
30%	0.05383	0.06908	0.05943	0.07566	0.06280	0.08109

8.3　磁敏功能复合软材料的磁-热-力耦合行为

磁敏功能复合软材料的主要组成部分为高弹性聚合物，往往具有明显的温度效应。在材料的使用过程中，材料的力磁响应将不可避免地受外界环境温度的影响。温度对磁敏功能材料的影响主要表现为两个方面：一是环境温度直接影响基体聚合物材料的力学响应，二是温度对磁敏颗粒的磁学特性会产生一定影响。

本节考察磁场和温度场环境下，磁敏功能复合软材料的相关多场性能，通过综合考虑磁场和温度效应对复合材料系统的磁势能和应变能的影响，建立描述剪切变形模式下磁敏功能复合材料多场行为的超弹本构模型，进一步阐明这类复合材料的磁-热-力多场耦合行为[13]。

8.3.1　剪切变形模式下的多场耦合理论模型

考虑由单一磁敏微颗粒增强的橡胶基磁敏复合软材料。基于系统总能量建立复合材料在磁场与热环境中的本构关系，一部分来自于系统的变形弹性能，另一部分则来自于磁敏颗粒磁化后的磁势能贡献。外加磁场主要引起颗粒系统的磁能发生变化，而温度场同时影响基体的弹性能和系统的磁能，整个系统相互影响关系如图 8.3.1 所示。

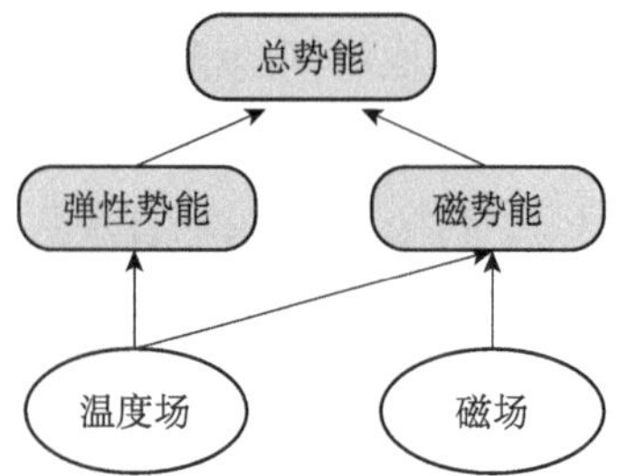

图 8.3.1　基于能量角度的磁敏功能复合材料磁-热-力相互影响关系

1. 系统能量表征

1) 系统的弹性势能

由于夹杂相的尺寸较小且均匀分散于基体中，我们不妨假设复合材料的整体性能表现出各向同性，并且具有与基体材料类似的超弹特性。在夹杂相体积分数不是很高情形下，已有的大量实验测试结果表明了这一假设的合理性。

在 M-R 非线性超弹性本构关系基础上，我们引入包含温度效应的应变能密度如下：

$$W_s(I_1,I_2)=C_{10}(I_1-3)+C_{01}(I_2-3)+C_2(T-T_0)(I_1-3)+C_3T\ln(T/T_0) \tag{8.3.1}$$

其中，C_{10}，C_{01}，C_2，C_3 分别表示材料参数；T_0 为参考温度。

2) 系统磁能

在外加磁场环境中，磁性颗粒的磁化引起系统能量变化。当复合软材料发生变形时，颗粒之间的相互位置亦发生改变，继而引起颗粒系统总磁能的改变，产生磁致应变。

考虑磁敏颗粒在基体内的微结构分布特征，不妨采用边长为 d 的简单立方体晶格来描述这一均匀分布形式（图 8.3.2（a））。对于两个相距为 $\boldsymbol{R}_{ij}$，磁矩分别为 $\boldsymbol{m}_i$ 和 $\boldsymbol{m}_j$ 的磁偶极子，它们相互之间的磁能为

$$E_{ij}=-\frac{\mu_0\mu_1}{4\pi}\left[\frac{3(\boldsymbol{m}_i\cdot\boldsymbol{R}_{ij})(\boldsymbol{m}_j\cdot\boldsymbol{R}_{ij})}{|\boldsymbol{R}_{ij}|^5}-\frac{\boldsymbol{m}_i\cdot\boldsymbol{m}_j}{|\boldsymbol{R}_{ij}|^3}\right] \tag{8.3.2}$$

其中，μ_0 为真空磁导率；μ_1 为基底材料的相对磁导率。通常，基底材料视为不可磁化的介质，即选取 $\mu_1=1$。

不失一般性，我们假设施加于材料上的外磁场沿 z 轴方向，第 j 个磁偶极子位于中心原点，第 i 个偶极子位于坐标 (x_i,y_i,z_i) 处。另外，假定每个颗粒的磁化方向沿着外加磁场的方向，则其磁化强度的大小可以表示为

$$m_i=m_j=MV_0 \tag{8.3.3}$$

其中，$V_0=\frac{4}{3}\pi a^3$ 为颗粒的体积，这里 a 表示磁性颗粒的半径；M 为颗粒的磁化强度，可以用 Fröhlich-Kennely 方程进行表示[14]：

$$M=\frac{M_s(\mu_r-1)H}{M_s+(\mu_r-1)H} \tag{8.3.4}$$

这里，M_s 为颗粒的饱和磁化强度；μ_r 为磁性颗粒的相对磁导率。

磁性颗粒内部的磁场强度 H 与外部施加的磁场 H_0 之间的相互关系为

$$H=\frac{H_0}{\mu_T} \tag{8.3.5}$$

其中，μ_T 为环境温度为 T 时磁敏颗粒的相对磁导率，进一步可以表示为 $\mu_T=\frac{\mu_{T_0}}{1-\alpha\mu_{T_0}(T-T_0)}$，这里 α 为磁导率的温度系数，μ_{T_0} 为参考温度 T_0 时的磁敏颗粒相对磁导率。

当对材料施加剪切应变 γ 后，内部颗粒发生变形后的空间分布如图 8.3.2（b）所示。由于假设颗粒随基体一致变形，则变形后第 i 个颗粒的坐标为 $(x_i+\gamma z_i,y_i,z_i)$，

其与中心偶极子颗粒之间的距离为

$$R_{ij}=[(x_i+\gamma z_i)^2+y_i^2+z_i^2]^{1/2} \tag{8.3.6}$$

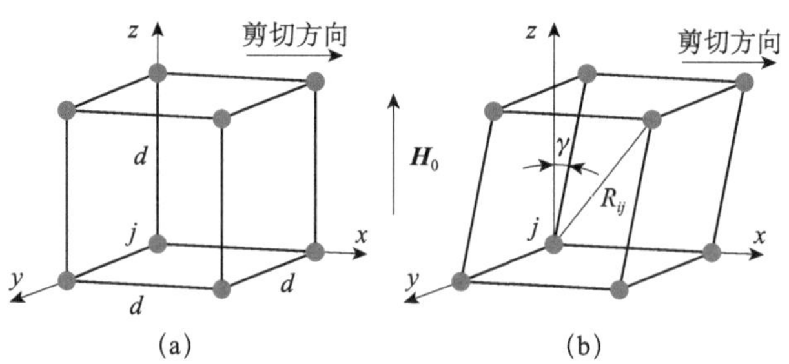

图 8.3.2　磁敏颗粒简化立方分布示意图

(a) 初始未变形状态；(b) 剪切应变后颗粒的分布

在笛卡儿坐标系中，颗粒链相互平行、均匀分布，于是第 i 个颗粒的坐标也可以表示为：$x_i=kd$，$y_i=ld$，$z_i=nd$ (其中，k,l,n 为整数)。考虑磁敏复合软材料内部所有颗粒间相互作用的磁势能，对材料内部所有颗粒的求和可视为对参数 k，l，n 的求和。于是，我们可得到单位体积的磁能如下：

$$W_{\mathrm{m}}=\frac{\mu_0\mu_1\varphi^2M^2}{8\pi}\sum_{k=-K}^{K}\sum_{l=-L}^{L}\sum_{n=-N}^{N}\frac{(k+\gamma n)^2+l^2-2n^2}{[(k+\gamma n)^2+l^2+n^2]^{5/2}} \tag{8.3.7}$$

其中，磁敏颗粒夹杂相的体积分数为 $\varphi=\dfrac{4\pi a^3}{3d^3}$。

2. 剪切应力表征

对于简单剪切变形，所施加的位移方向与主伸长方向不一致，还包括了轴的旋转变形。针对应变不变量，可以建立其与剪切应变 γ 的如下关系式[15]：

$$I_1=I_2=3+\gamma^2 \tag{8.3.8}$$

因此，对于零场（无外磁场）环境中复合材料发生简单剪切变形的 Cauchy 应力 τ_{s} 可以描述为

$$\tau_{\mathrm{s}}=2\gamma\left(\frac{\partial W_{\mathrm{s}}}{\partial I_1}+\frac{\partial W_{\mathrm{s}}}{\partial I_2}\right)=2\gamma[(C_{10}+C_{01})+C_2(T-T_0)] \tag{8.3.9}$$

对于外加磁场所引起的磁弹剪切应力，我们可以通过磁能密度关于剪切应变的偏导数计算得到，即

$$\tau_{\mathrm{m}}=\frac{\partial W_{\mathrm{m}}}{\partial\gamma}=\frac{3\mu_0\mu_1\varphi^2M^2}{8\pi}\sum_{k=-K}^{K}\sum_{l=-L}^{L}\sum_{n=-N}^{N}\frac{n(k+\gamma n)[-(k+\gamma n)^2-l^2+4n^2]}{[(k+\gamma n)^2+l^2+n^2]^{7/2}} \tag{8.3.10}$$

其中，(Kd,Ld,Nd) 为所考察材料区域内离中心颗粒最远颗粒的坐标。通过对式 (8.3.10) 中颗粒数目与求解准确度的收敛性进行分析，发现对于发生较小剪切应变 $\gamma=0.15$，颗粒数 $K=L=N=10$ 和 $K=L=N=20$ 时结果的误差范围为 1%～3%。因此在随后的数值模拟分析中，选取参数 $K=L=N=10$。

综上，我们可以得到磁敏复合软材料的剪切应力，其为 Cauchy 应力和磁弹应力的

和[13]，即

$$\tau=\tau_s+\tau_m=2\gamma[(C_{10}+C_{01})+C_2(T-T_0)]$$
$$+\frac{3\mu_0\mu_1\varphi^2M^2}{8\pi}\sum_{k=-K}^{K}\sum_{l=-L}^{L}\sum_{n=-N}^{N}\frac{n(k+\gamma n)[-(k+\gamma n)^2-l^2+4n^2]}{[(k+\gamma n)^2+l^2+n^2]^{7/2}} \tag{8.3.11}$$

从式（8.3.11）可以看出，材料参数 C_{01}，C_{10} 和 C_2 主要依赖于颗粒增强复合材料的热弹性质，可以利用最小二乘法分别对不同体积分数夹杂的复合材料在零场环境中的实验数据进行拟合得到。由于实验测试的温度范围远低于非晶铁的居里温度，磁导率的温度系数 α 可假设为常数（后面的模拟中选取 $\alpha=2\times10^{-4}$℃$^{-1}$）。

8.3.2 多场行为预测

基于所建立的磁-热-力理论模型，我们数值模拟了温度与外加磁场共同作用下磁敏复合软材料的多场行为，并与实验结果进行了对比[13]。

外加磁场由电磁体产生，图 8.3.3 给出了所产生的磁场与电流之间的关系曲线。通常，电磁体的磁场强度与电流之间存在一一对应关系。同时，由于电磁体处于温度场环境，不同温度下的电磁体导线电阻的温度依赖关系使得磁场强度也呈现出温度依赖性。因此，实验中的真实外加磁场以图中所示的不同温度环境下的标定曲线来确定。

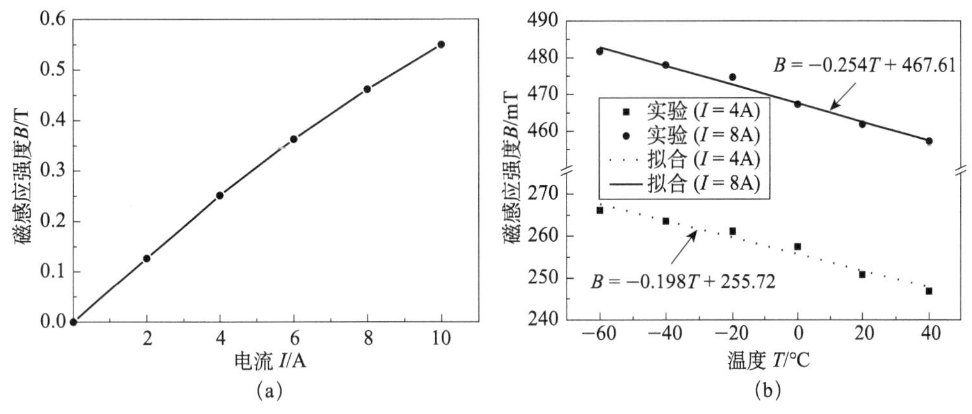

图 8.3.3 用于外加磁场的电磁体特性

(a) 磁场-电流关系；(b) 磁场-温度依赖关系

图 8.3.4 为不同体积分数的磁敏颗粒夹杂复合材料，在剪切变形模式下外加磁场与温度场共同作用的应力-应变关系。为便于比较分析，图中同时给出了理论模型预测结果和实验测试结果。可以看出，不同磁场与温度条件下，材料的剪切应力-应变曲线均呈线性变化趋势；随着外加磁场强度（电流）的增加表现出增强效应，而随着温度的增加，复合材料表现出软化现象。

对体积分数为 10%的磁敏复合材料而言，理论预测结果与实验结果较为接近（图 8.3.4 (a)）。随着夹杂相体积分数的逐渐增加，理论预测结果与实验结果在一些条件下存在较明显的差别。例如，当产生外加磁场的电磁铁载流为 8A、环境温度为 40℃、剪切应变为 0.13 时，理论预测的夹杂相体积分数为 20%复合材料的剪切应力比实验测试结果高 3.22%（图 8.3.4（b））；而相同情形下，夹杂相体积分数为 30%复合材料所对应的值为 5.98%（图 8.3.4（c））。这主要是由于随着复合材料中磁敏颗粒含量的增加，颗粒的集聚程度变得更加显著，而理论模型采用了材料内部颗粒按照简单立方模型均一分布和线性磁化的假设，从而存在一定的偏差。

从图 8.3.4（c）可以看出，相同剪切应变与磁场环境下（电磁铁载流为 8A，剪切应变为 0.13），当环境温度降低为−40℃时，理论预测的夹杂相体积分数为 30%复合材料的剪切应力比实验测试结果高 15.72%，明显高于环境温度为 40℃的情形（其值为 5.98%）。这主要是因为环境温度升高，使得橡胶基体变软，对磁敏颗粒的束缚作用减弱。此时，在外加磁场作用下，内部颗粒的分布构型发生变化，部分增强了磁敏复合材料系统内的磁能。

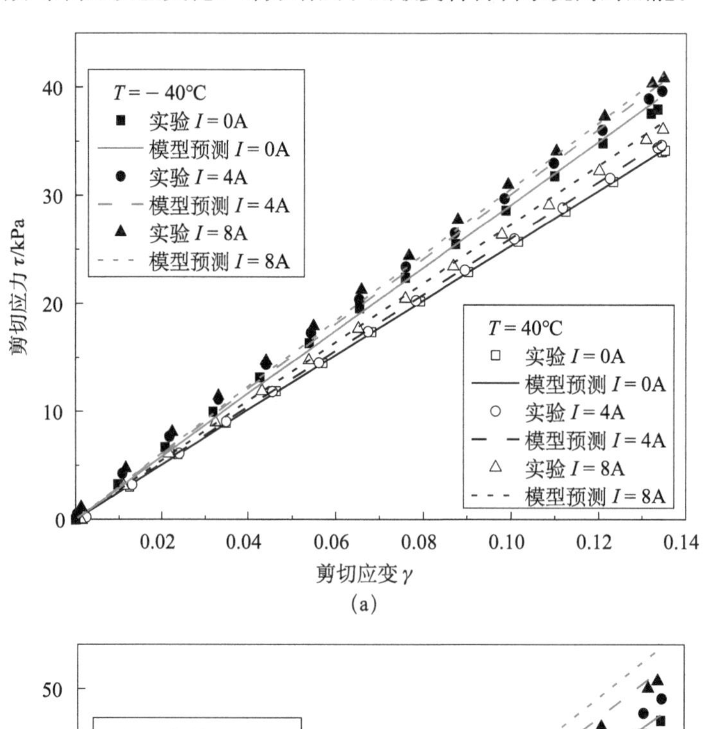

(a)

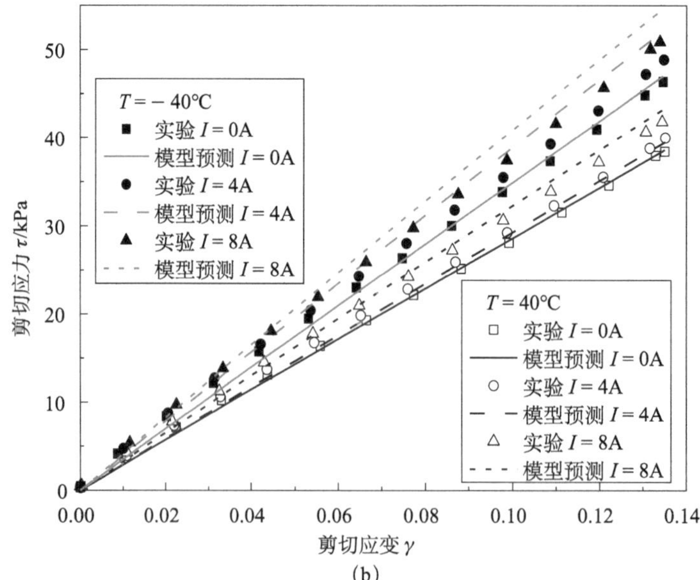

(b)

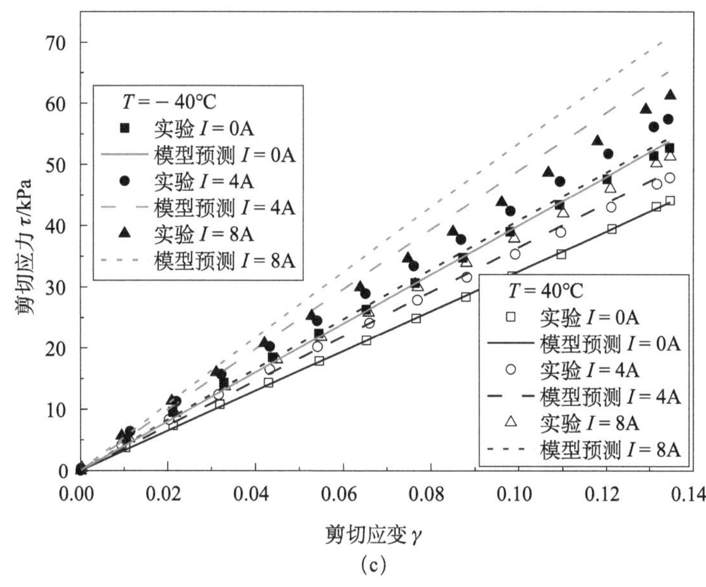

(c)

图 8.3.4　不同体积分数的磁敏复合材料的应力-应变理论模型预测与实验测试比较

(a) $\varphi = 10\%$；(b) $\varphi = 20\%$；(c) $\varphi = 30\%$

8.4　磁敏仿生结构的磁-流-固耦合行为模拟

以仿生学方法探究鱼类的结构与游动机制，进而制备仿生结构与器件，可为研究新型的水下航行器、微驱动机械等装置提供新模式与新思路。模仿鱼类的尾鳍推进模式，国内外研究人员研制了多种形式的仿生机器鱼。传统的仿生机器鱼一般采用电动机驱动、液压或气动等方式，往往存在结构复杂、可控性低、噪声大等诸多不足。近年来，随着新型智能材料的发展，采用远程外场驱动或自驱动的仿生鱼成为未来仿鱼机械与机器人极具吸引力的发展方向。

基于硬磁性微颗粒夹杂的复合软材料，我们提出了一种磁场远程驱动柔性仿生鱼的概念模型，并开展了模拟仿真予以验证。在磁场作用下，仿生鱼身体特定部位分布的磁敏材料在磁驱动下引起整个鱼身体结构的变形，划动液体并产生向前的推进力，进而推动仿生鱼整体向前游动。

根据所设计的仿生鱼智能结构特征与驱动模式，我们建立了相关的多场控制微分方程、交接条件和边界条件等，并基于有限元方法数值模拟了结构的流-固-力-磁耦合行为；验证了设计的可行性，同时为此类仿生结构的多场耦合行为分析提供了理论与定量分析方法。

8.4.1　磁驱动的仿生鱼结构设计

如图 8.4.1 所示，我们基于磁敏复合软材料设计了仿生鱼结构。鱼体由两部分所组成：基体材料为橡胶类材料（Ω_{sm}），鱼尾以及靠近鱼尾的三个区域材料为已磁化的磁敏颗粒夹杂复合软材料（magnetoactive particle filled soft composite，MPFSC，区域为 Ω_{sd}），全部固体域为 $\Omega_s=\Omega_{sd}\cup\Omega_{sm}$，仿生鱼体的外部区域为流体域 Ω_f。MPFSC 相邻两个区域的预磁化方向相反，并假设在变形过程中 MPFSC 的磁化强度大小与模量保持不变。

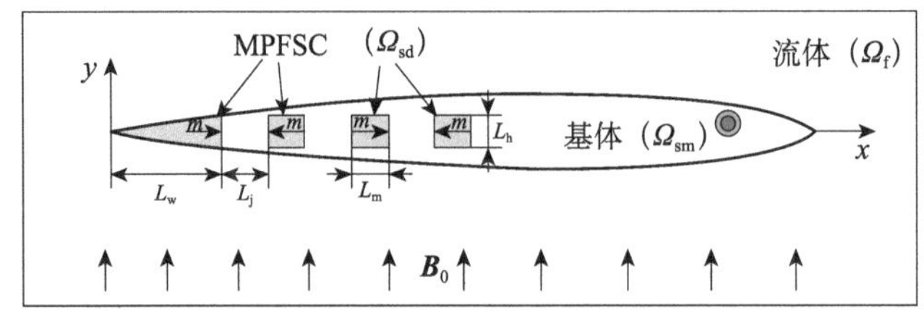

图 8.4.1　仿生鱼结构特征及周围流场（m 为磁敏复合软材料的磁化强度，箭头表示磁化方向；$\boldsymbol{B}_0$ 为外加磁场）

为了尽可能模拟真实的鱼体形状，我们采用文献中的几何形状设计参数[16]。相应的结构边界曲线可表示为

$$\begin{cases} y_t=a_1x^5+a_2x^4+a_3x^3+a_4x^2+a_5x \\ y_d=-y_t \end{cases} \tag{8.4.1}$$

其中，y_t，y_d 分别为仿生鱼结构的鱼身上、下边界曲线；x 为沿鱼身长度方向的坐标（图 8.4.1），系数 $a_i(i=1,2,\cdots,5)$ 为几何参数（表 8.4.1）。

表 8.4.1　仿生鱼结构主要的几何参数

参数	数值（单位）
a_1，a_2，a_3	0.1828，2.3901，−58.9776
a_4，a_5	410.0582，−988.9031
鱼身长度 L	20（cm）
鱼尾长度 L_w	4（cm）
MPFSC 区域大小 L_m，L_h	1.3（cm），1.3（cm）
MPFSC 区域间隔 L_j	1（cm）

8.4.2　磁-流-固耦合模型及有限元求解

1. 多场耦合模型

1）微分控制方程

磁敏复合材料设计的仿生鱼结构在流体中游动，涉及磁敏复合软材料的固体鱼体结构、周围流场以及驱动磁场等，是一典型的多场耦合问题[17]。

具体的固体弹性体的控制微分方程可参见第 2 章 2.1 节，磁场 Maxwell 方程参见 2.3 节，流体 N-S 方程参见 2.4 节所述等。这里，我们仅给出这些微分方程形式的汇总：

$$\nabla\cdot\boldsymbol{B}=0 \tag{8.4.2}$$

$$\nabla \times \boldsymbol{H} = \boldsymbol{J} \tag{8.4.3}$$

$$\nabla \times \boldsymbol{E} = -\frac{\partial \boldsymbol{B}}{\partial t} \tag{8.4.4}$$

$$\rho_{\mathrm{s}} \frac{\partial^2 \boldsymbol{u}_{\mathrm{s}}}{\partial t^2} = \nabla \cdot \boldsymbol{\sigma}_{\mathrm{s}} + \boldsymbol{f} \tag{8.4.5}$$

$$\nabla \cdot \boldsymbol{v}_{\mathrm{f}} = 0 \tag{8.4.6}$$

$$\frac{\partial \boldsymbol{v}_{\mathrm{f}}}{\partial t} + \boldsymbol{v}_{\mathrm{f}} \cdot \nabla \boldsymbol{v}_{\mathrm{f}} = -\frac{\nabla P}{\rho_{\mathrm{f}}} + \mu_{\mathrm{f}} \nabla \cdot [\nabla \boldsymbol{v}_{\mathrm{f}} + (\nabla \boldsymbol{v}_{\mathrm{f}})^{\mathrm{T}}] \tag{8.4.7}$$

其中，$\boldsymbol{B}$，$\boldsymbol{H}$ 分别表示磁感应强度和磁场强度；$\boldsymbol{E}$ 表示电场；$\boldsymbol{J}$ 为电流密度；$\boldsymbol{u}_{\mathrm{s}}$ 表示固体结构的位移矢量；$\boldsymbol{\sigma}_{\mathrm{s}}$ 为 Cauchy 应力张量；$\boldsymbol{f}$ 为体力；$\boldsymbol{v}_{\mathrm{f}}$ 表示流体速度；P 为压力，μ_{f} 为流体的动力黏性系数；ρ_{s}，ρ_{f} 分别表示固体结构和流体的密度。

2）多场本构关系

由于所研究的仿生鱼结构系统包含了不同介质、不同物理场以及不同场域和边界，则其对应的材料本构关系也不同。

(1) 电磁本构关系。

对于磁场驱动材料的磁敏复合软材料，可以将其视为均匀、各向同性的磁性介质。对于所研究的仿生鱼固体结构以及流体整个区域（即 $\Omega_{\mathrm{f}} \cup \Omega_{\mathrm{sd}} \cup \Omega_{\mathrm{sm}}$），对应的电磁本构关系可统一表示为

$$\boldsymbol{B} = \mu_0(\boldsymbol{H} + \boldsymbol{M}), \quad \boldsymbol{J} = \sigma \boldsymbol{E} \tag{8.4.8}$$

其中，μ_0 表示真空中的磁导率；σ 表示介质的电导率；$\boldsymbol{M}$ 为磁化矢量。

对于磁敏复合材料（区域 Ω_{sd}），$\boldsymbol{M} \neq \boldsymbol{0}$；对于非磁敏材料（区域 $\Omega_{\mathrm{f}} \cup \Omega_{\mathrm{sm}}$），有 $\boldsymbol{M} = \boldsymbol{0}$。

(2) 固体材料本构关系。

仿生鱼复合材料结构包括了硅橡胶固体基体材料（区域 Ω_{sm}）、磁敏复合固体材料区域（区域 Ω_{sd}）。根据本章 8.2 节的分析可知，这两个区域的固体材料均可采用超弹性性能表征。

在此，我们采用 M-R 超弹性本构模型来描述：

$$U^{\alpha} = C_{10}^{\alpha}(I_1 + 3) + C_{01}^{\alpha}(I_2 + 3) + \frac{K_1^{\alpha}}{2}(J - 1)^2 \tag{8.4.9}$$

其中，上标"α"表示基体（$\alpha = \mathrm{sm}$）和磁敏复合材料（$\alpha = \mathrm{sd}$）；I_1，I_2 表示变形不变量；J 表示雅可比矩阵行列式值；C_{10}^{α}，C_{01}^{α} 表示材料参数；K_1^{α} 为材料的体模量。

在应变能基础上，可以获得材料内部的应力表达式如下：

$$\begin{aligned} \sigma_{ij}^{\alpha} &= 2F_{ik} \frac{\partial U^{\alpha}}{\partial G_{kl}} F_{lj} \\ &= C_{10}^{\alpha}\left(G_{ij} - \frac{1}{3} G_{kk} \delta_{ij}\right) \\ &\quad + C_{01}^{\alpha}\left[G_{kk}\delta_{ij} - \frac{1}{3}(G_{kk})^2 \delta_{ij} - G_{ik}G_{kj} + \frac{1}{3} G_{kn} G_{nk} \delta_{ij}\right] \end{aligned} \tag{8.4.10}$$

其中，G_{ij} 表示变形张量；δ_{ij} 为 Kronecker 符号。

3）不同材料（区域）的交界面

在图 8.4.1 所示的仿生鱼结构区域中，磁敏复合材料主要布置于仿生鱼后半部分的不同位置，鱼身其他区域以及外部流场均为非磁区域。在这些不同材料或介质的界面处，一般需要满足连续性条件或跳变条件。

各个交界面处的应力连续性条件可表示为

$$\boldsymbol{n}\cdot(\boldsymbol{\sigma}_1-\boldsymbol{\sigma}_2)=\boldsymbol{0}\quad(在\ \Omega_{sm}\cap\Omega_{sd},\Omega_{sm}\cap\Omega_f,\Omega_{sd}\cap\Omega_f\ 上)\tag{8.4.11}$$

其中，$\boldsymbol{n}$ 为交界面上的外法线，方向为从介质"1"指向介质"2"；$\boldsymbol{\sigma}_1$，$\boldsymbol{\sigma}_2$ 分别为界面两侧材料的应力张量。由于模型中涉及较多的界面，所以后面将对式（8.4.11）进行分情况叙述。

交界面处的位移和速度通常也需要满足连续性条件：

$$\boldsymbol{u}_1-\boldsymbol{u}_2=\boldsymbol{0}\quad(在\ \Omega_{sm}\cap\Omega_{sd}\ 上)\tag{8.4.12}$$

$$\boldsymbol{v}_1-\boldsymbol{v}_2=\boldsymbol{0}\quad(在\ \Omega_{sm}\cap\Omega_f,\Omega_{sd}\cap\Omega_f\ 上)\tag{8.4.13}$$

（1）磁敏材料与基体材料交界面（$\Omega_{sm}\cap\Omega_{sd}$）。

假设磁敏复合材料（Ω_{sd}）和基体材料（Ω_{sm}）均为各向同性的均匀介质，对应的总应力张量为

$$\boldsymbol{\sigma}_{tot}^{\alpha}=\boldsymbol{\sigma}_{s}^{\alpha}+\boldsymbol{\sigma}_{H}^{\alpha}\tag{8.4.14}$$

其中，$\boldsymbol{\sigma}_s^{\alpha}(\alpha=sd,\ sm)$ 分别表示两种材料内部的机械应力张量部分；$\boldsymbol{\sigma}_H^{\alpha}(\alpha=sd,sm)$ 则表示 Maxwell 电磁应力张量部分。

由于不同介质的磁学特性不同，从而在交界面处存在磁应力的跳变，可统一表示为

$$\boldsymbol{n}\cdot\boldsymbol{\sigma}_H=-\frac{1}{2}\boldsymbol{n}(\boldsymbol{H}\cdot\boldsymbol{B})+(\boldsymbol{n}\cdot\boldsymbol{H})\boldsymbol{B}\tag{8.4.15}$$

这里，$\boldsymbol{\sigma}_H$ 在不同介质区域 Ω_{sd} 和 Ω_{sm} 具有不同的值。

（2）流体与基体材料交界面（$\Omega_{sl}\cap\Omega_f$）。

流体与固体基体材料的界面是典型的流-固界面，在该界面处的动力学和运动学连续条件需得到满足，即

$$\boldsymbol{v}_f=\boldsymbol{v}_s^{sm},\quad \boldsymbol{n}\cdot(\boldsymbol{\sigma}_f-\boldsymbol{\sigma}_s^{sm})=\boldsymbol{0}\quad(在\ \Omega_{sm}\cap\Omega_f\ 上)\tag{8.4.16}$$

其中，$\boldsymbol{v}_s^{sm}$，$\boldsymbol{\sigma}_s^{sm}$ 对应于基体材料的速度和 Cauchy 应力；$\boldsymbol{v}_f$ 表示流体速度；$\boldsymbol{\sigma}_f$ 为流体介质的应力张量，可表示为

$$\boldsymbol{\sigma}_f=-P\boldsymbol{I}+\rho_f\mu_f[\nabla\boldsymbol{v}_f+(\nabla\boldsymbol{v}_f)^{T}]\tag{8.4.17}$$

另外，还可以将 Maxwell 电磁应力合并到 Cauchy 应力中而给出统一表示：

$$\boldsymbol{\sigma}_{tot}^{f}=\boldsymbol{\sigma}_f+\boldsymbol{\sigma}_H^{f},\quad \boldsymbol{\sigma}_{tot}^{sm}=\boldsymbol{\sigma}_s^{sm}+\boldsymbol{\sigma}_H^{sm}\tag{8.4.18}$$

其中，$\boldsymbol{\sigma}_H^{f}$，$\boldsymbol{\sigma}_H^{sm}$ 分别表示流体和基体介质中的 Maxwell 电磁应力张量。由于它们均为非磁化介质，因此有 $\boldsymbol{\sigma}_H^{f}=\boldsymbol{\sigma}_H^{sm}$。

（3）尾部磁敏材料与周围流体交界面（$\Omega_{sd}\cap\Omega_f$）。

由图 8.4.1 可见，在仿生鱼尾与周围流体介质之间也存在流-固界面。由于鱼尾材料为 MPFSC，其总应力张量如式（8.4.14）。流体介质的应力张量如式（8.4.18）。在该界面处，满足的动力学和运动学连续条件可进一步表示为

$$\boldsymbol{v}_f=\boldsymbol{v}_s^{sd},\quad \boldsymbol{n}\cdot(\boldsymbol{\sigma}_{tot}^{f}-\boldsymbol{\sigma}_{tot}^{sd})=\boldsymbol{0}\quad(在\ \Omega_{sd}\cap\Omega_f\ 上)\tag{8.4.19}$$

4）初始条件与边值条件

在模拟计算中，外磁场的施加是通过选取计算区域左、右边界施以磁矢势 $\boldsymbol{A}$（即 $\boldsymbol{B}=\nabla\times\boldsymbol{A}$）的方式来实现。设置左边界的磁矢势分量均为零，右边界的磁矢势在 z 方向为 $Af(t)$，其他两个方向为零，这里设定函数 $f(t)$ 为随时间变化的矩形波函数（本书计算中取为 20Hz）。

计算区域的上、下边界设定为完美磁导体边界，这是表面电流边界条件的一种特殊情形，其磁场的切向分量为零。即

$$\boldsymbol{n}\times\boldsymbol{H}=\boldsymbol{0} \tag{8.4.20}$$

对于流体而言，区域最外侧边界设定为壁面边界条件：

$$\boldsymbol{v}_{\mathrm{f}}=\boldsymbol{0} \tag{8.4.21}$$

2. 有限元离散化和求解

为了模拟仿生鱼结构在流体中的变形和运动特性，我们基于 COMSOL 有限元多物理场软件建立二维分析模型。

当针对仿生鱼结构施加周期变化的磁场时，将驱动磁敏复合材料区域发生周期扭转变形，继而使得整个鱼身结构发生弯曲变形。鱼体结构发生变形后，又与周围流场相互作用，该过程涉及磁、流、固三个物理场，其中磁场与固体变形相互耦合，固体域与流体域相互作用。图 8.4.2 展示了该问题的磁-流-固耦合计算模型的原理图。

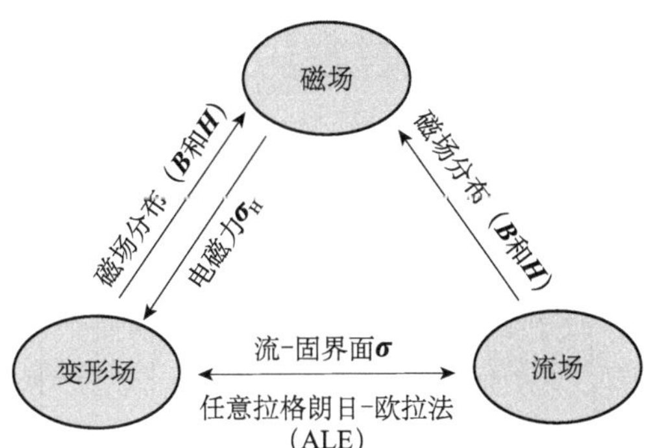

图 8.4.2　磁-流-固多场耦合关系示意图

主要的数值建模求解过程包括：

（1）选择 COMSOL 软件内置的磁场分析模块、流-固耦合分析模块；

（2）设置各区域相应的材料属性、交界面条件以及边界条件等；

（3）为优化仿生鱼身周围网格分布，在鱼体结构边界上建立边界层网格；

（4）数值求解中使用直接求解器 PARDISO，并选择合适的时空步长，以及时间步进方法等。

在以上的有限元数值模拟过程中，由于外加磁场作用下固体域发生较大的变形，所以我们采用了动网格方法来辅助处理大变形几何非线性问题。

在拉格朗日描述中，计算网格点与物质点重合，计算大变形时会引起网格畸形而导致计算失败；而对于欧拉描述，网格在物体的变形过程中保持不变，可以较容易处理变

形过程中的扭曲，但在运动界面需引入复杂的数学映射，可能导致较大的误差。任意拉格朗日-欧拉算法描述综合了两种方法的优点，网格点可以随物质点一起运动，也可以在空间中固定不动，甚至网格点在一个方向上固定而在另一方向上随物体一起运动。每次迭代过程中求解一系列方程来确定计算区域内每个单元的新位置，由于边界条件的约束，这些方程在自由变形区域内得到求解，这一过程称为平滑过程，计算中我们采用了超弹性光滑（hyperelastic）方法来获得域内网格的平滑变形[18]。

实际模拟结果表明，这样的求解过程和大变形非线性等处理方式是非常有效的。

8.4.3　仿生鱼多场行为模拟

本小节将给出仿生鱼结构在磁场驱动下的变形和游动行为的部分模拟结果。

图 8.4.3 为某一时刻，仿生鱼游动过程中（鱼尾向下弯曲到最大位置）内部磁敏复合软材料中的剩余磁化、磁通分布以及 Maxwell 电磁应力张量分量分布特征。从图中可以看出：磁敏复合软材料内部的磁化方向随着结构的变形而发生改变；在外加磁场作用下，每一块磁敏材料表面产生的 Maxwell 表面应力对其形成扭转作用，而相邻两块材料之间的扭矩方向相反，这便引起两块相邻的磁敏材料之间形成折叠结构。

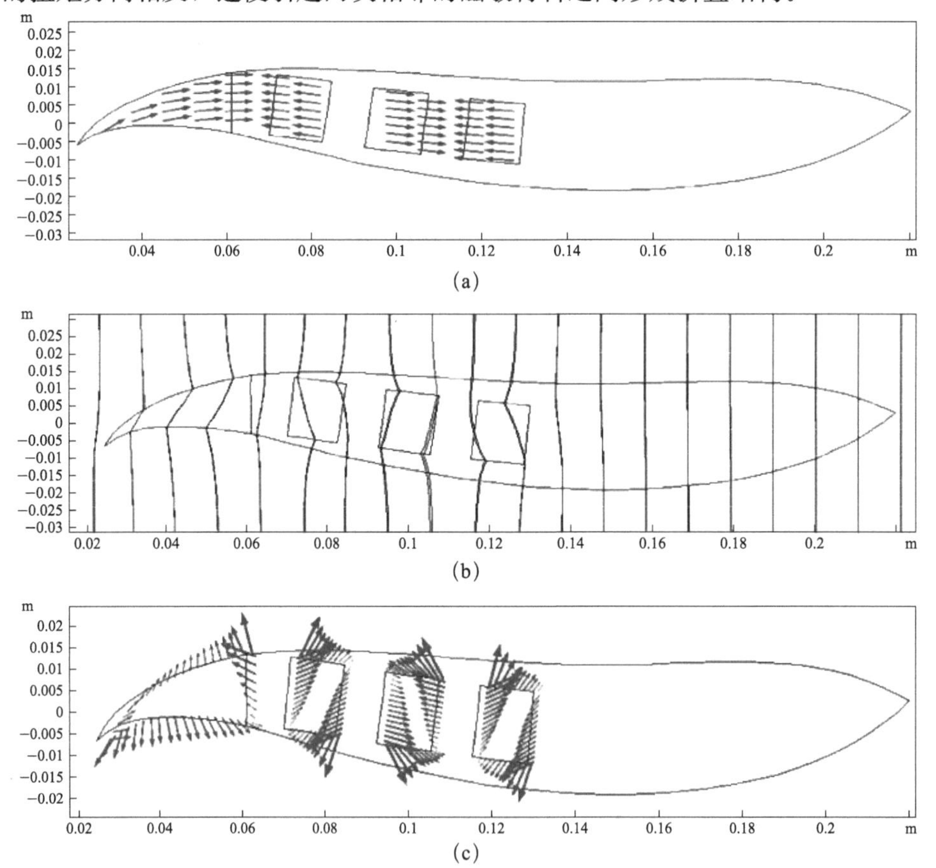

图 8.4.3　仿生鱼结构的电磁学特性（彩图扫封底二维码）

(a) 磁敏材料的磁化矢量分布；(b) 磁通分布；(c) Maxwell 电磁应力张量分布

图 8.4.4 给出了仿生鱼游动过程中不同时刻的全场图。鱼尾从向下运动的最大位置，经平衡位置向上运动达到最大位置，然后再向下运动到最大位置的整个过程。图中也给出仿生鱼结构的 von Mises 应力、鱼身附近流体的涡流场强度以及鱼尾轨迹等。可以看出：仿生鱼在游动过程中，鱼尾的边界处所受的应力最大，这与鱼在实际游动过程中的受力分布是相一致的[16]。从图 8.4.4（b）和（e）可看出，尽管该时刻外加磁场已降低为零，而鱼尾尚未回复到初始位置，这是由于鱼尾摆动过程中流体对鱼尾的反作用和阻碍作用，使得鱼尾的运动滞后于磁场。为了更好地驱动，我们设置每当外加磁场达到最大值时持续一小段时间，以便消除滞后并驱动鱼尾能够持续摆动，进而增加鱼尾的摆动幅度，提升了磁驱动效果。

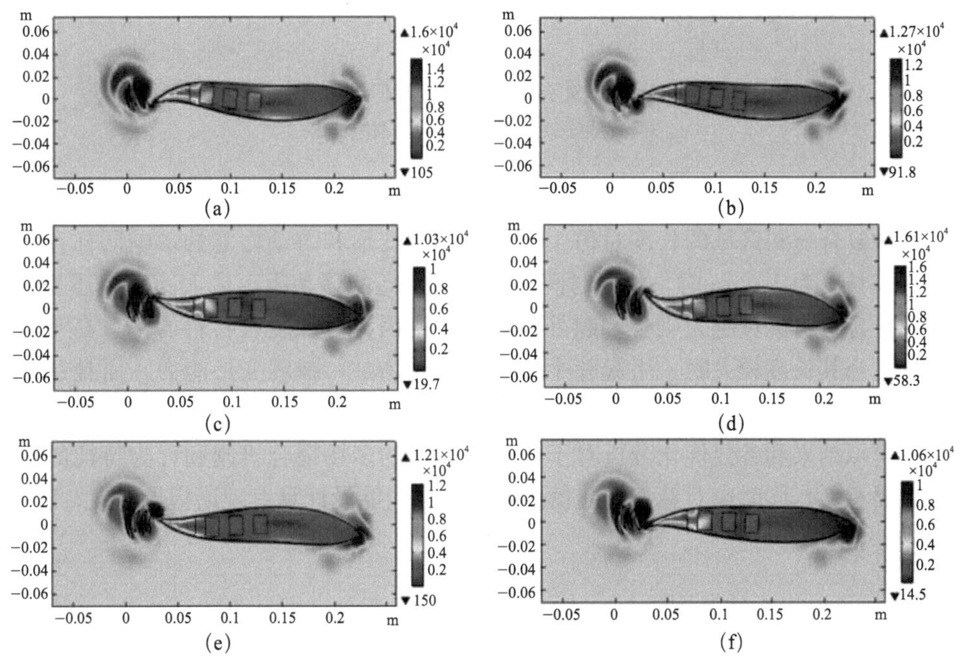

图 8.4.4 仿生鱼游动过程中，von Mises 应力、鱼身附近流体的涡流场强度云图以及尾巴端点轨迹随时间的变化（彩图扫封底二维码）

(a) ～ (f) 对应的时刻依次为：0.48s，0.5s，0.52s，0.53s，0.55s，0.57s

在以上实现了磁场远程驱动仿生鱼游动的基本特征模拟基础上，我们进一步讨论了仿生鱼结构的几何参数与材料参数对其游动特性的影响。

这里，选取仿生鱼中心点（$x=0.5L$）在某一时刻（$t=0.6$s）沿 x 方向的移动距离作为参考。图 8.4.5（a）给出了鱼尾长度（L_w）对仿生鱼游动特性影响的数值模拟结果。可以看出，当鱼尾长度为 6cm 时，仿生鱼在相同时间内沿 x 方向的游动距离最长；其次为鱼尾长度为 5cm 结构；而其他选取较小鱼尾长度对其游动距离影响不明显。这主要是由于，鱼尾摆动为仿生结构前进的主要动力来源，当鱼尾处磁敏复合材料较短时，产生的磁力较小；随着鱼尾长度增加，所受的驱动磁力增加，游动距离增加；但当鱼尾的磁敏复合材料增加到一定长度后，反而可能阻碍了鱼尾处磁敏复合材料与其相邻磁敏复合材料之间的扭曲变形，进而抑制了游动距离，从而存在最优的设计几何尺寸。

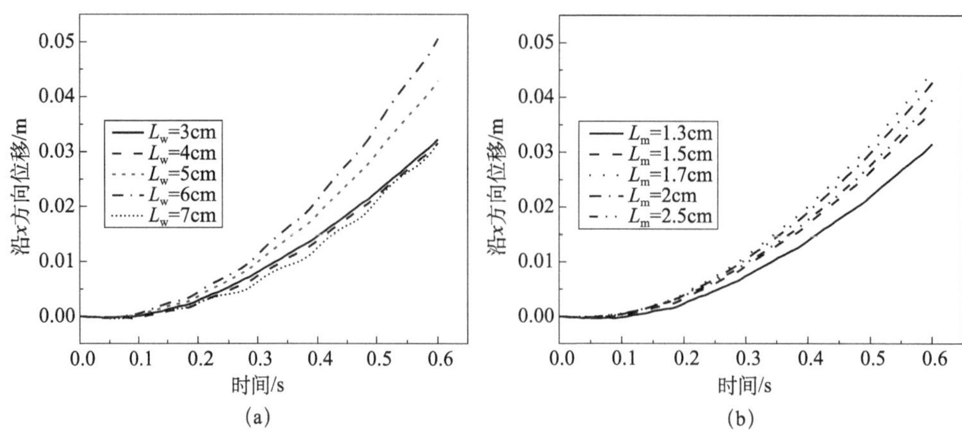

图 8.4.5 仿生鱼游动性能随几何尺寸的变化

(a) 鱼尾长度；(b) 磁敏复合材料长度

磁敏复合软材料的长度同样对结构的游动性能具有显著影响。从图 8.4.5（b）可以看出，磁敏复合材料区域的长度对仿生鱼的磁驱动变形和游动性能的影响同样存在一最优值，当其长度为 1.7cm 时，相同时间内沿水平方向的移动距离最大。研究还表明，并不是磁敏复合材料区域越大则性能越好，这主要是因为磁敏复合材料的模量高于基体材料的模量。当其长度较大时，引起整个结构的模量增加，减弱变形能力，而且还可能引起鱼头部摆动幅度增大，继而阻碍仿生鱼向前运动。

这些模拟结果和参数优化分析对于仿生鱼结构的多场耦合机制和行为特征的有效表征具有重要意义，同时也对新型智能仿生结构多场功能设计具有理论指导意义。

参 考 文 献

[1] 沈观林．复合材料力学 [M]. 北京：清华大学出版社，1996.

[2] Zhang Z, Wang X. Effective electromagnetic and thermoelastic properties for multi-phase composites based on the generalized M-T method [J]. AIP Conf. Proc., 2015, 1648: 490005.

[3] Zhang Z, Wang X. Effective multi-field properties of electro-magneto- thermoelastic composites estimated by finite element method approach [J]. Acta Mech. Solid. Sini., 2015, 28 (2): 145 - 155.

[4] Li J Y, Dunn M L. Micromechanics of magneto-electro-elastic composite materials: average fields and effective behavior [J]. J. Intell. Mater. Syst. Struct., 1998, 9 (6): 404 - 416.

[5] Li J Y. The effective pyroelectric and thermal expansion coefficients of ferroelectric ceramics [J]. Mech. Mater., 2004, 36 (10): 949 - 958.

[6] Lee J, Boyd J G, Lagoudas D C. Effective properties of three-phase electro-magneto-elastic composites [J]. Int. J. Eng. Sci., 2005, 43 (10): 790 - 825.

[7] Hill R. Elastic properties of reinforced solids: Some theoretical principles [J]. J. Mech. Phys. Solids, 1963, 11 (5): 357 - 372.

[8] 许阳光，龚兴龙，万强，等．磁敏智能软材料及磁流变机理 [J]. 力学进展，2015，45：201508.

[9] Liu T, Gong X, Xu Y, et al. Simulation of magneto-induced rearrangeable microstructures of magnetorheological plastomers [J]. Soft Matt., 2013, 9 (42): 10069 - 10080.

[10] Gunther D, Borin D Y, Gunther S, et al. X-ray micro-tomographic characterization of field-structured magnetorheological elastomers [J]. Smart Mater. Struct., 2012, 21 (1): 015005.

[11] Ausanio G, Iannotti V, Guarino V, et al. Magneto-piezoresistive elastomers optimization and sensitivity in prospect of MEMS using magnetization direction reading [J]. Sens. Actu. A: Phys., 2017, 265: 253 - 260.

[12] 高伟，王凯强，王省哲．羰基铁粉/硅橡胶磁性复合软材料的制备及力学性能研究 [J]. 功能材料，2014, 45 (20): 20055 - 20059.

[13] Gao W, Wang X. Steady shear characteristic and behavior of magneto-thermo-elasticity of isotropic MR elastomers [J]. Smart Mater. Struct., 2016, 25 (2): 025026.

[14] Jolly M R, Carlson J D, Munoz B C. A model of the behaviour of magnetorheological materials [J]. Smart Mater. Struct., 1996, 5 (5): 607.

[15] Goldman A. Modern Ferrite Technology [M]. 2nd ed. New Yord: Springer Science & Business Media, 2006.

[16] Curatolo M, Teresi L. The virtual aquarium: Simulations of fish swimming [C] . Proc. Eur. COMSOL Conf., 2015.

[17] Gao W, Wang X. Conceptual design and multifield coupling behavior of magnetically propelled fish-like swimmers [J]. Smart Mater. Struct., 2020, 29: 114007.

[18] Sheridan R, Roche J, Lofland S E. Numerical simulation and experimental validation of the large deformation bending and folding behavior of magneto-active elastomer composites [J]. Smart Mater. Struct., 2014, 23 (9): 094004.

第 9 章　铁磁形状记忆合金的磁-力耦合行为

目前，用于制造驱动器和传感器的功能材料有：铁电材料、压电和压磁材料、磁致伸缩材料、形状记忆合金等。随着材料科学研究的深入，近些年，人们发现一类新型电磁功能材料——铁磁形状记忆合金（ferromagnetic shape memory alloy，FMSMA），其不仅具有磁致伸缩材料响应频率高的特点，而且兼备了传统温控形状记忆合金输出应变大的优点，有望成为新一代驱动器和传感器的关键材料。

压电材料在外加电场下可以产生 0.1%左右的应变，响应频率可达 kHz 量级；磁致伸缩材料与压电材料具有同样的高响应频率，在外加磁场作用下通过内部磁化旋转可产生 0.2%左右的磁致伸缩应变；传统形状记忆合金在应力或温度场的作用下内部发生相界移动，导致材料发生相变行为并产生高达 10%的应变，然而其响应频率仅有 Hz 量级。铁磁形状记忆合金由于内部的孪晶界可以发生移动，则马氏体变体间的结构发生重排，从而产生与传统形状记忆合金相当的大应变，且具有与压电材料和磁致伸缩材料同等量级的高响应频率（图 9.0.1（a））。

铁磁形状记忆合金材料之所以兼备了大应变与高频响应特征，是与材料的自身属性以及内部的微结构特征和演化密切相关。通常，具有特殊晶格体系的马氏体相材料就是传统的形状记忆合金，可在温度和外力诱导下产生大变形。铁磁形状记忆合金首先表现出铁磁特性，同时具有特殊晶格体系以及马氏体相，是集三种结构特性于一体的新型功能材料（图 9.0.1（b））。

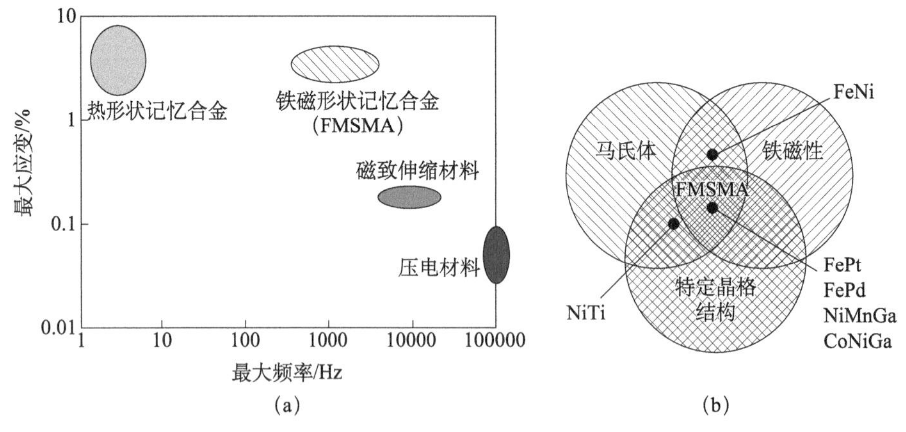

图 9.0.1　铁磁形状记忆合金特性

（a）与其他功能材料的对比；（b）材料体系特点

9.1 铁磁形状记忆合金材料的基本特性

9.1.1 磁致大变形效应

1996 年，Ullakko[1] 首次发现，在外加磁场的作用下，铁磁形状合金 NiMnGa 单晶可以产生 0.2%的磁致大应变，并将此种材料命名为磁控形状记忆合金（亦即铁磁形状记忆合金）。后续的研究表明，FePd、FePt、NiCoGa、NiCoAl、NiFeGa 等材料也具有类似的磁致大应变特性。这些合金中，NiMnGa 由于去孪晶过程中所需的应力较小，并具有较大磁晶各向异性能，从而成为代表性材料。

铁磁形状记忆合金的磁致大应变机制有别于磁致伸缩材料的应变产生机制，也不同于传统形状记忆合金的大应变产生机制。

在外加磁场的作用下，磁致伸缩材料内部的磁化矢量发生旋转并伴随自旋轨道的耦合，由此导致材料的磁致伸缩应变。传统的形状记忆合金则在外加温度或应力场的作用下，材料内部的晶体结构从立方晶系的奥氏体相转变为复杂四方晶系的马氏体相，使材料产生大的相变应变。铁磁形状记忆合金的相变过程如图 9.1.1 所示，处于立方晶系的奥氏体母相，经过相变过程转变为呈孪晶状态的四方马氏体相，此时合金内的应变能达到最小，晶体微结构保持了稳定状态[2]。

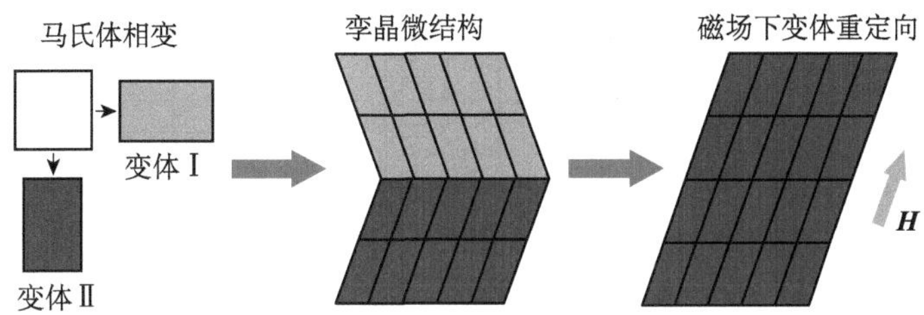

图 9.1.1 铁磁形状记忆合金的孪晶结构和马氏体重定向

当无外加磁场时，铁磁形状记忆合金内的马氏体变体间由孪晶界分开且呈镜像排列（即孪晶结构），各个变体内的磁化矢量均与变体的磁化易轴平行。当施加外磁场后，由于铁磁形状记忆合金具有大的磁晶各向异性，与外磁场方向不同的磁化矢量发生旋转所需的能量要远大于孪晶界移动所需的能量，故随着磁场强度的增大，马氏体变体间的孪晶界发生移动。这一过程中，合金内部磁化矢量与外磁场同方向的马氏体变体的体积分数增大，并伴随其他马氏体变体的体积分数减小。即有利取向的马氏体变体长大、不利取向的马氏体变体减小，发生了马氏体变体间的重排（或重定向）。当外加磁场足够大时，铁磁形状记忆合金仅由有利取向的马氏体变体构成（图 9.1.1），并伴随着宏观上的磁致大应变。这说明，铁磁形状记忆合金中的磁致大应变行为由材料内部马氏体变体间发生结构重排（或重定向）导致[3]。

9.1.2 形状记忆效应

铁磁形状记忆合金除了具有传统温控形状记忆合金的形状记忆效应，即高温奥氏体相到低温马氏体相的转变，还具有磁控形状记忆效应。为了更为直观地说明其记忆效应机制，如图 9.1.2 所示，我们结合材料内部的马氏体变体间的微观结构进行描述[4]。

在外加应力场作用下，铁磁形状记忆合金中的马氏体变体成核并形成孪晶结构，当重定向过程未结束而撤去外加应力时，合金内部则呈现出初始微结构状态（图 9.1.2 (a)）。此时，马氏体变体间呈孪晶结构分布，变体内具有 180°磁畴结构。随后施加横向磁场，变体间的孪晶界发生移动和重定向，内部磁化方向与外磁场方向同向的马氏体变体（即磁场有利取向的变体）随着磁场增大而长大，另一不利取向的马氏体变体（即应力有利取向的变体）则相应减小（图 9.1.2（b）和（c））。当磁场达到饱和状态时，马氏体变体重定向过程结束。此时，铁磁形状记忆合金仅由磁场有利取向的变体构成，且内部微结构状态不会由于无磁场而发生变化（图 9.1.2（d）和（e））。若重新对铁磁形状记忆合金施加纵向压应力时，应力有利取向的马氏体变体成核并长大，材料内部的微结构则会呈现初始状态时的孪晶结构（图 9.1.2（f））。因此，在应力场作用下，铁磁形状记忆合金内部的微结构发生了与磁场作用相反的变化过程，并在应力加载过程中恢复为初始时的微结构状态。

综上所述，铁磁形状记忆合金的磁控形状记忆效应在微观上表现为其在外加应力场和磁场反复加载下的内部微结构可恢复机制。

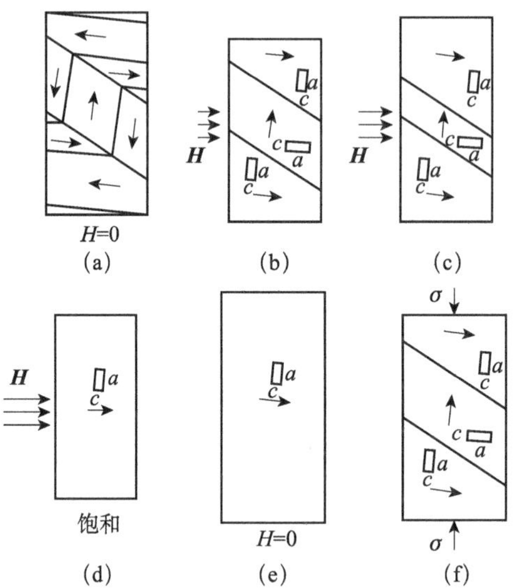

图 9.1.2　铁磁形状记忆合金中磁控形状记忆效应的微结构演化过程

9.1.3 力学性能

铁磁形状记忆合金大多为脆性材料，塑性变形很小。例如，对于 NiMnGa 铁磁形状记忆合金，塑性变形仅有 1.5%左右。另外，NiMnGa 奥氏体相的微观结构为面心立方结构，有 3 个独立的弹性常数；而马氏体相的微观结构为体心四方结构，有 6 个独立的弹性常数。

运用连续波方法，可以测定 NiMnGa 的奥氏体和马氏体相的弹性模量。奥氏体相的弹性常数为：$C_{11}=43\text{GPa}$，$C_{12}=36\text{GPa}$，$C_{44}=40\text{GPa}$。马氏体相的弹性常数为：$C_{11}=39\text{GPa}$，$C_{12}=30\text{GPa}$，$C_{13}=27.6\text{GPa}$，$C_{33}=28\text{GPa}$，$C_{44}=51\text{GPa}$，$C_{66}=49\text{GPa}$。由此，该类材料的力学性能具有明显的各向异性。一般地，可采用 $a=2C_{44}/(C_{11}+C_{12})$ 表示各向异性程度，$a=1$ 表示各向同性。对于铁磁形状记忆合金的马氏体单晶而言，$a=1.5$，其表现出较强的各向异性。

图 9.1.3 给出了铁磁形状记忆合金拉应力作用下，典型的应力-应变曲线图。在外加应力较小时，材料首先发生弹性变形（图中（1）区）；当应力达到 σ_s^{cr} 时马氏体变体去孪晶（或重定向）开始发生，孪晶界移动并产生重定向应变；当应力达到 σ_f^{cr} 时，马氏体变体重定向行为结束，意味着去孪晶过程完成（图中（2）区）；当应力继续增大时，铁磁形状记忆合金再次发生弹性变形（图中（3）区）；继续增大应力达到弹性极限时，材料将发生屈服而产生不可恢复变形（图中（4）区）。如果在铁磁形状记忆合金未发生塑性变形前，将拉应力撤离，则此时部分弹性变形恢复，但应力诱发的变体重定向应变依然存在；若施加压应力，则应力诱发的变体重定向再次发生；继续增加压应力，最终可以恢复到初始状态。由此可见，铁磁形状记忆合金具有丰富的力学变形特征和变体重定向行为。

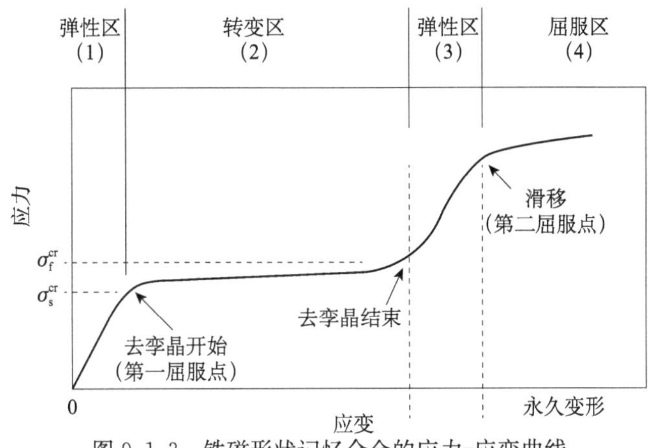

图 9.1.3　铁磁形状记忆合金的应力-应变曲线

9.2　铁磁形状记忆合金马氏体变体重定向的磁-力耦合模型

9.2.1　马氏体变体重定向过程的应力与应变表征

由于铁磁形状记忆合金是由不同的马氏体变体组成，这里将其视为由两种马氏体变体相构成的复合材料。我们可将其中一种变体看作夹杂相，记其体积分数为 ξ；另一种变体看作母相或基体相，则其体积分数为 $1-\xi$ 。

下面，我们将基于复合材料细观力学 Eshelby 等效夹杂理论，以及 Mori-Tanaka 场平均方法研究外加应力场和磁场作用下各个马氏体变体的应力以及应变特征，进而获得铁磁形状记忆合金系统的宏观应变，来描述外加磁场和应力场作用下马氏体变体重定向过程中的力-磁响应与耦合行为[5, 6]。

如图 9.2.1 所示，铁磁形状记忆合金材料受一外加场作用。这里，不妨以外加均匀应力场为例进行说明，对于外加磁场的讨论也是类似的。在未发生马氏体变体重定向前，夹杂相不存在，即铁磁形状记忆合金材料仅由母相构成。此时，铁磁形状记忆合金的变形满足弹性本构关系：

$$\bar{\boldsymbol{\sigma}}=\boldsymbol{L}_0\boldsymbol{\varepsilon}_0 \tag{9.2.1}$$

其中，$\boldsymbol{L}_0$，$\boldsymbol{\varepsilon}_0$ 分别表示母相材料所对应的弹性刚度张量和应变张量。

随着外加应力的作用，材料内部出现了夹杂相，由母相与夹杂相间的相互作用而产生扰动应力 $\tilde{\boldsymbol{\sigma}}$ 和扰动应变 $\tilde{\boldsymbol{\varepsilon}}$。在外加场作用下，夹杂相与母相间的平均应力以及平均应变分别存在差值 $\boldsymbol{\sigma}'$ 和 $\boldsymbol{\varepsilon}'$，则母相的内部平均应力 $\boldsymbol{\sigma}^{(0)}$ 可表示为

$$\boldsymbol{\sigma}^{(0)}=\bar{\boldsymbol{\sigma}}+\tilde{\boldsymbol{\sigma}}=\boldsymbol{L}_0(\boldsymbol{\varepsilon}_0+\tilde{\boldsymbol{\varepsilon}}) \tag{9.2.2}$$

由式（9.2.1）和式（9.2.2），可得扰动应力与应变的关系为

$$\tilde{\boldsymbol{\sigma}}=\boldsymbol{L}_0\tilde{\boldsymbol{\varepsilon}} \tag{9.2.3}$$

由于不考虑奥氏体到马氏体的相变过程，图 9.2.1 中所示的相变应变为零（即 $\boldsymbol{\varepsilon}^{\mathrm{ph}}=\boldsymbol{0}$）。基于 Eshelby 等效夹杂理论，引入等效本征应变 $\boldsymbol{\varepsilon}^*$，进而可得到夹杂相中的平均应力 $\boldsymbol{\sigma}^{(1)}$ 与母相刚度张量的关系为

$$\boldsymbol{\sigma}^{(1)}=\bar{\boldsymbol{\sigma}}+\tilde{\boldsymbol{\sigma}}+\boldsymbol{\sigma}'=\boldsymbol{L}_1(\boldsymbol{\varepsilon}_0+\tilde{\boldsymbol{\varepsilon}}+\boldsymbol{\varepsilon}'-\boldsymbol{\varepsilon}^{\mathrm{p}})=\boldsymbol{L}_0(\boldsymbol{\varepsilon}_0+\tilde{\boldsymbol{\varepsilon}}+\boldsymbol{\varepsilon}'-\boldsymbol{\varepsilon}^{\mathrm{p}}-\boldsymbol{\varepsilon}^*) \tag{9.2.4}$$

其中，$\boldsymbol{\varepsilon}^{\mathrm{p}}$ 为由材料内部马氏体变体重定向而在夹杂相中产生的本征应变，即为最大重定向应变；$\boldsymbol{L}_0$ 和 $\boldsymbol{L}_1$ 分别为母相和夹杂相的弹性刚度张量，表示如下：

$$\boldsymbol{L}_i=\frac{E_i}{1+\nu_i}\left(\frac{\nu_i}{1-2\nu_i}\boldsymbol{I}\otimes\boldsymbol{I}+\boldsymbol{II}\right),\quad i=0,1 \tag{9.2.5}$$

这里，E_i 和 ν_i 分别表示母相或夹杂相材料的弹性模量和泊松比；$\boldsymbol{I}$ 和 $\boldsymbol{II}$ 分别为二阶和四阶单位张量。

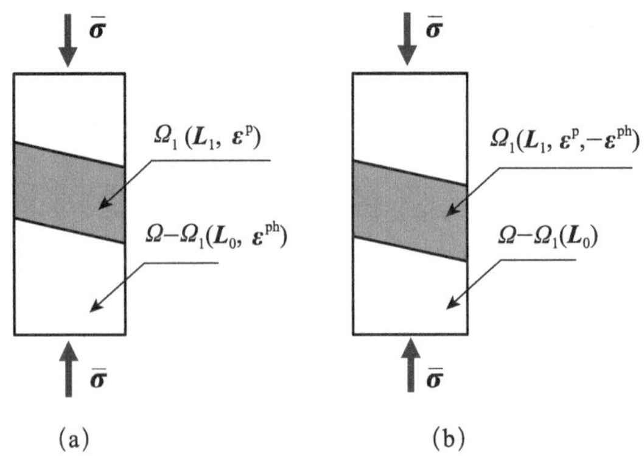

图 9.2.1　铁磁形状记忆合金的马氏体变体重定向分析示意图

（a）原问题；（b）Eshelby 等效夹杂模型

根据等效夹杂理论，扰动应变差值与材料的本征应变存在如下关系：

$$\boldsymbol{\varepsilon}'=\boldsymbol{S}(\boldsymbol{\varepsilon}^{\mathrm{p}}+\boldsymbol{\varepsilon}^{*}) \tag{9.2.6}$$

其中，$\boldsymbol{S}$ 为与变体夹杂相形状有关的 Eshelby 张量。

进而，由式（9.2.3）～式（9.2.6）可得两相间的平均应力差值为

$$\boldsymbol{\sigma}'=\boldsymbol{L}_0(\boldsymbol{S}-\boldsymbol{I})(\boldsymbol{\varepsilon}^{\mathrm{p}}+\boldsymbol{\varepsilon}^{*}) \tag{9.2.7}$$

基于系统应力平均的均匀化方法，可得

$$\bar{\boldsymbol{\sigma}}=(1-\xi)\boldsymbol{\sigma}^{(0)}+\xi\boldsymbol{\sigma}^{(1)} \tag{9.2.8}$$

结合以上各式，不难得到扰动应力和应变分别为

$$\tilde{\boldsymbol{\sigma}}=-\xi\boldsymbol{\sigma}',\quad \tilde{\boldsymbol{\varepsilon}}=-\xi(\boldsymbol{S}-\boldsymbol{I})(\boldsymbol{\varepsilon}^{\mathrm{p}}+\boldsymbol{\varepsilon}^{*}) \tag{9.2.9}$$

以及铁磁形状记忆合金系统的等效本征应变：

$$\begin{aligned}\boldsymbol{\varepsilon}^{*}=&\{\boldsymbol{L}_0+(\boldsymbol{L}_1-\boldsymbol{L}_0)[\boldsymbol{S}-\xi(\boldsymbol{S}-\boldsymbol{I})]\}^{-1}\\&\times(\boldsymbol{L}_0-\boldsymbol{L}_1)[\boldsymbol{\varepsilon}_0+(1-\xi)(\boldsymbol{S}-\boldsymbol{I})\boldsymbol{\varepsilon}^{\mathrm{p}}]\end{aligned} \tag{9.2.10}$$

基于应变的 Mori-Tanaka 场平均方法，则总的平均应变为基体相和夹杂相内应变的体积平均，即

$$\begin{aligned}\bar{\boldsymbol{\varepsilon}}&=(1-\xi)\boldsymbol{\varepsilon}^{(0)}+\xi\boldsymbol{\varepsilon}^{(1)}=\boldsymbol{\varepsilon}_0+\xi(\boldsymbol{\varepsilon}^{\mathrm{p}}+\boldsymbol{\varepsilon}^{*})\\&=\{\boldsymbol{I}+\xi\{\boldsymbol{L}_0+(\boldsymbol{L}_1-L_0)[\boldsymbol{S}-\xi(\boldsymbol{S}-\boldsymbol{I})]\}^{-1}(\boldsymbol{L}_0-\boldsymbol{L}_1)\}\boldsymbol{\varepsilon}_0\\&\quad+\xi\boldsymbol{\varepsilon}^{\mathrm{p}}+\xi(1-\xi)\{\boldsymbol{L}_0+(\boldsymbol{L}_1-\boldsymbol{L}_0)[\boldsymbol{S}-\xi(\boldsymbol{S}-\boldsymbol{I})]\}^{-1}\\&\quad\times(\boldsymbol{L}_0-\boldsymbol{L}_1)(\boldsymbol{S}-\boldsymbol{I})\boldsymbol{\varepsilon}^{\mathrm{p}}\end{aligned} \tag{9.2.11}$$

同理，铁磁形状记忆合金材料中总的平均弹性应变为

$$\bar{\boldsymbol{\varepsilon}}_{\mathrm{e}}=(1-\xi)\boldsymbol{\varepsilon}_{\mathrm{e}}^{(0)}+\xi\boldsymbol{\varepsilon}_{\mathrm{e}}^{(1)}=\boldsymbol{\varepsilon}_0+\xi\boldsymbol{\varepsilon}^{*} \tag{9.2.12}$$

9.2.2 耦合系统的热力学本构模型

依据热力学第一定律，系统内能的变化率等于外界作用于系统上的功率以及传入和传出系统能量的总和。对于处于应力和磁场作用下的铁磁形状记忆合金耦合系统，热力学第一定律可表述为

$$\rho\dot{u}=\boldsymbol{\sigma}\cdot\dot{\boldsymbol{\varepsilon}}+\mu_0\boldsymbol{H}\cdot\dot{\boldsymbol{M}}+\rho r-\nabla\cdot\boldsymbol{q} \tag{9.2.13}$$

其中，$\dot{u}$ 表示系统内能变化率；ρ 是材料密度；$\boldsymbol{\sigma}$ 和 $\boldsymbol{\varepsilon}$ 分别表示 Cauchy 应力张量和应变张量；r 为系统内部的热源；$\boldsymbol{q}$ 是系统与外界热量交换的热流矢量；$\boldsymbol{H}$ 和 $\dot{\boldsymbol{M}}$ 分别是磁场强度和磁化变化率；$\boldsymbol{\sigma}\cdot\dot{\boldsymbol{\varepsilon}}$ 表示应力场做功的功率；$\mu_0\boldsymbol{H}\cdot\dot{\boldsymbol{M}}$ 为系统磁能的变化量。

依据热力学第二定律的熵增原理，系统在某一时刻的熵增率大于或者等于热源所产生的熵增率与热流矢量所导致的熵增率之和，即

$$\rho\dot{s}\geqslant\rho\frac{r}{T}-\nabla\cdot\left(\frac{1}{T}\boldsymbol{q}\right) \tag{9.2.14}$$

式中，$\dot{s}$ 表示系统的熵变化率；T 表示系统的热力学温度。

由式（9.2.13）和式（9.2.14）消去热源项，可得 Clausius-Duhem 不等式：

$$\rho T\dot{s}-\rho\dot{u}+\boldsymbol{\sigma}\cdot\dot{\boldsymbol{\varepsilon}}+\mu_0\boldsymbol{H}\cdot\dot{\boldsymbol{M}}-\frac{1}{T}\boldsymbol{q}\cdot\nabla T\geqslant 0 \tag{9.2.15}$$

在描述弹性材料时，Helmholtz 自由能常用来作为一个与独立变量温度有关的势函数，其与系统内能 u 之间的关系式为

$$\psi = u - Ts \tag{9.2.16}$$

通过 Legendre 变换，可得 Helmholtz 自由能表示的 Clausius-Duhem 不等式为

$$-\rho\dot{\psi} - \rho s\dot{T} + \boldsymbol{\sigma} \cdot \dot{\boldsymbol{\varepsilon}} + \mu_0 \boldsymbol{H} \cdot \dot{\boldsymbol{M}} - \frac{1}{T}\boldsymbol{q} \cdot \nabla T \geqslant 0 \tag{9.2.17}$$

此外，不考虑温度对铁磁形状记忆合金中马氏体变体重定向过程的影响，即认为系统在整个演化过程是等温状态，则有

$$\dot{T} = 0, \quad \nabla T = 0 \tag{9.2.18}$$

从而式（9.2.17）简化为

$$-\rho\dot{\psi} + \boldsymbol{\sigma} \cdot \dot{\boldsymbol{\varepsilon}} + \mu_0 \boldsymbol{H} \cdot \dot{\boldsymbol{M}} \geqslant 0 \tag{9.2.19}$$

式中，应变张量 $\boldsymbol{\varepsilon}$ 和磁化矢量 $\boldsymbol{M}$ 是独立变量。

铁磁形状记忆合金系统的 Helmholtz 自由能 ψ 、应力 $\boldsymbol{\sigma}$ 和磁场 $\boldsymbol{H}$ 是与独立变量 $\boldsymbol{\varepsilon}$ 和 $\boldsymbol{M}$ 相关的函数，即

$$\psi = \psi(\boldsymbol{\varepsilon}, \boldsymbol{M}), \quad \boldsymbol{\sigma} = \boldsymbol{\sigma}(\boldsymbol{\varepsilon}, \boldsymbol{M}), \quad \boldsymbol{H} = \boldsymbol{H}(\boldsymbol{\varepsilon}, \boldsymbol{M}) \tag{9.2.20}$$

通常，在针对具有磁-力耦合特征材料的研究中，磁场和应力场常被作为独立变量，而材料内部的磁化和应变则通过磁场和应力场来确定。为了将式（9.2.19）中的磁场和应力场转变为独立变量，而磁场强度和应变转变为因变量，我们通过 Legendre 变换引入了系统的 Gibbs 自由能：

$$\rho G = \rho\psi - \boldsymbol{\sigma} \cdot \boldsymbol{\varepsilon}_e - \mu_0 \boldsymbol{H} \cdot \boldsymbol{M} \tag{9.2.21}$$

进而，可获得由 Gibbs 自由能描述的 Clausius-Duhem 不等式为

$$-\rho\dot{G} - \boldsymbol{\varepsilon}_e \cdot \dot{\boldsymbol{\sigma}} - \mu_0 \boldsymbol{M} \cdot \dot{\boldsymbol{H}} + \boldsymbol{\sigma} \cdot (\dot{\boldsymbol{\varepsilon}} - \dot{\boldsymbol{\varepsilon}}_e) \geqslant 0 \tag{9.2.22}$$

在铁磁形状记忆合金马氏体变体重定向过程中，总应变可表示为

$$\boldsymbol{\varepsilon} = \boldsymbol{\varepsilon}_e + \boldsymbol{\varepsilon}^p \tag{9.2.23}$$

其中，$\boldsymbol{\varepsilon}_e$ 为弹性应变；$\boldsymbol{\varepsilon}^p$ 对应于铁磁形状记忆合金马氏体变体重定向过程中的应变，一般可假定其与马氏体变体的体积分数呈线性关系。

不妨假定铁磁形状记忆合金磁-力耦合系统中，马氏体变体记为由磁场有利取向变体和应力有利取向变体构成，变体体积分数分别为 ξ 和 $1-\xi$ 。

当外加磁场时（预应力保持常数），磁场有利取向马氏体变体长大，故此时对应的重定向应变为

$$\boldsymbol{\varepsilon}^p = \boldsymbol{\Lambda}^p \xi \quad （磁场加载） \tag{9.2.24}$$

当外加应力加载诱导铁磁形状记忆合金发生马氏体变体重定向行为时（预磁场保持常数），应力有利取向变体长大，则对应的重定向应变为

$$\boldsymbol{\varepsilon}^p = \boldsymbol{\Lambda}^p (1-\xi) \quad （应力加载） \tag{9.2.25}$$

其中，$\boldsymbol{\Lambda}^p$ 为与铁磁形状记忆合金马氏体变体重定向过程中的最大应变 ε^p_{max} 相关的应变张量，其与晶格常数相关。

由式（9.2.23）和式（9.2.24）可得在外加磁场诱导马氏体变体重定向过程中，Clausius-Duhem 不等式（9.2.22）可另写为

$$-\rho\dot{G}-\boldsymbol{\varepsilon}_{\mathrm{e}}\cdot\dot{\boldsymbol{\sigma}}-\mu_0\boldsymbol{M}\cdot\dot{\boldsymbol{H}}+\boldsymbol{\sigma}\cdot\boldsymbol{\Lambda}^{\mathrm{p}}\dot{\xi}\geqslant 0\quad（磁场加载）\tag{9.2.26}$$

对应于应力加载过程，铁磁形状记忆合金材料系统的 Clausius-Duhem 不等式则为

$$-\rho\dot{G}-\boldsymbol{\varepsilon}_{\mathrm{e}}\cdot\dot{\boldsymbol{\sigma}}-\mu_0\boldsymbol{M}\cdot\dot{\boldsymbol{H}}-\boldsymbol{\sigma}\cdot\boldsymbol{\Lambda}^{\mathrm{p}}\dot{\xi}\geqslant 0\quad（应力加载）\tag{9.2.27}$$

相应的材料本构关系为

$$G=G(\boldsymbol{\sigma},\boldsymbol{H},\xi),\quad \boldsymbol{\varepsilon}=\boldsymbol{\varepsilon}(\boldsymbol{\sigma},\boldsymbol{H},\xi),\quad \boldsymbol{M}=\boldsymbol{M}(\boldsymbol{\sigma},\boldsymbol{H},\xi)\tag{9.2.28}$$

在马氏体变体重定向过程中，Gibbs 自由能函数是关于变量 $\boldsymbol{\sigma}$、$\boldsymbol{H}$ 和 $\boldsymbol{\xi}$ 的函数，其变化率表示如下：

$$\dot{G}=\frac{\partial G}{\partial\boldsymbol{\sigma}}\cdot\dot{\boldsymbol{\sigma}}+\frac{\partial G}{\partial\boldsymbol{H}}\cdot\dot{\boldsymbol{H}}+\frac{\partial G}{\partial\xi}\dot{\xi}\tag{9.2.29}$$

将式（9.2.29）代入式（9.2.26）和式（9.2.27），可得磁场诱发、应力诱发的马氏体变体重定向过程中的 Clausius-Duhem 不等式分别如下：

$$\left(-\rho\frac{\partial G}{\partial\boldsymbol{\sigma}}-\boldsymbol{\varepsilon}_{\mathrm{e}}\right)\cdot\dot{\boldsymbol{\sigma}}+\left(-\rho\frac{\partial G}{\partial\boldsymbol{H}}-\mu_0\boldsymbol{M}\right)\cdot\dot{\boldsymbol{H}}+\left(-\rho\frac{\partial G}{\partial\xi}+\boldsymbol{\sigma}\cdot\boldsymbol{\Lambda}^{\mathrm{p}}\right)\dot{\xi}\geqslant 0\quad（磁场加载）\tag{9.2.30}$$

$$\left(-\rho\frac{\partial G}{\partial\boldsymbol{\sigma}}-\boldsymbol{\varepsilon}_{\mathrm{e}}\right)\cdot\dot{\boldsymbol{\sigma}}+\left(-\rho\frac{\partial G}{\partial\boldsymbol{H}}-\mu_0\boldsymbol{M}\right)\cdot\dot{\boldsymbol{H}}+\left(-\rho\frac{\partial G}{\partial\xi}-\boldsymbol{\sigma}\cdot\boldsymbol{\Lambda}^{\mathrm{p}}\right)\dot{\xi}\geqslant 0\quad（应力加载）\tag{9.2.31}$$

由于应力 $\boldsymbol{\sigma}$ 和磁场 $\boldsymbol{H}$ 均为独立变量，根据对于任意的 $\dot{\boldsymbol{\sigma}}$ 和 $\dot{\boldsymbol{H}}$，不等式（9.2.30）和不等式（9.2.31）恒成立的条件，便可得关于力学和磁场的本构关系式如下：

$$\boldsymbol{\varepsilon}_{\mathrm{e}}=-\rho\frac{\partial G}{\partial\boldsymbol{\sigma}},\quad \mu_0\boldsymbol{M}=-\rho\frac{\partial G}{\partial\boldsymbol{H}}\tag{9.2.32}$$

进一步，磁场和应力加载下的系统 Clausius-Duhem 不等式（9.2.30）和不等式（9.2.31）分别简化为

$$\left(-\rho\frac{\partial G}{\partial\xi}+\boldsymbol{\sigma}\cdot\boldsymbol{\Lambda}^{\mathrm{p}}\right)\dot{\xi}\geqslant 0\quad（磁场加载）\tag{9.2.33}$$

$$\left(-\rho\frac{\partial G}{\partial\xi}-\boldsymbol{\sigma}\cdot\boldsymbol{\Lambda}^{\mathrm{p}}\right)\dot{\xi}\geqslant 0\quad（应力加载）\tag{9.2.34}$$

在铁磁形状记忆合金系统马氏体变体的重定向过程中，我们定义磁场作用下马氏体变体重定向的广义驱动力为

$$\pi^{\mathrm{m}}=-\rho\frac{\partial G}{\partial\xi}+\boldsymbol{\sigma}\cdot\boldsymbol{\Lambda}^{\mathrm{p}}\tag{9.2.35}$$

相应地，应力加载下马氏体变体重定向的广义驱动力可表示为

$$\pi^{\mathrm{s}}=-\rho\frac{\partial G}{\partial\xi}-\boldsymbol{\sigma}\cdot\boldsymbol{\Lambda}^{\mathrm{p}}\tag{9.2.36}$$

因此，铁磁形状记忆合金在外加磁场或应力场作用下的马氏体变体重定向过程中，能量耗散 Clausius-Duhem 不等式最终可表示为

$$\pi^{\alpha}\dot{\xi}\geqslant 0,\quad \alpha=\mathrm{m},\mathrm{s}\tag{9.2.37}$$

9.3 磁场与应力共同作用下的磁-力耦合行为分析

基于前面所建立的铁磁形状记忆合金材料的马氏体变体重定向过程中的耦合热力学模型，本节中，我们将建立简单结构的铁磁形状记忆合金杆的马氏体变体重定向演化模型，进一步开展数值模拟仿真研究，给出磁场和应力场共同作用下铁磁形状记忆合金杆结构的磁-力耦合行为[7]。

9.3.1 两场作用下的马氏体重定向演化模型

如图 9.3.1 所示，假定铁磁形状记忆合金杆由应力有利取向的马氏体变体和磁场有利取向的马氏体变体构成，外加磁场沿 y 轴方向，应力沿 x 轴方向。为简单起见，假设各个变体均具有单一磁畴结构，其中磁场和应力有利取向的变体的体积分数分别记为 ξ 和 $1-\xi$ 。

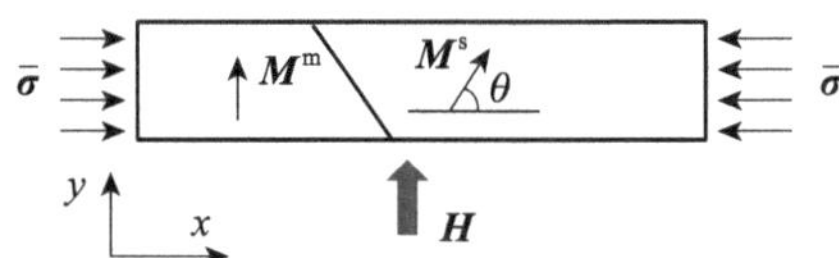

图 9.3.1　铁磁形状记忆合金杆的马氏体变体重定向与磁化微结构示意图

在不考虑磁化自旋以及磁偶极子相互作用的情况下，由于磁晶各向异性能的作用，在不同的马氏体变体内磁化强度矢量均与其内部的易磁化轴平行。而在外加磁场作用下，应力有利取向马氏体变体内的磁化矢量由于塞曼（Zeeman）能的作用将向着外加磁场的方向发生旋转，磁化旋转过程由内变量磁化旋转角 θ 来描述，即磁化矢量偏离其内部磁化易轴的角度，并且 $-\pi/2\leqslant\theta\leqslant\pi/2$。

基于图 9.3.1 的磁场简化微结构，可以得到不同马氏体变体内的磁化矢量表达式分别为

$$\boldsymbol{M}_{\xi}=\boldsymbol{M}^{\mathrm{m}}=\boldsymbol{M}_{\mathrm{s}}\boldsymbol{e}_{y},\quad \boldsymbol{M}_{1-\xi}=\boldsymbol{M}^{\mathrm{s}}=M_{\mathrm{s}}(\sin\theta\boldsymbol{e}_{y}+\cos\theta\boldsymbol{e}_{x})\tag{9.3.1}$$

其中，M_{s} 为铁磁形状记忆合金材料的饱和磁化强度。

在马氏体变体重定取向的过程中，铁磁形状记忆合金系统的总 Gibbs 自由能包含力学弹性势能、Zeeman 能、磁晶各向异性能以及退磁能，即

$$G=G_{\mathrm{me}}+G_{\mathrm{ze}}+G_{\mathrm{an}}+G_{\mathrm{ms}}\tag{9.3.2}$$

其中，G_{me} 表示系统的弹性变形势能，可表示为

$$G_{\mathrm{me}}=-\frac{1}{2\rho}\bar{\boldsymbol{\sigma}}\cdot\bar{\boldsymbol{\varepsilon}}_{\mathrm{e}}=-\frac{1}{2\rho}\bar{\boldsymbol{\sigma}}\cdot(\boldsymbol{\varepsilon}_{0}+\xi\boldsymbol{\varepsilon}^{*})\tag{9.3.3}$$

G_{ze} 为系统的 Zeeman 能，可通过各个变体的体积平均获得

$$G_{\mathrm{ze}}=-\frac{\mu_{0}}{\rho}[\xi\boldsymbol{H}\cdot\boldsymbol{M}_{\xi}+(1-\xi)\boldsymbol{H}\cdot\boldsymbol{M}_{1-\xi}]=-\frac{\mu_{0}}{\rho}HM_{\mathrm{s}}[\xi+(1-\xi)\sin\theta]\tag{9.3.4}$$

G_{an} 为系统的磁晶各向异性能，根据单轴对称结构特性可表示为

$$G_{\mathrm{an}}=\frac{1}{\rho}(1-\xi)K(\sin\theta)^{2}\tag{9.3.5}$$

G_{ms} 为系统的退磁能，表示如下：

$$G_{\mathrm{ms}}=\frac{\mu_0}{2\rho}N[\xi \boldsymbol{M}_{\xi}^2+(1-\xi)\boldsymbol{M}_{1-\xi}^2]=\frac{\mu_0}{2\rho}NM_{\mathrm{s}}^2[\xi+(1-\xi)(\sin\theta)^2] \tag{9.3.6}$$

结合以上各个部分自由能，可以得到系统总 Gibbs 自由能的形式如下：

$$G=-\frac{1}{2\rho}\bar{\boldsymbol{\sigma}}\cdot(\boldsymbol{\varepsilon}_0+\xi\boldsymbol{\varepsilon}^*)-\frac{\mu_0}{\rho}HM_{\mathrm{s}}[\xi+(1-\xi)\sin\theta]$$
$$+\frac{1}{\rho}(1-\xi)K(\sin\theta)^2+\frac{\mu_0}{2\rho}NM_{\mathrm{s}}^2[\xi+(1-\xi)(\sin\theta)^2] \tag{9.3.7}$$

其中，K 和 N 分别为铁磁形状记忆合金的磁晶各向异性常数和退磁系数。

在铁磁形状记忆合金马氏体重定向过程中，由于内部磁化矢量旋转的可逆性，故引起熵增加的驱动磁化矢量旋转的广义驱动力为零，即

$$\rho\frac{\partial G}{\partial\theta}=0 \tag{9.3.8}$$

从而可得到应力有利取向变体内的磁化旋转角的正弦函数值为

$$\sin\theta=\frac{\mu_0 HM_{\mathrm{s}}}{2K+\mu_0 NM_{\mathrm{s}}^2} \tag{9.3.9}$$

结合 9.2 节的基本模型，由式（9.2.35）和式（9.3.7）可获得磁场驱动的马氏体变体重定向的广义驱动力为

$$\begin{aligned}\pi^{\mathrm{m}}&=-\rho\frac{\partial G}{\partial\xi}+\bar{\boldsymbol{\sigma}}\cdot\boldsymbol{\Lambda}^{\mathrm{p}}\\&=\frac{1}{2}\bar{\boldsymbol{\sigma}}\cdot\left(\boldsymbol{\varepsilon}^*+\xi\frac{\partial\boldsymbol{\varepsilon}^*}{\partial\xi}\right)+K(\sin\theta)^2\\&\quad+\mu_0 HM_{\mathrm{s}}(1-\sin\theta)-\frac{1}{2}\mu_0 NM_{\mathrm{s}}^2[1-(\sin\theta)^2]+\bar{\boldsymbol{\sigma}}\cdot\boldsymbol{\Lambda}^{\mathrm{p}}\end{aligned} \tag{9.3.10}$$

同理，可得到应力驱动下的变体重定向的广义驱动力为

$$\begin{aligned}\pi^{\mathrm{s}}&=-\rho\frac{\partial G}{\partial\xi}-\bar{\boldsymbol{\sigma}}\cdot\boldsymbol{\Lambda}^{\mathrm{p}}\\&=\frac{1}{2}\bar{\boldsymbol{\sigma}}\cdot\left(\boldsymbol{\varepsilon}^*+\xi\frac{\partial\boldsymbol{\varepsilon}^*}{\partial\xi}\right)+K(\sin\theta)^2\\&\quad+\mu_0 HM_{\mathrm{s}}(1-\sin\theta)-\frac{1}{2}\mu_0 NM_{\mathrm{s}}^2[1-(\sin\theta)^2]-\bar{\boldsymbol{\sigma}}\cdot\boldsymbol{\Lambda}^{\mathrm{p}}\end{aligned} \tag{9.3.11}$$

另外，受轴向压应力作用的铁磁形状记忆合金杆的应力张量，以及最大重定向应变张量分别为

$$\bar{\boldsymbol{\sigma}}=\begin{bmatrix}\sigma&0&0\\0&0&0\\0&0&0\end{bmatrix},\quad \boldsymbol{\Lambda}^{\mathrm{p}}=\begin{bmatrix}\varepsilon_{\max}^{\mathrm{p}}&0&0\\0&-\varepsilon_{\max}^{\mathrm{p}}&0\\0&0&0\end{bmatrix} \tag{9.3.12}$$

从而可得

$$\bar{\boldsymbol{\sigma}}\cdot\boldsymbol{\Lambda}^{\mathrm{p}}=\sigma\varepsilon_{\max}^{\mathrm{p}} \tag{9.3.13}$$

其中，$\varepsilon_{\max}^{\mathrm{p}}=1-c/a$，这里 a，c 表示铁磁形状记忆合金的马氏体变体的晶格参数。

在马氏体变体发生重定向的过程中，由于铁磁形状记忆合金材料内部存在阻碍变体

间孪晶界发生移动的去孪生应力 σ^{tw}，故阻碍马氏体变体重定向发生的有效阻力为

$$\pi_{cr}=\sigma^{tw}\varepsilon_{max}^{p} \tag{9.3.14}$$

当驱动马氏体变体重定向行为发生的广义驱动力能够克服此阻碍力时，马氏体变体间的孪晶界开始移动，因此马氏体变体重定向发生的条件为

$$\pi^{\alpha}=\pi_{cr},\quad \alpha=\mathrm{m,s} \tag{9.3.15}$$

对于磁场作用下（应力场为定值），铁磁形状记忆合金的马氏体变体重定向过程的演化平衡方程为

$$\begin{aligned}&\frac{1}{2}\bar{\boldsymbol{\sigma}}\cdot\left(\boldsymbol{\varepsilon}^{*}+\xi\frac{\partial\boldsymbol{\varepsilon}^{*}}{\partial\xi}\right)+K(\sin\theta)^{2}+\mu_{0}HM_{s}(1-\sin\theta)\\&-\frac{1}{2}\mu_{0}NM_{s}^{2}[1-(\sin\theta)^{2}]+\sigma\varepsilon_{max}^{p}=\sigma^{tw}\varepsilon_{max}^{p}\end{aligned} \tag{9.3.16}$$

对应于应力作用下（磁场为定值），重定向过程的演化平衡方程为

$$\begin{aligned}&\frac{1}{2}\bar{\boldsymbol{\sigma}}\cdot\left(\boldsymbol{\varepsilon}^{*}+\xi\frac{\partial\boldsymbol{\varepsilon}^{*}}{\partial\xi}\right)+K(\sin\theta)^{2}+\mu_{0}HM_{s}(1-\sin\theta)\\&-\frac{1}{2}\mu_{0}NM_{s}^{2}[1-(\sin\theta)^{2}]-\sigma\varepsilon_{max}^{p}=\sigma^{tw}\varepsilon_{max}^{p}\end{aligned} \tag{9.3.17}$$

求解以上的演化平衡方程便可获得铁磁形状记忆合金马氏体变体的体积分数随外场（磁场或应力场）的演化关系，进而由式（9.2.11）可得到变体重定向过程中的系统总应变。

基于复合材料等效平均场量等于各个组分内相应场量体积平均的思想，我们还可以获得铁磁形状记忆合金的马氏体变体重定向过程中磁化强度大小，即

$$M=(1-\xi)M_{1-\xi}+\xi M_{\xi}=(1-\xi)M_{s}\sin\theta+\xi M_{s} \tag{9.3.18}$$

9.3.2　磁-力耦合行为模拟

在以下的数值模拟中，我们采用了与铁磁形状记忆合金 NiMnGa 材料属性相关的实验参数[8]，如表 9.3.1 所列。

在模拟马氏体重取向行为的过程中，可以设定铁磁形状记忆合金初始状态仅由单一变体构成。基于广义驱动力驱动马氏体重定向发生的机制，在应力（或磁场）驱动马氏体重定向发生的过程中，当应力（或磁场）有利取向的马氏体变体长大时，磁场（或应力）有利取向的马氏体变体在减小。我们以热力学第二定律为判据，理论预测了马氏体重取向行为发生的临界应力（磁场）值，并进一步模拟了外场驱动铁磁形状记忆合金发生马氏体重定向行为过程中的磁-力响应。

表 9.3.1　铁磁形状记忆合金 NiMnGa 的材料参数[8]

参数	数值（单位）
弹性模量 E_{ξ}，$E_{1-\xi}$	400（MPa），2400（MPa）
泊松比 ν	0.3
最大重定向应变 ε_{max}^{p}	0.058
去孪晶应力 σ^{tw}	0.8（MPa）
磁晶各向异性系数 K	1.7×10^{5}（J/m³）
退磁系数 N	0.239
饱和磁化强度 M_{s}	622（kA/m）

1. 不同磁场下，应力驱动的马氏体变体重定向行为

如图 9.3.2 所示，我们给出了在不同预加磁场下，铁磁形状记忆合金在外加应力场作用下的应力-应变关系曲线，并与文献中的实验结果[8] 进行了对比。可以看出：理论模型预测与实验结果吻合良好，理论预测的马氏体变体重定向行为发生的临界应力值在不同磁场情形下与实验结果均能获得较好吻合。

由前面所描述的孪晶界移动的广义驱动力表达式可知，磁场对应力驱动发生的马氏体变体重定向具有阻碍作用。当广义驱动力中的弹性势能大于磁能时，应力驱动的马氏体变体重定向行为发生，此时变体间的孪晶界发生移动；随着压应力继续增大，磁场有利取向的马氏体变体完全消失，材料内部仅由应力有利取向的变体构成。基于理论分析，应力驱动的马氏体变体重定向存在临界应力 σ_s 和 σ_f ，分别对应于应力驱动重定向的起始应力和结束应力值，即图 9.3.2 中的应力-应变曲线上的两个拐点。

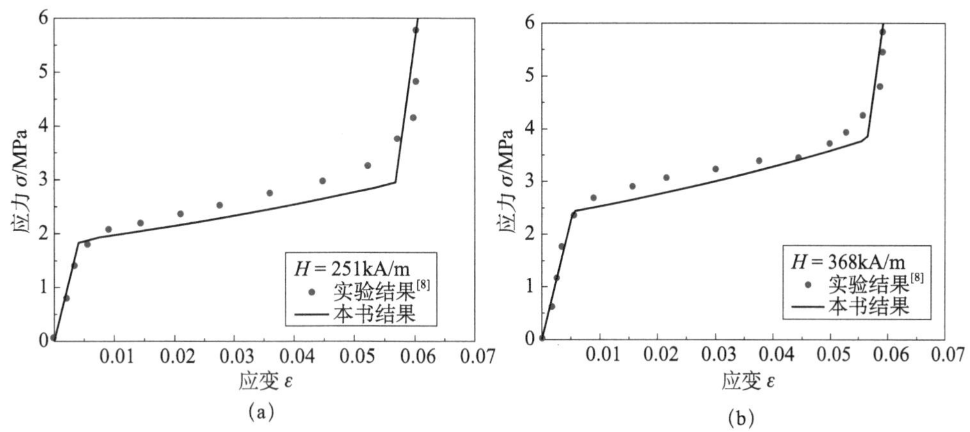

图 9.3.2 不同磁场下应力驱动的马氏体重定向过程的应力-应变曲线
(a) $H = 251\text{kA/m}$；(b) $H = 368\text{kA/m}$

依此两个临界应力值，我们可将变体重定向过程分为三个阶段。

第一阶段：应力场作用下铁磁形状记忆合金发生弹性变形。由于马氏体变体重定向尚未发生，此时材料内部仅由磁场有利取向的变体构成，图中曲线斜率即为磁场有利取向变体的弹性模量；当应力增大到 σ_s 时，广义驱动力中的弹性势能占主导，应力有利取向的变体成核并长大，此时材料由呈孪晶结构分布的两种马氏体变体构成。

第二阶段：随着应力的进一步增大，孪晶界发生移动，变体重定向行为发生；铁磁形状记忆合金的应变主要由弹性应变和变体重定向应变构成，且重定向应变在较小的应力场范围内迅速增大；当应力达到 σ_f 时，孪晶界移动结束，变体重定向过程完成，铁磁形状记忆合金仅由应力有利取向的单一马氏体变体构成。

第三阶段：随着应力的继续增大，铁磁形状记忆合金在外力作用下再次发生弹性变形，其应力-应变曲线斜率为应力有利取向变体的弹性模量。

图 9.3.3 给出了不同磁场下，铁磁形状记忆合金杆应力驱动的马氏体变体重定向下的体积分数变化曲线。

从图中可以看出：变体体积分数的变化过程分别对应于马氏体重定向的应力-应变曲线

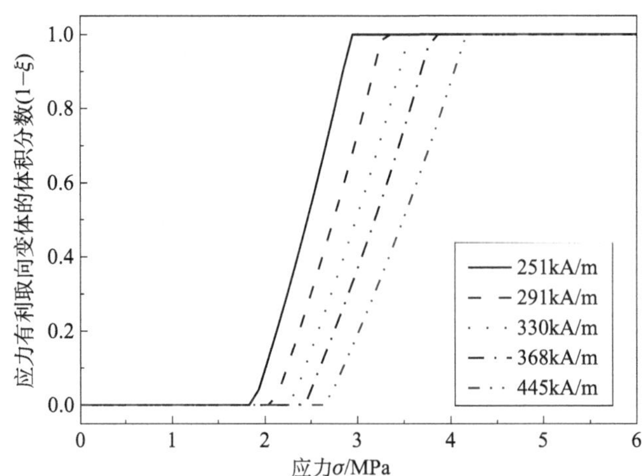

图 9.3.3　不同磁场下应力有利取向变体的体积分数随应力的变化曲线

中的三个阶段；在应力较小的初始阶段，驱动力尚未促使应力有利取向的变体成核，材料内部仅由磁场有利取向的变体构成，即 $\xi=1$（相应地应力有利取向变体的体积分数为 $1-\xi=0$）；当广义驱动力克服有效阻碍力后，应力有利取向的变体成核并长大，孪晶界发生移动，伴随磁场有利取向的变体的逐渐减小；在马氏体变体重定向发生过程中，应力有利取向的变体的体积分数不断增大，相应地磁场有利取向变体的体积分数减小；当重定向结束时，应力有利取向的马氏体变体的体积分数增大到 1，磁场有利取向的变体消失。

2. 不同应力下，磁场驱动的马氏体变体重定向行为

由于铁磁形状记忆合金材料的磁-力耦合特性，磁场也能驱动马氏体变体的重定向，从而产生磁控大变形响应。对应于此过程的模拟，我们采用的主要参数与表 9.3.1 相同，而应力有利取向的马氏体变体的弹性模量、磁场有利取向变体的弹性模量以及饱和磁化强度分别取为与已有实验[9] 相一致：$E_{1-\xi}=154\text{MPa}$，$E_{\xi}=100\text{MPa}$ 和 $M_s=502\text{kA/m}$。

图 9.3.4 给出了不同预压应力下，磁场驱动的马氏体变体重定向过程中的磁致应变曲线。从图中可以看出：当预应力较小（−0.6MPa）时，理论模型预测的变体重定向发生的临界磁场值（磁致应变曲线的第一个拐点）与实验结果一致；当预应力较大（−1.4MPa）时，理论预测的磁场临界值与实验有一定差异；当外加磁场未达到马氏体变体重定向发生的临界磁场时，相应的磁致应变为零；当磁场增大到临界磁场时，广义驱动力中的磁能克服了预应力的阻碍，变体重定向发生，磁致应变在很小磁场范围内迅速增大；当马氏体变体重定向结束时，磁致应变达到最大并出现饱和现象。

此外，随着外加预应力的增大，马氏体变体重定向过程中的最大磁致应变呈减小趋势。这是由于变体重定向过程中铁磁形状记忆合金所能达到的最大总应变不变，而随着预应力的增大，材料的弹性应变相应增大，从而使变体重定向的最大应变减小。从图 9.3.4（c）还可以看出：当外加预压应力增大到 3MPa 时，铁磁形状记忆合金中磁致应变为零，即外加磁场未驱动马氏体变体重定向。这是由于当外加应力增大到−3MPa 时，发生变体重定向所对应的临界磁场大于磁化旋转结束时的临界场，在重定向尚未发生时，应力有利取向变体内的磁化旋转过程已经完成（即 $\sin\theta=1$）。此时，马氏体变体间孪晶

界移动的广义驱动力不随磁场的增大而发生变化，从而导致铁磁形状记忆合金内不会发生马氏体变体重定向行为，对应的磁致应变保持为零。模型预测结果与实验观测相一致。

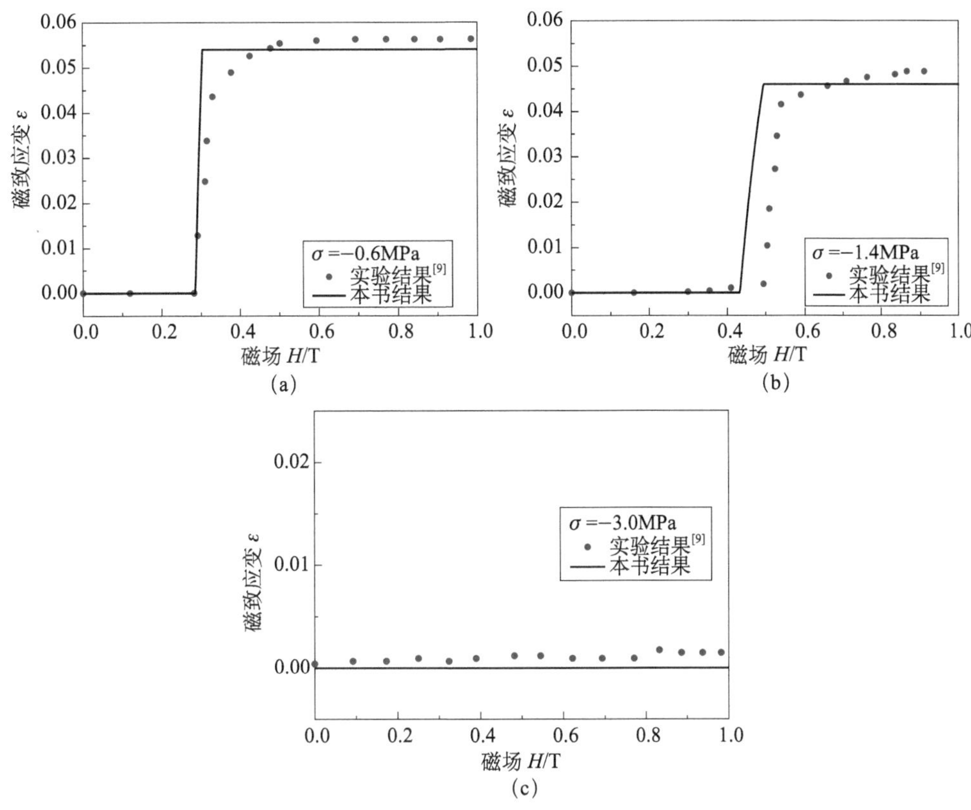

图 9.3.4　不同预应力场下，磁场驱动的马氏体重定向过程的磁致应变曲线

(a) $\sigma=-0.6$MPa；(b) $\sigma=-1.4$MPa；(c) $\sigma=-3.0$MPa

图 9.3.5 给出了磁场驱动的铁磁形状记忆合金发生马氏体变体重定向过程中，磁场有利取向变体的体积分数变化曲线。可以看出：当磁场未达到变体重定向发生的临界磁场值时，铁磁形状记忆合金仅由应力有利取向的马氏体变体构成，此时磁场有利取向变体的体积分数为零（即 $\xi=0$）；随着外加磁场的增大，广义驱动力中的磁能贡献部分克服了由应力作用导致的阻力，并促使磁场有利取向的变体成核并长大，变体的体积分数随着磁场的增大而增大；随着磁场的继续增大，磁场有利取向马氏体变体的体积分数达到 1，此时变体重定向结束。对于预应力加大（如 2.0MPa），磁场有利取向马氏体变体的体积分数尚未达到 1 时，变体重定向行为结束，仅有部分应力有利取向变体由于孪晶界的移动而转化为磁场有利取向变体，此时材料内部包含了两种马氏体变体。这是由于当变体重定向未完全时，应力有利取向变体内的磁化矢量旋转过程完成，其内部的磁化矢量方向与外加磁场方向一致，即磁化矢量与易磁化轴的夹角成为直角（或 $\sin\theta=1$）。由广义驱动力的表达式可看出，当磁化旋转过程结束时，其包含的磁能为常数或零，随着外加磁场的增大，广义驱动力不再发生变化，从而导致马氏体重定向行为不能继续进行。而对于更大的预应力情形（如 3.0MPa），由于马氏体变体重定向对应的临界磁场值大于磁化旋转结束的临界磁场值，故马氏体变体重定向未能发生，对应的变体的体积分数始终为零。

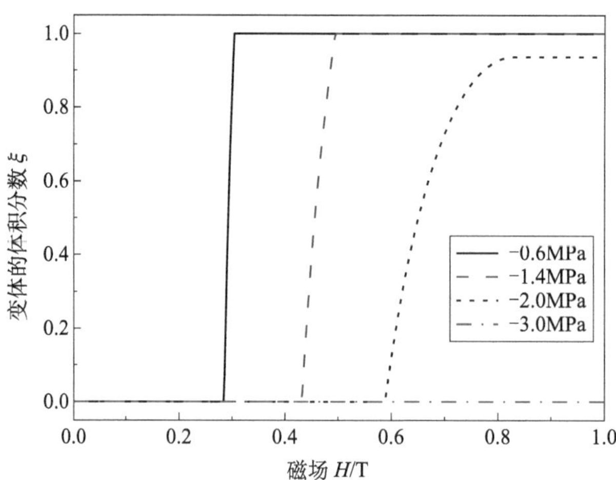

图 9.3.5　不同预应力下，磁场有利取向的变体的体积分数随磁场变化曲线

根据所建立的变体重定向理论模型（式（9.3.18）），铁磁形状记忆合金内部的磁化状态不仅与磁场有利取向马氏体变体的体积分数 ξ 有关，还与应力有利取向变体内磁化矢量的旋转角 θ 有关。图 9.3.6 给出了铁磁形状记忆合金的马氏体变体重定向过程中的磁化曲线。

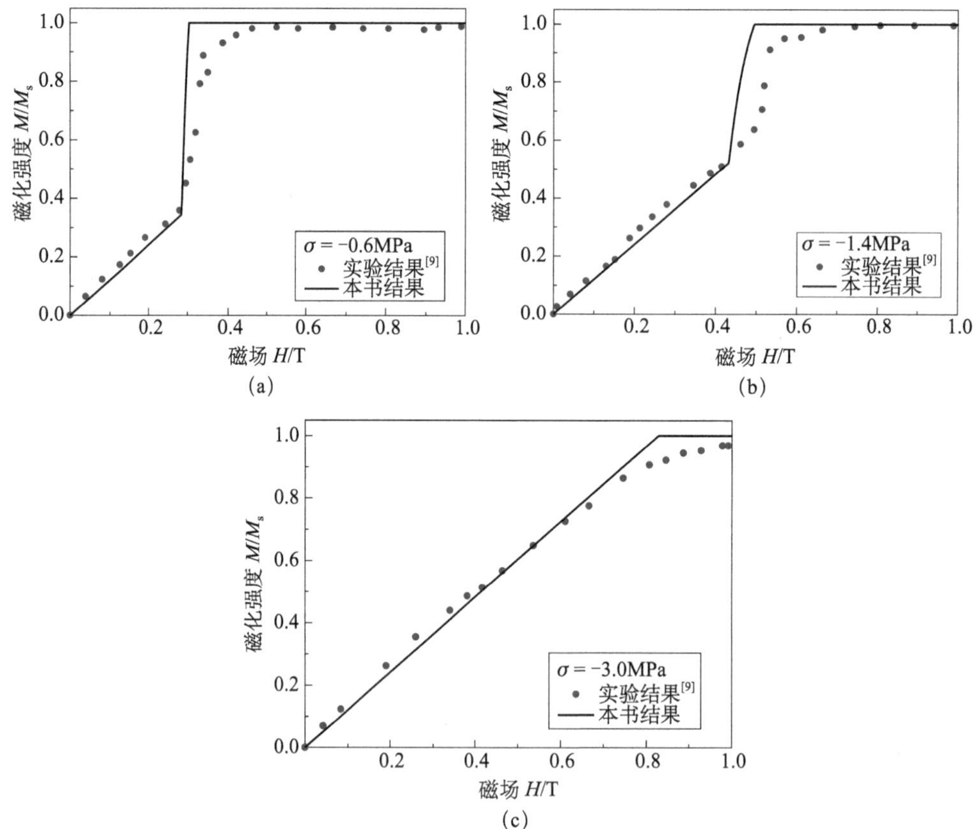

图 9.3.6　不同预应力下，磁场驱动变体重定向过程中的磁化曲线

可以看出：当变体重定向行为尚未发生时，材料内部仅由应力有利取向的变体构成，磁化特性仅由该变体的磁化旋转所致，并与外加磁场呈线性关系；不同预应力下的磁化曲线随外加磁场的变化规律一致，理论模型预测结果与实验吻合良好。当磁场增至预应力下马氏体变体重定向的临界磁场值时，变体发生重定向行为，磁场有利取向变体的体积分数增大，对应的磁化曲线发生变化，表现为磁化曲线斜率的增大，此时磁化性能是两种变体组合的体现。变体重定向伴随着磁场增加而完成，此时磁场有利取向变体的体积分数为 1，磁化达到饱和状态。当外加预应力较大（图 9.3.6（c））时，由于铁磁形状记忆合金内没有发生马氏体变体重定向行为，故材料的磁化性能仅与应力有利取向变体内磁化矢量旋转有关，其与外加磁场呈线性相关，并最终达到磁化饱和状态。

参 考 文 献

[1] Ullakko K. Magnetically controlled shape memory alloys: A new class of actuator materials [J]. J. Mat. Eng. Perform., 1996, 5 (3): 405-409.

[2] Wang W H, Wu G H, Chen J L, et al. Stress-free two-way thermoelastic shape memory and field-enhanced strain in $Ni_{54}Mn_{24}Ga_{24}$ single crystals [J]. Appl. Phys. Lett., 2000, 77 (20): 3245-3247.

[3] Wang X, Li F. A kinetics model for martensite variants rearrangement in ferromagnetic shape memory alloys [J]. J. Appl. Phys., 2010, 108: 113921.

[4] Sarawate N N. Characterization and modeling of the ferromagnetic shape memory alloy Ni-Mn-Ga for sensing and actuation [D]. Columbus: The Ohio State University, 2008.

[5] Wang X, Li F. Variation of magnetic domain structure during martensite variants rearrangement in ferromagnetic shape memory alloys [J]. Appl. Phys. Lett., 2012, 101: 032401.

[6] Wang X, Li F, Hu Q. An anisotropic micromechanical-based model for characterizing the magneto-mechanical behavior of NiMnGa alloys [J]. Smart Mater. Struct., 2012, 21: 065021.

[7] 李芳. 铁磁形状记忆合金马氏体变体重取向及其多场耦合行为研究 [D]. 兰州：兰州大学，2011.

[8] Sarawate N, Dapino M. Experimental characterization of the sensor effect in ferromagnetic shape memory NiMnGa [J]. Appl. Phys. Lett., 2006, 88 (12): 121923.

[9] Heczko O. Magnetic shape memory effect and magnetization reversal [J]. J. Magn. Magn. Mater., 2005, 290-291 (2): 787-794.

第 10 章　铁电功能材料的相变及电-力耦合行为

铁电材料是一类具有强力-电耦合特性的功能材料。在压力、温度、电场等不同外界激励下，铁电功能材料极易发生结构改变并表现出力学、电学等性能的显著变化，其广泛应用于微电子电工、高精度传感器、换能器、储能装置等高新机电设备领域。

铁电功能材料兼具热释电性、压电性和介电性。在特定温度范围内其不仅具有自发极化特征，并且在外电场作用下这种自发极化可发生重新取向，表现出宏观电滞回线。铁电材料内部，由许多晶胞组成的具有相同自发极化方向的微小区域称为电畴。电畴结构在外加电场或应力场作用下的自发极化重新定向，即电畴发生翻转，会导致电场激发的非协调应变及应力，宏观上表现出强的电-力耦合特性，这也是铁电器件功能实现和得以广泛应用的物理基础。另外，铁电功能材料存在着丰富的相变行为，在外场下发生不同铁电相之间的转化，以及铁电相到非铁电相之间的转化。随着越来越多的铁电功能器件服役于多场环境，在复杂外场诱发的材料内部微结构的演化——畴变和相变，将直接影响到该类功能材料的电学、力学性能以及电-力耦合行为，并关系到铁电材料器件的功能性实现和安全运行[1]。

本章主要以两类典型的铁电功能材料为研究对象，介绍铁电-反铁电相变热力学过程及电-力耦合击穿失效的理论研究[2]，揭示铁电功能材料多场下的耦合特征和行为，以及击穿失效行为的影响规律；另外，针对弛豫铁电材料的微结构演化特征开展相场模拟研究[3]，解释局部非均匀应力加载下的铁电材料相变和畴变的演化特征与规律。

10.1　铁电功能材料的相变动力学及宏观性能

10.1.1　铁电-反铁电相变的热力学唯象模型

物质在发生相变过程中，相变前后的物相在某一结构上发生了无序到有序的变化，这种有序度的变化会引起其对称性的变化。通过引入序参量来描述有序度的不同，进而反映系统对称性的改变，由此科学家提出了唯象相变理论。

关于铁电材料的宏观热力学唯象理论研究始于 20 世纪 40 年代。早期的研究工作中选择铁电极化强度作为相变序参量，将自由能函数展开为极化强度的不同幂次之和，通过建立展开式中各系数与宏观可测试量之间的关系，便可实现一些宏观量随外加场或参量之间的依赖性分析。

1. 相变演化方程

铁电功能材料在多场（如电场、温度场或应力场）作用下存在铁电相（FE）与反铁电相（AFE）之间的一级相变。若假设铁电材料内部晶胞中相邻子晶格的极化强度分别为 P_i^a，P_i^b，结合反铁电相的极化强度总是以成对相反方向存在的特点（图 10.1.1），则可以定义两个序参量[4]：

$$P_i^{\mathrm{F}}=\frac{1}{\sqrt{2}}(P_i^a+P_i^b),\quad P_i^{\mathrm{A}}=\frac{1}{\sqrt{2}}(P_i^a-P_i^b) \tag{10.1.1}$$

其中，P_i^{F}，P_i^{A} 分别表示铁电相、反铁电相沿不同方向（$i=1,2,3$）的极化强度。

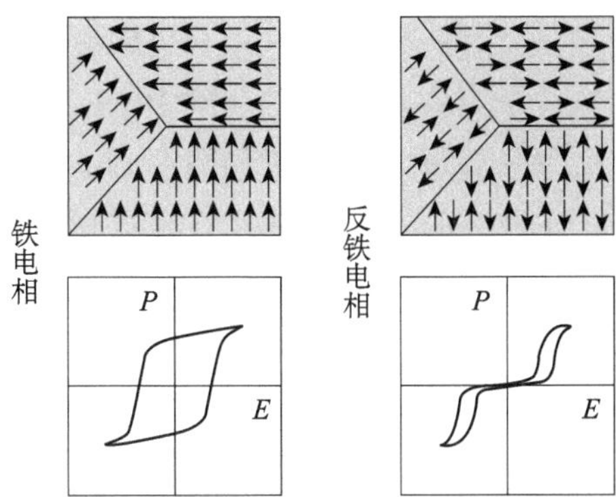

图 10.1.1 铁电相、反铁电相的微观电极化畴结构与极化特征曲线

基于 Landau-Ginzburg-Devonshire（LGD）铁电唯象理论，以及 Kittel 反铁电相变理论[4−6]，铁电材料系统的自由能可表示如下：

$$G=G_{\mathrm{Landau}}(P_i^{\mathrm{F}},P_i^{\mathrm{A}})+G_{\mathrm{Coup}}(P_i^{\mathrm{F}},P_i^{\mathrm{A}},\sigma_{ij})+G_{\mathrm{Ela}}(\sigma_{ij}) +G_{\mathrm{Grad}}(P_{i,j}^{\mathrm{F}},P_{i,j}^{\mathrm{A}})+G_{\mathrm{Ele}}(P_i^{\mathrm{F}},E_i) \tag{10.1.2}$$

其中，G_{Landau}，G_{Coup}，G_{Ela}，G_{Grad}，G_{Ele} 依次为朗道能、力电耦合能、弹性能、梯度能和电场能。

铁电材料系统的朗道能可表示为铁电相、反铁电相两部分的叠加，即

$$G_{\mathrm{Landau}}(P_i^{\mathrm{F}},P_i^{\mathrm{A}})=G_{\mathrm{Landau}}^{\mathrm{F}}(P_i^{\mathrm{F}})+G_{\mathrm{Landau}}^{\mathrm{A}}(P_i^{\mathrm{A}}) \tag{10.1.3}$$

其中，

$$\begin{aligned}G_{\mathrm{Landau}}^{\mathrm{F}}(P_i^{\mathrm{F}})=&\alpha_1[(P_1^{\mathrm{F}})^2+(P_2^{\mathrm{F}})^2+(P_3^{\mathrm{F}})^2]+\alpha_{11}[(P_1^{\mathrm{F}})^4+(P_2^{\mathrm{F}})^4+(P_3^{\mathrm{F}})^4]\\&+\alpha_{12}[(P_1^{\mathrm{F}})^2(P_2^{\mathrm{F}})+(P_2^{\mathrm{F}})^2(P_3^{\mathrm{F}})^2+(P_3^{\mathrm{F}})^2(P_1^{\mathrm{F}})^2]\\&+\alpha_{111}[(P_1^{\mathrm{F}})^6+(P_2^{\mathrm{F}})^6+(P_3^{\mathrm{F}})^6]+\alpha_{123}(P_1^{\mathrm{F}})^2(P_2^{\mathrm{F}})^2(P_3^{\mathrm{F}})^2\\&+\alpha_{112}\{(P_1^{\mathrm{F}})^4[(P_2^{\mathrm{F}})^2+(P_3^{\mathrm{F}})^2]+(P_2^{\mathrm{F}})^4[(P_1^{\mathrm{F}})^2+(P_3^{\mathrm{F}})^2]\\&+(P_3^{\mathrm{F}})^4[(P_1^{\mathrm{F}})^2+(P_2^{\mathrm{F}})^2]\}\end{aligned} \tag{10.1.4a}$$

$$\begin{aligned}G_{\mathrm{Landau}}^{\mathrm{A}}(P_i^{\mathrm{A}})=&\beta_1[(P_1^{\mathrm{A}})^2+(P_2^{\mathrm{A}})^2+(P_3^{\mathrm{A}})^2]+\beta_{11}[(P_1^{\mathrm{A}})^4+(P_2^{\mathrm{A}})^4+(P_3^{\mathrm{A}})^4]\\&+\beta_{12}[(P_1^{\mathrm{A}})^2(P_2^{\mathrm{A}})^2+(P_2^{\mathrm{A}})^2(P_3^{\mathrm{A}})^2+(P_3^{\mathrm{A}})^2(P_1^{\mathrm{A}})^2]\\&+\beta_{111}[(P_1^{\mathrm{A}})^6+(P_2^{\mathrm{A}})^6+(P_3^{\mathrm{A}})^6]+\beta_{123}(P_1^{\mathrm{A}})^2(P_2^{\mathrm{A}})^2(P_3^{\mathrm{A}})^2\\&+\beta_{112}\{(P_1^{\mathrm{A}})^4[(P_2^{\mathrm{A}})^2+(P_3^{\mathrm{A}})^2]+(P_2^{\mathrm{A}})^4[(P_1^{\mathrm{A}})^2+(P_3^{\mathrm{A}})^2]\end{aligned}$$

$$+(P_3^{\mathrm{A}})^4[(P_1^{\mathrm{A}})^2+(P_2^{\mathrm{A}})^2]\}$$

(10.1.4b)

这里，α_1，β_1 分别表示铁电相、反铁电相的介电刚度系数，通常与温度相关；$\alpha_{11}\sim\alpha_{123}$，$\beta_{11}\sim\beta_{123}$ 分别关联于铁电相、反铁电相的高阶介电刚度系数。

系统的力电耦合能可表示为

$$\begin{aligned}G_{\mathrm{Coup}}(P_i^{\mathrm{F}},P_i^{\mathrm{A}},\sigma_{ij})=&-q_{11}[\sigma_{11}(P_1^{\mathrm{F}})^2+\sigma_{22}(P_1^{\mathrm{F}})^2+\sigma_{33}(P_1^{\mathrm{F}})^2]\\&-q_{12}\{\sigma_{11}[(P_2^{\mathrm{F}})^2+(P_3^{\mathrm{F}})^2]+\sigma_{22}[(P_1^{\mathrm{F}})^2+(P_3^{\mathrm{F}})^2]\\&+\sigma_{33}[(P_1^{\mathrm{F}})^2+(P_2^{\mathrm{F}})^2]\}\\&-q_{44}(\sigma_{23}P_2^{\mathrm{F}}P_3^{\mathrm{F}}+\sigma_{13}P_1^{\mathrm{F}}P_3^{\mathrm{F}}+\sigma_{12}P_1^{\mathrm{F}}P_2^{\mathrm{F}})\\&-r_{11}[\sigma_{11}(P_3^{\mathrm{A}})^2+\sigma_{22}(P_3^{\mathrm{A}})^2+\sigma_{33}(P_3^{\mathrm{A}})^2]\\&-r_{12}\{\sigma_{11}[(P_2^{\mathrm{A}})^2+(P_3^{\mathrm{A}})^2]+\sigma_{22}[(P_1^{\mathrm{A}})^2+(P_3^{\mathrm{A}})^2]\\&+\sigma_{33}[(P_1^{\mathrm{A}})^2+(P_2^{\mathrm{A}})^2]\}\\&-r_{44}(\sigma_{23}P_2^{\mathrm{A}}P_3^{\mathrm{A}}+\sigma_{13}P_1^{\mathrm{A}}P_3^{\mathrm{A}}+\sigma_{12}P_1^{\mathrm{A}}P_2^{\mathrm{A}})\end{aligned}\tag{10.1.5}$$

其中，$q_{11}\sim q_{44}$，$r_{11}\sim r_{44}$ 分别对应于铁电相、反铁电相的电致伸缩系数。

系统的弹性能可表示为

$$\begin{aligned}G_{\mathrm{Ela}}(\sigma_{ij})=&\frac{1}{2}s_{11}(\sigma_{11}^2+\sigma_{22}^2+\sigma_{33}^2)\\&+s_{12}(\sigma_{11}\sigma_{22}+\sigma_{22}\sigma_{33}+\sigma_{11}\sigma_{33})+\frac{1}{2}s_{44}(\sigma_{12}^2+\sigma_{13}^2+\sigma_{23}^2)\end{aligned}\tag{10.1.6}$$

其中，$s_{11}\sim s_{44}$ 表示铁电材料的柔度系数。

系统的梯度能可表示为铁电相、反铁电相两部分的叠加，即

$$G_{\mathrm{Grad}}(P_{i,j}^{\mathrm{F}},P_{i,j}^{\mathrm{A}})=G_{\mathrm{Grad}}^{\mathrm{F}}(P_{i,j}^{\mathrm{F}})+G_{\mathrm{Grad}}^{\mathrm{A}}(P_{i,j}^{\mathrm{A}})\tag{10.1.7}$$

$$\begin{aligned}G_{\mathrm{Grad}}^{\mathrm{F}}(P_{i,j}^{\mathrm{F}})=&\frac{1}{2}h_{11}\left[\left(\frac{\partial P_1^{\mathrm{F}}}{\partial x_1}\right)^2+\left(\frac{\partial P_2^{\mathrm{F}}}{\partial x_2}\right)^2+\left(\frac{\partial P_3^{\mathrm{F}}}{\partial x_3}\right)^2\right]\\&+h_{12}\left(\frac{\partial P_1^{\mathrm{F}}}{\partial x_1}\frac{\partial P_2^{\mathrm{F}}}{\partial x_2}+\frac{\partial P_1^{\mathrm{F}}}{\partial x_1}\frac{\partial P_3^{\mathrm{F}}}{\partial x_3}+\frac{\partial P_2^{\mathrm{F}}}{\partial x_2}\frac{\partial P_3^{\mathrm{F}}}{\partial x_3}\right)+\frac{1}{2}h_{44}\left[\left(\frac{\partial P_1^{\mathrm{F}}}{\partial x_2}+\frac{\partial P_2^{\mathrm{F}}}{\partial x_1}\right)^2\right.\\&\left.+\left(\frac{\partial P_1^{\mathrm{F}}}{\partial x_3}+\frac{\partial P_3^{\mathrm{F}}}{\partial x_1}\right)^2+\left(\frac{\partial P_2^{\mathrm{F}}}{\partial x_3}+\frac{\partial P_3^{\mathrm{F}}}{\partial x_2}\right)^2\right]\end{aligned}\tag{10.1.8a}$$

$$\begin{aligned}G_{\mathrm{Grad}}^{\mathrm{A}}(P_{i,j}^{\mathrm{A}})=&\frac{1}{2}k_{11}\left[\left(\frac{\partial P_1^{\mathrm{A}}}{\partial x_1}\right)^2+\left(\frac{\partial P_2^{\mathrm{A}}}{\partial x_2}\right)^2+\left(\frac{\partial P_3^{\mathrm{A}}}{\partial x_3}\right)^2\right]\\&+k_{12}\left[\frac{\partial P_1^{\mathrm{A}}}{\partial x_1}\frac{\partial P_2^{\mathrm{A}}}{\partial x_2}+\frac{\partial P_1^{\mathrm{A}}}{\partial x_1}\frac{\partial P_3^{\mathrm{A}}}{\partial x_3}+\frac{\partial P_2^{\mathrm{A}}}{\partial x_2}\frac{\partial P_3^{\mathrm{A}}}{\partial x_3}\right]\\&+\frac{1}{2}k_{44}\left[\left(\frac{\partial P_1^{\mathrm{A}}}{\partial x_2}+\frac{\partial P_2^{\mathrm{A}}}{\partial x_1}\right)^2+\left(\frac{\partial P_1^{\mathrm{A}}}{\partial x_3}+\frac{\partial P_3^{\mathrm{A}}}{\partial x_1}\right)^2\right.\\&\left.+\left(\frac{\partial P_2^{\mathrm{A}}}{\partial x_3}+\frac{\partial P_3^{\mathrm{A}}}{\partial x_2}\right)^2\right]\end{aligned}\tag{10.1.8b}$$

其中，$h_{11}\sim h_{44}$，$k_{11}\sim k_{44}$ 分别对应于铁电相、反铁电相的梯度能系数。

系统的电场能可表示为

$$G_{\mathrm{Ele}}(P_i^{\mathrm{F}},E_i)=-\frac{1}{2}\kappa_0\kappa(E_1^2+E_2^2+E_3^2)-(E_1P_1^{\mathrm{F}}+E_2P_2^{\mathrm{F}}+E_3P_3^{\mathrm{F}}) \tag{10.1.9}$$

结合系统自由能,可以给出铁电相、反铁电相的演化方程如下:

$$\frac{\partial P_i^{\mathrm{F}}}{\partial t}=-\mu^{\mathrm{F}}\frac{\partial G}{\partial P_i^{\mathrm{F}}} \tag{10.1.10a}$$

$$\frac{\partial P_i^{\mathrm{A}}}{\partial t}=-\mu^{\mathrm{A}}\frac{\partial G}{\partial P_i^{\mathrm{A}}} \tag{10.1.10b}$$

其中,μ^{F},μ^{A} 分别对应于铁电相、反铁电相的动力学系数。

2. 力学和电场基本方程

对于铁电材料介质,其应力张量 σ_{ij} 满足的力学平衡方程为

$$\frac{\partial\sigma_{ij}}{\partial x_j}+f_i=0 \tag{10.1.11}$$

其中,f_i 表示所受的体力。

电场控制方程为 Maxwell 方程,可表示为

$$\frac{\partial D_i}{\partial x_i}-\zeta=0 \tag{10.1.12}$$

其中,ζ 为体积电荷密度;D_i 为电位移,其与电场和极化强度之间满足关系式:

$$D_i=\varepsilon_0\varepsilon_{\mathrm{r}}E_i+P_i^{\mathrm{F}} \tag{10.1.13}$$

式中,ε_0,ε_{r} 分别为真空介电常数和相对介电常数。

上述的铁电材料不同相的热力学演化方程及应力场、电场的控制方程,结合具体边界条件,便可构成铁电功能材料铁电相-反铁电相的相变动力学定解问题。由于极化矢量、应力以及电场均与系统自由能相关,从而共同构成了电-力多场耦合系统。

10.1.2 静水压力下铁电材料 PZT95/5 的宏观性能

10.1.1 节中给出了铁电材料相变的一般动力学耦合方程,通常需要借助于数值方法求解。这里我们将针对一类铁电材料——PZT95/5 给出其准静态下的相变特征与宏观性能分析。

考虑较为简单的静水压力作用于铁电材料的情形,并且忽略外加电场及极化梯度项,则铁电材料系统包含了铁电相和反铁电相的极化强度、应力张量两类内变量。对于等静压情形,不难获得材料内部的应力状态:

$$\sigma_{11}=\sigma_{22}=\sigma_{33}=-\bar{\sigma},\quad \sigma_{12}=\sigma_{23}=\sigma_{13}=0 \tag{10.1.14}$$

如图 10.1.2 所示,铁电相电极化强度 P_1^{F},P_2^{F},P_3^{F} 分别沿三个晶轴方向 [100],[010],[001],且三个方向极化强度相等,自发极化强度 $P_{\mathrm{Fs}}=\sqrt{3}\bar{P}^{\mathrm{F}}$ 沿 [111] 方向。反铁电偶极子极化方向沿四方体晶胞 [110] 方向,反铁电相极化强度 P_1^{A},P_2^{A} 分别沿两个晶轴方向 [100],[010],且两个方向极化强度相等,反铁电自发极化强度 $P_{\mathrm{As}}=\sqrt{2}\bar{P}^{\mathrm{A}}$ 沿 [110] 方向。

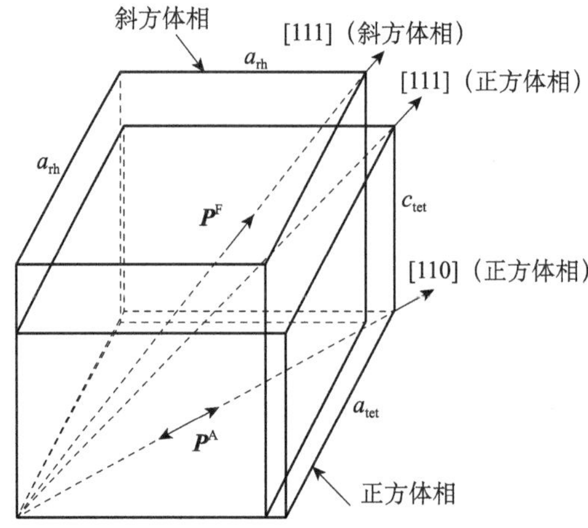

图 10.1.2　铁电相、反铁电相晶格及电极化方向示意图

根据晶格结构可知，铁电斜方体相的极化强度沿晶格［111］方向，电极化强度满足

$$P_1^F = P_2^F = P_3^F = \bar{P}^F \neq 0, \quad P_1^A = P_2^A = P_3^A = 0 \tag{10.1.15}$$

反铁电正方体相的电极化强度沿晶格［110］方向，则有

$$P_1^F = P_2^F = P_3^F = 0, \quad P_1^A = P_2^A = \bar{P}^A, \quad P_3^A = 0 \tag{10.1.16}$$

系统自由能式（10.1.2）可简化为

$$\begin{aligned} G = & 3[\alpha_1 - (q_{11} + 2q_{12})\bar{\sigma}](\bar{P}^F)^2 + 3(\alpha_{11} + \alpha_{12})(\bar{P}^F)^4 \\ & + (3\alpha_{111} + 6\alpha_{112} + \alpha_{123})(\bar{P}^F)^6 + 2[\beta_1 - (r_{11} + 2r_{12})\bar{\sigma}](\bar{P}^A)^2 \\ & + (2\beta_{11} + \beta_{12})(\bar{P}^A)^4 + 2(\beta_{111} + \beta_{112})(\bar{P}^A)^6 - \frac{3}{2}(s_{11} + 2s_{12})\bar{\sigma}^2 \end{aligned} \tag{10.1.17}$$

对于准静态情形，相变演化方程可由式（10.1.10）的退化形式得到

$$\frac{\partial G}{\partial P_i^F} = 0, \quad \frac{\partial G}{\partial P_i^A} = 0 \tag{10.1.18}$$

由此，可以获得铁电相、反铁电相的电极化强度随静水压力间的关系如下：

$$(\bar{P}^F)^2 = \frac{-(\alpha_{11} + \alpha_{12}) + \{(\alpha_{11} + \alpha_{12})^2 - (3\alpha_{111} + 6\alpha_{112} + \alpha_{123})[\alpha_1 - (q_{11} + 2q_{12})\bar{\sigma}]\}^{1/2}}{3\alpha_{111} + 6\alpha_{112} + \alpha_{123}} \tag{10.1.19a}$$

$$(\bar{P}^A)^2 = \frac{-(2\beta_{11} + \beta_{12}) + \{(2\beta_{11} + \beta_{12})^2 - 12(\beta_{111} + \beta_{112})[\beta_1 - (r_{11} + 2r_{12})\bar{\sigma}]\}^{1/2}}{6(\beta_{111} + \beta_{112})} \tag{10.1.19b}$$

根据热力学基本方程，铁电材料内部的应变可由系统自由能关于应力的偏导数（即 $\varepsilon_{ij} = \partial G / \partial \sigma_{ij}$）获得如下：

$$\varepsilon_{11} = \varepsilon_{22} = \varepsilon_{33} = -(s_{11} + 2s_{12})\bar{\sigma} - (q_{11} + 2q_{12})(\bar{P}^F)^2 \tag{10.1.20}$$

铁电材料的介电极化率可表示为

$$\bar{\eta} = \frac{1}{\varepsilon_0 \partial^2 G / \partial (\bar{P}^F)^2} \tag{10.1.21}$$

下面，我们给出铁电材料 PZT95/5 的相关材料参数，并进行宏观性能随温度或应力的变化特征。对于铁电相、反铁电相的介电刚度系数 α_1，β_1，通常其为温度的函数，即

$$\alpha_1=\frac{T-T_0}{2\varepsilon_0\gamma},\quad \beta_1=\frac{T-T_A}{2\varepsilon_0\gamma_A} \tag{10.1.22}$$

这里，T_0 表示居里-外斯（Curie-Weiss）温度；γ 为居里常数；T_A，γ_A 为反铁电相关参数。其他相关材料参数如表 10.1.1 所列。

表 10.1.1 铁电材料 PZT95/5 的介电、电致伸缩及弹性系数

系数	数值	系数	数值
T_0/°C	215	γ_A/°C	1.86×10^4
T_A/°C	216.5	$q_{11}/(\mathrm{m^4/C^2})$	0.485
γ/°C	1.7×10^5	$q_{12}/(\mathrm{m^4/C^2})$	−0.146
$\alpha_{11}/(\mathrm{m^5/(C^2\cdot F)})$	5.59×10^8	$q_{44}/(\mathrm{m^4/C^2})$	0.0846
$\alpha_{12}/(\mathrm{m^5/(C^2\cdot F)})$	-7.2×10^8		
$\alpha_{111}/(\mathrm{m^9/(C^4\cdot F)})$	6.579×10^8	$s_{11}/(\mathrm{m^2/N})$	8.3×10^{-12}
$\alpha_{112}/(\mathrm{m^9/(C^4\cdot F)})$	1.04×10^{10}	$s_{12}/(\mathrm{m^2/N})$	-1.9×10^{-12}
$\alpha_{123}/(\mathrm{m^9/(C^4\cdot F)})$	-2.641×10^{10}	$s_{44}/(\mathrm{m^2/N})$	2×10^{-11}

图 10.1.3 给出了不同静水压力下 PZT95/5 铁电材料的铁电相、反铁电相的自发极化强度随温度的变化曲线。从图 10.1.3（a）可以看出：随着温度的增加，铁电相极化强度快速减小；随着静水压力的增大，铁电到顺电的相变温度下降，其与等静压作用下钙钛矿位移型铁电体的相变温度变化趋势的实验结果相一致。由图 10.1.3（b）可以看出：不同静水压力作用下，PZT95/5 极化强度随温度的增加呈现减小趋势，静水压力对反铁电相的相变温度影响不大，这与已有实验结论在定性上是一致的[7]；当静水压力达到 300MPa 时，反铁电相到顺电相的相变温度略有降低。

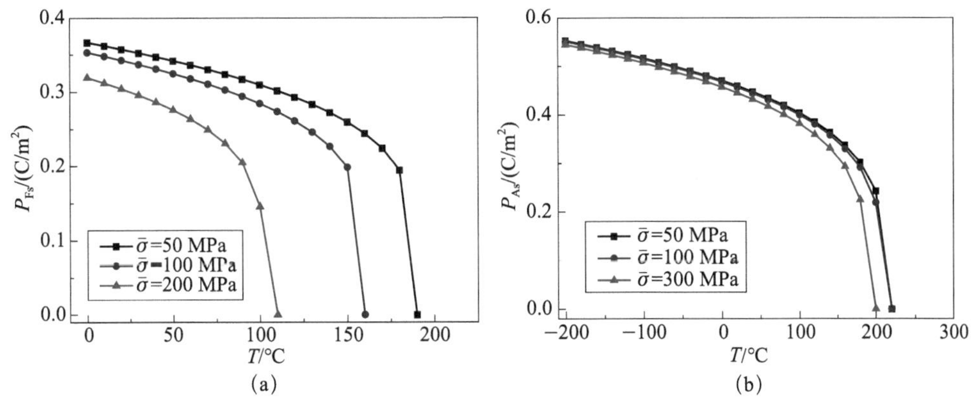

图 10.1.3 不同静水应力下 PZT95/5 自发极化强度随温度的变化曲线

(a) 铁电相；(b) 反铁电相

图 10.1.4 给出了 PZT95/5 铁电材料的介电极化率的变化规律。图 10.1.4（a）为介电极化率随温度的变化曲线，可以看出，相变温度前，介电极化率随着温度的增加而增

大，并达到最大值，之后再快速减小甚至到负值。这是由于铁电体在相变温度附近的介电极化率呈现极大值，是铁电相变的重要标志，此时发生铁电相到顺电相的相变。此外，从图中还可以看出，不同压力下介电极化率不同，则达到最大值时所对应的温度不同；随着静水压力的增大，发生相变的温度降低，这一预测结果与实验一致。图 10.1.4 (b) 中的介电极化率随静水压力的变化曲线也很好地呈现了这一变化特征。

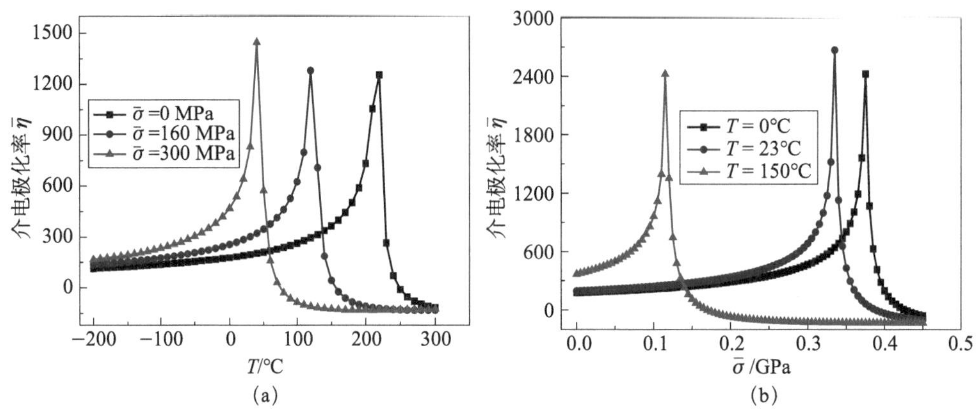

图 10.1.4　PZT95/5 铁电相的介电极化率变化曲线

(a) 随温度变化；(b) 随静水压力变化

10.2　铁电材料的相变放电及电击穿失效

10.2.1　PZT95/5 静电场下的电击穿失效

铁电材料可以在电场下实现电极化，但往往也存在电击穿失效现象，导致铁电材料的损坏。实际的工程应用中，材料内部存在的缺陷使得电击穿易于发生，进而严重危害到铁电器件的使用安全。对于静电场下铁电陶瓷材料，我们建立弱电击穿机制和通道电机械击穿理论，针对其电击穿失效现象予以解释。

如图 10.2.1 (a) 所示，陶瓷材料内部往往存在裂纹通道，在外电场作用下裂纹通道的能量由静电能 W_{es} 和电机械能 W_{em} 两部分组成。随着外加电场的增大，则通道尖端处的电机械总能量大到足以克服通道的表面能 W_s，此时裂纹通道开裂、蔓延扩展，并最终导致介质的失效和破坏。相应的击穿失效的能量判据可表示为

$$W_{es}+W_{em}\geqslant W_s \tag{10.2.1}$$

如图 10.2.1 (b) 所示，假设击穿通道从孔洞缺陷处开始，通道端部为一个半球体，半径为 r，通道扩展方向的长度为 $\mathrm{d}l$；并记通道端部气孔处的电场强度为 $\boldsymbol{E}$、电位移为 $\boldsymbol{D}$，则静电能和电机械能分别为

$$W_{es}=\frac{1}{2}\boldsymbol{D}\cdot\boldsymbol{E}\pi r^2\mathrm{d}l,\quad W_{em}=\frac{1}{2}\sigma\gamma\pi r^2\mathrm{d}l \tag{10.2.2}$$

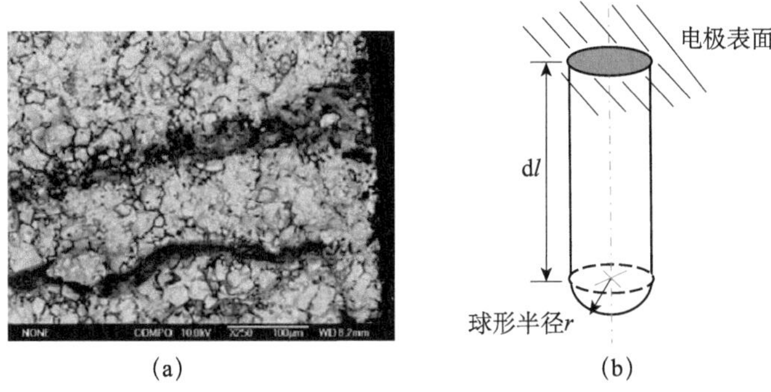

(a) (b)

图 10.2.1 (a) 铁电陶瓷材料的击穿通道断面 SEM 形貌图；(b) 裂纹通道示意图

在电击穿过程中裂纹通道扩展需要克服能量，这与裂纹扩展类似，相应的表面能可表征如下：

$$W_s = 2G\pi r \mathrm{d}l \tag{10.2.3}$$

对于铁电陶瓷材料，一般可取机械能释放率 $G \sim 10\ \mathrm{J/m^2}$。

进一步，静电场下作用于材料上的 Maxwell 应力可表示为

$$\sigma = \frac{1}{2}\varepsilon_0\varepsilon_r \boldsymbol{E}^2 \tag{10.2.4}$$

其中，ε_0，ε_r 分别表示真空中介电常数和通道裂纹的相对介电常数。

考虑铁电材料为弹性变形，则应变与应力满足胡克定律，即

$$\gamma = \frac{\sigma}{Y} \tag{10.2.5}$$

其中，Y 为杨氏模量。

将式 (10.2.2) ~式 (10.2.5) 代入式 (10.2.1)，不难获得铁电陶瓷在静电场作用下电击穿的临界电场强度值：

$$E_{cr}^{s} = \left[\frac{2}{\varepsilon_0\varepsilon_r r}\left(\sqrt{rY(rY+4G)} - rY\right)\right]^{1/2} \tag{10.2.6}$$

但是，实际制备的材料往往很难达到理想的高密度，不可避免地存在一些孔隙结构。由此，可将其看作为多孔材料，相关的电性和力学参数随致密度的不同也会有所不同。

我们以致密 PZT95/5 铁电陶瓷的相关参数为基准，来表征多孔材料的性能。相对致密材料的相对介电常数 ε_{r0}，多孔 PZT95/5 陶瓷的相对介电常数 ε_r 一般可表示如下：

$$\varepsilon_r = \varepsilon_{r0}\left[1 - (p/d)^{2/3}\right] \tag{10.2.7}$$

其中，p 为孔隙率；d 为孔形状因子。根据实验观察和孔隙率测量结果[8]，当球形孔时 $d=1$，不规则形状孔时 $d=0.5$。

一般情形，多孔脆性材料的等效杨氏模量可以表示为

$$Y = Y_0(1-\alpha p)^n \tag{10.2.8}$$

其中，Y_0 为致密陶瓷的杨氏模量；α 为材料常数。对于多孔 PZT95/5 铁电陶瓷，根据实验可知 $n=1$。

此外，铁电陶瓷材料内部通道的气体易被电离为导体，从而在气孔表面产生感应电

荷，其与存在的空间自由电荷一起使得孔洞周围电场发生变化，引起气孔局部放电。为简单起见，假定通道尖端电场均匀放电，与外加电场成比例，即

$$\boldsymbol{E}=h\boldsymbol{E}_0 \tag{10.2.9}$$

其中，比例因子为

$$h=\frac{k\varepsilon_{\mathrm{r}}}{1+(k-1)\varepsilon_{\mathrm{r}}} \tag{10.2.10}$$

这里，k 为与通道处电场局部分布因子相关的常数。

考虑通道电场与外加电场的分布差异，以及非理想致密的多孔材料性能参数，可得到通道处总能量与外电场的关系如下：

$$W_{\mathrm{es}}+W_{\mathrm{em}}=\frac{1}{2}\boldsymbol{D}\cdot\boldsymbol{E}\pi r^2\mathrm{d}l+\frac{1}{2}\sigma\gamma\pi r^2\mathrm{d}l=\left(\frac{1}{2}\varepsilon_0\varepsilon_{\mathrm{r}}h^2\boldsymbol{E}_0^2+\frac{\varepsilon_0^2\varepsilon_{\mathrm{r}}^2h^4}{8Y}\boldsymbol{E}_0^4\right)\pi r^2\mathrm{d}l \tag{10.2.11}$$

进而，由电击穿临界准则式（10.2.1），可得到考虑局部电场集中效应和材料多孔效应后的临界电场强度：

$$E_{\mathrm{cr}}^{\mathrm{s}}=\left(1-\frac{1}{k}\right)\left\{\frac{2}{r\varepsilon_0\varepsilon_{\mathrm{r0}}[1-(p/d)^{2/3}]}\times\left[\sqrt{rY_0(1-\alpha p)[rY_0(1-\alpha p)+4G]}-rY_0(1-\alpha p)\right]\right\}^{1/2} \tag{10.2.12}$$

对应于致密材料（即 $p=0$），式（10.2.12）可简化为

$$E_{\mathrm{cr}}^{\mathrm{s}}=\left(1-\frac{1}{k}\right)\left[\frac{2}{r\varepsilon_0\varepsilon_{\mathrm{r0}}}\left(\sqrt{rY_0(rY_0+4G)}-rY_0\right)\right]^{1/2} \tag{10.2.13}$$

表 10.2.1 给出铁电陶瓷材料 PZT95/5 在静电场下的电击穿临界电场强度预测值与实验测试结果[9] 的比较。可以看出：基于电场能量和弹性能的临界场模型所给出的击穿电场强度的预测结果与实验结果吻合良好，说明了该理论预测模型的有效性。

表 10.2.1　静电场下致密及多孔 PZT95/5 电击穿临界场强

孔隙率	相对介电常数	杨氏模量/GPa	通道特征尺寸/μm	击穿临界场强预测值/（kV/mm）	击穿临界场强实验值/（kV/mm）
3%	310	163	4.5	8.2	7.5
5%	285	148	5	7.97	6.8
11%	240	121	7.5	6.88	6.65

10.2.2　冲击载荷下的相变放电过程

经过电极化的 PZT95/5 铁电陶瓷能够在冲击波加载下发生铁电相到反铁电相的快速转变，并急速（微秒量级）退极化释放出束缚电荷，电荷流经外电路输出高电流或高电压，可以形成高功率的瞬态电源[10]。

如图 10.2.2 所示，考虑一冲击波作用下的铁电陶瓷样品，其几何尺寸为 $x_0\times y_0\times$

z_0； 样品的电极化剩余极化强度为 P_r，冲击波加载方向与极化方向垂直。一般情形下，冲击波的波前、波后电场强度相同，而电位移不同。此外，我们假设冲击波脉冲宽度大于铁电相（FE）-反铁电相（AFE）转变时间，在冲击波加载过程中铁电材料的转变是瞬时完成且完全去极化的。

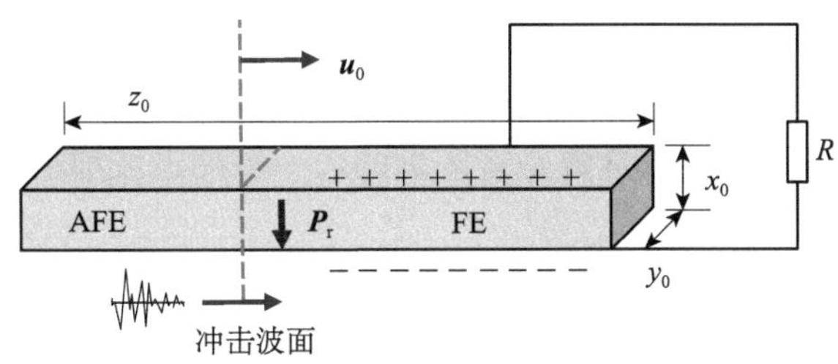

图 10.2.2 冲击波加载下的铁电材料放电工作模式示意图

记冲击波作用下铁电陶瓷波后区电流为 $i_1(t)$，则有

$$i_1(t)=\frac{\mathrm{d}}{\mathrm{d}t}(A_1D_1) \tag{10.2.14}$$

不妨假设波后区完全去极化，则波后区电位移可表示为

$$D_1=\varepsilon_1 E(t) \tag{10.2.15}$$

其中，ε_1 为波后区介电常数；$E(t)$ 为随时间变化的电场强度。

如图 10.2.2 所示，波后区面积可表示为

$$A_1=y_0\int_0^t u_0\mathrm{d}t \tag{10.2.16}$$

其中，u_0 为冲击波波速。

对于波前区的电流 $i_0(t)$，可表示如下：

$$i_0(t)=\frac{\mathrm{d}}{\mathrm{d}t}[A_0(D_0+P_r)]=\frac{\mathrm{d}}{\mathrm{d}t}[A_0(\varepsilon_0\varepsilon_r E(t)+P_r)] \tag{10.2.17}$$

其中，ε_r 表示材料波前区的相对介电系数。

相应的波前区面积为

$$A_0=y_0\left(z_0-\int_0^t u_0\mathrm{d}t\right) \tag{10.2.18}$$

考虑电路外接负载电阻情形，则外电阻的电流 i_R 可表示如下：

$$i_R(t)=\frac{V(t)}{R}=\frac{x_0E(t)}{R} \tag{10.2.19}$$

根据 Kirchoff 电流定律，我们有

$$i_1(t)+i_0(t)+i_R(t)=0 \tag{10.2.20}$$

将式（10.2.14）、式（10.2.17）、式（10.2.19）代入式（10.2.20），可得

$$[\varepsilon_0\varepsilon_r y_0z_0+(\varepsilon_1-\varepsilon_0\varepsilon_r)y_0u_0t]\frac{\mathrm{d}E(t)}{\mathrm{d}t}+\left[(\varepsilon_1-\varepsilon_0\varepsilon_r)y_0u_0+\frac{x_0}{R}\right]E(t)-y_0u_0p_r=0 \tag{10.2.21}$$

求解该微分方程，不难得到输出电场强度的解析表达式如下：

$$E(t)=\frac{p_{\mathrm{r}}}{\Delta\varepsilon(1+\alpha)}\left[1-\left(1+\frac{\Delta\varepsilon}{\varepsilon_0\varepsilon_{\mathrm{r}}}\frac{u_0}{z_0}t\right)^{-(1+\alpha)}\right],\quad t\leqslant\tau \tag{10.2.22}$$

其中，参数 τ 为冲击波在铁电陶瓷中的传播时间，即 $\tau=z_0/u_0$ 。

此外，式（10.2.22）中的其他参量表示为

$$\alpha=\frac{x_0}{y_0u_0R\Delta\varepsilon}=\frac{x_0\tau}{y_0z_0R\Delta\varepsilon},\quad \Delta\varepsilon=\varepsilon_1-\varepsilon_0\varepsilon_{\mathrm{r}}=-0.5\varepsilon_0\varepsilon_{\mathrm{r}} \tag{10.2.23}$$

这里，$\Delta\varepsilon$ 为冲击波作用前后铁电陶瓷介电常数之差。波后区铁电陶瓷退极化，相比于波前区的极化铁电陶瓷材料的介电常数是有区别的，一般冲击波前后其介电常数有近似关系，$\varepsilon_1=0.5\varepsilon_0\varepsilon_{\mathrm{r}}$。

根据式（10.2.22），我们不难获得冲击波加载下铁电材料的输出电场稳定平台期的最大值：

$$E_{\text{stable}}=\frac{p_{\mathrm{r}}}{\Delta\varepsilon(1+\alpha)}=\frac{p_{\mathrm{r}}}{-\dfrac{1}{2}\varepsilon_0\varepsilon_{\mathrm{r}}+\dfrac{x_0}{y_0}\dfrac{1}{u_0R}} \tag{10.2.24}$$

我们以致密 PZT95/5 铁电陶瓷相关参数为基准，则多孔 PZT95/5 的剩余极化强度表示如下：

$$P_{\mathrm{r}}=P_{\mathrm{r0}}(1-\beta p) \tag{10.2.25}$$

其中，P_{r0} 为致密极化铁电陶瓷的剩余极化强度；p 表示多孔材料的孔隙率；β 为材料参数，可由实验测得。

将式（10.2.25）代入式（10.2.22），并考虑多孔介电常数与孔隙率的关系式（10.2.7），便可得到冲击波加载下多孔铁电陶瓷放电过程中的输出电场强度和最大稳定场强：

$$E(t)=\frac{P_{\mathrm{r0}}(1-\beta p)}{\Delta\varepsilon'(1+\alpha')}\left[1-\left(1-\frac{1}{2}\frac{u_0}{z_0}t\right)^{-(1+\alpha')}\right],\quad t\leqslant\tau \tag{10.2.26}$$

$$E_{\text{stable}}=\frac{P_{\mathrm{r0}}(1-\beta p)}{\dfrac{x_0}{y_0u_0R}-\dfrac{1}{2}\varepsilon_0\varepsilon_{\mathrm{r0}}[1-(p/d)^{2/3}]} \tag{10.2.27}$$

其中，

$$\alpha'=\frac{2x_0}{-y_0u_0R\varepsilon_0\varepsilon_{\mathrm{r0}}[1-(p/d)^{2/3}]},\quad \Delta\varepsilon'=-\frac{1}{2}\varepsilon_0\varepsilon_{\mathrm{r0}}[1-(p/d)^{2/3}] \tag{10.2.28}$$

由式（10.2.28）可以看出：输出电场强度的稳定值与铁电材料剩余极化强度、孔隙率、材料尺寸及介电常数相关，也与冲击波加载下冲击波速及外电路电阻有关。

10.2.3　冲击载荷下的电击穿失效预测

冲击波作用下的铁电陶瓷的击穿失效是一复杂的多因素力、电失效问题。失效所对应的临界电场表现出与材料的几何尺寸、外负载电阻、冲击波速、材料剩余极化强度，以及微观特征参数（如孔隙率）等因素密切相关，目前与此关联的理论和机制的解释尚较少开展。

此外，由于铁电材料内部微缺陷的随机性、冲击测试实验中的样品破碎无法回收等特点，精确评估冲击波作用下的电击穿临界电场更为困难。这里将从临界场的上、下界

预测给出这一问题的合理解答范围[2]。

已有一些实验观测表明：冲击波加载下多孔铁电陶瓷材料的击穿电场强度往往不高于材料在静电场下的击穿强度[11]，因此可将静电场下的临界场强 E_{cr}^{s} 作为冲击载荷下的击穿场强上界值。同时，在冲击载荷作用下，PZT95/5 铁电陶瓷材料没有被电击穿破坏前，输出电流呈现一平台稳定电流，当外加冲击载荷或负载电阻较大时，材料往往发生击穿破坏，输出电流为短时脉冲式放电的三角形波形，材料失效且不能完全输出存储的电能。若将输出电流转化为电场强度则可知：不同孔隙率材料击穿破坏时输出的电场强度值总是会大于正常放电时电场强度最大稳定值。故可将冲击加载下铁电陶瓷输出电场强度的稳定值 E_{stable} 作为击穿场强的下界值。

图 10.2.3 给出这一上、下界值预测的示意图[2]。冲击波加载下铁电陶瓷放电的输出电场强度是与时间相关的，当冲击波进入材料并达到 τ_m 时刻，输出场强达到稳定值。冲击波作用下材料电击穿并非瞬时，从初始冲击到材料击穿所需时间记为 τ_b；当冲击载荷足够高时，使得铁电陶瓷电荷完全释放，输出高电流/电场的放电时间逐步缩短，并有 $\tau_m \to \tau_b$，此时，放电输出的稳定电场 $E_{stable} \to E_{cr}^{d}$。因此，根据冲击加载下铁电陶瓷的电击穿失效与静电场下材料击穿和正常冲击放电时电场强度的关系，可以给出击穿失效的临界场强 E_{cr}^{d} 范围如下：

$$E_{stable} \leqslant E_{cr}^{d} \leqslant E_{cr}^{s} \tag{10.2.29}$$

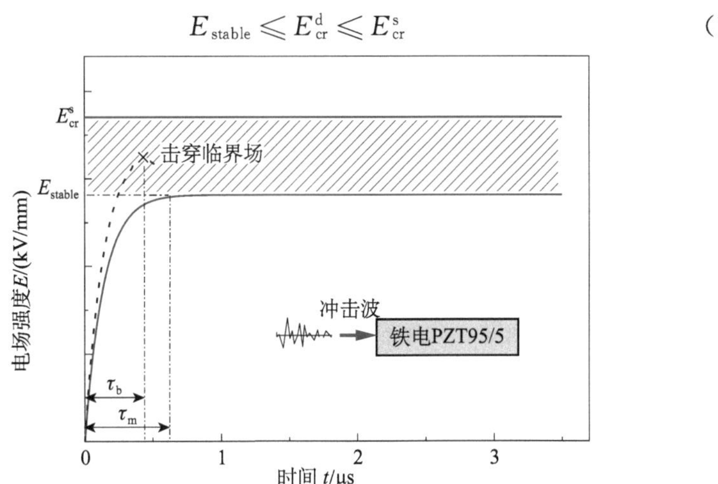

图 10.2.3 铁电 PZT95/5 临界击穿电场强度示意图

结合静电场下 PZT95/5 多孔铁电陶瓷的电击穿临界电场 E_{cr}^{s}，以及冲击波作用下的放电稳定场 E_{stable}，我们不难获得冲击波下的电击穿预测范围，即

$$\frac{P_{r0}(1-\beta p)}{\dfrac{x_0}{y_0 u_0 R}-\dfrac{1}{2}\varepsilon_0\varepsilon_{r0}\left[1-(p/d)^{2/3}\right]} \leqslant E_{cr}^{d}$$
$$\leqslant \left(1-\frac{1}{k}\right)\left\{\frac{2\left[\sqrt{rY_0(1-\alpha p)\left[rY_0(1-\alpha p)+4G\right]}-rY_0(1-\alpha p)\right]}{r\varepsilon_0\varepsilon_{r0}\left[1-(p/d)^{2/3}\right]}\right\}^{1/2} \tag{10.2.30}$$

对于致密材料（即 $p=0$），式（10.2.30）可以进一步简化为

$$\frac{P_{r0}}{\dfrac{x_0}{y_0 u_0 R}-\dfrac{1}{2}\varepsilon_0\varepsilon_{r0}} \leqslant E_{cr}^{d} \leqslant \left(1-\frac{1}{k}\right)\left[\frac{2\left(\sqrt{rY_0(rY_0+4G)}-rY_0\right)}{r\varepsilon_0\varepsilon_{r0}}\right]^{1/2} \tag{10.2.31}$$

根据式（10.2.30）和式（10.2.31）的上、下界预估值公式，表 10.2.2 进一步给出了冲击加载作用下铁电陶瓷击穿场强的预测范围，并与实验结果进行了对比，其中静电场下的电击穿场强预测值见表 10.2.1。可以看出：击穿电场强度实验值与理论预测值在同一范围；静电场下临界击穿场强及冲击加载下多孔铁电陶瓷电场强度的稳定值分别作为冲击加载下材料击穿场强的上、下界限，基于此给出的定量预测是合理的。

表 10.2.2　冲击波作用下多孔铁电陶瓷击穿场强范围预测

孔隙率	冲击应力 /GPa	脉冲宽度 /μs	$x_0\times y_0\times z_0$ /(mm×mm×mm)	剩余极化强度 /(μC/cm²)	负载 R/Ω	击穿场强实验值[2] /(kV/mm)	击穿场强预测范围/(kV/mm)
3%	3	1.10	2×20×4	31.0	600	7.1	6.9～8.2
5%	2.1	2.661	2×10×10	29.1	1000	5.5	5.59～7.97
5%	2.6	2.447	2×10×10	29.1	1000	7.0	6.1～7.97
11%	1.5	2.808	2×10×10	21.8	1000	4.13	3.96～6.88
11%	2.6	2.758	2×10×10	21.8	1000	4.64	3.99～6.88

此外，从预测结果也能看出，随着材料孔隙率的增大，预测值的上、下界均减小，这与实验结果给出的随着孔隙率增加击穿场强值减小的规律也是吻合的。尽管模型仅给出 PZT95/5 冲击加载下电击穿强度的上、下界，但其将击穿失效临界击穿场强与冲击压力、材料尺寸、剩余极化强度、介电常数等重要参数之间建立了有效关联。

PZT95/5 陶瓷在冲击波垂向加载下的放电特征决定了击穿场强预测范围的下界值，而临界电场强度表现出与陶瓷材料的几何尺寸、外负载电阻以及材料微观特征等密切相关的性质，也可以通过冲击波垂向加载下的放电特征给出定性的解释。

图 10.2.4 给出了冲击波加载下 PZT95/5 输出电场强度随时间的变化曲线。可以看出：冲击波作用后，材料在不被击穿破坏的情况下，输出电场强度在很短的时间（小于 0.5μs）达到一稳定值。图 10.2.4（a）给出了不同负载电阻下，铁电材料孔隙率为 5% 的电场强度随时间的变化规律。当材料孔隙率恒定时，外接电阻越大，放电时所对应的电场强度幅值越大；并且随着外接电阻增大，电场强度达到稳定值所需的时间越长。这主要是因为高电阻的存在使得电场增强，而强电场也同时加载在样品上，进而抑制了铁电材料的铁电到反铁电的相变，表现在放电初始阶段存在一较缓的上升沿。图 10.2.4（b）给出不同孔隙率情形下的 PZT95/5 电场强度随时间的变化曲线。在同一外负载情形下（如 $R=700\Omega$），随着孔隙率的增大，输出电场强度的幅值降低。这主要是因为对于较大孔隙率，材料内部的剩余极化强度小，输出的电荷量偏小，进而电场强度幅值低。这些预测结论与实验结果定性上均相吻合。

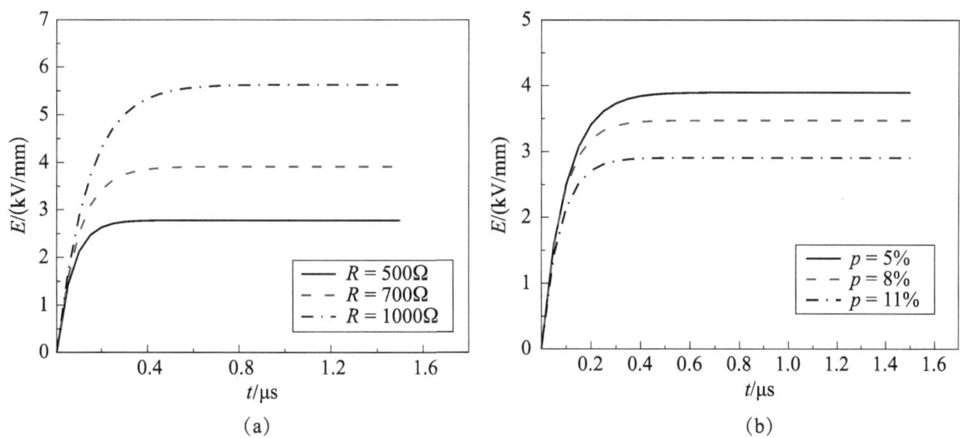

图 10.2.4 多孔铁电 PZT95/5 冲击波作用下，输出电场随时间变化曲线（$u_0=3.8$km/s）

(a) 不同外电路负载情形（$p=5\%$）；(b) 不同孔隙率情形（$R=700\Omega$）

10.3 铁电材料电-力耦合作用下的相变和畴变微结构演化

铁电材料的宏观性能受到材料的本征特性和非本征特性的共同影响。本征特性主要包括材料的化学成分、晶格弹性以及晶格结构等内禀属性；非本征特性则主要包括电畴结构特性（如尺寸）、电畴翻转和畴壁移动等。电畴结构在外场作用下的翻转动力学行为是铁电材料最为典型的特性之一，直接关联到宏观多场性能，也是宏观功能实现的物理基础。

相场模型与方法是以热力学、动力学为基础，在模拟材料微结构演化方面具有强大优势。相场方法不仅可用于铁电材料内部电畴结构的形核与成长，以及在外场作用下的演化规律分析，还可以在引入描述其他物理效应的能量后实现对多场影响机制的研究[1, 12, 13]。此外，有限元与相场模型的结合，可以适用于研究具有复杂的边界条件及几何形状的铁电材料内部的微结构演化问题，实现各类因素微结构演化影响的数值模拟。

10.3.1 相场方法及有限元模型

铁电材料的应用涉及多个物理场，其内部的电畴微结构演化通常关联到位移场、极化场和电场的并存以及相互影响。

1. 相场方法的基本方程

描述铁电材料系统状态的基本热力学物理场较多，包括了应变 ε_{ij} 、应力 σ_{ij} 、电场 E_i 、电位移 D_i 、极化强度 P_i 以及极化强度梯度 $P_{i,j}$ 。

选择应变、极化强度和电场作为独立变量，则铁电功能材料系统相对应的总自由能可表示为

$$F=\int_V f\mathrm{d}v=\int_V[f_{\mathrm{Landau}}(P_i)+f_{\mathrm{Elas}}(P_i,\varepsilon_{ij})+f_{\mathrm{Grad}}(P_{i,j})+f_{\mathrm{Elec}}(P_i,E_i)]\mathrm{d}v \tag{10.3.1}$$

其中，

$$f_{\mathrm{Landau}}(P_i)=\frac{1}{2}\alpha_{ij}P_iP_j+\frac{1}{4}\alpha_{ijkl}P_iP_jP_kP_l+\frac{1}{6}\alpha_{ijklmn}P_iP_jP_kP_lP_mP_n+\cdots \tag{10.3.2a}$$

$$f_{\mathrm{Elas}}(P_i,\varepsilon_{ij})=\frac{1}{2}c_{ijkl}\varepsilon_{ij}^{\mathrm{el}}\varepsilon_{kl}^{\mathrm{el}} \tag{10.3.2b}$$

$$f_{\mathrm{Grad}}(P_{i,j})=\frac{1}{2}g_{ijkl}P_{i,j}P_{k,l} \tag{10.3.2c}$$

$$f_{\mathrm{Elec}}(P_i,E_i)=-\frac{1}{2}\varepsilon_0\varepsilon_{\mathrm{r}}E_iE_i-E_iP_i \tag{10.3.2d}$$

在以上各式中，下指标的取值范围为 1～3，重复指标表示求和、逗号表示求导。各式具体含义如下所述。

$f_{\mathrm{Landau}}(P_i)$ 表示朗道能密度，α_{ij}，α_{ijkl}，α_{ijklmn} 分别表示对应的热力学唯象系数。

$f_{\mathrm{Elas}}(P_i,\varepsilon_{ij})$ 代表系统的弹性能密度，c_{ijkl} 表示弹性系数张量，$\varepsilon_{ij}^{\mathrm{el}}$ 为弹性应变，可由总应变 ε_{ij} 和本征应变 ε_{ij}^{0} 表示为

$$\varepsilon_{ij}^{\mathrm{el}}=\varepsilon_{ij}-\varepsilon_{ij}^{0},\quad \varepsilon_{ij}^{0}=q_{ijkl}P_kP_l \tag{10.3.3}$$

其中，q_{ijkl} 表示电致伸缩系数。

$f_{\mathrm{Grad}}(P_{i,j})$ 代表系统的极化梯度能密度，与畴壁能有关，其中 $P_{i,j}=\partial P_i/\partial x_j$ 表示极化梯度，g_{ijkl} 为梯度能系数。

$f_{\mathrm{Elec}}(P_i,E_i)$ 表示电场能密度，包括了静电能和退极化能。

基于系统的总自由能密度，可获得各物理场的本构方程如下：

$$\sigma_{ij}=\frac{\partial f}{\partial\varepsilon_{ij}},\quad \eta_i=\frac{\partial f}{\partial P_i},\quad \Lambda_{ij}=\frac{\partial f}{\partial P_{i,j}},\quad D_i=-\frac{\partial f}{\partial E_i} \tag{10.3.4}$$

其中，σ_{ij} 为应力张量；η_i 为有效局部电场力；Λ_{ij} 为高阶局部电场力；D_i 为电位移。

各场的基本控制方程及边界条件可一一表征如下。

力学平衡方程：

$$\sigma_{ij,j}+f_i=0 \tag{10.3.5}$$

相应位移和应力边界条件：

$$u_i=\bar{u}_i\quad（在\ S_u\ 上） \tag{10.3.6a}$$

$$\sigma_{ij}n_j=\bar{\tau}_i\quad（在\ S_\sigma\ 上） \tag{10.3.6b}$$

其中，$\bar{\tau}_i$ 为面力分量；S_u 和 S_σ 分别表示位移边界和应力边界，且有 $S=S_u\cup S_\sigma$。

电场 Maxwell 方程：

$$D_{i,i}-\zeta=0 \tag{10.3.7}$$

通常可引入电势 φ（$\boldsymbol{E}=-\nabla\varphi$），则相应的电势或者表面电荷密度边界条件为

$$\varphi=\bar{\varphi} \quad (\text{在 } S_\varphi \text{ 上}) \tag{10.3.8a}$$

$$D_i n_i=-\bar{\omega} \quad (\text{在 } S_\omega \text{ 上}) \tag{10.3.8b}$$

极化场演化方程：

$$\frac{\partial P_i(\boldsymbol{r},t)}{\partial t}=-L\frac{\partial F}{\partial P_i(\boldsymbol{r},t)}=-L(\Lambda_{ij,j}+\eta_i) \tag{10.3.9}$$

其中，L 表示铁电材料畴壁的移动参数；$\boldsymbol{r}$ 为空间坐标；方程左边表示极化矢量 P_i 随时间的变化，右端为极化场演化的驱动项。

相应的边界条件为极化强度矢量或者表面极化梯度通量在边界已知，即

$$P_i=\bar{P}_i \quad (\text{在 } S_P \text{ 上}) \tag{10.3.10a}$$

$$\Lambda_{ij}n_j=\bar{\pi}_i \quad (\text{在 } S_\pi \text{ 上}) \tag{10.3.10b}$$

由铁电材料的自由能密度式（10.3.1）、本构关系式（10.3.4）可以看出：三个场之间是相互耦合的，这里的方程组是一组与空间和时间相关的偏微分方程组，它们之间互相耦合且具有强的非线性，解析方法往往难以获得问题的解，需要通过数值方法对相场模型进行求解。

2. 有限元离散方程

我们通过有限元方法针对相场模型的一组偏微分方程进行数值求解。由于各个场的基本控制微分方程和边界条件（也称强形式）难以直接进行方程离散化和求解，以下基于弱形式（又称变分积分形式）来进行有限元离散化方程的建立。

首先，推导力学变形场微分方程的弱形式。

定义位移试函数为 δu_i，假设其平滑且在指定的位移边界上为零。将力学平衡微分方程（10.3.5）与 δu_i 相乘并在区域进行积分，便可获得位移场如下的弱形式：

$$\int_V \sigma_{ij,j}\delta u_i \mathrm{d}v+\int_V f_i\delta u_i \mathrm{d}v=0 \tag{10.3.11}$$

对于左边第一项应用分部积分和高斯-格林公式，可得

$$\int_V \sigma_{ij,j}\delta u_i \mathrm{d}v=-\int_V \sigma_{ij}\delta u_{i,j}\mathrm{d}v+\int_{S_\sigma}\sigma_{ij}n_j\delta u_i \mathrm{d}s \tag{10.3.12}$$

再结合应变-位移关系：

$$\varepsilon_{ij}=\frac{1}{2}(u_{i,j}+u_{j,i}) \tag{10.3.13}$$

可得到以位移表征的力学变形场的弱形式为

$$\int_V \sigma_{ij}\delta\varepsilon_{ij}\mathrm{d}v=\int_V f_i\delta u_i \mathrm{d}v+\int_{S_\sigma}\bar{\tau}_i\delta u_i \mathrm{d}s \tag{10.3.14}$$

其次，基于类似的方法可以分别建立电场和极化场微分方程的弱形式。

定义电场的试函数 $\delta\varphi$，相应的电场弱形式可表示为

$$\int_V D_i\delta\varphi_{,i}\mathrm{d}v=-\int_V \zeta\delta\varphi \mathrm{d}v-\int_{S_\omega}\bar{\omega}\delta\varphi \mathrm{d}s \tag{10.3.15}$$

定义极化场的试函数为 δP_i，可得到相应的弱形式：

$$\int_V \frac{\partial P_i}{\partial t}\delta P_i \mathrm{d}v+L\left(\int_V \frac{\partial f}{\partial P_i}\delta P_i \mathrm{d}v+\int_V \frac{\partial f}{\partial P_{i,j}}\delta P_{i,j}\mathrm{d}v\right)=L\int_{S_\pi}\bar{\pi}_i\delta P_i \mathrm{d}s \tag{10.3.16}$$

接下来，针对求解区域进行有限元网格剖分和离散，构建变分项和试函数的有限元插值函数，将所得的插值函数代入弱形式即可得到有限元模型的离散方程。对于问题的求解，我们将采用合场统一求解模式。

由于铁电材料内部同时存在多个物理场，属于区域耦合问题，因此材料区域中的每个单元节点上包含了所有的场信息。选取 7 个自由度（3 个方向的位移分量 u_i ，电势 φ ，以及 3 个方向的极化分量 P_i ），则场变量可以通过节点自由度和形函数表示为

$$\{\boldsymbol{u} \quad \varphi \quad \boldsymbol{P}\}^{\mathrm{T}}=[\boldsymbol{N}]\{\boldsymbol{d}^I\} \tag{10.3.17}$$

式中，$[\boldsymbol{N}]$ 为满足连续性条件的形函数，$\{\boldsymbol{d}^I\}$ 为含有位移、电势和极化自由度的广义位移列阵，即

$$\{\boldsymbol{d}^I\}=\{\boldsymbol{u}^I \quad \varphi^I \quad \boldsymbol{P}^I\}^{\mathrm{T}} \tag{10.3.18}$$

其中，$\{\boldsymbol{u}^I\}$ ，$\{\varphi^I\}$ 和 $\{\boldsymbol{P}^I\}$ 为节点 I 上的场变量自由度。

式（10.3.17）还可以表示为

$$\begin{Bmatrix}\boldsymbol{u}\\ \varphi\\ \boldsymbol{P}\end{Bmatrix}=\begin{bmatrix}\boldsymbol{N}_u & & \boldsymbol{0}\\ & \boldsymbol{N}_\varphi & \\ \boldsymbol{0} & & \boldsymbol{N}_P\end{bmatrix}\begin{Bmatrix}\boldsymbol{u}^I\\ \varphi^I\\ \boldsymbol{P}^I\end{Bmatrix} \tag{10.3.19}$$

这里，$[\boldsymbol{N}_u]$，$[\boldsymbol{N}_\varphi]$ 和 $[\boldsymbol{N}_P]$ 分别对应于各个场变量的形函数。

基于节点变量，材料内部的应变、电场、电极化梯度可进一步表示为

$$\{\boldsymbol{\varepsilon}\}=[\boldsymbol{B}_u]\{u^I\},\quad \{\boldsymbol{E}\}=-[\boldsymbol{B}_\varphi]\{\varphi^I\},\quad \{\boldsymbol{\Lambda}\}=[\boldsymbol{B}_P]\{\boldsymbol{P}^I\} \tag{10.3.20}$$

其中，$[\boldsymbol{B}_u]$，$[\boldsymbol{B}_\varphi]$ 和 $[\boldsymbol{B}_P]$ 为广义形变矩阵。

同理，与边界相关的面力、表面电荷以及表面梯度通量可表示如下：

$$\{\boldsymbol{\tau}\}=[\boldsymbol{N}_\tau]\{\boldsymbol{\tau}^s\},\quad \{\boldsymbol{\omega}\}=[\boldsymbol{N}_\omega]\{\boldsymbol{\omega}^s\},\quad \{\boldsymbol{\pi}\}=[\boldsymbol{N}_\pi]\{\boldsymbol{\pi}^s\} \tag{10.3.21}$$

对于试函数阵列，也可以表示成节点试函数阵列的形式：

$$\{\delta\boldsymbol{u} \quad \delta\varphi \quad \delta\boldsymbol{P}\}^{\mathrm{T}}=[\boldsymbol{N}]\{\delta\boldsymbol{d}^I\} \tag{10.3.22}$$

将以上的位移、虚位移的插值函数，以及各个物理场的本构方程代入各个物理场的弱形式（式（10.3.14）～式（10.3.16）），可得到有限元离散方程如下：

$$[\boldsymbol{K}_{uu}]\{\boldsymbol{u}^I\}-[\boldsymbol{K}_{uP}]\{\boldsymbol{P}^I\}-\{\boldsymbol{F}_s\}=\boldsymbol{0} \tag{10.3.23}$$

$$-[\boldsymbol{K}_{\varphi\varphi}]\{\varphi^I\}+[\boldsymbol{K}_{\varphi p}]\{\boldsymbol{P}^I\}-\{\boldsymbol{Q}_s\}=\boldsymbol{0} \tag{10.3.24}$$

$$\begin{aligned}&-[\boldsymbol{K}_{uP}]\{\boldsymbol{u}^I\}+[\boldsymbol{K}_{\varphi P}]\{\varphi^I\}+([\boldsymbol{K}_{PP}]+[\widetilde{\boldsymbol{K}}_{PP}])\{\boldsymbol{P}^I\}\\&+[\boldsymbol{K}_{Pt}]\{\dot{\boldsymbol{P}}^I\}-\{\boldsymbol{\Pi}_s\}=\boldsymbol{0}\end{aligned} \tag{10.3.25}$$

或者可以写为紧凑形式：

$$\begin{bmatrix}\boldsymbol{0} & & \boldsymbol{0}\\ & \boldsymbol{0} & \\ \boldsymbol{0} & & \boldsymbol{K}_{Pt}\end{bmatrix}\begin{Bmatrix}\dot{\boldsymbol{u}}^I\\ \dot{\varphi}^I\\ \dot{\boldsymbol{P}}^I\end{Bmatrix}+\begin{bmatrix}\boldsymbol{K}_{uu} & \boldsymbol{0} & -\boldsymbol{K}_{uP}\\ \boldsymbol{0} & -\boldsymbol{K}_{\varphi\varphi} & \boldsymbol{K}_{\varphi P}\\ -\boldsymbol{K}_{uP} & \boldsymbol{K}_{\varphi P} & \boldsymbol{K}_{PP}+\widetilde{\boldsymbol{K}}_{PP}\end{bmatrix}\begin{Bmatrix}\boldsymbol{u}^I\\ \varphi^I\\ \boldsymbol{P}^I\end{Bmatrix}=\begin{Bmatrix}\boldsymbol{F}_s\\ \boldsymbol{Q}_s\\ \boldsymbol{\Pi}_s\end{Bmatrix} \tag{10.3.26}$$

其中，$\dot{\boldsymbol{P}}^I$ 表示电极化矢量关于时间的导数。

从式（10.3.26）的合场统一离散方程可以看出，系数矩阵为非对角形式，意味着各个场变量之间相互影响，为一耦合方程。各个刚度矩阵和载荷矩阵的表达式如下：

$$
\begin{aligned}
&[\boldsymbol{K}_{uu}]=\int_V[\boldsymbol{B}_u]^{\mathrm{T}}[\boldsymbol{C}][\boldsymbol{B}_u]\mathrm{d}v, \quad [\boldsymbol{K}_{uP}]=\int_V[\boldsymbol{B}_u]^{\mathrm{T}}[\boldsymbol{Q}][\boldsymbol{N}_P]\mathrm{d}v \\
&[\boldsymbol{K}_{Pu}]=\int_V[\boldsymbol{N}_P]^{\mathrm{T}}[\boldsymbol{Q}][\boldsymbol{B}_u]\mathrm{d}v, \quad [\boldsymbol{K}_{\varphi\varphi}]=\int_V[\boldsymbol{B}_u]^{\mathrm{T}}[\boldsymbol{N}_P]\mathrm{d}v \\
&[\boldsymbol{K}_{\varphi P}]=\int_V[\boldsymbol{B}_\varphi]^{\mathrm{T}}[\boldsymbol{N}_P]\mathrm{d}v, \quad [\boldsymbol{K}_{P\varphi}]=\int_V[\boldsymbol{N}_P]^{\mathrm{T}}[\boldsymbol{B}_\varphi]\mathrm{d}v \\
&[\boldsymbol{K}_{PP}]=\int_V[\boldsymbol{B}_P]^{\mathrm{T}}[\boldsymbol{G}][\boldsymbol{B}_P]\mathrm{d}v, \quad [\widetilde{\boldsymbol{K}}_{PP}]=\int_V[\boldsymbol{N}_P]^{\mathrm{T}}[\boldsymbol{\alpha}][\boldsymbol{N}_P]\mathrm{d}v
\end{aligned}
\tag{10.3.27}
$$

$$
\begin{aligned}
&\{\boldsymbol{F}_s\}=\int_S[\boldsymbol{N}_u]^{\mathrm{T}}[\boldsymbol{N}_\tau]\{\boldsymbol{\tau}^s\}\mathrm{d}s, \quad \{\boldsymbol{Q}_s\}=-\int_S[\boldsymbol{N}_\varphi]^{\mathrm{T}}[\boldsymbol{N}_\omega]\{\boldsymbol{\omega}^s\}\mathrm{d}s \\
&\{\boldsymbol{\Pi}_s\}=\int_S[\boldsymbol{N}_P]^{\mathrm{T}}[\boldsymbol{N}_\pi]\{\boldsymbol{\pi}^s\}\mathrm{d}s
\end{aligned}
\tag{10.3.28}
$$

式中，$[\boldsymbol{C}]$，$[\boldsymbol{Q}]$，$[\boldsymbol{G}]$，$[\boldsymbol{\alpha}]$ 分别表示弹性刚度、电致伸缩、梯度能、朗道热力学系数矩阵。

10.3.2 弛豫铁电材料的微结构演化数值仿真

电场或应力场均可以驱动铁电材料发生电畴翻转或相变。最新的研究表明，压痕加载与测量的载荷-位移曲线可以获取铁电功能材料的变形及相变特征等[14,15]。兰州大学电磁固体力学研究组围绕具有优异特性的 PMN-0.3PT 弛豫铁电单晶材料，开展纳米压痕局部加载的实验研究[14,16]，首次观测到载荷-位移曲线中的多个突跃（pop-in）现象，通过分析弹性模量的变化，指出了较小压痕深度处的突跃现象是由铁电材料的相变引起的；进一步通过拉曼散射实验方法确定了该相变是 R 相至 T 相的转变。这一实验研究建立了力学加载的突跃现象与铁电材料相变之间的关联，但目前尚缺乏该突跃现象与材料内部电畴演化的直接观测或微观解释。

针对这一问题，这里围绕纳米压痕应力加载诱导下的弛豫铁电材料的力学响应、电畴演化和相变特征进行数值模拟研究，以揭示发生相变的微观物理机制[3]。在此基础上，进一步对比研究不同压头几何形状及外电场对压痕突跃现象和相变的影响特征等。

1. 弛豫铁电材料的系统能量及多场模型

根据温度-组分相图，室温下弛豫铁电 PMN-0.3PT 单晶在准同型相界区域为铁电菱方相（R 相），其自发极化取向分布在晶胞的 8 条体对角线上（图 10.3.1（a））。在外场作用下，该铁电单晶材料可发生相变，从铁电 R 相转变至铁电四方相（T 相）或者铁电正交相（O 相）。

为便于描述外场诱导下 PMN-xPT 在准同型相界附近的相变，这里结合微结构特征，选择伪立方体单胞的体对角平面（即由［110］方向和［001］方向组成的二维平面）来建立坐标系。记 $p_i(i=1,2,3)$ 为单胞内的极化矢量分量（图 10.3.1（b）），在单胞体对角平面内，选择以极化轴 $P_1=p_3$ 和 $P_2=\sqrt{p_1^2+p_2^2}$ 来构建 2D 菱方坐标系（图 10.3.1（c））。当铁电材料发生 R→T 相变时，极化分量为 $P_1\neq 0$ 且 $P_2=0$；当发生 R→O 相变时，有 $P_1=0$ 且 $P_2\neq 0$。

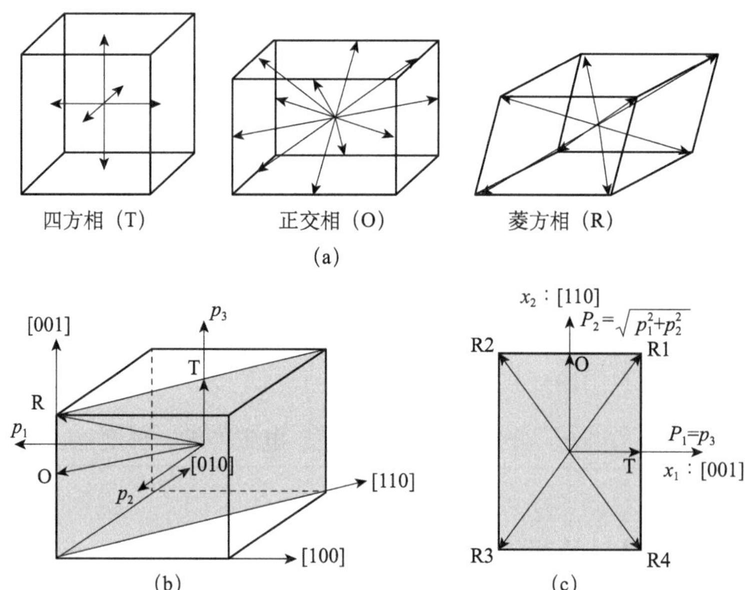

图 10.3.1　(a) 铁电单晶不同相结构及其自发极化；(b) 伪立方体单胞；(c) 2D 菱方坐标系

铁电材料系统的总自由能式（10.3.1）依然适用于弛豫铁电材料。采用极化轴 $P_1=p_3$ 和 $P_2=\sqrt{p_1^2+p_2^2}$，进而可得到 2D 菱方坐标系下的朗道能密度：

$$f_{\text{Landau}}=\alpha_1(P_1^2+P_2^2)+\frac{1}{2}\alpha_{11}(2P_1^4+P_2^4)+\frac{1}{4}\alpha_{12}(4P_1^2P_2^2+P_2^4)+\frac{1}{4}\alpha_{111}(4P_1^6+P_2^6)+\frac{1}{4}\alpha_{112}(4P_1^4P_2^2+P_2^6+2P_1^2P_2^4)+\frac{1}{4}\alpha_{123}P_1^2P_2^4 \tag{10.3.29}$$

式中，α_1，α_{11}，α_{12}，α_{111}，α_{112} 和 α_{123} 为朗道热力学系数。

系统的弹性能密度：

$$f_{\text{Elas}}=\frac{1}{2}\tilde{c}_{11}(\varepsilon_{11}^{\text{el}})^2+\frac{1}{2}\tilde{c}_{22}(\varepsilon_{22}^{\text{el}})^2+\tilde{c}_{12}\varepsilon_{11}^{\text{el}}\varepsilon_{22}^{\text{el}}+2\tilde{c}_{44}(\varepsilon_{12}^{\text{el}})^2 \tag{10.3.30}$$

其中，$\tilde{c}_{11}$，$\tilde{c}_{22}$ 和 $\tilde{c}_{12}$，$\tilde{c}_{44}$ 为 2D 菱方坐标系下的弹性系数，可由立方坐标系下的弹性刚度系数 c_{11}，c_{12}，c_{44} 得到，关系式如下：

$$\tilde{c}_{11}=c_{11},\quad \tilde{c}_{22}=\frac{1}{2}(c_{11}+c_{12})+c_{44},\quad \tilde{c}_{12}=c_{12},\quad \tilde{c}_{44}=c_{44} \tag{10.3.31}$$

式中，弹性应变由 $\varepsilon_{ij}^{\text{el}}=\varepsilon_{ij}-\varepsilon_{ij}^{0}$ 给出，特征应变可表示为

$$\varepsilon_{11}^{0}=q_{11}P_1^2+q_{12}P_2^2,\quad \varepsilon_{22}^{0}=\frac{1}{2}(q_{11}+q_{12}+q_{44})P_2^2+q_{12}P_1^2,\quad \varepsilon_{12}^{0}=q_{44}P_1P_2 \tag{10.3.32}$$

系统的梯度能和静电能与式（10.3.2c）和式（10.3.2d）形式相同。基于系统的总自由能，进而可以获得力学变形场、电场和电极化场的方程均与 10.3.1 节具有类似的形

式，这里不再赘述。

在纳米压痕实验中，压头作用于材料表面实现局部区域的力学加载，并造成压头下方应力的非均匀分布。对于球形压头情形，材料内部产生的应力分布可根据赫兹接触模型进行近似，即

$$\tau_2 = \begin{cases} -\dfrac{3p_{\text{load}}}{2\pi a^2}\sqrt{1-r^2/a^2}, & r \leqslant a \\ 0, & r \geqslant a \end{cases} \tag{10.3.33}$$

其中，p_{load} 为施加于压头上的载荷大小；r 为材料表面任意一点与压头-表面接触点的距离；a 为接触区域半径，可由 $a=[3Rp_{\text{load}}/(4E_{\text{r}})]^{\frac{1}{3}}$ 获得，这里 R 为球形压头半径，E_{r} 为压头-样品系统的折合模量。

将式（10.3.33）中压头作用下的应力分布代入铁电材料的力学变形场中的边界条件，便可实现在模型中引入非均匀分布的压力。进一步结合 10.3.1 节的有限元数值建模流程，可构建弛豫铁电材料的多场耦合的相场数值模型。

2. 有限元数值仿真与结果

采用如图 10.3.2 所示的弛豫铁电单晶薄膜在外加压头载荷下的计算模型，我们开展局部压力加载下铁电材料的微结构演化过程的模拟。计算区域的横、纵坐标分别沿晶体［001］方向和［110］方向，并记为 x_1 轴和 x_2 轴；铁电材料薄膜厚度为 H，宽度为 L，上边界中间位置施加压头载荷。

图 10.3.2 铁电材料压痕局部加载问题示意图

我们通过有限元软件 COMSOL 的 PDE 模块来实现有限元计算。将前面所建立的相场模型中的力学平衡方程、电场控制方程以及极化场演化方程的弱形式编写到 PDE 模块中，进而实现对问题的有限元数值求解。

模拟计算中，铁电薄膜区域选取为 $H=100\text{nm}$，$L=200\text{nm}$，并选取单元尺寸 $\Delta x=\Delta y=1\text{nm}$ 进行区域离散化。基于精细化网格剖分，可以保证有足够的网格穿过铁电材料内部的畴壁，确保计算精度。对于涉及时间演化的方程，采用隐式的向后欧拉时间积分法，有限元离散后产生的非线性代数方程采用牛顿-拉弗森方法求解。

选取弛豫铁电单晶 PMN-0.3PT 材料进行模型研究，相关材料参数如表 10.3.1 所列。为便于计算，我们对模型中涉及的所有参数和变量进行无量纲化处理。选取铁电单晶室温下的自发极化强度 $P_0(=0.384\text{C/m}^2)$，梯度能系数 $g_{110}(=5.99\times10^{-12}\text{m}^4\cdot\text{N/C}^2)$ 及室温下介电系数 $\alpha_0(=6.5225\times10^6\text{m}^2\cdot\text{N/C}^2)$ 进行无量纲处理[3]。在纳米压痕实验中，压头材料为金刚石，其泊松比为 $\nu_{\text{s}}=0.07$，弹性模量为 $E_{\text{s}}=1141\text{GPa}$。铁电材料的泊松

比为 $\nu_s=0.25$，弹性模量为 $E_s=135\text{GPa}$ 。

$$
\begin{aligned}
&P^*=\frac{P}{P_0},\quad x^*=x\sqrt{\frac{|\alpha_0|}{g_{110}}},\quad u_i^*=u_i\sqrt{\frac{|\alpha_0|}{g_{110}}}\\
&\varphi^*=\varphi\sqrt{\frac{|\alpha_0|}{g_{110}}}\Big/|\alpha_0|P_0,\quad E^*=\frac{E}{|\alpha_0|P_0}\\
&\bar{F}_i^*=\frac{\bar{F}_i}{P_0^2|\alpha_0|},\quad \alpha_{ij}^*=\frac{\alpha_{ij}}{|\alpha_0|},\quad \alpha_{ijkl}^*=\frac{\alpha_{ijkl}P_0^2}{|\alpha_0|}\\
&\alpha_{ijklmn}^*=\frac{\alpha_{ijklmn}P_0^4}{|\alpha_0|},\quad c_{ijkl}^*=\frac{c_{ijkl}}{P_0^2|\alpha_0|}\\
&q_{ijkl}^*=\frac{q_{ijkl}}{|\alpha_0|},\quad g_{ijkl}^*=\frac{g_{ijkl}}{g_{110}},\quad k_0^*=k_0|\alpha_0|\\
&t^*=t|\alpha_0|L,\quad f_{ijkl}^*=f_{ijkl}\sqrt{\frac{|\alpha_0|}{g_{110}}}\Big/|\alpha_0|P_0
\end{aligned}
\tag{10.3.34}
$$

表 10.3.1　PMN-0.3PT 铁电材料相场模拟的相关参数[17,18]

参数	数值	参数	数值
$\alpha_1/(\times10^5\text{m}^2\cdot\text{N/C}^2)$	$0.745\times(T-385.7)$	$c_{44}/(\times10^9\ \text{N/m}^2)$	60
$\alpha_{11}/(\times10^8\text{m}^6\cdot\text{N/C}^4)$	−0.5	$q_{11}/(\text{m}^4/\text{C}^2)$	0.055
$\alpha_{12}/(\times10^8\text{m}^6\cdot\text{N/C}^4)$	−0.5125	$q_{12}/(\text{m}^4/\text{C}^2)$	−0.023
$\alpha_{111}/(\times10^9\text{m}^{10}\cdot\text{N/C}^6)$	0.5567	$q_{44}/(\text{m}^4/\text{C}^2)$	0.03
$\alpha_{112}/(\times10^9\text{m}^{10}\cdot\text{N/C}^6)$	1.333	$G_{11}/(\times10^{-12}\text{m}^4\cdot\text{N/C}^2)$	8.985
$\alpha_{123}/(\times10^9\text{m}^{10}\cdot\text{N/C}^6)$	0.24	$G_{12}/(\times10^{-12}\text{m}^4\cdot\text{N/C}^2)$	0
$c_{11}/(\times10^9\ \text{N/m}^2)$	120	$G_{44}/(\times10^{-12}\text{m}^4\cdot\text{N/C}^2)$	4.4925
$c_{12}/(\times10^9\ \text{N/m}^2)$	100		

图 10.3.3 (a) 给出了压头加载过程中铁电材料无量纲化的载荷-位移曲线，可以看出，当压入深度为 $h^*=0.18$ 时，载荷曲线上出现了明显的突跃点。图 10.3.3 (b) 给出了加载过程中压头下方铁电材料区域极化分量的变化情况。从图中可以看出：极化分量 P_1^* 和 P_2^* 在加载初期连续变化（略有增大或减少）；当 $p_{\text{load}}^*=275$ 时，极化分量 P_1^* 和 P_2^* 发生了跳变，对应于载荷-位移曲线中的突跃现象发生点。根据铁电材料的相变理论，极化的跳变是铁电材料发生相变的重要特征之一，由此可以判定突跃点的出现是铁电材料内部发生相变所致。进一步分析可知，跳变发生时的极化分量 $P_2^*=0$ 且 $P_1^*\neq0$，这正是 2D 菱方坐标系下铁电材料内部对应于 T 相畴结构的基本特征，表明了铁电材料在应力加载下发生了 R→T 的相变。

图 10.3.4 给出了压头加载过程中铁电材料内部的电畴微结构演化的极化场云图。当载荷较小时，压头下方的铁电材料主要发生电畴翻转，而未发生不同铁电相之间的相变；随着载荷的增大，压头下方区域的极化矢量逐渐从 P_1^*，$P_2^*\neq0$ 转变至 $P_2^*=0$ 且 $P_1^*\neq0$（如图中红色箭头标识出的绿色区域），并伴随着载荷-位移曲线中出现突跃现象。由于

极化矢量 $P_2^*=0$ 且 $P_1^*\neq 0$ 对应着铁电 T 相的极化特征，由此说明压头作用诱发了铁电材料下方区域发生了 R → T 的相变。

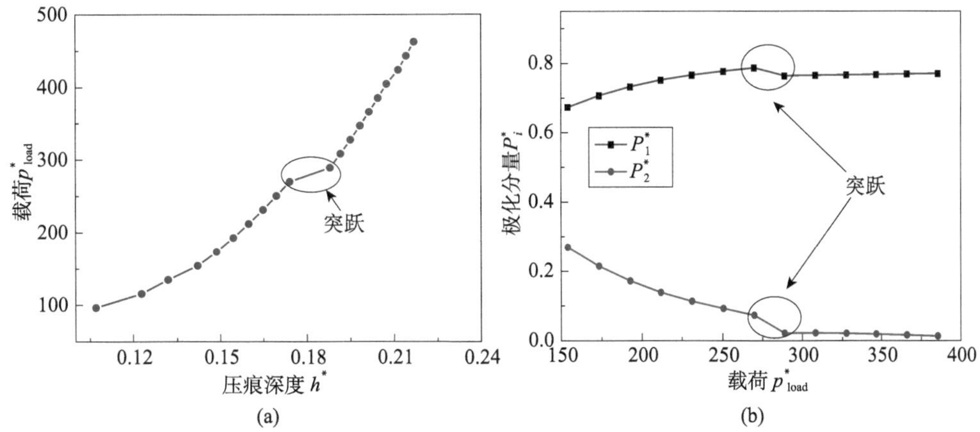

图 10.3.3 铁电单晶在压头加载下的位移和电极化变化

(a) 载荷-位移曲线；(b) 压头下方的电极化矢量分量变化曲线

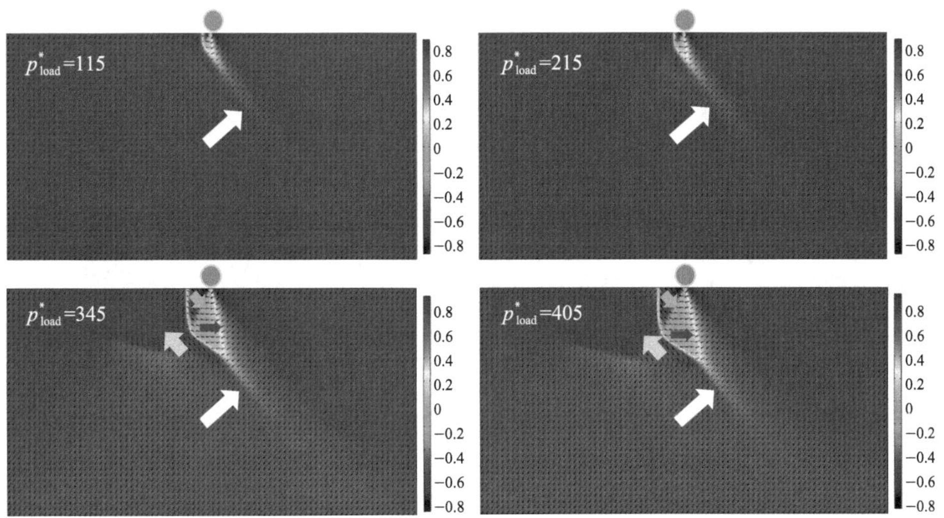

图 10.3.4 不同载荷下压头下方的电畴微结构特征与演化（彩图扫封底二维码）

在纳米压痕实验中，一般采用三种类型的压头：球形压头，Berkovich 锥形压头和圆柱形压头。不同压头几何形状会产生不同的应力分布，进而影响材料的相变行为。为了系统研究 PMN-0.3PT 单晶在纳米压痕实验中的突跃现象及相变机制，我们针对三种压头加载过程进行了模拟仿真。三种类型的压头几何尺寸分别为：Berkovich 锥形压头的半锥角 $\alpha=40^\circ$，球形压头的半径 $R=20\text{nm}$，圆柱形压头的接触区域半径 $a=10\text{nm}$。

图 10.3.5 给出了不同类型压头加载下诱发相变后电畴结构和正应力 σ_{22} 的分布结果。为了加载至相变发生，我们选取 Berkovich 锥形压头和球形压头的载荷为 $p^*_{load}=250$，圆

柱形压头的载荷为 $p^*_{load}=3450$。从图 10.3.5（a）中可以看出，压头下方的区域均出现 R4 和 R1 电畴结构以及 T 相的电畴结构。三种压头作用下的电畴微结构相似，但圆柱形压头诱发的相变区域最小，对应于相变导致的位移跳变幅值也较小。结合图 10.3.5（b）中正应力 σ_{22} 的分布，可以进一步看出：Berkovich 锥形压头下应力最大，应力集中现象显著；圆柱形压头即使施加较大载荷（$p^*_{load}=3450$），但由于压头-材料之间的接触面积较大，压头下方的正应力 σ_{22} 依然很小，相变区域也最小；这也意味着相对于其他两种压头而言，要使材料发生相变则需要在圆柱形压头上施加更大的外部载荷。此外，对 Berkovich 锥形压头和球形压头而言，应力最大值出现在压头正下方，而圆柱形压头下的应力最大值出现在压头边界附近。

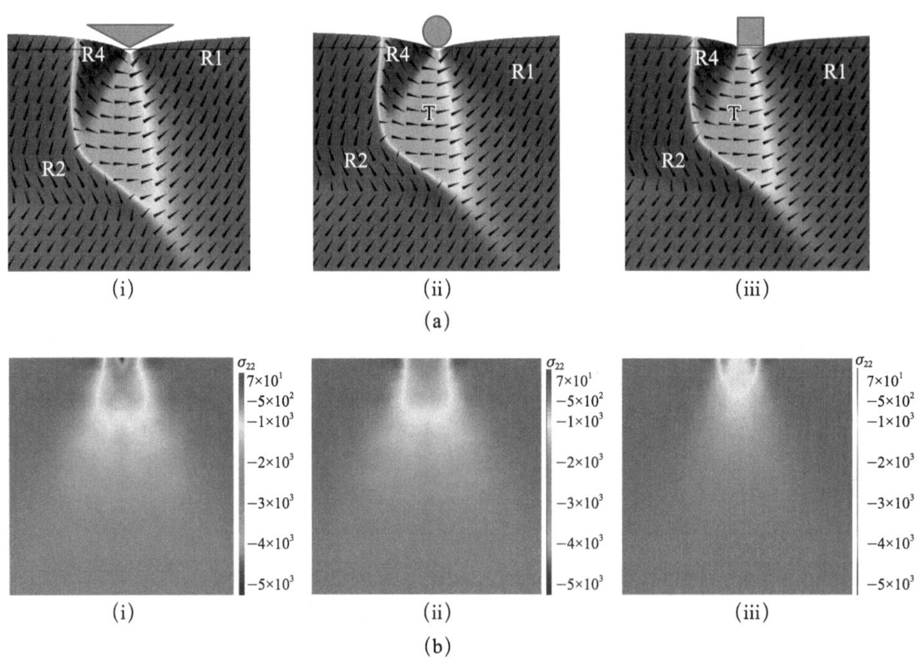

图 10.3.5　不同类型压头（（i）Berkovich 压头；（ii）球形压头；（iii）圆柱形压头）加载下的铁电材料力-电响应（彩图扫封底二维码）

（a）电畴结构分布；（b）正应力 σ_{22} 分布

铁电材料中电极化方向的改变伴随着电畴翻转或相变的发生，外部电场也显著影响极化矢量。我们在压头位置上施加一外电场，进而研究在力-电联合加载下 PMN-0.3PT 单晶的相变行为。考虑球形压头情形，对于外加电场分布形式，我们选择一个 2D 类洛伦兹函数来模拟压头上存在的电场，即

$$\varphi(x,y)=\frac{\varphi\chi^2}{(r-a)^2+\chi^2}\tag{10.3.35}$$

式中，χ 为施加电偏压的半高宽；φ 为压头上外加电场的电偏压，对应的无量纲量表示为 φ^*。计算模拟中选择电偏压的变化范围为 $\varphi^*=-10\sim10$。

图 10.3.6（a）给出了不同电偏压 φ^* 条件下的载荷-位移曲线。可以看出：随着电偏压的变化，突跃现象发生时的临界载荷也随之变化。图 10.3.6（b）进一步给出了发

生相变的临界载荷随电偏压的依赖关系，其呈现出单调递增的现象。由于负的电偏压代表电场方向沿着 x_2 负方向，与压头载荷的方向相同，这意味着负电偏压产生的电场会促进相变；而正电偏压产生的电场（与压头载荷方向相反）则会抑制相变发生。

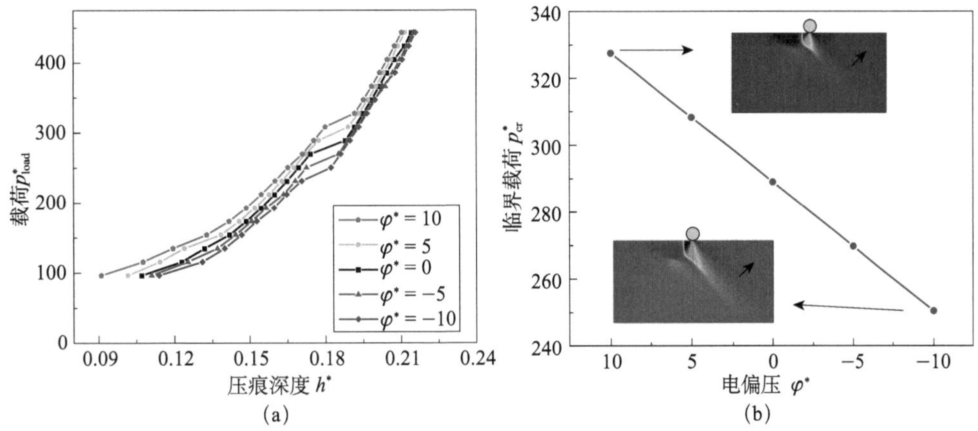

图 10.3.6 (a) 不同电偏压下的载荷-位移曲线；
(b) 临界载荷随电偏压的变化（彩图扫封底二维码）

参 考 文 献

[1] Wang J J, Wang B, Chen L Q. Understanding, predicting, and designing ferroelectric domain structures and switching guided by the phase-field method [J]. Annu. Rev. Mater. Res., 2019, 49: 127 - 152.

[2] Jiang Y, Wang X, Zhang F. He H. Breakdown and critical field evaluation for porous PZT 95/5 ferroelectric ceramics under shock wave compression [J]. Smart. Mater. Struct., 2014, 23: 085020.

[3] Qi C, Jiang Y, Wang X, Lynch C S. Phase transition by nanoindentation in a relaxor ferroelectric single crystal PMN-0.3PT: A phase-field investigation [J]. J. Appl. Phys., 2022, 131: 244101.

[4] Kittel C. Theory of antiferroelectric crystals [J]. Phys. Rev., 1951, 82 (5): 729 - 732.

[5] Devonshire A F. Theory of barium titanate [J]. Philo. Mag., 1949, 40 (309): 1040 - 1063.

[6] Ginzburg V. On the dielectric properties of ferroelectric (Segnette-electric) crystals and barium titanate [J]. Zh. Eksp. Teor. Fiz., 1945, 15: 739 - 749.

[7] Valadez J C, Sahul R, et al. The effect of hydrostatic pressure induced phase transformation on the unpolar electrical response of Nb modified 95/5 lead zirconate titanate [J]. J. Appl. Phys., 2012, 111: 024109.

[8] Zeng T, Dong X L, Mao C L, et al. Effects of pore shape and porosity on the properties of porous PZT95/5 ceramics [J]. J. Eur. Ceram. Soc., 2007, 27: 2025 - 2029.

[9] 杨洪．高抗电强度 PZT95/5 型铁电陶瓷的研制及电击穿机理研究 [D]. 上海：中国科学院上海硅酸盐研究所，2006.

[10] Setchell R E. Shock wave compression of the ferroelectric ceramic $Pb_{0.99}(Zr_{0.95}Ti_{0.05})_{0.98}Nb_{0.02}O_3$: Micro-structural effects [J]. J. Appl. Phys., 2007, 101: 053525.

[11] 冯宁博．冲击波压缩下 PZT95/5 铁电陶瓷的电击穿机理研究 [D]. 上海：中国科学院研究生院，2010.

[12] Chen L Q, Zhao Y. From classical thermodynamics to phase-field method [J]. Prog. Mater. Sci., 2022, 124: 100868.

[13] Chen L Q. Phase-field method of phase transitions/domain structures in ferroelectric thin films: A review [J]. J. Amer. Cera. Soc., 2008, 91 (6): 1835-1844.

[14] Man G, Jiang Y, Wang X, et al. Phase transformation and anelastic behaviors of PMN-0.33PT single crystals via nanoindentation with different strain rates [J]. Ceram. Int., 2020, 46 (13): 21604-21609.

[15] Dadhich R, Korimilli E P, Singh I. Microindentation response of relaxor ferroelectric PMN-0.32PT single crystal [J]. Ceram. Int., 2022, 48 (19): 29093-29101.

[16] Man G, Jiang Y, Wang X. Mechanically induced rhombohedral to tetragonal phase transition in PMN-PT single crystals by nanoindentation [J]. J. Amer. Ceram. Soc., 2022, 105 (8): 5222-5229.

[17] Zhang H, Lu X, Wang R, et al. Phase coexistence and Landau expansion parameters for a 0.70Pb$(Mg_{1/3}Nb_{2/3})O_3$-0.30$PbTiO_3$ single crystal [J]. Phys. Rev. B, 2017, 96 (5): 054109.

[18] Li F, Jin L, Xu Z, et al. Electrostrictive effect in $Pb(Mg_{1/3}Nb_{2/3})O_{3-x}PbTiO_3$ crystals [J]. Appl. Phys. Lett., 2013, 102 (15): 152910.

第 11 章　超导复合材料与结构的广义热弹性及磁-力耦合行为

超导材料及结构在实际应用与服役工况下，往往处于极低温、强磁场、高载流等极端多物理场环境。由此，涉及多种不同场间的依赖关系，如材料力学参数、热学参数的温度依赖性，超导临界特性的多场依赖性和应变敏感性；也存在多种耦合效应，如低温环境下的超导复合材料的热弹性耦合、电磁力以及结构变形相互影响的力-磁耦合，失超过程的电磁与热弹性耦合，等等。

目前，这一领域的研究已促使了超导电磁固体力学这一新兴交叉学科方向的形成。兰州大学是国内率先开拓并开展这一领域多场耦合力学研究的单位，围绕高、低温超导材料与磁体结构的多场性能与行为分析，开展了较系统的理论和数值定量研究，并取得了一系列重要研究进展[1]。

本章将针对超导复合材料与磁体结构在低温多场环境下的失超稳定性问题[2]、热弹性以及磁-力耦合行为[3−5]，从定量分析角度介绍超导多场耦合力学问题的数学建模、数值分析的基本途径以及主要分析结果等。

11.1　基于力学响应的超导复合材料失超预测

11.1.1　超导材料的临界特性及失超

超导材料受到超导临界态的限制，即临界温度 T_c、临界电流 I_c 以及临界磁场 H_c，超出该临界范围则超导材料从超导态变为常导态。而超导材料与结构运行于极低温、强磁场、高载流及复杂力学变形等极端多场条件下，很容易由多种内因或外因而失去超导性，即发生失超。超导材料的失超是指正常运行的超导体内温度、载流和磁场中的任一参量超过了其临界参数，使得其局部或整体转变为正常态。失超过程中往往会发生电磁、温度及力学参量的剧烈变化和相互影响，材料的电学和热学参数也会随温度发生大幅变化，因此失超是一伴随多场相互作用的瞬态非线性过程。

在工程实际中，超导体一旦发生失超且没有得到及时保护，则会很短时间内引发导体内的高电压、高温升及高应力，引起结构的失效与损坏。对于大型超导系统而言，失超引发的巨大能量瞬时释放还可能带来严重的安全问题，例如，2008 年，欧洲核子研究中心（CERN）的强子对撞机（LHC）加速器超导磁体发生失超，大幅温升导致液氦快速气化而引起重大破坏性事故，带来了巨大的经济损失（图 11.1.1 (a) 为事故中受到严重破坏的超导磁体和连接件)；2018 年，美国麻省理工学院（MIT）弗朗西斯科·比特（Francis Bitter）实验室（FBNML）的世界最高纪录 1.3GHz 核磁共振混合超导磁体发生失超，导致高温超导线圈的严重损坏和永久性破坏而报废（图 11.1.1（b）为发生破坏的线圈和支撑结构）。

图 11.1.1　失超引发的超导磁体结构损坏

（a）欧洲核子研究中心加速器超导磁体损坏；（b）美国麻省理工学院高温超导线圈破坏

通常，诱发超导材料的失超因素来自于内在和外在两个方面。内因主要包括磁通跳跃、交流损耗及材料局部缺陷等；外因则包括超导结构运行中的导体运动、摩擦及系统故障（如冷却故障、电力故障）等。

大部分诱因在本质上可归结为，超导体内的局部能量积累超过了超导材料的热稳定能量裕度 e_{h}，即

$$e_{\mathrm{h}}=\int_{T_{\mathrm{op}}}^{T_{\mathrm{c}}} C(T)\mathrm{d}T \tag{11.1.1}$$

其中，T_{op} 为运行环境温度；$C(T)$ 表示超导材料的比热容，在低温条件下，材料比热容通常随温度发生大幅变化。对于低温超导材料 NbTi 而言，在其临界温度附近（约 10K）的材料比热容为 $10^4\ \mathrm{J/(m^3 \cdot K)}$ 量级；而对于高温超导材料 ReBCO，其临界温度（约 90 K）附近的比热容可达到 $10^6\ \mathrm{J/(m^3 \cdot K)}$ 量级。因此，不同超导材料的热稳定能量裕度也具有很大的差别。

事实上，对于目前大多进入商用的低温超导材料来说，导致其失超的因素更多。图 11.1.2 给出了不同失超触发因素下的能量图谱[6]。可以看出，导线运动和交流损耗的能量密度在 $10^4 \sim 10^5\ \mathrm{J/m^3}$ 量级，通常高于低温超导材料的能量裕度，因此这两种因素最容易导致低温超导体的失超[6, 7]。

另外，图中所给出各类触发因素对应的能量密度均低于高温超导体的能量裕度，因此这些因素并不是高温超导体失超的主要原因。研究表明，高温超导材料和结构失超的主要原因为材料内部缺陷及较大变形引起的局部临界电流退化，以及电力故障下引起的过载流运行、冷却失效后引起的局部温升等。虽然工程实际中高温超导材料发生失超的概率远低于低温超导材料，但一旦发生，其缓慢的传播速度（低于低温超导材料 2 个数量级）极易导致超导体烧毁的永久性破坏，这为失超检测和保护带来严峻挑战。

在热扰动下，超导材料发生局部温升进入正常态后，其载流会瞬间进入金属基体、

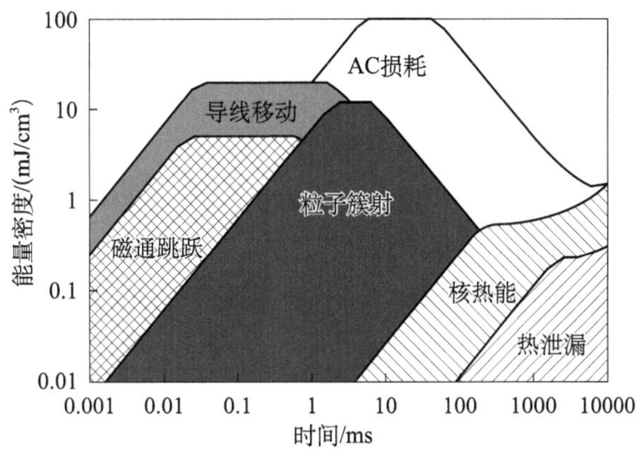

图 11.1.2 超导材料能量密度与时间尺度的关系[6]

稳定层及加强层等，从而产生大量焦耳热。如图 11.1.3 所示，当有局部失超区域出现时，由于热传导作用，材料其余部分温度随即升高，进而导致超导材料中更多区域进入失超状态。这种热传导和失超过程将形成正反馈效应，导致失超区域的不断扩展，发生失超传播。伴随着超导材料和结构的失超过程，力学行为也会发生相应的瞬态变化，甚至引起大变形和力学失效、破坏等。另外，在线圈和电缆结构中，超导线材或带材通常处于复杂应力状态和变形模式下，由应力/应变引起的载流临界性能变化往往也会对失超行为与过程产生极大影响。

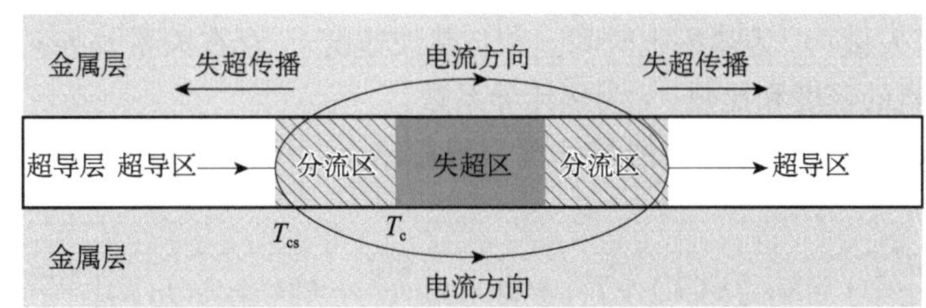

图 11.1.3 失超分流和传播过程示意图

因此，超导体失超过程与材料的热-电耦合与热-电-力耦合行为密切关联，唯有从多场角度才有望有效地揭示失超的发生、发展机制，进而实现科学预测以及及时启动相应的失超保护措施。

11.1.2 失超的广义热弹性理论模型

针对超导材料的失超这一基础问题，这里基于 Lord-Shulman（简称 L-S）广义热弹性理论[8]，建立超导复合线/带材的热弹性耦合失超模型，提出基于应变响应的失超预测新原理与方法。

在此基础上，采用有限元方法实现失超过程中的多场行为模拟与仿真，定量分析失超传播过程中应变和应变率等力学演化与失超的内在关联。

1. 基本控制方程

如图 11.1.4 所示，考虑一长度为 L ，载流为 J 的超导复合导体，左端受一外部的

触发热源 Q_I 作用。由于超导材料自身的脆性，实用化的超导材料通常是具有多层、多组分等复杂结构特征的复合材料。为了分析简便起见，我们将复合超导带材简化为超导和基体两部分。

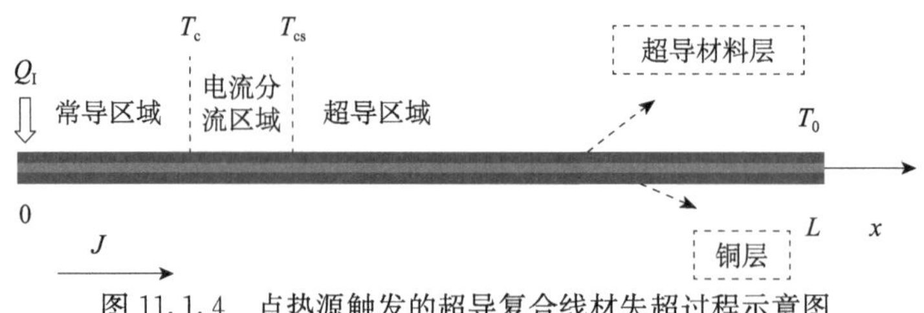

图 11.1.4　点热源触发的超导复合线材失超过程示意图

当触发热源开启后，超导材料发生局部温升和热传导，进而出现电流分流和失超，以及沿着导体的失超传播现象。传统傅里叶热传导定律忽略了热流的时间效应，隐含了热流在介质中是以无限速度传播的假设。这在一些特殊与极端条件下往往是与实验观测结果不相符的[8]，例如在极低温[9]、极瞬态过程、微小尺度等极端条件下，热流在介质中的有限传播特征（即热波效应）需要在热传导分析中予以考虑。

通过引入松弛时间因子，可将热波效应考虑到热传导过程中，即得到所谓的非傅里叶热传导定律[8]，对应的热流方程可表示为

$$\boldsymbol{q}+t_0\frac{\partial \boldsymbol{q}}{\partial t}=-k\,\nabla T \tag{11.1.2}$$

其中，$\boldsymbol{q}$ 为热流矢量；t_0 为热松弛时间，并与热波速度 v_h 存在关系 $t_0=k/(\rho c v_h^2)$，这里 ρ，c 分别为材料的密度和比热，k 为热传导系数。

将上述非傅里叶热流方程与能量守恒方程相结合，可得到 L-S 广义热弹性的温度场控制方程为[2,10,11]

$$\rho c\left(\frac{\partial T}{\partial t}+t_0\frac{\partial^2 T}{\partial t^2}\right)=\nabla\cdot[k(T)\nabla T]+Q+t_0\frac{\partial Q}{\partial t}-(3\lambda+2\mu)\alpha T_r\left(\frac{\partial \varepsilon_{kk}}{\partial t}+t_0\frac{\partial^2 \varepsilon_{kk}}{\partial t^2}\right) \tag{11.1.3}$$

对于超导体的力学响应，考虑其线弹性变形的力学运动方程为

$$\rho\frac{\partial^2 u_i}{\partial t^2}=\sigma_{ij,j}+f_i \tag{11.1.4}$$

几何方程为

$$\varepsilon_{ij}=\frac{1}{2}(u_{i,j}+u_{j,i}) \tag{11.1.5}$$

热弹性本构方程为

$$\sigma_{ij}=\lambda\varepsilon_{kk}\delta_{ij}+2\mu\varepsilon_{ij}-\alpha(3\lambda+2\mu)(T-T_r)\delta_{ij} \tag{11.1.6}$$

结合式（11.1.4）～式（11.1.6），可得热弹性问题中的运动方程为

$$\rho\frac{\partial^2 u_i}{\partial t^2}=(\lambda+\mu)u_{j,ij}+\mu u_{i,jj}-(3\lambda+2\mu)\alpha T_{,i} \tag{11.1.7}$$

上述各式中，u_i 表示超导体的位移；σ_{ij}，ε_{ij} 分别为应力张量和应变张量；f_i 表示体力；λ，μ 为拉梅常数；α 为热膨胀系数；T_r 为环境参考温度。

考虑到超导线/带材可简化为一维结构，除了采用电流分流效应外，整体的结构可视为一均匀材料并忽略超导线截面内的温度梯度。基于此，则上述一般形式的广义热弹性耦合模型可以另写为

$$\rho c(T)\left(t_0 \frac{\partial^2 T}{\partial t^2}+\frac{\partial T}{\partial t}\right)=\frac{\partial}{\partial x}\left[k(T)\frac{\partial T}{\partial x}\right]+Q_\mathrm{J}-\beta T_\mathrm{r}\frac{\partial^2 u}{\partial x\partial t}+t_0\frac{\partial}{\partial t}\left(Q_\mathrm{J}-\beta T_\mathrm{r}\frac{\partial^2 u}{\partial x\partial t}\right) \tag{11.1.8}$$

$$\rho\frac{\partial^2 u}{\partial t^2}=(\lambda+2\mu)\frac{\partial^2 u}{\partial x^2}-\beta\frac{\partial T}{\partial x} \tag{11.1.9}$$

其中，u 为超导线/带材的位移；Q_J 为失超过程中材料内部产生的焦耳热；$\beta=\alpha(3\lambda+2\mu)$ 表示热弹性耦合系数；$c(T)$，$k(T)$ 分别为超导复合材料的等效比热和热导率，在低温区可采用温度的拟合函数表征：

$$c(T)=c_0\sum_i a_i T^i,\quad k(T)=k_0\sum_i b_i T^i \tag{11.1.10}$$

其中，系数 c_0，k_0 以及 a_i，b_i 针对具体材料均可基于实验测试数据获得。

2. 分流过程

失超触发过程中，超导体左端受到边界触发热源作用而发生局部温升，其临界电流随温升而降低。对大多数超导体而言，临界电流与温度的依赖关系为

$$J_\mathrm{c}(T)=J_\mathrm{c0}\left(\frac{T_\mathrm{c}-T}{T_\mathrm{c}-T_0}\right)^n \tag{11.1.11}$$

其中，J_c0 为超导体在温度 T_0 下的临界电流密度；n 为参数（通常取 $n=1$）。

随着超导材料局部温度的持续上升，会出现承载电流密度 J 与局部临界电流密度 $J_\mathrm{c}(T)$ 相等情形，即 $J_\mathrm{c}(T)=J$ 。此时，超导材料中的一部分电流分流到金属基体中，对应的温度定义为分流温度 T_cs 。

根据式（11.1.11），可给出分流温度与承载电流间的定量关系：

$$T_\mathrm{cs}=T_\mathrm{c}-\frac{T_\mathrm{c}-T_0}{J/J_\mathrm{c0}} \tag{11.1.12}$$

对于超导体内温度高于 T_cs 的区域，金属基体层分流承担部分电流，因而将产生大量的焦耳热 Q_J ，这些热量使得超导体温度持续升高。

整个复合材料超导体可分为失超区（$T\geqslant T_\mathrm{c}$）、分流区（$T_\mathrm{cs}<T<T_\mathrm{c}$）以及超导区（$T\leqslant T_\mathrm{cs}$），伴随着电流分流及焦耳热的不断产生和扩散，失超区不断扩展，形成失超传播（图 11.1.3 和图 11.1.4）。

失超传播过程中，超导体失超区和分流区中的焦耳热主要由基体提供，不同区段的焦耳热可表示为如下的分段函数形式：

$$Q_\mathrm{J}=\begin{cases}0 & (T\leqslant T_\mathrm{cs})\\ \dfrac{J^2}{\rho_\mathrm{m}(T)}\dfrac{T-T_\mathrm{cs}}{T_\mathrm{c}-T_\mathrm{cs}} & (T_\mathrm{cs}<T<T_\mathrm{c})\\ J^2/\rho_\mathrm{m}(T) & (T\geqslant T_\mathrm{c})\end{cases} \tag{11.1.13}$$

其中，$\rho_\mathrm{m}(T)$ 为金属基体的电阻率。对于常用的铜金属基体，电阻率在 30 K 以下温区随温度的变化较为缓慢，可视为常数；在 30 K 以上温区，电阻率随温度而显著变化，其与

温度的非线性依赖关系可基于相关实验结果拟合为多项式函数：

$$\rho_{\mathrm{m}}(T)=\sum_i d_i T^i \tag{11.1.14}$$

3. 初始及边界条件

我们在超导体边界处施加一点热源，其可等效各种因素促使超导体内局部点的温升并诱发失超。采用如下的分段函数表示触发热源输入：

$$Q_{\mathrm{I}}=\begin{cases}Q(t) & (0<t\leqslant t_{\mathrm{I}})\\ 0 & (t>t_{\mathrm{I}})\end{cases} \tag{11.1.15}$$

其中，$Q(t)$ 为触发热源的输入功率；t_{I} 表示作用时长。

假设超导体在失超过程中处于绝热条件，初始状态下各点温度均保持为运行环境温度；失超触发时，超导线左端处（$x=0$）受到外部触发点热源热冲击作用，右端处（$x=L$）保持固定温度。

因而，温度场初始和边界条件表达如下：

$$T(x,0)=T_{\mathrm{op}},\quad \frac{\partial T(x,0)}{\partial t}=0 \tag{11.1.16}$$

$$\frac{\partial T(0,t)}{\partial x}=\frac{Q_{\mathrm{I}}}{k(T)},\quad T(L,t)=T_{\mathrm{op}} \tag{11.1.17}$$

对于超导体失超过程中的力学响应和演化行为，我们采用左端为位移固定边界，右端为自由边界，并假设超导体不受到其他机械载荷的影响。

对应的位移初始条件和边界条件可表示为

$$u(x,0)=0,\quad \frac{\partial u(x,0)}{\partial t}=0 \tag{11.1.18}$$

$$u(0,t)=0,\quad \frac{\partial u(L,t)}{\partial x}=0 \tag{11.1.19}$$

11.1.3　耦合场有限元模型

从前面的失超广义热弹性耦合理论模型（式（11.1.8）和式（11.1.9））可以看出：瞬态过程中，超导体内部的温度场与变形场相互影响，两个微分方程是耦合的。失超演化过程中，局部温升会通过热应变而引起超导体的瞬态力学响应；同时，超导体的变形会通过应变率对温度场产生一定影响。

接下来，我们将采用耦合场统一模式的解法和有限元数值方法求解这一耦合问题。

在不考虑体力情况下，失超广义热弹性耦合方程的虚功形式可表示为

$$\begin{aligned}&\int_V[\sigma_{ij}\delta\varepsilon_{ij}+(q_i+t_0\dot{q}_i)\delta T_{,i}-\rho T_0(\dot{\eta}+t_0\ddot{\eta})\delta T]\mathrm{d}v+\int_V\rho\ddot{u}_i\delta u_i\mathrm{d}v\\&+\int_V Q_J\delta T\mathrm{d}v=\int_{A_\sigma}\widetilde{T}_i\delta u_i\mathrm{d}A+\int_{A_q}\widetilde{q}_i\delta T\mathrm{d}A\end{aligned} \tag{11.1.20}$$

热弹性本构方程、热流方程以及能量守恒方程可表示为如下的矢量形式：

$$\begin{aligned}&\{\boldsymbol{\sigma}\}=[\boldsymbol{C}]\{\boldsymbol{\varepsilon}\}-[\boldsymbol{a}]\{\boldsymbol{T}\}\\&\{\rho\eta\}=[\boldsymbol{a}]^{\mathrm{T}}\{\boldsymbol{\varepsilon}\}+c\{\boldsymbol{T}\},\quad \{\boldsymbol{q}\}+t_0\{\dot{\boldsymbol{q}}\}=-k\{\boldsymbol{T}'\}\end{aligned} \tag{11.1.21}$$

引入形函数 $[\boldsymbol{N}_m]$ 和 $[\boldsymbol{N}_T]$，则区域内任一点的变形场和温度场可由离散后的单元节点信息来表征，即

$$\{\boldsymbol{u}\}=[\boldsymbol{N}_m]\{\boldsymbol{u}^I\}, \quad \{\boldsymbol{T}\}=[\boldsymbol{N}_T]\{\boldsymbol{T}^I\} \tag{11.1.22}$$

其中，$\boldsymbol{u}^I$，$\boldsymbol{T}^I$ 分别表示节点处的位移和温度值。

利用单元节点处的信息，进而可获得应变和温度梯度，分别表示为

$$\{\boldsymbol{\varepsilon}\}=[\boldsymbol{B}_m]\{\boldsymbol{u}^I\}, \quad \{\boldsymbol{T}'\}=[\boldsymbol{B}_T]\{\boldsymbol{T}^I\} \tag{11.1.23}$$

将式（11.1.21）～式（11.1.23）代入式（11.1.20），基于变分运算可得两场统一形式的有限元方程为

$$\begin{bmatrix}\boldsymbol{M}_{mm} & \boldsymbol{0}\\ \boldsymbol{M}_{Tm} & \boldsymbol{M}_{TT}\end{bmatrix}\begin{Bmatrix}\boldsymbol{u}^I\\ \ddot{\boldsymbol{T}}^I\end{Bmatrix}+\begin{bmatrix}\boldsymbol{0} & \boldsymbol{0}\\ \boldsymbol{C}_{Tm} & \boldsymbol{C}_{TT}\end{bmatrix}\begin{Bmatrix}\dot{\boldsymbol{u}}^I\\ \dot{\boldsymbol{T}}^I\end{Bmatrix}+\begin{bmatrix}\boldsymbol{K}_{mm} & -\boldsymbol{K}_{mT}\\ \boldsymbol{0} & \boldsymbol{K}_{TT}\end{bmatrix}\begin{Bmatrix}\boldsymbol{u}^I\\ \boldsymbol{T}^I\end{Bmatrix}=\begin{Bmatrix}\boldsymbol{Q}_m\\ -\boldsymbol{Q}_T\end{Bmatrix} \tag{11.1.24}$$

其中，系数矩阵、广义载荷列阵可表示如下：

$$\begin{aligned}
&[\boldsymbol{M}_{mm}]=\int_V[\boldsymbol{N}_m]^{\mathrm{T}}\rho[\boldsymbol{N}_m]\mathrm{d}v, \quad [\boldsymbol{M}_{Tm}]=\int_V T_0[\boldsymbol{N}_T]t_0[\boldsymbol{a}]^{\mathrm{T}}[\boldsymbol{B}_m]\mathrm{d}v\\
&[\boldsymbol{M}_{TT}]=\int_V T_0[\boldsymbol{N}_T]ct_0[\boldsymbol{N}_T]^{\mathrm{T}}\mathrm{d}v\\
&[\boldsymbol{C}_{Tm}]=\int_V T_0[\boldsymbol{N}_T][\boldsymbol{a}]^{\mathrm{T}}[\boldsymbol{B}_m]\mathrm{d}v, \quad [\boldsymbol{C}_{TT}]=\int_V T_0[\boldsymbol{N}_T]\boldsymbol{c}[\boldsymbol{N}_T]^{\mathrm{T}}\mathrm{d}v\\
&[\boldsymbol{K}_{mm}]=\int_V[\boldsymbol{B}_m]^{\mathrm{T}}[\boldsymbol{C}][\boldsymbol{B}_m]\mathrm{d}v, \quad [\boldsymbol{K}_{mT}]=\int_V[\boldsymbol{B}_m]^{\mathrm{T}}[\boldsymbol{a}][\boldsymbol{N}_T]^{\mathrm{T}}\mathrm{d}v\\
&[\boldsymbol{K}_{TT}]=\int_V[\boldsymbol{B}_T]k[\boldsymbol{B}_T]^{\mathrm{T}}\mathrm{d}v\\
&[\boldsymbol{Q}_m]=\int_{A_\sigma}[\boldsymbol{N}_m]^{\mathrm{T}}\{\widetilde{\boldsymbol{T}}\}\mathrm{d}s, \quad [\boldsymbol{Q}_{\mathrm{T}}]=\int_{A_{\mathrm{q}}}[\boldsymbol{N}_T]^{\mathrm{T}}\{\widetilde{\boldsymbol{q}}\}\mathrm{d}s-\int_V[\boldsymbol{N}_T]^{\mathrm{T}}\{\boldsymbol{Q}_J\}\mathrm{d}v
\end{aligned} \tag{11.1.25}$$

对于含有统一场变量的有限元方程（11.1.24），在后面具体的数值模拟中，我们将采用有限元软件 COMSOL 中的 PDE 自编程模块进行求解。

11.1.4 超导复合带材的热触发失超及演化模拟

基于前面所建立的失超广义热弹性理论模型和有限元数值模型，这里针对低温、高温超导复合材料的热触发失超问题开展数值模拟。

为便于分析，引入如下的无量纲参数：

$$\begin{aligned}
&\xi=\frac{x}{L}, \quad \theta=\frac{T-T_0}{T_{\mathrm{c}}-T_0}, \quad \tau=\frac{k_0t}{\rho c_0L^2}, \quad \bar{u}=\frac{u}{L}\\
&\bar{c}(\theta)=\frac{c(\theta)}{c_0}, \quad \bar{k}(\theta)=\frac{k(\theta)}{k_0}, \quad \tau_0=\frac{k_0t_0}{\rho c_0L^2}\\
&\bar{\beta}_0=\frac{\beta T_0k_0}{\rho c_0L^2}, \quad \bar{\beta}_1=\frac{\rho\beta(T_{\mathrm{c}}-T_0)c_0^2L^2}{k_0^2}, \quad \bar{a}^2=\frac{\rho(\lambda+2\mu)c_0^2L^2}{k_0^2}\\
&\bar{Q}_J=\frac{Q_JL^2}{k_0(T_{\mathrm{c}}-T_0)}, \quad \bar{Q}_I=\frac{Q_IL^2}{k_0(T_{\mathrm{c}}-T_0)}
\end{aligned} \tag{11.1.26}$$

1. 低温超导复合线材失超

这里，针对低温超导 NbTi/Cu 复合线材的失超过程进行系统分析。由于我们着重探讨失超发生和传播过程，所以触发热源施加以足够热通量，以保证超导体发生失超。表 11.1.1 给出了数值计算中所采用的具体材料参数。

表 11.1.1　NbTi/Cu 低温超导复合线材的相关参数[12]

物理量	数值/单位
密度 ρ	6.8×10^3 kg/m^3
耦合系数 β	1×10^7 N/(m·K)
临界电流 I_c	100A
横截面积 S_0	3.14×10^{-6}m^2
临界温度 T_c	9K
电阻率 ρ_m	$3.14\times10^{-9}\Omega\cdot$m
运行环境温度 T_{op}	4.2K
比热容 c_0，a_0，a_1	1.52 J/(kg·K)，−1，0.253K^{-1}
热导率 k_0，b_0，b_1	434.19 W/(m·K)，1，0.137K^{-1}

图 11.1.5 给出了不考虑热波效应（即 $\tau_0=0$）情形下，失超发生及传播过程中低温超导体不同位置处无量纲温度 θ 随无量纲时间 τ 的演化特征，图中 $\theta_c=1$ 表示温度达到临界温度（$T=T_c$）。从图中可看出：失超触发点（$\xi=0$）温度率先上升并达到临界温度，之后超导体内其他各点温度依次升高并达到超导临界温度，表现出失超传播特征；在位置 $\xi=0,0.1$ 两点间的温度曲线间距相对于后续各点间距更小，这主要是因为热源附近由触发热源和焦耳热源同时为超导体提供热量；离热源较远的区域主要由焦耳热提供热量，并促使失超区域向外扩展。

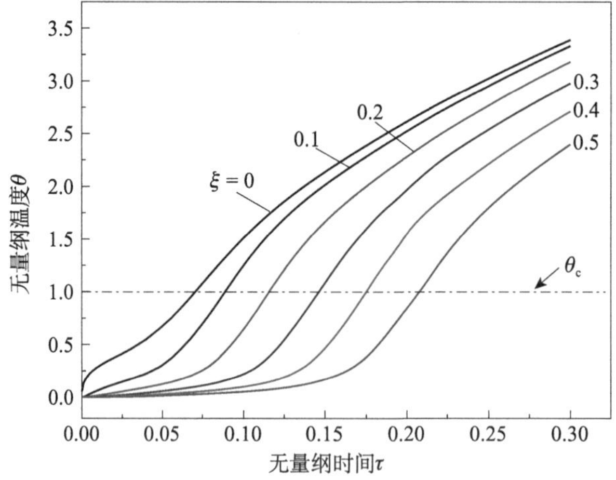

图 11.1.5　失超过程中超导体不同位置处的温度演化
（$J=0.7J_c$，$\tau_0=0$）

为深入探究失超过程中的热弹性行为与失超发生及过程的内在关联，我们进一步分析了热应变率（即 $\dot{\varepsilon}=\partial\varepsilon/\partial t=\partial^2 u/\partial x\partial t$ ）演化特征。

图 11.1.6 给出了热应变率及无量纲温度随时间的演化结果。可以看出：随着失超的触发及传播，应变率依次出现规律性的先上升、后下降的显著特征；导体上各点应变率的峰值时刻正好与该点达到临界温度即失超的时刻一一对应，由此表明，基于力学响应的应变率极值可以判断失超的发生。相对于传统的电压、温度等检测方法，这是一新的失超检测方法。

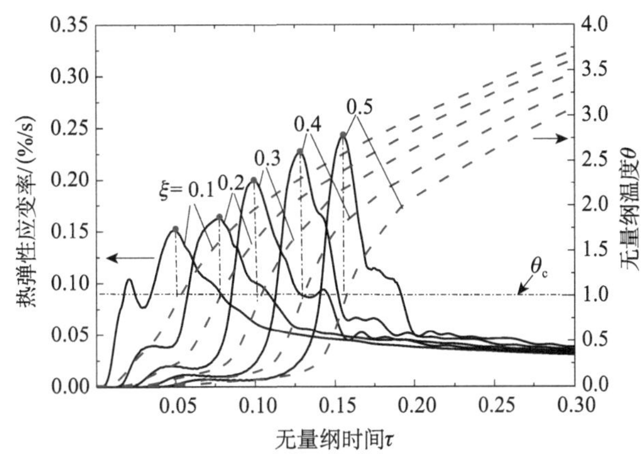

图 11.1.6　失超过程中不同位置处热应变率与无量纲温度随时间的演化特征对比

对于该现象背后的机制，我们进一步作出解释。热弹性应变率源于超导体内的温度变化率，而温度演化与热源密切关联；由焦耳热表达式（11.1.13）可以看到，当导体内温度低于临界温度时，焦耳热随温度而持续升高，达到临界温度后焦耳热保持不变，此时温度变化率降低，进而引起热应变率的下降。因此，在失超传播过程中，导体内电流分流阶段向失超阶段转变引起的焦耳热变化，是热应变率极值点与临界温度点正好对应的内在原因。从物理过程来看，失超发生意味着超导体局部区域的电流完全进入金属基体层。这一结果表明，低温超导体发生失超及传播，则基于热应变率的突变行为和极值点可准确预测该点失超的发生；其有效地解释了已有实验中所观测的应变发生突变的现象[4, 13]，并有望为复杂超导结构的失超检测提供新的检测手段。

在此基础上，我们讨论热波效应和耦合效应对失超应变的影响。图 11.1.7（a）给出了考虑（$\tau_0=0.01$）和不考虑（$\tau_0=0$）热波效应情形下，复合超导体的热应变率和温度的演化曲线。可以看出：失超时应变率达到峰值的时刻仍与临界温度时刻相对应，考虑热波效应的应变率峰值更大；这可能是由于热波效应使得超导体在分流和失超阶段产生更大的附加热量，引起更快的温升和更大的应变率突变；另外，热波效应使得失超发生的时间有所提前。图 11.1.7（b）给出了热弹性耦合效应（$\beta\neq 0$）对超导体失超的热应变率和温度影响特征。可以看出：热弹性耦合效应的影响使得失超的发生有所延后，失超时的热应变率峰值较小、温升速率较缓慢；且不论是否考虑耦合效应，失超发生时刻的应变率对应于峰值这一基本规律依然保持不变。

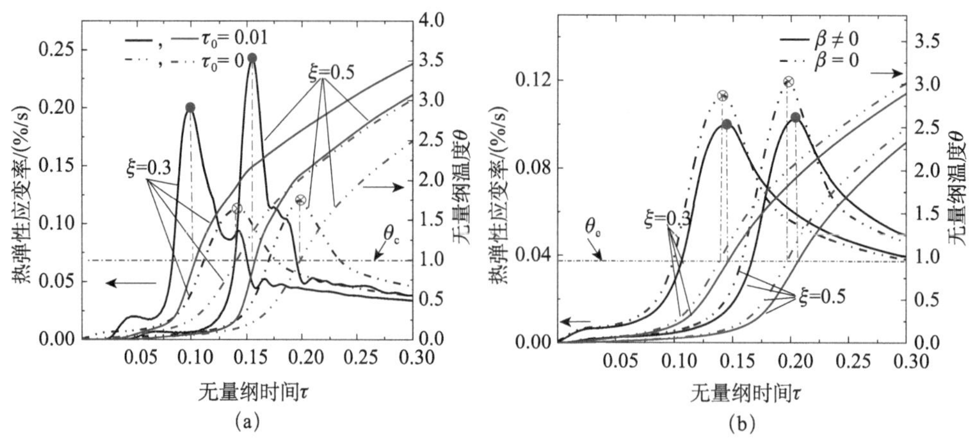

图 11.1.7 不同影响因素下失超过程中的热应变率和温度随时间的演化

(a) 热波效应；(b) 热弹性耦合效应

2. 高温超导复合带材失超

钇钡铜氧（YBCO）高温超导复合带材是具有超导层、哈氏合金基底层、缓冲层及铜稳定层等多层结构的复合材料。其失超后的电流主要由铜层承载，失超过程中的热传导行为由较大厚度的哈氏合金层和铜层共同主导。与低温超导材料不同，在高温超导材料发生失超的温度区间内，材料电阻率将随温度发生显著的变化。

表 11.1.2 给出了由体积平均方法给出的密度、比热容、热导率及电阻率等计算相关参数。

表 11.1.2 YBCO 高温超导复合带材的相关参数[7, 14]

物理量	数值/单位
密度 ρ	8.9×10^3 kg/m^3
临界电流 I_c	$(744-8.9\times T_0)$A
横截面积 S_0	0.43×10^{-6}m^2
电阻率 d_0，d_1，d_2	$-2.542\times10^{-9}\Omega\cdot$m，$6.913\times10^{-11}\Omega\cdot$m/K， $-2.429\times10^{-14}\Omega\cdot$m/K^2
临界温度 T_c	90K
运行温度 T_{op}	30K，40K，70K
比热容 c_0，a_0，a_1，a_2，a_3	87.02 J/(kg·K)，-1，0.062K^{-1}， 1.76×10^{-4}K^{-2}，1.49×10^{-7}K^{-3}
热导率 k_0，b_0，b_1，b_2，b_3	1094.3 W/(m·K)，1，-0.015K^{-1} 8.34×10^{-5}K^{-2}，1.43×10^{-7}K^{-3}
热导率 $k(T>260\text{K})$	400 W/(m·K)

这里，首先讨论不同参数条件对 YBCO 带材失超传播过程中热应变率演化特征的影响。图 11.1.8 给出了带材失超传播过程中不同位置处的热应变率、无量纲温度随时间的演化规律。图 11.1.8 (a) 是为金属层电阻率为温度函数情况下的结果。可以看出，失超传播过程中各点温度依次上升；与此同时，热应变率也依次升高并存在一规律性的斜率

转变点，而且这一转变点出现的时刻恰好与温度达到临界温度的时刻相对应。进一步，我们假设金属层电阻率不随温度发生变化，即 ρ_m 为一常数，图 11.1.8（b）给出了这一条件下沿超导带材各位置处热应变率的演化曲线。与前述低温超导体类似，失超传播过程各点处热应变率出现了规律性的突变行为，且极值点出现的时刻正好对应于温度达到临界温度的时刻。这些理论预测结果在最新实验观测中获得验证，表明了这一基于应变的失超检测新方法的有效性[15]。

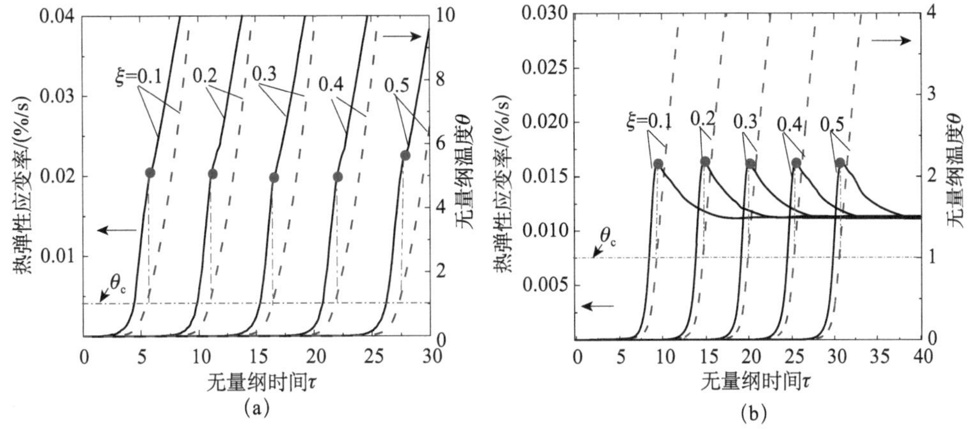

图 11.1.8 失超过程中带材不同位置处热应变率及无量纲温度随时间的演化

（$\tau_0=0$，$T_0=30\mathrm{K}$，$J_0=0.7J_c$）

（a）金属层电阻率为温度的函数；（b）金属层电阻率为常数

为了进一步揭示高温超导带材失超过程中演化特征与影响机制，图 11.1.9 给出了温度变化率以及失超传播速度的数值模拟结果与实验结果的对比。

由 11.1.9（a）可以看出：当电阻率为常数时，温度变化率在临界温度附近出现明显的极值点；而当电阻率为温度函数时，温度变化率在临界温度附近存在一明显的斜率变化和极值点，计算结果与实验结果吻合较好。该物理演化过程可解释为：当电阻率为常数时，带材在某些位置处从分流阶段进入失超阶段，载流完全进入金属层且焦耳热源保持不变，进而引起温度变化率、应变率曲线的特征发生明显突变；当考虑电阻率的温度依赖性时，带材进入失超阶段后焦耳热源会持续增大，由于分流和失超段热源与温度依赖关系不同，则必然存在一个转变点，这也最终决定了温度变化率和应变率曲线的斜率转变特征。

由图 11.1.9（b）的高温超导带材失超传播速度结果可以看出：带材失超传播速度随着承载电流的增大而增大；当运行环境温度更低时，失超传播速度更大。一方面，超导带材在低温区具有较大的临界电流，失超后所产生的焦耳热功率也较高，进而导致温升速率大和失超传播速度增加；另一方面，较低的运行环境温度会导致带材分流温度随之降低，根据金属层物性参数与温度依赖关系，分流阶段的平均热导率将增大、比热容将减小，从而加快了带材局部热扩散和失超传播。此外，可以看出理论模型给出的数值预测结果与已有实验结果吻合良好，说明了模型预测失超传播特征的有效性。

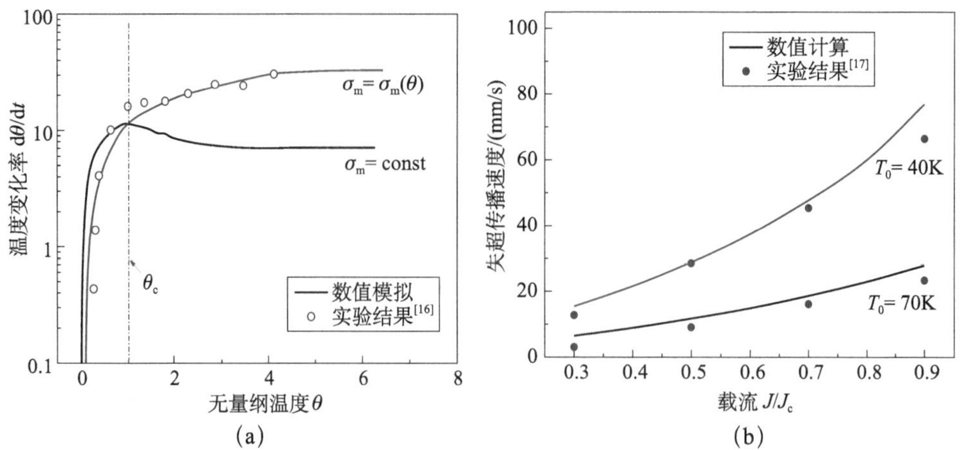

图 11.1.9　带材失超基本特征的数值预测与实验结果的对比

(a) 温度变化率随温度的变化（$T_0=30\mathrm{K}$，$J_0=0.88J_c$）；(b) 失超传播速度随载流的变化

11.2　超导复合带材的热弹及塑性行为

已有研究表明，ReBCO 高温超导复合带材由于层间高应力可直接导致超导性能的退化或失效，因此，与超导复合带材关联的力学分析是其结构设计和制备超导结构中所关注的基础问题。

高温超导复合带材具有一些特殊结构特征：多层复合结构达近 10 层，带材中银层、超导层和缓冲层的宽厚比极大，不同层的厚度比最大达到 1∶100 等。由此带来了有限元分析中网格剖分数目大、单元奇异性增大，以及计算量极大的挑战性问题。

为了有效解决高温超导带中各材料层在 3D 有限元模型网格划分和计算上带来的困难，尽可能准确构建复合带材真实结构，我们建立了 3D/2D 混合维度的有限元模型，针对复合带材加工热处理、冷却大幅变温过程的热弹性和弹塑性力学行为开展了数值研究[3]。

11.2.1　基本控制方程

对于超导多层复合结构，每层材料所满足的基本力学平衡方程和几何变形方程可表示如下：

$$\sigma_{ij,j}+f_i=0 \tag{11.2.1}$$

$$\varepsilon_{ij}=\frac{1}{2}\left(\frac{\partial u_i}{\partial x_j}+\frac{\partial u_j}{\partial x_i}\right) \tag{11.2.2}$$

其中，σ_{ij} 和 ε_{ij} 分别为应力和应变张量；f_i 为体力；u_i 表示位移。

式 (11.2.2) 中的应变可包含弹性应变 $\varepsilon_{ij}^{\mathrm{e}}$ 、塑性变形 $\varepsilon_{ij}^{\mathrm{p}}$ 、热应变 $\varepsilon_{ij}^{\mathrm{T}}$ 以及初始应变 ε_{ij}^{0} ，即

$$\varepsilon_{ij}=\varepsilon_{ij}^{e}+\varepsilon_{ij}^{p}+\varepsilon_{ij}^{T}+\varepsilon_{ij}^{0} \tag{11.2.3}$$

考虑到超导材料通常处于极低温和大幅变温工作环境，材料属性随温度依赖性显著，从而热应变可以表示为

$$\varepsilon_{ij}^{T}=\int_{T_{ref}}^{T}\alpha_{ij}(T)\mathrm{d}T \tag{11.2.4}$$

其中，T_{ref} 表示参考温度；$\alpha_{ij}(T)$ 是与温度相关的材料热膨胀系数，并且不同层材料的热学属性也存在显著差异。

对于线弹性应变分量，材料的本构方程满足胡克定律，即

$$\varepsilon_{ij}^{e}=\frac{1}{2G}\sigma_{ij}-\frac{\nu}{E}\sigma_{kk}\delta_{ij} \tag{11.2.5}$$

其中，E，G，ν 分别表示材料的弹性模量、剪切模量和泊松比；δ_{ij} 为克罗内克（Kronecker）函数。

根据增量理论，在热应变、初始应变为定值的情况下，应变增量可以分解为弹性和塑性应变的增量，即

$$\mathrm{d}\varepsilon_{ij}=\mathrm{d}\varepsilon_{ij}^{e}+\mathrm{d}\varepsilon_{ij}^{p} \tag{11.2.6}$$

由式（11.2.5）可知，弹性应变增量可以表示为应力增量的函数：

$$\mathrm{d}\varepsilon_{ij}^{e}=\frac{1}{2G}\mathrm{d}\sigma_{ij}-\frac{\nu}{E}\mathrm{d}\sigma_{kk}\delta_{ij} \tag{11.2.7}$$

基于德鲁克（Ducker）公设，应变塑性增量可以表示为

$$\mathrm{d}\varepsilon_{ij}^{p}=\mathrm{d}\lambda\frac{\partial\varphi}{\partial\sigma_{ij}} \tag{11.2.8}$$

其中，φ 表示加载函数，加载过程中 $\mathrm{d}\lambda>0$，卸载时 $\mathrm{d}\lambda=0$。

对于各向同性的线性强化材料，采用 von Mises 屈服准则，则塑性增量为

$$\mathrm{d}\varepsilon_{ij}^{p}=\frac{3}{2}\left(\frac{1}{E_{t}}-\frac{1}{E}\right)\frac{\mathrm{d}\bar{\sigma}}{\bar{\sigma}}s_{ij} \tag{11.2.9}$$

其中，E_{t} 为切线模量；$\bar{\sigma}$ 为等效应力；s_{ij} 表示应力偏量。

根据超导带材结构、界面、边界以及荷载的对称性，选取适当的条件。例如，在复合带材的对称边，可根据位移分量设定相应的对称边界条件。考虑到超导复合带材从制备中的热处理到外荷载作用过程中，各层之间保持紧密结合状态，因此假设毗邻的层之间通过绑定界面边界条件而约束在一起。在此情形下，则可假设两个接触面是完美结合的，无滑动和撕裂发生，则需要提取对应的位移分量连续等交接条件。若有层间滑移，则可以写出对应的切向发生相对位移的条件等。

11.2.2 3D/2D 混合维度有限元模型及模拟过程

这里，我们以 Superpower 公司生产的高温超导复合带材的真实构型为例（型号：SCS4050，宽度 4mm），开展相关力学性能分析。

该超导复合材料具体结构包括：厚度 50μm 的哈氏合金基底、0.2μm 的缓冲层、1μm 的 ReBCO 超导层、2μm 的银覆盖层，以及表面包裹 20μm 起稳定作用的铜层，图 11.2.1 为带材横截面和各材料层构成示意图。

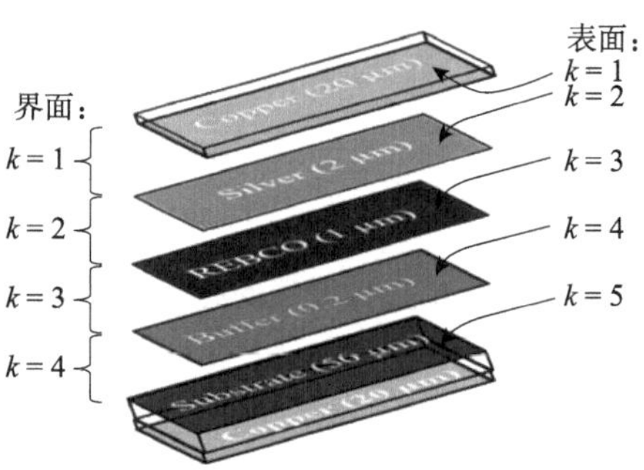

图 11.2.1　超导复合带材 3D/2D 混合维度有限元建模结构示意图（彩图扫封底二维码）

1. 有限元模型

结合复合结构特征，为了克服 3D 有限元模型在单元奇异以及网格细化时导致的巨量计算困难，我们采用 3D/2D 混合维度建模思想，发展了一种高保真有限元模型。

如图 11.2.1 所示，对于超导复合带材中的三个超薄层（即银层、ReBCO 超导层和缓冲层）采用 2D 平面薄膜单元，其余采用 3D 实体单元。

根据超导复合结构的基本力学方程（11.2.1），可获得相应的虚功原理表达式：

$$\iiint_{\Omega}\sigma_{ij}\delta\varepsilon_{ij}\,\mathrm{d}v=\iiint_{\Omega}f_i\delta u_i\,\mathrm{d}v+\iint_{S_\sigma}F_i\delta u_i\,\mathrm{d}s \tag{11.2.10}$$

该虚功表达式没有涉及材料的本构关系，因此结构的弹性、弹塑性变形均适用。

对于复合多层结构进行离散化网格和单元剖分，并选取对应的 3D 单元和 2D 单元的形函数。经过单元有限元方程生成和组装后，可获得 3D/2D 混合维度的整体有限元方程如下：

$$\begin{cases}[\boldsymbol{K}]_{3\mathrm{D}}[\boldsymbol{U}]_{3\mathrm{D}}=[\boldsymbol{F}]_{3\mathrm{D}}\\ [\boldsymbol{K}]_{2\mathrm{D}}[\boldsymbol{U}]_{2\mathrm{D}}=[\boldsymbol{F}]_{2\mathrm{D}}\end{cases} \tag{11.2.11}$$

式中，$[\boldsymbol{K}]$ 为结构的总刚度矩阵；$[\boldsymbol{U}]$，$[\boldsymbol{F}]$ 分别表示节点位移列阵和荷载列阵；下标“3D”、“2D”分别表示对应的 3D 单元、2D 单元所组装形成的有限元矩阵。

由于所有毗邻的复合层之间以完美界面边界条件约束，则在层与层之间界面限定位移连续边界条件，即

$$[\boldsymbol{U}]^{+}=[\boldsymbol{U}]^{-} \tag{11.2.12}$$

由于界面主要存在于 3D 单元和 2D 单元之间，则式（11.2.12）可进一步表示为

$$[\boldsymbol{U}]_{3\mathrm{D}}^{+}=[\boldsymbol{U}]_{2\mathrm{D}}^{-}\quad 或\quad [\boldsymbol{U}]_{2\mathrm{D}}^{+}=[\boldsymbol{U}]_{3\mathrm{D}}^{-} \tag{11.2.13}$$

2. 数值模拟过程

根据超导复合带材真实的生产与加工流程，其热处理过程可以简化为如图 11.2.2 所示的四个阶段。据此，我们基于所建立的数值模型采用有限元软件 COMSOL 进行模拟与分析。

第 1 阶段：在 970K 的材料反应环境温度下，定义紧密结合的哈氏合金基体层与缓冲层为初始状态，在缓冲层表面上加入 ReBCO 超导层。超导层与缓冲层之间的界面采用绑定约束，并降低温度至 770K。

第 2 阶段：从温度 770K 开始，以该温度下的应力、应变、位移作为基体层、缓冲层

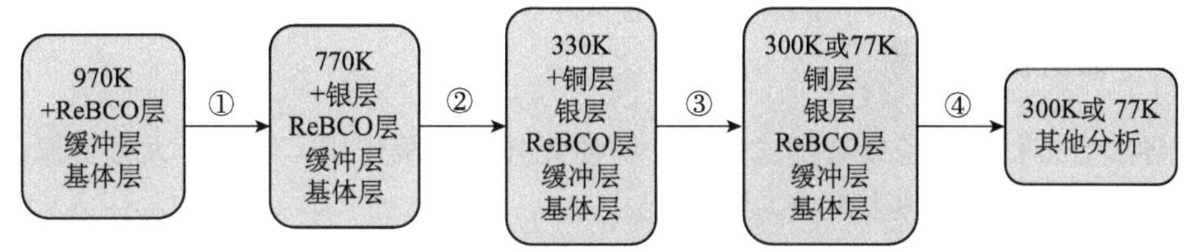

图 11.2.2 超导复合带材的热弹性与低温下弹塑性分析过程

和超导层的初始条件，并在超导层表面上加入银层。同时选取超导层与银层之间的绑定约束，进行复合材料的热处理分析，即

$$\begin{cases}\boldsymbol{\sigma}_{02}=\boldsymbol{\sigma}\big|_{T=770\mathrm{K}}\\ \boldsymbol{\varepsilon}_{02}=\boldsymbol{\varepsilon}\big|_{T=770\mathrm{K}}\\ \boldsymbol{u}_{02}=\boldsymbol{u}\big|_{T=770\mathrm{K}}\end{cases}(\Omega_{\mathrm{H}},\Omega_{\mathrm{B}},\Omega_{\mathrm{Re}}\text{ 内}),\quad \begin{cases}\boldsymbol{\sigma}_{02}=\mathbf{0}\\ \boldsymbol{\varepsilon}_{02}=\mathbf{0}\\ \boldsymbol{u}_{02}=\mathbf{0}\end{cases}(\Omega_{\mathrm{Ag}}\text{ 内})\qquad(11.2.14)$$

其中，$\boldsymbol{\sigma}_{02}$，$\boldsymbol{\varepsilon}_{02}$，$\boldsymbol{u}_{02}$ 分别为热处理第 2 阶段的初始应力、初始应变、初始位移；Ω_{H}，Ω_{B}，Ω_{Re} 分别表示哈氏合金基体层、缓冲层和超导层区域；Ω_{Ag} 代表银层。

第 3 阶段：继续降温至 330K，在带材表面和边缘添加铜包裹层。分别定义 330K 时基体层、缓冲层、超导层、银层的应力、应变、位移作为热处理第 3 阶段的初始条件，并在银层上表面和基体层下表面以及带材侧面加铜包裹层，同时在超导层与其他毗邻层采用绑定约束条件，即

$$\begin{cases}\boldsymbol{\sigma}_{03}=\boldsymbol{\sigma}\big|_{T=330\mathrm{K}}\\ \boldsymbol{\varepsilon}_{03}=\boldsymbol{\varepsilon}\big|_{T=330\mathrm{K}}\\ \boldsymbol{u}_{03}=\boldsymbol{u}\big|_{T=330\mathrm{K}}\end{cases}(\Omega_{\mathrm{H}},\Omega_{\mathrm{B}},\Omega_{\mathrm{Re}},\Omega_{\mathrm{Ag}}\text{ 内}),\quad \begin{cases}\boldsymbol{\sigma}_{03}=\mathbf{0}\\ \boldsymbol{\varepsilon}_{03}=\mathbf{0}\\ \boldsymbol{u}_{03}=\mathbf{0}\end{cases}(\Omega_{\mathrm{Cu}}\text{ 内})\qquad(11.2.15)$$

第 4 阶段：整个完整的超导复合带材降温至室温或 77K，进行相应条件下的力学分析。

至此，实现了从 970K 到室温或 77K 带材逐层加入的结构热弹性及塑性模拟过程。

超导复合带材加工与热处理过程中伴随着大幅变温（77～970K），则需要考虑各层材料的温度依赖性，尤其是哈氏合金基体层和起稳定作用的铜包裹层。对于其余所占带材体积比很小的超薄层，其对结构影响不大，可忽略材料的温度依赖性。本研究中采用的 ReBCO 超导复合带材的参数如表 11.2.1 所示。

表 11.2.1 超导复合带材的各层材料属性

材料层	杨氏模量 E/GPa 77K/300K		泊松比 υ	屈服强度 σ_{Y}/MPa 77K/300K		切变模量 E_{t}/GPa	热膨胀系数 $\alpha/(\times10^{-6}\,\mathrm{K}^{-1})$
铜稳定层	85	70	0.343	330	190	5	16.8
银层	76		0.37	65		4	17.1
ReBCO 超导层	157		0.3	700		5	11
缓冲层	157		0.3	700		5	10
哈氏合金基层	178	170	0.307	1200	980	6	14.1

11.2.3　数值模拟结果

超导复合带材在制备或装配过程中，即便无外加荷载作用，则由于大幅变温，也会使各材料层出现显著的热失配应力和应变。

图 11.2.3 展示了超导带材经过前述四个制备流程，并降温至 77K 时的各层应力状态分布模拟结果。从图 11.2.3（a）所给出的 von Mises 应力分布可以看出：超导层与缓冲层的残余热应力最大，其次是哈氏合金基底层、银层，而铜包裹层的热应力最小。从图 11.2.3（b）的轴向热应力分布特征可以看出：超导层和缓冲层处于压缩状态，其余各层都处于拉伸状态。这是由于超导层与缓冲层的热膨胀系数相对较小，热收缩效应较弱，则各毗邻层之间约束而出现了热收缩压应力。这一数值模拟结果很好解释了已有实验观测结果，即拉伸荷载作用下，超导复合带材的临界电流随着载荷的增大先升高、后降低的现象。这是由带材加工过程中的残余的超导层收缩应变而引起的，拉伸初始阶段对残余热压缩热应力卸载，之后才进入拉伸变形状态。

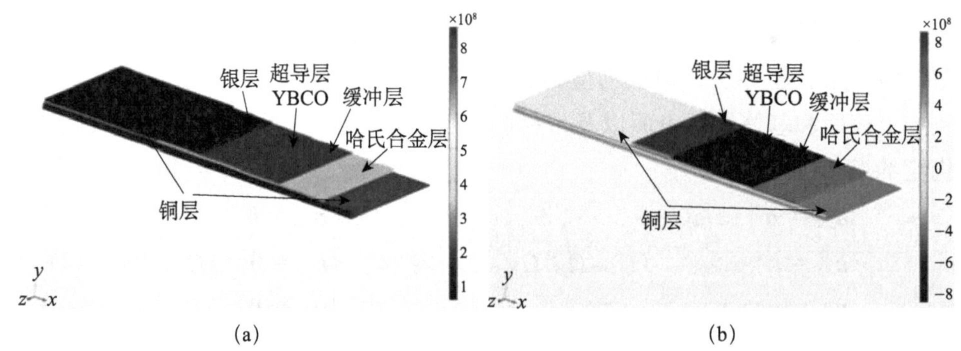

图 11.2.3　经热处理后降温至 77K 超导复合带材各层残余热应力分布（彩图扫封底二维码）

(a) von Mises 应力；(b) 沿带材长度方向轴向应力

超导复合带材在制备和冷却过程中，温度从 970K 到 77K，各层的热残余应变不同，图 11.2.4 给出了整个降温过程中的残余应变分布。从图 11.2.4（a）可以看出：除了银层外，其他各层的残余应变曲线变化趋势相似。这是因为银层在 738K 下屈服，残余应力变化不大，屈服后残余应变随着温度的降低而继续增大，其应变包含塑性变形的贡献；而其余各材料层均保持在弹性变形范围。在第 3 阶段加入铜层后，铜层的热收缩略大于银层，从而银层的应变-温度曲线斜率减小。图 11.2.4（b）显示了在带材制备和冷却过程中超导层中的热残余应变与温度的对比，数值模拟中分别采用单步降温加载与多步降温加载两种建模方法。从图中可以看出：多步法分析结果更接近实验测试结果；由于铜的热膨胀系数高于超导层，则单步法计算的 970K 到 77K 的累积残余应变比多步法计算的要高出很多。这表明，为了获得较高精度的力学性能分析，有必要采用多步建模方法。

图 11.2.5 给出了 300K 和 77K 环境温度下超导复合带材中残余热应变沿各层厚度方向的分布特征。可以看出：超导层和缓冲层均表现为压缩残余热应变，银层与铜层则为拉伸应变；哈氏合金基体层在 300K 时的残余热应变几乎为零，而在 77K 后表现为压缩

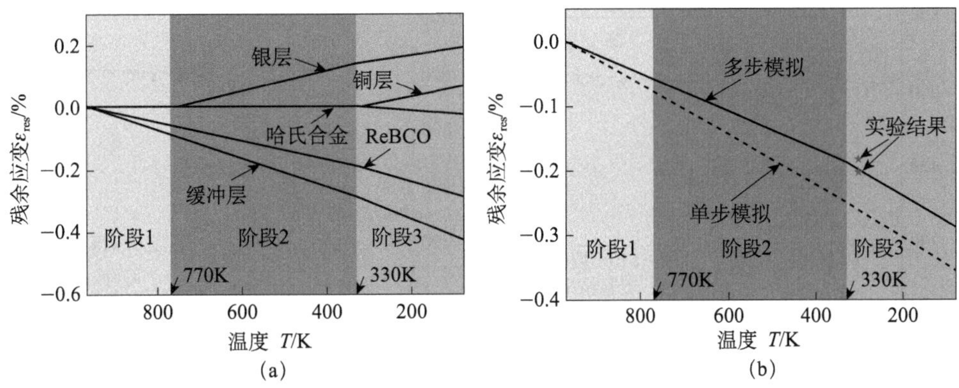

图 11.2.4 超导复合带材中残余热应变分布

(a) 所有层的残余应变；(b) 多步法和单步法分析的超导层残余应变

应变。实验结果显示，室温下超导层的压缩残余热应变为 0.20%左右，本数值预测结果为 0.206% ，与实验结果吻合良好。

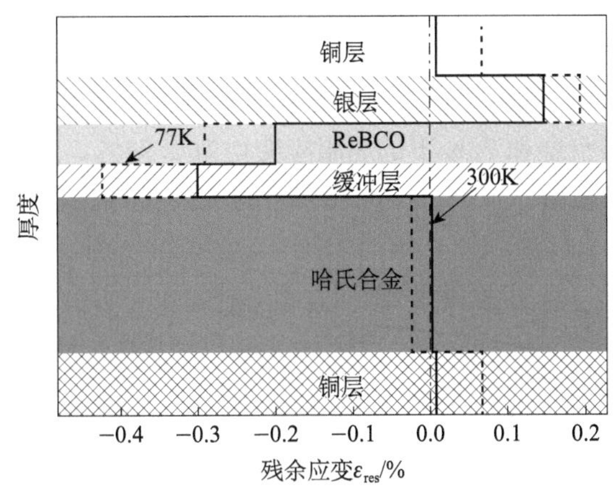

图 11.2.5 不同环境温度下超导复合带材中残余应变沿各层厚度的分布特征

在前面模拟获得了室温（300K）和液氮温区（77K）环境下超导复合带材的残余热应变基础上，我们进行超导带材单轴向拉伸下的力学行为分析。

图 11.2.6 给出了轴向拉伸下超导带材内平均的应力-应变曲线。从图中可以看出，由于带材的弹塑性变形行为，在室温和 77K 时的应力-应变曲线可以基于两个屈服点 Y_{I} 和 Y_{II} 分为三个变形阶段。铜层和哈氏合金基体层是复合带材结构的主要组成部分，带材的力学行为也主要取决于这两层。从 O 点到 Y_{I} 点，铜层和哈氏合金层均处于弹性阶段；从 Y_{I} 到 Y_{II} 点，铜层已发生塑性变形，哈氏合金层仍处于弹性阶段；Y_{II} 点过后，铜层和哈氏合金层均发生塑性变形。这些数值预测结果与实验吻合良好。

图 11.2.7 给出了室温和 77K 环境温度下，超导复合带材各材料层中的应力-应变曲线结果。可以看出：由于残余热应力的存在，超导带材中各层的初始应变不为零；超导层和缓冲层表现出较大压缩预应力，在拉伸初始阶段首先表现为该预应变的卸载，因而延伸了带材拉伸应变的有效范围；银层预先已发生塑性变形，但其占比较小，对整体带材的等效弹性模量几乎无影响；随着外加荷载的增加，铜层发生塑性变形（室温时

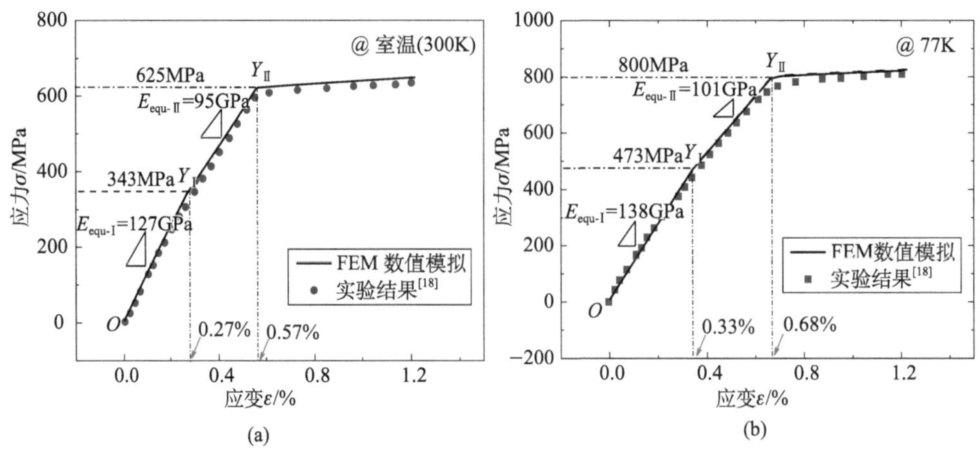

图 11.2.6　超导复合带材拉伸荷载作用下的应力-应变曲线

(a) 室温；(b) 77K

0.27%；77K 时 0.35%)，弹性模量相比铜层塑性前有所降低；继续增大变形，哈氏合金达到弹性极限（室温时 0.57%；77K 时 0.68%)，随后进入塑性变形阶段，带材整体发生屈服且承载能力急剧下降；继续增大变形，超导层与缓冲层也进入塑性变形阶段。预测结果表明：超导层室温和 77K 下的屈服应变均为 0.74%，这与超导带材的临界电流发生不可逆退化的应变极限（0.66%～0.75%）的实验观测结果相一致。

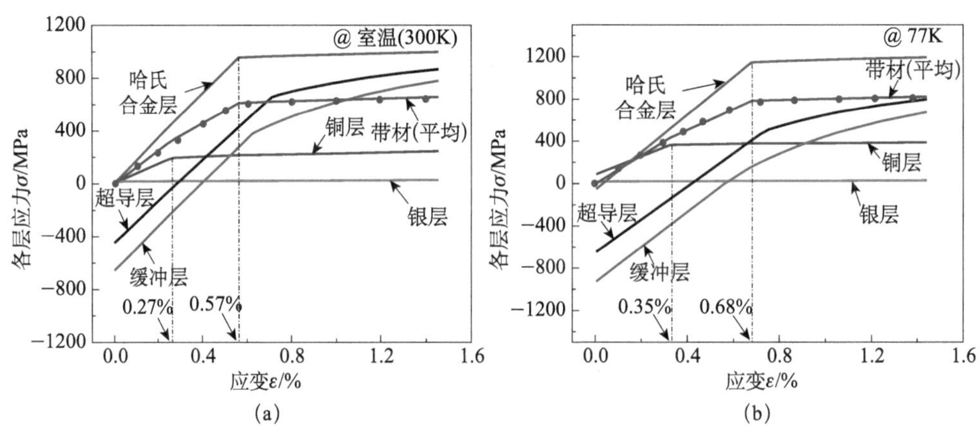

图 11.2.7　超导复合带材各层的应力-应变曲线

(a) 室温；(b) 77K

11.3　超导复合磁体结构的磁-力耦合行为多尺度有限元模拟

超导磁体运行于极低温等复杂环境，在强磁场、高载流环境，超导线圈会受到强的洛伦兹力作用，进而导致超导线圈与磁体产生明显的形变和高应力场；反之，超导线圈与磁体的变形又会改变超导磁体内部的电流和磁场分布，导致电磁力的改变，这是一典型的磁-力耦合问题。

目前，高场超导磁体设计和应用中的高应力管理已成为大型超导结构研制中的瓶颈问题。现有的大型有限元软件由于缺乏耦合计算模块，不能直接用于该类问题的数值分析中，因此发展有效的数值计算模型来预测和分析超导磁体极端多场运行环境下的力磁学行为，对超导磁体的研制和安全运行具有重要意义。

本节基于耦合场理论，考虑超导磁体结构的不同尺度特征，建立超导磁体结构的磁-力耦合多尺度有限元模型[4,5]；进一步，分别针对螺线管型超导复合磁体和跑道型超导复合磁体结构，进行磁体的磁-力行为数值模拟与分析，并与实验结果进行对比。

11.3.1 超导磁体的磁-力耦合模型

对于处于准静态运行的超导磁体，基于 Maxwell 电磁学理论，不难得到相应的电磁学基本方程如下：

$$\nabla\times \boldsymbol{H}=\boldsymbol{J},\quad \nabla\cdot \boldsymbol{B}=0 \tag{11.3.1}$$

其中，$\boldsymbol{H}$ 和 $\boldsymbol{B}$ 分别是磁场强度、磁感应强度；$\boldsymbol{J}$ 为流经磁体线圈的电流密度。通常可以引入磁矢量势 $\boldsymbol{A}$（即 $\boldsymbol{B}=\nabla\times\boldsymbol{A}$），进行方程的进一步简化。

对于载流超导线圈而言，其在正常工作状态下为良导体，因此相应的电磁本构关系可以表示为

$$\boldsymbol{B}=\mu_0\boldsymbol{H} \tag{11.3.2}$$

其中，μ_0 为真空中的磁导率。

超导磁体线圈在电磁场作用下会产生洛伦兹力，即

$$\boldsymbol{f}^{\mathrm{em}}=\boldsymbol{B}\times\boldsymbol{J} \tag{11.3.3}$$

由此导致磁体结构发生力学变形，相应的力学平衡微分方程可表示为

$$\nabla\cdot\boldsymbol{\sigma}+\boldsymbol{f}^{\mathrm{em}}=\boldsymbol{0} \tag{11.3.4}$$

其中，$\boldsymbol{\sigma}$ 表示超导磁体结构内部的应力张量。

相应的应力-应变关系和几何方程可表示如下：

$$\boldsymbol{\sigma}=\boldsymbol{C}\cdot\boldsymbol{\varepsilon},\quad \boldsymbol{\varepsilon}=\frac{1}{2}(\nabla\boldsymbol{u}+\boldsymbol{u}\nabla) \tag{11.3.5}$$

这里，$\boldsymbol{\varepsilon}$ 为应变张量；$\boldsymbol{u}$ 为位移矢量；$\boldsymbol{C}$ 是弹性张量。

对应的应力和位移边界条件为

$$\boldsymbol{n}\cdot\boldsymbol{\sigma}=\bar{\boldsymbol{t}}\quad (\Gamma_\sigma\ 上) \tag{11.3.6}$$

$$\boldsymbol{u}=\bar{\boldsymbol{u}}\quad (\Gamma_u\ 上) \tag{11.3.7}$$

其中，$\bar{\boldsymbol{t}}$ 为边界 Γ_σ 上的已知外力；$\bar{\boldsymbol{u}}$表示边界 Γ_u 上的已知位移，并有 $\Gamma=\Gamma_\sigma\cup\Gamma_u$。

在磁场和电流的作用下，超导磁体中的线圈会受到洛伦兹力的作用而发生变形，进而导致线圈中的传输电流方向的改变，以及磁场空间分布和强度发生相应的改变。因此，超导线圈的洛伦兹力可以写成与线圈位移相关的函数，即

$$\boldsymbol{f}^{\mathrm{em}}=\boldsymbol{f}^{\mathrm{em}}(\boldsymbol{u})=\boldsymbol{B}(\boldsymbol{u})\times\boldsymbol{J}(\boldsymbol{u}) \tag{11.3.8}$$

由此可见，超导磁体的电磁场方程（11.3.1）和力学变形场方程（11.3.4）是相互耦合的。

11.3.2　超导复合磁体的多尺度耦合有限元模型

前面给出了理想情形下超导磁体的磁-力耦合模型，即超导体为理想导电体。而实际应用中，由于大多数超导材料为脆性材料，为了提升其力学性能以及避免出现磁通跳跃等电磁性能失效，绕制磁体线圈的超导体通常由成千上万的细丝或薄层与金属基体复合而成。此外，在绕制的磁体结构中，还包括了不同线材或带材中间的绝缘材料、加固材料以及环氧浸渍材料等，由此导致超导磁体实质上为一复杂的多相、多芯丝（层）的复合结构。

本节将针对一异型跑道型超导磁体的实体结构，进行励磁情形下的磁-力耦合行为模拟。如图 11.3.1 所示，该磁体由 NbTi/Cu 超导线圈、绝缘层（线圈与紫铜内衬之间）、紫铜内衬、骨架以及加固层组成，其中的 NbTi 超导线圈由环氧树脂浇筑固化。根据磁体结构的对称性，我们可选取磁体的八分之一结构进行建模分析。

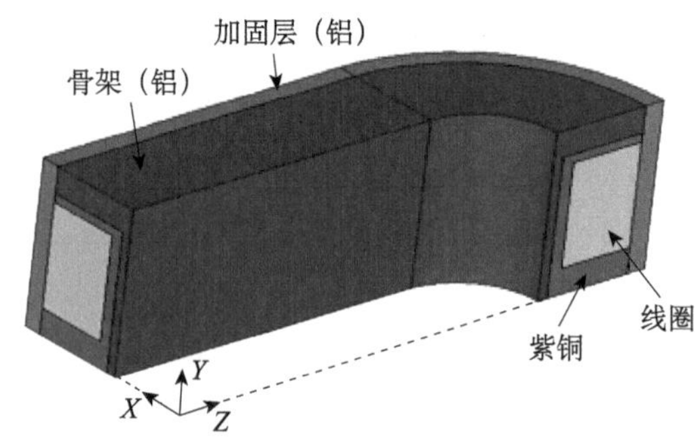

图 11.3.1　跑道型超导复合磁体结构模型（彩图扫封底二维码）

根据复合超导线圈的绕线方式，可以将超导磁体结构分为两大主要部分：一是磁体的绝缘层、加固层以及支撑骨架的非超导结构部分；二是具有夹芯结构的多股复合超导体部分。由于两部分材料与结构在载流和力学性能上的不同，以下我们分别建立相应的基本方程。

1. 非超导的磁体结构部分

在超导磁体正常运行情况下，该部分结构不承载电流，主要起到力学支撑和约束作用。根据所构成材料的属性，可将其视为均匀的各向同性材料，则弹性系数可表示为

$$[\boldsymbol{C}]_{\text{non}}^{\alpha}=\begin{bmatrix} c_{11}^{\alpha} & c_{12}^{\alpha} & c_{12}^{\alpha} & 0 & 0 & 0 \\ c_{12}^{\alpha} & c_{11}^{\alpha} & c_{12}^{\alpha} & 0 & 0 & 0 \\ c_{12}^{\alpha} & c_{12}^{\alpha} & c_{11}^{\alpha} & 0 & 0 & 0 \\ 0 & 0 & 0 & c_{44}^{\alpha} & 0 & 0 \\ 0 & 0 & 0 & 0 & c_{44}^{\alpha} & 0 \\ 0 & 0 & 0 & 0 & 0 & c_{44}^{\alpha} \end{bmatrix} \tag{11.3.9}$$

其中，

$$c_{11}^{\alpha}=\frac{(1-\nu^{\alpha})E^{\alpha}}{(1-2\nu^{\alpha})(1+\nu^{\alpha})},\quad c_{12}^{\alpha}=\frac{\nu^{\alpha}E^{\alpha}}{(1-2\nu^{\alpha})(1+\nu^{\alpha})},\quad c_{44}^{\alpha}=\frac{1}{2}(c_{11}^{\alpha}-c_{12}^{\alpha}) \tag{11.3.10}$$

式中，E^{α}，ν^{α} 分别表示材料的弹性模量和泊松比；上标“α”可表示非超导磁体部分的绝缘材料、加固材料以及支撑骨架材料等。

结合几何方程，可进一步获得该部分结构的力学平衡方程为

$$\left(c_{11}^{\alpha}\frac{\partial^2}{\partial x^2}+c_{44}^{\alpha}\frac{\partial^2}{\partial y^2}\right)u_x^{\alpha}+\left(\frac{c_{11}^{\alpha}+c_{12}^{\alpha}}{2}\frac{\partial^2}{\partial x\partial y}+c_{44}^{\alpha}\frac{\partial^2}{\partial z^2}\right)u_y^{\alpha}+\left(c_{12}^{\alpha}\frac{\partial^2}{\partial x\partial z}+c_{44}^{\alpha}\frac{\partial^2}{\partial y\partial z}\right)u_z^{\alpha}=0 \tag{11.3.11}$$

$$\left(\frac{c_{11}^{\alpha}+c_{12}^{\alpha}}{2}\frac{\partial^2}{\partial x\partial y}+c_{44}^{\alpha}\frac{\partial^2}{\partial z^2}\right)u_x^{\alpha}+\left(c_{11}^{\alpha}\frac{\partial^2}{\partial y^2}+c_{44}^{\alpha}\frac{\partial^2}{\partial x^2}\right)u_y^{\alpha}+\left(c_{12}^{\alpha}\frac{\partial^2}{\partial y\partial z}+c_{44}^{\alpha}\frac{\partial^2}{\partial x\partial z}\right)u_z^{\alpha}=0 \tag{11.3.12}$$

$$\left(c_{12}^{\alpha}\frac{\partial^2}{\partial x\partial z}+c_{44}^{\alpha}\frac{\partial^2}{\partial y\partial z}\right)u_x^{\alpha}+\left(c_{12}^{\alpha}\frac{\partial^2}{\partial y\partial z}+c_{44}^{\alpha}\frac{\partial^2}{\partial x\partial z}\right)u_y^{\alpha}+\left(2c_{44}^{\alpha}\frac{\partial^2}{\partial x\partial y}+c_{11}^{\alpha}\frac{\partial^2}{\partial z^2}\right)u_z^{\alpha}=0 \tag{11.3.13}$$

其中，u_x^{α}，u_y^{α} 和 u_z^{α} 分别表示对应于不同材料的沿着三个坐标轴的位移分量。

2. 超导线圈结构部分

采用笛卡儿直角坐标系，假设每根 NbTi/Cu 复合超导线中的励磁电流为 $\boldsymbol{I}$，则整个超导磁体线圈中的电流密度可表示为

$$\boldsymbol{J}=\boldsymbol{I}\frac{N}{S} \tag{11.3.14}$$

其中，N 为超导磁体线圈的总匝数；S 表示超导线圈的有效截面积。

根据超导芯丝股线的结构特征，将 NbTi/Cu 复合超导线圈视为宏观的正交各向异性材料，因此对应的等效弹性矩阵可表示如下：

$$[\boldsymbol{C}]_{\mathrm{sc}}^{\mathrm{eff}}=\begin{bmatrix} c_{11}^{\mathrm{eff}} & c_{12}^{\mathrm{eff}} & c_{13}^{\mathrm{eff}} & 0 & 0 & 0\\ c_{21}^{\mathrm{eff}} & c_{22}^{\mathrm{eff}} & c_{23}^{\mathrm{eff}} & 0 & 0 & 0\\ c_{31}^{\mathrm{eff}} & c_{32}^{\mathrm{eff}} & c_{33}^{\mathrm{eff}} & 0 & 0 & 0\\ 0 & 0 & 0 & c_{44}^{\mathrm{eff}} & 0 & 0\\ 0 & 0 & 0 & 0 & c_{55}^{\mathrm{eff}} & 0\\ 0 & 0 & 0 & 0 & 0 & c_{66}^{\mathrm{eff}} \end{bmatrix} \tag{11.3.15}$$

其中，

$$c_{11}^{\mathrm{eff}}=\frac{1-\nu_{yz}^{\mathrm{sc}}\nu_{zy}^{\mathrm{sc}}}{kE_y^{\mathrm{sc}}E_z^{\mathrm{sc}}},\quad c_{22}^{\mathrm{eff}}=\frac{1-\nu_{xz}^{\mathrm{sc}}\nu_{zx}^{\mathrm{sc}}}{kE_x^{\mathrm{sc}}E_z^{\mathrm{sc}}},\quad c_{33}^{\mathrm{eff}}=\frac{1-\nu_{xy}^{\mathrm{sc}}\nu_{yx}^{\mathrm{sc}}}{kE_x^{\mathrm{sc}}E_y^{\mathrm{sc}}}$$

$$c_{12}^{\mathrm{eff}}=c_{21}^{\mathrm{eff}}=\frac{\nu_{xy}^{\mathrm{sc}}+\nu_{xz}^{\mathrm{sc}}\nu_{zy}^{\mathrm{sc}}}{kE_x^{\mathrm{sc}}E_z^{\mathrm{sc}}},\quad c_{23}^{\mathrm{eff}}=c_{32}^{\mathrm{eff}}=\frac{\nu_{yz}^{\mathrm{sc}}+\nu_{yx}^{\mathrm{sc}}\nu_{xz}^{\mathrm{sc}}}{kE_x^{\mathrm{sc}}E_y^{\mathrm{sc}}},\quad c_{13}^{\mathrm{eff}}=c_{31}^{\mathrm{eff}}=\frac{\nu_{zx}^{\mathrm{sc}}+\nu_{yx}^{\mathrm{sc}}\nu_{zy}^{\mathrm{sc}}}{kE_y^{\mathrm{sc}}E_z^{\mathrm{sc}}}$$

$$c_{44}^{\text{eff}}=G_{xy}^{\text{sc}},\quad c_{55}^{\text{eff}}=G_{yz}^{\text{sc}},\quad c_{66}^{\text{eff}}=G_{zx}^{\text{sc}} \tag{11.3.16}$$

以及

$$k=\frac{1-\nu_{xy}^{\text{sc}}\nu_{yx}^{\text{sc}}-\nu_{yz}^{\text{sc}}\nu_{zy}^{\text{sc}}-\nu_{zx}^{\text{sc}}\nu_{xz}^{\text{sc}}-2\nu_{xy}^{\text{sc}}\nu_{yz}^{\text{sc}}\nu_{zx}^{\text{sc}}}{E_x^{\text{sc}}E_y^{\text{sc}}E_z^{\text{sc}}} \tag{11.3.17}$$

$$E_x^{\text{sc}}\nu_{yx}^{\text{sc}}=E_y^{\text{sc}}\nu_{xy}^{\text{sc}},\quad E_y^{\text{sc}}\nu_{zy}^{\text{sc}}=E_z^{\text{sc}}\nu_{yz}^{\text{sc}},\quad E_z^{\text{sc}}\nu_{xz}^{\text{sc}}=E_x^{\text{sc}}\nu_{zx}^{\text{sc}}$$

式中，$E_i^{\text{sc}}(i=x,y,z)$ 表示超导线圈不同方向的弹性模量；$G_{ij}^{\text{sc}}(i,j=x,y,z;\ i\neq j)$ 表示不同平面上的剪切模量；$\nu_{ij}^{\text{sc}}(i,j=x,y,z;\ i\neq j)$ 表示不同平面上的泊松比。

结合几何方程和本构方程，可以得到超导线圈结构的力学平衡方程如下：

$$\begin{aligned}&\left(c_{11}^{\text{eff}}\frac{\partial^2}{\partial x^2}+c_{44}^{\text{eff}}\frac{\partial^2}{\partial y^2}+c_{66}^{\text{eff}}\frac{\partial^2}{\partial z^2}\right)u_x^{\text{sc}}+(c_{12}^{\text{eff}}+c_{44}^{\text{eff}})\frac{\partial^2 u_y^{\text{sc}}}{\partial x\partial y}+(c_{13}^{\text{eff}}+c_{66}^{\text{eff}})\frac{\partial^2 u_z^{\text{sc}}}{\partial x\partial z}\\&+J_y(u_x^{\text{sc}},u_y^{\text{sc}},u_z^{\text{sc}})B_z(u_x^{\text{sc}},u_y^{\text{sc}},u_z^{\text{sc}})-J_z(u_x^{\text{sc}},u_y^{\text{sc}},u_z^{\text{sc}})B_y(u_x^{\text{sc}},u_y^{\text{sc}},u_z^{\text{sc}})=0\end{aligned} \tag{11.3.18}$$

$$\begin{aligned}&\left[(c_{12}^{\text{eff}}+c_{44}^{\text{eff}})\frac{\partial^2}{\partial x\partial y}+c_{55}^{\text{eff}}\frac{\partial^2}{\partial z^2}\right]u_x^{\text{sc}}+\left(c_{22}^{\text{eff}}\frac{\partial^2}{\partial y^2}+c_{44}^{\text{eff}}\frac{\partial^2}{\partial x^2}\right)u_y^{\text{sc}}+(c_{23}^{\text{eff}}+c_{55}^{\text{eff}})\frac{\partial^2 u_z^{\text{sc}}}{\partial y\partial z}\\&+\mathrm{J_x}(\mathrm{u_x^{sc}},\mathrm{u_y^{sc}},\mathrm{u_z^{sc}})\mathrm{B_z}(\mathrm{u_x^{sc}},\mathrm{u_y^{sc}},\mathrm{u_z^{sc}})-\mathrm{J_z}(\mathrm{u_x^{sc}},\mathrm{u_y^{sc}},\mathrm{u_z^{sc}})\mathrm{B_x}(\mathrm{u_x^{sc}},\mathrm{u_y^{sc}},\mathrm{u_z^{sc}})=0\end{aligned} \tag{11.3.19}$$

$$\begin{aligned}&(c_{13}^{\text{eff}}+c_{66}^{\text{eff}})\frac{\partial^2 u_x^{\text{sc}}}{\partial x\partial z}+(c_{23}^{\text{eff}}+c_{55}^{\text{eff}})\frac{\partial^2 u_y^{\text{sc}}}{\partial y\partial z}+\left(c_{66}^{\text{eff}}\frac{\partial^2}{\partial x^2}+c_{55}^{\text{eff}}\frac{\partial^2}{\partial y^2}+c_{33}^{\text{eff}}\frac{\partial^2}{\partial z^2}\right)u_z^{\text{sc}}\\&+J_x(u_x^{\text{sc}},u_y^{\text{sc}},u_z^{\text{sc}})B_y(u_x^{\text{sc}},u_y^{\text{sc}},u_z^{\text{sc}})-J_y(u_x^{\text{sc}},u_y^{\text{sc}},u_z^{\text{sc}})B_x(u_x^{\text{sc}},u_y^{\text{sc}},u_z^{\text{sc}})=0\end{aligned} \tag{11.3.20}$$

其中，u_x^{sc}，u_y^{sc} 和 u_z^{sc} 分别表示超导线圈内的沿着三个坐标轴方向的位移分量；J_i，$B_i(i=x,y,z)$ 分别表示电流密度和磁感应强度分量；由于磁-力耦合效应，其均为结构位移的函数。

磁体加固和支撑结构与超导线圈之间存在接触面，需要写出对应交界面上的条件。该磁体线圈采用了湿绕方式，并通过装配铝壳对线圈施加预紧力，线圈及铝壳与其支撑结构通过装配完成，因此，在数值模拟中，我们假设超导线圈及加固和支撑骨架结构之间均满足连续性接触条件，即

$$u_x^{\alpha}=u_x^{\text{sc}},\quad u_y^{\alpha}=u_y^{\text{sc}},\quad u_z^{\alpha}=u_z^{\text{sc}} \tag{11.3.21}$$

另外，在超导复合磁体结构的三个对称面上，可选取对称性条件。

3. 有效参数的多尺度模型

由多匝超导复合线绕制而成的超导线圈一般具有周期性的微观结构。若要从超导芯丝（μm 级）微观尺度，到股线（mm 级）、导体（m 级）宏观尺度进行逐级建模，则离散单元数目庞大。若再考虑线圈结构中大量的材料交界面、接触面的建模，则最终的计算模型巨大，甚至难以实现。

因此，我们将从超导芯丝的微观尺度出发，基于复合材料力学和细观力学中的混合定律和代表性单元法，将不同尺度上的性能参数通过多尺度方式逐级拓展到超导线圈的宏观尺度上，最终获得超导线圈的正交各向异性有效力学参数。在具有周期性重复微观

结构的超导线圈中，选择其代表性体积单元（RVE）进行分析。

假设该代表性体积单元的体积为 V，边界为 S，并对其施加均匀的边界位移和载荷，即

$$u_i\big|_S=\varepsilon_{ij}^0 x_j,\quad t_i\big|_S=\sigma_{ij}^0 n_j \tag{11.3.22}$$

其中，u_i，t_i 分别表示位移矢量和面力矢量；ε_{ij}^0，σ_{ij}^0 分别表示常应变张量和常应力张量。

在均匀载荷作用下，包含多相、多组分及微观结构特征的代表性体积单元内部将产生复杂的细观应力和应变分布。假设有一均匀材质的等效体在相同的均匀载荷下产生的均匀应力为 σ_{ij}^0，均匀应变为 ε_{ij}^0。根据散度定理，对于该代表性体积单元可以得到其应力、应变的体积平均如下：

$$\bar{\sigma}_{ij}=\frac{1}{V}\int_V\sigma_{ij}\,\mathrm{d}v=\frac{1}{2V}\int_S\left(\sigma_{ik}^0 n_k x_j+\sigma_{jk}^0 n_k x_i\right)\mathrm{d}s=\sigma_{ij}^0 \tag{11.3.23}$$

$$\bar{\varepsilon}_{ij}=\frac{1}{V}\int_V\varepsilon_{ij}\,\mathrm{d}v=\frac{1}{2V}\int_S\left(\varepsilon_{ik}^0 x_k n_j+\varepsilon_{jk}^0 x_k n_i\right)\mathrm{d}s=\varepsilon_{ij}^0 \tag{11.3.24}$$

进一步可以证明这一均匀材质的等效体与代表性体积单元具有相同的弹性应变能。

对于代表性体积单元施加恰当的边界条件模拟其等效过程，便可得到平均应力和平均应变，进而获得有效弹性刚度矩阵 C_{ijkl}^{eff}，即

$$\bar{\sigma}_{ij}=C_{ijkl}^{\mathrm{eff}}\bar{\varepsilon}_{kl} \tag{11.3.25}$$

对于正交各向异性的超导线圈，在线弹性范围内其弹性模量和泊松比可通过单轴载荷或纯剪切载荷下的应力-应变曲线获得，进而材料等效宏观力学特性由代表性体积单元的体积平均法可确定。为了获取独立的力学性能参数，我们将六种各自独立的单位应变施加在代表性体积单元上，如下：

$$\varepsilon_{ij}^0=\begin{cases}\begin{bmatrix}\varepsilon^0&0&0\\0&0&0\\0&0&0\end{bmatrix},&\begin{bmatrix}0&0&0\\0&\varepsilon^0&0\\0&0&0\end{bmatrix},&\begin{bmatrix}0&0&0\\0&0&0\\0&0&\varepsilon^0\end{bmatrix}\\ \begin{bmatrix}0&\varepsilon^0/2&0\\\varepsilon^0/2&0&0\\0&0&0\end{bmatrix},&\begin{bmatrix}0&0&\varepsilon^0/2\\0&0&0\\\varepsilon^0/2&0&0\end{bmatrix},&\begin{bmatrix}0&0&0\\0&0&\varepsilon^0/2\\0&\varepsilon^0/2&0\end{bmatrix}\end{cases} \tag{11.3.26}$$

其中，ε^0 表示施加在代表性体积单元边界上的单位应变，分别包含了三个方向的单轴主应变和纯剪切应变（图 11.3.2）。

根据代表性体积单元处于单轴或纯剪切受力状态，可以获得相应的平均应力分布和，再结合下式可得到超导线圈的宏观等效力学性能参数：

$$E_i^{\mathrm{eff}}=\frac{\bar{\sigma}_{ii}}{\bar{\varepsilon}_{ii}},\quad \nu_{ij}^{\mathrm{eff}}=\frac{\bar{\varepsilon}_{jj}}{\bar{\varepsilon}_{ii}},\quad G_{ij}^{\mathrm{eff}}=\frac{\bar{\sigma}_{ij}}{\bar{\varepsilon}_{ij}}\quad (i,j=x,y,z;\quad i\neq j) \tag{11.3.27}$$

为了获得 NbTi/Cu 超导复合线圈较为精确的力学性能参数，结合其多尺度微观结构，我们采用三个尺度（即超导芯丝、超导复合股线和超导线圈）进行分析。分析过程及思路如图 11.3.3 所示。

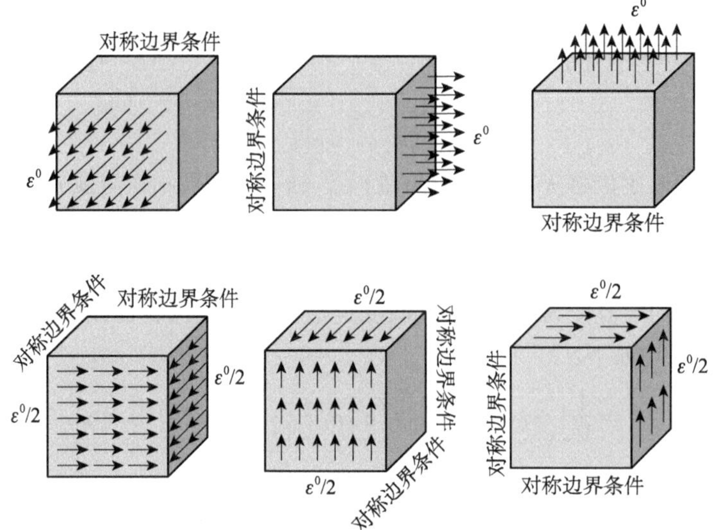

图 11.3.2　代表性体积单元施加六组单位应变

1)第一尺度(层级 1)

结合矩形截面 NbTi/Cu 超导复合线的电镜微观结构,建立如图 11.3.3(a)所示的复合线微观复合模型。该模型由 NbTi 区域和紫铜组成,基于复合材料力学的混合定律可获得 NbTi/Cu 超导复合线的等效力学性能。

2)第二尺度(层级 2)

基于第一尺度下(层级 1)的 NbTi/Cu 超导复合线的微观复合模型,结合周期性重复的排线、绝缘层以及线圈的浇筑材料(环氧)结构,建立如图 11.3.3(b)所示的代表性体积单元。采用复合材料代表性体积单元法求解获得磁体线圈代表性体积单元的正交各向异性等效体及其力学性能。

3)第三尺度(层级 3)

将线圈的代表性单元的正交各向异性等效体及其力学性能扩展到 NbTi/Cu 跑道型超导磁体线圈的宏观结构中(图 11.3.3(c)),进而开展宏观结构层面的性能分析。

经过以上多尺度逐级分析,可获得超导复合磁体线圈的等效宏观参数,如表 11.3.1 所示。

表 11.3.1　跑道型超导磁体的 NbTi/Cu 线圈正交各向异性力学特性

弹性模量/GPa		剪切模量/GPa		泊松比	
E_x	25.5	G_{xy}	7.8	ν_{xy}	0.182
E_y	31.02	G_{yz}	26	ν_{yz}	0.1426
E_z	71.4	G_{zx}	26	ν_{xz}	0.1165

4. 有限元模型及迭代求解

针对超导磁体结构的不同材料区域采用有限元网格离散,并根据虚位移原理,不难得到磁体复合结构的有限元方程如下:

$$[\boldsymbol{K}^{\mathrm{em}}][\boldsymbol{A}]=[\boldsymbol{J}(\boldsymbol{U})] \tag{11.3.28}$$

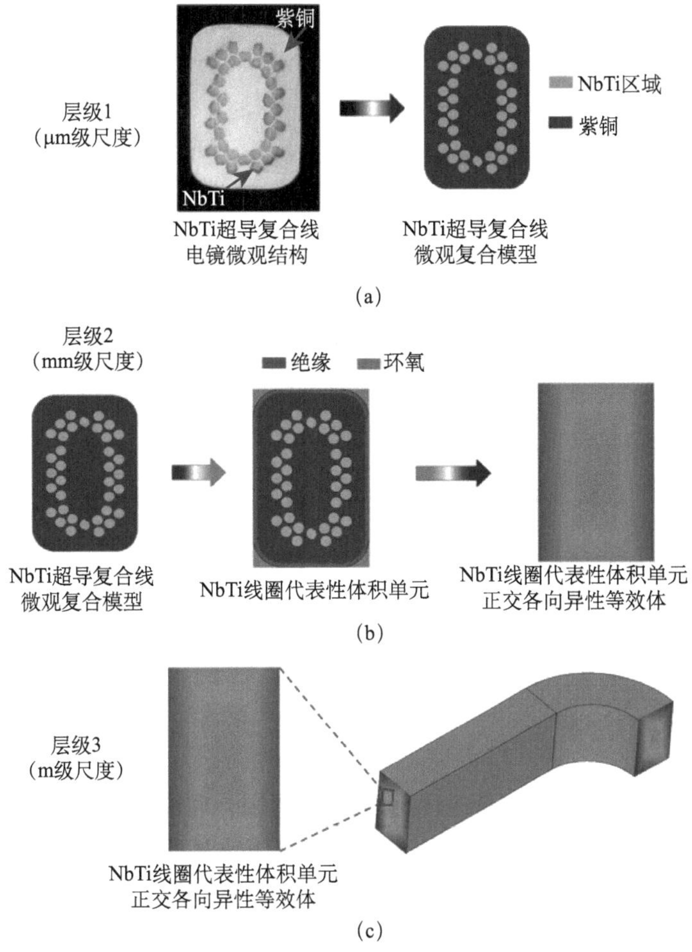

图 11.3.3 超导复合磁体宏观等效力学参数的多尺度分析示意图(彩图扫封底二维码)

$$[\boldsymbol{K}^{\mathrm{me}}][\boldsymbol{U}]=[\boldsymbol{F}(\boldsymbol{A})] \tag{11.3.29}$$

其中,$[\boldsymbol{K}^{\mathrm{em}}]$,$[\boldsymbol{K}^{\mathrm{me}}]$ 分别表示磁体的磁刚度矩阵和力学变形刚度矩阵;$[\boldsymbol{A}]$,$[\boldsymbol{U}]$ 分别表示离散网格节点处的磁矢量值和位移矢量值;$[\boldsymbol{J}(\boldsymbol{U})]$,$[\boldsymbol{F}(\boldsymbol{A})]$分别为节点处的电流密度和载荷项,由于磁-力耦合效应,它们分别与两场关联。

对于该耦合问题的分析,我们采用分场降维的迭代模式进行求解。图 11.3.4 给出了相应的求解流程图。

首先,给定一个迭代的初始位移值$\boldsymbol{U}^0$,通过求解磁场方程获得磁场分布;然后基于电流分布可计算出超导磁体所受的洛伦兹力分布,进而求解磁体结构的变形场,获得一新的位移解$\boldsymbol{U}^1$;用该位移替换之前的位移$\boldsymbol{U}^0$,重复该计算过程,直到满足一个给定的收敛准则:

$$\frac{\|\boldsymbol{U}^1-\boldsymbol{U}^0\|}{\|\boldsymbol{U}^0\|}<\varepsilon \tag{11.3.30}$$

其中,$\varepsilon(0<\varepsilon\ll 1)$为一个给定的收敛容差值。

为了获得较好的迭代效率,在计算中可采用多载荷步加载的方式逐渐增加励磁电流值。每个电流(载荷步)下的磁场和变形场均通过上述迭代法求解,并用上一载荷步

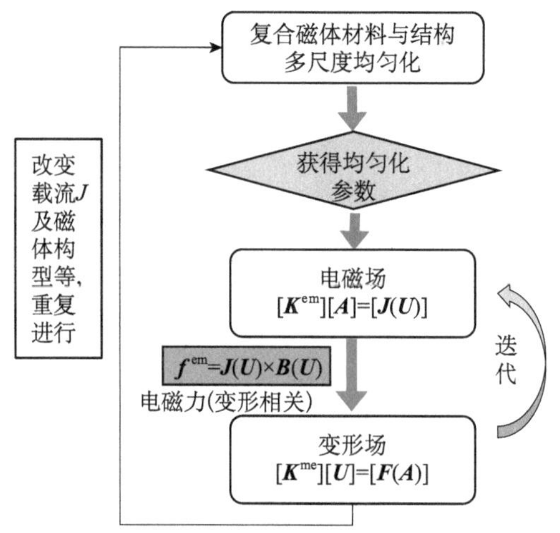

图 11.3.4　超导复合磁体磁-力耦合分场降维迭代求解

（电流值）中计算的磁体结构变形结果作为当前载荷步的磁体结构初始几何形状，进而计算相应的磁场和变形场。如此循环，直至将电流加载到磁体励磁的目标值。实际计算结果表明，这种处理方式是有效的。

11.3.3　数值模拟结果

基于所建立的跑道型超导复合磁体结构的磁-力耦合理论模型和有限元数值模型，这里给出一些相关的磁场和应变场分布结果。为了方便考察磁体中某些特征线上的磁场和变形结果，如图 11.3.5 所示，选择四条线：＃1 -线、＃2 -线、＃3 -线和＃4 -线，并给出其位置处的模拟结果，其中＃1 -线、＃2 -线和＃3 -线均经过应变测试位置 SM01，＃4 -线经过磁场测试位置 MM01 和 MM02。

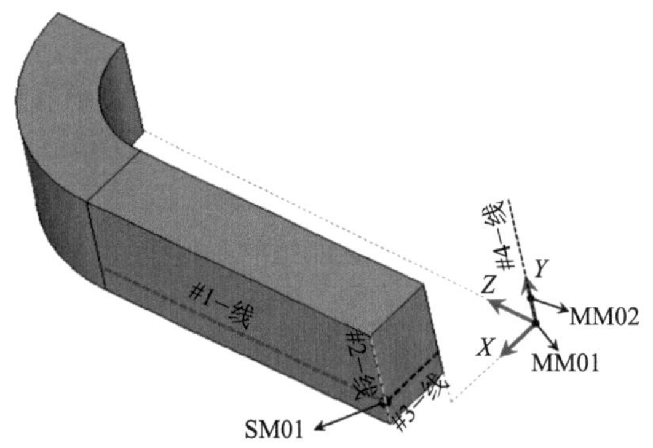

图 11.3.5　跑道型超导磁体线圈上的数值模拟结果取值位置示意图

图 11.3.6～图 11.3.8 给出了超导复合磁体中的磁场分布特征（载流 $I=230\text{A}$）。通过 X、Y、Z 三个方向的磁场分布云图可以看出：考虑磁-力耦合效应或不考虑耦合效应，两种情形下所计算得到的磁场分布规律基本一致；但在数值上有一定的差别，考虑磁-力耦合效应的磁场计算值略小于未考虑耦合效应的磁场值。值得注意的是，沿着 X

方向的磁场计算结果的差异性较为明显，沿着 X 轴正方向的磁场偏差（考虑耦合效应和不考虑耦合效应）高达 20%左右，Y 和 Z 轴两个方向计算结果偏差仅分别为 2%和 4%。这一结果是比较容易理解的，对于跑道型磁体中段的线圈，其受到洛伦兹力而沿着 X 轴向外扩展的变形最大，因此磁-力耦合效应不容忽视。

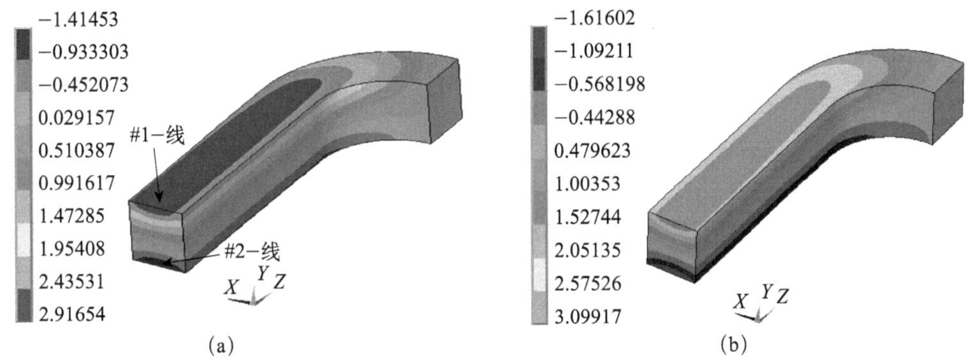

图 11.3.6 超导磁体中沿 X 方向的磁场分布（彩图扫封底二维码）

(a) 未考虑磁-力耦合；(b) 考虑磁-力耦合

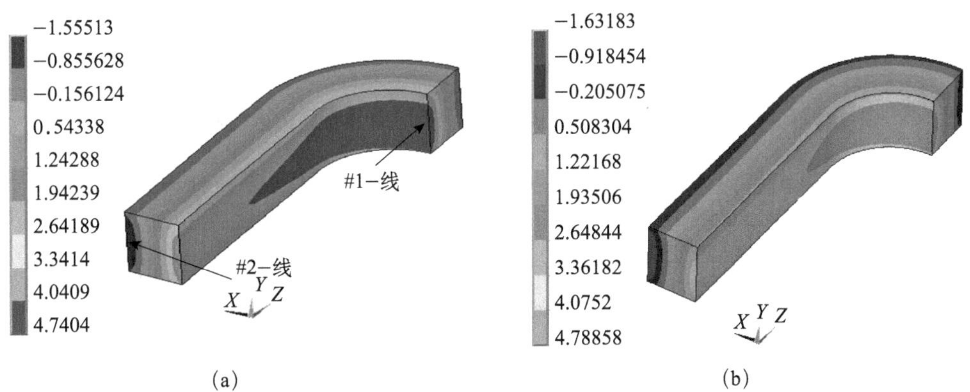

图 11.3.7 超导磁体中沿 Y 方向的磁场分布（彩图扫封底二维码）

(a) 未考虑磁-力耦合；(b) 考虑磁-力耦合

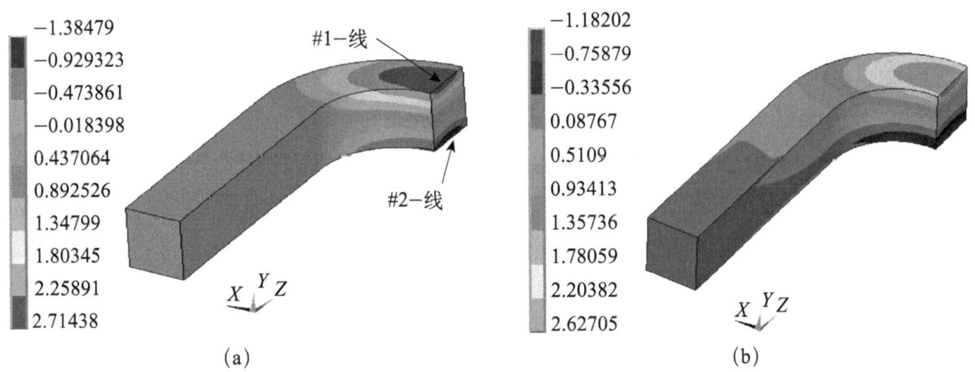

图 11.3.8 超导磁体中沿 Z 方向的磁场分布（彩图扫封底二维码）

(a) 未考虑磁-力耦合；(b) 考虑磁-力耦合

图 11.3.9 给出了超导磁体应变测试（应变传感器 SM01）位置处的数值计算结果与实验测试结果的对比。可以看出：在低场或低电流下，考虑或未考虑磁-力耦合效应的数值计算结果与实验结果均能较好地吻合；但随着励磁电流的增加，未考虑耦合效应的数值结果与实验的偏差越来越大，而考虑耦合效应的数值预测结果依然与实验保持着较好的一致性；考虑耦合行为的数值结果比未考虑时的数值结果偏小，且二者的差异随着励磁电流的增加而增大；当励磁电流达到 230 A 时，偏差达到 9.7%左右。

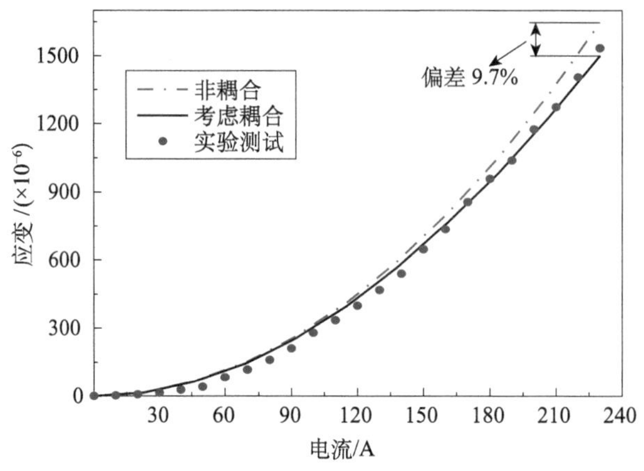

图 11.3.9 超导磁体直线段应变数值预测结果与实验测试结果的对比

图 11.3.10 给出了沿着磁体上所选取的 4 条线上的应变或磁场分布特征，以及与所测点处的实验结果的对比。

从图 11.3.10（a）可以看出：沿着♯1 -线的 Z 轴应变逐步减小，在端部位置 130mm 处应变几乎为零；与此对应的耦合效应随着应变的减小也呈现减少趋势；在 Z 轴坐标为 0 的地方（即应变实验测试点）磁-力耦合效应最为明显，考虑耦合效应的数值预测结果与实验更为接近。从图 11.3.10（b）可以看出：沿♯2 -线的 Z 轴方向的应变分布较为均匀，各点应变与中点处应变值接近；但由于该线上的变形最大，考虑和未考虑耦合效应的差异较大，所测点实验结果与考虑磁-力耦合效应的数值预测结果更为接近。沿着♯3 -线上的 Z 轴方向应变分布如图 11.3.10（c）所示，在 X 轴坐标 39～60mm 范围内表现为压缩应变、60～69mm 范围内为拉伸应变，考虑与未考虑耦合效应的最大差异出现在线圈截面的上下两端（即坐标$X=39$mm，$X=69$mm）。图 11.3.10（d）展示了沿♯4 -线上的磁体所产生磁场分布特征，该位置是跑道型复合磁体线圈沿 Y 轴的中心磁场线，贯穿了两个监测点 MM01 和 MM02。可以看出：相比较于未考虑磁-力耦合效应的结果，考虑耦合效应的磁场数值预测结果与实验值吻合良好。

通过以上的数值模拟与分析，我们可以看到，对于异型跑道型超导复合磁体，考虑磁-力效应是必要的。特别是在磁体发生变形较大的部位以及随着外加磁场的增大，考虑了耦合效应的数值预测结果与实验测试结果更为接近。随着未来超导磁体朝着更高磁场强度、更大运行电流的方向发展，针对超导磁体的多场耦合行为分析以及更为有效地预测磁场和应变分布，将是磁体设计与安全运行中的重要课题。

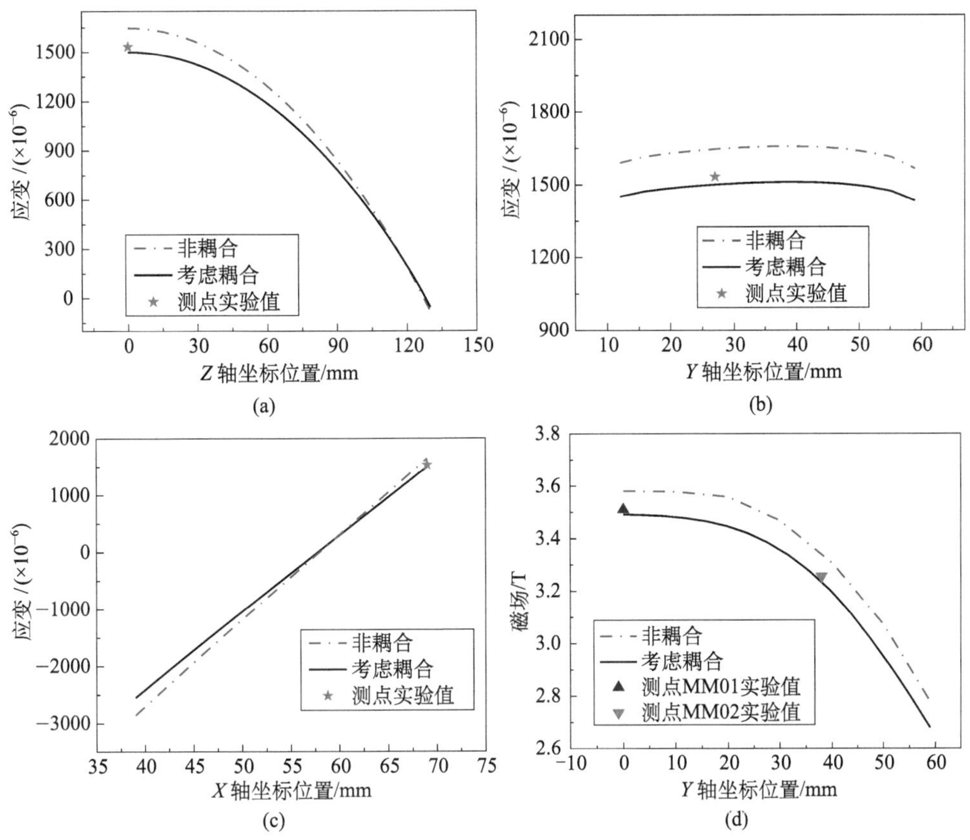

图 11.3.10 超导磁体不同位置处的应变或磁场分布

(a) 沿#1-线；(b) 沿#2-线；(c) 沿#3-线；(d) 沿#4-线

参 考 文 献

[1] 周又和．超导电磁固体力学［M］．北京：科学出版社，2022.

[2] Tong Y, Guan M, Wang X. Theoretical estimation of quench occurrence and propagation based on generalized thermoelasticity for LTS/HTS tapes triggered by a spot heater [J]. Supercond. Sci. Technol., 2017, 30 (4): 045002.

[3] Gao P, Chan W K, Wang X, et al. Stress, strain and electromechanical analyses of (Re) $Ba_2Cu_3O_x$ conductors using three-dimensional/two-dimensional mixed-dimensional modeling: Fabrication, cooling and tensile behavior [J]. Supercond. Sci. Technol., 2020, 33 (4): 044015.

[4] Hu Q, Wang X, Guan M, et al. Strain responses of superconducting magnets based on embedded polymer-FBG and cryogenic resistance strain gauge measurements [J]. IEEE Trans. Appl. Supercond., 2018, 29 (1): 4900305.

[5] Hu Q, Wang X, Guan M, et al. Magneto-mechanical coupling analysis of a superconducting solenoid using FEM with different approaches [J]. IEEE Trans. Appl. Supercond., 2020, 30

(4): 8400207.

[6] Iwasa Y. Stability and protection of superconducting magnets-a discussion [J]. IEEE Trans. Appl. Supercond., 2005, 15 (2): 1615-1620.

[7] Wang X. Quench behavior of $YBa_2Cu_3O_{7-\delta}$ coated conductors [D]. Tallahassee: Florida State University, 2008.

[8] Lord H W, Shulman Y. A generalized dynamical theory of thermoelasticity [J]. J. Mech. Phys. Solids., 1967, 15 (5): 299-309.

[9] Lewandowska M, Malinowski L. Analytical method for determining critical energies of uncooled superconductors based on the hyperbolic model of heat conduction [J]. Cryogenics, 2001, 41 (4): 267-273.

[10] 田晓耕，沈亚鹏. 广义热弹性问题研究进展 [J]. 力学进展，2012, 42 (1): 18-28.

[11] Osamura K, Sugano M, Machiya S, et al. Internal residual strain and critical current maximum of a surrounded Cu stabilized YBCO coated conductor [J]. Supercond. Sci. Technol., 2009, 22 (6): 065001.

[12] Guan M, Wang X, Zhou Y. Cryogenic temperature dependence of tensile response of NbTi/Cu superconducting composite wires [J]. IEEE Trans. Appl. Supercond., 2012, 22: 8401106.

[13] Wang X, Guan M, Ma L. Strain-based quench detection for a solenoid superconducting magnet [J]. Supercond. Sci. Technol., 2012, 25: 095009.

[14] Manfreda G. Review of ROXIEs material properties database for quench simulations [R]. CERN Internal Note, 2011, 24: 1178007.

[15] Wang S, Guan M, Chen J, et al. A visual and full-field method for detecting quench and normal zone propagation in HTS tapes [J]. Supercond. Sci. Technol., 2022, 35: 025010.

[16] Wang X, Trociewitz U, Schwartz J. Critical current degradation of short $YBa_2Cu_3O_{7-\delta}$ coated conductor due to an unprotected quench [J]. Supercond. Sci. Technol., 2010, 24 (3): 035006.

[17] Wang X, Trociewitz U, Schwartz J. Self-field quench behaviour of $YBa_2Cu_3O_{7-\delta}$ coated conductors with different stabilizers [J]. Supercond. Sci. Technol., 2009, 22 (8): 085005.

[18] Zhang Y, Hazelton D, Kelley R, et al. Stress-strain relationship, critical strain (stress) and irreversible strain (stress) of IBAD-MOCVD-based 2G HTS wires under uniaxial tension [J]. IEEE Trans. Appl. Supercond., 2016, 26 (4): 8400406.

第 12 章　高速旋转柔性结构空气-弹性耦合行为

高速旋转结构在大型机电系统、航空航天等现代工程和技术领域广泛使用，是许多机械与装备的核心部件。旋转圆盘作为一种基本的结构元件，多用于涡轮机、切割锯片、陀螺仪等旋转装置中。在计算机硬盘存储设备中，旋转磁盘有着重要应用，并且随着高转速、高密度的新一代硬盘驱动器的出现，磁盘存储容量以每年 100%的速度递增。高速旋转的磁盘具有一定的柔度，随着转速的不断提升，一方面可以缩短延迟以提高数据读取效率，但另一方面也带来控制、磁道轨迹误配、振动噪声以及结构失稳等棘手问题[1, 2]。

高速旋转的柔性圆盘存在两类运行不稳定问题：一是机械振动，通常由主轴轴承的激励、旋转结构的不平衡以及关联系统的相互作用引起；二是颤振，主要由盘片高速旋转下的空气-弹性动力学耦合引起。当柔性圆盘在高速旋转时，其与周围气流的耦合，会产生气动不稳定，从而引起圆盘较大振幅的振动。这些不稳定性极大地限制了结构平稳运行，甚至导致精密硬盘部件的失效与损坏。旋转结构与所处流体的强相互作用，是一典型的流-固耦合动力学问题。基于完整 N-S 方程的旋转圆盘的流体动力学模型通常极为复杂，而且旋转结构往往处于有限的封闭空间，进一步增加了流体动力学计算的难度；若再考虑流-固耦合效应，则几乎成为无法处理的高度非线性难题。因此，建立合理的理论简化模型，实现旋转圆盘动力学行为的有效分析与预测，这十分必要，也是解决复杂问题所需的。

本章主要以高速旋转柔性圆盘结构为研究对象，开展其空气-弹性动力学行为和气动特性的建模与分析，揭示气动弹性不稳定现象[3, 4]；进而提出一种以声场调控的非接触主动控制模式，实现对高速旋转盘颤振的抑制[5−7]。

12.1　高速旋转圆盘的空气-弹性耦合动力学稳定性

12.1.1　耦合动力学模型

如图 12.1.1 所示，一处于两个固定圆板之间的旋转柔性圆盘，以速度 Ω 绕中心轴旋转。固定板的半径为 r_e，分别距离中间旋转圆盘为 z_e；旋转圆盘厚度为 h，内外半径分别为 r_i，r_o。选取柱坐标系 $\{or\theta z\}$ 进行圆盘的动力学行为分析。

1. 旋转圆盘的横向振动方程

基于薄板 Kirchhoff 假设，旋转圆盘的横向振动微分方程可表示为

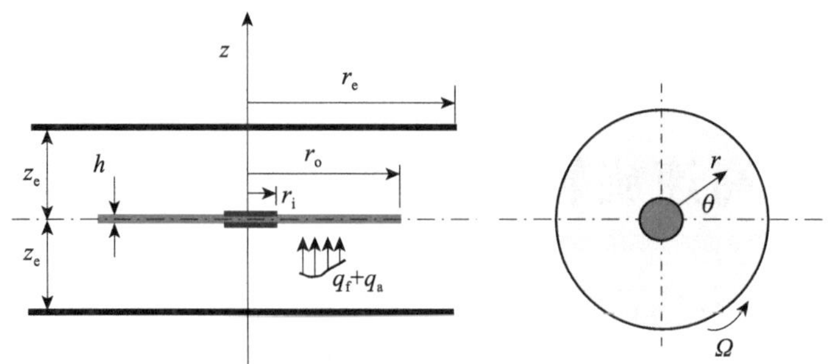

图 12.1.1　处于空气中的旋转圆盘结构示意图

$$\rho_d h\left(\frac{\partial^2 w}{\partial t^2}+2\Omega\frac{\partial^2 w}{\partial t\partial\theta}+\Omega^2\frac{\partial^2 w}{\partial\theta^2}\right)+D\nabla_{r\theta}^4 w$$
$$-h\left[\frac{1}{r}\frac{\partial}{\partial r}\left(r\sigma_r\frac{\partial w}{\partial r}\right)+\frac{1}{r^2}\frac{\partial}{\partial\theta}\left(\sigma_\theta\frac{\partial w}{\partial\theta}\right)\right]=f(r,\theta,t)\tag{12.1.1}$$

其中，$w(r,\theta,t)$ 为圆盘的横向振动位移；$D=\dfrac{Eh^3}{12(1-\nu^2)}$ 为抗弯刚度，E 和 ν 分别为杨氏模量和泊松比；$\nabla_{r\theta}^4=\left(\dfrac{\partial^2}{\partial r^2}+\dfrac{\partial}{r\partial r}+\dfrac{\partial^2}{r^2\partial\theta^2}\right)^2$ 表示极坐标下的重调和算子；σ_r 和 σ_θ 分别为旋转圆盘由离心力引起的径向和环向薄膜应力，表示如下：

$$\sigma_r=\rho_d r_o^2\Omega^2\left[b_0\left(\frac{r_o}{r}\right)^2+b_1-\frac{3+\nu}{8}\left(\frac{r}{r_o}\right)^2\right]$$
$$\sigma_\theta=\rho_d r_o^2\Omega^2\left[-b_0\left(\frac{r_o}{r}\right)^2+b_1-\frac{1+3\nu}{8}\left(\frac{r}{r_o}\right)^2\right]\tag{12.1.2}$$

式中，ρ_d 为密度；

$$b_0=\frac{(1-\nu)(r_i/r_o)^2[(3+\nu)-(1+\nu)(r_i/r_o)^2]}{8[(1+\nu)+(1-\nu)(r_i/r_o)^2]}$$
$$b_1=\frac{(1+\nu)[(3+\nu)+(1-\nu)(r_i/r_o)^4]}{8[(1+\nu)+(1-\nu)(r_i/r_o)^2]}\tag{12.1.3}$$

圆盘中心圆环处（$r=r_i$）固定，外边界处（$r=r_o$）自由，相应的边界条件为

$$w\,|_{r=r_i}=0,\quad \left.\frac{\partial w}{\partial r}\right|_{r=r_i}=0\tag{12.1.4}$$

$$\left[\frac{\partial^2 w}{\partial r^2}+\nu\left(\frac{1}{r}\frac{\partial w}{\partial r}+\frac{1}{r^2}\frac{\partial^2 w}{\partial\theta^2}\right)\right]_{r=r_o}=0$$
$$\left[\frac{\partial}{\partial r}(\nabla^2 w)+\frac{(1-\nu)}{r^2}\frac{\partial^2}{\partial\theta^2}\left(\frac{\partial w}{\partial r}-\frac{w}{r}\right)\right]_{r=r_o}=0\tag{12.1.5}$$

2. 气动力学方程

在圆盘动力学方程（12.1.1）中，右端的载荷项 $f(r,\theta,t)$ 主要来自周围空气流场的气动力。

我们将流场对圆盘的气动力的贡献分为无旋流、有旋流两部分，即

$$f(r,\theta,t)=q_a(r,\theta,t)+q_f(r,\theta,t)\tag{12.1.6}$$

其中，第一项 $q_a(r,\theta,t)$ 为圆盘上下表面的声场压力差，由不考虑旋转效应的圆盘振动引起；第二项 $q_f(r,\theta,t)$ 为圆盘旋转所引起的旋转气流所对应的气动力贡献。若圆盘不旋转，则 $q_f(r,\theta,t)=0$；若圆盘在空气中振动，则 $q_a(r,\theta,t)$ 始终存在。这一简化处理回避了求解封闭空间中高速旋转结构所引起的复杂流体运动的难题。

对于圆盘结构周围的无旋度声场，引入声波速度势 φ_a，相应的微分控制方程为

$$\nabla^2\varphi_a=\frac{1}{a^2}\frac{\partial^2\varphi_a}{\partial t^2} \tag{12.1.7}$$

这里，a 为声速；$\nabla^2=\frac{\partial^2}{\partial r^2}+\frac{\partial}{r\partial r}+\frac{\partial^2}{r^2\partial\theta^2}+\frac{\partial^2}{\partial z^2}$ 为拉普拉斯算子。

边界条件包括了圆盘固定表面部分以及振动部分的速度连续性条件：

$$\varphi_a\big|_{r=r_e}=0,\quad \left.\frac{\partial\varphi_a}{\partial z}\right|_{z=\pm z_e}=0 \tag{12.1.8}$$

$$\left.\frac{\partial\varphi_a}{\partial z}\right|_{z=0}=\begin{cases}0 & (0\leqslant r<r_i)\\ \dfrac{\partial w}{\partial t} & (r_i\leqslant r\leqslant r_o)\end{cases},\quad \varphi_a\big|_{z=0}=0\quad (r_o<r\leqslant r_e) \tag{12.1.9}$$

作用于圆盘的声压载荷由上、下表面处（$z=0^+$，0^-，忽略圆盘厚度）压力差表示：

$$q_a(r,\theta,t)=\rho_a\left(\left.\frac{\partial\varphi_a(r,\theta,z,t)}{\partial t}\right|_{z=0^+}-\left.\frac{\partial\varphi_a(r,\theta,z,t)}{\partial t}\right|_{z=0^-}\right) \tag{12.1.10}$$

对于有旋流动的气动载荷，采用如下的经验模型来表征[3]：

$$q_f(r,\theta,t)=-C_d\left[\frac{\partial w}{\partial t}+(\Omega-\Omega_d)\frac{\partial w}{\partial\theta}\right] \tag{12.1.11}$$

这里，C_d 为阻尼系数；Ω_d 为黏性阻尼力相对于圆盘的转速，两者均依赖于流体的黏性、圆盘的转速、流场边界构型以及圆盘振动模态等，一般可通过实验测定。

3. 耦合效应

从前面建立的旋转圆盘空气-弹性动力学模型的基本方程看，横向振动微分方程(12.1.1) 包含了流场产生的气动载荷，而气动力又由无旋声场（12.1.7）和有旋黏性流场对应的气动力（12.1.11）来提供。对于这一典型的流-固耦合问题，结构和声场之间的耦合是通过边界处的速度连续性条件（12.1.9）关联起来的（图 12.1.2）。

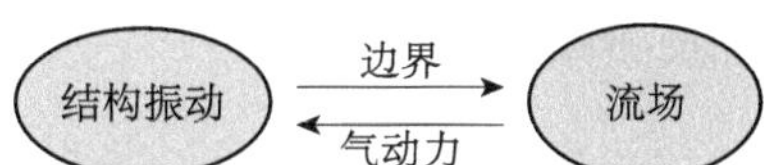

图 12.1.2 旋转圆盘的结构振动与流场间的耦合关系

12.1.2 基于模态展开的耦合场统一解法

1. 模型无量纲化

引入如下的无量纲参数：

$$\bar{r}=\frac{r}{r_o},\quad \bar{z}=\frac{z}{r_o},\quad \bar{t}=\Omega t$$

$$\bar{w}=\frac{w}{h},\quad \kappa=\frac{r_i}{r_o},\quad \bar{r}_e=\frac{r_e}{r_o}$$

$$\bar{\sigma}_r = \frac{\sigma_r}{\rho_d r_o^2 \Omega^2}, \quad \bar{\sigma}_\theta = \frac{\sigma_\theta}{\rho_d r_o^2 \Omega^2} \tag{12.1.12}$$

$$\bar{q}_f = \frac{q_f}{\rho_d h^2 \Omega^2}, \quad \bar{q}_a = \frac{q_a}{\rho_d h^2 \Omega^2}, \quad \bar{\varphi}_a = \frac{\varphi_a}{r_o h \Omega}$$

对前面的耦合场微分方程及边界条件进行无量纲化。为了方便起见，以下的无量纲量均略去上面的短横线“—”。

1）*无量纲的旋转圆盘动力学方程*

$$\frac{\partial^2 w}{\partial t^2} + 2\frac{\partial^2 w}{\partial t \partial \theta} + \frac{\partial^2 w}{\partial \theta^2} + \varepsilon \nabla^4 w - \left[\frac{1}{r}\frac{\partial}{\partial r}\left(r\sigma_r \frac{\partial w}{\partial r}\right) + \frac{1}{r^2}\frac{\partial}{\partial \theta}\left(\sigma_\theta \frac{\partial w}{\partial \theta}\right)\right]$$
$$= \Lambda\left[\frac{\partial \varphi_a(r,\theta,z=0^+,t)}{\partial t} - \frac{\partial \varphi_a(r,\theta,z=0^-,t)}{\partial t}\right] - C\left[\frac{\partial w}{\partial t} + \left(1 - \frac{\Omega_d}{\Omega}\right)\frac{\partial w}{\partial \theta}\right] \tag{12.1.13}$$

边界条件为

$$w\big|_{r=\kappa} = 0, \quad \left.\frac{\partial w}{\partial r}\right|_{r=\kappa} = 0 \tag{12.1.14}$$

$$\left[\frac{\partial^2 w}{\partial r^2} + \nu\left(\frac{1}{r}\frac{\partial w}{\partial r} + \frac{1}{r^2}\frac{\partial^2 w}{\partial \theta^2}\right)\right]_{r=1} = 0$$
$$\left[\frac{\partial}{\partial r}(\nabla^2 w) + \frac{(1-\nu)}{r^2}\frac{\partial^2}{\partial \theta^2}\left(\frac{\partial w}{\partial r} - \frac{w}{r}\right)\right]_{r=1} = 0 \tag{12.1.15}$$

其中，$\Lambda = \dfrac{\rho_a r_o}{\rho_d h}$ 为气流与圆盘的密度之比；$\varepsilon = \dfrac{1}{6(1-\nu)}\left(\dfrac{c_s}{r_0 \Omega}\right)^2\left(\dfrac{h}{r_0}\right)^2$ 表示圆盘的弯曲刚度与由离心力导致的刚度之比，$c_s = \sqrt{\dfrac{E}{2(1+\nu)}}$ 为剪切波波速。此外，方程（12.1.13）的右端采用两个无量纲模型参数 $C = \dfrac{C_d}{\rho_d \Omega h}$ 和 $\dfrac{\Omega_d}{\Omega}$ 表征气动力。

2）*无量纲的声场方程*

$$\nabla^2 \varphi_a = (Ma)^2 \frac{\partial^2 \varphi_a}{\partial t^2} \tag{12.1.16}$$

相应边界条件和流-固界面交接条件为

$$\varphi_a\big|_{r=r_e} = 0, \quad \left.\frac{\partial \varphi_a}{\partial z}\right|_{z=\pm z_e} = 0 \tag{12.1.17}$$

$$\left.\frac{\partial \varphi_a}{\partial z}\right|_{z=0} = \begin{cases} 0 & (0 \leqslant r < \kappa) \\ \dfrac{\partial w}{\partial t} & (\kappa \leqslant r \leqslant 1) \end{cases}, \quad \varphi_a\big|_{z=0} = 0 \quad (1 < r \leqslant r_e) \tag{12.1.18}$$

式（12.1.16）中，$Ma = r_o \Omega / a$ 为圆盘外边界处的马赫数。

2. 结构及声场动力学问题的模态展开

为了求解旋转圆盘的空气-弹性耦合动力学问题，我们将旋转圆盘的横向位移、声场的声波速度势进行模态展开。

满足旋转圆盘所有边界条件的横向位移可表示为

$$w(r,\theta,t)=\sum_{m=0}^{M_0}c_m R_{mn}(r)\mathrm{e}^{\mathrm{i}(n\theta+\lambda t)} \tag{12.1.19}$$

式中，i 为虚数单位；函数 $R_{mn}(r)$ 可由线性多项式表示：

$$R_{mn}(r)=r^m+r^{m+1}+E_{mn}^{(1)}r^{m+2}+E_{mn}^{(2)}r^{m+3} \\ +r^{m+4}+E_{mn}^{(3)}r^{m+5}+E_{mn}^{(4)}r^{m+6} \tag{12.1.20}$$

其中，$E_{mn}^{(j)}(j=1,2,3,4)$ 由边界条件式（12.1.14）和式（12.1.15）确定；m 和 n 分别表示圆盘振动模态 (m,n) 中的径向和环向节点数；M_0 为级数展开的总项数，与计算精度相关；λ 是动力学系统的复特征值，其实部和虚部分别对应于系统振动频率和阻尼。

满足声场方程（12.1.16）以及部分边界条件（12.1.17）的解可表示为

$$\varphi_{\mathrm{a}}(r,\theta,z,t)=\sum_{k=1}^{\infty}d_k^{\mathrm{a}}\cosh[\alpha_k(z_{\mathrm{e}}-z)]\mathrm{J}_n(\xi_k r)\mathrm{e}^{\mathrm{i}(n\theta+\lambda t)} \tag{12.1.21}$$

这里，$\mathrm{J}_n(\xi_k r)$ 为 n 阶 Bessel 函数；$\alpha_k=\sqrt{\xi_k^2-M^2\lambda^2}$ 且 ξ_k 由如下方程确定：

$$\mathrm{J}_n(\xi_k r_{\mathrm{e}})=0,\quad k=1,2,\cdots,\infty \tag{12.1.22}$$

声场解表达式中的系数 d_k^{a} 可由圆盘表面处的速度连续条件（12.1.18）确定，但由于声场与结构横向振动位移的耦合关系，该耦合项不能直接确定。本节后面我们将介绍一种处理方式，将该系数转换为统一的结构振动系数 c_m 来表征，从而实现耦合项的有效处理。

对于任意两个复变量函数 $a(r,\theta)$，$b(r,\theta)$，在区域 $\{\kappa\leqslant r\leqslant 1,0\leqslant\theta\leqslant 2\pi\}$ 中定义内积运算：

$$\langle a(r,\theta),b(r,\theta)\rangle=\int_0^{2\pi}\int_\kappa^1 a(r,\theta)b^*(r,\theta)r\,\mathrm{d}r\,\mathrm{d}\theta \tag{12.1.23}$$

其中，符号“*”表示复共轭。

将解式（12.1.19）和式（12.1.21）代入旋转圆盘的微分方程（12.1.13），并与 $R_{ln}(r)\mathrm{e}^{\mathrm{i}(n\theta+\lambda t)}$ $(l=0,1,\cdots,M_0)$ 进行内积运算。基于伽辽金方法容易得到以下关于待定系数 c_m 的统一方程：

$$\{[\boldsymbol{B}]+[\boldsymbol{P}^{\mathrm{a}}]+[\boldsymbol{P}^{\mathrm{f}}]\}[\boldsymbol{c}]=[\boldsymbol{0}] \tag{12.1.24}$$

其中，$[\boldsymbol{c}]=[c_0\quad c_1\quad\cdots\quad c_{M_0}]^{\mathrm{T}}$；$[\boldsymbol{B}]$ 是与旋转圆盘自由振动关联的矩阵，其维度大小为 $(M_0+1)\times(M_0+1)$，元素可表示如下：

$$B_{ml}=2\pi\int_\kappa^1\Big[(\lambda+n)^2R_{mn}(r)-\varepsilon\,\nabla_n^4R_{mn}(r) \\ +\frac{1}{r}\Big(r\sigma_r\frac{\mathrm{d}R_{mn}}{\mathrm{d}r}\Big)-\frac{n^2}{r^2}\sigma_\theta R_{mn}(r)\Big]R_{ln}(r)r\,\mathrm{d}r \tag{12.1.25}$$

式中，算子 $\nabla_n^4=\Big(\frac{\mathrm{d}^2}{\mathrm{d}r^2}+\frac{\mathrm{d}}{r\,\mathrm{d}r}-\frac{n^2}{r^2}\Big)^2$；$[\boldsymbol{P}^{\mathrm{f}}]$ 为与气动载荷关联的 $(M_0+1)\times(M_0+1)$ 矩阵，表示如下：

$$P_{ml}^{\mathrm{f}}=-2\pi\int_\kappa^1\mathrm{i}C\Big[\lambda+\Big(1-\frac{\Omega_{\mathrm{d}}}{\Omega}\Big)n\Big]R_{mn}(r)R_{ln}(r)r\,\mathrm{d}r \tag{12.1.26}$$

这里，$[\boldsymbol{P}^{\mathrm{a}}]$ 与声场载荷及耦合边界相关，该耦合项将在本节后面单独处理。

由方程（12.1.24）可以看出：其为一齐次方程，必有零解$[\boldsymbol{c}]=\mathbf{0}$，即圆盘静止且不受机械载荷情形下耦合系统的平衡解。但其也可能存在非零解，由此可得到一如下的特征方程：

$$\det\{[\boldsymbol{B}]+[\boldsymbol{P}^{\mathrm{a}}]+[\boldsymbol{P}^{\mathrm{f}}]\}=0 \tag{12.1.27}$$

这里，“det”表示矩阵的行列式运算。

运用矩阵特征值运算求解式（12.1.27），便可获得复特征值λ。从矩阵表达式（12.1.25）和式（12.1.26）可知，出现了关于特征值λ的高阶项，而且存在复数，因此整个问题本质上是一复特征值问题，需要特定的高精度数值求解算法才能实现。对于任意固定的节径n，共有M_0+1对特征值，且每一对特征值均不相同；其中之一对应于旋转圆盘的前行波（forward traveling wave，FTW），沿着圆盘旋转方向传播，特征值记为λ^{FTW}；另一个对应于后行波（backward traveling wave，BTW），逆着圆盘旋转方向传播，记为λ^{BTW}。特征值的实部$\mathrm{Re}(\lambda)$，对应于圆盘的振动频率；虚部$\mathrm{Im}(\lambda)$则代表了圆盘空气-弹性系统的振动阻尼。如果出现负阻尼，即$\mathrm{Im}(\lambda)<0$，则意味着圆盘在振动过程中不断从周围的流场中吸收能量，致使振幅越来越大。这是一种自激励振动或空气-弹性耦合失稳现象，称为颤振。

由此可见，只要对旋转圆盘空气-弹性耦合系统的特征方程（12.1.27）进行特征值分析，便可获得旋转圆盘结构的所有动力学行为特征，包括稳定性。

3. 耦合项$[\boldsymbol{P}^{\mathrm{a}}]$的获得

对式（12.1.21）进行内积运算，相应的声压载荷$[\boldsymbol{q}^{\mathrm{a}}]$可表示为

$$q_l^{\mathrm{a}}=4\pi\int_{\kappa}^{1}\mathrm{i}\Lambda\lambda\left[\sum_{k=1}^{\infty}d_k^{\mathrm{a}}\cosh(\alpha_k z_{\mathrm{e}})\mathrm{J}_n(\xi_k r)\right]R_{ln}(r)r\,\mathrm{d}r \tag{12.1.28}$$

其中的无穷级数取截断，实际中选取$K_0=30$便可获得高精度结果。

引入如下的列阵：

$$[\boldsymbol{D}^{\mathrm{a}}]=[d_1^{\mathrm{a}}\quad d_2^{\mathrm{a}}\quad\cdots\quad d_{K_0}^{\mathrm{a}}]^{\mathrm{T}}$$

$$[\boldsymbol{Y}]=[R_{0n}(r)\quad R_{1n}(r)\quad\cdots\quad R_{M_0 n}(r)]^{\mathrm{T}}$$

$$[\boldsymbol{\Phi}^{\mathrm{a}}]=[\cosh(\alpha_1 z_{\mathrm{e}})\mathrm{J}_n(\xi_1 r)\quad\cosh(\alpha_2 z_{\mathrm{e}})\mathrm{J}_n(\xi_2 r)\quad\cdots\quad\cosh(\alpha_{K_0} z_{\mathrm{e}})\mathrm{J}_n(\xi_{K_0} r)] \tag{12.1.29}$$

则式（12.1.28）可另写为矩阵形式：

$$[\boldsymbol{q}^{\mathrm{a}}]=4\pi\mathrm{i}\Lambda\lambda\int_{\kappa}^{1}\{[\boldsymbol{Y}][\boldsymbol{\Phi}^{\mathrm{a}}][\boldsymbol{D}^{\mathrm{a}}]\}r\,\mathrm{d}r \tag{12.1.30}$$

进一步结合声场解，将圆盘表面处的流-固耦合连续性条件及对称面上的条件（12.1.18）具体表示为如下形式：

$$\sum_{k=1}^{K_0}d_k^{\mathrm{a}}\alpha_k\sinh(\alpha_k z_{\mathrm{e}})\mathrm{J}_n(\xi_k r)=0,\quad 0\leqslant r<\boldsymbol{\kappa} \tag{12.1.31}$$

$$-\sum_{k=1}^{K_0}d_k^{\mathrm{a}}\alpha_k\sinh(\alpha_k z_{\mathrm{e}})\mathrm{J}_n(\xi_k r)=\sum_{m=0}^{M_0}c_m\lambda\mathrm{i}R_{mn}(r),\quad\boldsymbol{\kappa}\leqslant r\leqslant 1 \tag{12.1.32}$$

$$\sum_{k=1}^{K_0}d_k^{\mathrm{a}}\cosh(\alpha_k z_{\mathrm{e}})\mathrm{J}_n(\xi_k r)=0,\quad 1<r\leqslant r_{\mathrm{e}} \tag{12.1.33}$$

在区间 $0 \leqslant r \leqslant r_e$ 选取有限节点 $r = r_j (j = 1,2,3,\cdots,K_0)$，结合式（12.1.31）～式（12.1.33）可得

$$
\begin{bmatrix}
\alpha_1 \sinh(\alpha_1 z_e) \mathrm{J}_n(\xi_1 r_1) & \alpha_2 \sinh(\alpha_2 z_e) \mathrm{J}_n(\xi_2 r_1) & \cdots & \alpha_{K_0} \sinh(\alpha_{K_0} z_e) \mathrm{J}_n(\xi_{K_0} r_1) \\
\alpha_1 \sinh(\alpha_1 z_e) \mathrm{J}_n(\xi_1 r_2) & \alpha_2 \sinh(\alpha_2 z_e) \mathrm{J}_n(\xi_2 r_2) & \cdots & \alpha_{K_0} \sinh(\alpha_{K_0} z_e) \mathrm{J}_n(\xi_{K_0} r_2) \\
\vdots & \vdots & \ddots & \vdots \\
\alpha_1 \sinh(\alpha_1 z_e) \mathrm{J}_n(\xi_1 r_{K_0^1}) & \alpha_2 \sinh(\alpha_2 z_e) \mathrm{J}_n(\xi_2 r_{K_0^1}) & \cdots & \alpha_{K_0} \sinh(\alpha_{K_0} z_e) \mathrm{J}_n(\xi_{K_0} r_{K_0^1}) \\
-\alpha_1 \sinh(\alpha_1 z_e) \mathrm{J}_n(\xi_1 r_{K_0^1+1}) & -\alpha_2 \sinh(\alpha_2 z_e) \mathrm{J}_n(\xi_2 r_{K_0^1+1}) & \cdots & -\alpha_{K_0} \sinh(\alpha_{K_0} z_e) \mathrm{J}_n(\xi_{K_0} r_{K_0^1+1}) \\
\vdots & \vdots & \ddots & \vdots \\
-\alpha_1 \sinh(\alpha_1 z_e) \mathrm{J}_n(\xi_1 r_{K_0^1+K_0^2}) & -\alpha_2 \sinh(\alpha_2 z_e) \mathrm{J}_n(\xi_2 r_{K_0^1+K_0^2}) & \cdots & -\alpha_{K_0} \sinh(\alpha_{K_0} z_e) \mathrm{J}_n(\xi_{K_0} r_{K_0^1+K_0^2}) \\
\cosh(\alpha_1 z_e) \mathrm{J}_n(\xi_1 r_{K_0^1+K_0^2+1}) & \cosh(\alpha_2 z_e) \mathrm{J}_n(\xi_2 r_{K_0^1+K_0^2+1}) & \cdots & \cosh(\alpha_{K_0} z_e) \mathrm{J}_n(\xi_{K_0} r_{K_0^1+K_0^2+1}) \\
\vdots & \vdots & \ddots & \vdots \\
\cosh(\alpha_1 z_e) \mathrm{J}_n(\xi_1 r_{K_0}) & \cosh(\alpha_2 z_e) \mathrm{J}_n(\xi_2 r_{K_0}) & \cdots & \cosh(\alpha_{K_0} z_e) \mathrm{J}_n(\xi_{K_0} r_{K_0})
\end{bmatrix}
$$

$$
\times \begin{bmatrix} \mathrm{d}_1^{\mathrm{a}} \\ d_2^{\mathrm{a}} \\ \vdots \\ d_{K_0^1}^{\mathrm{a}} \\ \mathrm{d}_{K_0^1+1}^{\mathrm{a}} \\ \vdots \\ d_{K_0^1+K_0^2}^{\mathrm{a}} \\ d_{K_0^1+K_0^2+1}^{\mathrm{a}} \\ \vdots \\ d_{K_0}^{\mathrm{a}} \end{bmatrix} = \begin{bmatrix} 0 \\ 0 \\ \vdots \\ 0 \\ \sum_{m=0}^{M_0} c_m \lambda \mathrm{i} R_{mn}(r_{K_0^1+1}) \\ \vdots \\ \sum_{m=0}^{M_0} c_m \lambda \mathrm{i} R_{mn}(r_{K_0^1+K_0^2}) \\ 0 \\ \vdots \\ 0 \end{bmatrix} \tag{12.1.34}
$$

这里，K_0^1，K_0^2 和 $K_0 - K_0^1 - K_0^2$ 分别表示区间 $0 \leqslant r_j < \kappa$，$\kappa \leqslant r_j \leqslant 1$ 和 $1 < r_j \leqslant r_e$ 上的节点数。

式（12.1.34）可写为紧凑的矩阵形式：

$$
[\boldsymbol{A}^{\mathrm{a}}][\boldsymbol{D}^{\mathrm{a}}] = \mathrm{i}\lambda [\boldsymbol{R}^{\mathrm{a}}][\boldsymbol{c}] \tag{12.1.35}
$$

其中，$[\boldsymbol{R}^{\mathrm{a}}]$ 为

$$
[\boldsymbol{R}^{\mathrm{a}}] = \begin{bmatrix} & & 0 & \\ & & \vdots & \\ & & 0 & \\ R_{0n}(r_{K_0^1+1}) & R_{1n}(r_{K_0^1+1}) & \cdots & R_{M_0 n}(r_{K_0^1+1}) \\ R_{0n}(r_{K_0^1+2}) & R_{1n}(r_{K_0^1+2}) & \cdots & R_{M_0 n}(r_{K_0^1+2}) \\ \vdots & \vdots & \vdots & \vdots \\ R_{0n}(r_{K_0^1+K_0^2}) & R_{1n}(r_{K_0^1+K_0^2}) & \cdots & R_{M_0 n}(r_{K_0^1+K_0^2}) \\ & & 0 & \\ & & \vdots & \\ & & 0 & \end{bmatrix} \tag{12.1.36}
$$

由式（12.1.35）可得

$$[\boldsymbol{D}^{\mathrm{a}}]=\mathrm{i}\lambda[\boldsymbol{A}^{\mathrm{a}}]^{-1}[\boldsymbol{R}^{\mathrm{a}}][\boldsymbol{c}] \tag{12.1.37}$$

此式表明，耦合系数 $[\boldsymbol{D}^{\mathrm{a}}]$ 可由圆盘横向振动的系数 $[\boldsymbol{c}]$ 来表征，这就实现了圆盘空气-弹性耦合问题的耦合场统一求解模式中的统一未知量表征。

进一步，将式（12.1.37）代入声压载荷式（12.1.30），可得

$$[\boldsymbol{q}^{\mathrm{a}}]=-4\pi\Lambda\lambda^{2}\int_{\kappa}^{1}\{[\boldsymbol{Y}][\boldsymbol{\Phi}^{\mathrm{a}}][\boldsymbol{A}^{\mathrm{a}}]^{-1}[\boldsymbol{R}^{\mathrm{a}}][\boldsymbol{c}]\}r\mathrm{d}r=[\boldsymbol{P}^{\mathrm{a}}][\boldsymbol{c}] \tag{12.1.38}$$

其中，耦合项可获得如下：

$$[\boldsymbol{P}^{\mathrm{a}}]=-4\pi\Lambda\lambda^{2}\int_{\kappa}^{1}\{[\boldsymbol{Y}][\boldsymbol{\Phi}^{\mathrm{a}}][\boldsymbol{A}^{\mathrm{a}}]^{-1}[\boldsymbol{R}^{\mathrm{a}}]\}r\mathrm{d}r \tag{12.1.39}$$

12.1.3 两类动力学稳定性现象的预测

图 12.1.3 给出了旋转圆盘结构振动的实验测试示意图，包括了磁盘驱动系统、磁盘振动测量与分析系统，旋转速度最高可达 1.5 万转每分（即 15000r/min）。实验中采用两个刚性圆盘（Disk-1，Disk-2；8660 钢），其几何和材料参数如表 12.1.1 所列。由于圆盘的旋转，传统的接触测量不适用，所以我们采用非接触的激光多普勒测振系统（laser-Doppler vibrometer，LDV）进行实验测试。

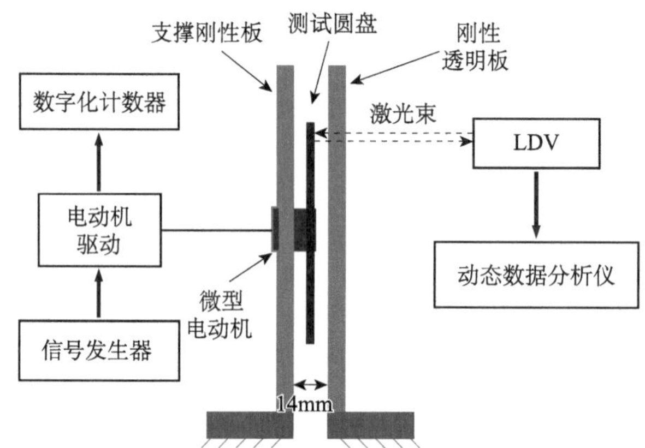

图 12.1.3 旋转圆盘结构振动实验装置示意图

表 12.1.1 测试圆盘的几何和材料参数

参数	Disk-1	Disk-2
外半径 r_o/mm	67.5	50
内半径 r_i/mm	15.5	15.5
厚度 h /mm	0.29	0.26
密度 ρ_d/（kg/m^3）	7840	7840
杨氏模量 E /GPa	200	200
泊松比 ν	0.3	0.3

1. 动力失稳现象

旋转圆盘的横向振动是一种十分复杂的振动形式，其带有节径振型的振动是由两个转向相反的行波组成的。

图 12.1.4 给出了数值模拟的圆盘 Disk-1 的频率（特征值实部）与旋转速度之间的关系，计及声压载荷（$q_a \neq 0$）或不计及声压载荷（$q_a = 0$）的结果均绘制于图中。可以看出：随着旋转速度的增大，圆盘前行波（FTW）的各模态频率均是增大的，而后行波（BTW）的模态频率均是减小的；当转速增大到某一值时，圆盘某些振动模态所对应的 BTW 频率降为零，此时旋转圆盘发生了动力失稳（类似于结构准静态下的屈曲失稳），所对应的旋转速度称为临界转速；不同模态对应的失稳转速不同，对应于模态（0,1）B 无失稳；当圆盘转速为零（不旋转）时，FTW 模态和 BTW 模态的频率与观测到的静止圆盘的模态频率相同。气动力参数由圆盘 Disk-1 测量获得，研究发现其同样适用于圆盘 Disk-2，这是由于两者对应的主要气动结构类似。同时还可以看到，除了（0,0）模态和 FTW 模态频率外，声压 q_a 对 BTW 模态频率的影响可以忽略不计；由于旋转盘的动力失稳与 BTW 模态有关，这意味着其对临界转速的影响很小。

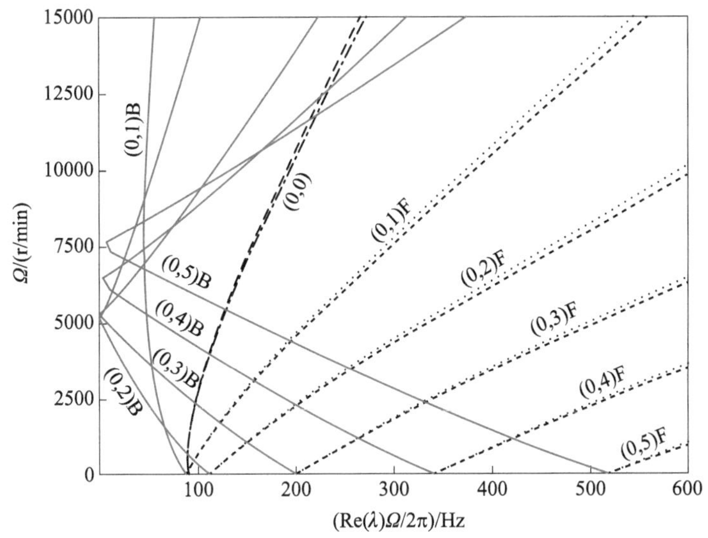

图 12.1.4 圆盘 Disk-1 的（m，n）模态频率随转速的变化曲线

$C = 0.01$，$\Omega_d/\Omega = 0.85$；F 和 B 分别对应于 FTW 和 BTW；

考虑声压 q_a：—BTW，--FTW；不考虑声压 q_a：-·-BTW，···FTW

为了获得结构的动力学失稳临界转速，在每一旋速下分别测量了两个圆盘试样的频谱分布图。图 12.1.5 给出了圆盘 Disk-2 的实测结果，可以获得相应的失稳模态和临界转速，对于 Disk-1 也有类似频谱响应。基于所建立的旋转圆盘空气-弹性耦合动力学模型和计算方法，图 12.1.6 和表 12.1.2 给出了不同模态频率随转速变化的结果对比。可以看出：实测结果与模型预测曲线相一致，其中圆盘 Disk-1 的吻合度更好。

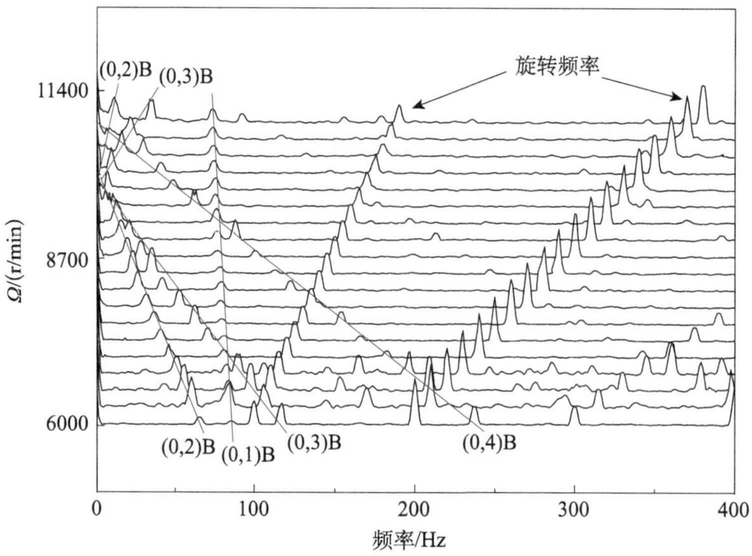

图 12.1.5　圆盘 Disk-2 实验所测的模态频谱

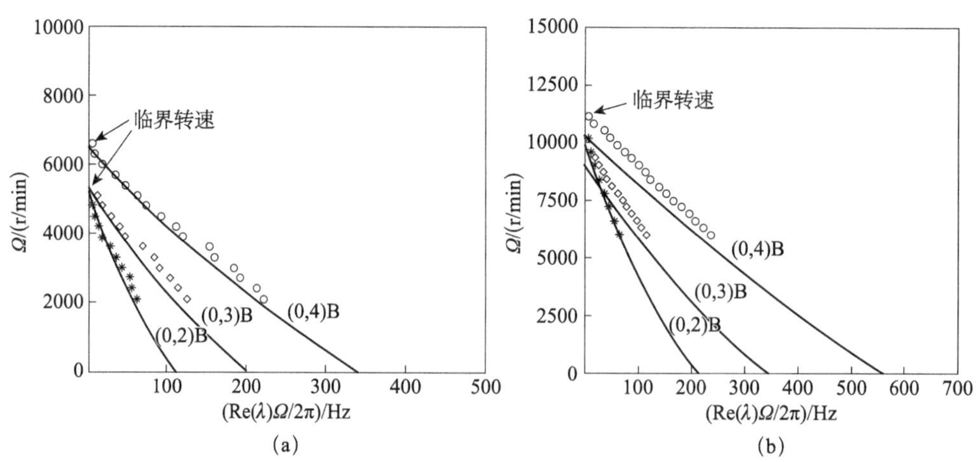

图 12.1.6　理论预测和实验测量的模态频率对比

(a) Disk-1；(b) Disk-2

表 12.1.2　旋转圆盘的后行波 BTW 模态的失稳临界转速　　(单位：r/min)

振动模态	Disk-1			Disk-2		
	模型预测	实验测量	相对误差	模型预测	实验测量	相对误差
(0,2)B	5200	~5400	−3.7%	10000	~10200	−2.0%
(0,3)B	5300	~5700	−7.0%	9000	~10100	−10.9%
(0,4)B	6400	~6700	−4.5%	10500	~11100	−5.4%

2. 气动颤振失稳现象

旋转圆盘的特征值虚部（阻尼项）直接关联到其另外一种失稳现象——颤振，这是由旋转圆盘的空气-弹性耦合效应所致。随着旋转速度的增加，系统阻尼可能出现从正值转变为负值的情形，即负阻尼现象。此时，空气-弹性耦合效应的结果是旋转圆盘可从周围气流中不断吸收能量，使得振幅显著增大，发生结构颤振失稳。颤振现象在高速飞行器的机翼-空气耦合动力学中也是不可回避的关键基础问题之一，其直接影响到高速飞行器的安全。

首先，我们基于仅考虑声压载荷 q_a（即 $q_a \neq 0$，$q_f = 0$）来进行圆盘的颤振稳定性预测。分析结果发现，系统的特征值虚部几乎保持为零，即不会发生颤振失稳现象，这一结果表明，无旋声压场并不会导致旋转圆盘的颤振失稳；也纠正了已有文献报道[8, 9] 的单纯从非旋转声场作用去预测颤振失稳存在的极大局限性，甚至是错误的预测，解释了其无法揭示实验现象的原因。

进一步，我们考虑气动力载荷 q_f 贡献。

图 12.1.7 给出圆盘 Disk-1 和 Disk-2 的模型预测结果。可以看出：BTW 的特征值虚部 $\mathrm{Im}(\lambda^{\mathrm{BTW}})$ 出现从正值变为负值的情形，模型可以有效预测颤振失稳现象；模态（0,0）B 和（0,1）B 是稳定的，模态（0,2）B 出现阻尼为负值的现象，但是对应的转速不是最小的；模态（0,3）B 出现阻尼转变为负值的现象，且转速较小时就发生，也是最早出现的，其对应的转速就是颤振临界转速。这一预测结果与已有文献中的实验观测结果一致，同时我们的实验观测结果也证实了这一模型预测结果。

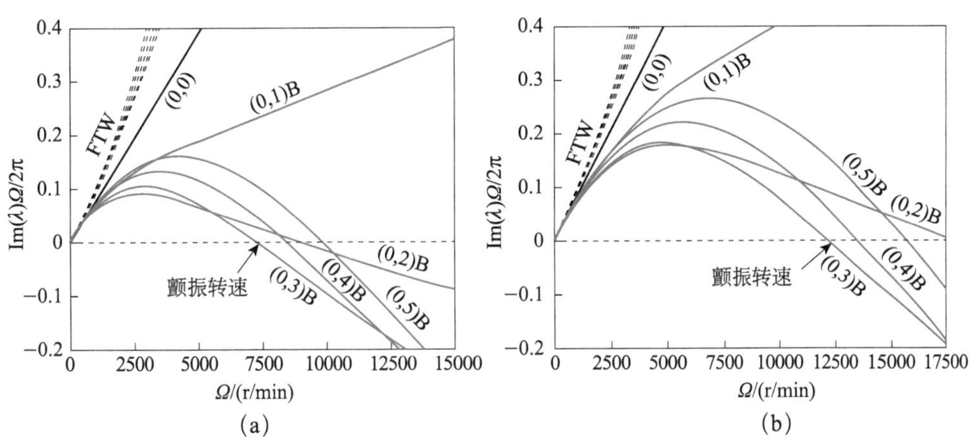

图 12.1.7 特征值虚部（或系统阻尼）随转速变化的理论模型预测结果

(a) Disk-1；(b) Disk-2

图 12.1.8 给出了实验所测的圆盘颤振失稳过程中的频谱分布。可以看到：两个圆盘的转速在超过动力学失稳临界转速后继续增大，当圆盘 Disk-1 达到 9600r/min，Disk-2 达到 14700r/min 时均出现振动幅值忽然增大的现象，表明发生了颤振失稳；失稳模态均为（0,3）B，理论预测和实验所测一致，这里从频谱图中估算颤振临界转速误差大约为 300r/min，测量误差在 3%以内。表 12.1.3 详细给出了两个圆盘所测结果与理论模型预测结果的对比，包括了颤振临界转速和对应的临界频率，均吻合良好。

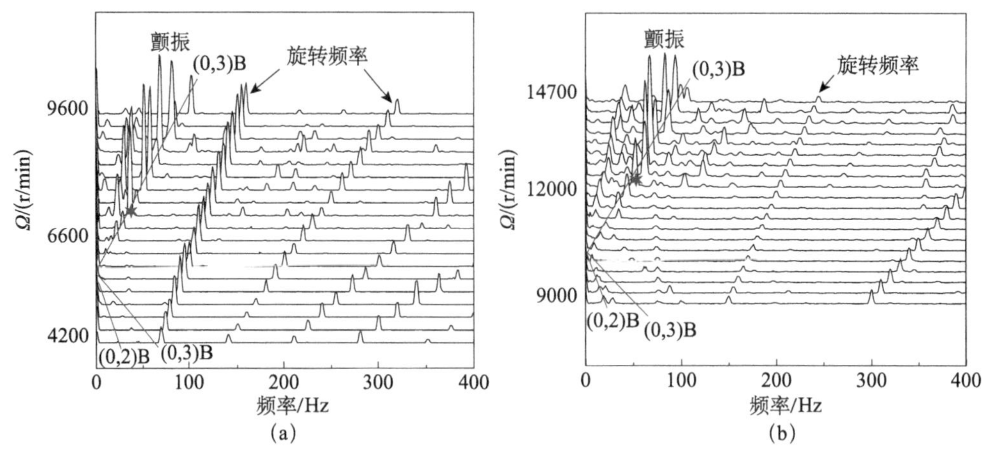

图 12.1.8　实验所观测的颤振失稳现象与临界转速

(a) Disk-1；(b) Disk-2

表 12.1.3　模态 (0, 3) B 的颤振临界转速和频率

圆盘	临界转速/(r/min)		临界频率/Hz	
	模型预测	实验测量	模型预测	实验测量
Disk-1	7300	～7200	54	～46
Disk-2	12200	～12300	98	～85

12.2　高速旋转圆盘颤振失稳的反馈控制

12.2.1　耦合动力学模型

磁盘驱动器中旋转盘片的颤振极大地影响磁道寻轨精度，造成对读写头的冲击和损坏，甚至盘片破裂而造成功能失效等。抑制高速旋转柔性结构的颤振非稳定性行为，以获得高转速和高精度磁道密度或旋转机械的安全运行，正在成为越来越突出的问题。一些研究人员提出了被动控制技术来抑制旋转结构的颤振失稳，主要通过改变结构构型以及内部的空气动力学特性，减缓颤振的过早发生，或者是增加旋转盘片的动力学阻尼等。

反馈控制作为主动控制模式极具潜力，已被应用于机翼颤振抑制、火车轮轨噪声消声等工程领域。这里我们提出一种可抑制旋转圆盘颤振的反馈控制方法。由于运行中的圆盘处于高速旋转状态，直接施加主动控制力是不可行的，因此我们提出一种非接触的控制模式，通过激励声场来产生抑制气动载荷；通过对旋转圆盘振动信号的检测和处理，进而驱动和控制声场来产生反馈力、改变原有的空气-弹性耦合系统，最终达到抑制颤振的目的[5, 6]。

图 12.2.1 为基于声压的旋转圆盘反馈控制系统示意图。传感器用于拾取旋转圆盘上一点 (r_s, θ_s) 处的实时振动信号，然后结合控制模式将信号进行滤波、放大、移相，并用

于驱动一片状的制动器（半径为 r_a），制动器固定于外壳表面并能够产生表面振动。显然，制动产生的表面振动信号与控制器增益 G 、信号相位移 σ ，传感器拾取的圆盘实时振动信号，以及制动器信号分布特征 $A(r,\theta)$ 相关。

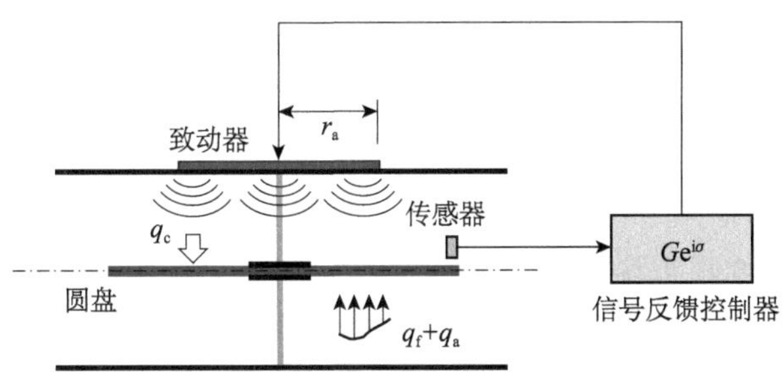

图 12.2.1 旋转圆盘的颤振失稳反馈控制系统示意图

1. 旋转圆盘的动力学方程

与 12.1 节的理论模型建立过程类似，基于旋转圆盘的动力学平衡以及考虑气动载荷，便可获得相应的动力学方程。加入反馈控制所产生的声压载荷 $q_c(r,\theta,t)$ ，则旋转圆盘的结构动力学方程表述如下：

$$\frac{\partial^2 w}{\partial t^2}+2\frac{\partial^2 w}{\partial t\partial\theta}+\frac{\partial^2 w}{\partial\theta^2}+\varepsilon\,\nabla^4 w-\left[\frac{1}{r}\frac{\partial}{\partial r}\left(r\sigma_r\frac{\partial w}{\partial r}\right)+\frac{1}{r^2}\frac{\partial}{\partial\theta}\left(\sigma_\theta\frac{\partial w}{\partial\theta}\right)\right]$$
$$=q_a(r,\theta,t)+q_f(r,\theta,t)+q_c(r,\theta,t) \tag{12.2.1}$$

其中，圆盘所受声压载荷 $q_a(r,\theta,t)$ 、气动载荷 $q_f(r,\theta,t)$ 和 12.1 节的式（12.1.10）、式（12.1.11）无量纲形式完全相同。对应的力学边界条件与式（12.1.14）、式（12.1.15）也相同。

2. 气动力学方程

对于旋转圆盘周围的空气流场，其与 12.1 节的式（12.1.16）～式（12.1.18）完全一致。这里不再赘述。

3. 反馈控制声场方程

对于制动器信号分布函数 $A(r,\theta)$ ，其一般形式可表示为

$$A(r,\theta)=\sum_{n=-\infty}^{\infty}a_n(r)\mathrm{e}^{\mathrm{i}n\theta} \tag{12.2.2}$$

在反馈控制中，$a_n(r)$ 表示在区域 $r\leqslant r_a$ 内 n 阶模态的制动信号分布函数。

由于制动器的振动激发起一个控制声场 φ_c ，其对应的微分方程和边界条件表示如下：

$$\nabla^2\varphi_c=M^2\frac{\partial^2\varphi_c}{\partial t^2} \tag{12.2.3}$$

$$\left.\frac{\partial\varphi_c}{\partial z}\right|_{z=z_e}=\begin{cases}G\mathrm{e}^{\mathrm{i}\sigma}\mathrm{e}^{\mathrm{i}n\theta}\dfrac{\partial w(r_s,\theta_s,t)}{\partial t} & (r\leqslant r_a)\\ 0 & (r_a<r\leqslant r_e)\end{cases} \tag{12.2.4}$$

$$\left.\frac{\partial \varphi_{\mathrm{c}}}{\partial z}\right|_{z=0}=0, \quad \varphi_{\mathrm{c}}\big|_{r=r_{\mathrm{e}}}=0 \tag{12.2.5}$$

这里，圆盘表面处的控制声场速度等于零，其中由圆盘振动产生的声场变化已在 φ_{a} 中计及。

制动器驱动的控制声场将产生一额外的声压载荷作用于圆盘，可表示为

$$q_{\mathrm{c}}(r,\theta,t)=\Lambda \frac{\partial \varphi_{\mathrm{c}}(r,\theta,z=0^{+},t)}{\partial t} \tag{12.2.6}$$

12.2.2 基于模态展开的耦合场统一解法

为求解包含反馈控制声场的耦合问题，我们依然采用模态展开的半解析方法。与 12.1 节的求解方法类似，满足力学边界条件的旋转圆盘振动解可表示为

$$w(r,\theta,t)=\sum_{m=0}^{\infty} c_m R_{mn}(r)\mathrm{e}^{\mathrm{i}(n\theta+\lambda t)} \tag{12.2.7}$$

满足声场 φ_{a} 和 φ_{c} 的微分方程和部分固定边界条件的解可表示如下：

$$\varphi_{\mathrm{a}}(r,\theta,z,t)=\sum_{k=1}^{\infty} d_k^{\mathrm{a}} \cosh[\alpha_k(z_{\mathrm{e}}-z)]\mathrm{J}_n(\xi_k r)\mathrm{e}^{\mathrm{i}(n\theta+\lambda t)} \tag{12.2.8}$$

$$\varphi_{\mathrm{c}}(r,\theta,z,t)=\sum_{k=1}^{\infty} d_k^{\mathrm{c}} \cosh(\alpha_k z)\mathrm{J}_n(\xi_k r)\mathrm{e}^{\mathrm{i}(n\theta+\lambda t)} \tag{12.2.9}$$

将级数展开解形式式（12.2.7）～式（12.2.9）代入圆盘的运动方程（12.2.1），并进行内积运算，最终可得到统一的非线性复特征值问题：

$$\{[\boldsymbol{B}]+[\boldsymbol{P}^{\mathrm{f}}]+[\boldsymbol{P}^{\mathrm{a}}]+[\boldsymbol{P}^{\mathrm{c}}]\}[\boldsymbol{c}]=[\boldsymbol{0}] \tag{12.2.10}$$

其中，系数矩阵 $[\boldsymbol{B}]$，$[\boldsymbol{P}^{\mathrm{f}}]$ 和 $[\boldsymbol{P}^{\mathrm{a}}]$ 与 12.1 节形式相同。控制声场对应的载荷项 $[\boldsymbol{P}^{\mathrm{c}}]$ 的推导与 $[\boldsymbol{P}^{\mathrm{a}}]$ 类似，可获得如下：

$$[\boldsymbol{P}^{\mathrm{c}}]=-2\pi\Lambda\lambda^2 G\mathrm{e}^{\mathrm{i}\sigma}\mathrm{e}^{\mathrm{i}n\theta_{\mathrm{s}}}\int_{\kappa}^{1}\{[\boldsymbol{Y}][\boldsymbol{\Phi}^{\mathrm{c}}][\boldsymbol{A}^{\mathrm{c}}]^{-1}[\boldsymbol{R}^{\mathrm{c}}]\}r\mathrm{d}r \tag{12.2.11}$$

其中，

$$[\boldsymbol{A}^{\mathrm{c}}]=\begin{bmatrix} \alpha_1\sinh(\alpha_1 z_{\mathrm{e}})\mathrm{J}_n(\xi_1 r_1) & \alpha_2\sinh(\alpha_2 z_{\mathrm{e}})\mathrm{J}_n(\xi_2 r_1) & \cdots & \alpha_{K_0}\sinh(\alpha_{K_0} z_{\mathrm{e}})\mathrm{J}_n(\xi_{K_0} r_1) \\ \alpha_1\sinh(\alpha_1 z_{\mathrm{e}})\mathrm{J}_n(\xi_1 r_2) & \alpha_2\sinh(\alpha_2 z_{\mathrm{e}})\mathrm{J}_n(\xi_2 r_2) & \cdots & \alpha_{K_0}\sinh(\alpha_{K_0} z_{\mathrm{e}})\mathrm{J}_n(\xi_{K_0} r_2) \\ \vdots & \vdots & \ddots & \vdots \\ \alpha_1\sinh(\alpha_1 z_{\mathrm{e}})\mathrm{J}_n(\xi_1 r_{K_0}) & \alpha_2\sinh(\alpha_2 z_{\mathrm{e}})\mathrm{J}_n(\xi_2 r_{K_0}) & \cdots & \alpha_{K_0}\sinh(\alpha_{K_0} z_{\mathrm{e}})\mathrm{J}_n(\xi_{K_0} r_{K_0}) \end{bmatrix} \tag{12.2.12}$$

$$[\boldsymbol{R}^{\mathrm{c}}]=\begin{bmatrix} a_n(r_1)R_{0n}(r_{\mathrm{s}}) & a_n(r_1)R_{1n}(r_{\mathrm{s}}) & \cdots & a_n(r_1)R_{M_0 n}(r_{\mathrm{s}}) \\ a_n(r_2)R_{0n}(r_{\mathrm{s}}) & a_n(r_2)R_{1n}(r_{\mathrm{s}}) & \cdots & a_n(r_2)R_{M_0 n}(r_{\mathrm{s}}) \\ \vdots & \vdots & \ddots & \vdots \\ a_n(r_{K_0})R_{0n}(r_{\mathrm{s}}) & a_n(r_{K_0})R_{1n}(r_{\mathrm{s}}) & \cdots & a_n(r_{K_0})R_{M_0 n}(r_{\mathrm{s}}) \end{bmatrix} \tag{12.2.13}$$

12.2.3 颤振失稳的反馈控制

1. 理论模型预测

这里，继续采用与 12.1 节相同的圆盘和结构几何参数进行模拟分析。反馈控制的关键

是通过施加的声压场来改变旋转圆盘空气-弹性系统的特征值虚部（即系统气动阻尼特性）。

图 12.2.2 给出了发生颤振的模态（0,3）B 和（0,4）B 在施加反馈控制后的系统阻尼变化曲线。可以看出：当控制信号的相位为 $\sigma = 90^\circ$ 时，两个颤振模态的阻尼曲线均得以抬升；意味着颤振速度随着反馈控制而增加，因此非稳定得到抑制，稳定性得到改善；稳定性能的提高程度取决于控制增益的大小，例如，当 $G > 20$ 时模态（0,3）B 或者当 $G > 50$ 时模态（0,4）B，阻尼曲线抬升到全部大于零，说明完全抑制了颤振失稳的发生。

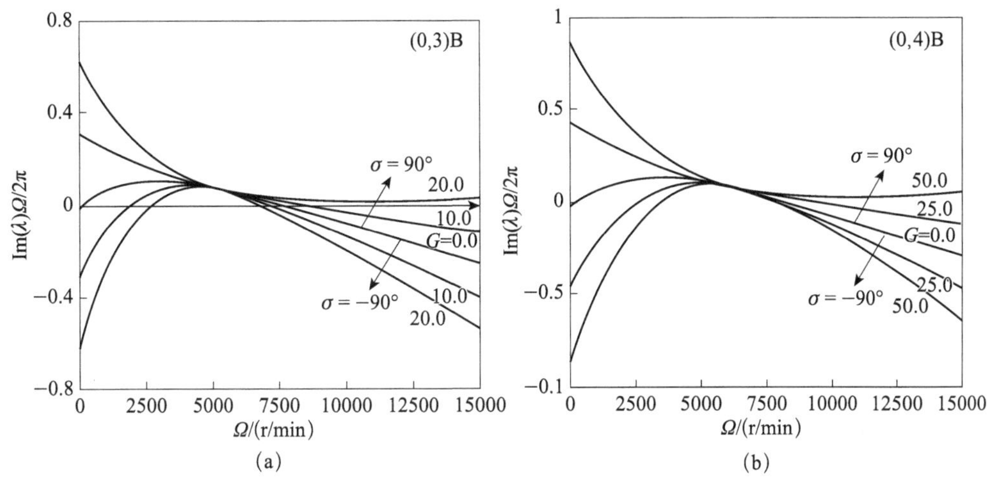

图 12.2.2 不同控制参数下的颤振模态的特征值虚部（或系统阻尼）随转速的变化

(a)（0,3）B；(b)（0,4）B

图 12.2.3 给出了系统阻尼随反馈控制增益 G 和相位移 σ 的变化三维曲面，图 12.2.4 为 G-σ 控制参数平面上的系统稳定性区域分布图。若系统阻尼大于零，即 $\mathrm{Im}(\lambda) > 0$，则是稳定的；相反，若 $\mathrm{Im}(\lambda) < 0$，则表示非稳定或发生颤振；在稳定与非稳定区的边界处有 $\mathrm{Im}(\lambda) = 0$。由模拟结果可以看出：所建立的反馈控制系统具有一定的鲁棒性，有效的控制参数组合可以在较大连续区域内实现，而非若干离散点上才能获得颤振控制。对于高阶颤振模态的控制也可以获得类似的结果。

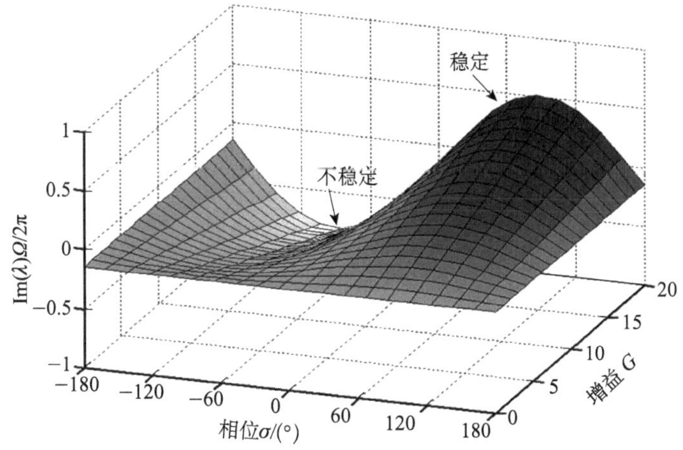

图 12.2.3 颤振模态（0，3）B 的反馈控制结果（Ω=10000r/min）（彩图扫封底二维码）

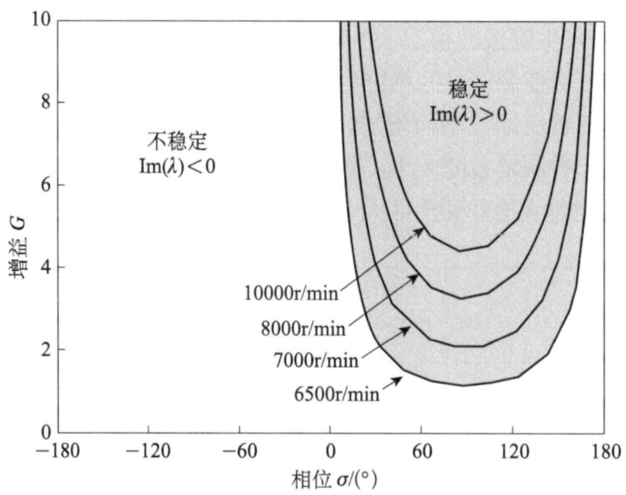

图 12.2.4　对应不同转速下颤振模态（0,3）B 的反馈控制稳定区域

2. 实验验证

针对前面基于非接触声场控制方式所建立的颤振抑制理论模型，我们也开展了相应的实验验证工作。

如图 12.2.5 所示，该实验装置中包含了圆盘旋转驱动部分、信号采集以及反馈控制部分。圆盘竖立在两个固定平板之间，致动器选择一扬声器（4 英寸，30W），将其安装于开孔的前部面板上，用于产生主动声压进行系统的空气动力学调控；前面板为透明有机玻璃，采用激光多普勒测振系统采集旋转圆盘上一点的实时动力学信号，之后经过频率滤波（带宽 10Hz，中心频率依据所需控制的颤振模态频率设定），信号相位和功率调节，用于驱动扬声器。

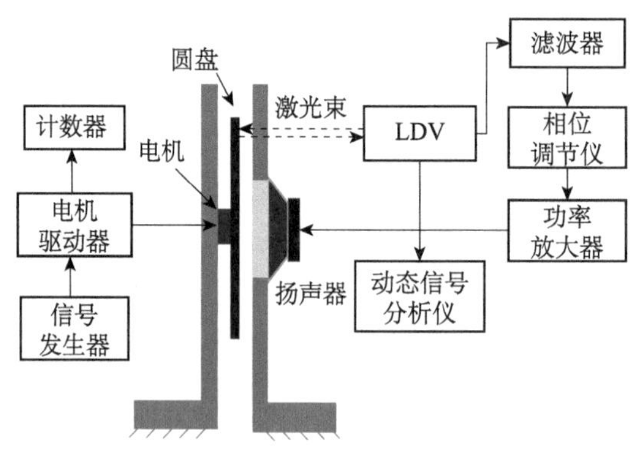

图 12.2.5　旋转圆盘空气-弹性颤振反馈控制实验示意图

实验中，首先测试了旋转圆盘 Disk-1 的动力学失稳临界转速和频率，以及颤振临界转速和频率等信息，确定系统非控制下的可靠性与基本动力学特性，这些测试结果均与 12.1 节的动力学分析结果吻合良好；接着，进行反馈控制测试，以所测点控制前后的振

动信号进行比对，说明控制效果。

图 12.2.6 给出了圆盘 Disk-1 在不同旋转速度（均超过模态频率等于零的动力失稳临界转速）发生颤振失稳后，圆盘上所观测点处的振动强度（dB，分贝）随频率的变化曲线。可以看出，对应于颤振模态频率（68Hz、78Hz），施加反馈控制后的效果明显，特别是颤振对应的最高峰得到很大抑制，验证了所提出的控制模式的有效性。

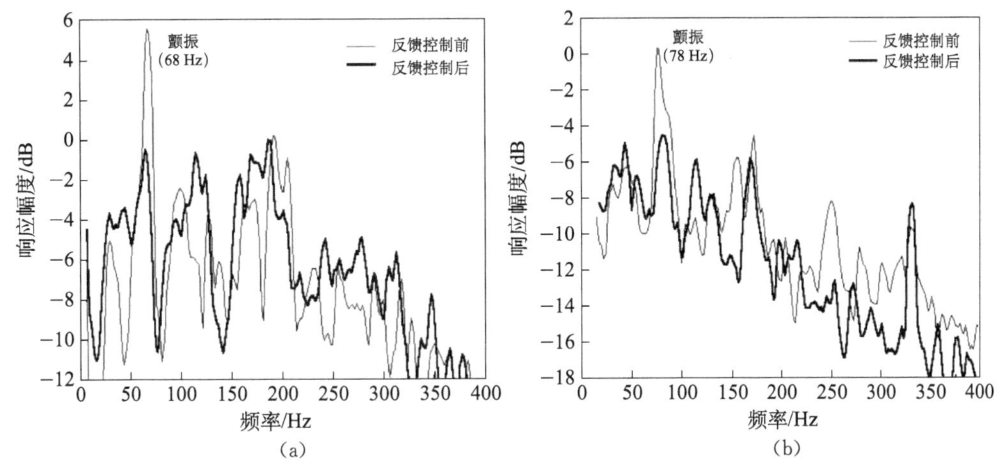

图 12.2.6 圆盘 Disk-1 不同转速下的颤振反馈控制结果

(a) $\Omega = 9000\mathrm{r/min}$；(b) $\Omega = 10000\mathrm{r/min}$

调节反馈控制的增益值和控制相位值，可以获得多个有效控制的参数组合。由图 12.2.7 可以看出，控制参数组合在某个区域内均能形成较好的控制效果，形成有效控制参数区域，表现出控制的鲁棒性。由于实验中采用扬声器进行致动，其表面产生的振动信号分布复杂，与前面理论模型中假设的径向分布理想状态存在一定差异，所以这里没有给出理论预测与实验的定量对比结果。但这些结果与理论模型预测结果在定性上相一致。

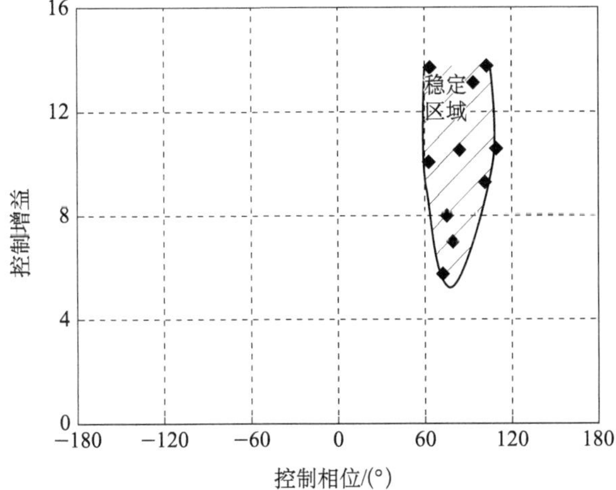

图 12.2.7 圆盘 Disk-1 有效控制参数对应的稳定区域（$\Omega = 10000\mathrm{r/min}$）

12.3　旋转柔性圆盘的空气-弹性耦合动力学模拟软件研发

为了便于针对不同几何和材料特性的高速旋转圆盘空气-弹性耦合动力学行为的预测，以及颤振失稳抑制的仿真模拟，我们基于建立的理论模型和求解算法开发出一个用于旋转柔性圆盘结构动力学分析的软件。

12.3.1　问题描述和软件基本框架

该分析软件主要模拟的问题为：考虑周围气流作用下高速旋转圆盘的空气-弹性动力学行为，以及引入反馈控制后的动力学特性。

与本章前面的研究对象以及理论问题的限定条件类似，包含的结构系统有两类，一是旋转圆盘位于两个平板间，二是旋转圆盘位于封闭的腔体内（即两个平板周边有侧面情形）。圆盘非旋转且无周围空气的情形，可以看作旋转圆盘空气-弹性耦合系统的特例，因此该软件模块也可以模拟非旋转圆盘的横向自由振动响应，以及不考虑周围流场影响下的旋转结构行波动力学响应。另外，该分析软件还包含了旋转圆盘的空气-弹性耦合颤振的反馈控制模拟。

分析软件主要基于高级程序语言 C＋＋和 MATLAB 结合方式，采用自编程序代码实现核心计算模拟功能。基于 MATLAB 平台开发了模型数据输入、仿真结果输出的可视化、图形用户界面（GUI）程序模块，实现了界面化操作和结果的可视化分析。软件具有一定的独立性，整个数值计算模块编译为可独立执行的封装文件，适合于 Windows 操作平台上的应用。该软件模块的主体框架如图 12.3.1 所示。

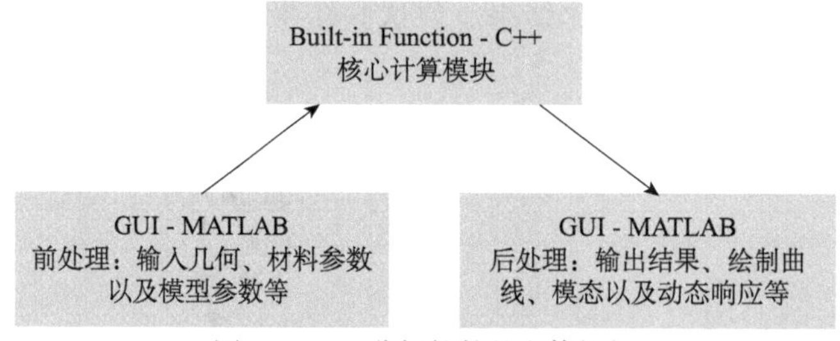

图 12.3.1　分析软件的主体框架

问题求解主要基于 12.1 节和 12.2 节建立的理论模型和半解析半数值解法。运用 Galerkin 方法可以将涉及自由振动、空气-弹性耦合振动和反馈控制的所有基本方程化为一个复特征方程。由于旋转圆盘的振动频率和稳定性均与系统特征值相关，因此整个问题为一高维的、复变量的、非线性特征值问题。软件模块的核心与主要目标就是开发有效的特征值计算程序，分析过程由一个集成的 C＋＋类予以实现。该 C＋＋类计算模块可以独立计算得到系统的所有复特征值，其实部为耦合系统固有频率，虚部表示系统的“阻尼”。

12.3.2 应用平台和软件功能

软件的应用平台：

MATLAB v7.0 及以上版本。

软件功能：

(1) 获得旋转和非旋转圆盘的主要模态频率 (m,n) $(m=0,1;\ n=0,1,\cdots,10)$，结构几何和材料任意，并可包含材料阻尼；

(2) 可绘制圆盘振动的 3D 和 2D 模态振型 $(m,n)(m=0,1,2,3;\ n=0,1,\cdots,10)$；

(3) 输出圆盘结构不同动力学状态（自由、稳定或反馈控制）、不同模态 (m,n) 对应的动态振动历程、前行波（FTW）和后行波（BTW）时间响应历程；

(4) 获得旋转圆盘空气-弹性阻尼随转速变化曲线、颤振临界转速等变化曲线；

(5) 获得材料阻尼特性对旋转圆盘的稳定性和颤振临界转速的影响曲线；

(6) 分析反馈控制中的增益和相位移对系统稳定性的影响趋势；

(7) 获得旋转圆盘颤振抑制的稳定控制参数范围和参数域。

分析软件的主要模块如下所述。

1. 前处理模块

该模块用于建立旋转圆盘动力学问题的物理模型，如输入材料和几何参数，功能项选择等。

前处理模块流程如图 12.3.2 所示，共有 3 种功能选项：

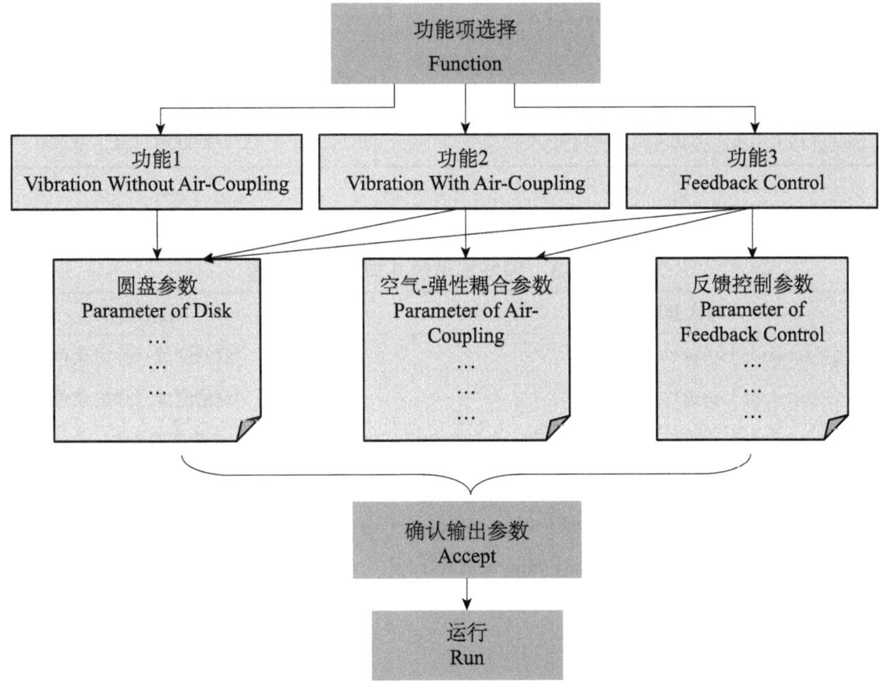

图 12.3.2 前处理模块流程图

(1) 旋转圆盘的自由振动（无载荷或空气耦合效应，包括非旋转状态）；

(2) 旋转圆盘的空气-弹性耦合动力学行为；

(3) 颤振反馈控制。

输入参数的类别及数据类型分别如下所述。

1) 圆盘参数（表 12.3.1）

表 12.3.1　圆盘结构的几何和材料参数

输入参数描述（Input Description）	数据类型（Data Type）
外半径（Outer radius of disk），R_o /m	双精度型（%f，%e）
内半径（Inner radius of disk），R_i /m	双精度型（%f，%e）
厚度（Thickness of disk），h /m	双精度型（%f，%e）
密度（Density of disk），ρ_d /(kg/m^3)	双精度型（%f，%e）
杨氏模量（Young' s modulus），E /Pa	双精度型（%f，%e）
泊松比（Possion' s ratio），ν	双精度型（%f，%e）
初始转速（Initial rotation speed of disk），Ω_0/(r/min)	整数型（%d）
终止转速（Ending rotation speed of disk），Ω_1/(r/min)	整数型（%d）

注：%f，%e，%d 分别表示输入参数为浮点型、指数型和整数型。

2) 空气-弹性耦合参数（表 12.3.2）

表 12.3.2　模型参数和腔体几何参数

输入参数描述	数据类型
空气-弹性阻尼系数（air-loading coefficient），C	双精度型（列表式菜单）
转速比值（rotation ratio），Ω_d/Ω	双精度型（列表式菜单）
腔体半径（radius of enclosure），r_e	双精度型（弹出菜单）
腔体高度（height of enclosure），z_e	双精度型（弹出菜单）

3) 反馈控制参数（表 12.3.3）

表 12.3.3　控制系统的几何和物理参数

输入参数描述	数据类型
致动器半径比（actuator radius ratio），r_a	双精度型（弹出菜单）
传感器位置（location of sensor），r_s，θ_s/（°）	双精度型（弹出菜单）
初始增益值（gain of controller：initial value），G_0	双精度型（%f，%e）
终止增益值（gain of controller：ending value），G_1	双精度型（%f，%e）
初始相位值（phase shift of controller：initial value），σ_0/(°)	双精度型（%f，%e）
终止相位值（phase shift of controller：ending value），σ_1/(°)	双精度型（%f，%e）

2. 核心计算模块

该模块由一个内置函数实现。采用 C++类编写核心计算程序代码，并在 MATLAB 应用环境下可独立执行。基于此开发了一个 C++ Mex 源文件，使用 MATLAB 的

“Mex” 命令构建 MATLAB-Mex 文件 “.DLL”，成为一个内置函数，计算效率高，在 MATLAB 程序代码中调用。

该计算过程流程如图 12.3.3 所示。

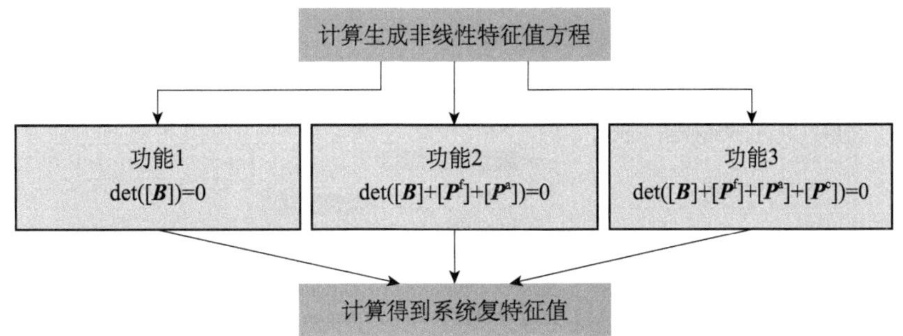

图 12.3.3 计算核心子模块流程图

3. 后处理模块

该模块的主要任务是用基于 MATLAB 绘图指令，借助 GUI 显示数值仿真结果。图形界面基于 MATLAB 强大的图形处理功能，可以直观地显示圆盘振动的模态振型、旋转圆盘行波的动态变化、旋转圆盘系统的频率和阻尼等。

12.3.3 软件界面简介

这里简要介绍该自主编制软件的界面菜单和主要功能。

1. 主菜单

该 GUI 主菜单包含了所有的主要操作项：

如输入系统参数、运行操作或查看数值仿真结果等（图 12.3.4）。

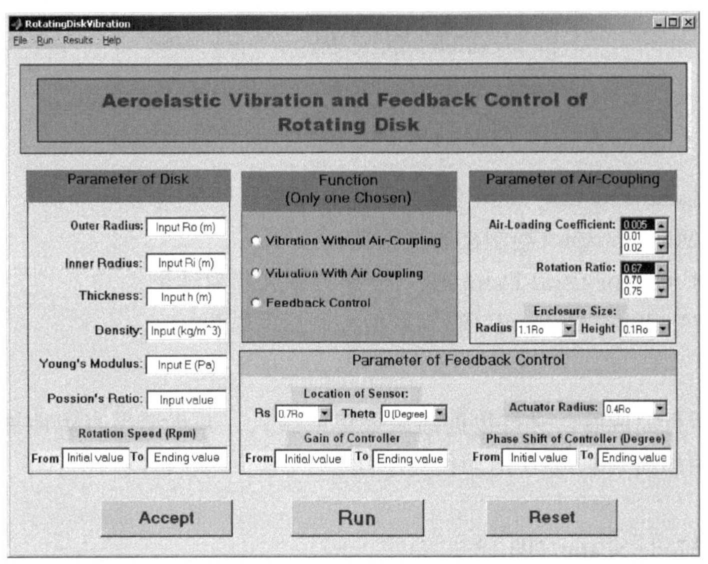

图 12.3.4 软件界面及主菜单

下拉式菜单项有 4 个：

File（文件）、Run（运行）、Results（结果）、Help（帮助）。

操作按钮有 3 个：

Accept（接受）、Run（运行）、Reset（重置）。

各主要下拉式菜单项如图 12.3.5 所示。

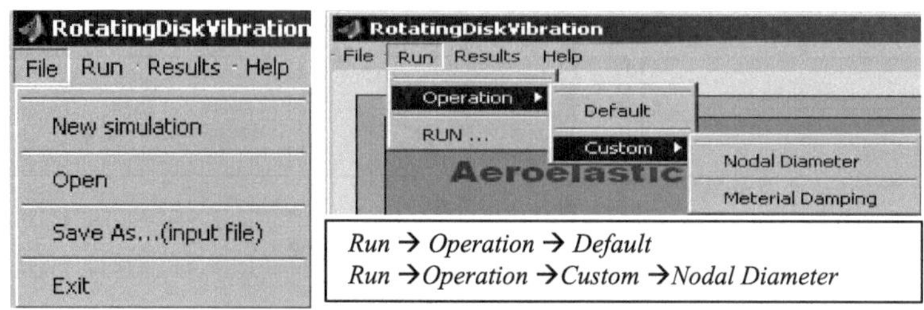

图 12.3.5　主菜单 File 和 Run 功能

操作按钮描述：

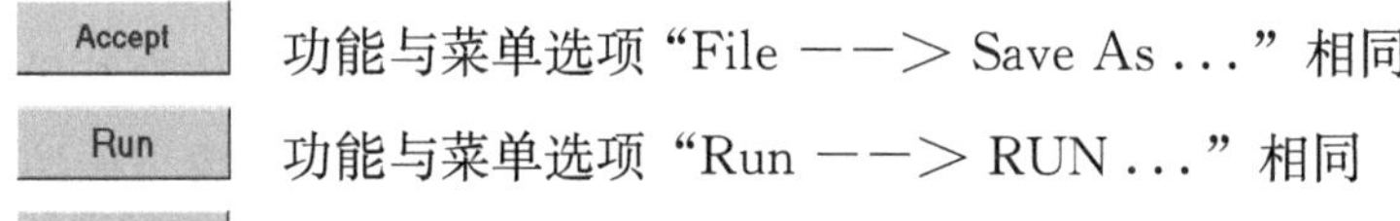

功能与菜单选项“File ——> Save As ...”相同

功能与菜单选项“Run ——> RUN ...”相同

功能为清除当前数据开始新输入，与菜单选项“File——>New simulation”相同

2. 模拟结果后处理

可由主菜单的下拉式菜单“Results”进行（图 12.3.6）。

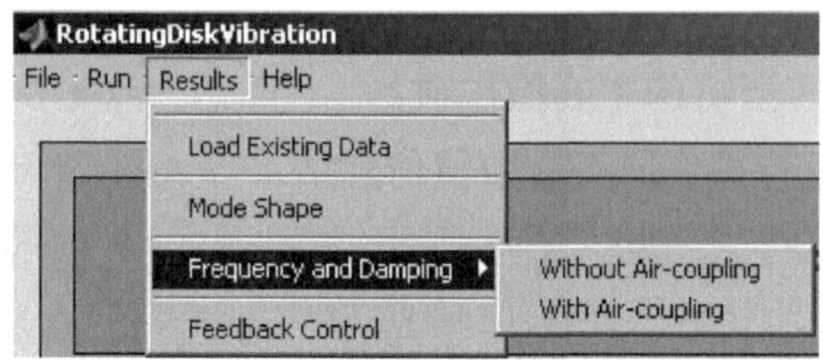

图 12.3.6　主菜单 Results 功能

Results →Load Existing Data（载入已计算结果）

Results →Mode Shape（绘制模态振型图）

Results →Frequency and Damping（绘制频率和阻尼结果）

Results →Feedback Control（绘制颤振控制后的结果）

3. 显示结果

数值仿真运行完成后，进行数据结果采集或载入，并将结果直观地展示给用户。软件提供了几类输出结果的 GUI 图形化程序（图 12.3.7～图 12.3.10）。

1）振型图

Results →Mode Shape（图 12.3.7）

图 12.3.7 绘图菜单与功能描述：

3D View 绘制三维视图 2D View 绘制二维视图

Animation 绘制模态（m，n）的 FTW 和 BTW 行波动态图，包括非稳定振动和反馈控制结果

Radial Shape 绘制沿径向振型曲线 Clear 清除当前的绘制图

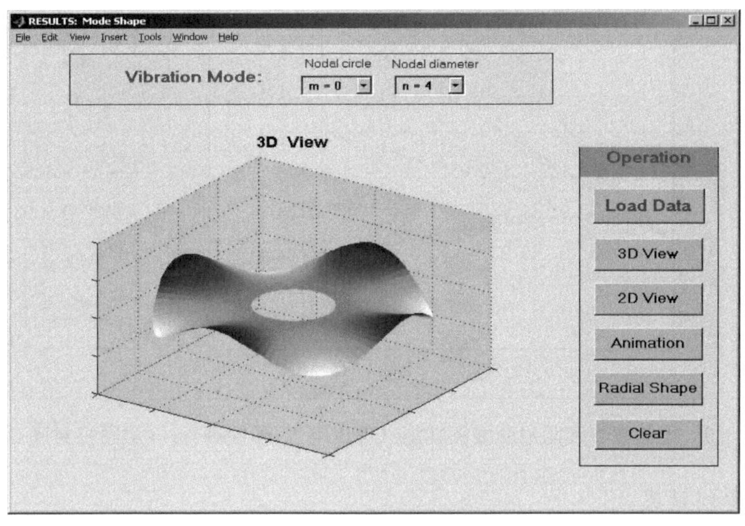

图 12.3.7 绘制振型图功能

2）频率和阻尼结果

Results →Frequency and Damping →Without Air-coupling（图 12.3.8）

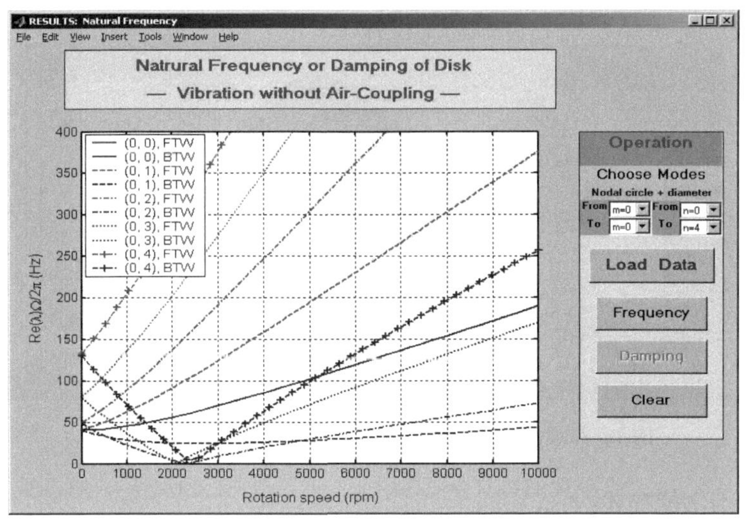

图 12.3.8 绘制频率和阻尼曲线图功能（不考虑空气-弹性耦合情形）（彩图扫封底二维码）

绘图菜单与功能描述：

Frequency 绘制模态频率（m，n）随旋转速度的依赖曲线

Damping　绘制阻尼特性曲线（无阻尼振动该功能不启动）

Results →Frequency and Damping →With Air-coupling（图 12.3.9）

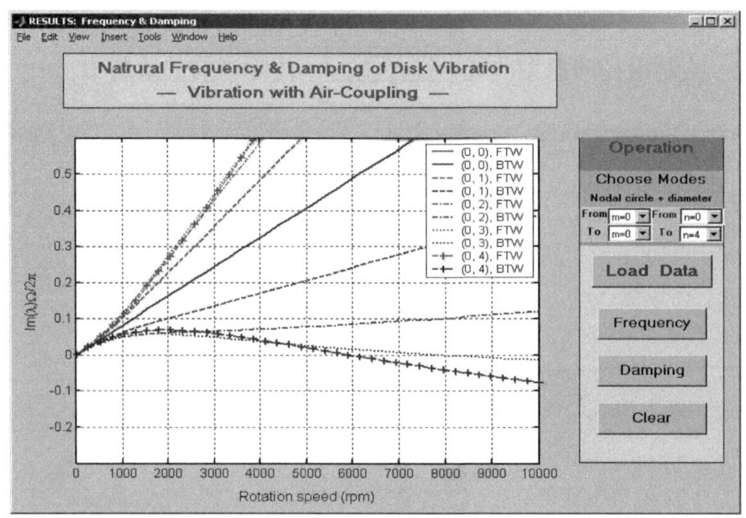

图 12.3.9　绘制频率和阻尼曲线图功能（考虑空气-弹性耦合）（彩图扫封底二维码）

3）反馈控制结果

Results →Feedback Control（图 12.3.10）

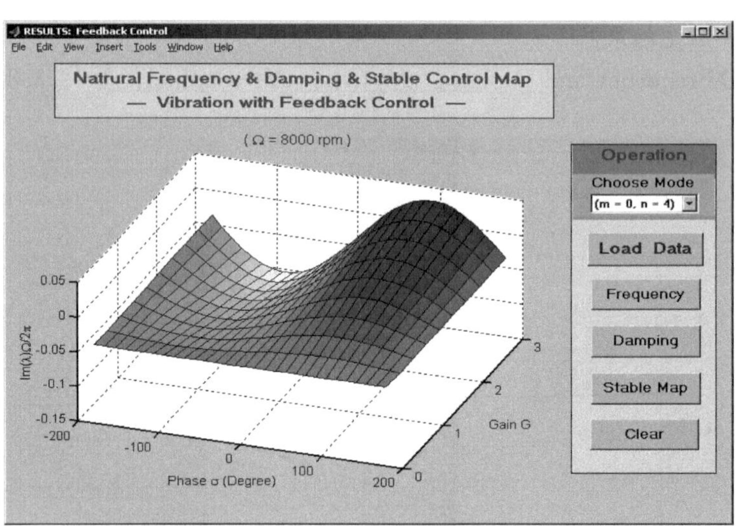

图 12.3.10　Results 绘制颤振反馈控制的模拟结果功能

绘图菜单与功能描述：

Frequency　绘制不同控制参数下的圆盘振动频率随转速的曲线

Damping　绘制不同控制参数下的圆盘振动阻尼随转速的曲线

Stable Map　绘制组合控制参数下的稳定性区域

参 考 文 献

[1] Christensen C. The rigid disk drive industry: A history of commercial and technological turbulence [J]. Busin. Hist. Rev., 1993, 67 (4): 531-588.

[2] Shen I Y. Vibration of flexible rotating disks [J]. The Shock Vibr. Digest., 2000, 32 (4): 267-272.

[3] Huang X Y, Hoque M E, Wang X. An experimental study on feed back control of rotating disk flutter [J]. J. Fluid. Struct., 2005, 20: 71-80.

[4] Wang X, Huang X Y. A simple modeling and experiment on dynamic stability of a disk rotating in air [J]. Int. J. Struct. Stab. Dyna., 2008, 8 (1): 41-60.

[5] Huang X Y, Wang X, Yap F. Feedback control of rotating disk futter in an enclosure [J]. J. Fluid. Struct., 2004, 19: 917-932.

[6] Wang X, Huang X Y. Feedback control and optimization for rotating disk flutter suppression with actuator patches [J]. AIAA J., 2006, 44 (4): 892-900.

[7] Huang X Y, Wang X. Feedback control of flutter of rotating disk [R]. Micro-Systems Mechanics (JT MLC 3/98), NTU Report, 2003.

[8] Renshaw A A, D' Angelo C, Mote Jr C D. Aerodynamically excited vibration of a rotating disk [J]. J. Sound Vib., 1994, 177 (5): 577-590.

[9] D' Angelo C, Mote Jr C D. Aerodynamically excited vibration and flutter of a thin disk rotating at supercritical speed [J]. J. Sound Vib., 1993, 168: 15-30.